装备科技译著出版基金

NASA 航天技术路线图与优先发展技术

NASA Space Technology Roadmaps and Priorities
Restoring NASA's Technological Edge and Paving the Way for a New Era in Space

美国国家科学院国家研究委员会(National Research Council of the National Academie) 著

王亚军 刘靖东 张耐民 等编译

吴宏斌 主审

国防工业出版社

·北京·

著作权合同登记　图字:01—2018—068 号

图书在版编目(CIP)数据

NASA 航天技术路线图与优先发展技术/美国国家科学院国家研究委员会著;王亚军等编译. —北京:国防工业出版社,2023.9

书名原文:NASA Space Technology Roadmaps and Priorities:Restoring NASA's Technological Edge and Paving the Way for a New Era in Space

ISBN 978-7-118-12730-0

Ⅰ.①N… Ⅱ.①美…②王… Ⅲ.①航空工程-研究 Ⅳ.①V2

中国国家版本馆 CIP 数据核字(2023)第 178341 号

This is a translation of NASA Space Technology Roadmaps and Priorities:Restoring NASA's Technological Edge and Paving the Way for a New Era in Space, The National Research Council; Division on Engineering and Physical Sciences; Aeronautics and Space Engineering Board; Steering Committee for NASA Technology Roadmaps © 2012 National Academy of Sciences, and NASA Space Technology Roadmpads and Priorities Revisited, National Academies of Sciences, Engineering, and Medicine; Division on Engineering and Physical Sciences; Aeronautics and Space Engineering Board; Committee on NASA Technology Roadmaps, © 2016 National Academy of Sciences.First published in English by National Academies Press. All rights reserved.

本书简体中文版由 THE NATIONAL ACADEMIES PRESS 授权国防工业出版社发行,版权所有,侵权必究。

※

*国防工业出版社*出版发行
(北京市海淀区紫竹院南路 23 号　邮政编码 100048)
北京龙世杰印刷有限公司印刷
新华书店经售

*

开本 710×1000　1/16　插页 10　印张 34½　字数 612 千字
2023 年 9 月第 1 版第 1 次印刷　印数 1—2000 册　定价 198.00 元

(本书如有印装错误,我社负责调换)

国防书店:(010)88540777　　　书店传真:(010)88540776
发行业务:(010)88540717　　　发行传真:(010)88540762

《NASA 航天技术路线图与优先发展技术》
编译委员会

主　任　王亚军

副主任　刘靖东　张耐民

委　员　（按姓氏笔画数）

　　　　介党阳　仲　悦　李　虹　李　雷　吴晗玲

　　　　高翌春　唐绍锋　黄　诚　缪寅宵

主　审　吴宏斌

译者序

为确保美国在未来航天领域的领导地位，NASA全面系统地梳理并制定了美国航天技术领域未来发展战略及技术研发规划，该规划由NASA首席技术专家办公室(Office of the Chief Technologist，OCT)组织实施，于2010年11月发布了《2010航天技术路线图(草案)》，梳理出由14个技术领域组成的一体化技术路线图(Integrated Technology Roadmaps，ITR)，既考虑需求牵引，又注重技术驱动，还研究了提高当前太空探索能力的技术实施途径。为进一步完善技术路线图，提高其全面性、适用性和指导性，2010年6月，NASA委托美国国家科学院下属的国家研究委员会(National Research Council，NRC)组织开展技术路线图中技术优先级评价工作，为NASA形成最终技术路线图提供参考。针对该项工作，NRC对14个技术领域的技术路线图进行了研究和审查，于2012年2月发布了研究成果：《NASA航天技术路线图与优先发展技术：重建NASA的技术优势，为太空新纪元铺平道路》，该报告确定了83项高优先级技术、16项最高优先级技术，描述了高优先级技术的价值，明确了发展的差距及技术发展和计划变化的战略。

2015年5月，NASA在其官方网站上公布了《2015技术路线图(草案)》。该草案是在2012年NASA公布的指导未来航天技术发展的14个技术路线图的基础上进一步发展完善而成，更为详细地介绍了未来20年(2015—2035年)NASA所需的任务能力和技术发展需求，即各类候选技术及其发展路径，涵盖了航空、航天中各技术领域。《2015技术路线图(草案)》确定了15个候选技术领域的技术路线图,与2012年的技术路线图相比,新增了航空技术领域。NASA公布该草案旨在增强公众对NASA未来技术发展的认知度,创造更多、更具创新性的解决方案,培养更强大的太空探索和科学发现能力,鼓励更多机构和人员参与美国的航天项目。同样在2015年,NASA委托NRC对2015技术路线图中列出的而在2012年NRC研究报告中未被评估的优先技术进行评估,使用2012年NRC报告中所述的程序和标准来确定这些技术的优先顺序,建议制定对未来NASA技术路线图进行修订的独立审查方法,并于2016年发布了《NASA航天技术路线图与优先发展技术重审》研究报告。2017年,由NASA的中心技术委员会、首席技术专家办公室以及来自多部门的主题专家牵头,对2015年的技术领域分解结构进行了再次审议,并决定将技术领域分解结构与技术路线图分离,采用一种基于技术学科的分类方法,将类似的技术整合到一个技术领域中,并于2019年年底,NASA在其官网发布了《2020 NASA技术分类》报告。该报告将NASA的航空、科学与航天等技术开发活动按技术学科分成17个技术领域进行了梳理,主要用于NASA技术管理过程。该部分内容见本书附录S。

《NASA航天技术路线图与优先发展技术:重建NASA的技术优势,为太空新纪元铺平道路》和《NASA航天技术路线图与优先发展技术重审》是美国航天技术领域及国家科学院NRC众多知名专家的研究结晶,既有对航天探索技术领域前沿技术的介绍,又涵盖技术管理和战略规划等顶层设计内容,全面系统地介绍了NASA对于未来航天技术的发展思路和发展规划,为我们提供了美国未来航天技术发展战略的全貌。因此,译者希望通过翻译本书,使读者能够深入了解美国航天技术路线图制订及技术评价程序,为国内航天领域和国防工业部门的广大科研工作者、工程技术人员以及项目管理人员提供一些实用的前沿技术和方法，同时能够在高科技领域技术前沿开发、项目合作以及军民融合等方面对我国的相关从业人员有所启发。

2016年出版的《NASA航天技术路线图与优先发展技术重审》实际上是根据航天技术路线图的修订与更新情况对2012年出版的《NASA航天技术路线图与优先发展技术：重建NASA的技术优势，为太空新纪元铺平道路》的修订和补充。因此，本书的书名确定为《NASA航天技术路线图与优先发展技术》，在内容编排上，以2012版为主，2016版新增内容作为新增章节附在2012版相关章节之后，以便读者清晰地了解NASA航天技术路线图及其评估情况的演变过程。

本书由王亚军负责统稿，第1章由唐绍锋翻译，第2章和第3章由吴晗玲翻译，第4章和第5章由介党阳翻译，第6章由李虹翻译，附录A、附录B和附录C由吴晗玲翻译，附录D、F由介党阳翻译，附录E由吴晗玲翻译，附录G、附录H和附录I由李雪翻译，附录J和附录K由高翌春翻译，附录L由唐绍锋翻译，附录M由吴晗玲翻译，附录N由高翌春翻译，附录O由吴晗玲翻译，附录P由介党阳翻译，附录Q由唐绍锋翻译，附录R由李雪、吴晗玲翻译，附录S由吴晗玲翻译。刘靖东审校修改了前言、第1章、附录A到附录C、附录L和附录Q，黄诚审校修改了第2章、第6章、附录E、附录O和附录M，张耐民审校修改了第4章、第5章、附录D、附录F和附录P，缪寅宵审校修改了附录J、附录K和附录N，仲悦审校修改了附录G到附录I、附录R、附录S，吴宏斌、吴晗玲对全书内容进行了推敲和审定。译者还特别感谢北京宇航系统工程研究所、中国运载火箭技术研究院战术武器事业部、北京精密机电控制设备研究所、北京航天计量测试技术研究所对本书的翻译工作提供了技术支持和保障。

特别感谢北京航天计量测试技术研究所张铁梨研究员对本书的提出的宝贵意见;感谢国防工业出版社的编辑为本书的出版所做的重要贡献。

由于译者的水平有限,在对原文的理解和专业用语方面难免有不妥之处,敬请读者指正并原谅。

译者

2023 年 4 月于北京

2012版前言

2010年底，NASA在首席技术专家办公室的主导下，制定了一套包括14项航天技术的路线图草案，用以指导航天技术的研发工作。每项技术的路线图草案都聚焦于某个特定的技术领域（technology area，TA），旨在促进先进概念与技术的发展，以满足NASA及美国国家的未来需求，并能为其他领域的技术发展做出贡献。

2010年6月，时任NASA首席技术专家罗伯特·布劳恩（Robert Braun）要求NRC组织开展对技术路线图草案的审查研究。该项研究工作的重点是收集并评估相关行业对技术路线图的意见，提出修改建议及需要优先研发的技术，以使NASA据此确定技术路线图的终稿，同时承担对先进航天技术研发计划按时间先后和优先级别进行排序的研究任务，这些计划为NASA未来任务奠定技术基础。2010年NRC研究任务的完整说明见本书的附录A，研究任务的具体内容如下：

（1）建立一套准则，该准则适用于NASA技术路线图中的所有技术领域，并能对这些技术的优先级别进行排序。

（2）梳理出能够满足NASA太空探索系统、地球和空间科学、空间操作任务领域需求的技术，且兼顾对国家及商业需求起关键推动作用的航天技术。

（3）识别出关键的、通用的技术，并总结成果和提出建议。

（4）从所有14个技术路线图中提炼出最高优先级别的技术。

根据上述任务要求，NRC成立了由18名相关领域专家组成的指导委员会和由56名技术专家组成的6个专家组。基于14个技术路线图的构成，这些专家组按技术领域进行分工，具体负责的内容如下：

1. 第一专家组:推进与电源
   - TA01 发射推进系统
   - TA02 空间推进技术
   - TA03 空间电源与能量储存
   - TA13 地面支持与发射系统
2. 第二专家组:机器人、通信与导航
   - TA04 机器人、遥操作机器人与自主系统
   - TA05 通信与导航
3. 第三专家组:仪器与计算
   - TA08 科学仪器、观测台与传感器系统
   - TA11 建模、仿真、信息技术与处理
4. 第四专家组:乘员健康与地表探索
   - TA06 乘员健康、生命保障与居住系统
   - TA07 载人探索目的地系统
5. 第五专家组:材料
   - TA10 纳米技术
   - TA12 材料、结构、机械系统与制造
   - TA14 热管理系统
6. 第六专家组:进入、下降与着陆
   - TA09 进入、下降与着陆系统

指导委员会主席、部分委员及工作人员对委员会后续会议时间和评估准则初稿进行讨论之后,指导委员会和6个专家组于2011年1月在华盛顿特区召开了首次会议,该会议审查并批准了评估准则和工作程序,同时举办了一个研讨会,与NASA工作人员讨论技术路线图的内容。随后,在2011年1月至9月,针对各专家组的信息收集、审议和报告撰写等问题,指导委员会举行了三次会议。在此期间,每个专家组也分别举行了两次会议,并针对其所负责审查的技术领域,召开了为期1

天的公共研讨会。在研讨会上,专家组与受邀发言者、嘉宾及与会人员根据指导委员会制定的通用评估准则,讨论了各个技术领域存在的问题,以及该技术未来发展对 NASA 的价值。

此外,指导委员会提出的技术路线图的评估准则(如收益、风险与合理性、与 NASA 和国家目标的一致性)在一个公共网站上进行发布,以征求众多行业的意见,共收集到 144 人次、244 条评论和意见,其中包括来自 NASA(含 JPL)的 91 人、来自政府组织的 6 人、来自工业界的 26 人、来自学术界的 16 人以及来自其他组织或非组织的 5 人。

此外,电子邮件收到了 87 条评论和意见,其中 7 人完成了意见填写,而 68 人未进行填写。这些人中有 47 人来自 NASA(含 JPL)、1 人来自政府、7 人来自工业界、4 人来自学术界、5 人来自其他组织,有 11 人的组织未注明。

指导委员会根据行业的重要意见和自己的审议情况,编写了一份简短的中期报告,对技术路线图进行了高级别的评论,并给出了各个技术路线图中相关技术的修订建议以及横跨多个技术路线图的技术差距。

根据各种形式的公众意见以及其自身的内部审议情况,专家组将其所负责技术路线图中的技术进行优先级别排序,分为高、中、低三档,并描述了高优先级技术的价值,识别出技术路线图草案中的技术差距,确定了所涵盖技术的研发或进度变化,并总结了侧重于技术路线图草案的公众研讨会意见,汇总形成了研究报告。2012 年,NRC 将该研究报告对外发布:《NASA 航天技术路线图与优先发展技术:重建 NASA 的技术优势,为太空新纪元铺平道路》。

专家组的工作总结详见 14 个附录内容(附录 D~附录 Q,一个附录对应一个技术路线图),而每个专家组的意见和建议都被整合在一起,形成本报告的主体部分内容。

指导委员会和专家组感谢航天航空协会以下职员在协助指导委员会、专家组和 NRC 工作人员进行这项研究工作时所做出的重要贡献,他们分别是 Torrey Radcliffe、Dean Bucher、Robert Kinsey、Kristina Kipp、Marcus Lobbia and Gregory Richardson。最后，我也非常感谢指导委员会、专家组成员以及专家组组长对这些艰苦的工作所做出的突出贡献，以及来自 NRC 职员的大力支持，没有他们的辛勤努力，我们将无法完成预定的研究目标。特别是 Alan Angleman 和 Michael Moloney 不知疲倦的、专业的对本项研究中各个方面内容的关注。

Raymond S. Colladay
NASA 技术路线图指导委员会主席

2016版前言

《NASA授权法案(2010年)》要求NASA制定一项能维持其航天技术研发地位的计划。作为回应，NASA制定了一套包括14项航天技术的路线图草案，用以指导航天技术的研发工作。美国国家科学院、工程院和医学院对这些技术路线图进行了全面的外部审查，并于2012年对外发布了NRC报告《NASA航天技术路线图与优先发展技术：重建NASA的技术优势，为太空新纪元铺平道路》。随后，根据航天技术路线图的更新要求，NASA重新审查并更新了2010年技术路线图草案，形成了一组新的2015年技术路线图。通过审查相关技术与人类探索和运营任务局以及科学任务局的系列任务和设计参考任务(design reference missions, DRM)的关联度来评估这些技术，并将其作为技术路线图更新修订的一个重要依据。新的技术路线图还包括一个用于解决航空技术的技术路线图。2015年春季，更新后的技术路线图向公众发布，以供公众进行审查和评论。

同样在2015年，NRC成立一个委员会，对更新后的14项航天技术的路线图中的技术进行审查评估。根据审查任务要求，这次评估是以2012年NRC报告作为研究的基准，而航空技术路线图不包括在上述研究中，因此不对航空技术路线图进行审查评估。2015年NRC研究任务的完整说明见本书的附录A，任务说明的具体内容包括对NASA 2015年技术路线图中新出现的技术，使用2012年NRC报告中所述的程序和标准来确定这些技术的优先顺序，并建议制定对未来NASA技术路线图进行修订的独立审查方法。

由此，NRC任命了一个由14人组成的NASA技术路线图指导委员会。考虑审查评估任务的连续性，委员会的许多成员都是来自参与2012年研究工作的技术专家。委员会共举行了四次会议：2015年9月和11月在华盛顿特区；2016年1月在加利福尼亚州的尔湾区；2016年3月在华盛顿特区。在技术路线图指导委员会工作的基础上，NRC于2016年发布了其研究报告《NASA航天技术路线图与优先发展技术重审》。

目录

第1章 概要 ·· 001
1.1 技术开发计划纲要及范围 ·· 001
1.2 技术评估过程及标准 ··· 002
1.3 技术路线图中的高优先级技术 ······································· 003
1.4 技术目标 ··· 005
1.5 顶级技术挑战 ·· 006
1.6 所有技术路线图中最高优先级的第3层级具体技术 ············ 009
1.7 交叉研究结果与建议 ··· 011
1.8 2016版概要 ·· 013
    1.8.1 技术领域分解结构 ·· 013
    1.8.2 高优先级技术 ·· 014
    1.8.3 最高优先级技术 ·· 017
    1.8.4 未来的独立审查 ·· 019
参考文献 ··· 020

第2章 绪论 ·· 021
2.1 引言 ·· 021
2.2 技术研发计划的范围和依据 ·· 022
2.3 技术路线图草案 ··· 022
2.4 利益相关者：研发合作伙伴和最终用户 ··························· 024
2.5 本书的主要内容 ··· 024
参考文献 ··· 025

第3章 顶级技术挑战和高优先级技术 ······································· 026
3.1 技术评估程序与准则 ··· 026
    3.1.1 顶级技术挑战 ·· 027

XV

3.1.2 描述性要素 ·· 027
3.1.3 评估准则 ·· 027
3.1.4 评估方法 ·· 033
3.1.5 公众研讨会 ··· 035
3.2 顶级技术挑战与高优先级技术概述 ··· 036
3.2.1 TA01 发射推进系统 ··· 037
3.2.2 TA02 空间推进技术 ··· 038
3.2.3 TA03 空间电源与能量储存 ·· 040
3.2.4 TA04 机器人、遥操作机器人与自主系统 ··································· 043
3.2.5 TA05 通信与导航 ··· 046
3.2.6 TA06 乘员健康、生命保障与居住系统 ······································ 048
3.2.7 TA07 载人探索目的地系统 ·· 053
3.2.8 TA08 科学仪器、观测台与传感器系统 ······································ 057
3.2.9 TA09 进入、下降与着陆系统 ··· 059
3.2.10 TA10 纳米技术 ·· 063
3.2.11 TA11 建模、仿真、信息技术与处理 ·· 065
3.2.12 TA12 材料、结构、机械系统与制造 ·· 067
3.2.13 TA13 地面支持与发射系统 ·· 071
3.2.14 TA14 热管理系统 ··· 071
参考文献 ··· 073

第4章 顶级技术挑战和高优先级技术的综合排名 ······························ 075

4.1 引言 ·· 075
4.2 技术目标 ·· 075
4.2.1 技术目标A：将人类活动延伸并维持在近地轨道之外 ················· 076
4.2.2 技术目标B：探索太阳系的演化和其他地方存在生命的可能性 ···· 076
4.2.3 技术目标C：扩大对地球和我们所处宇宙的认识 ······················· 076
4.2.4 平衡 ·· 077
4.3 技术挑战 ·· 077
4.3.1 技术目标A：面临的顶级技术挑战 ··· 078
4.3.2 技术目标B：面临的顶级技术挑战 ··· 078
4.3.3 技术目标C：面临的顶级技术挑战 ··· 079
4.4 所有技术路线图中最高优先级的第3层级具体技术 ························· 080

  4.4.1 对技术路线图中的技术进行优先排序的流程 ……………… 080
  4.4.2 技术路线图中技术优先排序的结果和建议 ………………… 083
 参考文献 ……………………………………………………………………… 101

第5章 航天技术领域的其他主题 ………………………………………… 103

 5.1 引言 …………………………………………………………………… 103
 5.2 系统分析 ……………………………………………………………… 103
 5.3 技术基础和低技术成熟度技术的发展 ……………………………… 104
 5.4 新技术的合作研发 …………………………………………………… 105
 5.5 飞行测试与演示以及技术转化 ……………………………………… 106
 5.6 基础设施 ……………………………………………………………… 107
 5.7 项目稳定性 …………………………………………………………… 108
 5.8 商业航天 ……………………………………………………………… 109
 5.9 交叉技术 ……………………………………………………………… 111
 参考文献 ……………………………………………………………………… 113

第6章 技术路线图修订独立评估方法 …………………………………… 114

 6.1 引言 …………………………………………………………………… 114
 6.2 2012年国家研究委员会审查和优先级排序方法 …………………… 114
 6.3 2015年国家研究委员会审查和优先级排序方法 …………………… 115
 6.4 总监察长办公室报告总结 …………………………………………… 116
 6.5 未来独立审查方法 …………………………………………………… 116
 6.6 对未来审查方法的建议 ……………………………………………… 117
  6.6.1 NASA在审查中的作用 ……………………………………… 118
  6.6.2 设计参考任务 ………………………………………………… 121
  6.6.3 下一次独立审查 ……………………………………………… 122

附录A 审查任务职责声明 ……………………………………………… 123

附录B 2010年、2012年与2015年技术分解结构框架比较(2016版) ……… 125

附录C 缩略词 …………………………………………………………… 155

附录D TA01发射推进系统 …………………………………………… 160

 D.1 引言 …………………………………………………………………… 160

- D.2 顶级技术挑战 ·· 162
- D.3 质量功能展开矩阵和计算结果 ·· 162
- D.4 顶级技术挑战与各项具体技术之间的关联性 ···································· 164
- D.5 高优先级的第3层级具体技术 ·· 166
- D.6 中低优先级技术 ·· 168
- D.7 技术路线图所涵盖的技术发展及其进度变化 ···································· 170
- D.8 关于技术路线图的其他一般性意见 ··· 170
- D.9 公开研讨会总结 ·· 171
- D.10 2016版修订内容 ··· 175
- 参考文献 ·· 179

附录E TA02 空间推进技术 ··· 180

- E.1 引言 ·· 180
- E.2 顶级技术挑战 ·· 182
- E.3 质量功能展开矩阵和计算结果 ·· 183
- E.4 顶级技术挑战与各项具体技术之间的关联性 ···································· 185
- E.5 高优先级的第3层级具体技术 ·· 186
- E.6 中低优先级技术 ·· 191
- E.7 技术路线图所涵盖技术研发及其进度变化 ······································· 192
- E.8 关于技术路线图的其他一般性意见 ··· 192
- E.9 公共研讨会总结 ·· 192

附录F TA03 空间电源和能量储存 ·· 198

- F.1 引言 ·· 198
- F.2 顶级技术挑战 ·· 200
- F.3 质量功能展开矩阵和计算结果 ·· 201
- F.4 顶级技术挑战与各项具体技术之间的关联性 ···································· 203
- F.5 高优先级的第3层级具体技术 ·· 204
- F.6 中低优先级技术 ·· 213
- F.7 技术路线图所涵盖的技术发展及其进度变化 ···································· 214
- F.8 关于技术路线图的其他一般性意见 ··· 214
- F.9 公共研讨会总结 ·· 214
- 参考文献 ·· 218

附录 G TA04 机器人、遥操作机器人与自主系统 ... 219

- G.1 引言 ... 219
- G.2 顶级技术挑战 ... 224
- G.3 质量功能展开矩阵和计算结果 ... 225
- G.4 顶级技术挑战与各项具体技术之间的关联性 ... 227
- G.5 高优先级的第 3 层级具体技术 ... 231
- G.6 中低优先级技术 ... 239
- G.7 公众研讨会总结 ... 240
- G.8 2016 版修订内容 ... 245

附录 H TA05 通信与导航 ... 252

- H.1 引言 ... 252
- H.2 顶级技术挑战 ... 254
- H.3 质量功能展开矩阵和计算结果 ... 255
- H.4 顶级技术挑战与各项具体技术之间的关联性 ... 256
- H.5 高优先级的第 3 层级具体技术 ... 257
- H.6 中低优先级技术 ... 263
- H.7 关于技术路线图的其他一般性意见 ... 264
- H.8 公众研讨会总结 ... 264
- H.9 2016 版修订内容 ... 270

附录 I TA06 乘员健康、生命保障与居住系统 ... 274

- I.1 引言 ... 274
- I.2 顶级技术挑战 ... 276
- I.3 质量功能展开矩阵和计算结果 ... 278
- I.4 顶级技术挑战与各项具体技术之间的关联性 ... 279
- I.5 高优先级的第 3 层级具体技术 ... 280
- I.6 中低优先级技术 ... 296
- I.7 技术路线图所涵盖的技术发展及其进度变化 ... 297
- I.8 关于技术路线图的其他一般性意见：人因工程 ... 297
- I.9 公众研讨会总结 ... 298

参考文献 ... 302

附录 J　TA07 载人探索目的地系统 ·················· 303

- J.1　引言 ·················· 303
- J.2　顶级技术挑战 ·················· 307
- J.3　质量功能展开矩阵和计算结果 ·················· 309
- J.4　顶级技术挑战与各项具体技术之间的关联性 ·················· 311
- J.5　高优先级的第 3 层级具体技术 ·················· 311
- J.6　中低优先级技术 ·················· 324
- J.7　TA07 技术路线图中提出的技术开发、目的地和进度表 ·················· 325
- J.8　公众研讨会总结 ·················· 331
- J.9　2016 版修订内容 ·················· 335

附录 K　TA08 科学仪器、观测台与传感器系统 ·················· 338

- K.1　引言 ·················· 338
- K.2　顶级技术挑战 ·················· 340
- K.3　质量功能展开矩阵和计算结果 ·················· 341
- K.4　顶级技术挑战与各项具体技术之间的关联性 ·················· 343
- K.5　高优先级的第 3 层级具体技术 ·················· 343
- K.6　中等优先级技术 ·················· 348
- K.7　公共研讨会总结 ·················· 349
- 参考文献 ·················· 354

附录 L　TA09 进入、下降与着陆系统 ·················· 355

- L.1　引言 ·················· 355
- L.2　顶级技术挑战 ·················· 357
- L.3　质量功能展开矩阵和计算结果 ·················· 359
- L.4　顶级技术挑战与各项具体技术之间的关联性 ·················· 360
- L.5　TA09 的一般性参考任务 ·················· 363
- L.6　高优先级的第 3 层级具体技术 ·················· 373
- L.7　中低优先级技术 ·················· 381
- L.8　技术路线图所涵盖的技术发展及其进度变化 ·················· 381
- L.9　公众研讨会总结 ·················· 382
- L.10　2016 版修订内容 ·················· 390

参考文献 394

附录 M　TA10 纳米技术　396

M.1　引言 396
M.2　顶级技术挑战 397
M.3　质量功能展开矩阵和计算结果 399
M.4　顶级技术挑战与各项具体技术之间的关联性 401
M.5　高优先级的第 3 层级具体技术 401
M.6　中低优先级技术 406
M.7　技术路线图所涵盖的技术发展及其进度变化 407
M.8　关于技术路线图的其他一般性意见 407
M.9　公共研讨会总结 408

附录 N　TA11 建模、仿真、信息技术与处理　415

N.1　引言 415
N.2　顶级技术挑战 417
N.3　质量功能展开矩阵和计算结果 418
N.4　高优先级的第 3 层级具体技术 420
N.5　中低优先级技术 422
N.6　公共研讨会总结 423
N.7　2016 版修订内容 428

附录 O　TA12 材料、结构、机械系统与制造　432

O.1　引言 432
O.2　顶级技术挑战 434
O.3　质量功能展开矩阵和计算结果 436
O.4　顶级技术挑战与各项具体技术之间的关联性 437
O.5　高优先级的第 3 层级具体技术 441
O.6　中低优先级技术 449
O.7　技术路线图所涵盖的技术发展及其进度变化 450
O.8　关于技术路线图的其他一般性意见 451
O.9　公共研讨会总结 451

参考文献 458

附录 P　TA13 地面支持与发射系统 … 459

P.1　引言 … 459
P.2　顶级技术挑战 … 461
P.3　质量功能展开矩阵和计算结果 … 461
P.4　高优先级的第 3 层级具体技术 … 462
P.5　中低优先级技术 … 462
P.6　技术路线图所涵盖的技术发展及其进度变化 … 463
P.7　公开研讨会情况总结 … 463
P.8　2016 版修订内容 … 467

附录 Q　TA14 热管理系统 … 470

Q.1　引言 … 470
Q.2　顶级技术挑战 … 471
Q.3　质量功能展开矩阵和计算结果 … 473
Q.4　顶级技术挑战与各项具体技术之间的关联性 … 474
Q.5　高优先级的第 3 层级具体技术 … 474
Q.6　中低优先级技术 … 477
Q.7　关于技术路线图的其他一般性意见 … 477
Q.8　公共研讨会总结 … 478
Q.9　2016 版修订内容 … 484
参考文献 … 487

附录 R　指导委员会委员和工作人员传记 … 488

R.1　2012 版 … 488
R.2　2016 版 … 522

附录 S　2020 年 NASA 技术分类 … 526

S.1　什么是 NASA 技术分类 … 526
S.2　NASA 技术分类的历史 … 526
S.3　2020 版的新内容 … 527
S.4　17 个分类领域 … 528

第1章
概 要

未来 NASA 航天任务的成败，取决于当前先进技术研发计划所储备的技术基础。近年来，NASA 曾经活跃且广泛开展的航天技术研发工作已风光不再，以前积累的技术基础也已所剩无几。正如美国 NRC 最近发布的一份关于美国民用航天计划的报告中所指出的：

美国在未来航天领域的领导地位需要以持续的技术进步作为基础。为实现其航天计划目标，我们需要研发性能更强、可靠性更高、成本更低的航天器和运载火箭，还需要具备坚实的先进技术研发基础，以提高新任务的技术成熟度、降低其技术风险、提高成本估算的准确性，进而更好地完成整个任务的成本管理……。然而，基础技术的经费投入多年来却一直持续降低。美国现在依赖于过去投资的创新技术，因而必须加强这些基础要素的投入（NRC，2009，56~57 页）。

在 NASA 首席技术专家办公室的领导下，NASA 已经制定了一份技术路线图草案用以指导航天技术的发展。NRC 为 NASA 技术路线图任命了 1 个指导委员会和 6 个专家组评估该技术路线图草案，提出改进意见，并在 NASA 对技术路线图定稿时列出所有技术领域中的技术优先级。该项工作得到了 NASA 的积极响应，通过首席技术专家办公室协助指导委员会对技术路线图进行审查，并寻求航天技术界的输入作为研究支撑。

1.1 技术开发计划纲要及范围

2011 年 2 月，NASA 发布了一份更新的战略规划，概述 NASA 在 2011—2021 年 10 年内及以后需要实现的目标和应采取的计划。战略规划提出 6 项战略目标，其中 5 项内容与本研究的范围直接相关，另一项与 NASA 的航空任务直接相关，但它不在本项研究的范围之内。指导委员会对 14 个航天技术路线图草案中列出的关键性使能技术进行评估和优先排序，这些技术共同构成 2011 年 NASA 战略规划目标的基础，战略目标如下：

(1) 扩展并支撑人类在太阳系的探索活动。
(2) 深化人类对地球和整个宇宙的科学认识。
(3) 为我们的探索、科学和经济发展创造航天新技术。
(4) 以提高社会效益为目标,推动航空领域的研究工作。
(5) 提升项目和机构能力,以执行 NASA 的航空和航天任务。
(6) 向公众、教育者及学生提供机遇,促其共同参与 NASA 任务、培育创新及推动国家经济发展。

作为航天技术研发计划详细实施方案的一部分,首席技术专家办公室制定了14项技术的路线图草案。这些技术路线图确立了下列14个技术领域在未来5～30年内的先进航天技术研究和发展的时间顺序及相互关联性:

(1) TA01 发射推进系统;
(2) TA02 空间推进技术;
(3) TA03 空间电源与能量储存;
(4) TA04 机器人、遥操作机器人与自主系统;
(5) TA05 通信与导航;
(6) TA06 乘员健康、生命保障与居住系统;
(7) TA07 载人探索目的地系统;
(8) TA08 科学仪器、观测台与传感器系统;
(9) TA09 进入、下降与着陆(entry, descent and landing, EDL)系统;
(10) TA10 纳米技术;
(11) TA11 建模、仿真、信息技术与处理;
(12) TA12 材料、结构、机械系统与制造;
(13) TA13 地面支持与发射系统;
(14) TA14 热管理系统。

这些技术路线图草案是指导委员会对技术进行评估、优先级排序及提出改进意见的起始点和出发点,技术路线图是通过技术领域分解结构(technology area breakdown structure, TABS)进行组织,后者又作为本项研究中评估该技术的基本架构。第1层级代表技术领域(technology area, TA),它是技术路线图的标题。每个技术路线图又有第2层级子领域和第3层级具体技术。

1.2 技术评估过程及标准

指导委员会制定了一组评估准则,NASA 技术路线图中的每个技术领域及其所含的技术都可以按此进行优先级排序。这些准则的制定依据是综合考虑各种技术的潜在利益、广度和风险,能够作为专家组和指导委员会的评估指南,可以用于各种技术的最终优先级排序。

我们在一家公共网站上公布了技术路线图草案,以广泛征集业界的意见和建议。最后,共收到240多条公众的意见,这些意见都是使用了指导委员会既定的评估标准和其他描述性因素而得到的。公众和专家组采用同样的规则对技术进行评估,这样使得业界提出的各种意见都能得到更加公平的权衡比较。

此外,还举办了一系列的公众研讨会,征求有兴趣参与技术路线图讨论的业界人员的意见。研讨会由各个专家组组织,所有的研讨会都有由专家组特别邀请的发言嘉宾。研讨会对公众开放,所有听众都有公开讨论的时间。专家组在对第3层级具体技术进行评估时会考虑参会人员在研讨会上表达的意见。

专家组确定每个技术领域中都有一些挑战,它们是NASA为了提升能力并实现其战略目标必须解决的技术问题。确定这些顶级技术挑战,是为了对第3层级具体技术进行优先级排序,用来确定NASA在每个技术领域内的一般需求,而技术本身则是要解决如何满足这些需求的问题。

专家组的任务是将每项第3层级具体技术按照高、中、低的优先级进行分类,并基于质量功能展开法(quality function deployment,QFD)为每个技术领域生成了一个加权决策矩阵。指导委员会对每个准则和子准则都给出数值权重,而准则的权重是按照满足NASA技术发展目标的重要性来确定的。

1.3 技术路线图中的高优先级技术

专家组对每个技术领域中顶级技术挑战已确定的技术路线图开展评估,将每个技术路线图中第3层级具体技术按照高、中、低的顺序进行了优先级的分类,阐述了高优先级技术的价值,明确了技术路线图草案中的技术差距,确定了所涵盖技术的发展或进度变化,并总结了以技术路线图草案为讨论重点的公共研讨会的相关情况。专家组的工作成果总结在本书的14个附录中(附录D~附录Q,每个附录对应一个技术路线图),然后由指导委员会整合这些专家组的意见,并记录在本书的正文中。

表1.1列出了专家组确定的高优先级技术,专家组从295项可能的技术中确定了83项高优先级技术。在随后的优先级排序中,指导委员会仅对这83项技术进行技术评估。

表 1.1　专家组选出的 83 项高优先级第 3 层级具体技术

技术领域 01　发射推进系统 　1.3.1　涡轮基组合循环 (turbine based combined cycle, TBCC) 　1.3.2　火箭基组合循环 (rocket based combined cycle, RBCC)	**技术领域 06**　乘员健康、生命保障与居住系统 　6.5.5　辐射监测技术 　6.5.3　辐射防护系统 　6.5.1　辐射风险评估模型 　6.1.4　居住系统 　6.1.3　环境控制与生命保障系统 (environmental control and life support systems, ECLSS, 简称环控生保系统) 废物管理 　6.3.2　乘员长期健康 　6.1.2　ECLSS 水再生和管理 　6.2.1　舱外活动 (extravehicular activity, EVA) 航天服 　6.5.4　辐射预测 　6.5.2　辐射减缓 　6.4.2　火灾探测与灭火 　6.1.1　空气再生 　6.2.2　便携式生命保障系统 　6.4.4　补救措施	**技术领域 11**　建模、仿真、信息技术与处理 　11.1.1　飞行计算 　11.1.2　地面计算 　11.2.4a　科学建模与仿真 　11.3.1　分布式仿真
技术领域 02　空间推进技术 　2.2.1　电推进 　2.4.2　推进剂贮存与输送 　2.2.3　(核) 热推进 　2.1.7　微推进	**技术领域 07**　载人探索目的地系统 　7.1.3　原位资源利用 (ISRU) 产品/生产 　7.2.1　自主后勤管理 　7.6.2　建造与装配 　7.6.3　尘埃防治 　7.1.4　制造/基础设施安置 　7.1.2　资源获取 　7.3.2　地表移动 　7.2.4　食物生产、加工与保存 　7.4.2　住所演变 　7.4.3　智能住所 　7.2.2　维护系统	**技术领域 12**　材料、结构、机械系统与制造 　12.2.5　新概念多功能结构 　12.2.1　结构轻量化概念 　12.1.1　轻量化结构材料 　12.2.2　结构设计与验证方法 　12.5.1　非破坏性评估与传感器 　12.3.4　机械系统设计分析工具及方法 　12.3.1　展开、对接与接口 　12.3.5　机械系统可靠性/寿命评估/健康监测 　12.4.2　智能集成制造和信息物理系统

续表

技术领域 03 空间电源与能量储存	技术领域 08 科学仪器、观测和传感器系统	
3.1.3 太阳能发电(光伏发电和太阳能热发电)	8.2.4 高对比度成像和光谱技术	技术领域 14 热管理系统
3.1.5 核裂变发电	8.1.3 光学系统(仪器和传感器)	14.3.1 上升/进入阶段的热防护系统
3.3.3 配电与传输	8.1.1 探测器和焦平面	14.1.2 (低温系统)主动热控制
3.3.5 功率变换与调节	8.3.3 原位(仪器和传感器)	
3.2.1 电池	8.2.5 无线航天器技术	
3.1.4 放射性同位素发电	8.1.5 激光器	
	8.1.2 电子器件	
技术领域 04 机器人、遥操作机器人与自主系统	技术领域 09 进入、下降与着陆系统	
4.6.2 相对制导算法	9.4.7 制导、导航与控制(GN&C)传感器与系统	
4.6.3 对接与捕获机构/接口	9.1.1 刚性热防护系统	
4.5.1 探测器系统管理与故障检测、隔离与恢复(fault detection and isolation and recovery,FDIR)	9.1.2 柔性热防护系统	
	9.1.4 可展开式高超声速减速器	
4.3.2 灵巧操控	9.4.5 EDL 建模与仿真	
4.4.2 遥控	9.4.6 EDL 仪器与健康监测	
4.2.1 极端地形移动	9.4.4 大气和地表表征	
4.3.6 机器人钻孔和样品处理	9.4.3 EDL 系统集成及分析	
4.2.4 小天体上/微重力环境中移动		
技术领域 05 通信与导航	技术领域 10 纳米技术	
5.4.3 机载自主导航和机动	10.1.1 纳米增强轻量化材料与结构	
5.4.1 计时与时间分配	10.2.1 纳米增强能量产生	
5.3.2 自适应网络拓扑	10.3.1 纳米推进剂	
5.5.1 无线电系统	10.4.1 纳米传感器与驱动器	

注:按照技术路线图/技术领域列出的高优先级技术中没有技术领域 13 中的项。在每个技术领域内,各项技术都按照专家组给出的质量功能展开所得的分数进行降序排列。这个排序被认为是给定技术领域内的技术相对优先级的粗略近似。

1.4 技术目标

本书中推荐的技术优先级是在 NASA 当前任务计划基础上产生的,但是这些优先级与未来 NASA 的具体任务并不紧密关联,这是因为具体任务的目标和时间进度表经常改变。由此可见,NASA 的 2011 年战略规划是专家组确定技术优先级的基础,确定顶级技术挑战是专家组确定技术优先级的重要中间步骤。

在从所有14个技术路线图中选择最高优先级技术的过程中,指导委员会采取了另外一个步骤,即建立一种组织框架,用于解决NASA任务领域、与顶级技术挑战的相关性以及能够在随后5年(技术路线图执行期为30年)内取得重大进展的期望三者之间的平衡问题。此外,指导委员会限制最高优先级技术的数量,这是因为他们相信,在可能面临稀缺资源的情况下,最初将重点放在少数最高优先级的技术上是最好的选择,这样能够产生最大的影响,特别是考虑到NASA任务领域(尤其是在探索领域)当前正处于完善阶段,可以通过技术选择实现持续改进。在这个组织框架内,指导委员会制定了技术目标,以解决NASA的任务和相关技术群的广度问题。

(1) 技术目标A:将人类活动延伸并维持在近地轨道之外(low earth orbit, LEO)。使人类能够在整个太阳系进行长途旅行、到达他们所选的目的地、有效工作并平安返回的技术。

(2) 技术目标B:探索太阳系的演化和其他地方存在生命的可能性。这是人类和机器人能够在地球上(天体生物学)或其他行星上进行原位测量的技术。

(3) 技术目标C:扩大对地球以及我们所处宇宙的认识。用于从地球或其他行星的轨道或飞行平台进行远程测量的技术,以及用于从其他空间或地基观测站进行远程测量的技术。

技术目标不是独立的,在同一个任务中不止一个目标需要完成,如探索行星体的载人飞行任务,而某些技术又不止支持一个目标。此外,这三个技术目标有助于用类似的驱动因素对相似的技术进行分类(以促进人类生存、生产和运输为驱动的技术,以原位测量为驱动的技术,以遥测为驱动的技术),并能在一个有意义的基础上支持对不同的技术进行优先级排序。

指导委员会的基本假设之一就是,NASA将继续在载人探索、空间科学、空间操作、空间技术和航空学等任务领域中寻求一个平衡的技术研发计划。由于首席技术专家办公室的技术计划应该广泛地支持NASA各个任务领域,并为未来的任务开辟新机遇,指导委员会在三个技术目标领域A、B和C都各自独立地确定优先事项,技术目标之间没有优先级可比性。

1.5 顶级技术挑战

按照定义好的三个技术目标,指导委员会以专家组给出的技术领域01到技术领域14的每个技术路线图的优先级技术挑战清单为基础评估顶级技术挑战。

每个技术目标的前10名技术挑战见表1.2。

表 1.2 按技术目标确定的顶级技术挑战

技术目标 A　顶级技术挑战	技术目标 B　顶级技术挑战	技术目标 C　顶级技术挑战
A1　提升进入空间的能力 大幅降低进入空间的成本,提高进入空间的可靠性和安全性	B1　提升进入空间的能力 大幅降低进入空间的成本,提高进入空间的可靠性和安全性	C1　提升进入空间的能力 大幅降低进入空间的成本,提高进入空间的可靠性和安全性
A2　空间辐射对健康的影响 提高对空间辐射影响人类健康的认识,发展辐射防护技术,实现长时间的载人航天任务	B2　精准着陆 提高在不同行星区域和不同时间条件下更安全、更精确地着陆的能力	C2　新的天文望远镜 开发新一代天文望远镜,以发现可居住的行星,促进太阳物理学的发展,并通过开发高对比度成像和光谱技术来研究明亮物体周围的微弱结构,从而提供前所未有的灵敏度、视场和微弱天体的光谱学
A3　长期任务对健康的影响 最大限度地减少长时间航天任务(空间辐射除外)对乘员健康的影响	B3　机器人机动性 使机器人移动系统能够自主并准确地导航和规避危险,同时增强着陆系统应对复杂地面环境的稳健性	C3　轻量化航天结构 开发新型轻量化材料和结构,以减少航天系统的质量,并提高其性能,例如:①运载火箭和有效载荷系统;②建设用于保护航天员的太空和外星球地表生活基地,包括具有轻量化辐射屏蔽功能、自我监控能力以及需要航天员维护工作时间最小化的多功能结构;③重量轻、可展开的合成孔径雷达天线,包括用于大口径空间系统的可靠机构和结构,可以紧凑地折叠起来进行发射,并实现高精度的展开外形
A4　长期持续 ECLSS 系统 实现可靠的闭环环境控制与生命保障系统,以实行近地轨道之外的长期人类太空飞行任务	B4　生命检测 改进用于原位分析的传感器,以确定当前是否可能存在有机物质的合成、是否有证据表明生命曾经出现,以及其他行星体是否具有维持生命居住的必要条件	C4　增加可用电源 使用可靠的电源系统提高能源产生和储存能力,消除航天飞行任务中电源可用性的限制,这些电源系统可以在 NASA 航天任务所特有的广泛环境中使用
A5　航天员快速转移能力 建立航天员快速往返火星或其他遥远目标的推进能力	B5　大功率电推进 开发大功率电推进系统以及电源系统使能技术	C5　更高的数据传输速率 最大限度地减少对通信数据速率和距离施加的约束

续表

技术目标 A　顶级技术挑战	技术目标 B　顶级技术挑战	技术目标 C　顶级技术挑战
A6　轻量化航天结构 开发新型轻量化材料和结构,以减少航天系统的质量,并提高其性能,例如:①运载火箭和有效载荷系统;②建设用于保护航天员的太空和外星球地表生活基地,包括具有轻量化辐射屏蔽功能、自我监控能力以及需要航天员维护工作时间最小化的多功能结构;③重量轻、可展开的合成孔径雷达天线,包括用于大口径空间系统的可靠机构和结构,可以紧凑地折叠起来进行发射,并实现高精度的展开外形	B6　自主交会和对接 实现高度可靠的自主交会、邻近操作和捕获自由飞行的空间物体	C6　大功率电推进 开发大功率电推进系统及电源系统使能技术
A7　增加可用电源 使用可靠的电源系统提高能源产生和储存能力,消除对航天飞行任务中电源可用性的限制,这些电源系统可以在 NASA 航天任务所特有的广泛环境中使用	B7　增加可用电源 使用可靠的电源系统提高能源产生和储存能力,消除对航天飞行任务中电源可用性的限制,这些电源系统可以在 NASA 航天任务所特有的广泛环境中使用	C7　软件设计 提出新的经过验证有效的计算设计、分析和模拟方法,用于材料、结构、热、EDL 和其他系统的设计、认证和可靠性评估
A8　到达地表的质量 向太阳系中的目的地运送更多的有效载荷	B8　到达地表的质量 向太阳系中的目的地运送更多的有效载荷	C8　结构监测 开发用于长期任务的结构健康和耐久性的监测工具,包括集成微型传感器和灵敏机载系统
A9　精确着陆 提高在行星上不同区域和不同时间条件下更安全、更精确地着陆的能力	B9　轻量化航天结构 开发新型轻量化材料和结构,以减少航天系统的质量,并提高其性能,例如:①运载火箭和有效载荷系统;②建设用于保护航天员的太空和外星球地表生活基地,包括具有轻量化辐射屏蔽功能、自我监控能力以及需要航天员维护工作时间最小化的多功能结构;③重量轻、可展开的合成孔径雷达天线,包括用于大口径空间系统的可靠机构和结构,可以紧凑地折叠起进行发射,并实现高精度的展开外形	C9　改进的飞行计算机 利用低功耗、耐辐射和容错硬件,开发具有先进飞行能力的设备和系统软件,用于自主着陆、交会和地面危险规避
A10　自主交会和对接 实现高度可靠的自主交会、接近操作和捕获自由飞行的空间物体	B10　更高的数据传输速率 最大限度地减少对通信数据速率和距离施加的约束	C10　低温贮存和转移 使用接近零蒸发量的系统,发展低温推进剂在太空中的长期贮存和转移方法

1.6 所有技术路线图中最高优先级的第3层级具体技术

专家组将每个技术路线图中高优先级的第3层级具体技术和各自的技术挑战之间建立了一种关联度(见附录D~附录Q中每个附录的第三个图中的相关性矩阵),使用这项研究成果,指导委员会能够把与三个技术目标相一致的高优先级技术联系起来。

指导委员会确认,在某些情况下,83项高优先级技术原始清单中的技术是高度耦合的。在优先级排序过程中,这些高度耦合的技术被分在一组,按照一个集合来考虑。这样的集合在一起的技术总共有5项(X.1~X.5)。每一项都由3~5个原始技术组成,具体技术如下:

1. X.1 载人航天飞行的辐射减缓技术

6.5.1 辐射风险评估模型

6.5.2 辐射减缓

6.5.3 辐射防护系统

6.5.4 辐射预测

6.5.5 辐射监测

2. X.2 轻量化多功能材料与结构

10.1.1 纳米增强轻量化材料与结构

12.1.1 轻量化结构材料

12.2.1 结构轻量化概念

12.2.2 结构设计与验证方法

12.2.5 新概念多功能结构

3. X.3 环境控制与生命保障系统(environmental control and life support system,ECLSS)

6.1.1 空气再生

6.1.2 水再生与管理

6.1.3 废物管理

6.1.4 居住系统

4. X.4 制导、导航与控制(guidance navigation and control,GN&C)

4.6.2 相对制导算法

5.4.3 机载自主导航和机动

9.4.7 GN&C传感器与系统

5. X.5 EDL热防护系统

9.1.1 刚性热防护系统

9.1.2 柔性热防护系统

14.3.1 上升/进入阶段的热防护系统

为了在面对预期预算有约束的情况下制定一个合理的简短技术列表,专家组进行了若干轮优先排序工作,以确定在未来 5 年内要强调的最高优先级的技术。在表 1.3(具有 16 种不同技术的三列)中按顺序列出了未来 5 年所强调的最高优先级技术。指导委员会假设,NASA 将以平衡的方法开发与所有三个目标相关的使能技术,不建议或不提倡对其中某一个目标的支持程度高于其他目标。

表 1.3 顶级技术的最终优先级(按目标来分类)

技术目标 A 所属最高优先级技术	技术目标 B 所属最高优先级技术	技术目标 C 所属最高优先级技术
载人航天飞行辐射减缓技术(X.1)	制导、导航与控制(X.4)	光学系统(仪器和传感器)(8.1.3)
乘员长期健康(6.3.2)	太阳能发电(光伏发电和太阳能热发电)(3.1.3)	高对比度成像和光谱技术(8.2.4)
环境控制与生命保障系统(X.3)	电推进(2.2.1)	探测器和焦平面(8.1.1)
制导、导航与控制(X.4)	核裂变发电(3.1.5)	轻量化多功能材料与结构(X.2)
(核)热推进(2.2.3)	EDL 热防护系统(X.5)	(低温系统)主动热控制(14.1.2)
轻量化多功能材料与结构(X.2)	原位(仪器和传感器)(8.3.3)	电推进(2.2.1)
核裂变发电(3.1.5)	轻量化多功能材料与结构(X.2)	太阳能发电(光伏发电和太阳能热发电)(3.1.3)
EDL 热防护系统(X.5)	极端地形移动(4.2.1)	

指导委员会认为,这里推荐的高优先级技术群组(人为限定了数量)形成了一个技术范围,在首席技术专家办公室用于技术开发的预期经费内(每年 5 亿~10 亿美元)可以合理安排。在平衡优选的技术开发计划内,也考虑了低技术成熟度(TRL 1 和 2)探索性概念开发和高技术成熟度飞行演示的重要性。指导委员会一致认为,NASA 先进概念研究所的资金应该占总数的 10%左右,必须尽快剔除最不具竞争力的概念研究,重点放在那些有望解决顶级技术挑战的技术上。对于技术成熟度较高的技术,飞行演示验证虽然昂贵,但是这对达到实际型号所需的技术成熟度水平是非常重要的。当用户单位有充分的"牵引"意愿,包括能合理分摊成本时,这种技术的飞行演示验证会被逐个考虑。此外,还有两项技术,即先进的斯特林放射性同位素发电机和在轨低温贮存与转移技术,指导委员会认为它们处于"临界点",即投入相对较少的研发资金能大幅度提升其技术成熟度。

建议 1 技术研发重点,在未来 5 年内,NASA 的技术研发工作应着重于:①16

项已确定的高优先级技术和相关的顶级技术挑战;②对低技术成熟度的技术进行适度但意义重大的投资(约占NASA技术研发预算经费的10%);③当目标用户有足够的兴趣,并愿意分担成本时,可以对较高技术成熟度的技术开展飞行演示验证。

建议2 先进的斯特林放射性同位素发电机。NASA首席技术专家办公室应与科学任务局及美国能源部合作,对先进的斯特林放射性同位素发电机技术硬件在合适的近地轨道之外太空任务中进行飞行演示验证。

发现 钚-238(Pu-238),与国家研究委员会以前关于钚-238(NRC 2010,2011)的报告结果一致,迫切需要重新启动燃料供应。即使先进的斯特林放射性同位素发电机研制成功,如果重新启动燃料供应的资金没有获得授权和拨款,美国将不可能在10年后进行规划中的某些关键深空任务。

建议3：低温贮存和处理,微重力下低温贮存和处理技术接近"临界点",NASA应进行在轨飞行测试和飞行演示验证,以建立技术储备。

1.7 交叉研究结果与建议

在审查和评估技术路线图草案时,考虑到首席技术专家办公室管理的先进技术研发计划的目的和战略目标,指导委员会就整个计划形成了一般性意见,并就如何保持或增强计划的有效性提出了建议。

建议1 系统分析。NASA首席技术专家办公室应使用专业的系统分析方法来完成航天技术组合的持续管理和决策支持,特别是分析备选技术、关系、优先级、时限、可用性、成熟情况、投资需求、系统工程考虑和成本-效益比等;还要检查"假定"场景,并促进整个路线图的多学科的评估、协调和整合。如有必要,首席技术专家办公室应该提前关注改进系统分析和建模工具,以实现这一建议。

建议2 升级到更高技术成熟度的技术流程管理。首席技术专家办公室应该建立严格的流程,在完成适当的里程碑节点要求和达到指定技术成熟度的情况下对相互竞争的技术进行进一步选择,以确保最有优势的技术继续提升其成熟度。

建议3 基本的技术基础。首席技术专家办公室应该重建以学科为导向的技术基础研发计划,凝聚NASA研究中心和实验室、其他联邦实验室、工业界和学术界的智慧,追求技术演进和技术革命。

建议4 新技术的合作研发。首席技术专家办公室应该与其他组织合作,整合多方资源,共同研发高优先级技术。

建议5 飞行演示与技术转化。首席技术专家办公室应该通过定义、倡导以及必要时共同出资完成飞行演示的方式与其他NASA任务办公室和外部合作伙伴进行合作。首席技术专家办公室应该为这一合作安排制定技术转化计划或类似的协议,协议应明确飞行演示的成功准则以及各参与方的预算保证。

发现1 设施。充分的研究和测试设施对航天技术的及时研发是至关重要的。在某些情况下,关键设施缺失,但是确定设施需求和设施建设不在NASA首席技术专家办公室(和本研究)的职责范围之内。

发现2 计划稳定性。技术研发计划的方向、内容和/或经费投入量的反复变化降低了计划的成效。如果缺乏持续的致力于解决问题的投入,首席技术专家办公室追求先进关键性技术稳步推进的使命将受到严重影响。

建议6 工业界对NASA数据的访问。首席技术专家办公室应该使NASA航天任务以及技术研发中获得的工程、科学和技术数据可以更加便利地为美国工业界使用,包括那些与NASA没有持续工作关系的公司和那些除执行NASA的科学与探索任务外还追求自己的商业目标的公司。为此,首席技术专家办公室应该提议对NASA工作程序进行更改,保证工程、项目数据按照便利可用的格式存档。

建议7 NASA在商业航天技术方面的投资。首席技术专家办公室在主要关注研发满足NASA自身任务需求的高价值先进技术的同时,还应该与美国的商业航天界进行合作,共同研发商业航天界寻求的有发展竞争力的技术。

发现3 交叉技术。许多技术均涉及现有技术路线图草案中的多项技术,例如航电以及除辐射效应外的空间天气方面的技术,但是,从全面解决这些问题的角度来看,技术路线图草案仅提供了一个不均衡、不完整的技术清单。

建议8 交叉技术。首席技术专家办公室应该审查每个涉及第3层级交叉技术的技术路线图,尤其是航电以及除辐射效应外的空间天气相关技术。首席技术专家办公室应该针对每个技术路线图中出现的交叉技术明确责任,并建立全面、系统的技术研发途径,协同研发高优先级交叉技术。

总而言之,NASA制定的14个技术路线图的草案集包括320个第3层级具体技术。专家组评估了14个技术领域技术路线图的分解结构,制定了一个包含295项第3层级具体技术的修订结构。在这295项技术中,有83项被专家组确认为高优先级。指导委员会对这83项技术进行了评估。通过与目标、挑战和独特技术相关的组织框架,在对所有技术路线图进行优先级排序过程中为每个独立的技术目标确定了7~8项支撑技术,本书建议未来5年需要重点研发16项独特的技术。

技术突破实际上是NASA每一次成功的基石。"阿波罗"号宇宙飞船成功登月是应用技术实现遥远梦想的成功标志。探索宇宙奥秘,对太阳系进行载人及机器人探索,NASA的这些科学任务本质上是高风险的任务,需要有新技术、新想法,需要大胆应用技术/工程/科学知识,创造所需的运载器、支持系统和空间运维基础设施。NASA在许多关键性的重要航天技术的研发与应用中处于领先地位。此外,航天技术进步在地球上的实际应用已经产生了巨大的效益。

"阿波罗"登月计划所需的技术一般是不言而喻的,有清晰和明确的驱动目标。当前,美国大部分的航天任务包括多重目标,涉及广泛的公共和私营部门的参与、多条路径的选择,面临非常有限的资源。随着航天任务的广度扩大,必要的技术研发变得越来越不清晰,需要投入更多的精力来评估前瞻性技术研发计划的最佳实现途径。NASA 现在已经进入了一个过渡阶段,从过去所需的技术目标对每个人都是显而易见的时代到了必须在许多相互冲突的备选目标间做出谨慎选择的时代。本书就如何有效地处理面对稀缺资源将重点放在最优先的技术(这些技术开发计划由首席技术专家办公室负责管理)上这一问题提供了具体的指导和建议。

1.8 2016 版概要

从历史上看,美国一直是政府和商业领域航空航天界的领先者。对先进技术的持续研发是航天领导力的一个关键因素,这对于美国实现其太空雄心(包括载人登陆火星使命)尤其重要。NASA 正在执行一系列航空和航天技术研究计划,利用技术路线图方法来确定技术需求并改进其技术研发群的管理。2010 年,NASA 制定了 14 个技术路线图,以指导航天技术的发展。这些技术路线图是美国科学、工程和医学院开展对外详细审查的主题,审查结果已记录在 2012 年 NRC 报告《NASA 航天技术路线图与优先发展技术:重建 NASA 的技术优势,为太空新纪元铺平道路》中。正如该报告中指出的那样:"随着我国太空任务的广度已经扩大,必要的技术发展变得不那么清晰,需要更多的努力来评估前瞻性技术研发项目的最佳实施途径。"

2015 年,NASA 发布了一套修订的技术路线图。修订更新的一个重要方面就是评估来自于人类探索与行动任务局和科学任务局的具体设计参考任务与其使能与增强技术之间的相关性。同年,提出对在 2015 年技术路线图出现而在 2012 年报告中未评估的航天技术的优先级进行评估。为了开展这些评估工作,成立了 NASA 技术路线图指导委员会,该委员会还要给出一种对 NASA 技术路线图未来更新进行独立审查的方法,这种更新预计每 4 年开展一次。

1.8.1 技术领域分解结构

2015 年,NASA 技术路线图的内容是由一个四层技术领域分解结构(TABS)构成。第 1 层级代表技术领域(TA),也就是技术路线图的标题,具体内容如下:
- TA01 发射推进系统
- TA02 空间推进技术
- TA03 空间电源与能量储存

- TA04 机器人与自主系统
- TA05 通信、导航、轨道碎片跟踪与表征系统
- TA06 乘员健康、生命保障与居住系统
- TA07 载人探索目的地系统
- TA08 科学仪器、观测台与传感器系统
- TA09 进入、下降与着陆系统
- TA10 纳米技术
- TA11 建模、仿真、信息技术与处理
- TA12 材料、结构、机械系统与制造
- TA13 地面支持与发射系统
- TA14 热管理系统
- TA15 航空

每个技术路线图将技术子领域作为第 2 层级,具体技术是第 3 层级,研究任务是第 4 层级。2012 年,NRC 的报告聚焦于第 3 层级具体技术的审查。2010 年 NASA 技术路线图草案的技术领域分解结构包括 320 项第 3 层级具体技术。在 2012 年 NRC 报告中推荐的改进技术领域分解结构包括 295 项技术。2015 年,NASA 技术路线图的技术领域分解结构包括 340 项技术,技术数量增加是由若干种因素共同造成的:技术增加、删除、修改、合并等。通过对 2010 年、2012 年和 2015 年技术领域分解结构中技术的详细比较(见附录 B),结果表明,42 项技术符合本书中的审查标准,可以作为"新"技术。这些新技术按照技术领域分布如下:

- TA01 发射推进系统(11 项新技术)
- TA04 机器人与自主系统(11 项新技术)
- TA05 通信、导航、轨道碎片跟踪与表征系统(4 项新技术)
- TA07 载人探索目的地系统(1 项新技术)
- TA09 进入、下降与着陆系统(3 项新技术)
- TA11 建模、仿真、信息技术与处理(8 项新技术)
- TA13 地面支持与发射系统(3 项新技术)
- TA14 热管理系统(1 项新技术)

1.8.2 高优先级技术

根据 NRC 对新技术的审查结果(采用 2012 年 NRC 报告中记录的优先级排序方法),有 5 项新技术被列为高优先级。

发现 1 基于对 2015 年 NASA 技术路线图中出现的 42 项新的第 3 层级具体技术的审查和分析结果,有 5 项新技术加入到 2012 年 NRC 报告中的 83 个高优先

级技术清单(按数字顺序列出):
- 4.3.7 抓捕
- 4.4.8 远程交互
- 9.2.7 地形相对感知与表征
- 9.2.8 自主定位
- 14.3.2 热防护系统建模与仿真

1.8.2.1 技术 4.3.7 抓捕

抓捕技术被列为高优先级,是因为它们能够对小型小行星与小行星上的巨石进行物理捕获,使所述物体附着到机器人飞船上,以及捕获自由飞行的航天器。因此,抓捕技术能支持将小行星从其自然轨道运送到月球轨道、人类从月球轨道上的巨石中收集和返回样品、消除轨道碎片、保护地球免受小行星体的影响,以及在轨组装大型航天器以完成未来探索任务。潜在的商业用途包括在商用太空资源作业中进行精细的采样或处理以确保获得巨石大小的小行星样本,并确保失效卫星返回、处置、抢救或维修。最近正在签署的美国商业航天发射竞争法案,赋予美国公民从太空中获得(或抓捕并返回)任何小行星或太空资源的权利,这可能会激发对小行星进行商业采矿的兴趣。即便如此,NASA 发展抓捕技术仍是一个高优先级事项,因为其他政府机构和行业的相关工作不大可能满足 NASA 的具体需求,特别是对于小行星采样返回任务(asteroid retrieval mission,ARM)进度。

技术 4.3.7 抓捕的内容与技术 4.6.3 对接与捕获机构及接口有所重叠。然而,技术 4.6.3 的重点是一个航天器与另一个航天器的对接,而技术 4.3.7 抓捕也包括自然物体间的相互作用,如小行星和小行星上的巨石。小行星是具有非结构物理特性的大型翻滚目标,新的抓捕技术是未来捕获小行星或小行星上的巨石所必需的。

对从小行星表面传送来的巨石样本进行捕获、锁紧操作以及回收,这代表了 NASA 机器人或载人任务中的一系列前所未有的工作。在美国国防部或其他有关组织的航空航天研究与开发中,并没有多少可以借鉴的技术。针对巨石、其他自然体和航天飞行器,具有强壮的物理捕获和锁紧能力的抓捕技术将能够极大地简化对整体捕获系统机器人的控制要求。TA04 路线图中关于这项技术的缺失是一个问题。仅提出一项第 4 层级研究任务,其表述相比第 3 层级的表述而言,未添加任何细节。另一项第 4 层级研究任务可能是解决抓捕这些大型旋转对象(如连接到可调节系绳的抓钩)的非刚性方法,用于降低物体的旋转并连接到航天器上(或将航天飞行器与其发动机固定到物体上)。

1.8.2.2 技术 4.4.8 远程交互

远程交互列入高优先级,是因为它可以提供控制与通信方法,使人类能够远程操作其他自主系统和机器人。遥控采用了控制机器人行为所必需的技术,而这些技术是使用更高级的目标而不是使用低级别指令,因此需要机器人具有半自主或自主行为能力。这项技术将支持改变游戏规则的科学和探索任务的设计,如在偏远地区进行新的机器人任务以及同时可以减少人工监督的机器人任务。远程交互还包括用于实现对远程系统进行手动控制的技术,以及使操作员能够监视系统状态、评估任务进程、感知远程环境和做出明智的操作决策(如战术计划)的技术。

1.8.2.3 技术9.2.7 地形相对感知与表征

最近,NASA通过对冥王星的新地平线任务成功完成了对太阳系的调查。随着地表探索任务日益增多的新时代来临,NASA将继续对行星进行探索。这项技术将会提供"高速率、高测量精度的算法(这种算法用于在高科学价值或预部署位置附近区域进行安全准确着陆计算)"。因此,技术9.2.7将有助于实现这个新时代的许多关键任务,并可能会引出许多惊人的新发现。地形相对感知与表征是TA09第3层级具体技术中最具有发展前景的技术。这是一项改变游戏规则的技术,可以使当前不可行的重要新任务在未来20年内实现。它影响多个任务领域中的多个任务,无论是载人任务还是机器人任务。它对航空航天界也有着广泛的影响,已经对商业与军用自主运载器产生巨大影响,如促进无人机的飞速发展。

1.8.2.4 技术9.2.8 自主定位

与技术9.2.7地形相对感知与表征高度耦合的自主定位也被列为高优先级技术,因为它是一项具有改变游戏规则潜力的技术(可以使重要的新任务变为可能,例如一些新边疆任务)。通过提高航天器对着陆与探索地域的地形评估与表征能力,这项技术将能使自主定位的下一步成为可能,当星际间的距离使得遥感导航变得困难或不可能时,这项技术可能是至关重要的。即使一个航天器是有人驾驶的,这项技术对于确保其安全着陆也是至关重要的。像技术9.2.7一样,这项技术将对航空航天界产生中等程度的影响,主要是用于商业和军用自主航天器。

1.8.2.5 技术14.3.2 热防护系统建模与仿真

热防护系统建模与仿真被列为高优先级技术,主要是由于强辐射冲击建模中的不确定性对于高速进入地球、火星或是其他星体大气内的高效热防护罩设计而言是一个技术瓶颈。早期热防护系统设计基本上是经验性的,以在地球大气层进行广泛的直接和昂贵的测试为基础。因为进入大气过程中伴随的极端环境,地面测试设施对该过程的测试也非常困难和昂贵。使用基于物理模型的计算方法(包括材料建模)通过实验室和飞行试验考核以及热防护系统的验证而得到逐步改进,能更可靠地预测热防护系统的性能。然而,仍需要进一步发展建模与仿真技术,以增强大幅度减小设计余量和实现减重的信心。在提高基于物理学的进入冲击、热辐射以及它们与烧蚀热防护层的相互作用的建模准确性与精度方面仍然存在重大挑战,这些挑战与问题要由该项技术来解决。目前,火星取样返回任务的不确定性为-50%~80%;到其他目的地的任务具有不同的不确定性范围。技术14.3.2提出的研究目标是将所有行星任务的不确定度降低到25%以下,从而减少航天器的质量和(或)增加允许的有效载荷质量。该技术与2012年高排名的交叉技术X.5 EDL热防护系统(包括刚性和柔性系统)是紧密耦合的。为了使该技术得到进一步发展并实现其潜力,必须改进建模技术。正如TA14技术路线图中所述,"该技术发展所面临的重大挑战是可用的飞行和地面测试数据有限"(p. TA 14-93)。

1.8.3 最高优先级技术

根据对三项技术目标的支撑能力,2012年NRC报告确定了最高优先级技术,这三项技术目标如下:

(1) 技术目标A,载人航天探索:将人类活动延伸并维持在近地轨道之外。这一目标聚焦于载人任务。

(2) 技术目标B,原位测量:探索太阳系的演化和其他地方存在生命的可能性。这个目标包括机器人和载人任务。

(3) 技术目标C,远程测量:扩大对地球和我们所处宇宙的认知。这一目标聚焦的是机器人任务。

这三个目标包含了NASA在空间科学、地球科学和太空探索方面的全部努力。2012年NRC报告没有评估或评论这些技术目标的相对优先级。

2012年的报告包括一个包含16个最高级优先级技术的清单。然而,16个中的5个是相关技术组,记为X.1~X.5。总的来说,最高优先级的16个(单独的或是组合的)技术是由31个独立的技术组成的。

指导委员会在2012年NRC报告的基础上将5个被列为高优先级技术中的3个增加为最高优先级技术。新的组合技术清单如下所示,新的最高优先级技术的清单如表1.4所列。在清单和表格中,新项目都以**阴影**为标志。

1. X.1 载人航天飞行的辐射缓解
   6.5.1 辐射风险评估模型
   6.5.2 辐射缓解
   6.5.3 辐射防护系统
   6.5.4 辐射预测
   6.5.5 辐射监测

表1.4 委员会最后列出的2016年最高优先级技术(按技术目标分类,包括17个独立的和成组的技术,每项技术目标多达9个技术)

技术目标 A 载人航天探索的最高优先级技术	技术目标 B 原位测量的最高优先级技术	技术目标 C 远程测量的最高优先级技术
载人航天飞行的辐射缓解(X.1) 乘员长期健康(6.3.2) 环境控制与生命保障系统(X.3) **制导、导航与控制(X.4)** (核)热推进(2.2.3) 轻量化多功能材料与结构(X.2) 核裂变发电(3.1.5) EDL 热防护系统(X.5) 抓捕、对接与处理(X.6)	**制导、导航与控制(X.4)** 太阳能发电(光伏发电与太阳能热发电)(3.1.3) 电推进(2.2.1) 核裂变发电(3.1.5) EDL 热防护系统(X.5) 原位(仪器和传感器)(8.3.3) 轻量化多功能材料与结构(X.2) 极端地形移动(4.2.1) **抓捕、对接与处理(X.6)**	光学系统(仪器和传感器)(8.1.3) 高对比度成像和光谱技术(8.2.4) 探测器和焦平面(8.1.1) 轻量化多功能材料与结构(X.2) 低温系统的主动热控制(14.1.2) 电推进(2.2.1) 太阳能发电(光伏发电和太阳能热发电)(3.1.3)

2. X.2 轻量化多功能材料与结构

10.1.1 纳米增强轻量化材料与结构

12.1.1 轻量化结构材料

12.2.1 结构轻量化概念

12.2.2 结构设计与验证方法

12.2.5 新概念多功能结构

3. X.3 环控生保系统

6.1.1 空气再生

6.1.2 水再生和管理

6.1.3 废物管理

6.1.4 居住系统

4. X.4 制导、导航与控制

4.6.2 相对制导算法(用于自主交会和对接)

5.4.3 机载自主导航和机动(用于定位、导航与定时)

9.2.7 地形相对感知与表征(用于下降和定位)

9.2.8 自主定位(用于下降和定位)

5. X.5 EDL 热防护系统

9.1.1 刚性热防护系统

9.1.2 柔性热防护系统

14.3.1 上升/进入阶段的热防护系统

6. X.6 抓捕、对接及处理
4.3.6 样品采集和处理(原"机器人钻孔和样品处理")
4.3.7 抓捕
4.6.3 对接与捕获机构及接口

发现 2 在对高优先级技术清单中新增的 5 个第 3 层级具体技术进行评审和分析的基础上,将三项技术(技术 4.3.7、技术 9.2.7 和技术 9.2.8)加入了以前的最高优先级技术清单,另外两项技术(技术 4.3.6 和技术 4.6.3)以前列在 2012 年 NRC 最高优先级技术临时清单中,具体如下:

(1) 技术组合 X.4 制导、导航与控制已扩展,包括技术 9.2.7 地形相对感知与表征(用于下降与定位)和技术 9.2.8 自主定位(用于下降与定位)。技术 9.4.7 GN&C 传感器与系统(用于进入、下降与着陆)在 2015 年的 TA09 技术路线图中没有技术内容,已经被删除。

(2) 创立了新的技术组合:X.6 抓捕、对接与处理。这个组合包括技术 4.3.6 样品采集和处理(原"机器人钻孔和样品处理")、技术 4.3.7 抓捕和技术 4.6.3 对接与捕获机构及接口。组合 X.6 已添加到最高优先级列表的技术目标 A 载人航天探索和技术目标 B 原位测量中。

1.8.4 未来的独立审查

本书提出一种对未来修订更新后的 NASA 航天技术路线图进行独立评估的方法。这种方法既考虑了从这一代技术路线图到下一代技术路线图预期可实施的变化程度,又考虑了最近对技术路线图进行全面独立审查所花费的时间。这个方法总结以下四条建议。

对未来独立审查方法的建议

建议 1 当该技术路线图发生重大变化时,应进行技术路线图的独立审查。NASA 技术路线图修订周期预计每 4 年执行一次,但 NASA 发展方向发生重大变化时可能需要更频繁的审查。审查应该采用下列两种类型中的任何一种:全面审查整套技术路线图(包括 TA15),类似于 2012 年执行的技术路线图审查方式;或进行重点审查,如 2015 年执行的审查方式。重点审查方法所占用的资源较少,因为它只涉及整套技术组合的一个子集。在对未来审查方法提出建议时,未来的每次独立审查应该侧重下一次审查时所用的方法,而不是关于涵盖多次审查的长期计划。

建议 2 在进行下一次独立审查之前,NASA 技术执行理事会和中心技术委员会(NTEC/CTC)根据其章程应优先考虑将在审查中进行审议的技术。NTEC/CTC 应向下一个独立审查委员会提交优先级的审查结果和理由。优先级排序过程应考虑第3章所述优先级排序过程中所包含的各种因素,还应得到其他因素的支持,例如将技术与设计参考任务的简明清单进行关联,包括对使能技术或增强技术的评估,使用系统分析方法来确定用于某项任务的技术相对于备选技术的技术优势,以及根据预期资金和开发进度对技术优先级进行修正。

建议3 作为其优先级排序过程的一部分,NTEC/CTC 在下一次独立审查时需要审议的每项技术应按下述类别进行分类:主导、合作、观望或停止。此外,首席技术专家办公室应更新 NASA 的电子技术数据库 TechPort,以便为每种技术指明 NASA 是否将其划归为主导、合作、观望或停止类。对于合作工作,首席技术专家办公室应该在 TechPort 中详细介绍合作的内容,包括设施、飞行测试和交叉技术的研发。

建议4 如果技术路线图和/或设计参考任务发生重大变化,下一次独立审查应该是全面的审查,或者应该是重点审查。如果新技术的比例占组成技术路线图的总技术数量的比例较小,可以只审查新技术。审查应涵盖以下内容:
- 之前由 NTEC/CTC 完成的技术优先级排序和用于进行优先级排序的方法。
- TA15 航空技术路线图。
- 技术路线图第1卷:TA0 引言、交叉技术和索引。
- 使能技术和增强技术与设计参考任务的相关性。
- 推荐用于审查的方法,并在审查中应用该方法。

参考文献

[1] NASA (National Aeronautics and Space Administration). 2011. 2011 NASA Strategic Plan. NASA Headquarters, Washington, D. C. Available at http://www.nasa.gov/pdf/516579main_NASA2011StrategicPlan.pdf.

[2] NRC (National Research Council). 2009. America's Future in Space:Aligning the Civil Space Program with National Needs. The National Academies Press, Washington, D. C.

[3] NRC. 2010. Radioisotope Power Systems:An Imperative for Maintaining U. S. Leadership in Space Exploration. The National Academies Press, Washington, D. C.

[4] NRC. 2011. Vision and Voyages for Planetary Science in the Decade 2013−2022. The National Academies Press, Washington, D. C.

第2章
绪 论

2.1 引言

当前可用的技术不足以完成预定的航天任务。

(1) 要将人类送到月球、火星或近地轨道以外的其他目的地,需要新技术来解决以下问题:①减轻来自宇宙射线背景和太阳耀斑的空间辐射的影响;②提高环境控制和生命保障系统的技术水平,使其具有高可靠性,易于在空间修复,并具备水、空气和食物闭式循环功能;③提供先进的故障安全的移动式航天服、轻型探测车、改进的人机界面、原位资源利用(ISRU)系统以及可在灰尘、微重力环境中工作的其他机械系统。

(2) NASA 的未来能力也需要大量的新技术,制造能够在更广泛的重力、环境、地表和地下条件下工作的机器人平台,并具有足够的自主性以增强其在远离地球范围内的远程操控能力。

(3) 低轨道和深空探测中的商业航天活动需要先进的发射和太空运输系统,其中一些系统可能需要在太空中贮存和转移低温推进剂。此外,深空探测系统可以采用高功率电推进系统或核推进系统。

(4) 为了增强航天器在太阳系中其他星球表面着陆的能力,需要新的技术来提供具有更高精度的 GN&C 系统,以及带有轨迹自适应调整能力的实时识别系统,用于避开星球表面的各种危险源。

(5) 能够实现天体物理学中最高优先级别目标的未来空间科学任务需要新一代低成本天文望远镜,可以利用先进的冷却器和相机系统,改进型焦平面阵列和低成本、超稳定的大孔径反射镜。同样,需要高对比度的系外行星成像技术,该技术应具有前所未有的灵敏度、视场和微弱天体光谱特征,以便能够发现和定位在宿主恒星宜居带内运行的系外行星。

因此,迫切需要建立坚实的航天技术基础。NASA 航天技术路线图指导委员会按照 NASA 首席技术专家办公室的要求,制定航天技术路线图,并征求航空航天行业的意见。

2.2 技术研发计划的范围和依据

NASA 授权法案于 2010 年 10 月 11 日正式签署成为法律,该法案要求 NASA 制定计划,以维持其在航天技术领域的研发基础。

作为专业行政机构,NASA 维持航天技术基础是至关重要的。这有助于调整任务指挥部投资方向,补充任务指挥部资助的研究项目,支持其长期需求,并在适当的时候按照创新伙伴关系计划和其他合作方式支持多个用户(公法 111~267 页,904 条)。

为此,2011 年 2 月 14 日,NASA 发布了 2011 年 NASA 战略计划,概述了在 2011—2021 年及以后的 NASA 目标和计划(NASA,2011)。战略计划明确了与本研究范围直接相关的 5 个战略目标。第 6 个战略目标直接涉及 NASA 的航空任务,正如在前言中提到的,这项任务不在本研究范围之内。14 个航天技术路线图草案确定了指导委员会和专家组评估和优先考虑的关键性使能技术。它们共同构成了建立和实现 2011 年战略计划中概述的战略目标的基础:

(1)延伸和维持整个太阳系的人类活动。

(2)拓宽对地球和我们所居住的宇宙的科学理解。

(3)为我们的探索、科学和经济未来创造颠覆性的航天新技术。

(4)推进航空研究,以使社会受益。

(5)提升项目执行和机构创新能力,以执行 NASA 的航空和航天研究任务。

(6)与公众/教育工作者和学生分享 NASA 的知识,提供参与我们的任务、培育创新精神、为强大的国民经济做出贡献的机会。

2.3 技术路线图草案

作为制定实施航天技术方案详细计划工作的一部分,首席技术专家办公室提出了 14 个技术路线图草案。这些路线图确定了 14 个技术领域在未来 5~30 年内先进航天技术研发的时间顺序及相互关联性,其中 2010 年和 2015 年 14 个技术领域如表 2.1 所列。

对于每一个技术领域,首席技术专家办公室都建立了一个跨部门团队来起草其技术发展技术路线图,草案于 2010 年 11 月向公众发布。技术路线图草案提供了大量振兴 NASA 先进航天技术研发计划的机会,是指导委员会评估和确定技术优先顺序的起点和出发点,指导委员会据此提出需要改进的建议。此外,在这些技术路线图中有一些共同的主题,如果进行打包处理将促进整体能力改善,因此针对这种情况所提的建议是通用的。

表 2.1　2010 年和 2015 年 14 个技术领域列表

2010 年技术路线图	2015 年技术路线图
TA01 发射推进系统	TA01 发射推进系统
TA02 空间推进技术	TA02 空间推进技术
TA03 空间电源与能量储存	TA03 空间电源与能量储存
TA04 机器人、遥操作机器人与自主系统	TA04 机器人与自主系统
TA05 通信与导航	TA05 通信、导航、轨道碎片跟踪与表征系统
TA06 乘员健康、生命保障和居住系统	TA06 乘员健康、生命保障和居住系统
TA07 载人探索目的地系统	TA07 载人探索目的地系统
TA08 科学仪器、观测台与传感器系统	TA08 科学仪器、观测台与传感器系统
TA09 进入、下降与着陆系统	TA09 进入、下降与着陆系统
TA10 纳米技术	TA10 纳米技术
TA11 建模、仿真、信息技术与处理	TA11 建模、仿真、信息技术与处理
TA12 材料、结构、机械系统与制造	TA12 材料、结构、机械系统与制造
TA13 地面支持与发射系统	TA13 地面支持与发射系统
TA14 热管理系统	TA14 热管理系统
—	TA15 航空

技术路线图是通过技术领域分解结构(见附录 B)进行组织,后者又作为本项研究中评估该技术的基本架构。第 1 级代表技术领域(technology area,TA),它是技术路线图的标题。每个技术路线图又有第 2 层级(子领域)和第 3 层级(具体技术)。NASA 制定的 14 个技术路线图草案包含 320 项技术。专家组评估了 14 个技术路线图的技术领域分解结构,并提出了包含 295 项技术的修订结构(完全修订的技术领域分解结构如附录 B 所示)。在这 295 项技术中,83 项技术被专家组认为具有高度优先级(见第 4 章)。指导委员会在其优先排序中只评估了这 83 种技术。在第一轮优先级排序中,指导委员会为每个目标制定了 11~15 项技术的过程清单,共有 28 项独特的技术入围。最后一轮优先级排序筛选出的每个目标有 7~8 项技术,共有 16 项独特的技术入围。优先级排序过程中的评估步骤将在第 3 章中叙述。

技术路线图的制定目的是对未来 5~30 年技术发展目标的持续归纳整理。在确定第 3 层级具体技术过程中,NASA 任务指挥部帮助确定了"牵引"技术,这些技术可能有助于未来的具体任务。技术路线图还包括新出现的"驱动"技术,这些技术可以使任务能力超出计划任务技术基线的需求,并可实现尚未设想的任务。

本书是本项研究产生的两份报告中的第二份报告。2011年8月发布了一份中期报告,对多数技术路线图中的第3层具体级技术进行修正。它还提供与技术路线图相关的高水平评论,并确定跨越多个技术路线图的技术差距。

2.4 利益相关者:研发合作伙伴和最终用户

技术路线图所包括的大多数技术都有多个利益相关者,其中合作研究和技术开发有利于所有相关方,NASA应适时整合各方资源以实现更大的技术进步。政府其他机构和部门(如美国国防部)与工业部门和高校并行开展工作,投入大量精力与经费进行相关技术的研发。NASA的项目经理和研究人员需要在合作研究和开发合作伙伴关系中,与NASA之外的同行密切合作。同样,为了加快技术转移,当首席技术专家办公室认为该技术具备移交条件时,应尽早且快节奏地与最终用户进行协调。处于NASA体系内的最终用户是那些负责科学、探索和运营的任务指挥部,此时他们也是合作伙伴。在积极主动合作的文化背景下,首席技术专家办公室鼓励向终端用户转移技术,这些终端用户可能是工业界、其他政府机构或部门,或者是在NASA技术目标之外探索新途径的大学。本研究的范围包括工业界对商业航天的技术需求,以便在更广泛的规模下满足诸如能源、医药等国家需求的航天技术。

2.5 本书的主要内容

本书叙述了6个专家组和指导委员会对NASA航天技术路线图草案所给出的专业意见、评估以及技术优先级排序。由主题专家组成的专家组各自负责评估1~4份技术路线图草案。指导委员会负责向专家组提供指导及协调工作,并编制中期报告和最终报告。

第3章描述了每个专家组评估过程,并总结了关键的研究成果,这些研究成果以顶级技术挑战优先级列表形式及从每个技术路线图中提出高优先级技术的形式给出。每个专家组对每个技术路线图的审查结果的详细描述见附录D(针对TA01)至附录Q(针对TA14)。具体来说,这些附录包含以下内容:

(1)技术路线图草案中技术领域的描述,包括专家组对与每个技术领域相关的第3层级具体技术清单所做的更改;

（2）专家组确定的顶级技术挑战；

（3）对第3层级具体技术所做的详细数字评估结果；

（4）对每种最高优先级技术的描述和评估；

（5）对中、低优先级技术评级的简要说明；

（6）讨论技术路线图中技术的发展和进度变化；

（7）其他一般性意见；

（8）关于技术路线图草案的公共研讨会总结。

第3章描述了指导委员会从每个技术路线图的专家组获取审查意见的过程，并给出了考虑30年时间窗口的未来5年内关于最高优先技术的建议。

第4章通过使用由三个技术目标定义的组织框架来确定最重要的技术挑战：

（1）将人类活动延伸并维持在近地轨道之外。

（2）探索太阳系的演化和其他地方存在生命的可能性（原位测量）；

（3）扩大地球和我们所处宇宙的认识（远程测量）。

第5章阐述了对涉及多个技术路线图的主题的意见，并提出了其他建议，包括中期报告中讨论的许多主题（其中不包括建议）。

第6章介绍了未来技术路线图修订的独立评估方法。

参考文献

[1] NASA (National Aeronautics and Space Administration). 2011. 2011 NASA Strategic Plan. NASA Headquarters, Washington, D.C.

[2] NRC (National Research Council). 2009. America's Future in Space: Aligning the Civil Space Program with National Needs. The National Academies Press, Washington, D.C.

第3章
顶级技术挑战和高优先级技术

3.1 技术评估程序与准则

NASA 航天技术路线图指导委员会制定了一组评估准则,可以用来确定每个技术领域中各种技术的优先级,最终能完成所有技术领域中所有技术的优先级排序。选择这些准则是为了捕捉与分析各种技术的潜在收益、广度和风险,并且它们能够作为专家组和指导委员会的评估指南,进而可以用来确定技术的最终优先级。除了用于确定技术优先顺序的主要评估准则外,对于每项技术,还设置了一组辅助描述性要素。通过增加这些描述性要素,可以提高专家组对技术评估的全面性,并能协助进行评价。

采用指导委员会制定的准则和其他描述性要素,我们通过网站来征求更广泛的业界意见和建议,共收到了 240 多条关于技术路线图草案的公众意见。公众和专家组都采用相同的评价规则对技术进行评价,以便各种意见更加公平且可以相互比较,专家组成员在评估技术时考虑到这些意见以及公共研讨会上获得的意见和建议。最后,专家组对每项技术的每个准则达成了一致结论。

在评估特定技术并确定其优先顺序时,指导委员会对技术研发和工程研发进行了区分。技术研发是 NASA 技术路线图草案的重点,主要用于解决为提高现有航天系统性能或实现比现有航天系统性能更具优势所必需的认知和评估能力及方法上存在的问题。与此相关的技术既包括硬件,也包括软件,以及在各种技术成熟度水平下面向未来航天系统应用的硬件(从组件级到系统级)和软件(包括设计工具)的测试及评估技术。相比之下,工程开发通常试图实施和应用现有或可用技术,在本研究中理解为在 NASA 采办过程的所有阶段对系统进行硬件与软件设计、生产、测试、验证和确认。高优先级技术不包括以提升能力为目标的工程研发项目所需的技术。

3.1.1 顶级技术挑战

针对每个技术领域,专家组都提炼出了大量的技术挑战,这些技术挑战应该由NASA来解决,以提高NASA完成其空间探索任务及目标的能力。梳理出这些顶级技术挑战是为了指明技术研发的重点方向,并有助于确定第3层级具体技术的优先级。制定这些挑战也是为了确定NASA在每个技术领域内的一般需求,而技术本身则要解决如何满足这些需求。一旦提炼出了顶级技术挑战,随后专家组确定每个技术领域中技术挑战的相对重要性,就将它们放在优先序列上。

3.1.2 描述性要素

指导委员会确定了有助于表征每项技术的三个描述性要素。虽然它们不是确定技术优先级的主要要素,但它们有助于更好地了解技术的现状或当前状态。

(1) 技术成熟度(technology readiness level, TRL):该要素使用NASA的技术成熟度等级体系描述了技术发展的当前状态。技术成熟度等级体系见表3.1中的定义。NASA应该对所有级别技术的研发都进行资助,因此我们确定技术成熟度不应作为技术优先级评价的基础。在评估技术成熟度等级时,要求专家组重点评估那些受到关注且最有发展前景的技术。例如当前广泛使用的电推进系统,它们在总体上应被评估为第9级技术成熟度(TRL 9)。然而,大功率电推进技术发展比较缓慢,因此2.2.1电推进技术被评估为第3级技术成熟度(TRL 3)。

(2) 临界点:临界点要素用于确定技术是否处于这样的一种状态:使用相对较少的额外工作(与将该技术推进到当前状态所付出的工作相比)就可以使其技术成熟度得到显著提高,由此提高该技术的优先级是非常合理的。

(3) NASA能力:该要素考虑了NASA在这一技术上的研究如何与NASA和/或与NASA在这一领域有合作的其他单位的专业知识、能力和设施相一致。它还表明NASA在这项技术上所做的研究对其他组织正在进行的研究有多大的参考价值,这不是评估哪些技术应处于高优先级的主要考虑要素。相反,它是评估该技术是否应由NASA负责研发的要素之一,或NASA是否应支持其他单位目前所做的努力。该要素还涉及NASA是否应该投资那些高优先级技术以提高自身能力。

3.1.3 评估准则

指导委员会提出了用于公平评价技术优先级的三个主要准则。这三个准则分

表 3.1 NASA 技术成熟度

技术成熟度等级	定 义	硬件描述	软件描述	评价准则
1. 发现和报告技术基本原理	最低的技术成熟度，科学研究开始转化为应用研究与开发，例子可包括关于技术基本属性的书面研究	产生支撑硬件技术概念/应用的科学知识	产生了支撑软件架构和数学公式基本属性的科学知识	同行审查了支撑所提概念/应用的研究出版物
2. 阐明技术概念和/或应用	发明开始，基本原理一旦得到确认，就可以启动实际应用研究，这种应用是推测性的，没有实据或详细分析来支持这种假设。例子仍然限于书面研究	发明开始，确定实际应用，但这是推测性的，没有实验证据或详细分析可用于支持这个推测	确定实际应用，但这是推测性的，没有实验证据或分析可用于支持这个推测。定义了算法，表示和概念的基本属性，用合成数据开展实验	记录了解决可行性和效益的应用/概念的描述
3. 通过分析和实验对关键功能和/或特性进行概念验证	这是走向成熟的一步，开始主动的研究开发(research and development, R&D)，这必须包括将技术纳入到适当背景环境下的分析研究和实验室研究，以实际验证分析预测的正确性。这些研究和实验应该构成第2级所提出的应用的"概念验证" (TRL 2)	将技术置于适当的背景下进行分析研究，通过实验室演示、建模和仿真以验证分析预测结果	开发有限的功能来验证使用非集成软件组件的关键属性和预测结果	记录了分析/实验结果，验证关键参数的预测
4. 实验室环境下的部件和/或原理样件的功能验证	在成功完成"概念验证"工作之后，必须集成基本的技术要素，以确定这些部件将协同工作。实现组件和/或原理样机概念级的性能水平。必须设计这种验证以支持早期提出的概念，并且还应该符合潜在系统应用的要求。与最终系统相比，这种验证是一种相对"低保真度"：它可以由实验室中临时搭建的、分散的组件组成	构建并运行低保真系统/组件原理样机，以演示基本功能和关键测试环境，相关性能预测相对于最终环境而定义的	集成关键软件组件，并完成功能上至关重要的关键软件组件开发。定义互操作性并开始构性能，以建立互操作环境。定义了相关环境，并预测了在此环境中的性能	记录的测试性能与分析预测结果一致，记录有关环境的定义

续表

技术成熟度等级	定 义	硬件描述	软件描述	评价准则
5. 相关环境下的部件和/或原理样机功能验证	在这个级别上,待测试的组件和/或原理样机的保真度必须显著增加。必须将基本的技术要素与相对合理的支持元素相结合,以便在"模拟"或相对真实现实的环境下测试总体应用(组件级、子系统级或系统级)	构建和运行中等保真系统部件/仿真样机,以在模拟使用环境中演示整体验证性能,并具有实际的支持要素,能显示关键领域的整体性能。对后续研发阶段进行性能预测	端到端软件元素实现,并与现有的系统/仿真样机接口,符合目标环境。端到端软件系统在相关环境下进行测试,满足预测性能。预测使用环境下的性能。实现原型开发	记录的测试性能与分析预测结果一致,记录扩展需求的定义
6. 相关环境下系统/子系统模型或原型演示验证	第5级技术成熟度(TRL 5)完成后,技术演示验证保真度水平迈出了重要一步。在第6级技术成熟度(TRL 6),一个代表性的模型或原型系统,或系统远远超出使用的原理样机,将在相关环境或离散级别的相关环境中进行测试。在这个级别上,如果唯一的相关环境是空间,那么模型或原型必须在太空中进行演示验证	在相关环境中构建并运行了一个能充分解决所有关键问题的高保真系统组件原型,以演示在关键环境条件下的操作	该软件的原型在实际问题上得到了全面的演示验证。与现实问题充分相关的硬件/软件系统部分集成。有限的硬件文档可用,有限的工程可行性	记录的测试性能与分析预测结果一致
7. 系统原型在使用环境下演示验证	原型接近或处于规划的使用系统中。第7级技术成熟度(TRL 7)是超越第6级技术成熟度(TRL 6)的重要一步,需要在空间环境中进行演示验证。原型应该接近或必须实际的系统原型演示验证的视规模,演示验证必须在太空中进行,典型案例如在飞行试验平台上测试原型	在相关环境中构建并运行了一个能充分解决所有关键工程问题的高保真系统原型,以演示实际操作环境和平台(地面、机载或太空)中的性能	原型软件具有可用于演示验证和测试的所有硬件/软件关键功能,验证了使用中的硬件/软件系统充分集成,验证了使用中的可行性。删除软件中的大多数错误,有限的文档可用	记录的测试性能与分析预测结果一致

续表

技术成熟度等级	定义	硬件描述	软件描述	评价准则
8. 实际系统完成,并通过试验和演示验证获得"飞行资质"	技术已被证明能够以最终形式在预期的条件下工作。在几乎所有情况下,这个级别是为大多数技术末所开展的真实系统研发工作的结果,这包括将新技术整合到现有系统中	通过在其预期的使用环境和平台(地面、空中和太空)中的测试和分析,成功地演示验证了最终配置的最终产品	所有软件都已经彻底调试,并与所有使用的硬件和软件系统完全集成。所有用户文档、培训文档和维护文档都已完成。所有功能在模拟使用场景中均得到了成功演示。验证和确认(verification and validation,V&V)已完成	记录任务使用结果
9. 实际系统通过成功执行任务得到"飞行验证"	该技术在其最终形式和特定任务条件下的实际应用,如在使用中遇到的那些情况。在几乎所有的情况下,这是真实系统研发的最后一个"缺陷修复"工作的结束。该技术成熟度水平不包括正在进行或可重复使用系统的计划中的产品改进	最终产品在实际任务中成功运行	所有软件都经过彻底调试,并与所有使用的硬件和软件系统完全集成。所有使用的软件工程支持已经完成,持续使用文档已经到位。系统在使用环境中成功运行	记录任务使用结果

引自:NASA Procedural Requirements 7120.8, Appendix J.

别是收益、一致性、技术风险与挑战。下面将对每一个准则进行详细的描述。对于后两个准则,又制定了三项子准则来协助进行技术优先级评估。

对于每个评估准则或子准则,建立 4 个(或 5 个)等级,并且要求公众和专家组成员评价每项技术时要按照评估准则应当达到怎样的等级来确定。为保持一致,我们为每个等级制定一组定义。等级的定义作为指南,提供给专家组和指导委员会成员,以便他们对每项接受评估的技术分配适当的等级,进而可以对技术的优先级进行排序。等级的定义应使大多数技术都处于中间等级,而处于最低等级或最高等级的技术,则需要合理的理由。在非线性尺度(如 0-1-3-9)上对每个等级分配特定的数值分数,以强调总得分的分布。数值分数越高,表明越能满足 NASA 的任务目标。负数则表示不是所期望的特性。

1. 收益

在该项研究的时间框架内,这项技术能否提供改变游戏规则的颠覆能力?这项技术的研发可能会对现有功能产生怎样的增强?

(1) 这项技术在未来 20 年内不太可能显著提升任务能力或大幅度降低任务的全生命周期内成本。得分:0

(2) 这项技术在未来 20 年内有可能导致:①任务能力略有改善(如系统发射质量减少不到 10%);②任务生命周期成本略有改善;③任务的数据量或可靠性改善不到一个数量级。得分:1

(3) 这项技术在未来 20 年内有可能导致:①任务能力重大改善(如质量减少可达 10%~30%);②任务生命周期成本的轻微改善或任务的数据量或可靠性增加一个数量级。得分:3

(4) 这项技术很有可能提供改变游戏规则的颠覆性能力,从而使得当前不可行的重要项目或任务在未来 20 年内可行。得分:9

2. 一致性

制定了三个子准则来评估与 NASA 目标的一致性。

(1) 与 NASA 需求的一致性:NASA 在这项技术上的研究如何提高 NASA 满足其长期需求的能力?例如,相关技术路线图中列出的哪些任务领域和任务将直接受益于该技术的发展,这种影响的性质如何?还有哪些计划或潜在的任务能从中受益?

① 该项技术不直接适用于 NASA。得分:0

② 该项技术将影响 NASA 某个任务领域中的某个任务。得分:1

③ 该项技术将影响 NASA 某个任务领域的多个任务。得分:3

④ 该项技术将影响 NASA 多个任务领域的多个任务。得分:9

(2) 与非 NASA 的航天技术需求的一致性:NASA 在这项技术上的研究如何改进 NASA 解决非 NASA 航天技术需求的能力?

① 对NASA特定需求之外的航天活动影响不大或没有影响。得分:0
② 影响力将限于利基角色。得分:1
③ 将影响NASA特定需求之外的大部分航天活动(如商业航天器)。得分:3
④ 将对整个航天界产生广泛的影响。得分:9

（3）与非航天的国家需求的一致性:NASA在这项技术上的研究如何提高NASA从更广泛的国家发展层面(如能源、运输、卫生、环境管理或基础设施)解决国家需求的能力？

① 对航天以外的工业界影响很小或没有影响。得分:0
② 影响力将限于利基角色。得分:1
③ 对航天以外的特定行业(如医药)有用。得分:3
④ 将在航天界外广泛使用(如能源产生或储存)。得分:9

3. 技术风险与挑战

制定了三个子准则来评估技术风险和挑战准则。在这个准则中,所制定的等级并不如"收益"和"一致性"中所制定的等级那么直接。它们是为了考虑指导委员会对于NASA技术发展的适当风险状况的看法而提出的。

（1）技术风险与合理性:该技术风险的整体性质和/或该技术研发在设想的时间框架内取得成功的合理性是什么？风险级别是否足够低？NASA如果没有专门资助相关研究工作,工业部门是否会完成这项技术的开发？还是它已经可以用于商业或军事应用中？关于技术研发的预期工作量和时间表:①鉴于技术的复杂性和需要克服的技术挑战,它们是否可信？②考虑到可能的替代技术所带来的预期效益,它们是否合理？

① 与该技术研发相关的技术风险极低,因为工业部门或特定的NASA任务办公室可以完成其研发(如果任务需求出现,则不需要额外的NASA技术投资)。得分:1
② 与该技术研发相关的技术风险较低,NASA完成技术研发所需的可能成本和时间周期预计不会大幅度超过以往研发类似技术所需的成本和时间周期。得分:3
③ 与该技术研发相关的技术风险是由中到高,这非常符合NASA对技术研发风险的容忍度,但NASA完成技术研发所需的可能成本和时间周期预计将大幅度超过以往研发同类技术的成本和时间周期。得分:3
④ 与该技术研发相关的技术风险是由中到高,这非常符合NASA对技术研发风险的容忍度,但NASA完成技术研发所需的可能成本和时间周期预计不会大幅度超过以往研发同类技术的成本和时间周期。得分:9
⑤ 与这项技术研发相关的技术风险极高,因此在未来20年内,如果没有意想不到的颠覆性突破和/或非凡的努力,则期望获得任何可见收益都是不合理的。得

分:1

（2）排序与进度:相对于需要这项技术的时间点,其开始研发的时机是否合适？需要有什么其他新技术来实现这项技术的研发,这些新技术研发是否都已经完成？这项技术与其他正在研发的新技术之间的相互关系有多复杂？还有哪些其他新技术有助于实现该项技术？是否有切实可行的计划用于这项技术研发？技术研发工作与潜在用户是否有良好的联系？

① 这是一种极其复杂的技术,且/或高度依赖于多个其他项目,然而这些项目与该技术之间的接口并没有得到充分的考虑或理解。得分:-9

② 这项技术的研发路线只是粗略地勾画出来,但没有明确的用户（任务）。得分:-3

③ 有一个明确的推进这项技术的计划。虽然需求非常明显,但没有特定的用户。得分:-1

④ 有一个明确的推进这项技术的计划,有非常明显的需求,来自用户的联合研发资金似乎很可能到位。得分:1

（3）所需付出的时间和投入:达到这项技术的预期目标需要多长时间和多大努力？

① 全国努力:可能需要5年以上的时间以及投入大量的新设施、组织和人员才能实现预期目标;所需时间及资源投入量相当于或超过航天飞机、"曼哈顿"计划或"阿波罗"计划。得分:-9

② 重大项目:可能需要5年以上的时间且投入大量的新设施才能实现预期目标;类似"阿波罗"飞船热防护系统或"猎户座"飞船环境系统的研发。得分:-3

③ 适度的努力:可能需要不到5年的时间以及中等规模的研究团队（少于50人）即可实现预期目标（如"火星探路者"的安全气囊系统）。得分:-1

④ 最小的努力:可以在若干年内由一个非常小（不到10人）的研究团队（例如研究生/教师大学项目）即可实现预期目标。得分:0

3.1.4 评估方法

各个专家组的任务是将所负责的技术分为高、中、低三个等级,这主要是通过使用上述准则对技术进行分级。专家组根据每个技术领域的质量功能展开（quality function deployment,QFD）技术生成加权决策矩阵。在这种方法中,每个准则都由指导委员会给出数值权重,通过将专家确定的等级乘以准则加权系数并对结果求和,对每项技术计算单个分数。

指导委员会根据准则重要性的权重,以满足NASA技术进步的目标为基础。它确定了技术的潜在收益是优先考虑的最重要因素,技术风险与挑战排在第二位,一致性在三个评估准则中处于第三位。为了能够在子准则级别上进行加权,指导委员会分配给一致性的总权重为9,技术风险与挑战的权重为18,而收益的权重为27。然后将这些数值划分给子准则,产生如表3.2所列的数值加权系数。

表3.2 专家组评估时各个评估准则的数值加权系数

准则	数值权重
收益(27)	27
一致性(9)	—
与NASA需求的一致性	5
与非NASA的航天技术需求的一致性	2
与非航天的国家需求的一致性	2
技术风险与挑战(18)	—
技术风险与合理性	10
排序与进度	4
所需付出的时间和投入	4

该方法通过准则评估对技术如何满足NASA的目标进行了初步评定。在每个专家组针对每项技术的所有准则的等级达成共识后,再计算出每项技术的QFD总分。考虑图3.1所示的示例,技术1.1.1的QFD得分使用每个准则的分数和相应的权重系数,计算如下:

$$1\times27+3\times5+3\times2+0\times2+3\times10-1\times4-1\times4=70$$

将这些技术按其总QFD分数进行排序。在图3.1中,技术1.3.1涡轮基组合循环的得分最高,因此它在这三项技术中具有最高优先级。

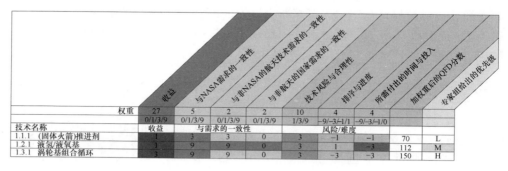

图3.1 (见彩图)QFD得分汇总矩阵示例(来自TA01的3项技术及其QFD分数)

一旦专家组按总分数对技术进行排序,然后就将这些技术分为高、中、低优先级三档。这种划分应由每个专家组对其所负责每个技术领域主观执行,寻找优先级可能的自然分割线。例如,在对TA01进行评估时,专家组决定中优先级与高优先级技术之间的分割线应该是150分,而中优先级与低优先级技术之间的分割线应该是90分。

为了增加评估过程的灵活性,专家组还可以选择他们认为应该是高度优先事项的关键技术,尽管这些技术没有达到高优先级的数值分数。但无论数值分数如何,它们都可以被专家组调整为高优先级。因此,通过允许专家组使用这种调整条款,可以有效地使用数值评分过程,而不会使评估成为一种束缚。基于295项第3层级具体技术的原始QFD评分,64项技术初始被认为是高优先级,128项技术为中等优先级,103项技术为低优先级。随后,根据技术的关键程度,专家组决定调整部分技术的QFD分数,将18项中等优先级技术和1项低优先级技术(6.4.4补救措施)提升至高优先级组。最终的结果是拥有83项高优先级技术,110项中等优先级技术和102项低优先级技术。指导委员会认为,专家组评分的结果验证了QFD评分过程的设计,并决定让专家组适当地调整他们认为是关键技术的QFD分数。

专家组还评估了哪些技术最有可能达到已确定的顶级技术挑战。虽然每个技术领域内的许多技术都具有解决一个或多个问题的潜力,但专家组仅标记了通过投资会产生重大或中等影响的这些技术。该评估用于验证高优先级技术的正确识别,偶尔也被用作使用调整选项的验证。

3.1.5 公众研讨会

我们举办了一系列研讨会,征集有意参与技术路线图讨论的行业成员的意见。研讨会由各个专家组组织,研讨会发言嘉宾则由专家组成员邀请。这些研讨会向公众开放,并设置与会观众参与公开讨论的时间。在评估第3层级具体技术时,专家组成员参考了公开研讨会期间与会观众发表的各种意见。每个研讨会的详细总结都可以在每个技术路线图报告的末尾找到(技术路线图报告可以在附录D~附录Q中找到)。表3.3列出了每个公共研讨会的相关信息。

表3.3 针对每个技术路线图举办的公共研讨会基本情况

技术路线图	研讨会召开时间	研讨会召开地点	专家组
TA01 发射推进系统	2011年03月23日	美国加州理工学院	专家组1:推进和电源
TA02 空间推进技术	2011年03月21日	美国加州理工学院	专家组1:推进和电源
TA03 空间电源和能量储存	2011年03月24日	美国加州理工学院	专家组1:推进和电源
TA04 机器人、遥操作机器人与自主系统	2011年03月30日	美国华盛顿凯克中心	专家组2:机器人、通信与导航

续表

技术路线图	研讨会召开时间	研讨会召开地点	专家组
TA05 通信与导航	2011年03月29日	美国华盛顿凯克中心	专家组2:机器人、通信与导航
TA06 乘员健康、生命保障与居住系统	2011年04月26日	美国休斯顿月球与行星研究所	专家组4:乘员健康与地表探索
TA07 载人探索目的地系统	2011年04月27日	美国休斯顿月球与行星研究所	专家组4:乘员健康与地表探索
TA08 科学仪器、观测台与传感器系统	2011年03月29日	美国加州尔湾贝克曼中心	专家组3:仪器与计算
TA09 进入、下降与着陆系统	2011年03月23~24日	美国加州尔湾贝克曼中心	专家组6:进入、下降与着陆系统
TA10 纳米技术	2011年03月09日	美国华盛顿凯克中心	专家组5:材料
TA11 建模、仿真、信息技术与处理	2011年04月10日	美国华盛顿凯克中心	专家组3:仪器与计算
TA12 材料、结构、机械系统和制造	2011年03月10日	美国华盛顿凯克中心	专家组5:材料
TA13 地面支持与发射系统	2011年03月24日	美国加州理工学院	专家组1:推进和电源
TA14 热管理系统	2011年03月11日	美国华盛顿凯克中心	专家组5:材料

3.2 顶级技术挑战与高优先级技术概述

6个专家组采用上述方法对14个技术路线图草案进行评估,并基于各种形式的公众意见和内部审议结果,为指导委员会撰写评估报告,在报告中,将第3层级具体技术的优先级分为高、中、低三档,描述了高优先级技术的价值,确定了技术路线图草案的差距,明确了所涵盖技术的发展或进度变化,并总结了以技术路线图草案为重点的公众研讨会。每个技术路线图均有一个评估报告,该报告作为本书的附录(见附录D~附录Q)。下面概述了每个技术路线图所对应的顶级技术挑战和高优先级技术,以及其他相关情况。

应该指出的是,每个技术路线图的顶级技术挑战都由专家组确定优先次序,并以优先顺序列在这里。除了将第3层级具体技术分别划分到高优先级、中优先级和低优先级三类中之外,并没有要求专家组对第3层级具体技术进行优先排序。所有高优先级技术如下所述,其顺序是按照该技术所获得的质量功能展开数值分数来确定的。

3.2.1 TA01 发射推进系统

TA01 包括提供从地球表面到地球轨道或地球逃逸轨道的航天飞行任务所需的所有推进技术,含固体火箭推进系统、液体火箭推进系统、吸气式推进系统、辅助推进系统和非常规/其他推进系统。从地球表面到轨道的发射行业目前依赖非常成熟的推进技术,只有小幅度的技术改进是可能的,近期无法实现突破性技术。因此,将需要大量的时间和经费投入到新技术的研发工作中。

3.2.1.1 TA01 顶级技术挑战

(1)降低成本:发展有前景的推进技术,大幅降低总发射成本,提高进入空间的可靠性和安全性。

目前,高发射成本是航天任务的主要障碍,限制了 NASA 航天任务的数量和范围。即使在过去几十年内对发射领域投入了大量的经费,但发射成本并没有下降,实际上仍在持续增长。可靠性和安全性对于 NASA 的航天任务至关重要。寻找能提高可靠性和安全性但又不大幅度增加成本的方法是一个主要的技术挑战。

(2)上面级发动机:研发一种适用于进入地球轨道和空间应用的低成本、高比冲的上面级发动机,以满足 NASA、美国国防部和商业航天的需求。

RL-10 发动机是目前正在使用中的上面级发动机,但它是基于 50 年前的技术,价格不菲又难以生产。有望降低成本和提高可靠性的替代型发动机及其设计是一个重大挑战。此外,由于高效的生产能显著降低成本,所以适应广泛应用场合的制造技术也是非常急需的。

3.2.1.2 TA01 高优先技术

TA01 中有两项高优先级技术。对于这两种技术,由于它们在 NASA 任务中能得到广泛应用,所以被确定为高优先级状态。然而,每种技术都面临着大量的技术挑战,指导委员会认为,要使这些技术可行,需要数十年的研发工作,以及大量和持续的资金投入。

技术 1.3.1:涡轮基组合循环

涡轮基组合循环(turbine based combined cycle,TBCC)推进系统有望能综合燃气涡轮和火箭的优点,可以降低发射成本和提高响应速度。多年来,NASA 一直在研究火箭吸气式循环技术,其在超声速吸气式循环技术方面投入和专业知识的典范是实验性 X-43 项目。

技术 1.3.2:火箭基组合循环

火箭基组合循环(rocket based combined cycle,RBCC)推进系统将吸气式冲压发动机和超燃冲压发动机的高比冲与化学燃料火箭的高推力—质量比相结合。它们能提供比现有发射系统成本低很多的发射系统。类似上文对涡轮基组合循环所述,多年来,NASA一直在研究火箭吸气式循环技术,其在超声速吸气式循环技术方面投入和专业知识的典范是实验性X-43项目。

3.2.1.3 补充评论

发射推进技术的发展时间表将严重依赖于为探索计划所选择的总体战略和架构以及可用的资金。特别相关的是发射经济学,尤其是关于发射频率和正在发射的任务数量。此外,还有一些技术是包含在其他技术路线图中,特别是TA02(空间推进技术)和TA04(机器人、遥控机器人与自主系统),这些技术为其他架构的选择打开了调整之门,如需要在轨推进剂转移技术的燃料加注站。例如,人们可将大型空间任务进行分解,采用较多的低成本运载火箭完成一些大型空间任务的组合发射。与具体的发射技术相比,这些技术可以使发射成本大幅度降低。

3.2.2 TA02 空间推进技术

TA02包括在航天器离开运载火箭之后执行空间飞行任务所需的所有与推进相关的技术,包括化学推进、非化学推进、先进推进技术和支撑技术等4个第2层级技术子领域。该技术领域包括应用于各种空间任务的推进技术,如近地轨道中的天体物理卫星的精准指向、机器人科学和地球观测任务,用于载人航天器的大推力离开地球轨道,用于人类探索的小推力货物转移,以及行星进入、着陆和上升推进。如此广泛的应用催生了一组非常多样化的技术,包括传统的空间可贮存的化学推进、低温化学推进、各种形式的电推进、各种形式的核能推进、化学和电微推进、太阳帆和空间系绳推进,等等。

在对TA02中的技术进行优先级排序之前,指导委员会对TA02中的某些技术进行了重命名、删除或移动,如删除了2.4.1发动机健康监测与安全、2.4.3材料与制造技术、2.4.4散热和2.4.5电源,因为这些技术不属于TA02的范围。针对这些技术,读者可以参考技术路线图的其他章节(技术2.4.1移至TA04、技术2.4.3移至TA12、技术2.4.4移至TA14和技术2.4.5移至TA03),从这些章节中了解它们的细节。

3.2.2.1 TA02 顶级技术挑战

(1)高功率电推进系统:为实现重型有效载荷产生高速度增量的任务,需要研发高功率电推进系统技术。

在可预见的将来,电推进系统的推进效率高于其他可用的空间推进技术的推进效率,并适用于所有NASA、美国国防部(DOD)和商业航天任务。高功率电推进系统的开发将使发展携带较大尺寸的重型有效载荷的航天任务成为可能,需要开展大尺寸电推进系统航天器的演示验证,以确保在自主交会和对接操作中具有足够的控制能力,这对货物或小型航天器在执行接近操作时都是必需的。

(2) 低温贮存和转移:使低温推进剂在太空中的长期贮存和转移成为可能,并使在太空中长时间休眠后的低温发动机实现可靠工作。

深空探测任务将要面向所有任务阶段的高性能推进技术,包括在整个任务期间发生的离开地球、到达目的地、离开目的地和返回地球的各个阶段。对于大推力推进系统,无论是基于LOX/H_2化学推进的火箭,还是基于LH_2的热核推进火箭,都需要将低温推进剂贮存一年以上,以支持任务的所有阶段。化学和热核发动机在休眠相同时间后也必须可靠地运行。如果人类准备探索月球以外的目的地,就必须解决这个技术问题。

(3) 微小卫星:为高机动能力的微小卫星(小于100kg)研发高性能推进技术。

由于缺乏与大型卫星性能水平相当的推进系统,小型卫星的广泛应用受到了限制。大多数现有的推进系统不适合微型化,需要开展一定的工作来研究尺寸合理且工程上易实施的技术概念。微推进技术也将在不同的应用中实现各种功能,例如用于控制大型柔性结构。许多高性能推进技术都已接近临界点,需要适度的经费投入来验证其对小型卫星的适用性。

(4) 航天员的快速转移能力:建立航天员快速抵达/离开火星的推进能力。

研发高性能、高推力的推进系统,以减少载人航天任务的运送时间,从而减轻人们对辐射、暴露在低重力环境中及长期深空飞行所引起的其他因素给航天员健康带来不利影响的担忧。在未来20年内的任务中,现实中有两种大推力推进系统可以应用:LOX/H_2和热核火箭。在长时间不工作的情况,发动机必须能够多次重新启动,并且必须是极端高可靠性的系统。目前还没有哪种发动机可以满足性能、可靠性和重新启动的要求。

3.2.2.2 TA02 高优先级技术

技术 2.2.1:电推进

电推进(electric propulsion,EP)使用航天器上产生的电力将航天器加速到极高的速度。包括电弧喷射、霍尔推进器和离子推进器系统在内的太阳能电推进(solar electric propulsion,SEP)目前常用于航天器的机动飞行。离子推进器和霍尔推进器的现代实验室原理样机已经在地面上得到演示验证,这些推进器的飞行样机可能在中期内完成开发。此外,未来核推进系统实现所需要的兆瓦级系统可以使用目前在实验室早期测试的各种推进器的飞行样品。开发大功率太阳能电推进系统(100kW~1MW),可以实现更大规模或更快速的太空任务、更有效率的空间运输系统、更实惠的样品返回任务以及载人探测任务中预先储备货物和原位资源利用设施。

技术2.4.2:推进剂贮存与输送

推进剂在太空中的贮存与转移,包括低温推进剂的长期贮存,以及这些流体在燃料加注站(贮存库)与航天器、上面级、月球/火星着陆器和上升器的推进系统之间的转移。尽管在太空中已经验证了"可贮存"的推进剂贮存与转移,但是这种技术只在实验室环境中针对低温流体的组件级水平进行验证。推进剂贮存与转移是一种有着广泛应用的改变游戏规则的技术,因为它可以为大型有效载荷和人员提供长时间、高推力、高速度增量能力,并可在未来30年内实现。

技术2.2.3:(核)热推进

该技术包括使用太阳能和核热源来加热氢推进剂以实现高比冲的两种方式。在这两个方式中,只有核热推进被评为高优先级技术。核热火箭(nuclear thermal rockets,NTR)是高推力推进系统,具有2倍于最佳液态氢/氧化学火箭的比冲的潜力。核热火箭的关键技术包括核燃料、反应堆和系统控制以及长寿命氢泵。技术开发还需要提高地面试验能力,因为之前使用的露天方法已经不再符合环境要求。

技术2.1.7:微推进

微推进技术包括化学和非化学的所有推进技术,可用于满足:①高机动性的微小卫星(小于100kg);②具有极高精度指向和定位要求的某些天体物理学任务。由于成本低、研制周期短以及具有能执行大型卫星系统无法执行的任务的潜力,正在考虑将单独或编队飞行的小型卫星用于越来越复杂的任务。已经提出了许多技术,包括现有系统的小型化和一些新概念,并且出现了一些有希望的新技术。微推进技术的发展覆盖了广泛的技术领域、当前和未来的应用场景,以及NASA、美国国防部和商业航天用户的需求。

3.2.2.3 补充评论

在不受约束的经费条件下,TA02技术路线图提出了一种合理的方法,特别是当重点放在上面列出的高优先级技术时。然而,在受约束的经费条件下,按时间表显示的所有第3层级具体技术在经济上都无法承受。"行星科学十年调查"确定了将火星上升推进和精确着陆作为关键能力(NRC,第311页,2011)。对于火星大气,目前的进入、下降与着陆技术已经接近极限,需要对用于下降和着陆的推进系统进行一些改进。同时,当然也需要进行新的工程技术研发,但是在系统实施方面所面临的挑战要多于技术研发所面临的挑战。

3.2.3 TA03空间电源与能量储存

TA03分为4个技术子领域:发电、能量储存、电源管理和分配、交叉技术。由于所面临极端的环境条件,空间电源与能量储存需要特殊的技术解决方案,NASA的航天任务对此则有许多独特的需求。这些航天任务都将从先进技术中获益,它们可以提供质量更小、性能更稳健的电源系统。

在对TA03中包含的技术进行优先排序之前,对若干个技术进行了重命名、删除或移动,并增加了两种额外的储能方法:①电场和磁场储存;②热能储存。

3.2.3.1 TA03顶级技术挑战

(1) 电能可用性:在规划和执行NASA任务过程中消除对电能可用性的限制。

电能是空间科学和探索项目的关键限制,对NASA如何执行任务操作甚至各个任务的实现模式来说,更强的电能供应能力可以为之开辟新途径。例如,人类执行星际探测任务时,增大电能的供应量,可以支持更多的具有不同能力的人员在规模更大的前沿基地开展工作,而对于机器人科学任务,电能的可供应量确定了任务的范围和持续时间。

(2) 电推进所需的大功率电源系统:为大型有效载荷在轨运行和行星地表作业所需的大功率电推进系统提供使能型的电源系统技术。

在过去的10年里,太阳能和核技术的进步为研发能够输送数十到数百千瓦电能的发电系统提供了支撑。人们已经利用各种设计方案来提高功率效率,使用已验证的燃料、电源转换技术和反应堆材料,将开发和操作风险降低到可接受的水平。核裂变系统的其他方面还需要发展的技术,包括热交换器、流体管理、功率转换装置缩放、散热组件、辐射屏蔽以及系统集成和测试等方面。

(3) 减少质量:减少空间电源系统的质量和收拢状态体积。

电源系统通常占发射航天器质量的1/3,运载火箭整流罩中的可用空间限制了可以安装在航天器上的太阳能电池阵列的尺寸。进一步研发新的发电、储能和供电技术有望会降低这些系统的质量和体积,使任务能够容纳更多的科学仪器,可以使用更小、更便宜的运载火箭和/或提供更高的电力供应水平。

(4) 电源系统适应性:提供可靠的强适应性电源系统,以满足NASA任务中各种复杂环境的应用需求。

NASA任务要求电源系统和组件能适应很多不同类型的极端环境,提高应对这些挑战的技术能力,将使NASA能够规划并执行一系列任务。

3.2.3.2 TA03高优先级技术

技术3.1.3:太阳能发电(光伏发电和太阳能热发电)

空间光伏(photovoltaic,PV)电源系统一直是NASA科学任务的主力军,也是商业航天和军事航天系统的基础。太阳能电池直接将阳光转换为电能,如今的太阳能电池转换效率为30%。当前工作的重点是开发高转化效率的电池以及能够在极端环境中有效运行的电池。到目前为止,几乎所有的、已经飞行的航天器都是由太阳能电池阵列提供动力,而NASA对用于更高功率电推进任务的光伏发电系统开发非常感兴趣,特别是能提供高比质量和高功率密度的先进电池阵列技术。太阳能发电适用于NASA的所有任务,以及美国国防部、商业航天和其他民用或国家应用。

技术3.1.5:核裂变发电

空间核裂变发电系统使用由核燃料裂变产生的热量来为热电转换装置提供动力,从而产生电能。关键子系统包括反应器、热交换器、功率转换器、散热和辐射屏蔽。空间核裂变发电系统将克服与低电能供应水平及可用性相关的太空任务基础设施限制,可能为行星表面探索任务提供丰富的电能环境,并使应用于深空探索和科学任务的大功率电推进系统成为可能。

技术3.3.3:配电与传输

随着未来科学研究和人类探索任务的深入,对航天器电能大幅增加的需求将变得越来越明晰且优先级更高。随着电源功率需求的提高,对当前用于配电与传输(D&T)技术的外推将导致无法接受的高质量和复杂性。因此,更有效的配电与传输方法被认为是高度优先的。拟议的研究将增加分配和传输的电压,为空间系统研发高频交流配电方案,并确定代替铜导线的替代材料。

技术3.3.5:(功率)变换与调节

任何特定航天器的可用功率将由电源和配电架构决定,并且各种有效载荷也可能需要不同形式的功率。变换与调节的目的是在电源和有效载荷之间提供必要的桥梁,并将该功率调节到有效载荷所要求的容差范围之内。目前的问题是需要对现有的地面高压部件进行太空飞行鉴定,以取代落后于商业技术水平的太空鉴定合格组件。改善功率变换与调节装置的重要参数包括提高转换效率、工作温度范围和辐射耐受性。

技术3.2.1:电池

电池从一开始就用在空间飞行的电化学储能装置中。在太空中,电池必须能够承受比大多数地面应用更苛刻的各种环境和负荷。许多电池已经在太空中得到验证,但是尚未开发出多种先进的化学替代品,并且符合航天飞行条件。NASA的任务将受益于能提供更高比能量和/或更高比功率的新型电化学电源技术。

技术3.1.4:放射性同位素发电

放射性同位素电源系统(radioisotope power system, RPS)已经实现了许多独特的深空和行星探测任务,使科学发现成为可能。放射性同位素电源系统基于钚-238材料,并且已经使用热电转换器为整个太阳能系统的许多任务提供可靠的电源,其运行寿命超过30年。将来研发的放射性同位素电源系统可以提供更低和更高的功率水平。放射性同位素电源系统已经很好地研发出来,但由于缺乏可用的钚-238材料,存在重大的技术问题。正在开发需要较少钚-238材料的斯特林发电机来替代热电转换器。建立可靠的、经常性的钚-238的来源和成熟的斯特林发电机技术对于NASA未来的科学和探索计划至关重要。"行星科学十年调查"委员会认为该技术是"近期多任务技术投资的最高优先事项":先进斯特林放射性同位素发生器的完成和验证(NRC,2011,第307页)。

3.2.3.3 补充评论

空间电源与能量储存技术的发展时间表很大程度上取决于资金投入的水平。如果将足够的资源用于技术路线图中的每个项目,那么该时间表是可行的。

3.2.4 TA04 机器人、遥操作机器人与自主系统

TA04技术路线图包括7个技术子领域:传感与感知,移动性,操控性,人-系统整合,自主性,自主交会对接,机器人、遥操作机器人与自主系统工程。TA04通过开发新能力来支持NASA航天任务,并且可以通过灵巧的机器人、更好的人机界面、改进的移动系统以及更强的传感和感知能力来拓宽人类和机器人探索的范围。TA04技术路线图重点关注未来机器人和自主系统的若干个关键问题:在传感、感知、操控和交会对接中拥有增强或超越人类的能力,开发协作和安全的人机界面以形成人类-机器人团队,提升自主能力以使乘员不再依赖地球及使机器人能力更强。

专家组大幅度重写TA04技术路线图所描述和提供每个第3层级具体技术的支持文本(如同其他技术路线图),同时专家组也对TA04技术路线图提出了许多修改建议,以使该技术路线图与其他技术路线图类似。因此,指导委员会和责任专家组最初并没有在技术路线图草案中确定一个有明确定义的技术清单,而是提出了一套新的第3层级具体技术。

3.2.4.1 TA04 顶级技术挑战

(1)交会:开发用于高可靠自主交会、接近操作和捕获/附着(合作或非合作)自由飞行空间物体的技术能力。

对于各种新概念任务,未来的核心是执行自主交会、安全的接近操作和对接/抓捕的能力,主要技术挑战包括提高交会和捕获过程的稳健性,以确保成功捕获。

(2)移动:使机器人系统可以在NASA提出的多种环境中实现自由移动,如微重力环境、地表、地下环境条件。

目前的探测车不能进入极端的月球或火星地形,机器人进入的可行性也不大,需要航天员停下探测车,身穿航天服徒步前往这些区域。在微重力环境下,如小行

星、彗星地面或附近,机器人移动技术尚未进行开发,也未经测试。面临的挑战包括研发机器人进入这些当前无法进入的区域,开发可以抓捕、锚定小行星和非合作目标的技术,或建立航天员移动系统,能将人类转移到这些具有挑战性的地点。

(3)原位分析与采样返回:研发地表下采样和分析勘探技术,以支持原位分析及取样返回的科学任务。

天体生物学的最高目标和NASA探索的根本驱动力是寻找太阳系内的生命体或远古生物存在的证据。行星科学研究的重要驱动因素是获取未经改变的样本(挥发物完好无损),现场对其进行分析或将其送回地球分析。地球钻探技术对这些任务的适用性有限,机器人行星钻探和样品处理是一项新的、与众不同的技术能力。

(4)危险规避:开发移动机器人系统,使其具备自主、可验证地导航并规避危险的能力。

由于快速评估复杂地形的几何和非几何特性需要庞大的计算吞吐量,才能使其反应速度接近探测车极限,所以机器人系统落后于人类驾驶员在远距离感知地形危险的能力。

(5)时滞人机交互:开发更有效、更安全的人类-机器人系统交互(接近操作或远程操作)技术,以适应时滞效应。

人类与机器人系统之间更有效、更安全的交互技术有着多种不同的研究重点,从接近交互的潜在危险到有无延时的远程遥控。与机器人系统的远程交互不会立即产生与近距离人机交互同等的危险,然而,对于远程操作员来说,完全理解机器人系统工作的环境及当时的系统状态通常要困难得多。

(6)目标识别与操控:开发目标识别和灵巧操控的方法,用以支持工程师和科学家的研究目标。

目标识别需要传感器,并且需要具有一种感知功能,可将感知到的目标与先验理解的目标相关联。到目前为止的传感方法将机器视觉、立体视觉、激光雷达、结构光和雷达组合在一起,而感知方法通常始于CAD模型或从通过使用相同传感器进行扫描而创建的模型开始,以后将用于识别物体。主要挑战包括:与大型已知物体库合作,识别部分被遮挡的物体,在光线不佳的条件下工作,估测快速旋转目标物的姿态,处理近距离和远距离的目标物。具有与人手相当或更优抓捕能力的机器人手将避免增加机器人与目标物体接口的复杂性,并为特殊任务提供一种感觉工具转换能力。

3.2.4.2　TA04高优先级技术

技术4.6.2:相对制导算法

相对制导技术包括确定执行交会、接近操作和/或对接与捕获的航天器之间要遵循的期望轨迹算法。这些算法必须预测适用环境影响、使用轨迹变化/姿态控制效应器性质以及制导算法可用的惯性和相对导航状态数据。在新的第3层级具体技术中，我们感兴趣的技术应能提供实时机载算法功能，可以计算和管理航天器的机动性能以实现特定的轨迹变化目标。相对制导算法与NASA的需求一致，因为它影响到载人深空探测、样品返回、维修和轨道碎片减缓。

技术4.6.3：对接与捕获机构及接口

对接与捕获机构可实现太空中两物体的物理捕获和附着，以及随后的安全释放，以使它们连接在一起时可实现一部分任务目标。开发用于自动交会与对接操作的物理对接和捕获接口将极大地简化对工作中的自动交会与对接系统的控制需求。该技术能提高自动交会与对接的可靠性，并可以实现新对接接口的应用。对接与捕获机构的多样化使得航天员能够在载人飞船和目标航天器之间进行转移，为附件设备模块的附着提供手段，便于执行机器人维修任务，并且可以抓捕/捕获不活动的、可能翻滚的航天器。

技术4.5.1：探测器系统健康、管理故障检测、隔离与恢复

专家组将集成系统健康管理（integrated systems health management，ISHM）、故障检测和隔离与恢复（fault detection and isolation and recovery，FDIR）以及探测车系统管理（vehicle systems management，VSM）等相关和重叠的主题结合在一起，它们共同为自主航天器安全可靠地运行提供了至关重要的能力。ISHM/FDIR/VSM将通过提供诊断能力来提高未来任务的可靠性，该诊断能力有助于地面或乘组人员进行故障评估，以及提高自动化修复/克服故障的能力，增加机器人任务的灵活性以应对故障，并在检测到需要乘员逃生或任务终止时可增加乘员的人身安全。该项技术与NASA的需求高度一致，因为它将影响许多任务，如深空探索、机器人科学任务、行星着陆器和探测车。

技术4.3.2：灵巧操控

灵巧操控是一种系统级的技术，它包含多个独立的技术领域，并且对当前和未来的NASA应用有着很高的相关性，包括国际空间站的维护和维修、远程卫星服务、更大结构在轨组装以及深空探索的应用。自1997年以来，NASA一直专注于太空机器人（Robonaut）的研发，现在正在国际空间站上对Robonaut进行评估，它已经接近一名身穿航天服的航天员的灵活性。迄今为止的开发活动主要侧重于人在回路的远程操作，并且由于高带宽、低延迟通信要求，该系统确实存在着局限性。NASA可以研究Robonaut技术和能力的可扩展项，以便其在大延迟和低带宽环境中进行操作。此外，Robonaut的尺寸和重量排除了其用于勘探活动的可能性。NASA可以从开发出显著增加强度-质量比的新型驱动技术中获益。

技术4.4.2：遥控

遥控被定义为使用更高层次的目标而不是低级指令来控制机器人行为所必需

的技术,因此要求机器人具有半自主或自主行为能力。这增加了单人可以同时监控的机器人的数量,并且还包含时间延迟的遥控。要实现的关键功能包括开发强大的高级别自主行为和控制、多传感器融合、来自多机器人的清晰易懂和可用的信息呈现以供人们理解、机器人提供信息的时间延迟解释和展示、触觉反馈以及遥控系统处理通信中断的方法。这种技术与 NASA 的需求高度一致,这是因为减少了遥控机器人任务所需的人员数量以及可应用该技术的科学和探索任务的数量。

技术 4.3.6:机器人钻孔和样品处理

机器人钻孔和样品处理技术将提高机器人科学任务对小型天体、卫星和行星的科学回报,也将有利于人类前往月球和小型天体的太空飞行中的原位资源利用。由于下一代 RDSP 技术获取的样品具有相对无污染、未经改变和富于挥发性的特性,因此,新的机器人钻探、钻头和取芯技术加上样品处理器的发展将对未来航天任务返回的行星科学样品质量产生重大的有益影响。

技术 4.2.1:极端地形移动

极端地形移动包括在所有地面或地表层面的移动。对于地外天体探索的成功和多样性,以及确定将要穿越的地形,移动性极强的平台将是一个关键组成部分。此外,更高程度的机动性也可以作为自主系统的补充。这项技术为 NASA 提供了在极端地形下操纵其地面车辆以"跟随水"的能力,这是火星和月球科学任务的科学重点,适用于任何人类或机器人在行星(或月球)表面开展探索任务。

技术 4.2.4:小天体上/微重力环境中移动

在微重力环境中操控机器人面临诸多挑战,并且在不固定或不束缚于地面结构的情况下特别困难。即使是简单的任务,如转动螺栓,对不固定到其他结构上的移动平台来说也是一个极大的挑战。对具有互补感知和自主性的自适应移动系统的研发是在狭窄空间和微重力环境中进行探索和样本返回任务的关键要素。通过动态地将重心与探测车的运动相结合,可变或动态重心功能可以极大提高平台移动的能力并进行有意义的工作。该项技术与 NASA 有关人和机器人联合对小天体进行探索的目标是完全一致的,须使其成为未来任务的关键技术。因此,专家组认为这是一项高度优先的技术,《NASA2010 年授权法案》(P. L. 111-267)已经表明,小天体任务(对近地小行星)应成为 NASA 在地球轨道之外的载人航天任务的目标。如果这一目标成为 NASA 的首要任务,那么它也可能需要前瞻性的、具有适当移动能力的机器人来应对小天体地表探索任务。

3.2.5 TA05 通信与导航

"TA05 通信与导航"由 6 个技术子领域组成:光通信与导航,射频通信,网络互联、定位、导航和授时,集成技术和颠覆性新概念。通信链路是航天器的生命线,提供指令、遥测和科学数据传输以及导航支持。因此,通信与导航技术领域支撑NASA的所有航天任务,其技术的进步将使未来任务能够使用新的、性能更强的科学仪器,大幅度增强在地球轨道之外的人类任务,并实现全新的任务概念。

在对 TA05 中第 3 层级具体技术进行优先级排序之前,对 TA05 技术路线图进行了若干修改:将技术 5.4.1 计时和 5.4.2 时间分配进行合并,技术 5.6.7 可重构大孔径被重新命名为"纳米卫星集群可重构大孔径"。

3.2.5.1　TA05 顶级技术挑战

(1) 自主和精确导航:通过开发更自主和更精确的绝对和相对导航方法来满足未来 NASA 任务的导航需求。

NASA 的未来任务包括当前方法无法解决的多种导航挑战,如精确定位信息、轨道测定、协同飞行、轨道遍历以及与小型物体的交会。此外,NASA 航天器将需要在离地球更远的地方、更自主地执行这些任务。

(2) 缓解通信约束限制:尽量减少影响未来 NASA 航天任务规划和执行的通信数据速率和距离限制。

对 NASA 未来可能执行的任务集的最新分析表明,通信性能需要以约 10 倍/15 年的速度增长,以满足机器人任务的预期需求,而任务还将继续受限于法律意义上的国际分配的频率带宽。将地球上的决策者保持在实时决策循环中会使未来许多复杂任务受到阻碍,这可以通过如下方法来缓解,即使决策更接近任务平台,减少对地球操作的依赖。通信和导航基础设施的进步将允许在本地收集信息,并在航天器中执行计算或与附近航天器共享计算。

(3) 信息交付:提供在整个太阳系内完整且无误的信息交付能力。

未来的任务将包括国际合作伙伴,以及需要加强与公众的互动,这意味着更容易受信息泄露的影响。随着互联网络延伸到整个太阳系,通信架构需要以安全和可靠的方式运行。

3.2.5.2　TA05 高优先技术

技术 5.4.3:机载自主导航和机动

机载自主导航和机动(onboard autonomous navigation and maneuvering,OANM)技术对于提高能力和减少许多未来太空任务的后方保障需求至关重要,也能减少对地球常规定位的依赖,使通信网络不受其他任务影响。机载机动规划和执行监视能增加探测车的敏捷性,并通过减少支持航天器常规操作所需的大量劳动力,从而实现降低成本并拓展新的任务能力。这项技术与 NASA 的需求高度一致,将会影响载人深空探索、机器人科学任务、行星着陆器和探测车等领域。

技术 5.4.1：计时与时间分配

NASA 的通信和导航基础设施是原子钟和用于时间转换的硬件、软件。在太空中运行的、新的、更精确的原子钟以及这些原子钟相互之间的、新的、更精确的时间分配方式和时间同步方式，需要 NASA 在未来几十年进行基础设施改进和扩展。计时与时间分配取得的若干个数量级上的进步会给我们带来很大的好处，因为计时和转换精度的提高会提高相对、绝对位置及速度精度，从而使得 NASA 能够提供更好的初始解决方案，以实现自主交会、对接、着陆以及远离地球的编队飞行。这些技术对包括载人和机器人太空飞行在内的多个任务区域的多个任务具有重要影响，因此这与 NASA 需求的一致性非常高，涉及交会、相对位置保持和着陆任务。

技术 5.3.2：自适应网络拓扑

自适应网络拓扑（adaptive network topology，ANT）是一种网络的能力，它可以改变其拓扑结构，以响应网络中的变化或延迟，或者是处理通信路径之间的关系的额外信息。ANT 包括改进任务通信的技术、通道访问方法和维护跨动态网络的信号质量的技术，以确保成功交换所需的信息，从而适应更高的任务复杂度并实现强大的任务稳健性。这项技术对 NASA 的好处是由于未来的多元化任务需要先进的网络拓扑结构，从而要求其具有自适应性，以保持其应用的健壮性。

技术 5.5.1：无线电系统

无线电系统技术侧重于利用无线电通信、PNT 和空间互联网络的技术进步，开发先进的空间和地面集成系统，从而提高性能和效率，并降低成本。虽然这项技术可以从 TA05 其他三项技术的技术进步中获益，但本条目关注于将这些改进措施集成到业务系统中所带来的相关挑战。无线电系统集成的进展侧重于应对 TA05 内最重要的技术挑战之一：尽量减少影响未来 NASA 航天任务在规划和执行时的通信数据传输速率与范围的限制。指导委员会评估了无线电系统技术的优势，以及由此带来的主要任务能力的改善，因为这有可能提高数据吞吐量、多功能性和可靠性，同时降低设备尺寸、重量和功率（size，weight and power，SWAP）对主航天器的影响。它与 NASA 需求的一致性很高，因为通信系统的改进将会影响到几乎每一个 NASA 航天器，包括近地轨道、深空和载人探测任务。

3.2.5.3 补充评论

NASA 的所有任务都需要在一定程度上进行通信与导航，因此本节中制定的优先事项大都独立于任务组合，在大多数情况下，通信与导航技术的优先次序不会受到任务模型中特定任务的影响。

3.2.6 TA06 乘员健康、生命保障与居住系统

TA06 涵盖了在太空探索任务期间内保障人员健康和生存所需的技术，包括 5

个技术子领域:环控生保系统与居住系统,舱外活动系统,乘员健康与执行力,环境监测、安全和应急响应,以及辐射。这些任务可以是短时间的亚轨道飞行任务、扩展的微重力任务或前往各个目的地的外太空探索任务,将经历各种极端环境,包括低重力、高辐射和紫外线暴露、减压和微流星体和/或轨道碎片。

专家组注意到,与设计解决方案中包含多种技术的路线图不同,TA06 的范围更广泛,在技术描述方面通常含糊不清。应该将 5 个第 2 层级技术子领域视为使能系统而不是分立技术,第 3 层级具体技术也是如此。因此要求专家组审查第 4 层级技术。尽管缺乏技术细节,专家组同意 NASA 提出的、除"技术 6.5.4 空间天气"主题之外的第 3 层级具体技术,对于该技术主题,双方一致同意将其从本技术路线图中删除,并认定为一个单独的跨部门的技术路线图,技术 6.5.4 重组并改名为"辐射预测"。

3.2.6.1 TA06 顶级技术挑战

(1) 空间辐射对人类的影响:提高空间辐射对人类健康影响程度的了解,并研究辐射防护技术,以实现长期的载人航天任务。

近地轨道之外的任务对航天员的健康危害越来越大。航天员所受到的累积辐射剂量已经成为国际空间站上职业航天员参与飞行任务的限制因素。然而,由于缺乏合适的原位数据,目前预测健康风险的人体健康辐射模型存在很大的不确定性。如果没有收集原位生物数据以支持合适模型的开发,也没有开发新的传感器、太阳活动预报和辐射减缓设计,那么将载人太空探索任务延伸到近地轨道之外,则可能给航天员健康和任务成功带来不可接受的风险等级,需要采用综合措施来研发能保护航天员的系统和材料,必须升级现有的空间天气预报技术,同时至少可以预测从地球到火星航程中的太阳活动,以便充分表征辐射环境。

(2) 环控生保闭环系统:开发可靠的闭环环控生保系统,以实现近地轨道之外的长期载人航天任务。

航天服、航天器和地球轨道之外的地表居住地的环控生保系统对于人员安全和任务成功至关重要。在没有提前返回能力或远程安全基地的任务中,环控生保系统必须 100% 可靠或易于维修。目前,国际空间站上美国和俄罗斯舱段的过往经验表明,环控生保系统的硬件故障率都很高,因此,该系统在实施之前应进一步评估。此外,新推进技术能减少任务持续时间,降低空间辐射影响,进而对系统设计产生积极影响。

(3) 长期任务的健康影响:最小化长期任务对航天员健康的影响。

到目前为止,国际上长期任务所积累的经验表明,在太空环境中,身体和行为健康所受到的影响以及不良事件都有可能会发生,在没有正确诊断和有效治疗的情况下会危及生命,但所有这些危险并非都能够预测。因此,在事故或疾病发生后,自主、灵活和自适应技术及系统可以促进长期飞行任务中航天员的身体健康并能有效恢复,因此,这被认为是高度优先发展的技术。NASA 感兴趣的研究领域包括低重力环境所带来的不良反应(如骨质流失、肌肉和心血管失调、神经前庭功能紊乱)和太空飞行中微重力环境下的外科手术能力,还有通过生物医学传感器和"芯片实验室"技术实现的自主医疗决策支持、流程管理以及飞行中的医疗诊断。

(4) 消防安全:在低重力环境下,确保载人探测车和居住地的消防安全(火灾探测与灭火)。

需要进行研究和测试工作,以了解为什么当前的火灾探测传感器未能探测到闷燃的电气火灾,及研发更有效和更低危险的灭火系统和不损害环控生保系统组件的补救技术和/或方法。

(5) 舱外活动的地表机动能力:在低重力环境下,提高人类在舱外活动时的机动能力以确保任务成功和人员安全。

自从"阿波罗"登月任务以来,对微重力以外的其他太空环境下的航天服研究相对较少。"阿波罗"登月和未来行星探索用航天服的不同之处在于,在低重力环境下进行长时间的星球地表舱外操作之前,航天服长期暴露在微重力环境下所受到的影响。这一领域研究的关键问题包括各种级别的低重力环境下航天服对航天员步态、姿势和相适应的生物力学的影响,以及使用先进的材料和技术延长航天服使用寿命且维护方便,降低地表灰尘对轴承、密封件和闭合机构的影响。在扩展的地面作业中,探测车、加压居住地和机器人辅助车辆的全面整合将为舱外活动能力提升带来巨大的好处,同时,必须开发和评估为穿戴者提供感觉、数据管理和动作辅助的创新技术。

3.2.6.2　TA06 高优先级技术

TA06 中已经确定有 14 项高优先技术,分为 5 个主题领域:辐射(5 项)、环控生保系统/居住系统(4 项)、航天员健康/执行力(1 项)、舱外活动(2 项)和环境监控/安全(2 项)。

1) 辐射

NASA 资助的研究和过去十多年里 NRC 的一些研究已经确认,辐射应对探索任务中许多未解决的健康问题负责。因此,TA06 中最高优先级技术与辐射相关。

技术 6.5.5:辐射监测技术

监测辐射环境的能力对于确保航天员的安全和任务的成功至关重要。测量当地的辐射环境,包括屏蔽系统中产生的次生粒子,是确保航天员所受到的总辐射剂量保持"在尽可能低的合理可接受的水平"的必要条件。已有技术无法有效防护所有有威胁的辐射,也不能提供对辐射剂量有贡献的粒子类型的详细信息,需要进一步研究能对更大范围内辐射进行有效防护的辐射防护技术,以及能有效读出更小更低功率辐射粒子的剂量计。

技术6.5.3：辐射防护系统

辐射防护系统包括限制航天员暴露在辐射环境中的材料和其他方法。采用屏蔽措施是载人探索任务中许多要素的关键设计准则。通常认为，单独的屏蔽不会消除银河宇宙射线(galactic cosmic ray,GCR)的辐射，但是屏蔽良好的探测车或居住地可以极大地减少来自太阳粒子的辐射。人们面临的挑战是如何找到减少暴露在辐射环境中的最佳方法，同时满足总体任务质量、成本和其他设计考虑的因素。

技术6.5.1：辐射风险评估模型

辐射风险一直被列为长期载人太空探索任务的最高风险之一，基于现有的以癌症发病率为重点的风险评估模型，在深空中停留4~6个月之后，航天员所接受到的辐射剂量将超过风险上限值。NASA允许的暴露极限包含若干级风险限值，某些特定方面的量化主要受到重大不确定性的影响。减少生物学的不确定性将有助于减少癌症发病率不确定性、量化辐射屏蔽效果，并量化可能的辐射减缓措施的功效。

技术6.5.4：辐射预测

预测辐射环境(特别是太阳粒子事件和与太阳风暴相关的强电离辐射周期内的辐射环境)的能力对于确保航天员的安全和任务的成功至关重要。采用改进的预测方法可提高任务效能，并通过增加响应时间、减少屏蔽所花费的时间、避免虚假警报等措施，从而实现更具成本效益的减缓策略。

技术6.5.2：辐射减缓

通常认为，单独的屏蔽不会消除银河宇宙射线的辐射。因此，需要研究生物学/药理学对策以减轻连续辐射照射的影响，以及航天员在太阳能粒子事件发生期间遭受大剂量的辐射时，如何限制急性辐射效应的严重程度。

2) 环控生保系统/居住系统

技术6.1.4：居住系统

居住技术领域的重点是与生命保障系统密切相关的功能，包括食品生产、食品制备/加工、航天员乘组卫生、代谢废物收集和稳定化、服装/洗衣以及生活垃圾的回收/再利用。这些技术为航天员提供食物、卫生、舒适感和保护。

技术6.1.3：废物管理

废物管理技术保障航天员乘组的健康，增加安全性和执行能力，回收资源，保护行星地表。该技术中受关注的关键领域包括减少系统体积，稳定化，气味控制以及水、氧气和其他气体以及矿物质的回收。

技术6.1.2：水再生和管理

该技术提供安全可靠的饮用水供应，以满足航天员乘组的日常消耗和操作需求。由于整个飞行任务需要大量的水，并且从地球补给不切实际，所以从废水中回收再生可用水是长期太空探索任务的关键。

技术6.1.1：空气再生

空气再生对于长期太空任务来说至关重要，包括二氧化碳清除、二氧化碳减少、氧气供应、气态微量污染物去除、微粒去除、温度控制、除湿和通风。

3）航天员健康/执行力

技术6.3.2：乘员长期健康

迄今为止，国际上长期太空飞行任务所积累的经验揭示并预测了一个简单的事实，即在太空环境中，身体和行为健康所受到的影响和不良事件都有可能会发生。自主、灵活、自适应技术和系统可以促进长期飞行任务中航天员的身体健康，并在事故或疾病发生时能有效恢复，因此专家组认为该技术是高度优先的。在与长期太空飞行任务中人员身体健康有关的技术方面，专家组将人工重力评估/实现视为改变游戏规则的技术，它具有缓解骨质流失、肌肉和心血管疾病失调以及神经前庭功能紊乱的潜力。该类别中最优先的技术包括微重力环境下的太空飞行中手术能力、自主医疗记录、信息学和程序管理、飞行医疗诊断等。

4）舱外活动

技术6.2.1：航天服

航天服构成了拟人化铰接式航天器。在舱外活动中，每个航天员都在其中工作和生存。理想的舱外活动衣物应该易于穿戴和脱落，高度铰接且易于调节以使穿戴者身体运动协调，还能够使穿戴者克服附加力及扭矩以完成所有任务。目前的航天服操作技术代表了30多年来渐进式发展起来的技术变化，因此在大幅提高性能和操作能力方面具有巨大的潜力。

技术6.2.2：便携式生命保障系统

虽然它们对基本功能并不重要，而且在非航天飞行应用中所有便携式生命保障系统的功能都受到限制，但因受到特别关注，热控和二氧化碳捕获都被认定为高优先级。提高个人生命保障系统的能力、可靠性和可维护性，同时延长使用者的使用时间并减少背负重量是重要的、但却是困难的目标。

5）环境监测/安全

技术6.4.2：火灾探测与灭火

该技术通过降低火灾发生的可能性来确保航天员乘组的健康和安全，并且如果发生这种情况，则尽可能降低乘组、任务和/或系统的风险。研究领域包括防火、火灾探测、灭火以及提议的自由飞行的火灾试验台。

技术6.4.4：补救措施

根据俄罗斯"和平"号空间站、国际空间站和航天飞机在火灾及火灾后修复补救方面的经验，专家组将该技术提升到高度优先的地位。在执行长期太空飞行任务之前，需要彻底了解和纠正已发生故障背后的问题。当不能选择放弃探测车时，系统必须在整个任务期间正常运行,环境感知对于生存至关重要,而不仅仅是任务的成功。

3.2.6.3 补充评论

补充评注详见附录 I。

3.2.7 TA07 载人探索目的地系统

"TA07 载人探索目的地系统"的路线图包括 6 个技术子领域:原位资源利用、可持续性和可保障性、先进载人移动系统、先进居住系统、任务运营和安全性、交叉技术。在太空探索任务中,TA07 中的技术对于支撑航天员操作和科学研究都是必要的。相比于其他技术路线图,TA07 所涵盖的范围更广。TA07 的 6 个二级技术子领域应被视为使能系统,而不是相互竞争的单项技术,这些都是任务成功所必需的。在对第 3 层级具体技术进行优先级排序之前,指导委员会对 TA07 技术路线图进行了若干重大修改,这已在附录 J 中详细列举。

3.2.7.1 TA07 顶级技术挑战

(1) ISRU 演示验证:针对可能的目的地(如月球和火星)开发并演示可靠且具有成本优势的 ISRU 技术,以降低成本,使人类或机器人进入太阳系的从事长期生产性任务成为可能,并增强其生产效能。

ISRU 能力直接影响探索任务的部署和成功,有显著降低成本的潜力,同时可以提高人身安全裕度以及任务成功的可能性,并延长机器人任务的任务寿命。主要技术挑战是原始资源的原位表征、资源回收和选矿演示、在相关重力环境下建立最佳工作流程,以及为支撑未来探索任务所需的战略产品生产。

(2) 尘埃:对尘埃进行表征,并减小目的地环境中尘埃对舱外活动、探测车和居住系统的影响。

尘埃是一种严重的环境危害。虽然"阿波罗"号飞船着陆点的尘埃样本已经得到很好的表征,但由于几乎不了解月球和火星未探索地区的尘埃组成和颗粒度,需要利用这些信息来开发舱外活动的防尘技术、探测车胎面的设计要求和原位资源利用的模拟器。

(3) 可保障性:投资自主后勤管理、维护和维修策略技术,以降低任务成本,提高任务成功的可能性。

提高长期任务的可保障性需要采纳"从发射到任务结束"的运营概念,该概念将高度可靠、可维护和可修复的系统与完全集成的自主后勤管理相结合。还需要进行回收和再利用,以减少补给的后勤保障负担。应该从一开始就将可保障性方案整合到系统本身的设计中,确保能够以最少的乘组人员轻松地维护探测车系统。如果可保障程度较低,则对前往遥远目的地的未来任务应要求系统具有较高的可靠性。

(4) 食物生产、加工和保存:作为闭环生命保障系统的一部分,研发一个食品子系统,可以提供新鲜食物和氧气,并在长期任务期间清除空气中的二氧化碳。

长期任务的食物系统是为了减少勘探场地的增产及再补给成本、居住地体积和消耗品储存要求。前往遥远目的地的载人航天飞行任务必须满足航天员长时间的营养要求。

(5) 居住地:开发能保护航天员的太空和星球地表居住系统,具有执行自我监测的能力,并最大程度地减少航天员进行维护的时间。

对于未来人类前往遥远目的地的任务,几乎肯定会涉及任务持续时间等于或超过那些迄今为止所尝试的任务,但发射质量可能会受到更多的限制。目前,人们对在低重力环境(如月球和火星)中人类如何长期生活、工作和生产实际上没有任何经验。未来的居住地将需要具备辐射屏蔽能力、能适应长期暴露于粉尘环境中、可提供长达数月甚至数年的高度可靠的居住空间,同时还能适应重大的医疗和外科手术干预,提供世界级的研究设备,以及舒适的和可持续的生活环境。

(6) 地表移动性(探测车和舱外活动):开发先进的探测车和舱外活动系统,用于大规模地表勘探任务。

如果在月球上执行任务的时间比以前要长得多,以及考虑最终执行火星任务,那么在所有技术层面上增强地表移动能力,都会提高探测任务的科学价值。一个综合的地质勘探计划需要进入高斜坡、松散和不稳定的外星球表面,以及通过钻孔或开挖进入地下通道,必须解决诸如车轮-土壤相互作用、最佳移动平台设计以及高度耐受灰尘和耐暴露于极端环境的高可靠性机构等技术问题。

3.2.7.2 TA07 高优先技术

专家组在 TA07 中确定了 11 项高优先级技术。这些技术已经分为 5 个主题领域:原位资源利用(3 项)、交叉技术(2 项)、可持续发展和可保障性(3 项)、先进载人移动系统(1 项)和先进居住系统(2 项)。

1) 原位资源利用

技术 7.1.3:(ISRU)产品/生产

如果可以利用目的地资源生产用于探索任务的关键产品,包括返回用的推进剂、氧气、水、燃料、金属、混凝土、玻璃和陶瓷、织物/纺织品/纤维、挥发性气体和塑料等其他碳氢化合物,ISRU 可能会带来巨大的经济效益。这是该技术被认为是改变游戏规则的原因,因为它能显著降低长期有人或机器人任务的成本并能提高其生产力。氧气、水、燃料、金属和建筑物/建筑材料的 ISRU 生产将是特别有益的,这些能力与NASA的人类探索计划需求保持一致。系统部件的研发能力和自主工厂的运行能力也在收益和一致性方面居于前列。

技术7.1.4:制造与基础设施安置

该领域包括一系列技术,如原位基础设施、原位制造、原位衍生结构、风化层深度挖掘(用以安装基础设施)、备件制造以及风化层稳定。因为具有通过减少发射质量和体积来降低发射成本的潜力,所以这一领域具有很高的收益,并与NASA的需求相一致。

技术7.1.2:资源获取

ISRU要素涉及收集和获取将被用于和/或加工成适当产品或特定用途的原材料,并与许多技术相关,包括风化层和岩石采集、大气采集、材料清理和资源预处理、冷阱技术、干燥风化层的浅层开挖、冰风化层的开发。这些技术对NASA有益,因为它们可以通过减少质量和体积来降低发射成本。

2) 交叉技术

技术7.6.3:尘埃防治

对行星探测任务来说,尘埃防护与减缓是一项特殊的挑战,存在潜在的健康风险。研发降低尘埃有害影响的技术将需要了解尘埃的化学成分和粒度分布。对于停留时间较长和/或舱外活动数量增加或涉及人类尚未亲身遇到的尘埃特性的任务(如火星),必须防止尘埃入侵到居住区域,包括舱外活动时的航天服,这是至关重要的。

技术7.6.2:建造与装配

该技术涵盖了用于在太空中任何地方进行结构组装的技巧和技术,这些结构或者太大,或者太重,或者二者兼有,是在单一任务中发射升空。除了在国际空间站常规建造过程中经常进行的大型模块停泊之外,该技术领域的大部分功能在地球上都很容易获得,但尚未适应太空飞行情况。它允许转化为可展开结构或模块化组件以外的可直立结构,包括可能使用原位资源获得和制造的结构部件,也还有一些与低重力情况相关的特殊技术。所有为建造和装配而开发的硬件都必须长期适用于相关的应用环境,并可以使用替代模块,这些替代模块在不使用大质量体组件情况下能达到所要求的稳健性和准确性。

3) 可持续性和可保障性

技术7.2.1:自主后勤管理

自主后勤管理包括对任务硬件和软件的位置、可用性和状态的一体化跟踪,有助于团队在消耗品使用、备件可用性以及探测车和子系统的整体健康和能力方面做出决策。该系统将自动更新硬件物品在探测车或居住地周围移动的位置,跟踪设备在生命周期内的使用次数和状态,并根据应用情况向任务团队通报补给需求。未来任务的执行周期可能很长,再加上对补给的响应时间也较长,这使得我们不仅需要了解探测车和居住地的健康状况,还要了解集成系统的容错能力。

技术 7.2.4:食品生产、加工与保存

对于特定任务中的食品供应,减少与之相关的占用空间、浪费量和所需食品量的能力必须是研发团队的首要任务,因为食品一直都是任何长期太空旅行中的限制性消耗品之一。除了需要简单地为乘组成员提供热量摄入外,食品供应必须提供适当的营养平衡,以确保长期太空飞行任务期间的乘组成员健康。

技术 7.2.2:维护系统

在任务结束之前,故障设备无法返回地球,再加上补给时间可能较长,该系统可提高设备设计的价值,便于乘组人员进行维修,或者无须人员进行维修。自主决定和报告状态、显示缓慢降级和自我修复的智能体/智能系统对于居住地和探测车开发将是很有价值的。

4)先进载人移动系统

技术 7.3.2:地表移动

对月球和火星来说,地表移动技术是高度优先的技术,因为它们能够使科学研究的范围从单个着陆点扩散到以着陆点为中心的大面积范围内,并且使得分散的着陆区域可以接受。在这些环境中进行大规模科学调查必须要具备在月球或火星表面上进行远距离移动的能力。

5)先进居住系统

技术 7.4.2:住所演化

先进概念性的居住系统将推动先进技术的发展,提供更高程度的安全性和可靠性,并减轻微重力和/或辐射照射对往返遥远目的地的长途转运乘组人员的长期影响。住所演化是至关重要的,包括综合系统、自修复材料、充气结构和"摆渡车"(允许在太空目的地之间建立并长期应用的中转解决方案),这些也可以使用大量的原位资源为住所提供足够厚的屏蔽层。

技术 7.4.3:智能住所

该领域涉及开发先进的航电设备、基于知识的系统和潜在的机器人维修能力,以创建长期的居住地,极大地降低居住者对诊断、维护和修理的需求。尽管对国际空间站 3 人航天员乘组的研究表明,大约需要 2.5 名航天员来维持太空居住系统,但这项研究设想的先进居住系统,可以通过提供当前由任务控制部门实施的许多功能(最终需要由乘组人员自己执行)来增强乘组人员的能力。

3.2.7.3 补充评论

关于技术发展和研发进度变化的更多信息见附录 J。

3.2.8　TA08 科学仪器、观测台与传感器系统

TA08 技术路线图关注的技术涉及 NASA 科学任务局资助的任务,主要与地球科学、太阳物理学、行星科学和天体物理学等领域的太空研究相关。TA08 由 3 个第 2 层级技术子领域组成:遥感仪器/传感器、观测台和原位仪器/传感器。在对第 3 层级具体技术进行优先级排序之前,专家组对 TA08 技术路线图进行了一些修改,相关附录(见附录 K)对此进行了详细说明。NASA 科学计划技术发展重点通常由 NRC《十年调查战略报告》中推荐的科学目标和未来优先任务来推动。因此,在评估 TA08 中第 3 层级具体技术(NRC,2003,2007,2010,2011)时考虑了这些优先事项。

3.2.8.1　TA08 顶级技术挑战

(1)快速研发:投资一系列技术,使其达到足够高的技术成熟度,涵盖广泛的应用领域,能够在短时间内用于探索新颖的科学概念,以便可以在小规模(如"探索者"(Explorer)和"发现"(Discovery)类计划)任务上得到应用。

创新的想法需要短时间内完成测试和评估,以使其加快成熟。为了达到这一目标,需要采用廉价且常规的方法进入太空演示验证。

(2)低成本、高性能望远镜技术:开发新一代更低成本、更高性能的天文望远镜,增强并扩大对第一代恒星、星系和黑洞的搜索能力,进一步加深对宇宙基础物理学的理解。

宇宙论中重要的天文目标距离地球非常遥远,到达地球的信号很微弱。对其进行测量需要采用更大的望远镜有效收集区域和更有效的信号检测系统,其波长跨越电磁波谱范围。这个目标需要新的、超稳定的、垂直入射和掠入射的反射镜,其质量与收集面积之比较低。

(3)高对比度成像和光谱技术:通过开发高对比度成像和光谱技术,发现宜居星球,促进太阳物理学的发展,并能够研究明亮物体周围的暗结构,从而为探测暗天体提供前所未有的灵敏度、视场和光谱特征。

在空间科学计划中,最优先和最高可见度的目标是寻找宜居行星及其上的生命体,只有经过充分研发、并经演示验证的高技术成熟度技术才能满足这类大型昂贵的任务的需求,进而实现任务目标。

(4)采样返回和原位分析技术:改进可用于行星样品返回和原位分析的传感器,确定当前是否存在有机物质的合成,是否有证据表明曾经出现过生命,以及判断其他行星体上是否有具备维持生命的必要条件的居住地。

所需的技术包括集成和小型化传感器套件、地下样品采集和处理、微重力条件

下的松散材料处理、冷冻样品的温度控制、便携式地质年代测定、极端环境中的仪器操作和样品处理。

（5）无线系统技术：将无线系统技术纳入到航天器航电设备和仪器中，提高航天器设计、测试和操作的有效性，并降低航天器研制进度风险和质量。

当前的地基网络技术需要进行调整和改进，以适应极高的数据速率，提供高吞吐量和低延迟的无线协议，支持多种航电接口，并且不受干扰。

（6）合成孔径雷达：开发经济实惠、重量轻、可展开的合成孔径雷达天线，能够从太空中实现对行星表面、固态土壤、冰冻层表面变形的主动测量，并监测自然灾害。

对于地震、火山、冰川跃动等自然现象，合成孔径雷达（SAR）可以提供独一无二的信息。此外，合成孔径雷达还可以实现对行星表面的测量，如金星（Venus）或土卫六（Titan）这种表面上被云覆盖的地质特征。主要技术进展可以通过大型单一结构来实现，也可以通过分布在两个或更多个航天器上的孔径来实现，并且还取决于太空中高性能计算能力的提高。

3.2.8.2 TA08 高优先技术

技术 8.2.4：高对比度成像和光谱技术

该技术的发展将增强高动态范围成像并支持系外行星成像，从而发现潜在的可居住的行星，促进太阳物理学的进步，并且能够研究明亮天体周围的暗结构。该技术能显著增加系外行星系的灵敏度、视场和光谱特征，还有许多附属应用，如太阳能物理学和对明亮天体周围暗结构的研究。

技术 8.1.3：光学系统（仪器和传感器）

光学系统中有两项技术特别令人感兴趣：主动波前控制和掠入射光学系统。主动波前控制能够根据外部干扰调整镜面和对准度，从而实现光学系统在轨自动对准，可以使用轻量化的反射镜和望远镜。该技术与 NASA 需要开发下一代大口径天文望远镜、轻型激光通信系统以及用于行星任务的高性能轨道天文台的需求密切相符。对掠入射光学系统的进一步研发，可以将空间分辨率至少提高 10 倍，而不增加每单位面积的质量，这对于未来的 X 射线天文学任务至关重要。它们是改变游戏规则的技术，可以对星体进行直接成像，并对活跃星系核等高能目标进行详细成像。

技术 8.1.1：探测器和焦平面

亚开尔文冷却器和高灵敏度探测器是未来空间天文学任务的重中之重，与研发新一代低成本天文望远镜的顶级技术挑战密切相关。功能强大的亚开尔文冷却器可以实现长期的太空任务，并且还可以实现具有巨大商业和社会影响的新型设备，如超导和量子计算以及超导电子设备。探测器灵敏度的提高可以改善许多波长的探测强度,从而使新的任务能够实现。

技术8.3.3:原位(仪器和传感器)

原位仪器和传感器将有助于确定当前是否存在有机物的合成,是否有证据表明生命曾经出现,以及判断其他行星体上是否有具备维持生命的必要条件的居住地。地质、地球物理、地球化学传感器和仪器仪表需要设计成能在极端环境中工作,如高气压、高温或低温以及不利的化学环境。这项技术具有改变游戏规则的潜力,因为它可以使探测器进入金星的表面和大气层,以及远日行星卫星的表面和亚表面,如木星和土星的卫星。

技术8.2.5:无线航天器技术

在航天器电子设备和仪器仪表中使用无线系统,可以为航天器和空间任务的设计与实施带来一种全新的、改变游戏规则的方法。为了使无线系统做好应用于航天器的准备,当前基于地面的网络技术将需要进行调整和改进,以适应极高和较低的数据速率,提供高吞吐量和低延迟的无线协议,支持多种航电接口,以及不受包括多径自干扰在内的干扰影响。专家组将此指定为高度优先的技术,因为它直接关系到顶级技术挑战,即通过将无线系统架构纳入航天器电子设备和仪器中,以提高航天器设计、测试和运行的有效性,并降低航天器研制进度风险和质量。

技术8.1.5:激光器

激光器是地形激光雷达、大气成分探测器和多普勒测风仪的基本组成部分,激光效率的提高和寿命的延长对太空研究至关重要。由于其具有非常高的应用价值,专家组将其指定为高优先级技术。NASA将根据需要评估和鼓励新兴激光技术,以满足正在进行的十年调查报告中确定的太空任务的需求,并重点关注激光系统在太空应用中鉴定合格的方法。

技术8.1.2:电子器件

未来读出集成电路需要适当的设计、布局、仿真和制造工具,并使用最先进的ASIC技术,从而可以支撑更大尺寸的探测器研发。这种技术广泛适用于许多类别的NASA任务,并且这些技术与本技术路线图顶级技术挑战所取得的进展之间存在着密切的联系,涉及在短时间内推动小型任务所需技术的发展和成熟。

3.2.9 TA09 进入、下降与着陆系统

"TA09进入、下降与着陆(DEL)系统"的技术路线图包括4个子技术领域:气动辅助与大气进入、下降、着陆和进入器系统技术。EDL是一项至关重要的技术,能够实现NASA的许多标志性任务,包括地球再入、月球着陆和机器人着陆火星。NASA的EDL技术路线图草案将进入定义为从正常飞行到超声速飞行的阶段,下降定义为超声速飞行到启动着陆的阶段,着陆为从启动终点下降到最终着陆的阶

段。EDL技术可以涉及这三个任务阶段,或只是其中的一个或两个。在对TA09中第3层级具体技术进行优先级排序之前,专家组对技术路线图进行了一些修改,这已在附录L中详细说明。

3.2.9.1 TA09顶级技术挑战

EDL通常是NASA任务中最具挑战性的领域之一,其特点是发生过重大的失败事件以及许多濒临失败事件。此外,专家组认为,NASA的EDL技术路线图草案可能过于狭窄,因为它专注于载人技术的发展,将向火星运送大量有效载荷作为重点,但在进行这样的一个任务之前,应计划并执行更多的机器人任务,这些任务用于推动EDL技术进一步发展。

(1) 到达(星球)表面的质量:开发向目的地运送更多有效载荷的能力。

NASA的未来任务将需要更大质量有效载荷的运载能力,以便将重要的仪器组件运送到感兴趣的遥远星球上,再从感兴趣的星球上采样并将样本返回到地球,从而使人类能够探索诸如火星之类的行星。由于对于一个给定的发射系统和轨道设计,能够运送到星球进入窗口的最大质量是固定的,所以提高运送到星球地面的质量将需要减少航天器结构质量,采用更高效、更轻便的热防护系统,使用更有效的轻型推进系统和更轻、更有效的减速系统。

(2) 地表进入通道:提高在行星上不同地点和不同时间着陆的能力。

可以通过在特定位置着陆或从某个指定的着陆位置中转,进入特定地点,但目前无法长距离穿越极其端崎岖的地形,需要在感兴趣的地点附近着陆。由于并不能保证进入系统能适应"直接进入"的进入环境,因此提高进入系统对各种环境条件的稳健性可能有助于到达更多不同的着陆点。

(3) 精准着陆:提高探测器更加精确地着陆能力。

精确着陆能力允许探测器靠近预期位置着陆,并且在着陆时可实现的精度水平是闭环GN&C系统设计、探测器的飞行控制能力以及所处的进入环境三者综合作用的结果。高精度着陆的动机包括感兴趣的目标和安全着陆问题。

(4) 地表障碍检测和规避:增加着陆系统对地表障碍的可承受性。

除非有人在星球地表某地着陆,否则我们并不知道着陆点存在何种危险,此外,仅依靠被动系统来着陆可能会有安全问题。主动障碍检测方法可以快速优化安全地点,降低燃料成本,同时直接对着陆面进行实时表征,但需要进一步技术开发。一个实用的行星着陆系统必须在诸如着陆点状况、任务实施前着陆点信息、轨道和传感器等因素之间构成合乎逻辑的妥协方案,以便支持简单、可靠、稳健和高效的探测器整体着陆解决方案,实现安全和稳健的探索。

(5) 安全与任务保证:提高EDL的安全性、稳健性和可靠性。

对于地球再入,特别是行星进入任务来说,NASA和国际社会在EDL任务中的失败事件已经是多得令人无法接受。这些事件对于备受瞩目的机器人任务而言是令人沮丧的,因为它可能导致载人任务失败。在任务和探测器设计过程中,充分的任务安全和成功保证是必要的约束。尽管行星探测任务不能完全消除风险,但是,其挑战旨在以一种可负担的方式实现重要的任务目标,以提高安全和任务保障能力。

（6）经济性:提高 EDL 系统经济上可承受能力。

提高 EDL 技术的经济性将允许更多的任务在固定和可预测的预算范围内开展飞行任务,也将允许完成以前认为是无法负担的新任务。需要提高任务的经济性,要么通过降低运送相同质量载荷所需的费用,或者通过以更低的载荷质量实现同样的任务目标从而降低成本。经济性也必须与风险平衡,这样任务不会变得过于昂贵,因为它不易失败,也不会经历太多的成本消减。

3.2.9.2 TA09 高优先技术

技术 9.4.7:GN&C 传感器和系统

能够精确地到达进入窗口、控制探测器的进入和下降、为探测器在 EDL 所有阶段中提供导航以及使探测器在危险地形中安全且精确着陆,这是 EDL 中高性能的 GN&C 系统典型表现。GN&C 系统实现其任务目标的能力是 GN&C 传感器性能、探测器执行器能力以及设计人员将其合理地搭配在一个强大的实时计算平台上能力的综合体现。对于所有预期的 EDL 通用参考任务来说,GN&C 传感器与系统是常见的,并与 NASA 的专业知识、能力和设施保持一致。这种技术具有改变游戏规则的潜力,因为它显著提高了如下能力:增加到达星球表面的质量、随地着陆以及随时着陆。

技术 9.1.1:刚性热防护系统

热防护系统(TPS)用于保护进入探测器上的有效载荷不受高超声速进入阶段所经历的高温和高剪切流动环境的影响。NASA 的大多数飞行任务都是采用刚性热防护系统,其中 TPS 安装在一个刚性的气动壳体/结构上,能够同时应对高速和高温热流,但也占了进入探测器很大一部分的质量。最近的研究集中在研发低密度烧蚀型材料,这种材料可以降低其在探测器总质量中所占的比例。为了更高速地进入地外行星或其有大气的卫星,需要研发新型材料,这些材料还可以防护包括高对流和高辐射在内的极端环境。这是一项可以改变游戏规则的技术,因为该领域的进步可以使在极端热环境中执行新任务成为可能,或可以减少质量以增加探测器有效载荷质量及其性能,远超以前的能力。

技术 9.1.2:柔性热防护系统

如同刚性热防护系统一样,柔性热防护系统可以是可重复使用的,或烧蚀的,或某些组合。由于其具有柔性的特征,这些热防护系统可以封装成更紧凑的外形,适用于不规则的表面,并在必要时进行展开,除了防热功能之外,这些系统还用来承受较大的气动载荷。由于它们的柔韧性,可以通过调整热防护系统的形状以改善高超声速进入阶段期间的空气动力学性能,提供升力和大范围机动能力,并且这些材料也可以用于控制局部边界层状态以及最终的加热负载。这是一种改变游戏规则的技术,因为柔性领域的进步可以降低热防护系统尺寸和重量,使其具有明显的优点。

技术 9.1.4:展开式高超声速减速器

当前进入系统采用传统的刚性减速器结构,以便在进入星球大气层之后提供热防护和减速能力。刚性装置的形状和尺寸限定了其空气动力学性能,为了提高性能,尺寸成为首要的驱动参数。在 EDL 的早期阶段,展开式减速器增加了航天器的阻力面积,而这些技术的进步可以使大型物体从星球亚轨道安全着陆,并使较重的有效载荷能够成功抵达行星目的地。为了能使减速器成功展开,必须要采取多种技术,使用刚性或可充气减速器具有多种优势。这是一种改变游戏规则的技术,因为相对于使用刚性装置,它提供了更大的阻力面积和新颖探测器形状的能力,这两者都可以在进入星球着陆窗口之后增强热防护和减速能力,从而可以实现一系列全新的任务。

技术 9.4.5:EDL 建模与仿真

EDL 建模与仿真(modeling and simulation,M&S)技术提供了在 EDL 任务的所有阶段进行稳健且高效设计所需的计算预测能力。该技术包括计算流体力学分析、有限元建模、流体-结构相互作用分析、气动热力学建模、耦合稳定性和 6 自由度轨道分析、多学科分析工具和其他高保真度分析。该技术还涵盖了开发和应用包括飞行试验在内的实验验证技术,广泛适用于所有 EDL 任务以及本技术路线图中其他高优先级技术的成功开发和实施。

技术 9.4.6:EDL 仪器与健康监测

在地面测试设备中完全模拟进入环境是不可能的。虽然基于地面的测试设备在研发热防护系统方面是不可或缺的,但热防护设计算法的完整严格验证只能通过将预测数据与飞行数据进行比较来实现。此外,健康监测仪器可以提供系统性能数据以及探测器系统在进入前正确运行的证据。该技术具有广泛的适用性,并可以提高 EDL 任务的安全性和可靠性。

技术 9.4.4:大气和地表表征

该技术的目标是充分详细描述一个行星的大气和地表特征,以便于行星任务的规划和执行。对于行星大气层,需要一个预测模型来确定全球、区域和局部尺度上的大气空间和时间特征,包括年度、季节和日变化。土卫六、火星和金星都有这样的模型,但它们不能提供所需的详细程度。对于其他行星,现存的模型仅提供了很少的细节描述。大气模型对于进入任务而言至关重要,这些进入任务涉及气动操纵工作,用于提高着陆精度和增大气动力以增加可着陆的质量。特别感兴趣的研究和技术研发主题包括火星上的分布式天气测量,为所有火星着陆任务制定标准的、低影响的测量系统,开发用于风和大气特性表征的轨道仪器,以及开发更高保真的大气模型。基础科学研究和预测工程模型的发展都是这项技术的关键因素。

技术 9.4.3:EDL 系统集成与分析

EDL 系统的设计是一个高度耦合和相互依赖的功能集,由软件和硬件组件以及多个学科组成。这个问题的本质就是利用技术来开发改进的系统集成和分析方法,如多学科设计优化。有效的系统集成和优化涉及将 EDL 系统关联的各种学科整合在一起,同时也涵盖 EDL 的多个阶段。虽然系统集成和分析技术预计不会是一种改变游戏规则的技术,但它仍被认为是高优先级技术,因为它支持完整的任务集合,技术风险低且具有一定的合理性,只需要最少的时间和精力,并适用于实现 EDL 中所有的六项顶级技术挑战。

3.2.9.3 补充评论

设施和连续性这两项内容不在 NASA 首席技术专家办公室职权范围之内,但对 EDL 发展的成功至关重要,因此是专家组讨论的前沿技术,也是 EDL 研讨会和公开调查的众多参与者进行讨论的重点。关于这些内容的进一步意见已经包含在该技术领域的相关附录中(附录 L)。

3.2.10 TA10 纳米技术

"TA10 纳米技术"的技术路线图涉及 4 个子领域:工程材料与结构,能量产生与储存,推进以及传感器、电子器件与设备。纳米技术描述了在原子和分子层面对物质和力的操纵,并且包括至少一个维度上的尺寸是在 1~100nm 的尺寸范围内的材料或器件。在这种尺度上,量子机械力变得很重要,因为纳米尺寸材料或器件的性能与宏观尺度上的相同材料的性能存在较大的差异。纳米技术可以使材料性能得到极大的提升,在纳米尺度上设计的材料将会改变空间探索、传感器、推进和总体系统设计的模式。在对第 3 层级具体技术进行优先级排序之前,我们对技术路线图进行了若干项修改,这些变化在相关附录(附录 M)中有说明。

3.2.10.1 TA10 顶级技术挑战

(1) 纳米增强材料:研发由纳米技术增强的轻量化和/或多功能材料与结构,减轻航天器和运载火箭的质量。

使用纳米技术开发先进材料可以提高许多领域的探索能力。纳米增强复合材料通过提高材料的强度和刚度、减少结构质量来增强任务性能。需要建立从纳米级到宏观尺度上均有效的多尺度模型,以理解纳米增强复合材料的失效机理和界面特性。多物理模型可以用来解决制造工艺、极端环境中操作以及使用活性材料设计等问题。此外,需要新的生产方法来制造原始纳米材料,并将其可控地纳入其他材料中。

(2)增加电能:利用纳米技术研发更高效率、更轻质量和更小体积的能源系统,为未来航天任务增加可用电能。

能量产生和储存仍然是未来所有与太空相关任务的技术难题。纳米技术可以提高能量产生、能量储存和能量分配的能力,并使传感器能够实现自我供电,允许以网络方式进行分布式测量。诸如纳米结构超材料、具有光谱压缩效应的光子或声子晶体的新技术,能提高收集效率并提供新的功能。

(3)推进系统:使用纳米技术提升发射推进系统和空间推进系统的能力。

纳米技术的进步将使应用新型推进剂成为可能,新型推进剂具有更高的燃烧效率,也有助于完成替代燃料的研发。高含能的推进剂能减少固体发动机中的燃料质量,提供可调节的点火和反应速率。基于纳米材料的高温和低腐蚀结构材料可以减少发动机喷嘴和推进结构的重量。

(4)传感器和仪器:使用纳米技术研发具有独特功能和更好性能的传感器和仪器。

除了科学数据收集之外,NASA航天任务的成功还在很大程度上依赖于能在多种环境中应用的各种传感方法和传感器技术。纳米传感器技术允许将传感器嵌入到更小、更节能、更灵敏的结构和系统中,从而实现更加完整和准确的健康评估。纳米技术还允许进行有针对性的传感器应用,从而提高功能效率,并使仪器小型化,同时增强其性能。

(5)热管理:使用纳米技术提高热管理系统的性能。

热管理可以降低整个系统的成本和质量,直接减少运载火箭整体的质量。在系统级以及分系统和组件级别,通常需要进行热控制。纳米技术可用于调整材料的导热性,使其成为更有效的导体或绝缘体。

3.2.10.2 TA10高优先技术

技术10.1.1:纳米增强轻量化材料与结构

纳米尺寸材料有望能大幅度提高部件和结构的热、电和/或力学性能,同时可以减轻质量,可用于开发多功能、轻量化的材料和结构,这将彻底改变航天系统的设计方法和能力。这是一项改变游戏规则的技术,因为航天器的结构和有效载荷质量的减少,可以提升有效载荷性能,以更高的效率完成发射任务,从而使得NASA在任务设计上有更大的灵活性。对与尺度相关的制造方法研究的缺乏会减缓轻量化材料和结构技术的发展。此外,如果不控制纳米颗粒分散、排序和界面特性,则可能无法实现强度和性能增益。

技术10.2.1:纳米增强能量产生

纳米技术通过改善现有储能和发电系统的材料系统来影响能量的产生模式。这是一项改变游戏规则的技术,因为质量更轻、强度更好的材料和结构可以分配出更多的有效载荷用于能量产生和电能存储,更有效的能量产生方式允许所发射的有效载荷更轻。

技术10.3.1:纳米推进剂

纳米推进剂包括使用纳米尺寸的材料作为推进剂的组分和作为液体燃料的胶凝剂。纳米尺寸使得材料具有巨大反应表面积。使用纳米材料作为推进剂的一个组成部分可以解决若干个问题,包括自燃推进剂和固体推进剂的潜在毒性和环境危害以及低温处理的要求,同时也提高燃烧效率,并可能影响点火和反应速率的可控性。使用纳米催化剂可以提高15%~40%的效率,并可提供多种功能。

技术10.4.1:纳米传感器与驱动器

纳米级传感器与驱动器允许在极低的功率水平下工作时提高其灵敏度和检测能力。纳米传感器更小、更节能、更灵敏,可进行更加完整和准确的健康评估以及有针对性的传感器应用。由于它能提高所有任务的整体效能,专家组认为这是一项高度优先的技术。

3.2.10.3 补充评论

未来的NASA任务在很大程度上依赖于诸如更轻更强的材料、更高的可靠性、更低的制造和运营成本等,所有这些都将受到纳米技术融入的影响。纳米工程材料的广泛使用及将其融入到有用产品中面临的主要挑战是某些纳米原材料的缺乏和生产质量的不稳定。纳米技术是一个非常广泛的研究领域,与其他技术路线图相互交叉且相互影响。此外,鉴于NSF和其他机构在国家纳米技术研发工作上资助了许多研究项目,当前这些研究工作正在政府实验室、大学和企业中进行,NASA对纳米技术在太空中应用的研究应与国家研发工作协调一致。但NASA的纳米技术研究似乎并没有得到集中协调,因此潜在的存在大量重复的研究工作。专家组建议,NASA各个中心的纳米技术研究人员、国家研发工作以及特定NASA任务最终用户之间应进行实质性的协调。

3.2.11 TA11 建模、仿真、信息技术与处理

TA11的技术路线图包括4个技术子领域:计算、建模、仿真、信息处理。NASA在工程上取得突破性进展和实现科学发现的能力不仅受到人类、机器人和遥感观

测的限制，还受到数据传输，以及将数据转化为科学和工程知识以满足复杂需求的能力限制。随着数据量呈指数级增长到拍字节(Petabytes，PB，1PB=1024TB)和艾字节(Exabytes，EB，1EB=1024PB)的范围，建模、仿真、信息技术与处理需要先进的超级计算能力。在对 TA11 中第 3 层级具体技术进行优先级排序之前，将 11.2.4 科学与工程建模分为两部分：11.2.4a 科学建模与仿真，以及 11.2.4b 航天工程建模与仿真。

3.2.11.1 TA11 顶级技术挑战

（1）先进飞行能力的设备和软件：研发具有先进飞行能力的设备和软件，以用于航天器的飞行计算。

在质量和电能受到严格限制的情况下，在太空中应用的设备应不受辐射诱导效应影响，或至少应能承受这种影响。同时，也需要采用新的设计方法来设计那些在先进设备上运行的软件。应对这些苛刻应用中所需的关键和复杂的软件进行深入研发，以便在低风险的情况下来管理这种复杂性。

（2）新的软件工具：开发新型飞行和地面计算软件工具，以便利用新的计算技术，与计算机硬件的发展保持同步，消除多核"可编程性差距"，并允许移植旧代码。

自 2004 年以来，由于每个芯片的内核数量增加，同时使用非常快速的矢量图形处理器单元而不是提高处理器速度，计算机计算能力快速增加。NASA 尚未解决为这些新型计算机体系架构开发高效代码的挑战性问题。为了有效利用快速变化的先进计算系统，NASA 庞大的遗留工程和科学的代码需要重新设计。

（3）测试：通过应用新一代经济实惠的仿真软件工具，提高硬件和软件测试的可靠性和有效性，增强任务的稳健性。

应深入了解复杂系统设计所用的新一代软件工具，以支持开发具有容易理解、可预测行为的系统，同时最大限度地减少或消除非预期反应。

（4）仿真工具：充分利用新一代科学计算机的功能，开发科学仿真和建模软件工具。

超级计算机变得越来越强大，通常能够对复杂的天体物理学、地球物理学和空气动力学现象进行真实的多分辨率模拟，包括星周盘向行星系统的演化、星系巨分子云中恒星的形成以及整个星系的演化，包括来自超新星和超大质量黑洞的反馈。然而，利用这些新型计算机体系架构全部功能的高效新代码仍在开发中。

3.2.11.2 TA11 高优先级技术

技术 11.1.1：飞行计算

在太空领域的一般应用场景中，对低功耗、抗辐射加固、高性能处理器一直持续有需求。具有所需性能的处理器随时可用于地面应用中,然而,抗辐射加固的处理器不是面向地面应用场景。一个主要的问题是确保面向太空应用的抗辐射加固集成电路的持续可用性。如果 NASA 和其他政府机构希望维持这些器件的国内供货能力,则需要采取行动,或者需要相应的技术研发工作来确定如何将这些商用器件应用于在太空环境。多核/加速飞行处理器可以在机载计算吞吐量、故障管理、智能决策和科学数据采集等方面取得巨大的性能提升,并且能够实现自主降落以及避险,因此该技术对相关领域能够产生重大影响,预计可在各种 NASA 任务中使用。

技术 11.1.2:地面计算

地面计算技术由可编程的多核/混合/加速计算机架构组成,其中包括开发将现有代码移植到这些新架构中的工具。大量的传统工程和科学代码库不能在新型计算机架构上有效运行,需要研发新的软件工具,以帮助程序员来转换这些传统代码,同时研发能在这些新型计算机系统上高效运行的新算法。随着计算机系统架构的不断变化,需要不断地进行技术改进。

技术 11.2.4a:科学建模与仿真

该技术由多尺度建模组成,用于处理复杂的天体物理和地球物理系统,这些系统具有大范围的空间尺度或其他物理变量。还需要提出更好的方法对模拟结果与观察结果进行比较,以便更好地理解快速增长的 NASA 数据集的含义。这种技术可以产生重大影响,其原因在于它通过阐明所涉及的物理原理来优化观测的价值,并可能影响许多 NASA 任务。

技术 11.3.1:分布式仿真

分布式仿真技术能够在软件开发人员、科学家和数据分析师之间实现共享仿真的能力。需要大规模、共享、安全的分布式环境,它具有足够的互联带宽和显示功能,以实现观测结果和复杂模拟结果的分布式分析和可视化。这项技术可以大幅度提升效率,支持合作,特别是跨学科研究,这将有利于推动 NASA 在多个领域的大量任务实施。

3.2.12　TA12 材料、结构、机械系统与制造

TA12 技术领域涉及内容非常广泛,包括 5 个技术领域:材料、结构、机械系统、制造和交叉技术。TA12 由使能性的核心学科以及直接影响 NASA 科学和探索任务日益严格要求的基本新功能组成。NASA 将载人辐射防护和可靠性技术确定为 TA12 应重点关注的两个关键技术领域。

3.2.12.1　TA12 顶级技术挑战

(1)多功能结构:构思并研发多功能结构,包括辐射防护结构,使其具备执行

新任务的能力(如长时间的载人航天飞行),并能降低质量。

结构起着承载和维持形状的功能,在结构能够同时执行额外功能的情况下,任务能力可以随着结构质量的降低而增加。这种多功能材料和结构将需要新的设计分析工具,也可能出现新的失效模式,在航天系统设计与操作应用中,需要了解相关情况。

(2) 减少质量:减少运载火箭、航天器和推进结构的质量,以增加有效载荷的质量,提高任务能力,并降低成本。

需要使用轻量化的材料和结构来增强任务能力,并使新任务实施成为可能。先进的复合材料、颠覆性的结构概念、更高能量的推进剂、具有较高温度耐受性和较低烧蚀性潜力的材料代表了减少质量的一些可能解决措施。

(3) 计算模拟:推动经验证的计算设计、分析和模拟的新方法研究,为材料与结构的设计、认证及可靠性提供支撑。

第一性原理物理模型具有改变游戏规则的潜力,可以用来指导量身定制的计算材料设计。在有试验数据的支撑情况下,经验证有效的计算模拟方法可以为分析验证提供基础,用于验证和提高对设计适用性的信心。

(4) 大孔径系统:为大孔径系统研发可靠的结构和机构,使它们在发射过程中务必保持紧凑的收拢状态,到达指定位置后能够实现高精度的最终形状。

NASA 的许多任务都采用必须在极端环境中可靠展开的机械系统和结构,通常要以非常高的精度达到所需的形状。这些可以在太空中展开、组装或制造,也许会涉及柔性材料。模块化和可扩展性是这些概念的期望特征,可能需要研发自主的自适应控制系统和技术来解决关键的功能元件和材料。

(5) 结构健康监测:为长期任务提供结构健康的可持续性监测,包括集成微型传感器和应答式箭/星载系统。

集成的结构健康监测系统可以提高任务的成功率,该系统可以检测和评估在役结构损伤或故障的危险程度,然后确定改进措施或触发自愈结构中的修复功能。对长期、远程任务来说,自主集成的箭/星载系统将是一种改变游戏规则的能力。

(6) 制造:为小批量的、可靠的高性能结构和机构实现低成本制造,包括太空制造。

NASA 先进的航天任务需要经济实惠的结构、电子系统和光学有效载荷,也需要制造技术的进步。太空制造在减重及开拓新任务领域方面提供了改变游戏规则的能力。

3.2.12.2 TA12 高优先技术

TA12 中确定了 9 项高度优先的技术,其中一些技术直接与 TA12 中其他技术和其他技术路线图相联系,以支持解决共同的技术挑战。

技术 12.2.5：新概念多功能结构

除了承受载荷和保持形状之外，具有多种功能的结构可以提高任务完成能力，同时可以减少结构质量和体积。新概念多功能结构涉及不断提高的系统集成水平，并为提升自主能力奠定了基础。新概念多功能结构的实例包括具有整体辐射防护功能的居住地结构，在执行长时间载人航天飞行任务中，它可以减少航天员暴露在空间辐射环境中以及受到微流星体和空间碎片撞击的风险。多功能结构新技术在载人航天中的应用是 NASA 所独有的，因此要求 NASA 领导相关技术研发工作。其他多功能结构概念（如涉及热结构和电结构功能的概念）可能会找到更广泛的应用。因此，NASA 将从共同开展这些技术概念研发的合作中受益。

技术 12.2.1：结构轻量化概念

结构轻量化概念可以显著增强未来的探索和科学任务能力，并使新任务可行。例如，轻量化低温贮箱可以提高运载火箭的性能，并能实现燃料在轨贮存，用于可展开太阳帆、精密空间结构和充气式可展开防热板的结构轻量化概念可为新任务提供机会，或显著有利于计划中的科学任务实施。NASA 和航空航天工业研发的结构轻量化概念已经在运输、商用飞机和军事系统中得到了广泛的应用。

技术 12.1.1：轻量化结构材料

未来航天系统的轻质结构研发需要先进复合材料、金属和陶瓷材料以及经济高效的加工和制造方法。由 NASA 和其他政府机构、学术界和航天工业开发的轻量化结构材料已经在运输、商用飞机和军事系统中得到广泛应用。NASA 继续在航天应用材料的研发领域发挥领导作用，可以使新材料系统在减轻重量和降低成本方面具有明显的优势。该技术有望显著减少几乎所有运载火箭和有效载荷的质量，为新任务创造机会、提高性能并降低成本。

技术 12.2.2：结构设计与验证方法

当前的结构验证方法依赖于基于统计的材料性能鉴定数据、基于经验的载荷修正系数和安全系数的保守组合，随后是设计研发和鉴定测试。验证试验和任务历史经验表明结构倾向于被过度设计，因此其质量要大于所需要的质量。可以研发一种基于模型的虚拟设计验证方法，以更经济有效地设计和验证航天结构。这项技术为实现更轻和更经济实惠的航天结构提供了另一条途径，同时确保了具有足够的可靠性，并且适用于 NASA 所有航天器，包括用于科学任务的无人驾驶、机器人和载人航天飞行器以及长时间的载人探索活动。

技术 12.5.1：非破坏性评估与传感器（交叉技术）

非破坏性评估（non-destructive evaluation，NDE）从早期用于质量控制、产品验收和定期检验，发展成为包括持续健康监测和自主巡检等应用领域的技术。对关键部位的早期检测、故障定位和缓解能力可以提高任务的安全性和可靠性。NASA 已经在虚拟数字航队领导者（VDFL）中提出了集成的非破坏性评估和传感器技术能力,该系统包括运载火箭的数字化表示,具有对运载器结构健康进行实时评估的能力,以预测其性能并确定用于解决运载器性能所需的维护操作。非破坏性评估和传感器技术可能会影响多个领域和多个任务,尤其是随着任务持续时间不断增加,需求更加迫切。

技术 12.3.4:机械系统设计分析工具与方法

用于高保真运动学与和动力学的设计分析工具和方法对建模、设计和验证先进的空间结构和机械系统至关重要。机构相互/相关分析方法能用于创建航天器机械系统的单一模型,可以减少由于跨学科/专业所产生的设计裕度叠加。

技术 12.3.1:展开、对接与接口

未来,与成像和科学数据采集相关的许多科学任务将受益于大孔径和精密几何学的联合应用。这一成就极有可能涉及展开机构,包括柔性材料以及诸如组装或空间制造在内的其他方法。对接和相关的接口提供了另一种方法来实现由较小平台建造较大平台,这些机械系统和结构必须在极端环境中可靠展开并且能高精度地实现期望的最终形状,一些系统可能需要使用控制系统,以在操作干扰下保持精确的形状。精密大孔径系统对某些 NASA 科学任务以及一些国防部监测任务至关重要,可以提升任务性能。建议 NASA 主导相关技术开发,在可行的情况下寻找合作伙伴。当分离、释放或展开系统出现故障时,航天任务并不总是会发生失败,因此需要明确的技术研发计划来提升这类系统的可靠性。

技术 12.3.5:机械系统可靠性/寿命评估/健康监测

根据最近的经验,机械系统的可靠性(包括展开、分离和释放以及机动系统)对于航天飞行任务成败有着非常大的影响,这比为满足当前验证标准而设计的结构的可靠性更为重要。集成传感器系统将提供用于确定机械系统的当前状态以及预测未来行为的基础。为了最有效地确保任务的可靠性,必须在系统设计时采取具有纠正措施能力的技术方案。这种技术与可展开、对接和接口的技术领域密切相关,可以极大地提高机械系统和结构的可靠性,特别是对于长期航天飞行任务。

技术 12.4.2:智能集成制造和信息物理系统

用于航天任务的高性能材料、结构和机构的实施需要专门的制造能力。通过技术的进步,尤其是基于 IT 技术,更加通用且灵活的制造方法可以适应于生产专门的部件和系统。现有工业能力能满足此类技术的应用需求,而且美国空军研究实验室对类似技术的投资也推动其进一步发展,预计将持续下去,因为这些技术对制造经济性有着潜在影响。制造业是 NASA 可以从监管硬件、软件和供应链管理发展中受益的领域,有可能形成政府、大学和行业联盟来追求这些目标。这项技术将使物理部件能够在太空中进行制造,如果有必要则可以在有人的长期航天飞行任务中进行制造。对于一些探测任务,这可以减少必须携带到太空中的质量。此外,该技术有希望能提高由高性能材料制成的一次性结构的经济性。该技术适用于 NASA 所有航天器,包括在科学任务中使用的无人驾驶、机器人和载人航天飞行器,以及长时间的人类探索活动。

3.2.12.3 补充评论

也许是需要在总结文件中处理如此广泛的技术,TA12技术路线图几乎没有讨论假设的任务模型,或技术开发的相互依赖关系,在某种程度上它可以理解为技术项目的目录,如同某类研发规划。对 TA12 的详细解释留给读者,很难对技术研发进度表提出具体的修改建议。

此外,TA12 技术路线图既没有改善对发射的强烈振动声环境的理解,也没有提出可能降低结构动力响应的新方法,而这种方法经常会推动航天器结构设计能力的发展。

3.2.13 TA13 地面支持与发射系统

TA13 的目标是为地面准备流程、发射阶段、任务阶段和回收操作阶段提供灵活且可持续的保障能力,以大幅度提高进入太空的安全性。TA13 技术路线图包括 4 个技术子领域,含优化操作生命周期的技术、环境和绿色技术、提高可靠性和任务可用性的技术以及提高任务安全性和控制任务风险的技术。该技术领域的进步带来的主要好处是降低成本,可为其他领域投资提供更多资金。在对 TA13 技术进行优先排序之前,专家组考虑了 TA13 技术领域分解结构,但不建议进行任何更改。

3.2.13.1 TA13 顶级技术挑战

虽然先进的技术可以有助于解决地面支持和发射系统发展中所面临的主要挑战(如成本和安全问题),但是通过改进管理措施、工程应用和设计方案,可以有效地解决这些问题。因此,专家组没有给出与 TA13 相关的任何技术挑战。

3.2.13.2 TA13 高优先级技术

专家组没有为 TA13 确定任何高优先级的第 3 层级具体技术。

3.2.13.3 补充评论

专家组在研发计划和进度调整方面没有任何建议。

3.2.14 TA14 热管理系统

热管理系统是采用出色的温度控制方式处理高热负荷的系统和技术,其目的是减少现有系统的质量。TA14 热管理系统的技术路线图包括 3 个技术子领域:低温系统、热控制系统和热防护系统。在对 TA14 技术领域进行优先级排序之前,专家组考虑了 TA14 技术领域分解结构,但不建议进行任何更改。

3.2.14.1　TA14 顶级技术挑战

(1) 热防护系统:既可以新研亦可以重组之前已有系统,为载人和机器人高速返回任务开发一系列刚性烧蚀型和充气/柔性/可展开的热防护系统。

对未来所有需要进入或再入行星的有人和机器人任务而言,热防护系统都是关键性的。对于近地轨道再入任务,目前可用的高技术成熟度的刚性烧蚀型热防护系统足够应对,但不足以用于高速再入地球或行星的任务。无论任务中有人还是机器人,烧蚀型材料都能够用于所有这些要求高马赫数再入的 NASA、军方或商业任务,比如用于载人或机器人的近地小行星旅行或火星登陆任务。

(2) 零蒸发贮存:加快对先进的主动和被动系统进行研究,以实现接近零蒸发量的长期低温贮存。

长期任务所需要的低温生命保障供给(如液态氧)、低温推进剂(液态氢)或科学设备工作所需的非常低的温度都要求接近于零的蒸发率。TA14 中多项技术都致力于解决该问题。研究的重点应该是在不同任务中都可以集成可靠、可修复、可以承受的主动和被动系统。

(3) 散热器:开发先进的、轻量化的空间散热器。

散热器用来移除来自于航天器和行星基地系统的能量,这对许多任务来说都是至关重要的。为了减小散热器的质量、面积和泵浦功率①,需要在可变发射率、极低的吸收率/发射率比、自清洁、耐高温涂料等方面开展研究。除此之外,还要研究用于扩展舱外活动能力的轻量化散热器或紧凑型存储系统。

(4) 多功能材料:开发兼具结构强度、良好的绝缘性能及可能还有其他功能的高温多功能材料。

多功能系统可以大幅度减少质量,从而可以增加用于有效载荷的质量。结合热、结构、微流星体和轨道碎片(MMOD)与航天员辐射防护的多功能热防护系统以及多层隔离系统可以显著减少全系统质量,使长期任务可行,也可用于行星居住地的热和多功能防护。

(5) 验证与确认:对新的或改进的综合热分析计算代码进行开发、验证、确认,并量化不确定性分析要求。

需要升级用于预示再入加热过程中烧蚀行为的仿真代码(程序),以将紧密耦合的多相烧蚀与辐射加热行为纳入流动仿真中,要特别注意验证、确认和不确定性

---

①　译者注:泵浦功率是指发热体单位时间内传递给散热器的能量。

的量化。

（6）修复能力：开发空间热防护系统的修复能力。

修复能力对长期任务特别重要。我们应该继续深入研究为航天飞机轨道器热防护系统（增强型碳-碳/防热瓦）开发的修复技术并扩大其应用范围，以便为未来的航天器提供修复方法。

（7）热传感器：增强热传感器系统和测量技术能力。

对于了解异常现象、材料或性能的退化或增强，以及先进科学任务的测量来说，传感器设备的地面运行测试是必要的。

3.2.14.2 TA14 高优先级技术

技术 14.3.1：上升/进入阶段的热防护系统

对于所有需要进入行星大气层的机器人和有人任务来说，在上升和进入大气层期间进行有效的防隔热是至关重要的。上升/进入阶段的热防护系统是一种改变游戏规则的技术，因为对于每次在行星大气环境中的上升和/或进入任务，包括每次返回地球的任务，它都是必要的。特别关键的第 4 层级具体技术是刚性烧蚀型热防护系统、退化驱动的热防护材料和工艺开发、多功能热防护系统和柔性热防护系统。

技术 14.1.2：低温系统的主动热控制

低温流体的低蒸发量乃至零蒸发量对于长期任务来说是决定任务成败的，现有技术还不能实现这一点。这项技术的目标是开发一个集成主动绝热技术和被动绝热技术的总体优化系统，并且能够用仪器和传感器来监测流体质量。通过有效地利用被动控制技术可将对主动系统的性能要求降至最低，有助于提高整个系统的可靠性。这项技术可以完成各种长期任务。

3.2.14.3 补充评论

软件验证和地面测试设施的使用是与 TA14 有关的两个总体交叉问题，这在第 5 章中有详细介绍。

NASA 认识到，由于预算和人员配置的限制，无法执行技术路线图中提出的所有任务，有必要与其他组织协调和合作，以资助相关技术研究。许多任务可以合并，例如，技术路线图草案将技术 14.1.1 被动热控制分为 8 个项目，所有这些项目都是将热泄漏最小化，该项研究应该作为一个整体来进行，而不是将之分成一个个单项技术进行研究。

参考文献

[1] NRC (National Research Council). 2003. The Sun to the Earth—and Beyond: A Decadal Re-

search Strategy in Solar and Space Physics. The National Academies Press, Washington, D. C.
[2] NRC. 2007. Earth Science and Applications from Space: National Imperatives for the Next Decade and Beyond. The National Academies Press, Washington, D. C.
[3] NRC. 2010. New Worlds, New Horizons in Astronomy and Astrophysics. The National Academies Press, Washington, D. C.
[4] NRC. 2011. Vision and Voyages for Planetary Science in the Decade 2013–2022. The National Academies Press, Washington, D. C.

第4章
顶级技术挑战和高优先级技术的综合排名

4.1 引言

正如第3章所解释的那样,专家组对技术路线图中第3层级具体技术进行评估时,考虑了各种各样的因素。在对14个技术路线图草案中专家组评为高优先级的83项技术进行优先级排序时,指导委员会制定了一个组织框架,充分考虑到NASA任务领域间的平衡问题、在满足最高优先技术挑战方面的相关性以及在技术路线图30年时间框架内每隔5年可能取得的重大进展。此外,指导委员会还限制了最终清单中推荐的最高优先级技术的数量,因为他们相信,在面对可能稀缺的资源时,首先侧重于少数最高优先级技术是产生最大影响力的最佳机会,特别是政府部门任务领域(如星际探索领域)正在进行调整完善,可以通过技术选择来重新塑造任务计划。在这个组织框架内,指导委员会在考虑NASA任务以及关联技术群等因素确定了技术目标。

4.2 技术目标

2011年,NASA战略计划(NASA,2011,第4页)指出:
2011年战略计划的新增内容是一个战略目标,强调支持NASA执行任务的基础能力的重要性。

指导委员会将NASA战略愿景的这种表述解释为,在对这些技术进行评估时,需要通过衡量其支持NASA各种任务的程度。

问题变成了确定NASA所有任务的总体情况,包括NASA的责任,但很容易通过支持它们所需的技术类型加以区分。指导委员会确定了以下技术目标,以作为确定技术挑战和技术路线图中技术优先顺序的组织框架。

4.2.1 技术目标 A:将人类活动延伸并维持在近地轨道之外

支撑技术将使人类能够在整个太阳系的长途航行中生存下来,到达他们选择的目的地、高效工作并安全返回。

该目标包括 NASA 任务的一个主要部分,即把人类送出范艾伦带(Van Allen belts)的保护范围,减轻空间辐射及长时间暴露于微重力环境的影响,使航天员能够完成任务的目标(包含在技术目标 B 中),然后安全返回地球。该目标还包括利用国际空间站促进技术进步,支持未来的载人太空探索任务,向商业公司提供近地轨道及更远轨道空间的服务机会,以及发展安全进入近地轨道之外太空所需的运载能力。

4.2.2 技术目标 B:探索太阳系的演化和其他地方存在生命的可能性

支撑技术将使人类和机器人能够在地球(天体生物学)和其他行星体上进行原位测量。

该目标涉及太阳系中行星体的原位分析。它包括对形成行星环境的物理与化学性质及过程的详细分析,以及对地质和生物演化过程的研究,这些过程解释了地球上的生命是如何进化的,以及生命是否存在于太阳系中的其他地方。它涉及开发用于原位测量的仪器和相关数据分析技术。该目标包括行星科学的所有原位方面内容:测量行星、卫星和小天体的内部特性、大气、粒子和磁场,以及研究行星保护的方法等。

4.2.3 技术目标 C:扩大对地球和我们所处宇宙的认识

支撑技术将能够从绕地球或其他行星天体运行或飞行的平台以及其他太空和地面观测站上进行远程测量。

该目标包括天体物理学研究,恒星、行星、银河系和河外星系天文学研究,与天体有关的粒子天体物理学和基础物理学研究,太阳和日光层物理学研究,以及磁层物理学和太阳-行星相互作用。该目标还包括基于天基观测的地球系统科学和应用,旨在提高我们对地球及其对自然和人为变化的反应的理解。该目标包括依赖于从各种观测平台远程获得测量数据的所有空间科学活动。

这些目标不是独立的,单个任务通常都会涉及(例如,人类去探索行星体或维护空间天文观测台,如同哈勃太空望远镜),并且有支持其中一个以上目标的技术(如多功能结构、电推进及 GN&C)。然而,这种分类法是对 NASA 战略计划中所描述职责进行分类的一种有用的方法,有助于对本研究中确定的各种技术和技术挑战进行优先排序。

4.2.4 平衡

指导委员会的一个基本假设是,NASA 将继续在人类探索、空间科学、空间运营、空间技术和航空航天等多任务领域寻求平衡的发展计划。事实上,2011 年"NASA 战略计划"(NASA,2011)中强调了这一平衡策略,并在 NRC 报告《美国未来航天:使民用航天计划与国家需求保持一致》(NRC,2009)中也提到了这一平衡策略,NASA 任务领域的广度有助于使美国成为太空领域的领导者。由于首席技术专家办公室的技术计划应广泛支持 NASA 任务的广度,并为未来任务提供一个开放的选择空间,指导委员会独立确定了三个技术目标的优先事项,即没有哪个技术目标比另一个更优先。

表 4.1 将三个技术目标与 NASA 的任务领域相关联,并说明了对采用的组织框架的平衡策略。如前所述,航空技术不是技术路线图研究的内容。

表 4.1 NASA 任务领域与三个技术目标之间的关系

NASA 任务领域	技术目标 A: 将人类活动延伸并维持在近地轨道之外	技术目标 B: 探索太阳系的演化及其他地方存在生命的可能性(原位测量)	技术目标 C: 扩大对地球和我们所处宇宙的认识(远程测量)
行星科学	X	X	X
天体物理学			X
地球科学		X	X
太阳物理学			X
人类探索	X	X	X[a]
空间运营	X	X	X

[a] 望远镜和观测台被航天员使用的情况

4.3 技术挑战

根据已定义的三个技术目标,指导委员会评估了 TA01~TA14 技术路线图的顶级技术挑战,它们是由专家组评选出的优先级排名靠前的技术挑战。在某些情况下,尤其是在多个技术路线图中内容有相互交叉的情况下,指导委员会整合相似的技术挑战。指导委员会成员通过多次迭代对最高优先级的技术挑战进行投票,首先使用 1~10 的排名对每个目标的前十大挑战进行评级,然后使用加权比例:0=

不相关,1=轻微重要,3=重要,9=非常重要。指导委员会接着讨论不同成员给出的重大得分差异,各成员给出的分数的平均分及其所表示的每个挑战相对优先级。讨论一直持续到专家组就每个目标的最终 10 项技术挑战的优先列表达成最终共识。下面描述了每个技术目标中的十大技术挑战。

4.3.1 技术目标 A:面临的顶级技术挑战

A1. 提高进入空间的能力:大幅降低进入空间的成本,提高进入空间的可靠性和安全性。

A2. 空间辐射对健康影响:提高对空间辐射影响人类健康的认识,发展辐射防护技术,实现长时间的载人航天任务。

A3. 长期任务对健康的影响:最大限度地减少长时间航天任务(空间辐射除外)对乘员健康的影响。

A4. 长期持续 ECLSS:实现可靠的闭环环境控制和生命保障系统(ECLSS),以实现近地轨道之外的长期人类任务。

A5. 航天员快速转移能力:建立航天员快速往返火星或其他遥远目标的推进能力。

A6. 轻量化航天结构:开发新型轻量化材料和结构,以减少航天系统的质量,并提高其性能,例如:①运载火箭和有效载荷系统;②建设用于保护航天员的太空和外星球地表生活基地,包括具有轻量化辐射屏蔽功能、自我监控能力以及需要航天员维护工作时间最小化的多功能结构;③重量轻,可展开的合成孔径雷达天线,包括用于大口径空间系统的可靠机构和结构,可以紧凑地折叠起来进行发射,并实现高精度的展开外形。

A7. 增加可用电源:使用可靠的电源系统提高能源产生和储存能力,消除对航天飞行任务中电源可用性的限制,这些电源系统可以在 NASA 航天任务所特有的广泛环境中使用。

A8. 到达地表的质量:向太阳系中的目的地运送更多的有效载荷。

A9. 精准着陆:提高在行星上不同区域和不同时间条件下更安全、更精确地着陆的能力。

A10. 自主交会和对接:实现高度可靠的自主交会、接近操作和捕获自由飞行的空间物体。

4.3.2 技术目标 B:面临的顶级技术挑战

B1. 提高进入空间的能力:大幅降低进入空间的成本,提高进入空间的可靠性和安全性。

B2. 精准着陆:提高在行星上不同区域和不同时间条件下更安全、更精确地着陆的能力。

B3. 机器人机动性:使机器人移动系统能够自主并准确地导航和规避危险,同时增加着陆系统应对复杂地面环境的稳健性。

B4. 生命检测:改进用于原位分析的传感器,以确定当前是否存在有机物质的合成,是否有证据表明生命曾经出现,以及其他行星体是否具有维持生命居住的必要条件。

B5. 大功率电推进:开发大功率电推进系统以及电源系统使能技术。

B6. 自主交会和对接:实现高度可靠的自主交会、接近操作和捕获自由飞行的空间物体。

B7. 增加可用电源:使用可靠的电源系统提高能源产生和储存能力,消除对航天飞行任务中电源可用性的限制,这些电源系统可以在NASA航天任务所特有的广泛环境中使用。

B8. 到达地表的质量:向太阳系中的目的地运送更多的有效载荷。

B9. 轻量化航天结构:开发新型轻量化材料和结构,以减少航天系统的质量,并提高其性能:如①运载火箭和有效载荷系统;②建设用于保护航天员的太空和外星球地表生活基地,包括具有轻质化辐射屏蔽功能、自我监控能力以及需要航天员维护工作时间最小化的多功能结构;③重量轻,可展开的合成孔径雷达天线,包括用于大口径空间系统的可靠机构和结构,可以紧凑地折叠起来进行发射,并实现高精度的展开外形。

B10. 更高的数据传输速率:最大限度地减少对通信数据速率和距离施加的约束。

4.3.3 技术目标C:面临的顶级技术挑战

C1. 提高进入空间的能力:大幅降低进入空间的成本,提高进入空间的可靠性和安全性。

C2. 新天文望远镜:开发新一代的天文望远镜,以发现可居住的行星,促进太阳物理学的发展,并通过开发高对比度成像和光谱技术来研究明亮物体周围的暗结构,从而提供前所未有的灵敏度、视场和微弱天体的光谱特征。

C3. 轻量化航天结构:开发新型轻量化材料和结构,以减少航天系统的质量,并提高其性能,例如:①运载火箭和有效载荷系统;②建设用于保护航天员的太空和外星球地表生活基地,包括具有轻量化辐射屏蔽功能、自我监控能力以及需要航天员维护工作时间最小化的多功能结构;③重量轻,可展开的合成孔径雷达天线,包括用于大口径空间系统的可靠机构和结构,可以紧凑地折叠起来进行发射,并实现高精度的展开外形。

C4. 增加可用电源：使用可靠的电源系统提高能源产生和储存能力，消除对航天飞行任务中电源可用性的限制，这些电源系统可以在 NASA 航天任务所特有的广泛环境中使用。

C5. 更高的数据传输速率：最大限度地减少对通信数据速率和距离施加的约束。

C6. 大功率电推进：开发大功率电推进系统以及电源系统使能技术。

C7. 软件设计：提出新的经过验证有效的计算设计、分析和模拟方法，用于材料、结构、热、EDL 和其他系统的设计、认证和可靠性评估。

C8. 结构监测：开发用于长期任务的结构健康和耐久性的监测工具，包括集成微型传感器和应答式箭/星载系统。

C9. 改进的飞行计算机：利用低功耗、耐辐射和容错硬件，开发具有先进飞行能力的设备和系统软件，用于自主着陆、交会和地面危险规避。

C10. 低温贮存和转移：使用接近零蒸发量的系统，发展低温推进剂在太空中的长期存贮和转移方法。

4.4 所有技术路线图中最高优先级的第 3 层级具体技术

4.4.1 对技术路线图中的技术进行优先排序的流程

根据专家组的审议结果，在高优先级的第 3 层级具体技术与每个技术路线图的各自技术挑战之间建立了高度的相关性（见附录 D~附录 Q 中的相关矩阵），指导委员会能够将高优先级技术与三个技术目标进行关联。这种组织原则有助于将类似技术与类似驱动因素（即保持人类生存、能够生产和运输的技术，原位测量和远程测量）相结合的技术进行分类，并在此基础上实现它们之间的优先级排序。

指导委员会遵循的流程如下：首先，指导委员会仅审议了专家组选定的 83 项高度优先的第 3 层级具体技术（这 83 项技术见表 4.2）；然后，根据专家组使用的相关程序，指导委员会将这些技术与三个技术目标中的每一个顶级技术挑战进行了比对。在许多情况下，相关矩阵是稀疏填充的；例如，与人类探索或生命支持相关的技术路线图中的技术与技术目标 C 几乎没有关系，技术目标 C 主要侧重于观测平台的远程测量，除非这个测量是由航天员在太空中进行的。然后，指导委员会就技术相对于三个目标的优先级进行表决时，使用了相关信息。每个指导委员会成员都使用加权比例表就每项技术对每个目标的重要性进行投票。

0 = 不相关
1 = 轻微重要
3 = 重要
9 = 非常重要

表 4.2 专家组选出的 83 个高优先级第 3 层级具体技术

编号	技术	编号	技术	编号	技术
TA01	**发射推进系统**	4.3.2	灵巧操控	6.5.4	辐射预测
1.3.1	涡轮基组合循环(TBCC)	4.4.2	遥控	6.5.2	辐射减缓
1.3.2	火箭基组合循环(RBCC)	4.2.1	极端地形移动	6.4.2	火灾探测与灭火
TA02	**空间推进技术**	4.3.6	机器人钻孔和样品处理	6.1.1	空气再生
2.2.1	电推进	4.2.4	小天体上/微重力环境中移动	6.2.2	便携式生命保障系统
2.4.2	推进剂贮存与输送	**TA05**	**通信导航**	6.4.4	补救措施
2.2.3	(核)热推进	5.4.3	机载自主导航和机动	**TA07**	**载人探索目的地系统**
2.1.7	微推进	5.4.1	计时与时间分配	7.1.3	ISRU 产品/生产
TA03	**空间电源与能量储存**	5.3.2	自适应网络拓扑	7.2.1	自主后勤管理
3.1.3	太阳能发电(光伏发电和太阳能热发电)	5.5.1	无线电系统	7.6.2	建造与装配
3.1.5	核裂变发电	**TA06**	**乘员健康、生命保障与居住系统**	7.6.3	尘埃防治
3.3.3	配电与传输	6.5.5	辐射监测	7.1.4	制造与基础设施安置
3.3.5	(功率)变换与调节	6.5.3	辐射防护系统	7.1.2	资源获取
3.2.1	电池	6.5.1	辐射风险评估模型	7.3.2	地表移动
3.1.4	放射性同位素发电	6.1.4	居住系统	7.2.4	食物生产、加工与保存
TA04	**机器人与自主系统**	6.1.3	废物管理	7.4.2	住所
4.6.2	相对制导算法	6.3.2	乘员长期健康	7.4.3	智能住所
4.6.3	对接与捕获机构及接口	6.1.2	水再生和管理	7.2.2	修复系统
4.5.1	探测器系统管理和 FDIR	6.2.1	航天服		

续表

TA08	科学仪器,观测台与传感器系统	9.4.6	仪器与健康监测	12.2.5	新概念多功能结构
8.2.4	高对比度成像与光谱技术	9.4.4	大气和地表征	12.2.1	结构轻量化概念
8.1.3	光学系统(仪器和传感器)	9.4.3	系统集成分析	12.1.1	轻量化结构材料
8.1.1	探测器和焦平面	TA10	纳米技术	12.2.2	结构设计与验证方法
8.3.3	原位(仪器和传感器)	10.1.1	纳米增强轻量化材料与结构	12.5.1	非破坏性设计分析工具及方法
8.2.5	无线航天器技术	10.2.1	纳米增强能量产生	12.3.4	机械系统设计与可靠性/寿命评估/健康监测
8.1.5	激光器	10.3.1	纳米推进剂	12.3.1	展开,对接接口
8.1.2	电子器件	10.4.1	纳米传感器与驱动器	12.3.5	机械系统可靠性/寿命评估/健康监测
TA09	进入、下降与着陆系统	TA11	建模、仿真、信息技术与处理	12.4.2	智能集成制造与信息物理系统
9.4.7	GN&C传感器与系统	11.1.1	飞行计算	TA14	热管理系统
9.1.1	刚性热防护系统	11.1.2	地面计算	14.3.1	上升/进入阶段的热防护系统
9.1.2	柔性热防护系统	11.2.4	科学建模与仿真	14.1.2	(低温系统)主动热控制
9.1.4	可展开式高超声速减速器	11.3.1	分布式仿真		
9.4.5	建模与仿真	TA12	材料,结构,机械系统与制造		

注意:按照技术路线图/技术领域(TA01~TA14;TA13中没有高优先级技术)列出。在每个技术领域中,技术按照专家组的QFD评分按降序排列。这种排序可以被认为是给定技术领域内技术的相对优先级的粗略近似。

汇总每项技术的得分,为每个技术目标创建一个按等级排序的技术清单列表。这里有若干次投票和讨论的迭代,首先对每个目标制定 11~15 项优先技术临时清单,然后再次进行投票和讨论,最终达成共识,即每个目标有 7 项或 8 项技术。

指导委员会以多种方式测试了最终结果的稳健性,使用其他加权方式(如投票选出前 5 项技术,而不是使用 0-1-3-9 加权因子)和其他投票方案(如投票删除技术而不是投票保留它们)。最初,指导委员会已经根据投票结果删除了与任一技术挑战都无关的技术;确保所有技术得到适当考虑,解除限制,并选出了所有 83 项高优先级技术。然而,在所有情况下,不同的测试方法对最终结果几乎没有影响。

表 4.3、表 4.4 和表 4.5 分别显示了高优先级技术的相关矩阵和目标 A、目标 B 和目标 C 的最高技术挑战。所有空行(即与该目标的任何挑战都无关的技术)已从矩阵中移除。

指导委员会确定,在某些情况下,83 项高优先级技术列表中的技术是高度耦合的或是解决相同的技术体系。在优先级排序过程中,这些高度耦合的技术按组整合,是一个整体。表 4.6 给出了技术领域分解结构(technology area breakdown structure,TABS)技术与最终优先级排序过程中考虑的每个整合技术之间的映射关系。

4.4.2 技术路线图中技术优先排序的结果和建议

表 4.7 给出了指导委员会在第一轮投票、讨论和优先级排序之后的共识观点,其中列出的技术按目标顺序排列。为了在面对预期的预算约束的情况下获得合理的列表,进行了优先级排序的第二次迭代,以确定在未来 5 年内需要关注的最高优先级技术。这并不是说其他技术研发不重要,而是说某些技术研发可以再等等。有些技术是否可以获得进一步资助要取决于先前的研究成果,有些技术则应给予少量经费开展概念探索性研发。另一方面,有一些技术是改变游戏规则的技术,以至于需要根据早期的研究成果来确定并形成未来任务的可能技术途径(如辐射防护)。表 4.8 展示了按顺序列出的每个技术目标的最终技术优先级。

应该指出的是,表 4.7 和表 4.8 中的优先次序可能与附录 D~附录 Q 中的专家组确定的优先次序有所不同,主要原因有两个:第一,指导委员会针对三个不同的技术目标对技术优先级进行排序,而专家组并没有做该项工作,技术的优先级会随技术目标而显著改变。第二,指导委员会强调未来 5 年的技术发展,专家组讨论时并没有给出具体时间限制。

表 4.8(具有 16 种不同技术的三列)列出了指导委员会对未来 5 年中应重点发展的最高优先级技术最终清单达成的共识。表 4.9 提供了 16 种技术的单一列表,并给出了每种技术支撑的技术目标。这些技术与最高技术挑战的关系如表 4.10~表 4.12 所列。

表 4.3 专家组选择的高优先级技术和技术目标 A 的顶级技术挑战之间关联矩阵（不显示所有空白的行）

技术目标A：将人类活动延伸并维持在近地轨道之外	提高进入空间的能力	空间辐射对健康的影响	长期任务对健康影响	长期持续ECLSS	航天员快速转移能力	轻量化航天结构	增加可用电源	到达地表的质量	精准着陆	自主交会和对接
1.3.1 涡轮基组合循环	●									
1.3.2 火箭基组合循环	●									
2.2.3 (核)热推进					●					
3.1.3 太阳能发电(光伏发电和太阳能热发电)							●			
3.1.5 核裂变发电							●			
3.2.1 电池							●			
3.3.3 配电与传输							●			
3.3.5 (功率)变换与调节										
4.6.2 相对制导算法										●
4.6.3 对接与捕获机构/接口										●
5.4.1 计时与时间分配										●

续表

技术目标A：将人类活动延伸并维持在近地轨道之外	提高进入空间的能力	空间辐射对健康的影响	长期任务对健康影响	长期持续ECLSS	航天员快速转移能力	轻量化航天结构	增加可用电源	到达地表的质量	精准着陆	自主交会和对接
5.4.3 机载自主导航和机动									●	●
6.1.1 空气再生				●						
6.1.2 水再生与管理				●						
6.1.3 废物管理				●						
6.1.4 居住系统				●						
6.2.2 便携式生命保障系统				●						
6.3.2 乘员长期健康			●							
6.5.1 辐射风险评估模型		●								
6.5.2 辐射减缓		●								
6.5.3 辐射防护系统		●								
6.5.4 辐射预测		●								
6.5.5 辐射监测		●								
9.1.1 刚性热防护系统								●	●	

续表

技术目标A: 将人类活动延伸并维持在近地轨道之外	提高进入空间的能力	空间辐射对健康的影响	长期任务对健康影响	长期持续ECLSS	航天员快速转移能力	轻量化航天结构	增加可用电源	到达地表的质量	精准着陆	自主交会和对接
9.1.2 柔性热防护系统								●	●	
9.1.4 可展开式高超声速减速器								●	●	
9.4.7 GN&C传感器和系统	●								●	
10.1.1 纳米增强轻量化材料与结构	●									
12.1.1 轻量化结构材料	●					●				
12.2.1 结构轻量化概念						●				
12.2.2 结构设计与验证方法						●				
12.2.5 新概念多功能结构								●		
12.3.1 展开、对接和接口										●
14.3.1 上升/进入阶段的热防护系统								●	●	

表 4.4 专家组选择的高优先级技术的关联矩阵和技术目标 B 的顶级挑战

技术目标 B:探索太阳系的演化和其他地方存在生命的可能性(原位测量)

技术	提高进入空间的能力	精准着陆	机器人机动性	生命检测	大功率电推进	自主交会和对接	增加可用电源	到达地表的质量	轻量化航天结构	更高的数据传输速率
1.3.1 涡轮基组合循环	●									
1.3.2 火箭基组合循环	●									
2.2.1 电推进					●					
3.1.3 太阳能发电(光伏发电和太阴能热发电)							●			
3.1.5 核裂变发电							●			
3.2.1 电池							●			
3.3.3 配电与传输							●			
3.3.5 功率变换与调节							●			
4.2.1 极端地形移动			●							
4.6.2 相对制导算法			●			●				
4.6.3 对接与捕获机构/接口						●				
5.3.2 自适应网络拓扑						●				●
5.4.1 计时与时间分配						●				●
5.4.3 机载自主导航和机动		●								
5.5.1 无线电系统										●

087

续表

技术目标B:探索太阳系的演化和其他地方存在生命的可能性（原位测量）	提高进入空间的能力	精准着陆	机器人机动性	生命检测	大功率电推进	自主交会和对接	增加可用电源	到达地表的质量	轻量化航天结构	更高的数据传输速率
8.3.3 原位（仪器和传感器）				●						
9.1.1 刚性热防护系统		●								
9.1.2 柔性热防护系统		●						●		
9.1.4 可展开式高超声速减速器		●						●		
9.4.7 GN&C 传感器和系统		●								
10.1.1 纳米增强轻量化材料与结构	●									
12.1.1 材料轻量化结构	●								●	
12.2.1 结构轻量化概念	●							●	●	
12.2.2 结构设计与验证方法						●			●	
12.2.5 新概念多功能结构										
12.3.1 展开、对接与接口		●						●		
14.3.1 上升/进入阶段的热防护系统										

表 4.5 专家组选择的高优先级技术和技术目标 C 的顶级技术挑战之间的关联矩阵

技术目标C: 扩大对地球和我们所处宇宙的认识(远程测量)	提高进入空间的能力	新天文望远镜	轻量化航天结构	增加可用电源	更高的数据传输速率	大功率电推进	软件设计	结构监测	改进的飞行计算机	低温贮存和转移
1.3.1 涡轮基组合循环	●									
1.3.2 火箭基组合循环	●									
2.2.1 电推进						●				
2.4.2 推进剂贮存与输送										●
3.1.3 太阳能发电(光伏发电和太阳能热发电)				●						
3.1.5 核裂变发电				●						
3.2.1 电池				●						
3.3.3 配电与传输				●						
3.3.5 (功率)变换与调节				●						
5.3.2 自适应网络拓扑					●					
5.4.1 计时与时间分配					●					
5.5.1 无线电系统					●					
8.1.1 探测器和焦平面		●								
8.1.3 光学系统(仪器和传感器)		●								
8.2.4 高对比度成像和光谱技术		●								

续表

技术目标 C:扩大对地球和我们所处宇宙的认识(远程测量)	提高进入空间的能力	新天文望远镜	轻量化航天结构	增加可用电源	更高的数据传输速率	大功率电推进	软件设计	结构监测	改进的飞行计算机	低温贮存和转移
9.4.5 EDL建模与仿真							●			
10.1.1 纳米增强轻量化材料与结构	●									
11.1.1 飞行计算									●	
12.1.1 材料轻量化结构	●									
12.2.1 结构轻量化概念			●				●			
12.2.2 结构设计与验证方法			●							
12.2.5 新概念多功能结构			●				●			
12.3.4 机械系统设计分析工具与方法								●		
12.3.5 机械系统可靠性/寿命评估/健康监测								●		
12.5.1 非破坏性评估与传感器										
14.1.2 (低温系统)主动热控制										●

表 4.6 技术领域分解结构中多种高度耦合的技术

技术领域	技术领域分解结构技术
X.1 载人航天飞行的辐射减缓	6.5.1 辐射风险评估模型 6.5.2 辐射减缓 6.5.3 辐射防护系统 6.5.4 辐射预测 6.5.5 辐射监测
X.2 轻量化多功能材料与结构	10.1.1 纳米增强轻量化材料与结构 12.1.1 轻量化结构概念 12.2.1 结构轻量化材料 12.2.2 结构设计与验证方法 12.2.5 新概念多功能结构
X.3 ECLSS	6.1.1 空气再生 6.1.2 水再生与管理 6.1.3 废物管理 6.1.4 居住系统
X.4 GN&C	4.6.2 相对制导算法 5.4.3 机载自主导航和机动 9.4.7 GN&C 传感器及系统
X.5 EDL 热防护系统	9.1.1 刚性热防护系统 9.1.2 柔性热防护系统 14.3.1 上升/进入阶段热防护系统

表 4.7 按技术目标分类的顶级技术挑战的初始优先次序

技术目标 A:将人类活动延伸并维持在近地轨道之外	技术目标 B:探索太阳系的演化和其他地方存在生命的可能性(原位测量)	技术目标 C:扩大对地球和我们所处宇宙的认识(远程测量)
载人航天飞行的辐射减缓(X1)	GN&C(X.4)	光学系统(仪器和传感器)(8.1.3)
乘员长期健康(6.3.2)	电推进(2.2.1)	高对比度成像和光谱技术(8.2.4)
ECLSS(X.3)	太阳能发电(光伏发电和太阳能热发电)(3.1.3)	探测器和焦平面(8.1.1)
GN&C(X.4)	原位(仪器和传感器)(8.3.3)	轻量化多功能材料与结构(X.2)
(核)热推进(2.2.3)	核裂变发电(3.1.5)	放射性同位素发电(3.1.4)
核裂变发电(3.1.5)	极端地形移动(4.2.1)	电推进(2.2.1)
轻量化多功能材料与结构(X.2)	轻量化多功能材料与结构(X.2)	太阳能发电(光伏发电和太阳能热发电)(3.1.3)
EDL 热防护系统(X.5)	放射性同位素发电(3.1.4)	科学建模与仿真(11.2.4a)
大气与地表表征(9.4.4)	机器人钻孔和样品处理(4.3.6)	电池(3.2.1)
推进剂贮存和输送(2.4.2)	EDL 热防护系统(X.5)	电子器件(8.1.2)
航天服(6.2.1)	对接与捕获机构(接口)(4.6.3)	(低温系统)主动热控制(14.1.2)
		机械系统可靠性/寿命评估/健康监测(12.3.5)
		探测器系统管理与 FDIR(4.5.1)

表 4.8 按技术目标分类的顶级技术挑战的最终优先次序

技术目标 A:将人类活动延伸并维持在近地球轨道之外	技术目标 B:探索太阳系的演化和其他地方存在生命的可能性(原位测量)	技术目标 C:扩大对地球和我们所处宇宙的认识(远程测量)
载人航天飞行的辐射减缓(X1)	GN&C(X.4)	光学系统(仪器和传感器)(8.1.3)
乘员长期健康(6.3.2)	电推进(2.2.1)	高对比度成像和光谱技术(8.2.4)
ECLSS(X.3)	太阳能发电(光伏发电和太阳能热发电)(3.1.3)	探测器和焦平面(8.1.1)
GN&C(X.4)	原位(仪器和传感器)(8.3.3)	轻量化多功能材料与结构(X.2)
(核)热推进(2.2.3)	核裂变发电(3.1.5)	放射性同位素发电(3.1.4)
核裂变发电(3.1.5)	极端地形移动(4.2.1)	电推进(2.2.1)
轻量化多功能材料与结构(X.2)	轻量化多功能材料与结构(X.2)	太阳能发电(光伏发电和太阳能热发电)(3.1.3)
EDL 热防护系统(X.5)	放射性同位素发电(3.1.4)	科学建模与仿真(11.2.4a)
大气及地表特性(9.4.4)	机器人钻孔和样品处理(4.3.6)	电池(3.2.1)
推进剂贮存和输送(2.4.2)	EDL 热防护系统(X.5)	电子器件(8.1.2)
航天服(6.2.1)	对接与捕获机构/接口(4.6.3)	(低温系统)主动热控制(14.1.2)
		机械系统可靠性/寿命评估/健康监测(12.3.5)
		探测器系统管理与 FDIR(4.5.1)

表 4.9 最终优先次序中的 16 种技术与技术目标对应表

最终优先次序中的技术(按章节列出)		技术目标 A	技术目标 B	技术目标 C
2.2.1	电 推 进		3	6
2.2.3	(核)热推进	5		7
3.1.3	太阳能发电(光伏发电和太阳能热发电)	7	2	
3.1.5	核裂变发电		4	
4.2.1	极端地形移动	2	8	
6.3.2	乘员长期健康			3
8.1.1	探测器和焦平面			1
8.1.3	光学系统(仪器和传感器)	1		2
8.2.4	高对比度成像和光谱技术	6		
8.3.3	原位(仪器和传感器)	3	6	
14.1.2	(低温系统)主动热控制			5
X.1	载人航天飞行的辐射减缓		7	4
X.2	轻量化多功能材料与结构	4	1	
X.3	环境控制与生命保障系统(environmental control and life support system, ECLSS)简称环控生保系统			
X.4	制导、导航和控制(guidance, navigation and control, GN&C)			
X.5	EDL 热防护系统	8	5	

注:技术 X.1~X.5 的内容如表 4.6 所列。

表 4.10 顶级技术挑战与技术目标 A 之间的联系

技术目标 A:将人类活动延伸并维持在近地球轨道之外	载人航天飞行任务的辐射减缓(X.1)	乘员长期健康(6.3.2)	ECLSS(X.3)	GN&C(X.4)	(核)热推进(2.2.3)	轻量化多功能材料与结构(X.2)	核裂变发电(3.1.5)	EDL 热防护系统(X.5)
1 提高进入空间的能力						●		
2 空间辐射对健康的影响	●							
3 长期任务对健康的影响		●						
4 长期持续 ECLSS			●					
5 航天员快速转移能力	●				●			
6 轻量化航天结构						●		
7 增加可用能源							●	
8 到达地表的质量				●		●		●
9 精确着陆				●				●
10 自主交会和对接								

表 4.11 顶级技术与技术目标 B 的技术挑战之间的联系

技术目标 B:探索太阳系的演化和其他地方存在生命的可能性(原位测量)	GN&C (X.4)	太阳能发电(光伏发电和太阳能热发电)(3.1.3)	电推进(2.2.1)	核裂变发电(3.1.5)	EDL 热防护系统(X.5)	原位(仪器和传感器)(8.3.3)	轻量化多功能材料与结构(X.2)	极端地形移动(4.2.1)
1 提高进入空间的能力							●	
2 精确着陆	●				●			
3 机器人机动性	●							●
4 生命检测						●		
5 大功率电推进			●					
6 自主交会和对接	●							
7 增加可用电源		●		●				
8 到达地表的质量					●			
9 轻量化航天结构							●	
10 更高的数据传输速率							●	

表 4.12 顶级技术挑战与技术目标 C 的技术挑战之间的联系

技术目标C:扩大对地球和我们所处宇宙的认识(远程测量)	光学系统(仪器和传感器)(8.1.3)	高对比度成像和光谱技术(8.2.4)	探测器和焦平面(8.1.1)	轻量化多功能材料与结构(X.2)	主动热控制(14.1.2)	电推进(2.2.1)	太阳能发电(光伏发电和太阳能热发电)(3.1.3)
1 提高进入空间的能力				●			
2 新天文望远镜	●	●	●				
3 轻量化航天结构				●			
4 增加可用电源							●
5 更高的数据传输速率				●			
6 大功率电推进				●		●	
7 软件设计							
8 结构监测				●			
9 改进的飞行计算机				●			
10 低温贮存和转移					●		

指导委员会认为,NASA将以平衡的方式推动实现三个技术目标,每个技术目标都按照已批准的资源和任务计划分配。指导委员会不建议或不主张支持发展其他目标。指导委员会注意到,技术目标B与技术目标A、技术目标C有许多共同的技术需求。技术目标A和技术目标C各自具有支持NASA战略目标的主导技术,如辐射防护、长期任务中乘员健康管理和ECLSS技术等大多数是针对技术目标A的,而光学系统、高对比度成像和光谱技术以及探测器大都是技术目标C特有的。然而,GN&C、轻量化多功能材料与结构以及太阳能发电主要是针对技术目标B的研究,但是对其他两个技术目标也是适用的。

指导委员会的理由是,这种有意将高优先级技术限制在一个特定的范围内,可以合理纳入首席技术专家办公室用于技术研发的预期经费预算中(每年5亿~10亿美元)。在平衡技术发展计划的范围内,也考虑到低技术成熟度(TRL 1和TRL 2)探索性概念研发和高技术成熟度飞行验证的重要性。指导委员会的共识是,对于技术成熟度较低技术,NASA创新先进概念项目的资金应该占总数的10%左右,此外,还应该快速淘汰最不具竞争力的概念,重点放在最有发展潜力的项目,以解决顶级技术挑战。当技术成熟度达到一定水平时,飞行验证虽然昂贵,但有时对于达到将技术转换到运营系统所需的水平来说是非常重要的。这种技术飞行演示是在用户组织充分"牵引"的情况下才细化考虑的,包括进行合理的成本分摊。

表4.8中的核热推进技术和核裂变发电技术开发规模将在一定程度上达到一个较高水平,如果首席技术专家办公室用于航天技术研究的预算大幅低于预期水平,则可能需要推迟大规模的演示验证工作。即使在这样的情况下,在这些高度优先领域的技术研发仍处于较低的应用水平,因为这些技术需要数年时间的推进,它们代表着可用于NASA任务的颠覆性技术。

建议 技术研发优先级,在未来5年内,NASA的技术研发工作应着重于:①确定出的16种高优先级技术和相关的最高技术挑战;②对技术成熟度较低的技术进行适度但重要的投资(约占美国NASA技术研发预算的10%);③当有意向用户有足够的兴趣并能共享成本时,技术成熟度较高的技术可以开展飞行演示验证。

4.4.2.1 提高进入空间能力的重要性

在大多数情况下,指导委员会和专家组已经确定了能促进顶级技术挑战取得重大进展的技术。但是,由于没有现成的技术来解决顶级技术挑战,挑战的重要性并没有减少。例如,提高进入空间的能力(通过大幅降低总成本,增加进入空间的可靠性和安全性)是三个技术目标中首要的技术挑战。尽管如此,指导委员会选择的前16项技术中仅有一项技术与该技术挑战相关,即轻量化多功能材料与结构(X.2),该技术进入未来5年重点发展的技术清单。虽然低成本进入空间极为重要,但是解决这一挑战的可用技术很少,影响发射成本的一些重要因素往往是运营而不是技术。解决此问题有一些非传统的技术方法,如在轨组装或地面操作。此外,对于任何特定的运载火箭,如果允许更小、更便宜的运载火箭执行发射任务,那么降低有效载荷质量和体积的先进技术可以降低每个任务的发射成本。

在附录 D 中,推进和电源专家组描述了可能的体系结构变化,能增加发射率并潜在地降低成本。在附录 P 中,专家组通过提高与地面操作(TA13,地面支持与发射系统)相关的运行效率来降低成本,但这不是技术问题。专家组还确定了两项高优先级技术,以解决这一挑战:基于涡轮基组合循环(turbine based combined cycle,TBCC)和火箭基组合循环(rocket based combined cycle,RBCC)发动机。RBCC 和 TBCC 将提供颠覆性的新一代可重复使用的发射系统。虽然指导委员会承认 TBCC/RBCC 技术在解决低成本进入空间挑战方面存在潜在好处,但由于以下原因,他们并不建议将其作为重点。RBCC 或 TBCC 推进系统的发展将需要国家层面的努力,包括与美国国防部和其他组织的伙伴关系。在开始国家级计划之前,运载系统研发行业界需要清楚地判断所选构型和设计方案的优势。因为组合循环推进与机身的设计是一体的,因此构型和设计至关重要。到目前为止,RBCC 和 TBCC 的主要挑战之一是其研发成本。此外,由于这些系统是针对可重复使用的构型,因此需要高飞行频率来降低研发成本。

4.4.2.2 接近临界点的技术

"临界点"被定义为研究过程中的一个重要节点,在该节点,研究工作的小幅投入即可在其技术成熟度上产生较大的进步。指导委员会确定了两种接近临界点的技术:先进的斯特林放射性同位素发生器(Advanced Stirling Radioisotope Generator,ASRG)及低温贮存和转移,这两项技术都已准备好近期开展飞行验证。

1)先进的斯特林放射性同位素发生器

放射性同位素电源系统(radioisotope power system,RPS)为无法使用太阳能发电的航天器和系统提供电能。以放射性同位素热电发生器(radioisotope thermoelectric generators,RTG)形式的放射性同位素电源系统已经具备能够可靠使用 50 年的能力,可以支持 NASA 的太阳系探索任务。钚-238(Pu-238)是唯一适合作为 RPS 热源的同位素,但自 20 世纪 80 年代末以来,美国没有生产钚-238。目前,世界上任何地方都没有生产钚-238,NASA 可用的钚-238 储存量也几乎耗尽(NRC, 2006,2010)。

由于钚-238 的供应有限,NASA 和美国能源部已经开始研究和开发更高效率的技术。ASRG 是一种新型的放射性同位素发电系统。ASRG 使用连接线性交流发电机的斯特林发动机将热量转换为电力。ASRG 斯特林转换器的效率比传统 RTG 的热电转换器高若干倍,因此对于相同的电力输出(NRC,2010),它们需要的钚-238 要少得多。然而,ASRG 的长期可靠性和飞行中高可靠性仍然有待开展进一步工作才能实现。行星科学十年调查委员会确定,先进斯特林放射性同位素发电机的完成和验证是近期技术投资的最高优先事项(NRC,2011b,307页)。

2011年,NASA甄选出了三个候选任务,在2016年开展飞行验证。其中,两个候选任务将使用ASRG飞行单元,并将展示它们在长期深空任务中的实用性。NASA正在把这一关键技术带到一个"临界点"进行充分验证。

(1)建议:先进的斯特林放射性同位素发生器。NASA首席技术专家办公室应与科学任务总局和美国能源部合作,促进ASRG硬件在近地球轨道之外的合适太空任务上进行飞行验证。

(2)发现:钚-238。根据以前NRC关于钚-238(NRC,2010,2011b)报告的结论,迫切需要重新启动燃料供应。即使成功研发先进斯特林放射性同位素发电机,但如果没有授权并拨付重新启动燃料供应的资金,美国在十年后不可能进行某些计划的关键深空任务。

2)微重力环境下的低温推进剂贮存和转移

近地轨道之外的任务需要贮存和处理低温液体技术的支持。在太空中长期有效地贮存、管理和转移推进剂的技术可提高任务的可行性和可承受性。

需要进行飞行试验,以测试和验证低温推进剂在航天器推进剂与推进剂库之间的贮存和转移所需的关键能力与技术。国际空间站可以在验证长期贮存和处理低温推进剂方面发挥重要作用。要验证的技术包括:低温流体仪器和传感器、被动热控技术和主动热控技术。

需要仪器和传感器来确定和监测微重力环境下贮箱中的液体质量和位置。低温系统包括被动热控技术(如多层隔热和蒸汽冷却屏蔽)以及主动热控制技术(如制冷机),以处理使用被动热控技术后的剩余热泄漏。除了支持低温推进剂的贮存和转移外,主动热控技术还可以长期贮存诸如用于人类任务的LOX等消耗品,并支持需要低温条件的科学仪器。2011年,NRC十年调查报告《重塑太空探索的未来:新时代的生命与物理科学研究》建议近期在零蒸发推进剂贮存(被动和主动技术)以及低温处理和测量方面开展基础研究和应用技术开发(NRC,2011a)。这些技术的技术成熟度正逐步提高,但仍然需在微重力环境中进行测试和验证。

建议 低温贮存和处理。微重力下的低温贮存和处理技术接近"临界点",NASA应进行在轨飞行测试和验证,以进行技术储备。

3)高优先级技术与国家和商业航天需求的相关性

在将指导委员会建议的16项技术作为未来5年的高度优先工作事项时,有必要同时考虑这些技术对NASA以外其他相关方利益的价值,特别是那些更广泛的国家需求以及商业航天工业的需求。与NASA以外的国家和商业需求(包括航天需求和非航天需求)保持一致是专家组对所有第3层级具体技术进行初步评估时使用的评分准则之一,但与收益和技术风险等其他评分准则相比,该准则的权重因子并不高。指导委员会确定了那些对 NASA 以外的国家和商业航天利益至关重要或可能做出重大贡献的技术,如表 4.13 所列。就国家需求而言,如美国国防部感兴趣的军民两用技术,这些信息表明,这些技术通过共享信息和资源,为与其他政府机构开展合作提供了最佳机会。

表 4.13 所列的技术是根据 NASA 需求程度和最高优先级进行选择的。尽管这些技术与国家其他利益者相关,但 NASA 是第一个也是主要用户。指导委员会认识到商业航天活动对 NASA 的重要性,将在第 5 章进一步讨论这种关系。

表 4.13 高优先级技术与国家及商业航天需求的关系

最终优先级中的技术(按 TABS 编号列出)	国家需求	商业需求
2.2.1 电推进	▲	▲
2.2.3 (核)热推进	▲	■
3.1.3 太阳能发电(光伏发电与太阳能热发电)	★	★
3.1.5 核裂变发电	■	■
4.2.1 极端地形移动	■	■
6.3.2 乘员长期健康	▲	■
8.1.1 探测器和焦平面	▲	▲
8.1.3 光学系统(仪器和传感器)	▲	▲
8.2.4 高对比度成像和光谱技术	▲	▲
8.3.3 原位(仪器和传感器)	■	■
14.1.2 (低温系统)主动热控制	▲	▲
X.1 载人航天飞行中的辐射减缓	■	■
X.2 轻量化多功能材料与结构	▲	▲
X.3 ECLSS	■	▲
X.4 GN&C	▲	▲
X.5 EDL 热防护系统	▲	▲

注:★必不可少;▲重要;■不重要

参考文献

[1] NASA (National Aeronautics and Space Administration). 2011. 2011 Strategic Plan. NASA, Washington, D.C.

[2] NRC (National Research Council). 2006. Priorities in Space Science Enabled by Nuclear Power and Propulsion. The National AcademiesPress, Washington, D.C.

[3] NRC. 2009. America's Future in Space: Aligning the Civil Space Program with National Needs. The National Academies Press, Washington, D. C.

[4] NRC. 2010. Radioisotope Power Systems: An Imperative for Maintaining U. S. Leadership in Space Exploration. The National Academies Press, Washington, D. C.

[5] NRC. 2011a. Recapturing a Future for Space Exploration: Life and Physical Sciences Research for a New Era. The National Academies Press, Washington, D. C.

[6] NRC. 2011b. Vision and Voyages for Planetary Science in the Decade 2013–2022. The National Academies Press, Washington, D. C.

第5章
航天技术领域的其他主题

5.1 引言

在对技术路线图草案进行审查和评估,并考虑到由 NASA 首席技术专家办公室管理的先进技术开发计划的目的和战略目标时,指导委员会就整个计划形成了一些总结性意见,并得出了关于如何保持或提高该计划有效性的一些结论。本章描述了这些意见和结论,讨论的主题往往涉及多个技术路线图。

5.2 系统分析

对 NASA 航天技术项目的有效管理需要仔细考虑技术优先级、平衡、决策点以及未来任务不断变化的需求,以便从竞争性的选项中做出选择。技术间的关系和规划很复杂,一些重点技术必须尽早研发以支持更高层次的技术研发;而另一些技术则需要在更多的基础技术取得实质性进展后,才能有效地向前推进。在其他情况下,只有在分系统或系统中综合应用一组多学科技术,才能实现技术进步。有效的管理过程应从系统工程学角度出发,以系统分析与权衡研究方法为指导,建立并保持一个连贯有效的分阶段技术研发方案,以协调和整合跨多个路线图的研究工作,这是非常有必要的。

通常有多种技术可用于解决既定的技术挑战。根据具有明确定义的、与项目计划中可选项相一致的性能标准建立阶段性目标可以提供一种结构化的方法,来选择最有希望的技术,同时终止那些不相关且不太可能为新兴能力做出贡献的技术。太早进行项目筛选可能会限制可选项,但在有限的经费预算条件下,对多项相互竞争的技术同时进行资助是在经济上难以承受的。保持选择的开放性,同时尽早选择最有发展前途的技术,这种相互竞争的压力突出强调了能够满足一系列未来任务需求的技术的重要性。例如,EDL系统技术路线图草案主要侧重于满足人类探索火星任务的需求。虽然这项任务有助于在EDL方面强调并挑战技术的极限,但是谨慎的做法是确保正在研发的EDL技术不会过于限定于特定任务或目的地。如果能适应更广泛的目的地,满足项目实施进度需求,且可用于未来大范围的航天任务,那么该类技术在技术路线图评估中会受到更大的重视。

不同技术路线图中的某些技术具有一定的关联性,但技术路线图草案中并未叙述。例如,更好地了解空间辐射对人类健康的影响,以及研发新技术更有效地减轻这些影响,是未来载人深空探索任务的高度优先事项。空间辐射造成的危险程度与任务持续时间密切相关,继而与空间推进技术有关,因为空间推进技术的发展可以缩短长期任务的持续时间,如载人火星探测任务。系统分析方法有助于解决由空间辐射带来的乘员健康风险等多方面的挑战。更广泛地说,系统分析方法可以在整个技术研发过程中使用,以指导在动态环境中的技术选择、改进、重定向和淘汰,这将影响NASA当前和未来的技术研究及任务优先级。

建议 系统分析方法。NASA首席技术专家办公室应当采用严谨的系统分析方法对航天技术群进行持续管理和决策支持,特别是对于技术替代性、技术间关系、优先级、时间进度安排、可用性、淘汰规则、技术成熟度、投资需求、系统工程因素和成本效益比的认知与理解,检查各种"假设"的情况,并促进基于技术路线图整体而开展的多学科评估、协调和整合。如果有必要,首席技术专家办公室应尽早关注改进系统分析方法和建模工具,来落实这一建议。

建议 推动技术发展到更高的技术成熟度。首席技术专家办公室应建立严格的淘汰程序,在适当的里程碑节点和技术成熟度下选择具有竞争性技术,以确保只有最有发展前景的技术达到下一个技术成熟度。

5.3 技术基础和低技术成熟度技术的发展

成功研发改变游戏规则的技术,获得颠覆性的能力,使其能够应用于众多潜在的任务,这是NASA航天技术计划的优先事项,并在技术路线图评估过程中也被视为如此。然而,不容忽视的事实是,许多改变游戏规则的重大突破只出自持续的学术研究以及这些研究所带来的基础技术的进步。因此,保持(或重新建立)能推动技术渐进性发展的技术基础是首席技术专家办公室项目的重要职能之一。在许多领域中,研究工作的持续性是非常重要的,如关于气动热力学与高超声流动、先进轻量化材料、容错制导与控制以及人因工程等方面的研究。这些领域的问题不会一次性完全解决,但提高这些学科的认知水平对于NASA的许多任务至关重要。此外,在执行具有挑战性的任务时,通常有必要借助具有超强研究能力的个人,这些人可能来自政府、学术机构或者工业界,且是特定领域的专家。他们提出的建议非常宝贵,有助于解决项目执行期间出现的关键性问题。此外,从大学里雇用最优秀的毕业生将有助于 NASA 长期维持和改善其人力资源队伍。最初,这些人通常最好被安排在一个学科研究组织,在那里他们可以继续发展他们在各自领域积累的专业能力和知识。随着在所选择的职业生涯中取得进步,他们可以过渡到其他部门。指导委员会认识到,许多核心能力和人力资源问题并不主要取决于首席技术专家办公室,但在这里提到了他们,因为技术研发计划可以影响 NASA 如何处理这些问题。

2011 年,NASA 首席技术专家办公室重建了 NASA 创新先进概念(innovative advanced concepts,NIAC)计划,以资助技术成熟度处于 TRL 1~3 且有发展前景的技术。NIAC 计划将以相对较少的投入来资助一些个别技术概念,而不仅限于资助被指导委员会或专家组认定为高优先级的技术。相反,NIAC 计划支持的研究能实质性支撑具有较高技术成熟度的高优先级技术发展。NIAC 方法也适用于实现既定的政策目标,即加强未来科学家和工程师的教育,并促进国际社会对低技术成熟度技术的合作研发。

研发建议:技术基础。首席技术专家办公室应重新建立一个以学科为导向的技术基础计划,该计划利用 NASA 研究中心和实验室、其他联邦实验室、工业界和学术界的专业知识,来寻求技术能力的渐进性和颠覆性发展。

5.4 新技术的合作研发

以国际空间站为代表的项目展示了在任务层面开展跨部门以及国际间合作所带来的好处,与 NASA 相关的许多技术的研发得到了其他联邦机构、外国政府、工业部门和学术机构的资助和/或指导。在许多情况下,NASA 已经与其他组织合作研发关键的新技术和/或对其他组织的研究成果进行适应性改进以满足 NASA 的需求。NASA 的 2011 年战略计划证实了 NASA 准备继续这种合作,特别是应该"促进 NASA 技术的转让,并与其他政府机构、工业部门和国际实体建立合作伙伴关系,以给美国带来新的商业活动和其他公共利益",同时"扩大与国际、政府间、学术界、工业界和企业界的伙伴关系,认识到他们作为技能和创造力的重要贡献者,对我们的任务实施和成果传播发挥着巨大作用"(NASA,2011,3~5 页)。美国国防部研究实验室也有航天技术的相关研发工作,研讨会认为这些工作与首席技术专家办公室的合作将是互惠互利的。欧洲在基础科学和工业化研究方面进行了大量长期投资,以推进和维持其航天项目研发计划。同样,日本和其他亚洲国家的航天项目也在迅速推进。如果 NASA 的技术路线图能提供更多关于如何通过与外部组织合作实现各种研究目标的详细信息,那么它们将更有价值,更具可操作性。

对于某些技术,国际合作会受到美国国际武器贸易条例(International Traffic in Arms Regulations,ITAR)的限制。即便如此,首席技术专家办公室的技术研发工作也在尝试为NASA提供参与新技术合作研发的机会。这种合作可以使NASA能够利用现有资金实现更多的技术目标,其中部分技术目标是在现有的专业知识基础上拓展来完成,部分技术目标是利用先前在其他地方进行的投资所获得的成果来完成。

NASA认识到资金和人员配置的资源限制将始终是实施技术路线图所建议的所有技术研发的限制因素。因此,与其他组织合作研发适用的高优先级技术,将扩大未来任务可用的先进技术的使用范围。

建议:新技术合作研发。首席技术专家办公室应该与其他联邦机构、外国政府、工业界和学术机构合作开发高优先级技术,以扩大可用于技术研发的资源。

5.5 飞行测试与演示以及技术转化

航天新技术都是需要在真实飞行条件下进行测试和演示验证。指导委员会对飞行测试和飞行演示进行了区分:飞行测试是指对技术成熟度低于TRL 6的任何技术在飞行中获取性能数据的试验,飞行演示是为验证技术成熟度为TRL 6的系统或分系统的性能有效性,以确认将该技术应用于某个任务中的技术成熟度和风险等级,并使那些决定将该技术纳入到任务中的管理者满意。

当基于地面的测试和/或建模与仿真(modeling and simulation,M&S)无法进行充分验证时,需要用飞行测试来验证技术的成熟度。它的作用如下:①提高项目办公室对新技术的可见度,了解该技术在性能和可靠性方面能够满足任务需求的潜力,而M&S和地面试验可能无法做到这一点;②为技术研发者和项目办公室之间的交流奠定基础,以确定达到TRL 6技术成熟度的严格程序;③提供培训新员工的机会,在相对较短的时间跨度和在风险可承受的环境中,给予系统工程师和仪器科学家在航天任务各阶段(设计、开发、制造、测试、数据分析等)的全方位地亲身体验新技术。

飞行演示是NASA技术研发计划的最后阶段。只有在用户有足够的"牵引"(通常是成本分摊)需求时,才进行飞行演示。在NASA应用情况下,首席技术专家办公室与使用任务局之间的这种共同投资可以跨越"死亡谷",这种"死亡谷"常常阻碍或阻止先进技术从技术研发办公室和/或机构过渡到任务发展办公室和/或机构。

有多种平台可用于支持飞行测试和演示,这取决于所涉及的相关技术及其应用场合。可行的平台包括高空机载飞行与亚轨道空间飞行,以及在专用航天器、政府或商业航天器(作为次要有效载荷)和国际空间站上的轨道飞行。

建议:飞行演示和技术转化。首席技术专家办公室应与其他 NASA 项目办公室和外部合作伙伴合作,确定、倡导并在必要时共同资助用于技术验证的飞行演示。首席技术专家办公室应该使用技术转化计划或类似协议记录这种合作安排,并在协议中规定飞行演示的成功标准以及所有相关方的预算承诺。

5.6 基础设施

尽管基础设施能力建设不在首席技术专家办公室的直接责任范围之内,并且在审查任务职责声明中也没有明确说明,但基础设施的完好性及可用性与先进技术的研发密切相关。

用于航空航天技术研发的最先进的基础设施通常是庞大的、复杂的且昂贵的。因此,历史上许多航空航天研究基础设施都是由政府实验室负责建造和运行。这一传统最早于 20 世纪初在欧洲建立(如英国国家物理实验室(National Physical Laboratory,NPL)于 1908 年开始进行航空领域的研究和测试)。随后于 1915 年,美国成立了国家航空咨询委员会(National Advisory Committee for Aeronautics,NACA),并于 1920 年建立了 NACA 兰利航空实验室。正如许多 NRC 报告所强调的那样,时至今日,仍然存在这种由政府负责基础设施运行的需求。最近,NRC 对 NASA 的基础研究实验室进行了评估(NRC,2010)。

需要有能力足够的地面测试设施来验证分析模型的有效性,对复杂的计算机模拟(如计算流体动力学模型等)进行基准校验,并检验新的设计和概念。测试是材料研发中的关键要素,例如热防护系统用的新材料。这种测试通常是在电弧喷射设备中进行,该设备可以产生多种对流加热速率并容纳适当尺寸的测试制品,以模拟来自低轨、近地轨道和火星任务的进入过程。在近真空或低压下进行热响应测试则需要大型热真空罐。由于旧设备已过时,有些设备可能需要更换成现代化的设备,以支持新技术的发展。

国际空间站是一个独特的研究和测试设施,对空间技术的发展至关重要。它提供了一个在微重力和恶劣太空环境中(宇宙射线、太阳日冕物质抛射、微小陨石等)进行长时间测试的平台。低技术成熟度技术的发展计划将研发许多技术,这些技术也许可以应用于太空环境,也许无法应用于太空环境,但在地面的模拟太空环境中进行测试可能无法提供可信的结果。因此,在国际空间站上进行测试是将技术的成熟度从 TRL 3 上升到 TRL 5 或 TRL 6 的重要步骤。除了两个技术路线图(TA01 发射推进系统和 TA13 地面支持与发射系统)外,材料、部组件和/或分系统的测试在其他技术路线图中均有所提及。在可从国际空间站测试中受益的技术路线图中,涉及的第3层级具体技术包括2.4.2推进剂贮存与输送,3.2.1能量储存:电池,4.6.3对接与捕获机构/接口,5.5.1无线电系统,10.4.1纳米传感器与驱动器,12.1.1轻量化结构材料和14.3.1上升/进入阶段的热防护系统。此外,在TA06中与空间辐射预测、监测和防护相关的至少有4种第3层级具体技术,它们的技术成熟度提升将受益于国际空间站设施所提供的测试能力。

航天员及相关机器设备在执行太空探索任务期间不可避免地会暴露外部环境。因此,太空环境模拟舱是一个持续的试验需求,它由若干小型和大型的地面设备组成,用于模拟太空环境,如真空、二氧化碳粉尘和太阳辐射(但不模拟失重)等方面。这些设备对舱外活动航天服、探测车和居住地的未来发展至关重要。

针对执行500天以上的火星任务,目前,只有少数地方可以在生物和物理系统上研究失重和高辐射的协同作用效应。在高轨或国际空间站上建造离心机能够在所有感兴趣的从0到$1g$范围内重力水平上进行测试,但是当前还没有计划建造这样的设备,而且也不能接受人类受试者。如果NASA载人探索任务可以重返月球表面,月球能提供在$1/6g$重力环境下进行长期研究和测试的机会。尽管这种数据不是在往返火星或在火星表面经历的$3/8g$微重力环境中获取的,但是这些数据也将提供非常需要的信息,而这些信息在国际空间站微重力环境或地球上的$1g$环境是无法获得的。

发现:基础设施。充足的研究和测试设备对于及时研发许多航天技术至关重要。在某些情况下,这类关键设施不存在或已无法使用。但确定基础设施需求,并满足这些需求不在NASA首席技术专家办公室(和本研究)的职责范围之内。

5.7 项目稳定性

当技术研发项目的方向、内容和/或资金逐年发生意外变化时,这些项目的执行率和有效性就会降低。尽管基于项目进展、结果和新的认知,研究工作做出一些重新调整是需要的,但是,当重大的变化反复而意外地发生时,这些变化可能会对项目推进造成极大的破坏,尤其对大学的研究项目而言。重建丢失的能力或从项目方向性的重大变化中恢复过来可能需要数年时间。从短期来看,稳定对于避免干扰单个项目至关重要;从长期来看,稳定对于确保其他联邦机构、工业界、学术界和外国组织将NASA视为可靠的合作伙伴至关重要。

当该项目与近期优先发展任务密切相关时,保持稳定的研究和技术开发方案可能特别困难。例如,在"阿波罗"登月计划之后,"海盗"号探测器和其他行星探测器充分利用了为阿波罗飞船研发的烧蚀型防热技术。然而,近几年来,人们更多地关注航天飞机从地球轨道返回时所用的可重复使用的热防护系统。在当前这个时代,烧蚀型材料的研发及其供应链失去了发展动力,人们担心可重复使用的热防护系统在未来几年也会遭受同样的命运。事实上,关键材料供应商已经终止了生产,这一领域的技术研发也步履蹒跚(Grantz,2011)。

NASA 和其他联邦机构内部的预算消减和航天技术项目的研发目标不断变化所造成的破坏会从一个机构传递到另一个机构。一个机构减少资助可能威胁多机构协同工作的可行性和持续性。在某些情况下,由此造成的影响将会导致经验丰富的技术专家的流失。这些损失会对 NASA 以及美国航空航天界(NRC,2009,2010)产生较大的不利影响。因此,在 NASA、工业界和学术界恢复这些流失的能力,并保持核心航天技术项目稳定性和连续性的需求已成为一个国家问题。

项目稳定性一直是 EDL 行业长期关注的问题。他们对保持核心能力、技能和知识非常关注,提出了 NASA 在保持专业能力方面应该如何发挥作用的问题,以便在主要任务计划的需求低峰期间不丢失专业能力(如在阿波罗项目之后失去热防护系统能力)。理想情况下,技术路线图中的 EDL 研究项目、技术演示验证和临时技术研发目标可以在过去的工作基础上进一步加强以满足未来的需求,从而缓解任务高峰期的技术需求。一项成功的技术计划要在保持试验能力的基础上以稳定的速度推进关键技术研发,而不仅仅依赖于飞行任务计划。为确保获得专业能力,NASA 需要重新吸取过去的教训。重新使用 AVCOAT 烧蚀型材料是获取专业知识、经验和教训的一个很好的例子。这种方法类似于 NACA 所采用并取得非常成功的方法。

发现:项目稳定性。技术研发计划在研究方向、内容以及投入程度上遇到重复、意想不到的变化,会降低研发计划的执行率和有效性。如果不能持续致力于解决这一问题,那么将无法以稳定的步骤推进关键技术的研发以实现首席技术专家办公室的任务目标。

5.8 商业航天

技术路线图草案可以通过明确表达商业航天行业的需求进行改进。美国国家航天政策肯定了商业航天活动的重要性,指出"强大而有竞争力的商业航天行业对推动航天的持续发展至关重要,美国致力于鼓励和支持美国商业航天的成长"(2010,白宫,3 页)。此外,《国家航空航天法案》宣布"美国的公共福祉要求行政当局尽最大可能探索并鼓励航天进行最充分的商业应用"。此外,NASA 的目标是"在符合联邦政府要求的条件下,鼓励联邦政府使用并向联邦政府提供来自商业航天的服务及相关硬件"(PL 111-314,第 20102 节)。NASA 为实现这些重要目标做出的贡献将通过一项技术研发计划的实施而得到加强,该计划包括:

（1）确定商业航天行业如何从先进技术中受益；

（2）发展与商业航天行业需求相关的竞争前技术，这与 NASA 资助竞争前技术研发以支持航空工业的方式大致相同；

（3）将先进技术转移到美国工业界，有助于满足商业航天行业的需求以及 NASA 自身的任务需求。

实现这些目标需要 NASA 与工业界之间建立起一种积极且可持续的合作伙伴关系，而不仅仅是把私营企业当作承包商来对待，这与传统上 NASA 资助工业界以实现 NASA 目标的情况不同。

由于政府在民用和军用航天任务上的投入，美国航天工业得到了快速发展并已成熟。政府似乎也准备好利用新兴的商业机会(除了商业通信和图像等传统服务外)，通常是通过付费的方式获得商业航天产品和服务，而在以前，该类任务是由政府购买整套的航天系统。有发展前景的非政府的商业机会包括人类在轨居住和卫星服务。当前美国的航天政策旨在利用美国的自由市场及商业文化的优势，如果 NASA 能让美国工业界(尤其是除了 NASA 任务之外还在致力于自己的商业目标的企业)更容易地获得新的和已有的研发数据，那么向一个更强大的商业航天企业的过渡将会更加容易。NASA 与工业界积极合作，对工业界感兴趣的竞争前技术研发非常有帮助。预测或选择可行的商业计划并不取决于 NASA。工业界将在他们感兴趣的技术研发领域与 NASA 建立合作关系，通过调整对已完成和正在进行的技术项目数据库访问权限获得相关信息，并准备为自己的参与提供研究资金，但这种关系将仅限于竞争前技术。

美国工业界，尤其是那些没有与 NASA 签订合同的公司，很难获得 NASA 的一些研究成果。要改善这种情况，需要解决制约向美国商业实体进行技术转移的多个问题。NASA 向对商业实体转移所掌握的技术数据有时受到"国际武器贸易条例"(ITAR)和与特定研究项目相关的知识产权的限制。这些因素因许多航空航天公司所具有的跨国性及其参与到国外航天计划而变得复杂。NASA 主要承包商通常可以很容易很方便地获取 NASA 的技术数据，用于他们所参与的项目，但是通过将过去、现在和未来的技术数据更有效地转移到没有参与 NASA 项目的公司，这可以提高 NASA 技术研发的影响。例如，NASA 拥有大量关于人类适应 LEO 轨道微重力环境的实验资料，以及在封闭环境中维持生命和人类活动所需的各种生命保障系统的设计要求。这些信息对商业公司来说特别有意义，基于这些数据，他们不仅可以为 NASA，也可以为纯商业任务开发载人系统(见附录 I(TA06)，其中引用了可靠的人因数据，这些数据可追溯到最早的人类航天飞行时期)。此外，新的商业太空轨道和亚轨道飞行器很可能利用 NASA 有关 EDL 技术性能的数据。目前，约翰逊航天中心(Johnson Space Center)的生命科学数据档案提供了一个积极有效的数据归档、共享和透明的示例。

此外，NASA新项目可以实施针对特定政府和商业市场的数据计划。国家科学基金会(NSF)为这种做法提供了一个很好的(非NASA)例子，NSF"拨款建议指南"需要一个数据管理计划，该计划作为提交的每个拨款建议的组成部分进行审核。

建议1 向工业界开放访问NASA数据的权限。首席技术专家办公室应该将NASA从过去到现在的航天任务和技术研发中获得的工程、科学和技术数据(除了NASA的科学和探索任务)更容易更方便地提供给美国工业界，包括那些与NASA没有持续合作关系的公司，尽管他们有着不同于NASA科学与探索任务的商业目标。为了在未来促进这一过程，首席技术专家办公室应建议对NASA数据访问程序进行修改，以便以一种更容易访问的格式对项目所需的数据进行归档。

建议2 NASA对商业航天技术的投资，虽然首席技术专家办公室应主要侧重于发展高价值的先进技术以满足NASA自身的任务需求，但也应该针对工业界感兴趣的竞争前技术与美国商业航天工业界进行合作。

5.9　交叉技术

首席技术专家办公室的技术路线图草案确定了许多具有广泛适用和重大发展潜力的交叉技术。实际上，除了一个技术路线图(TA9,EDL系统)之外，所有技术路线图都有一个与其他技术路线图相互依赖的部分，TA09仍然涉及与其他技术路线图相关的许多技术。例如，TA10(纳米技术)、TA11(建模、仿真、信息技术与处理)和TA12(材料、结构、机械系统与制造)技术路线图中的许多第3层级具体技术对其他技术路线图中的技术发展有支撑作用。如果明确且系统地采纳两项额外的交叉技术:航电设备和包括辐射影响的空间天气，那么当前的技术路线图草案将得到改进。

空间天气是指空间环境的动态状态。它包括空间辐射以及其他现象，诸如太阳电磁通量、磁场、带电和中性成分的太阳风，以及叠加在来自太阳和银河系的太阳风上的高能粒子。空间环境从太阳延伸到整个太阳系，包括行星和卫星的磁层和电离层。空间环境会随时间的变化而变化，范围从几秒到几千年不等，但NASA任务操作最常见的时间尺度是从几分钟到几小时或几天不等。对于任务规划和设计，相关时间尺度从几天到几年或几十年不等。

空间天气通过多种现象影响NASA航天器的运行，包括来自等离子体效应的航天器充电和放电、电子元器件中的单粒子事件效应(SEE)、暴露于紫外线辐射和原子氧下的热降解和材料降解、X射线和地磁风暴造成的通信和导航中断以及由大气加热引起的轨道阻力增强。我们需要先进的技术来提高对空间环境的认知，建立空间环境的动态模型,并发展创新方法来减轻空间天气带来的各种不利影响,以解决航天器运行失效和异常情况。

目前,空间天气和除辐射以外的空间环境似乎只在一个技术路线图草案中有所涉及:TA08,科学仪器、观测台与传感器系统(见技术8.3.1,它由粒子、场和波的传感器组成,包括带电和中性粒子、磁场和电场)。

航电系统对于众多航天飞行器运行成功至关重要。航电系统包括处理器、软件、数据总线和其他评估整个系统健康的电子组件。航电系统需要占用航天器一定比例的可用体积、质量、功率和热管理能力,并且要在给定的航天器运行的整个环境范围内都能正常工作。虽然将航电系统的设备本身作为一种技术没有特别提及,但在9个技术路线图草案中均有与航电系统有关的第3层级具体技术,如表5.1所列。由于没有某个单一技术路线图能给出一种开发航电系统技术全面和协调的方法来开发,因此,航电系统技术中的重要差距仍然存在,如表5.2所列。

表5.1 适用于航电系统的现有第3层级具体技术

技术领域	技术代号	技术名称	明确目标
TA01 发射推进系统	1.4.5	健康管理与传感器	故障管理
TA03 空间电源与能量储存	3.3.1	故障检测、隔离与恢复(FDIR)	故障管理
TA04 机器人、遥操作机器人与自主系统	4.1.6	多传感器数据融合	处理速度和数据吞吐量
	4.5.1	探测器系统管理和FDIR	故障管理
	4.7.3	机载计算	处理速度和数据吞吐量
TA08 科学仪器、观测台与传感系统	8.1.2	电子器件	-体积、质量和功率降低 -集成能力
	8.2.5	无线航天器技术	数据吞吐量
TA09 进入、下降与着陆系统	9.4.6	仪器与健康监测	故障管理
TA10 纳米技术	10.4.2	纳米电子器件	-体积、质量和功率降低 -辐射耐受性
TA11 建模、仿真、信息技术与处理	11.1.1	飞行计算	-辐射耐受性 -容错处理
TA12 材料、结构、机械系统与制造	12.3.5	机械系统可靠性/寿命评估/健康监测	故障管理
TA13 地面支持与发射系统	13.3.3	现场检查、异常检测与识别	故障管理
	13.3.4	故障隔离与诊断	故障管理
	13.4.5	安全系统	故障管理

注:不包括GN&C或科学传感器专用的技术。

表 5.2 NASA 技术路线图中航天飞行器航电技术的差距

航电技术差距	技术路线图局限
处理速度和数据吞吐量	TA11 中提到的高性能计算是一种飞行计算技术,但它只是基于一种使用多核的技术方法。除了 TA08 中无线航天器技术项以及 TA 13 中的安全系统技术项涉及无线和光纤网络外,还没有关于数据总线技术的讨论
辐射耐受性	在 TA10 中,提到了基于纳米材料的电子器件可能具有的耐辐射优势。在 TA11 中,只有集成电路被确定为需要抗辐射能力(如飞行计算技术)
可靠的容错处理	在 TA11 的飞行计算技术中,仅仅是在多核处理的背景下轻描淡写地讨论了这个备受关注的领域
故障管理	在可能应用到这些技术的路线图草案中,没有就这一领域达成一致意见
综合能力	在 TA08 的电子器件技术中,只是泛泛地提及了这一领域

发现 交叉技术。许多技术都横跨了现有的多个技术路线图草案,例如涉及航电系统和除辐射效应以外的空间天气,但技术路线图草案中的第 3 层级具体技术提供了一个不均衡的、不完整的所需技术清单,以全面解决这些问题。

建议 交叉技术。首席技术专家办公室应该审查并在必要时扩展每个技术路线图中涉及交叉的第 3 层级具体技术,特别是关于航电系统和除辐射效应外的空间天气。首席技术专家办公室应确保交叉技术在其出现的每个技术路线图中都有有效的责任归属,并为高优先级交叉技术的协同、协调发展建立一种全面、系统的方法。

参考文献

[1] Grantz, A. C., Experimental Systems Group, Boeing Company. 2011. "TA-09 Entry, Descent, and Landing Panel Discussion," presentation at the National Research Council NASA Technology Roadmaps Panel 6 Workshop in Irvine, Calif., on March 23. National Research Council, Washington, D. C.

[2] NASA (National Aeronautics and Space Administration). 2011. 2011 NASA Strategic Plan. NASA Headquarters, Washington, D. C.

[3] NRC (National Research Council). 2009. America's Future in Space: Aligning the Civil Space Program with National Needs. The National Academies Press, Washington, D. C.

[4] NRC. 2010. Capabilities for the Future: An Assessment of NASA Laboratories for Basic Research. The National Academies Press, Washington, D. C. Available at http://www.nap.edu/catalog/12903.html.

[5] White House. 2010. National Space Policy of the United States of America. White House, Washington, D. C. June 28. Available at http://www.whitehouse.gov/sites/default/files/national_space_policy_6-28-10.pdf.

第6章
技术路线图修订独立评估方法(2016版）

6.1 引言

针对未来修订更新后的NASA航天技术路线图,本章提出一种独立评估方法。这种方法既考虑了从这一代技术路线图到下一代技术路线图的预期变化程度,又考虑了最近对技术路线图进行全面独立评估所花费的时间。

本章通过讨论如下三个方面的议题来审查产生推荐方法的技术途径:①2012年NRC报告《NASA航天技术路线图与优先发展技术:重建NASA的技术优势,为太空新纪元铺平道路》中所述的上一次研究中使用的方法;②本报告使用的方法;③NASA总检查长办公室报告《NASA管理其航天技术投资组合的努力》(该报告于2015年12月15日发布)。本次审查可以为理解独立审查的价值提供基础以及为今后开展此类审查提供可使用的方法。

6.2 2012年国家研究委员会审查和优先级排序方法

2010年6月,NASA首席技术专家罗伯特·布劳恩(Robert Braun)要求NRC对NASA起草的14个航天技术路线图进行研究。根据这一要求,NRC任命了一个由18人组成的指导委员会和由56名专家组成的6个专家组。这6个专家组涵盖了14个技术路线图的各个技术领域。指导委员会和专家组于2011年1月举行首次会议,指导委员会在2011年1月—9月分别召开了三次会议。在此期间,针对各自所负责的技术路线图,每个专家组都举行了一次为期一天的公共研讨会和两次专门的评估讨论会。另外,还从网站上征求公众意见,其中144人对技术路线图草案提供了244条评论意见。所有收集到的意见都用于每个技术路线图中所有第3层级具体技术的优先排序,其详细分析以2012年报告的附录形式(详见本书附录)记录下来。然后,这些公众意见由指导委员会汇总分析,并记录在报告的主体中。2011年底提供了一份中期报告,最终报告于2012年初正式发布。这项重大工作大约在一年内便完成了,这对美国国家科学、工程和医学科学院的研究项目来说是相当迅速的(相比之下,大多数NASA科学"十年调查"研究项目需要近两年才能完成)。

本书第3章描述了2012年NRC的审查方法。首先,要求每个专家组将第3层级具体技术分成高优先级、中优先级和低优先级三组;然后,针对每个技术领域,基于质量功能展开技术,专家组得到了一个加权决策矩阵。在该方法中,每个准则和次级准则由指导委员会给出数值权重。加权是根据该准则对满足NASA技术研发目标的重要性来决定的。

NASA技术路线图以及NRC对技术路线图的审查只是定义和执行NASA技术投资组合的总体工作中的两个步骤。完整的循环如下所示。

（1）2010财年,航天技术路线图,每四年修订一次。
• 140项技术挑战、320项第3层级具体技术,未来20年内。

（2）2011财年,NRC研究,每四年进行一次。
• 优先次序:100项顶级技术挑战,83项高优先级技术(特定技术路线图),16项最高优先级技术(纵观所有技术路线图)。

（3）2012财年,制定航天技术战略投资计划(strategic space technology investment plan,SSTIP),每两年修订一次。
• 更新航天技术路线图:包含NRC的研究成果;
• 制订航天技术战略投资计划:当前投资、NASA任务委员会和办公室优先权、合作伙伴的机会、差距与当前预算及能力、未来20年内(每4年一次修订)。

（4）2013财年,执行。
• 投资组合:NASA技术执行委员会根据航天技术战略投资计划做出决策;
• 必须完成:任务需求和承诺、推动机会、经济性、技术进步、计划绩效。

综上所述,NASA准备每4年修订一次技术路线图,随后进行独立审查,最后用于更新SSTIP,从而指导"投资组合"的执行。2010年的技术路线图涵盖了所有的NASA航天技术。2015年的技术路线图草案还包括航空技术路线图,以及额外的章节:TA0引言、交叉技术和索引。

6.3 2015年国家研究委员会审查和优先级排序方法

2015年的审查范围比2012年的审查范围小,仅限于审查2015年技术路线图中出现的,且没有在2012年NRC报告所述技术路线图中出现的技术(见附录B,

2010年技术路线图中的TABS、2012年NRC报告中修订后的TABS和2015年技术路线图的TABS对比)。2015年审查的目的是,使用与2012年NRC研究报告中相同的方法(见第3章)来确定是否应该将某些新技术添加到2012年报告的83项高优先级技术清单和16项最高级优先技术清单中,将质量功能展开(QFD)分数与2012年报告中的QFD分数进行比较,以确认它们是否一致。

在编写2012年NRC报告时,尚未有NASA的设计参考任务(DRM)概念。作为替代,专家组确定了每个技术领域的一些挑战,这些挑战可用于提高各自的技术能力。梳理出这些挑战是为了提供技术研发的重点方向,并有助于第3层级具体技术的优先级排序。对于当前2015年的NASA技术路线图,则不再使用技术挑战,NASA使用新提出的一组设计参考任务,这在技术路线图的第1章中有描述。2015年的技术路线图的审查内容不包括以下项目。

(1) TA 0 引言、交叉技术和索引。本文档包括横跨多个技术领域的主题,将技术分类为对每个设计参考任务是实现或增强,确定用于支撑项目发展的技术(如火星演化行动(Evolvable Mars Lampain,EMC)项目)以及NASA提供的新的交叉技术结构,该结构是建立在2012年NRC报告基础之上的。

(2) TA 15 航空技术路线图。由于在早期NRC研究审查的2010年技术路线图草案中没有TA 15的技术路线图,所以此次没有评估航空技术的基线。

6.4 总监察长办公室报告总结

NASA总监察长办公室(Office of the Inspector General,OIG)对NASA的技术投资组合进行了审计,其审计结果于2015年12月发布。总监察长办公室概述了2015财年通过下述计划资助的15个航天技术项目:技术演示任务计划、改变游戏规则发展计划、先进的探索系统计划和科学任务局的研究计划。报告发现,NASA管理程序和控制上存在的缺陷可能限制了其有效管理航天技术投资组合。所提及的问题包括对航天技术战略投资计划(2012年版本)的推迟修订、启动新的航天技术项目的过程不明确、衡量技术项目投资回报的方法不一致。其中一项建议是在修订的航天技术战略投资计划中进一步确定"核心"和"相邻"技术的优先顺序。

6.5 未来独立审查方法

在开展本研究项目期间,NASA研究人员向指导委员会提供了关于新技术的信息,包括他们在2012年NRC报告中使用QFD方法对技术价值的评估情况。很明显,研究人员对这些技术尽量给出客观的分值,但几乎在每种情况下,他们给出的 QFD 分值都可能是最高的。由于研究人员对技术的理解偏好和/或对广泛的技术需求认知有限,这些高分往往夸大了技术的价值。独立审查将会对研究人员的评分结果给出客观的评价,并能更好地评估其与非 NASA 航天需求以及非航天领域国家需求的一致性。

2015 年的 NASA 技术路线图的第一卷包括所有四级研究任务的列表,这些任务被认为是对每个设计参考任务起到实现或增强作用。但对研究任务清单的非正式审查表明,其中可能有夸大"实现"与"增强"情况的倾向。此外,由于设计参考任务群作为一个整体已经包括了 NASA 执行的所有可能的任务,而不是那些规模更小的、预算经费受限的、更有可能执行的任务群,所以难以基于它们对设计参考任务的支撑能力来评估技术的价值。NASA 已经承认现有的设计参考任务群可能太大,并且已经开发了更小的任务群。由于设计参考任务是 2015 年技术路线图中的一个重要新特性,因此对设计参考任务及其与 NASA 技术组合研发的关系进行更详细的审查是理所当然的。对设计参考任务和使之"实现"或"增强"的技术之间的关系进行独立审查,可以加深对需求牵引和技术驱动的认识。设计参考任务往往随着政治环境的变化而发生改变,特别是与载人相关的航天任务,就像前两届政府一样。因此,当政府换届时,就应该对设计参考任务进行独立审查。

此次增加的 TA 15 航空技术路线图还需要进行独立审查。在该技术路线图中,用航空推力代替了设计参考任务,但与设计参考任务相比,航空推力实际上更类似于 2012 年 NRC 报告中的技术挑战。未来的审查将需要解决这种不一致性。将航空与其他 14 个技术路线图分开,失去了评估 NASA 航空与航天技术在材料、电子和推进等领域可能产生的协同增效作用的机会。

6.6 对未来审查方法的建议

考虑到技术研发组织和管理、技术发展速度、NASA 任务、NASA 机构等的动态变化性,并且技术路线图及其独立审查的每次更迭都将带来新的经验教训,因此,对未来审查提出长期规划是没有意义的。另外,未来的审查计划总是有变化的,而根据一次独立审查情况对多项后续审查提出建议没有什么价值。

考虑到从前期和当前审查中汲取的经验教训以及 NASA 总监察长办公室报告中的建议,建议下一次审查采用以下方法。

建议1 每当技术路线图发生重大变化时,都应对技术路线图进行独立审查。NASA 技术路线图的修订周期预计是 4 年,但是当 NASA 发展方向有重大变化时可能需要更频繁的审查。审查应该采用下列两种类型中的任何一种:①全面审查整套技术路线图(包括 TA 15),类似于 2012 年执行的技术路线图审查方法;②进行重点审查,如 2015 年执行的审查方式。重点审查方法所占用的资源较少,因为它只涉及整套技术组合的某些单项技术。在对未来审查方法提出建议时,每次独立审查应该侧重下一次审查时所用的方法,而不是关于涵盖多次审查的长期计划。

6.6.1 NASA 在审查中的作用

6.6.1.1 初始优先级

针对所有技术路线图中的技术,由 NASA 先确定技术优先级会极大提高未来独立审查的速度和效率。可以使用与 NRC 相同的方法(见第 3 章)或 NASA 设计的一些其他方法来完成这种优先级排序。这项工作的一个关键点是,它应该是一个全面的优先级排序,不仅可以促进每个技术路线图中的顶级技术发展,而且也能促进所有技术路线图中的顶级技术发展。

NASA 技术执行理事会(NASA Technology Executive Council,NTEC)和 NASA 中心技术委员会(Center Technology Council,CTC)职责如下。

战略集成管理并协调 NTEC 会议。这些会议由 NASA 首席技术专家主持。理事会成员包括各大任务局副主任、NASA 首席工程师和 NASA 首席健康与医疗官。NTEC 的职能是执行 NASA 层面的技术集成、协调和战略规划。

(1)从 NASA 的角度审查每个项目级技术研发活动的进展情况,其审查基线是里程碑式的性能指标。

(2)评估 NASA 技术研发活动的项目级预算和研发进度的合理性,以满足 NASA 的战略目标。

(3)评估 NASA 技术项目之间的技术差距、重复程度和协同增效能力。

(4)根据各大任务局的目标、目的、任务和时间表以及 NASA 的技术路线图和战略目标,评估技术成熟进展情况。

(5)评估 NASA 技术投资组合的平衡和优先级排序。

(6)制订和审查关于 NASA 技术投资计划的决定性建议。

NASA 中心技术委员会由首席技术专家办公室(OCT)组织和主持。委员会成员包括来自每个 NASA 中心(包括喷气推进实验室)的首席技术专家和首席工程师办公室的代表,并由每个任务局派观察员代表。NASA 中心技术委员会侧重于由 NASA 资助的、由首席技术专家办公室管理的研发项目。NASA 中心技术委员会的职责有以下几种。

(1)从自下而上和 NASA 的角度来评估 NASA 技术路线图和技术优先排序活动,并向 NTEC 提供评估结果。

(2) 从中心的角度将技术项目范围、优先级别和技术路线图的修订建议提供给 NTEC。

(3) 为 NTEC 提供"项目之外"的技术投入，用于潜在的未来发展。

(4) 编写在各个中心开展的创新和技术研发活动的绩效总结报告。

(5) 确定中心内部技术的拓展机会。

(6) 编写技术报告(具有站在 NASA 之外的角度来查看技术机会的能力)。

如上所述，NTEC 的职责包括对 NASA 技术投资进行优先级排序，而 CTC 负责协助 NTEC 完成这一任务。2012 年 NRC 报告指出，通过使用系统分析(见第 5 章中有关系统分析的建议)将有利于技术的优先排序。

建议 2　在进行下一次独立审查之前，NASA 技术执行理事会和中心技术委员会(NTEC／CTC)根据其章程应优先考虑将在审查中进行审议的技术。NTEC／CTC 应向下一个独立审查委员会提交优先级的审查结果和理由。优先级排序过程应考虑第 3 章所述优先级排序过程中所包含的各种因素，还应得到其他因素的支持。例如，将技术与设计参考任务的简明清单进行关联，包括对用于"实现"或"增强"的技术的评估，使用系统分析方法来确定用于某项任务的技术相对于替代技术的技术优势，以及技术优先事项与研发所需预期资金及时间表的相关性。

6.6.1.2　主导、合作、观望、停止

2012 年 NRC 报告中提出以下建议。

新技术合作研发：首席技术专家办公室应寻求与其他联邦机构、外国政府、工业界和学术界合作研发高优先级的技术，以利用可用于技术研发的各种资源。

可用于 NASA 技术研发的资源不足以支持技术路线图中众多且广泛的技术研发活动。提升技术研发资源分配效能的一种方法是使用陆军研究实验室(ARL)所采用方法的修订版。ARL 在 2015—2035 年科学与技术研发规划中将研发技术分为三类：主导、合作或观望。当前，研究委员会修改了其定义，并增加了一个类别：停止。这四个类别可以帮助 NASA 确定与他人的合作研发程度，从而减少其技术研发支出。

(1) 主导：NASA 对某种技术的需求和时机是独一无二的，以至于需要 NASA 投资来推进这项技术的进步，但无法得到其他部门大量的共同投资。拥有这种技术的内行专家和基础设施对于 NASA 的独特需求至关重要。

(2) 合作：NASA 与其他组织(政府、工业界、学术界或国际合作伙伴)建立了一种相互依存的伙伴关系，以寻求使用共同投资的技术。这种合作可以采取若干种形式。一个常见的例子是 NASA 和另一个政府机构协调技术研究和开发，并相互交流各自的研究成果。另一种形式是公私合作伙伴关系，其中 NASA 提供部分资金，同时工业界合作伙伴分担部分研发成本。NASA 还可以为其合作研究伙伴

提供独一无二的基础设备、技术成果和内部专家,并掌控合作的方向。这种合作允许 NASA 的内部技术专家研发那些他们可能没有研发经费资助的技术。

(3) 观望:NASA 对工业、学术界和国际市场中的新兴技术及其相应的研发工作保持高度谨慎。因为外部机构有着巨大兴趣和大额投资,这类技术将很可能在 NASA 之外实现进步,同时这项技术不是唯一满足 NASA 任务需求的。NASA 积极参与国家和国际间科学对话,可为进一步研发该技术做好准备,使该技术成为满足 NASA 需求的可行技术,这对 NASA 来说是非常重要的工作内容之一。积极参与国家和国际间科学对话的一种方法是 NASA 研究人员参加各种科学研讨会。

(4) 停止:寻求技术进步需要更好地界定任务或操作需求,然后才能进行技术研发。需要重新调整技术路线图的里程碑节点,以实现准时的而不是以防万一的交付。NASA 将尽量减少对这类技术的投入资源,直到实现更好的需求界定。

6.6.1.3 主导状态的技术案例

辐射防护和减缓技术非常适合于主导技术类(见技术组 X.1,载人航天飞行中的辐射减缓技术,隶属于最高优先级技术组)。在 2012 年 NRC 报告中,它被列为载人航天飞行中最高优先级的技术,在 2014 年 NRC 关于载人航天飞行的报告中,它被确定为三个最高优先级的技术能力之一,也是 NASA 的航天技术战略投资计划中投资的若干个核心技术之一,如轻量化航天结构和材料、环境控制与生命保障系统、空间辐射减缓技术、科学仪器和传感器。辐射危害包括来自太阳(太阳风)、太阳粒子事件(SPE)和星系宇宙射线(GCR)的电离辐射所产生的瞬时和累积损伤。轻量化材料和结构的屏蔽可以减缓航天员和敏感元器件在太空旅行和外星球地表居住系统中暴露于电离辐射和太阳粒子事件,但是尚未找到用于减轻 GCR 危害的令人满意的方法。GCR 具有高能量特性,当它们与屏蔽或与其他航天器和居住系统材料相互作用时,它们会产生二次辐射。这种二次辐射加重对人和设备的辐射危害。尽管有人已经提出了静电偏转屏蔽技术,但是采用这种技术的系统质量很大,需要大量的电能,并且它们自身也可能对人体健康构成威胁。

除了需要对辐射防护技术进行投资以外,长期太空飞行任务还需要对 NASA 急需的独特技术进行投资。这些需求包括:①智能剂量计,用于测量航天器和保护性居住系统内外的所有三种形式的空间辐射的累积剂量;②生物医学减缓方法,如饮食疗法和药物;③复杂的风险评估模型,可以建模并计算由于任务周期内空间辐射环境的变化所带来的辐射风险;④能预测空间辐射环境变化的传感器和模型。

6.6.1.4 合作状态的技术案例

NASA 和美国通用汽车公司合作开发机器人,它们与人类并肩协作,可以协助完成太空任务,也可以提高汽车制造的安全性和生产效率。我们鼓励就这一主题开展进一步合作,特别是它与技术 4.4.3 接近交互的合作。这种合作是重要而且有价值的,特别是在当前工业和辅助机器人快速采用新的接近交互技术的阶段。对合作和共同开发项目的投资使 NASA 能够影响新技术的发展方向,促进这些技术能更好地符合 NASA 的任务需求。接近交互将是未来人类太空探索任务的一个重要组成部分,因此还需要开展合作研究,以建立并加强 NASA 内部专业技能,使 NASA 在必要时可以在这一技术领域发挥主导作用。

6.6.1.5 观望状态的技术案例

观望技术的例子有技术 11.4.6 网络基础设施和技术 11.4.8 网络安全。由其他政府和非政府组织开发的这些重要技术预计在 NASA 基础设施内的使用机会增加。在未来 NASA 飞行部件内的网络安全需求可以将该技术提升到合作状态,因为需要将指定的网络安全元素纳入到飞行系统中。观望技术的另一个例子是技术 11.3.5 百亿亿次仿真。若干个不同的国家和公司正在致力于百亿亿次仿真(1000 千万亿次),但这一目标预计在 2022 年之前不会实现。最近宣布的美国国家战略计算计划中提到将提供额外的经费资助以实现这一目标。NASA 肯定会使用百亿亿次计算,通过观察这些计算机技术的发展,可准备好有效地利用它们,但不需要参与其技术研发。随着超级计算越来越接近可应用状态,这种技术可以从观望状态转变为合作状态。

6.6.1.6 停止状态的技术案例

停止技术的一个例子是技术 7.4.4 人工重力,它是通过旋转航天器产生的。此技术的需求和效能目前尚不清楚,其需求的可能性取决于技术 6.3.2 乘员长期健康(包括研究任务 6.3.2.1 人工重力)中所述的其他重力措施的有效性,人工重力主要是通过使用安装在航天器内的装置旋转宇航员而产生的。由于实现长期持续健康目标存在困难以及近期对深空居住系统有需求,使得在未来的某个时期将技术 7.4.4 人工重力的状态从停止变为主导是可行的。

建议 3 作为其优先级排序过程的一部分,NTEC/CTC 在下一次独立审查时应将审议的每项技术按下述类别进行分类:主导、合作、观望或停止。此外,首席技术专家办公室应及时更新 NASA 的电子版技术数据库 TechPort,以便它也为每种技术指明 NASA 是否将其划归为主导、合作、观望或停止类。对于合作工作,首席技术专家办公室应该在 TechPort 中详细介绍合作的内容,包括设施、飞行测试和交叉技术的研发。

6.6.2 设计参考任务

调查结果:由 NASA 制定的更加简洁的设计参考任务列表更类似于具有预算

功能的一组任务,将使得技术路线图中具有"增强"和"实现"能力的技术得到更好的优先级排序。每当NASA任务计划发生重大变化并更新设计参考任务时,可以通过重新评估其能给NASA带来的收益及其与NASA相关性来重新确定优先级排序。

6.6.3 下一次独立审查

建议 如果技术路线图和/或设计参考任务发生重大变化,下一次独立审查应该是全面的审查,或者应该是重点审查,如果数量较少,可以只审查新技术。审查应涵盖以下内容。

(1) 以前由NTEC/CTC完成的技术优先级排序和用于进行优先级排序的方法。
(2) TA 15航空技术路线图。
(3) 技术路线图第一卷:TA 0引言、交叉技术和索引。
(4) 作为"实现"或"增强"的技术与设计参考任务的相关性。
(5) 推荐用于审查的方法,而审查又应用该方法。

总之,审查2015年NASA技术路线图的指导委员会制定了一种未来独立审查的方法,将通过以下方式减少其时间和成本:①NASA的NTEC/CTC根据设计参考任务初步确定技术优先级;②基于技术和/或设计参考任务已经改变的程度来确定审查力度。将第3层级具体技术或第4层级研究任务分为主导、合作、观望和停止四个类别,将有助于NASA确定适合合作研发的技术,并节省用于技术研发的各种资源。

附录A
审查任务职责声明

以NASA制定的14个技术路线图草案作为初始研究对象,NRC任命了一个指导委员会和6个专家组去征求外界意见并对其进行评估,指导委员会也提供了用于确定及技术优先级划分的建议。需要考虑的技术范围包括满足NASA探索系统、地球和空间科学、空间运营等任务领域的需要,以及那些有助于满足关键的国家和商业需求的航天技术(这项研究将不考虑航空技术,除非它们能实现NASA和国家在航天技术领域上的需求;此外,国家航空研究与发展计划中已经给出了核心航空技术发展方向)。

指导委员会和专家组准备了两份报告如下:

(1)指导委员会将制定一套标准,以便对NASA技术路线图中所有技术领域内的技术进行优先级排序。

(2)每个专家组将举办专题研讨会,重点讨论一个或多个技术路线图,征求本行业、学术界和政府对技术路线图草案的反馈意见和评论意见。

(3)根据行业意见和自身审议结果,指导委员会将编写一份简短的中期报告,解决与技术路线图相关的高级别问题,如修改NASA技术路线图草案的数量或技术重点的可行性。

(4)每个专家组单独研讨,以便对技术路线图的以下内容进行改进:

① 确定技术差距。

② 确定技术路线图草案未涵盖的技术。

③ 所涵盖技术的开发和进度变更。

④ 关键技术的价值感(如减少质量和/或数量的潜力,可能支持的任务数量、新科学能力、运营设施、地面效益)。

⑤ NASA技术路线图中技术项目的风险或合理性。

⑥ 按高、中或低优先级分组对每个技术路线图中的技术进行优先级排序,在一定程度上,应该通过在各专家组之间以统一的方式应用上述相关标准来实现这种优先级划分。

(5)每个专家组将为指导委员会编写一份上述内容的书面摘要。

（6）指导委员会将制定一份全面的最终报告：
① 总结14个技术路线图中的每一项研究结果和建议。
② 整合研讨会和专家组的成果，以确定关键的常见思路和问题。
③ 按组对所有14个技术路线图中优先级最高的技术进行优先排序。

附录B
2010年、2012年与2015年技术分解结构框架比较（2016版）

2016年的研究项目并没有审查美国NASA 2015年航天技术路线图的全部内容。相反,其研究范围仅限于在2012年NRC研究中未评估的且在2015年技术路线图中出现的技术。通过比较①2015年NASA空间技术路线图中的技术领域分解结构(TABS);②2012年NRC报告中的技术领域分解结构;③2010年NASA空间技术路线图草案中的技术领域分解结构,将这些技术识别出来,详细情况如技术领域分解结构比较表(表B.1)中所述。表B.1第一列中的条目解释如下。

(1) 新评估:共有39项技术是在2015年技术领域分解结构中出现的,但未在2012年NRC报告的技术领域分解结构中出现,它们在2016年研究中被列为优先审查事项。

(2) 修订评估:共有三项技术既在2015年技术领域分解结构中出现,又在2012年NRC报告的技术领域分解结构中出现,其区别是:①2012年和2015年技术领域分解结构中所用的技术名称不同;②2015年技术路线图中对它们相关工作的描述与2012年技术领域分解结构中的任何技术都大不相同或具有更广泛的适用范围。本报告评估了这些技术的优先级。

(3) 修订不审查:修订不审查(do not review,DNR),某些技术既在2015年技术领域分解结构中出现,又在2012年NRC报告的技术领域分解结构中出现,尽管技术领域分解结构中所用的技术名称不同:①技术研发的目标和/或范围只有适度的变化;②2015年技术路线图技术范围不如2012年技术路线图技术范围那么广泛,因此2016年研究中不重新评估这些技术的优先级。

(4) 复活:该技术出现在2015年技术领域分解结构中,但没有出现在2012年的技术领域分解结构中。然而,它并没有作为一项新技术被评估,因为它曾出现在2010年技术领域分解结构中,这意味着2012年NRC在研究时评估了这项技术,并决定将其从技术领域分解结构中删除。鉴于2016年研究仅评估以前研究中未涉及的技术,因此2016年研究中不评估该技术的优先级。

表 B.1 2010 年、2012 年与 2015 年技术领域分解结构框架比较

2015版与2012版比较	TABS:2015年7月技术路线图草案	TABS:2012年NRC报告	TABS:2010年技术路线图草案（版本10）
TA01 发射推进系统	**TA01 发射推进系统**	**TA01 发射推进系统**	**TA01 发射推进系统**
	1.1 固体火箭推进系统	1.1 固体火箭推进系统	1.1 固体火箭推进系统
	1.1.1 推进剂	1.1.1 推进剂	1.1.1 推进剂
	1.1.2 壳体材料	1.1.2 壳体材料	1.1.2 壳体材料
	1.1.3 喷管系统	1.1.3 喷管系统	1.1.3 喷管系统
	1.1.4 混合火箭推进系统	1.1.4 混合火箭推进系统	1.1.4 混合火箭推进系统
	1.1.5 基础性固体推进技术	1.1.5 基础性固体推进技术	1.1.5 基础性固体推进技术
新评估	1.1.6 集成固体发动机系统		
新评估	1.1.7 衬层和绝缘层		
	1.2 液体火箭推进系统	**1.2 液体火箭推进系统**	**1.2 液体火箭推进系统**
	1.2.1 液氢/液氧基	1.2.1 液氢/液氧基	1.2.1 液氢/液氧基
	1.2.2 液氧/煤油基	1.2.2 液氧/煤油基	1.2.2 液氧/煤油基
	1.2.3 液氧/甲烷基	1.2.3 液氧/甲烷基	1.2.3 液氧/甲烷基
占位符	1.2.4 爆震波发动机(闭式循环)	1.2.4 爆震波发动机(闭式循环)	1.2.4 爆震波发动机(闭式循环)
占位符	1.2.5 推进剂	1.2.5 推进剂	1.2.5 推进剂
	1.2.6 基础性液体推进技术	1.2.6 基础性液体推进技术	1.2.6 基础性液体推进技术
	1.3 吸气式推进系统	**1.3 吸气式推进系统**	**1.3 吸气式推进系统**
占位符	1.3.1 涡轮基组合循环	1.3.1 涡轮基组合循环(TBCC)	1.3.1 TBCC
占位符	1.3.2 火箭基组合循环	1.3.2 火箭基组合循环(RBCC)	1.3.2 RBCC
占位符	1.3.3 爆震波发动机(开式循环)	1.3.3 爆震波发动机(开式循环)	1.3.3 爆震波发动机(开式循环)

续表

2015版与2012版比较	TABS:2015年7月技术路线图草案	TABS:2012年NRC报告	TABS:2010年技术路线图草案(版本10)
占位符	1.3.4 涡轮基喷气发动机	1.3.4 涡轮基喷气发动机(返回式助推器)	1.3.4 涡轮基喷气发动机(返回式助推器)
占位符	1.3.5 冲压发动机和超燃冲压发动机	1.3.5 冲压发动机/超燃冲压发动机(加速器)	1.3.5 冲压发动机/超燃冲压发动机(加速器)
占位符	1.3.6 深冷空气循环	1.3.6 深冷空气循环	1.3.6 深冷空气循环
占位符	1.3.7 空气采集及压缩系统	1.3.7 空气采集及压缩系统	1.3.7 空气采集及压缩系统
占位符	1.3.8 基础性吸气推进式技术	1.3.8 基础性吸气推进式技术	1.3.8 基础性吸气推进式技术
	1.4 辅助推进系统	**1.4 辅助推进系统**	**1.4 辅助推进系统**
	1.4.1 辅助控制系统	1.4.1 辅助控制系统	1.4.1 辅助控制系统
占位符	1.4.2 主推进系统(不包括发动机)	1.4.2 主推进系统(不包括发动机)	1.4.2 主推进系统(不包括发动机)
	1.4.3 发射中止系统	1.4.3 发射中止系统	1.4.3 发射中止系统
	1.4.4 推力矢量控制系统	1.4.4 推力矢量控制系统	1.4.4 推力矢量控制系统
	1.4.5 健康管理与传感器	1.4.5 健康管理与传感器	1.4.5 健康管理与传感器
占位符	1.4.6 火工和分离系统	1.4.6 火工和分离系统	1.4.6 火工和分离系统
	1.4.7 基础性辅助推进技术	1.4.7 基础性辅助推进技术	1.4.7 基础性辅助推进技术
	1.5 非常规和其他推进系统	**1.5 非常规/其他推进系统**	**1.5 非常规/其他推进系统**
占位符	1.5.1 地面发射辅助	1.5.1 地面发射辅助	1.5.1 地面发射辅助
	1.5.2 空中发射和投放系统	1.5.2 空中发射和投放系统	1.5.2 空中发射和投放系统
其他地方	1.5.3 空间系绳辅助	1.5.3 系绳辅助	1.5.3 系绳辅助
	1.5.4 束能和能量注入	1.5.4 束能和能量注入	1.5.4 束能和能量注入
占位符	1.5.5 核动力	1.5.5 核动力	1.5.5 核动力

续表

2015版与2012版比较	TABS:2015年7月技术路线图草案	TABS:2012年NRC报告	TABS:2010年技术路线图草案(版本10)
占位符	1.5.6 高能量密度材料和推进剂	1.5.6 高能量密度材料/推进剂	1.5.6 高能量密度材料/推进剂
	1.6 气球运载系统		
新评估	1.6.1 超压气球		
新评估	1.6.2 材料		
新评估	1.6.3 指向系统		
新评估	1.6.4 遥测系统		
新评估	1.6.5 气球轨迹控制		
新评估	1.6.6 电力系统		
新评估	1.6.7 机械系统:发射系统		
新评估	1.6.8 机械系统:降落伞		
新评估	1.6.9 机械系统:漂浮装置		
	TA02 空间推进技术	**TA02 空间推进技术**	**TA02 空间推进技术**
	2.1 化学推进	**2.1 化学推进**	**2.1 化学推进**
	2.1.1 可贮存液体推进	2.1.1 可贮存液体推进	2.1.1 可贮存液体推进
	2.1.2 低温液体推进	2.1.2 低温液体推进	2.1.2 低温液体推进
	2.1.3 凝胶推进	2.1.3 凝胶推进	2.1.3 凝胶推进
	2.1.4 固体推进	2.1.4 固体推进	2.1.4 固体推进
	2.1.5 混合式推进	2.1.5 混合式推进	2.1.5 混合式推进
	2.1.6 冷气/热气推进	2.1.6 冷气/热气推进	2.1.6 冷气/热气推进
	2.1.7 微推进	2.1.7 微推进	2.1.7 微推进
	2.2 非化学推进	**2.2 非化学推进**	**2.2 非化学推进**

续表

2015版与2012版比较	TABS:2015年7月技术路线图草案	TABS:2012年NRC报告	TABS:2010年技术路线图草案（版本10）
	2.2.1 电推进	2.2.1 电推进	2.2.1 电推进
	2.2.2 太阳帆/制动帆推进	2.2.2 太阳帆推进	2.2.2 太阳帆推进
	2.2.3 热推进	2.2.3 热推进	2.2.3 热推进
	2.2.4 绳系推进	2.2.4 绳系推进	2.2.4 绳系推进
	2.3 先进（TRL<3）推进技术	**2.3 先进（TRL<3）推进技术**	**2.3 先进（TRL<3）推进技术**
	2.3.1 束能推进	2.3.1 束能推进	2.3.1 束能推进
	2.3.2 电动帆推进	2.3.2 电动帆推进	2.3.2 电动帆推进
	2.3.3 核聚变推进	2.3.3 核聚变推进	2.3.3 核聚变推进
	2.3.4 高能量密度材料	2.3.4 高能量密度材料	2.3.4 高能量密度材料
	2.3.5 反物质推进	2.3.5 反物质推进	2.3.5 反物质推进
	2.3.6 先进核裂变推进	2.3.6 先进核裂变推进	2.3.6 先进核裂变推进
	2.3.7 突破性推进	2.3.7 突破性推进	2.3.7 突破性推进
	2.4 支撑技术	**2.4 支撑技术**	**2.4 支撑技术**
占位符	2.4.1 发动机健康监测与安全		2.4.1 发动机健康监测与安全
占位符	2.4.2 推进剂贮存与输送	2.4.2 推进剂贮存与输送	2.4.2 推进剂贮存与输送
占位符	2.4.3 材料与制造技术		2.4.3 材料与制造技术
占位符	2.4.4 散热		2.4.4 散热
占位符	2.4.5 电源		2.4.5 电源
	TA03 空间电源与能量储存	**TA03 空间电源与能量储存**	**TA03 空间电源与能量储存**
	3.1 发电	**3.1 发电**	**3.1 发电**
	3.1.1 能量采集	3.1.1 能量采集	3.1.1 能量采集

续表

2015版与2012版比较	TABS:2015年7月技术路线图草案	TABS:2012年NRC报告	TABS:2010年技术路线图草案(版本10)
	3.1.2 化学能发电	3.1.2 化学能发电(燃料电池,热力发动机)	3.1.2 化学能发电(燃料电池,热力发动机)
	3.1.3 太阳能发电	3.1.3 太阳能发电(光伏发电和太阳能热发电)	3.1.3 太阳能发电(光伏发电和太阳能热发电)
	3.1.4 放射性同位素发电	3.1.4 放射性同位素发电	3.1.4 放射性同位素发电
	3.1.5 核裂变发电	3.1.5 核裂变发电	3.1.5 核裂变发电
	3.1.6 核聚变发电	3.1.6 核聚变发电	3.1.6 核聚变发电
	3.2 能量储存	**3.2 能量储存**	**3.2 能量储存**
	3.2.1 电池	3.2.1 电池	3.2.1 电池
	3.2.2 飞轮	3.2.2 飞轮	3.2.2 飞轮
	3.2.3 再生燃料电池	3.2.3 再生燃料电池	3.2.3 再生燃料电池
	3.2.4 电容器	3.2.4 电场和磁场储存	
		3.2.5 热能储存	
	3.3 电源管理和分配	**3.3 电源管理和分配**	**3.3 电源管理和分配**
修订不审查	3.3.1 故障检测,隔离与恢复	3.3.1 故障检测,隔离与恢复(FDIR)	3.3.1 故障检测,隔离与恢复
删除	3.3.2 管理与控制	3.3.2 管理与控制	3.3.2 管理与控制
	3.3.3 配电与传输	3.3.3 配电与传输	3.3.3 配电与传输
	3.3.4 无线电能传输	3.3.4 无线电能传输	3.3.4 无线电能传输
	3.3.5 变换与调节	3.3.5 (功率)变换与调节	3.3.5 变换与调节
	3.4 交叉技术	**3.4 交叉技术**	**3.4 交叉技术**
其他地方	3.4.1 分析工具	3.4.1 分析工具	3.4.1 分析工具

续表

2015版与2012版比较	TABS:2015年7月技术路线图草案	TABS:2012年NRC报告	TABS:2010年技术路线图草案（版本10）
其他地方	3.4.2 绿色能源影响	3.4.2 绿色能源影响	3.4.2 绿色能源影响
其他地方	3.4.3 多功能结构	3.4.3 多功能结构	3.4.3 多功能结构
其他地方	3.4.4 替代燃料	3.4.4 替代燃料	3.4.4 替代燃料
	TA04 机器人与自主系统	TA04 机器人、遥操作机器人与自主系统	TA04 机器人、遥操作机器人与自主系统
修订不审查	4.1 传感与感知	4.1 传感与感知	4.1 传感与感知
修订不审查	4.1.1 三维传感	4.1.1 视觉	4.1.1 立体视觉
修订不审查	4.1.2 状态估计	4.1.5 姿态估计	4.1.2 激光雷达（LIDAR）
修订不审查	4.1.3 机载地图构建	4.1.4 定位与地图构建	4.1.3 接近觉传感
修订不审查	4.1.4 目标、事件和行为识别	4.1.3 自然特征图像识别	4.1.4 非几何地形特征测量
修订不审查	4.1.5 力和触觉传感	4.1.2 触觉感知	4.1.6 触觉传感阵列
其他地方	4.1.6 机载科学数据分析	4.1.6 多传感器数据融合	4.1.5 地形力学性能评估
删除		4.1.7 移动特征跟踪与识别	4.1.7 重力传感器和天体导航
删除		4.1.8 地形分类与描述	4.1.8 地形相对导航
			4.1.9 实时自标定手眼机器人视觉系统
	4.2 移动性	4.2 移动性	4.2 移动性
	4.2.1 极端地形移动	4.2.1 极端地形移动	
	4.2.2 地表之下移动	4.2.2 地表之下移动	
	4.2.3 地表之上移动	4.2.3 地表之上移动	
	4.2.4 小天体上和微重力环境中移动	4.2.4 小天体上、微重力环境中移动	

131

续表

2015版与2012版比较	TABS:2015年7月技术路线图草案	TABS:2012年NRC报告	TABS:2010年技术路线图草案(版本10)
新评估	4.2.5 地表移动		
新评估	4.2.6 机器人导航		
新评估	4.2.7 协同移动		
新评估	4.2.8 移动性组件		
			4.2.1 同时定位与地图创建
			4.2.2 危险探测算法
			4.2.3 主动照明
			4.2.4 不确定性三维路径规划
			4.2.5 长寿命极端环境维持机构
			4.2.6 机器人喷射背包
			4.2.7 智能绳系
			4.2.8 机器人蜂群
			4.2.9 微重力环境中行走
修订不审查	4.3 操控性 机械手组件	4.3 操控性	4.3 操控性
	4.3.1 机械手组件	4.3.1 机械臂	
	4.3.2 灵巧操控	4.3.2 灵巧操控	
其他地方	4.3.3 接触动力学建模	4.3.3 接触动力学建模	4.3.3 机械臂(低/高强度)
	4.3.4 移动操控	4.3.4 移动操控	
	4.3.5 协同操控	4.3.5 协同操控	
修订不审查	4.3.6 样品采集和处理	4.3.6 机器人钻孔和样品处理	
新评估	4.3.7 抓捕		4.3.1 多自由度运动规划算法

132

续表

2015版与2012版比较	TABS:2015年7月技术路线图草案	TABS:2012年NRC报告	TABS:2010年技术路线图草案(版本10)
			4.3.2 传感与控制
			4.3.4 灵巧操控机械手
			4.3.5 抓取传感器融合
			4.3.6 抓取规划算法和机器人钻孔机构
			4.3.7 多臂/指协调操控
			4.3.8 不确定性规划
	4.4 人-系统交互	**4.4 人-系统整合**	**4.4 人-系统整合**
修订不审查	4.4.1 多模式人-系统交互	4.4.1 多模式人-系统交互	
其他地方	4.4.2 遥控	4.4.2 遥控	
修订评估	4.4.3 接近交互	4.4.3 机器人-航天服接口	
其他地方	4.4.4 意图识别和反应	4.4.4 意图识别和反应	
	4.4.5 分布式协同和协调	4.4.5 分布式协同	4.4.3 分布式协同
其他地方	4.4.6 通用和标准化的人-系统接口	4.4.6 通用的人-系统接口	
	4.4.7 机器人和航天员接近操作的安全、信任和接口	4.4.7 机器人和航天员接近操作的安全、信任和接口	
新评估	4.4.8 远程交互		4.4.1 航天员决策支持系统
			4.4.2 虚拟现实可视化
			4.4.4 多智能体协同
			4.4.5 触觉再现
			4.4.6 数据远程展示

133

续表

2015版与2012版比较	TABS:2015年7月技术路线图草案	TABS:2012年NRC报告	TABS:2010年技术路线图草案(版本10)
	4.5 系统级自主性	**4.5 自主性**	**4.5 自主性**
修订不审查	4.5.1 系统健康管理	4.5.1 探测器系统管理与FDIR	4.5.2 探测器健康、预测/诊断系统
			4.5.6 集成系统健康管理
			4.5.7 FDIR与诊断
			4.5.8 系统监视和预测
其他地方	4.5.2 行为规划、调度和执行	4.5.2 动态规划和测序工具	4.5.4 资源规划/调度
其他地方	4.5.3 自主制导与控制	4.5.3 自主制导与控制	
其他地方	4.5.4 多智能体协同	4.5.4 多智能体协同	
其他地方	4.5.5 可变自主性	4.5.5 可变自主性	
	4.5.6 地形相对导航	4.5.6 地形相对导航	
新评估	4.5.7 不确定性路径和运动规划	4.5.7 不确定性路径和运动规划	
	4.5.8 决策自动化数据分析		
			4.5.1 航天器控制系统
			4.5.3 航天员生命保障系统
			4.5.5 操作
			4.5.9 复杂适应系统验证与确认
			4.5.10 自动软件生成
			4.5.11 软件可靠性
			4.5.12 半自动系统
	4.6 自主交会对接	**4.6 自主交会对接**	**4.6 自主交会对接**
	4.6.1 相对导航传感器	4.6.1 相对导航传感器(远程、中程、近程)	4.6.3 相对导航传感器

续表

2015版与2012版比较	TABS:2015年7月技术路线图草案	TABS:2012年NRC报告	TABS:2010年技术路线图草案(版本10)
修订不审查	4.6.2 制导、导航与控制算法	4.6.2 相对制导算法	4.6.2 弱撞击异体同构对接系统与接口
其他地方	4.6.3 对接与捕获机构及接口	4.6.3 对接与捕获机构/接口	4.6.1 交会与捕获
	4.6.4 自主与自动化的任务和系统管理器		4.6.4 稳健自主交会对接GN&C算法及飞行软件
			4.6.5 机载任务管理器
			4.6.6 自主交会对接集成与标准化
	4.7 系统工程	4.7 RTA系统工程	4.7 RTA系统工程
	4.7.1 模块化、通用化和接口	4.7.1 模块化通用化	
	4.7.2 复杂自适应系统验证与确认	4.7.2 复杂自适应系统的验证与确认	
修订评估	4.7.3 机器人建模与仿真	4.7.3 机载计算	
新评估	4.7.4 机器人软件		4.7.1 人身安全
新评估	4.7.5 安全性和信任		4.7.2 加注接口及相关工具
			4.7.3 模块化/可用接口
			4.7.4 高性能低功耗机载电脑
			4.7.5 环境耐受性
			4.7.6 热控制
			4.7.7 机器人-航天服接口

续表

2015版与2012版比较	TABS:2015年7月技术路线图草案	TABS:2012年NRC报告	TABS:2010年技术路线图草案(版本10)
			4.7.8 通用人-机接口
			4.7.9 乘员自给系统
	TA05 通信、导航、轨道碎片跟踪与表征系统	**TA05 通信与导航**	**TA05 通信与导航**
	5.1 光通信与导航	**5.1 光通信与导航**	**5.1 光通信与导航**
	5.1.1 探测器开发	5.1.1 探测器开发	5.1.1 探测器开发
	5.1.2 大孔径技术	5.1.2 大孔径技术	5.1.2 大孔径技术
	5.1.3 激光	5.1.3 激光	5.1.3 激光
	5.1.4 捕获与跟踪	5.1.4 捕获与跟踪	5.1.4 捕获与跟踪
	5.1.5 大气减缓	5.1.5 大气减缓	5.1.5 大气减缓
新评估	5.1.6 光学跟踪		
新评估	5.1.7 集成光子学		
	5.2 射频通信	**5.2 射频通信**	**5.2 射频通信**
	5.2.1 频谱效率技术	5.2.1 频谱效率技术	5.2.1 频谱效率技术
	5.2.2 电源效率技术	5.2.2 电源效率技术	5.2.2 电源效率技术
	5.2.3 射频传播	5.2.3 射频传播	5.2.3 射频传播
其他地方	5.2.4 飞行和地面系统	5.2.4 飞行和地面系统	5.2.4 飞行和地面系统
	5.2.5 地面发射和再入通信	5.2.5 地面发射和再入通信	5.2.5 地面发射和再入通信
	5.2.6 天线	5.2.6 天线	5.2.6 天线

续表

2015版与2012版比较	TABS:2015年7月技术路线图草案	TABS:2012年NRC报告	TABS:2010年技术路线图草案(版本10)
	5.3 网络互联	**5.3 网络互联**	**5.3 网络互联**
	5.3.1 中断容忍网络	5.3.1 中断容忍网络	5.3.1 中断容忍网络
	5.3.2 自适应网络拓扑	5.3.2 自适应网络拓扑	5.3.2 自适应网络拓扑
占位符	5.3.3 信息保障	5.3.3 信息保障	5.3.3 信息保障
占位符	5.3.4 集成网络管理	5.3.4 集成网络管理	5.3.4 集成网络管理
	5.4 定位、导航和授时	**5.4 定位、导航和授时**	**5.4 定位、导航和授时**
	5.4.1 计时与时间分配	5.4.1 计时与时间分配	5.4.1 计时
			5.4.2 时间分配
	5.4.2 机载自主导航和机动	5.4.3 机载自主导航和机动	5.4.3 机载自主导航和机动
	5.4.3 传感器和视觉处理系统	5.4.4 传感器和视觉处理系统	5.4.4 传感器和视觉处理系统
	5.4.4 相对和临近导航	5.4.5 相对和临近导航	5.4.5 相对和临近导航
	5.4.5 自动精确编队飞行	5.4.6 自动精确编队飞行	5.4.6 自动精确编队飞行
	5.4.6 自主接近与着陆	5.4.7 自动接近与着陆	5.4.7 自动接近与着陆
	5.5 集成技术	**5.5 集成技术**	**5.5 集成技术**
	5.5.1. 无线电系统	5.5.1 无线电系统	5.5.1 无线电系统
	5.5.2 超宽带技术	5.5.2 超宽带技术	5.5.2 超宽带技术
	5.5.3 认知网络	5.5.3 认知网络	5.5.3 认知网络
其他地方	5.5.4 通信系统中的科学	5.5.4 通信系统中的科学	5.5.4 通信系统中的科学
其他地方	5.5.5 混合光通信和导航传感器	5.5.5 混合光通信和导航传感器	5.5.5 混合光通信和导航传感器

续表

2015版与2012版比较	TABS:2015年7月技术路线图草案	TABS:2012年NRC报告	TABS:2010年技术路线图草案（版本10）
	5.5.6 射频/光学混合技术	5.5.6 射频/光学混合技术	5.5.6 射频/光学混合技术
	5.6 颠覆性新概念	**5.6 颠覆性新概念**	**5.6 颠覆性新概念**
	5.6.1 X射线导航	5.6.1 X射线导航	5.6.1 X射线导航
	5.6.2 X射线通信	5.6.2 X射线通信	5.6.2 X射线通信
	5.6.3 基于中微子的导航和跟踪	5.6.3 基于中微子的导航和跟踪	5.6.3 基于中微子的导航和跟踪
	5.6.4 量子密钥分发	5.6.4 量子密钥分发	5.6.4 量子密钥分发
	5.6.5 量子通信	5.6.5 量子通信	5.6.5 量子通信
	5.6.6 SQIF微波放大器	5.6.6 SQIF微波放大器	5.6.6 SQIF微波放大器
	5.6.7 可重构大孔径	5.6.7 纳米卫星集群可重构大孔径	5.6.7 可重构大孔径
	5.7 轨道碎片跟踪与表征		
新评估	5.7.1 跟踪技术		
新评估	5.7.2 表征技术		
	TA06 乘员健康、生命保障与居住系统	**TA06 乘员健康、生命保障与居住系统**	**TA06 乘员健康、生命保障与居住系统**
	6.1 环控生保系统与居住系统	**6.1 环控生保系统与居住系统**	**6.1 环控生保系统与居住系统**
	6.1.1 空气再生	6.1.1 空气再生	6.1.1 空气再生
	6.1.2 水再生和管理	6.1.2 水再生和管理	6.1.2 水再生和管理
	6.1.3 废物管理	6.1.3 废物管理	6.1.3 废物管理
	6.1.4 居住系统	6.1.4 居住系统	6.1.4 居住系统
	6.2 舱外活动系统	**6.2 舱外活动系统**	**6.2 舱外活动系统**

续表

2015版与2012版比较	TABS:2015年7月技术路线图草案	TABS:2012年NRC报告	TABS:2010年技术路线图草案(版本10)
	6.2.1 航天服	6.2.1 航天服	6.2.1 航天服
	6.2.2 便携式生命保障系统	6.2.2 便携式生命保障系统	6.2.2 便携式生命保障系统
	6.2.3 电源、航电和软件	6.2.3 电源、航电和软件	6.2.3 电源、航电和软件
	6.3 乘员健康与执行力	**6.3 乘员健康与执行力**	**6.3 乘员健康与执行力**
	6.3.1 医学诊断与预后	6.3.1 医学诊断与预后	6.3.1 医学诊断与预后
	6.3.2 乘员长期健康	6.3.2 乘员长期健康	6.3.2 乘员长期健康
	6.3.3 行为健康	6.3.3 行为健康与执行力	6.3.3 行为健康与执行力
	6.3.4 人因工程	6.3.4 人因工程与执行力	6.3.4 人因工程与执行力
	6.4 环境监测、安全和应急响应	**6.4 环境监测、安全和应急响应**	**6.4 环境监测、安全和应急响应**
	6.4.1 传感器:空气、水、微生物与声音	6.4.1 传感器:空气、水、微生物等	6.4.1 传感器:空气、水、微生物等
	6.4.2 火灾:探测、灭火与恢复	6.4.2 火灾探测与灭火	6.4.2 火灾探测与灭火
	6.4.3 防护服与呼吸	6.4.3 防护服与呼吸	6.4.3 防护服与呼吸
	6.4.4 补救措施	6.4.4 补救措施	6.4.4 补救措施
	6.5 辐射	**6.5 辐射**	**6.5 辐射**
修订不予审查	6.5.1 辐射风险评估模型	6.5.1 辐射风险评估模型	6.5.1 辐射风险评估模型
	6.5.2 辐射减缓与和生物学对策	6.5.2 辐射减缓	6.5.2 辐射减缓
	6.5.3 辐射防护系统	6.5.3 辐射防护系统	6.5.3 辐射防护系统
	6.5.4 空间天气预测	6.5.4 辐射预测	6.5.4 辐射预测
	6.5.5 辐射监测	6.5.5 辐射监测	6.5.5 辐射监测

续表

2015版与2012版比较	TABS:2015年7月技术路线图草案	TABS:2012年NRC报告	TABS:2010年技术路线图草案(版本10)
	TA07 载人探索目的地系统	**TA07 载人探索目的地系统**	**TA07 载人探索目的地系统**
	7.1 原位资源利用	**7.1 原位资源利用**	**7.1 原位资源利用**
	7.1.1 目的地勘测、勘探与测绘	7.1.1 目的地勘测、勘探、测绘	7.1.1 目的地勘测、勘探、测绘
	7.1.2 资源获取	7.1.2 资源获取	7.1.2 资源获取
	7.1.3 加工与生产	7.1.3 ISRU产品/生产	7.1.3 消耗品生产
	7.1.4 制造产品与基础设施安置	7.1.4 制造与基础设施安置	7.1.4 制造与基础设施安置
	7.2 可持续性和可保障性	**7.2 可持续性和可保障性**	**7.2 可持续性和可保障性**
	7.2.1 自主后勤管理	7.2.1 自主后勤管理	7.2.1 后勤系统
	7.2.2 维护系统	7.2.2 维护系统	7.2.2 维护系统
	7.2.3 修复系统	7.2.3 修复系统	7.2.3 修复系统
	7.2.4 食物生产、加工与保存	7.2.4 食物生产、加工与保存	
	7.3 载人移动系统	**7.3 先进载人移动系统**	**7.3 先进载人移动系统**
	7.3.1 舱外活动移动	7.3.1 舱外活动移动	7.3.1 舱外活动移动
	7.3.2 地表移动	7.3.2 地表移动	7.3.2 地表移动
	7.3.3 离地移动	7.3.3 离地移动	7.3.3 离地移动
	7.4 居住系统	**7.4 先进居住系统**	**7.4 先进居住系统**
	7.4.1 一体化居住系统	7.4.1 一体化居住系统	7.4.1 一体化居住系统
	7.4.2 住所演变	7.4.2 住所演变	7.4.2 住所演变
	7.4.3 智能住所	7.4.3 智能住所	

续表

2015版与2012版比较	TABS:2015年7月技术路线图草案	TABS:2012年NRC报告	TABS:2010年技术路线图草案（版本10）
新评估	7.4.4 人工重力		
其他地方	**7.5 任务操作与安全性**	**7.5 任务操作与安全性**	**7.5 任务操作与安全性**
	7.5.1 乘员培训	7.5.1 乘员培训	7.5.1 乘员培训
复活	7.5.2 行星保护		7.5.2 环境保护
	7.5.3 综合飞行操作系统	7.5.5 综合飞行操作系统	
	7.5.4 综合风险评估工具	7.5.6 综合风险评估工具	7.5.4 行星安全
			7.5.3 远程任务操作
其他地方	**7.6 交叉系统**	**7.6 交叉系统**	**7.6 交叉系统**
	7.6.1 预防和减轻颗粒物污染	7.6.1 尘埃防治	7.6.3 尘埃防治
	7.6.2 建造与装配	7.6.2 建造与装配	7.6.2 建造与装配
			7.6.1 建模、仿真和目的地表征
	TA08 科学仪器，观测台与传感器系统	**TA08 科学仪器，观测台与传感器系统**	**TA08 科学仪器，观测台与传感器系统**
	8.1 遥感仪器/传感器	**8.1 遥感仪器/传感器**	**8.1 遥感仪器/传感器**
	8.1.1 探测器和焦平面	8.1.1 探测器和焦平面	8.1.1 探测器和焦平面
	8.1.2 电子器件	8.1.2 电子器件	8.1.2 电子器件
	8.1.3 光学组件	8.1.3 光学系统（仪器和传感器）	8.1.3 光学组件
	8.1.4 微波、毫米波与亚毫米波	8.1.4 微波/射频	8.1.4 微波/射频
	8.1.5 激光器	8.1.5 激光器	8.1.5 激光器

续表

2015版与2012版比较	TABS:2015年7月技术路线图草案	TABS:2012年NRC报告	TABS:2010年技术路线图草案(版本10)
	8.1.6 低温/热	8.1.6 低温/热	8.1.6 低温/热
删除		8.1.7 空间原子干涉测量	
合并	**8.2 观测台**	**8.2 观测台**	**8.2 观测台**
	8.2.1 镜片系统	8.2.1 镜片系统	8.2.1 镜片系统
	8.2.2 结构和天线	8.2.2 结构和天线	8.2.2 结构和天线
	8.2.3 分布式孔径	8.2.3 分布式孔径	8.2.3 分布式孔径
删除		8.2.4 高对比度成像和光谱技术	
删除		8.2.5 无线航天器技术	
	8.3 原位仪器和传感器	**8.3 原位仪器和传感器**	**8.3 原位仪器和传感器**
	8.3.1 场和粒子探测器	8.3.1 粒子,磁场和化学:带电粒子和中性粒子,磁场和电场	8.3.1 粒子:带电粒子和中性粒子
	8.3.2 场和波		8.3.2 场和波
	8.3.3 原位(其他)	8.3.3 原位(仪器和传感器)	8.3.3 原位
其他地方		8.3.4 地表生物学和化学传感器;检测和分析生命前和生命物质的传感器	
	TA09 进入、下降与着陆系统	**TA09 进入、下降与大气进入**	**TA09 进入、下降与大气进入**
	9.1 气动辅助与大气进入	**9.1 气动辅助与大气进入**	**9.1 气动辅助与大气进入**
	9.1.1 刚性减速器的热防护系统	9.1.1 刚性热防护系统	9.1.1 刚性热防护系统
	9.1.2 可展开式减速器的热防护系统	9.1.2 柔性热防护系统	9.1.2 柔性热防护系统

续表

2015版与2012版比较	TABS:2015年7月技术路线图草案	TABS:2012年NRC报告	TABS:2010年技术路线图草案（版本10）
	9.1.3 刚性高超声速减速器	9.1.3 刚性高超声速减速器	9.1.3 刚性超声速减速器
	9.1.4 可展开式高超声速减速器	9.1.4 可展开式高超声速减速器	9.1.4 可展开式高超速减速器
其他地方	9.1.5 仪器与健康监测		9.1.5 仪器与健康监测
其他地方	9.1.6 进入建模与仿真		9.1.6 进入建模与仿真
	9.2 下降	**9.2 下降**	**9.2 下降**
	9.2.1 附体展开式减速器	9.2.1 附体展开式减速器	9.2.1 附体展开式减速器
	9.2.2 拖曳展开式减速器	9.2.2 拖曳展开式减速器	9.2.2 拖电展开式减速器
	9.2.3 超声速反推进减速器	9.2.3 超声速反推进减速器	9.2.3 超声速反推进减速器
其他地方	9.2.4 制导、导航与控制传感器		9.2.4 制导、导航与控制传感器
其他地方	9.2.5 下降建模与仿真		9.2.5 下降建模与仿真
新评估	9.2.6 大机动制导		
新评估	9.2.7 地形相对感知与表征		
新评估	9.2.8 自主定位		
	9.3 着陆	**9.3 着陆**	**9.3 着陆**
修订不审查	9.3.1 推进与触地系统	9.3.1 触地系统	9.3.1 触地系统
其他地方	9.3.2 脱出与展开系统	9.3.2 脱出与展开系统	9.3.2 脱出与展开系统
其他地方	9.3.3 推进系统	9.3.3 推进系统	9.3.3 推进系统
其他地方	9.3.4 大质量体的制导、导航与控制	9.3.4 大质量体的制导、导航与控制	9.3.4 大质量体的制导、导航与控制
其他地方	9.3.5 小质量体系统	9.3.5 小质量体系统	9.3.5 小质量体系统

续表

2015版与2012版比较	TABS:2015年7月技术路线图草案	TABS:2012年NRC报告	TABS:2010年技术路线图草案（版本10）
其他地方	9.3.6 着陆建模与仿真	9.3.6 着陆建模与仿真	9.3.6 着陆建模与仿真
	9.4 进入器系统技术	**9.4 进入器系统技术**	**9.4 进入器系统技术**
其他地方	9.4.1 体系结构分析		9.4.1 体系结构分析
其他地方	9.4.2 分离系统	9.4.2 分离系统	9.4.2 分离系统
其他地方	9.4.3 系统集成与分析	9.4.3 系统集成与分析	9.4.3 系统集成与分析
其他地方	9.4.4 大气和地表表征	9.4.4 大气和地表表征	9.4.4 大气和地表表征
	9.4.5 建模与仿真	9.4.5 EDL建模与健康监测	
其他地方	9.4.6 仪器与健康监测	9.4.6 仪器与健康监测	
	9.4.7 GN&C 传感器与系统	9.4.7 GN&C 传感器与系统	
	TA10 纳米技术	**TA10 纳米技术**	**TA10 纳米技术**
修订不审查	**10.1 工程材料与结构**	**10.1 工程材料与结构**	**10.1 工程材料与结构**
	10.1.1 纳米增强轻量化材料结构	10.1.1 纳米增强轻量化材料与结构	10.1.1 纳米增强轻量化材料与结构
	10.1.2 损伤容限系统	10.1.2 损伤容限系统	10.1.2 损伤容限系统
	10.1.3 涂层	10.1.3 涂层	10.1.3 涂层
	10.1.4 黏合剂	10.1.4 黏合剂	10.1.4 黏合剂
	10.1.5 热防护与控制	10.1.5 热防护与控制	10.1.5 热防护与控制
	10.2 能量储存，发电，电力分配	**10.2 能量产生与储存**	**10.2 能量产生与储存**
	10.2.1 能量储存	10.2.1 能量储存	10.2.1 能量储存
	10.2.2 发电	10.2.2 纳米增强能量产生	10.2.2 纳米增强能量产生

续表

2015版与2012版比较	TABS:2015年7月技术路线图草案	TABS:2012年NRC报告	TABS:2010年技术路线图草案(版本10)
	10.2.3 电力分配	10.2.3 能量分配	10.2.3 能量分配
	10.3 推进	**10.3 推进**	**10.3 推进**
	10.3.1 推进剂	10.3.1 纳米推进剂	10.3.1 推进剂
	10.3.2 推进组件	10.3.2 推进系统	10.3.2 推进组件
	10.3.3 空间推进	10.3.3 空间推进	10.3.3 空间推进
	10.4 传感器、电子器件与装置	**10.4 传感器、电子器件与装置**	**10.4 传感器、电子器件与装置**
	10.4.1 纳米传感器与驱动器	10.4.1 纳米传感器与驱动器	10.4.1 纳米传感器与驱动器
	10.4.2 纳米电子器件	10.4.2 电子器件	10.4.2 纳米电子器件
	10.4.3 微型设备与设备部件	10.4.3 微型仪器设备	10.4.3 微型设备
	TA11 建模、仿真、信息技术与处理	**TA11 建模、仿真、信息技术与处理**	**TA11 建模、仿真、信息技术与处理**
	11.1 计算	**11.1 计算**	**11.1 计算**
	11.1.1 飞行计算	11.1.1 飞行计算	11.1.1 飞行计算
	11.1.2 地面计算	11.1.2 地面计算	11.1.2 地面计算
	11.2 建模	**11.2 建模**	**11.2 建模**
	11.2.1 软件建模和模型检查	11.2.1 软件建模和模型检查	11.2.1 软件建模和模型检查
	11.2.2 集成硬件和软件建模	11.2.2 集成硬件和软件建模	11.2.2 集成硬件和软件建模
	11.2.3 人-系统性能建模	11.2.3 人-系统性能建模	11.2.3 人-系统性能建模
	11.2.4 科学建模	11.2.4a 科学建模与仿真	11.2.4 科学与工程建模
删除		11.2.4b 航天工程建模与仿真	
	11.2.5 框架、语言、工具和标准	11.2.5 框架、语言、工具和标准	11.2.5 框架、语言、工具和标准

145

续表

2015版与2012版比较	TABS:2015年7月技术路线图草案	TABS:2012年NRC报告	TABS:2010年技术路线图草案(版本10)
新评估	11.2.6 用于任务设计的分析工具		
	11.3 仿真	**11.3 仿真**	**11.3 仿真**
	11.3.1 分布式仿真	11.3.1 分布式仿真	11.3.1 分布式仿真
	11.3.2 全系统生命周期仿真	11.3.2 全系统生命周期仿真	11.3.2 全系统生命周期仿真
	11.3.3 基于仿真的系统工程	11.3.3 基于仿真的系统工程	11.3.3 基于仿真的系统工程
	11.3.4 基于仿真的训练和决策支持系统	11.3.4 基于仿真的训练和决策支持系统	11.3.4 基于仿真的训练和决策支持系统
新评估	11.3.5 百亿亿级仿真		
新评估	11.3.6 不确定性量化和非确定性仿真方法		
新评估	11.3.7 多尺度、多物理场和高保真度仿真		
新评估	11.3.8 验证与确认		
	11.4 信息处理	**11.4 信息处理**	**11.4 信息处理**
	11.4.1 科学、工程和任务数据寿命周期	11.4.1 科学、工程和任务数据寿命周期	11.4.1 科学、工程和任务数据寿命周期
	11.4.2 智能数据理解	11.4.2 智能数据理解	11.4.2 智能数据理解
	11.4.3 语义技术	11.4.3 语义技术	11.4.3 语义技术
	11.4.4 协作科学与工程	11.4.4 协作科学与工程	11.4.4 协作科学与工程
	11.4.5 先进任务系统	11.4.5 先进任务系统	11.4.5 先进任务系统
新评估	11.4.6 网络基础设施		

续表

2015版与2012版比较	TABS:2015年7月技术路线图草案	TABS:2012年NRC报告	TABS:2010年技术路线图草案(版本10)
新评估	11.4.7 人-系统整合		
新评估	11.4.8 网络安全		
	TA12 材料、结构、机械系统与制造	**TA12 材料、结构、机械系统与制造**	**TA12 材料、结构、机械系统与制造**
	12.1 材料	**12.1 材料**	**12.1 材料**
	12.1.1 轻量化结构材料	12.1.1 轻量化结构材料	12.1.1 轻量化结构材料
	12.1.2 计算设计的材料	12.1.2 计算设计	12.1.2 计算设计
	12.1.3 柔性材料系统	12.1.3 柔性材料系统	12.1.3 柔性材料系统
	12.1.4 极端环境中使用的材料	12.1.4 环境	12.1.4 环境
	12.1.5 特殊材料	12.1.5 特殊材料	12.1.5 特殊材料
	12.2 结构	**12.2 结构**	**12.2 结构**
	12.2.1 结构轻量化概念	12.2.1 结构轻量化概念	12.2.1 结构轻量化概念
	12.2.2 结构设计与验证方法	12.2.2 结构设计与验证方法	12.2.2 结构设计与验证方法
	12.2.3 可靠性与耐用性	12.2.3 可靠性与耐用性	12.2.3 可靠性与耐用性
	12.2.4 测试工具与方法	12.2.4 测试工具与方法	12.2.4 测试工具与方法
	12.2.5 新概念多功能结构	12.2.5 新概念多功能结构	12.2.5 新概念多功能结构
	12.2.6 载荷环境	见 12.5.3	见 12.5.3
	12.3 机械系统	**12.3 机械系统**	**12.3 机械系统**
	12.3.1 展开、对接、可与接口	12.3.1 展开、对接与接口	12.3.1 展开、对接与接口
	12.3.2 机构延寿系统	12.3.2 机构延寿系统	12.3.2 机构延寿系统
	12.3.3 机电、机械与微机械	12.3.3 机电、机械与微机械	12.3.3 机电、机械与微机械

续表

2015版与2012版比较	TABS:2015年7月技术路线图草案	TABS:2012年NRC报告	TABS:2010年技术路线图草案(版本10)
	12.3.4 机械系统设计分析工具及方法	12.3.4 机械系统设计分析工具及方法	12.3.4 机械系统设计分析工具及方法
	12.3.5 机械系统可靠性/寿命评估/健康监测	12.3.5 机械系统可靠性/寿命评估/健康监测	12.3.5 机械系统可靠性/寿命评估/健康监测
	12.3.6 验证方法	12.3.6 验证方法	12.3.6 验证方法
	12.4 制造	**12.4 制造**	**12.4 制造**
	12.4.1 制造工艺	12.4.1 制造工艺	12.4.1 制造工艺
	12.4.2 智能集成制造与信息物理系统	12.4.2 智能集成制造与信息物理系统	12.4.2 智能集成制造与信息物理系统
	12.4.3 电子和光学制造工艺	12.4.3 电子和光学制造工艺	12.4.3 电子和光学制造
	12.4.4 耐用性制造	12.4.4 耐用性制造	12.4.4 耐用性制造
	12.4.5 非破坏性评估与传感器	见 12.5.1	见 12.5.1
	12.5 交叉技术	**12.5 交叉技术**	**12.5 交叉技术**
	12.5.1 该序号改为 12.4.5	12.5.1 非破坏性评估的验证与耐用方法	12.5.1 非破坏性评估与传感器
	12.5.3 该序号更改为 12.2.6	12.5.2 基于模型的验证与耐用方法	12.5.2 基于模型的验证与耐用方法
		12.5.3 载荷与环境	12.5.3 载荷与环境
	TA13 地面支持与发射系统	**TA13 地面支持与发射系统**	**TA13 地面支持与发射系统**
	13.1 操作生命周期	**13.1 优化操作生命周期的技术**	**13.1 优化操作生命周期的技术**
删除	13.1.1 流体的现场生产、贮存、分发和保护	13.1.1 流体的贮存、分发和保护	13.1.1 流体的贮存、分发和保护
	13.1.2 自动对准、连接、装配和运输系统	13.1.2 自动对准、连接和装配系统	13.1.2 自动对准、连接和装配系统

续表

2015版与2012版比较	TABS:2015年7月技术路线图草案	TABS:2012年NRC报告	TABS:2010年技术路线图草案(版本10)
	13.1.3 运载器和地面集成系统的自主指挥和控制	13.1.3 地面和运载器/地面集成系统的自主指挥与控制	13.1.3 地面和运载器/地面集成系统的自主指挥与控制
新评估	13.1.4 后勤保障		
	13.2 环境保护与绿色技术	**13.2 环境与绿技术**	**13.2 环境与绿色技术**
	13.2.1 腐蚀预防、检测和缓解	13.2.1 腐蚀预防、检测和缓解	13.2.1 腐蚀预防、检测和缓解
	13.2.2 环境修复和场地恢复	13.2.2 环境修复和场地恢复	13.2.2 环境修复和场地恢复
	13.2.3 自然生态系统保护	13.2.3 自然生态系统保护	13.2.3 自然生态系统保护
	13.2.4 替代能源原型	13.2.4 替代能源原型	13.2.4 替代能源原型
新评估	13.2.5 医药设施、行星保护和洁净房间		
	13.3 可靠性与维修性	**13.3 提高F460的技术**	**13.3 提高可靠性和任务可用性的技术**
	13.3.1 发射设施	13.3.1 先进发射技术	13.3.1 先进发射技术
	13.3.2 高环境适应性材料与结构	13.3.2 高环境适应性材料与结构	13.3.2 高环境适应性材料与结构
	13.3.3 现场检查、异常检测与识别	13.3.3 检查、异常检测与识别	13.3.3 检查、异常检测与识别
修订不审查	13.3.4 故障隔离与诊断	13.3.4 故障隔离与诊断	13.3.4 故障隔离与诊断
	13.3.5 故障预测	13.3.5 故障预测技术	13.3.5 故障预测技术
	13.3.6 修复、减缓和恢复技术	13.3.6 修复、减缓和恢复技术	13.3.6 修复、减缓和恢复技术
	13.3.7 通信、网络、定时与遥测	13.3.7 通信、网络、定时与遥测	13.3.7 通信、网络、定时与遥测
新评估	13.3.8 决策工具		
	13.4 任务成功	**13.4 提高任务安全和控制任务风险的技术**	**13.4 提高任务安全和控制任务风险的技术**
	13.4.1 靶场跟踪、监视与飞行安全技术	13.4.1 靶场跟踪、监视与飞行安全技术	13.4.1 靶场跟踪、监视与飞行安全技术

续表

2015版与2012版比较	TABS:2015年7月技术路线图草案	TABS:2012年NRC报告	TABS:2010年技术路线图草案(版本10)
	13.4.2 着陆,回收系统与组件	13.4.2 着陆,回收系统与组件	13.4.2 着陆,回收系统与组件
其他地方	13.4.3 气象预报与减缓	13.4.3 气象预报与减缓	13.4.3 气象预报与减缓
	13.4.4 机器人和遥操作机器人技术	13.4.4 机器人/遥操作机器人技术	13.4.4 机器人/遥操作机器人技术
	13.4.5 安全系统	13.4.5 安全系统	13.4.5 安全系统
	TA14 热管理系统	**TA14 热管理系统**	**TA14 热管理系统**
	14.1 低温系统	**14.1 低温系统**	**14.1 低温系统**
	14.1.1 被动热控制	14.1.1 被动热控制	14.1.1 被动热控制
其他地方	14.1.2 主动热控制	14.1.2 主动热控制	14.1.2 主动热控制
	14.1.3 集成与建模	14.1.3 系统集成	14.1.3 集成与建模
	14.2 热控制系统	**14.2 热控制系统**	**14.2 热控制系统**
	14.2.1 热采集	14.2.1 热采集	14.2.1 热采集
	14.2.2 传热	14.2.2 传热	14.2.2 传热
	14.2.3 散热与储能	14.2.3 散热与储能	14.2.3 散热与储能
	14.3 热防护系统	**14.3 热防护系统**	**14.3 热防护系统**
	14.3.1 上升/进入阶段的热防护系统	14.3.1 上升/进入阶段的热防护系统	14.3.1 进入上升阶段的热防护系统
修订评估	14.3.2 TPS 建模与仿真	14.3.2 羽流屏蔽(对流与辐射)	14.3.2 羽流屏蔽(对流与辐射)
	14.3.3 TPS 传感器与测量系统	14.3.3 传感器系统与测量技术	14.3.3 传感器系统与测量技术
n/a	**TA15 航空技术**		

注:NASA的2015版TABS包括一个新的TA15航空技术,但该技术领域不属于本文研究的范围,所以表B.1中不含TA 15的技术

（5）合并：该技术出现在 2015 年技术领域分解结构中，但未出现在 2012 年技术领域分解结构中。然而，它并没有作为一项新技术进行评估，这是因为它曾在 2010 年的技术领域分解结构中出现，NRC 在之前的研究中将其与 2010 年 TABS 中另一项技术进行合并，合并后的技术则以不同的技术编号出现在 2012 年技术领域分解结构中。因此，NRC 在之前的研究中已经对该技术进行了评估。鉴于 2016 年，研究仅评估以前研究中未涉及的技术，所以 2016 年研究中不评估该技术的优先级。

（6）删除：该技术出现在 2012 年技术领域分解结构中，但不在 2015 年技术领域分解结构中。鉴于 2016 年研究仅是审查已经添加到 2012 年技术领域分解结构的技术，2016 年研究中没有评估该技术的优先级，也没有审查做出删除它们的决定。

（7）占位符：该技术出现在 2015 年技术领域分解结构中，但仅作为占位符，NASA 不会在相应的技术路线图中建议开展相关的技术研究工作。对于这些技术中的每一项技术，在相应的路线图中都有一个注释。

① 在本技术路线图的时间框架内，NASA 目前还没有在这个技术领域推动任何技术发展。

② 目前，没有任何确定的任务需求可以证明 NASA 在这项技术方面的发展是合理的。

因此，这些技术实际上已从技术领域分解结构中删除。鉴于 2016 年研究任务只是审查已经添加到 2012 年技术领域分解结构中的技术，因此，2016 年研究中没有评估这些技术的优先级，也没有审查 NASA 作出不开展相关研究的决定。

（8）其他地方：该技术出现在 2015 年技术领域分解结构中，但相应的技术路线图中没有技术内容。相反，技术路线图中注明与该项技术的相关研究已经转移到一项或多项其他技术中。2016 年研究中没有评估这项技术的优先级，没有审查 NASA 将该项技术转移到其他地方进行研究的决定，也没有审查 2012 年技术路线图的内容实际出现在指定位置的程度。

（9）无条目：该技术均出现在 2012 年和 2015 年的技术领域分解结构中，因此 2016 年研究未对其优先级进行评估。

第二列是 2015 年 NASA 航天技术路线图的技术领域分解结构，这也是用来进行 2016 年研究的技术领域分解结构。

第三列是 2012 年 NRC 报告向 NASA 推荐的技术领域分解结构技术列表。如果这些技术在 2015 年技术路线图中以不同的技术编号出现，则表中不再按顺序出这些技术（如技术 7.6.2 出现在技术 7.6.3 之后）。其次，技术编号有缺失，因为如果撰写 2012 年报告的委员会决定放弃 2010 年技术领域分解结构中的技术（第四列），但又没有对随后的技术进行重新编号，所以 2012 年 NRC 技术领域分解结构和 2010 年技术领域分解结构中相同技术的编号将保持不变(如 2012 年技术领域分解结构中没有技术 8.2.1)。但是,在某些情况下,相同的技术在 2015 年和 2012 年的技术路线图中有不同的编号。例如,机载自主导航和机动技术在 2015 年技术路线图中的编号是 5.4.2,而在 2012 年技术路线图中的编号是 5.4.3。

第四列是 NASA 的 2010 年技术领域分解结构,在 2012 年 NRC 报告中对它们进行了评估。该报告产生了一个修改后的技术领域分解结构,出现在第三列。

根据表 B.1 中详细列出的 2010 年、2012 年和 2015 年技术领域分解结构的比较情况,并根据审查任务职责声明,对 42 项第 3 层级具体技术的优先级进行了评估。

TA01 发射推进系统(11 项新技术)

1.1 固体火箭推进系统

1.1.6 集成固体发动机系统

1.1.7 衬层和绝缘

1.6 气球运载系统

1.6.1 超压气球

1.6.2 材料

1.6.3 指向系统

1.6.4 遥测系统

1.6.5 气球轨迹控制

1.6.6 电力系统

1.6.7 机械系统:发射系统

1.6.8 机械系统:降落伞

1.6.9 机械系统:漂浮装置

TA04 机器人与自主系统(11 项新技术)

4.2 移动性

4.2.5 地表移动

4.2.6 机器人导航

4.2.7 协同移动

4.2.8 移动性组件

4.3 操控性

4.3.7 抓捕

4.4 人-系统交互

4.4.3 接近交互

4.4.8 远程交互

4.5 系统级自主性

4.5.8 决策自动化数据分析

4.7 系统工程

4.7.3 机器人建模与仿真

4.7.4 机器人软件

4.7.5 安全性和信任

TA05 通信、导航、轨道碎片跟踪与表征系统(4项新技术)

5.1 光通信与导航

5.1.6 光学跟踪

5.1.7 集成光子学

5.7 轨道碎片跟踪与表征

5.7.1 跟踪技术

5.7.2 表征技术

TA07 载人探索目的地系统(1项新技术)

7.4 居住系统

7.4.4 人工重力

TA09 进入、下降与着陆系统(3项新技术)

9.2 下降与定位

9.2.6 大机动制导

9.2.7 地形相对感知与表征

9.2.8 自主定位

TA11 建模、仿真、信息技术与处理(8项新技术)

11.2 建模

11.2.6 用于任务设计的分析工具

11.3 仿真

11.3.5 百亿亿级仿真

11.3.6 不确定性量化和非确定性仿真方法

11.3.7 多尺度、多物理场和高保真度仿真

11.3.8 验证与确认

11.4 信息处理

11.4.6 网络基础设施

11.4.7 人-系统整合

11.4.8 网络安全

TA13 地面支持与发射系统(3项新技术)

13.1 操作生命周期

13.1.4 后勤保障

13.2 环境保护与绿色技术

13.2.5 医药设施、行星保护和洁净房间

13.3 可靠性与维修性

13.3.8 决策工具

TA14 热管理系统(1 项新技术)

14.3 热防护系统

14.3.2 TPS 建模与仿真

下面的技术领域无新技术。

TA02 空间推进技术

TA03 空间电源与能量储存

TA06 乘员健康、生命保障与居住系统

TA08 科学仪器、观测台与传感器系统

TA10 纳米技术

TA12 材料、结构、机械系统与制造

TA 15 航空技术路线图中的所有技术都是新的,因为 2010 年和 2012 年的技术领域分解结构不包括航空技术。因此,正如前言所述,TA 15 不属于本项研究的范围。

附录C
缩略词

AC	alternating current	交流电
AFRL	Air Force Research Laboratory	空军研究实验室
ALM	autonomous logistics management	自主后勤管理
ANT	adaptive network topology	自适应网络拓扑
AR&D	autonomous rendezvous and docking	自主交会与对接
ARL	Army Research Laboratory	陆军研究实验室
ASRAT	Astrophysics Sounding Rocket Assessment Team	天体物理学探空火箭评估团队
ASRG	advanced stirling radioisotope generator	先进斯特林放射性同位素发生器
ATA	allen telescope array	艾伦望远镜阵列
CCD	charge-coupled device	电荷耦合器件
CG	center of gravity	重心
CMOS	complementary metal oxide semiconductor	互补金属氧化物半导体
CNT	carbon nanotube	碳纳米管
CPS	cyber-physical system	信息物理系统
CTC	Center Technology Council	中心技术理事会
CTE	coefficient of thermal expansion	热膨胀系数
DC	direct current	直流电
DDM	direct digital manufacturing	直接数字化制造
DOD	Department of Defense	国防部
DOE	Department of Energy	能源部
DOF	degrees of freedom	自由度
DRM	design reference mission	设计参考任务
D&T	distribution and transmission	配电与传输
E3	environment, economy and energy	环境、经济与能源
ECLSS	environmental control and life support system	环境控制与生命保障系统(简称环控生保系统)

续表

EDL	entry, descent and landing	进入、下降与着陆
EELV	evolved expendable launch vehicle	改进型一次性运载火箭
EP	electric propulsion	电推进
ETDP	exploration technology development program	探索技术研发项目
EVA	extravehicular activity	舱外活动
FAST	fast access testbed spacecraft	快速访问试验平台航天器
FDIR	fault detection, isolation, and recovery	故障检测、隔离与恢复
GCR	galactic cosmic radiation	银河系宇宙辐射
GEO	geosynchronous Earth orbit	地球同步轨道
GN&C	guidance, navigation, and control	制导、导航与控制
GPU	graphical processor units	图形处理器单元
GRM	generic reference mission	通用参考任务
H_2	hydrogen	氢
HDWL	hybrid Doppler wind lidar	混合多普勒风激光雷达
HEFT	Human Exploration Framework Team	人类探索框架团队
IBIS	Integrated Blanket/Interconnect System	整体毯/互联系统
ICMSE	integrated computational materials science and engineering	集成计算材料科学与工程
IHPRPT	integrated high payoff rocket propulsion technology	集成高回报火箭推进技术
IMM	inverted metamorphic	反向变质
IMU	inertial measurement unit	惯性测量装置
IR	infrared	红外线
ISHM	integrated systems health management	集成系统健康管理
Isp	specific impulse	比冲
ISRU	in situ resource utilization	原位资源利用
ISS	International Space Station	国际空间站
ITAR	International Traffic in Arms Regulations	国际武器贸易条例
JAXA	Japan Aerospace Exploration Agency	日本宇宙航空研究开发机构
JIMO	Jupiter Icy Moons orbiter	木星冰月轨道器
kW	kilowatt	千瓦
LEO	low Earth orbit	近地轨道
LH_2	liquid hydrogen	液氢

续表

LILT	low-intensity/low-temperature	低强度/低温
LOX	liquid oxygen	液氧
LTD	low-temperature detector	低温探测器
M	mach number	马赫数
M&S	modeling and simulation	建模与仿真
MCP	microchannel plate	微通道板
MEMS	micro-electro-mechanical system	微机电系统
MEO	mid-Earth orbit	中地球轨道
MLI	multi-layer insulation	多层绝热
MMOD	micrometeoroid and orbital debris	微流星体和轨道碎片
NACA	National Advisory Committee for Aeronautics	国家航空咨询委员会
NASA	National Aeronautics and Space Administration	国家航空与航天局
NDE	non-destructive evaluation	非破坏性评估
NEA	near-Earth asteroid	近地小行星
NEO	near-Earth object	近地目标
NERVA	nuclear engine for rocket vehicle application	火箭飞行器用核发动机
NIAC	NASA Innovative Advanced Concepts (program); NASA Institute for Advanced Concepts	NASA创新先进概念(项目); NASA先进概念研究所
NIST	National Institute of Standards and Technology	国家标准与技术研究所
NNI	National Nanotechnology Initiative	国家纳米行动计划
NRC	National Research Council	国家研究委员会
NSF	National Science Foundation	国家科学基金
NTEC	NASA Technology Executive Council	NASA技术执行委员会
NTR	nuclear thermal rocket	热核动力火箭
OANM	onboard autonomous navigation and maneuvering	机载自主导航和机动
OCT	Office of the Chief Technologist	首席技术专家办公室
OIG	Office of the Inspector General	总检察长办公室
OSR	orbital sounding rocket	轨道探空火箭
PLSS	personal life support system	个人生命保障系统
PNT	position, navigation and timing	定位、导航和授时
PV	photovoltaic	光伏
QE	quantum efficiency	量子效率
QFD	quality function deployment	质量功能展开

续表

R&D	research and development	研究与开发
RBCC	rocket-based combined cycle	火箭基组合循环
RDSP	robotic drilling and sampling processing	机器人钻探和取样处理
RF	radio frequency	无线电频率
RFID	radio frequency identification	无线射频识别
RLCAS	routine low cost access to space	常规低成本进入太空
ROIC	readout integrated circuit	读出集成电路
RP	rocket propellant (hydrocarbon-based)	火箭推进(基于碳氢化合物的)
RPS	radioisotope power system(s)	同位素电源系统
RTG	radioisotope thermoelectric generator	放射性同位素热电发生器
SDR	software defined radio	软件无线电
SEE	single event effects	单粒子事件效应
SEP	solar electric propulsion	太阳电推进
SLS	space launch system	太空发射系统
SPE	solar particle event	太阳粒子事件
SSTIP	strategic space technology investment plan	空间技术战略投资计划
SWAP	size, weight and power	尺寸、重量和功率
SWNT	single wall nanotube	单壁纳米炭管
TA	technology area	技术领域
TA01	launch propulsion systems technology area	发射推进系统技术领域
TA02	In-Space Propulsion Technology Area	空间推进技术领域
TA03	space power and energy storage technology area	空间电源与能量储存技术领域
TA04	robotics, teleRobotics and autonomous systems technology area	机器人、遥操作机器人与自主系统技术领域
TA05	communication and navigation technology area	通信与导航技术领域
TA06	human health, life support and habitation systems technology area	乘员健康、生命保障与居住系统技术领域
TA07	human exploration destination systems technology area	载人探索目的地系统技术领域
TA08	science instruments, observatories and sensor systems technology area	科学仪器、观测台与传感器系统技术领域
TA09	entry, descent, and landing systems technology area	进入、下降与着陆系统技术领域
TA10	nanotechnology technology area	纳米技术领域

续表

TA11	modeling, simulation, and information technology and processing technology area	建模、仿真、信息技术与处理技术领域
TA12	materials, structures, mechanical systems, and manufacturing technology area	材料、结构、机械系统与制造技术领域
TA13	ground and launch systems processing technology area	地面支持与发射系统技术领域
TA14	thermal management systems technology area	热管理系统技术领域
TABS	technology area breakdown structure	技术领域分解结构
TBCC	turbine-based combined cycle	涡轮基组合循环
TDRSS	tracking and data relay satellite system	跟踪与数据中继卫星系统
TPS	thermal protection system(s)	热防护系统
TRL	technology readiness level	技术成熟度
USAF	U.S. Air Force	美国空军
UV	ultraviolet	紫外线辐射
V&V	verification and validation	验证与确认
VASIMR	variable specific impulse magnetoplasma rocket	可变比冲磁等离子体火箭
VDFL	virtual digital flight leader	虚拟数字舰队领导者
VSM	vehicle systems management	飞行器系统管理
ZBO	zero boil-off	零蒸发

附录D
TA01 发射推进系统

D.1 引言

技术领域"TA01 发射推进系统"的技术路线图草案包括5个第2层级技术子领域：
- 1.1 固体火箭推进系统
- 1.2 液体火箭推进系统
- 1.3 吸气式推进系统
- 1.4 辅助推进系统
- 1.5 非常规/其他推进系统

TA 01 包括从地球表面到地球轨道或地球逃逸轨道的航天飞行任务所需的所有推进技术。地球轨道发射工业包括成熟的技术、验证过的设计、知名企业、创新的技术和设计以及一些相对较新的公司。就发射推进技术而言，当前最广泛使用的仍是基于化学反应的推进技术，已经有几十年的应用历史，但在该技术领域很难取得较大幅度的技术进步。尽管在这方面已有一些新的创新想法，且已列入技术路线图中，但短期内仍无颠覆性技术出现。

专家组面临的挑战是，需要根据50余年的航天发展经验、所有技术的现状、对成功研发新技术可能产生效益的评估以及对NASA任务目标的整体理解，确定这些技术的优先次序。航天发射的主要挑战是成本问题，以运送每千克物体到近地轨道所需要的费用来衡量。

在确定TA01中包含的第3层级具体技术的优先级之前，专家组考虑了是否重命名、删除或移动技术领域分解结构中的相关技术，最终建议无需对TA01进行更改。TA01的技术领域分解结构见表D.1，附件B给出了完整的、修订后的14个技术领域的分解结构图。

表 D.1 TA01 发射推进系统的技术领域分解结构

NASA 技术路线图草案(版本 10)	指导委员会—修改建议
TA01 发射推进系统	技术路线图结构未发生变化
1.1 固体火箭推进系统	
1.1.1 推进剂	
1.1.2 壳体材料	
1.1.3 喷管系统	
1.1.4 混合发动机推进系统	
1.1.5 基础性固体推进技术	
1.2 液体火箭推进系统	
1.2.1 液氢/液氧(LH_2/LOX)基	
1.2.2 液氧/煤油(LOX/RP)基	
1.2.3 液氧/甲烷基	
1.2.4 爆震波发动机(闭式循环)	
1.2.5 推进剂	
1.2.6 基础性液体推进技术	
1.3 吸气式推进系统	
1.3.1 涡轮基组合循环	
1.3.2 火箭基组合循环	
1.3.3 爆震波发动机(开式循环)	
1.3.4 涡轮基喷气发动机(返回式助推器)	
1.3.5 冲压发动机/超燃冲压发动机(加速器)	
1.3.6 深冷空气循环	
1.3.7 空气采集及压缩系统	
1.3.8 基础性吸气式推进技术	
1.4 辅助推进系统	
1.4.1 辅助控制系统	
1.4.2 主推进系统(不包括发动机)	
1.4.3 发射中止系统	
1.4.4 推力矢量控制系统	
1.4.5 健康管理与传感器	
1.4.6 火工和分离系统	
1.4.7 基础性辅助推进技术	
1.5 非常规/其他推进系统	
1.5.1 地面发射辅助	
1.5.2 空中发射和投放系统	
1.5.3 空间系绳辅助	
1.5.4 束能和能量注入	
1.5.5 核动力	
1.5.6 高能量密度材料/推进剂	

D.2 顶级技术挑战

专家组确定了发射推进技术领域有两大顶级技术挑战,按照优先顺序分别如下。

(1) 降低成本:发展有应用前景的推进技术,大幅度降低总发射成本,提高进入空间的安全性和可靠性。

目前,对于任何航天任务而言,居高不下的发射成本仍然是其任务实施的主要障碍。尽管在过去几十年里投资了数十亿美元,但发射成本并没有下降。事实上,随着航天飞机项目的结束和载人航天飞行未来方向的不确定性,NASA 科学任务的发射成本实际上是增加的。因为如果没有航天飞机或载人航天项目,发射推进行业就会出现严重的产能过剩,由此产生的高成本限制了 NASA 航天任务的数量和范围。鉴于过去的失败经验,突破大幅度降低发射成本的技术是一个巨大的挑战。

可靠性和安全性仍然是发射任务的主要关注点。对 NASA 任何一个航天任务而言,失败的代价是惨痛的,因此寻求提高可靠性和安全性而不显著增加成本的方法是一项重大的技术挑战。

(2) 上面级发动机:研发一种适用于进入地球轨道和太空应用的低成本、高比冲上面级发动机,以满足 NASA、美国国防部和商业航天的需求。

古老的 RL-10 发动机是当前 Atlas V 和 Delta IV 运载火箭的上面级发动机,但它是基于 50 年前的技术,价格不菲且难以生产。目前,有一些可选的发动机循环模式和设计概念有望能够设计出低成本、高可靠的发动机,并有机会得到 NASA 和美国空军联合研发资助。另外,高效率的生产可以显著降低单件成本。为了最大限度地提高产量,上面级和空间推进任务中应尽量运用能降低成本的新技术。

D.3 质量功能展开矩阵和计算结果

图 D.1 和图 D.2 展示了专家组对 TA01 中第 3 层级具体技术的打分结果。基于质量功能展开(QFD)分数,有两项技术评估为高优先级:①吸气式推进系统:火箭基组合循环(RBCC);②吸气式推进系统:涡轮基组合循环(TBCC)。

这两项技术获得了相同的 QFD 分数,都是从大气中提取氧气进行燃烧(在大气层内的飞行阶段),有希望能提高效率和降低成本。然而,降低发射成本的最大潜力实际上来自其他技术路线图中的高优先级技术。

有两项中等优先级技术值得一提。液氧煤油推进技术为所有 NASA 航天任务的火箭发射阶段提供潜在的收益。然而,这种技术在俄罗斯的研发和应用已经处于非常成熟的状态,并且可通过商业采购诸如 RD-180 和 AJ-26 等发动机产品。

技术名称	收益	与NASA需求的一致性	与非NASA的航天技术需求的一致性	与其他国家需求的一致性	技术风险与合理性	排序与进度	所需付出的时间与投入	加权重后的QFD分数	专家组给出的优先级
权重	27	5	2	2	10	4	4		
	0/1/3/9	0/1/3/9	0/1/3/9	0/1/3/9	1/3/9	-9/-3/-1/1	-9/-3/-1/0		
	收益	与需求的一致性			风险/难度				
1.1.1（固体发动机）推进剂	1	3	3	0	3	-1	-1	70	L
1.1.2（固体发动机）壳体材料	1	3	3	1	3	-1	-1	72	L
1.1.3（固体发动机）喷管系统	1	3	3	0	3	-3	-1	62	L
1.1.4 混合发动机推进系统	1	3	3	0	3	-3	-3	54	L
1.1.5 基础性固体推进技术	1	9	3	0	3	-3	-1	92	M
1.2.1 液氢/液氧基	1	9	3	0	3	-1	-3	112	M
1.2.2 液氧/煤油基	1	9	9	0	3	-1	-3	112	M
1.2.3 液氧/甲烷基	1	3	3	0	3	-3	-3	54	L
1.2.4 爆震波发动机（闭式循环）	1	3	3	0	3	-3	-3	54	L
1.2.5（液体发动机）推进剂	1	9	3	0	3	-3	-1	94	M
1.2.6 基础性液体推进技术	1	9	3	1	3	-3	-1	94	M
1.3.1 涡轮基组合循环	3	9	9	0	3	-3	-3	150	H
1.3.2 火箭基组合循环	3	9	9	0	3	-3	-3	150	H
1.3.3 爆震波发动机（开式循环）	1	3	3	0	3	-3	-3	54	L
1.3.4 涡轮基喷气发动机（返回式助推器）	1	3	1	0	3	-3	-3	50	L
1.3.5 冲压发动机/超燃冲压发动机（加速器）	1	0	3	0	3	-3	-3	39	L
1.3.6 深冷空气循环	1	3	3	0	3	-3	-1	62	L
1.3.7 空气采集及压缩系统	1	3	1	0	3	-3	-1	58	L
1.3.8 基础性吸气式推进技术	1	3	3	1	-1	-3	-3	64	L
1.4.1 辅助控制系统	1	9	3	0	3	-1	-1	100	M
1.4.2 主推进系统（不包括发动机）	1	9	3	0	3	-1	-1	100	M
1.4.3 发射中止系统	3	3	1	0	3	-1	-3	112	M
1.4.4 推力矢量控制系统	1	9	3	0	3	-1	-1	100	M
1.4.5 健康管理与传感器	1	9	3	1	3	-1	-1	102	M
1.4.6 火工和分离系统	1	9	3	0	3	-1	-1	100	M
1.4.7 基础性辅助推进技术	1	9	3	0	3	-3	-1	92	M
1.5.1 地面发射辅助	1	3	3	0	3	-3	-3	56	L
1.5.2 空中发射和投放系统	1	3	3	0	3	-3	-3	54	L
1.5.3 空间系绳辅助（用于发射）	0	3	1	0	1	-3	-3	3	L
1.5.4 束能和能量注入	1	3	1	0	3	-3	-3	32	L
1.5.5 核动力	0	0	0	0	3	-3	-9	-38	L
1.5.6 高能量密度材料和推进剂	1	3	3	1	3	-3	-1	44	L

图 D.1 （见彩图）TA01 发射推进系统 QFD 得分汇总矩阵

注：图中所有高优先级技术的优先级认定依据详见"高优先级的第3层级具体技术"
一节内容。H代表高优先级，M代表中等优先级，L代表低优先级。

因此，NASA 投资这项技术的任何决定都应该是出于项目和政治原因(如在美国国内构建生产能力的愿望)，而不是技术原因。这些非技术原因可能很重要，甚至是令人信服的，但本报告中的优先次序是基于技术而非政治考虑。

液氢液氧推进技术主要用于上面级和空间推进的场景，在 TA01 和 TA02 空间推进技术(见技术 2.1.2：低温液体推进)中均包括这项技术，液氢液氧推进技术在这两个技术领域的 QFD 评分中处于中间位置，但如果这两个领域汇总在一起排名时，其排名可能较高。

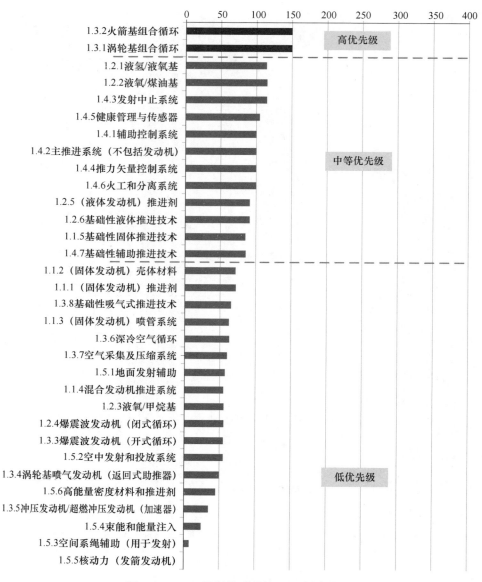

图 D.2 TA01 发射推进系统 QFD 得分排名

D.4 顶级技术挑战与各项具体技术之间的关联性

图 D.3 显示了技术排名和顶级技术挑战之间关系的矩阵。发射推进技术中

优先级	TA01 技术按优先级列表	顶级技术挑战	
		1. 降低成本:发展有应用前景的推进技术,大幅度降低总发射成本,提高进入空间的可靠性和安全性	2. 上面级发动机:研发一种适用于进入地球轨道和空间推进应用的低成本、高比冲的上面级发动机,以满足NASA、美国国防部和商业航天的需求
H	1.3.1 涡轮基组合循环	●	
H	1.3.2 火箭基组合循环	●	
M	1.2.1 液氢/液氧基	○	●
M	1.2.2 液氧/煤油基	○	
M	1.4.3 发射中止系统	○	
M	1.4.5 健康管理与传感器	○	○
M	1.4.1 辅助控制系统		○
M	1.4.2 主推进系统(不包括发动机)		
M	1.4.4 推力矢量控制系统		
M	1.4.6 火工和分离系统		
M	1.2.5 (液体发动机)推进剂		
M	1.2.6 基础性液体推进技术		
M	1.1.5 基础性固体推进技术		
M	1.4.7 基础性辅助推进技术		
L	1.1.2 (固体发动机)壳体材料		
L	1.1.1 (固体发动机)推进剂		
L	1.3.8 基础性吸气式推进技术		
L	1.1.3 (固体火箭发动机)喷管系统		
L	1.3.6 深冷空气循环		
L	1.3.7 空气采集及压缩系统		
L	1.5.1 地面发射辅助		
L	1.1.4 混合发动机推进系统		
L	1.2.3 液氧/甲烷基		
L	1.2.4 爆震波发动机(闭式循环)		
L	1.3.3 爆震波发动机(开式循环)		
L	1.5.2 空中发射和投放系统		
L	1.3.4 涡轮基喷气发动机(返回式助推器)		
L	1.5.6 高能量密度材料/推进剂		
L	1.3.5 冲压发动机/超燃冲压发动机(加速器)		
L	1.5.4 束能和能量注入		
L	1.5.3 空间系绳辅助(用于发射)		
L	1.5.5 核动力(火箭发动机)		

●	强关联:NASA在这项技术上的投资对解决这一挑战可能会产生重大影响。
○	中关联:NASA在这项技术上的投资对解决这一挑战可能会产生中等影响。
[空白]	弱/无关联:NASA在这项技术上的投资对解决这一挑战可能影响不大,甚至没有影响。

图D.3 TA01发射推进系统中各项技术对顶级技术挑战的支持程度

排名第一的"涡轮基组合循环"技术与第一个技术挑战密切相关。各种类型的吸气式推进技术为降低发射成本提供了一些可能,但这些突破性的技术因其不成熟,目前应用起来风险较大,因此其预期效果大打折扣。几十年来,航天发射行业一直在降低发射成本方面寻找突破口,但目前仍然还没有实现。最有潜力降低发射成本的技术将在本书的其他技术路线图中进行讨论。

第二个技术挑战和发射推进技术中排名第三的"液氢液氧推进技术"之间有很强的相关性。一些中等排名和所有低排名的技术与技术挑战的关联性较弱,因为无论它们在主题方面与各种技术挑战重叠程度如何,投资这些技术的收益都是有限的。

D.5 高优先级的第3层级具体技术

专家组确定了TA01技术领域的两项高优先级技术:涡轮基组合循环(TBCC)和火箭基组合循环(RBCC)。下面讨论将这些技术作为高优先级的理由。TBCC和RBCC的技术进步也将使如美国国防部这样的部门获益,并且这些部门也有推动这些技术发展的能力。然而,它们被NASA列为高优先级,因为它们能为NASA提供巨大的收益,并与NASA的科学任务和技术专长相匹配。事实上,目前TBCC和RBCC技术的发展状态要归功于NASA航空技术及相关技术开发项目支持的研究工作。

国际空间站不适合开展任何发射推进技术的测试与试验。

D.5.1 技术1.3.2:火箭基组合循环

RBCC推进系统将吸气式冲压发动机和超燃冲压发动机的高比冲优势与化学燃料火箭的高推重比优势相结合。相对于现有发射系统,它们有望能大幅度降低发射成本。使用RBCC的运载器从地面发射时利用具有二次空气的火箭以增加推力(引射式冲压发动机)。在足够高的马赫数(如马赫数为3)下,达到冲压发动机工作条件时,火箭主发动机关机,吸气式冲压发动机开始工作产生推进力。在更高的马赫数下,吸气式冲压模式转换到超燃冲压模式。在飞行高度足够高,由于缺氧而使超燃冲压模式无法工作时,运载器转换到纯火箭发动机工作模式。这种类型的推进系统在整个工作范围内通常有一单向的流动通道。RBCC系统的技术成熟度是TRL 3~4。

多年来,NASA一直在研究火箭吸气式冲压循环技术,并是该领域试验和数值仿真研究方面的引领者。X-43试验机项目验证了NASA在超声速吸气式循环方面的成就和专业能力。使用碳氢燃料超燃冲压发动机技术的X-51试验机最近通过飞行演示验证,说明美国空军在吸气式超声速飞行技术方面也有相当的专业能力。鉴于NASA和国防部都有降低发射成本的共同需求,NASA与美国国防部联合开展RBCC技术研发工作是合适的。

RBCC技术是潜在的改变游戏规则的技术,因为基于它可以产生颠覆性的新型发射系统,并能广泛应用于其他任务。RBCC发动机的性能预计将比单独的火箭发动机或冲压/超燃冲压发动机系统性能更高,平均比冲至少是火箭发动机的2倍(Bulman and Siebenhaar, 2011; Hampsten and Hickman, 2010)。RBCC技术是可重复使用发射系统的一部分,并且可作为空军机动灵活且最具成本效益的发射系统备选方案(Hampsten and Hickman, 2010)。可重复使用助推器与可重复使用RBCC轨道器相结合,可以显著降低发射成本(Hampsten and Hickman, 2010)。与TBCC系统相比,RBCC系统由于不含涡轮发动机和额外的管道,其质量更小(Bulman and Siebenhaar, 2011)。但是,使用当前最新技术的RBCC系统将比传统火箭重量更重,这也是技术研发及工程设计时应该解决的关键问题。

与RBCC系统相关的一些挑战包括高温材料、热管理、机身一体化、吸气式发动机、喷管设计、引射-冲压优化以及不同模式之间的平滑过渡。专家组认为,要使该项技术具有工程应用的可行性,需要数十年的研发工作和大量持续的资金投入。

D.5.2 技术1.3.1:涡轮基组合循环

采用TBCC方式的推进系统有望将燃气涡轮和火箭发动机的优势结合起来,以降低发射成本并提高快速响应能力。对于装有TBCC推进系统的运载器,一般可以配置为两级可重复使用运载器,用于提高有效载荷能力和降低生命周期成本,将使用燃气涡轮发动机实现推进。在足够高的马赫数(如马赫数为3)下,发动机将切换至冲压工作模式。随后,在更高的马赫数下,发动机将转换到超燃工作模式。当达到一定飞行高度时,由于缺氧而使得超燃工作模式效率低下或无法工作时,运载器将转换至纯火箭发动机工作模式。对于大多数TBCC系统来说,涡轮发动机均安装在独立的管道中,以保护它们在超声速飞行条件下不受损害(Bulman and Siebenhaar, 2011)。TBCC系统组件的技术成熟度为TRL 3~4。

正如上面对RBCC技术的讨论中所述,NASA和美国空军已经就火箭吸气式发动机进行了多年的联合研究,NASA与美国国防部也适合针对TBCC技术开展联合研发工作。

TBCC技术是潜在的改变游戏规则的技术,因为基于它可以产生颠覆性的新型发射系统,并广泛应用于其他任务。在运载器起飞至进入超燃模式的吸气式工作阶段,TBCC系统提供了运载器巡飞、飞出和中止能力(Eklund et al.,2005)。此外,它们还可以提供水平起飞和有控动力着陆能力。如果所有推进模式都使用碳氢化合物燃料,则其周转时间和发射响应能力可能与飞机类似(发射周转时间可以是小时级别,而不是天或周)(Bulman and Siebenhaar,2011;Eklund et al.,2005)。美国空军认为TBCC系统是机动灵活并具有成本效益的可选发射系统(Eklund et al.,2005)。

与TBCC系统相关的一些挑战包括高温材料、热管理、机身一体化、高速吸气式发动机以及不同模式之间的平滑过渡。TBCC系统的跨声速加速性能可能较差,因此有时需要火箭来增加推力(Bulman and Siebenhaar,2011)。虽然燃气涡轮具有很高的比冲,但其重量很重,整个系统重量高于常规运载火箭(Bulman and Siebenhaar,2011;Hampsten and Hickman,2010)。由于使用了涡轮发动机,并需要额外的管道,TBCC系统预计也比RBCC系统重。指导委员会认为,要使该项技术具有工程应用的可行性,需要数十年的研发工作和大量持续的资金投入。

D.6 中低优先级技术

通过对TA01技术路线图中技术的评估,专家组确定了30项第3层级具体技术为中等或低优先级。其中,两种中等优先级技术(LOX/RP和LH_2/LOX)已广泛应用于发射领域,它们对整个发射行业与未来的NASA计划和任务特别重要。

D.6.1 基于LOX/RP的推进技术

基于LOX/RP的推进系统是一次性运载火箭主推进级的最佳选择。高密度燃料、允许使用较小容积的贮箱、高推力和相当高的比冲都是用于助推阶段的期望性能。LOX/RP发动机技术已经相当成熟,并用于世界上许多运载火箭的设计中,这包括俄罗斯"天顶"号运载火箭所用的RD-170型发动机、为美国Atlas V提供动力的RD-180型发动机以及将用于美国"金牛座-Ⅱ"运载火箭的AJ-26型发动机(前身为俄罗斯NK-33型发动机)。这些发动机的推力范围从AJ-26的约400000lb到RD-170的约1500000lb(1lb=0.45kg),但可惜的是这种技术的产权属于俄罗斯。上面所述的高性能发动机采用分级燃烧技术,这一过程可以产生非常高的燃烧室压力,从而产生高比冲。但是,分级压缩需要专门的材料、涂层和燃烧室设计,才能使发动机部件可以抵抗高温和高压。喷管设计还需要仔细考虑,以确保推进剂-氧化剂的正确混合,并防止焦化。

LOX/RP发动机的分级燃烧技术可以从俄罗斯进口或由美国独立研发。在过去的10年中,美国在该方面的研究取得了重大进展,Pratt&Whitney Rocketdyne 和 Aerojet 公司分别针对 RD-180 和 AJ-26 发动机,在美国本土建立生产能力方面取得了进展。为使美国具有独立的技术基础,美国空军和 NASA 在 LOX/RP 技术方面都投入了大量的资金。

如果大家认为美国本土必须具备 LOX/RP 发动机的生产能力,那么我们理应制定相应的国家发展战略来满足 NASA、美国国防部和工业界对该方面的需求。例如,美国空军、NASA 可以与推进和发射工业部门合作,对 LOX/RP 发动机模块化系列进行联合投资,以满足广泛的发射任务需求(中型推力到超重型推力),所需投资预计是10亿~30亿美元。

LOX/RP 技术能适用于非常广泛的任务,并且在 NASA 任务需求和非 NASA 航天需求方面都获得了最高分。然而,该技术可以进行商业采购,因此在这项技术上进行的技术投资几乎不能提高运载火箭的性能。关于该技术的技术成熟度,美国为 TRL 4~5,而俄罗斯为 TRL 9。

D.6.2 基于 LH_2/LOX 的推进技术

基于 LH_2/LOX 的推进系统特别适用于发射系统的上面级和空间推进场景,尤其在空间推进应用中,高比冲比推力和体积更重要,也更为关键。LH_2/LOX 发动机的技术相当成熟。几十年来,25000lb(1lb=0.454kg)推力的 RL-10 发动机及其多种衍生型已经应用在 NASA 的所有前往地球轨道之外的飞行任务中,同时它也是美国国防部发射任务的主力型发动机。然而,RL-10 日益昂贵并且难以生产。NASA 正在研发具有大约 250000lb 推力的 J-2X 发动机。这种发动机适用于非常大的上面级,但对于空间推进应用场景来说,它过大且过重。

因此,有必要研制一种用于上面级的低成本且可生产的发动机,可以替代 RL-10 发动机,为太空探索任务或其他在轨应用场景提供低温推进动力。目前,存在几种备选方案,包括基于涡轮机、基于活塞泵和基于分级燃烧的配置构型。

与 LOX/RP 一样,如果决定研发一种新的 LH_2/LOX 发动机,NASA 可能会与国防部及工业界合作。实现低成本的一个关键是高生产率,所以这种新发动机的设计应满足尽可能多的发射用户(上面级配置)需求以及多数空间推进应用场景。

LH_2/LOX 在符合 NASA 需求方面获得了最高分,因为它适用于 NASA 几乎每个任务。当前,美国空军和工业界正在为上面级应用场景投资这项技术。对于这些应用,NASA 的额外投资对发射系统的总体成本和性能方面影响较小。然而,对于空间推进应用场景,如果没有 NASA 进一步的技术投资,有一些特殊应用需求可能无法解决。

D.6.3 其他中等和低优先级技术

专家组将 TA01 中的 12 项技术评估为中等优先级,18 项技术评估为低优先级。其中有两项低优先技术(核动力推进和空间系绳)对发射推进应用是不可信的。另外,有一项中等优先技术(发射中止系统)有可能极大地改善任务性能。所有其他中、低优先级技术被确定在任务性能、生命周期成本或可靠性方面只具有微小的改进潜力。

TA01 中的中等优先级与低优先级技术之间的主要区别是其与 NASA 的战略目标的一致性。除发射中止系统外,所有中等优先级技术在这一项的得分均比低优先级技术得分高。

D.7 技术路线图所涵盖的技术发展及其进度变化

发射推进技术的发展时间表将在很大程度上取决于太空探索的总体战略和架构,以及可用的资金。在这些因素没有确定之前,定义时间线是没有意义的。

D.8 关于技术路线图的其他一般性意见

发射系统运行的经济性可表述如下:
$$\$/kg = ((固定成本) + N*(可变成本))/(N*(kg/发·次))$$
式中:固定成本=固定基础设施和关键技术建设投入的年度成本;可变成本=建造和发射一个单元的成本;N 为发射频率(每年发射次数);kg/发·次为一次发射的有效载荷质量。

运载火箭项目的固定成本通常非常高。用于轨道发射的运载火箭是大型、复杂的装备,需要大型工厂、大型和专用的运输和处理设备,以及在发射场的各种大规模基础设施。例如,航天飞机计划的固定成本为每年 30 亿~40 亿美元。改进型一次性运载火箭(EELV)计划的每年固定投入超过 10 亿美元。固定成本和可变成本都是与运载火箭规格相关的非线性递增函数。一般来说,单次发射的固定成本是可变成本的很多倍。

鉴于发射经济学的基本原理,一种能够显著降低每千克发射成本的方法是增加发射频率 N。发射频率在很大程度上取决于市场需求,但是对于有效载荷质量非常大的复杂任务来说,需要在使用一个大型运载火箭携带所有有效载荷质量和采用两个或更多个小型运载火箭每次运送较小有效载荷质量之间,进行择优选择。在其他条件相同的情况下,从发射经济性考虑更倾向于第二种选择。当然,发射经济学只是一个考虑因素,尽管它非常重要,但在做发射方式选择时,也必须折衷考虑到将有效载荷分解为较小部分的困难和复杂性,以及多次在轨装配的成本和难度等因素。

其他技术领域中的一些技术,特别是TA02(空间推进)和TA04(机器人遥操作机器人与自主系统),为使用较小火箭多次发射并进行在轨装配提供了很大的发展空间。例如,NASA许多最具挑战性的太空任务都需要将大量的推进剂输送到LEO,能够贮存和转移推进剂(特别是低温LOX和LH2)的技术会使每次以较小的量向太空输送推进剂的方式可行。相比于研发专用的大型运载火箭,这些技术能更有效降低发射成本。事实上,人们能够想象建立一个将推进剂运送至太空的商品市场,在那里可以依靠市场的力量来降低发射成本。

D.9 公开研讨会总结

2011年3月23日,在美国加利福尼亚州帕萨迪纳市的加利福尼亚理工学院校园里,推进和电源技术专家组组织了发射推进系统技术领域的研讨会。由专家组成员George Sowers主持会议,他首先对技术路线图和国家研究委员会的评估情况进行了总体概括,并为应邀发言人在该领域的发言内容提供了一些建议。来自工业界、学术界和政府的专家分别对于TA01技术领域相关的NASA技术路线图草案进行了时长25min的演讲和讨论。在会议结束时,研讨会与会者举行了一次简短的公开讨论,重点讨论了当天会议的各个议题,最后由George Sowers进行了总结。

D.9.1 会议1:学术界

Bill Anderson(普渡大学)在学术界会场开始时,强调NASA技术路线图需要减少可选项的数量,并将精力集中在若干个最有发展前途的技术上。另外还建议,有必要对发射任务和需求进行客观、严格和透明的研究,以确定重点。目前在没有明确和迫切任务的情况下,他敦促NASA要系统地研究基础工程方面面临的挑战,例如,对先进和新型推进系统及其部件的可变保真度建模,可将传统发射系统的持续研发和实施留给工业界来完成。他还提到了保持熟练劳动力的必要性,以及NASA可以通过识别并提供新的和具有挑战性的问题(包括实际飞行验证)来激励和培养新的科学家和工程师,这个也非常重要。

Bob Santoro(美国宾夕法尼亚州立大学)指出,从事早期发射推进系统研发工作的 NASA 职员大多数都已经或将要退休。他说,降低发射成本的最大因素是提高发射率(这一点在整个研讨会过程中被多位发言者提出)。他认为近期最有前途的发射推进技术是基于碳氢化合物的液体发动机。从长期来看,NASA 应该投资一型采用两级、吸气式、组合循环技术的运载火箭。目前,没有必要在 TBCC 和 RBCC 系统之间进行选择,因为它们有许多共性。他还认为,投资脉冲爆震发动机是有益的,因为这类技术具有改变游戏规则的潜力。最后,他指出目前的技术路线图太宽泛,需要聚焦。

Bill Saylor(美国空军学院)说,他在空军学院所从事的教育就是要使他的学生成为聪明的商业系统买家。他建议,NASA 在技术研发中的角色应该是基础研究,通过这些投资促进科学、技术、工程和数学教育发展,并提高被裁职员的生存技能。他认为工业界合作伙伴最有可能在短期内取得技术突破。他建议可以通过更高的发射率来鼓励这种做法,他还认为当前最有发展前途的长期技术是吸气式推进系统,如 TBCC 和 RBCC。

在随后的讨论期间,许多发言者都支持研发吸气式技术,认为它可能是 TA01 中最大的游戏规则改变者。然而,也有人怀疑是否会存在一个足够大的市场,来支撑利用吸气式技术的可重复使用发射系统发展。

D.9.2 会议 2:美国空军

Toby Cavallari(美国空军/SMC/LR)在美国空军会场开始时集中演示了空射运载火箭项目的历史、现状以及近期的发展计划。他指出,美国空军近期面临的一些挑战包括零件老化、成本上升、对外国供应商的依赖和美国工业基地的衰落。他说,需要研制一种新型的、经济适用的上面级发动机,这种发动机应该综合利用空军和 NASA 的技术投资。最后还提到,美国空军和 NASA 应该采取跨部门合作方式,和商业伙伴一起寻求联合研发项目,特别是针对液体火箭发动机,任何一个部门都不能独立担负起这样方案的实施。

由于 Richard Cohn 未能参加讨论会,Greg Rudderman(美国空军研究实验室,AFRL)代他演示了会议材料,他首先回顾了 AFRL 在过去和现在的相关研究,包括集成高回报火箭推进技术(integrated high payoff rocket propulsion technology, IHPRPT)项目。IHPRPT 是 DOD、NASA 和工业界一起联合开发的项目,其目标是研制出性能更高的运载器。与军事相关的应用包括战术导弹、战略导弹和航天器。本质上,IHPRPT 目标与 NASA 的 TA01 技术路线图草案中制定的许多目标类似。空军研究实验室的推进系统局对此感兴趣,并积极致力于固体和液体发动机技术以及建模的改进方法研究,而其他部门则致力于吸气式发动机概念研究。在审查

TA01 路线图草案时,Cohn 的会议材料指出,这里面包括了一些在过去已经显示出缺乏应用前景的技术,并同意将重点放在少数有发展前景的技术上是有益的。

Randy Kendall(美国航空航天公司)说,现代发射技术充分考虑了性能和可靠性问题,但这使得发射系统非常昂贵,提高发射频率是降低发射成本的关键。他介绍了当前空军计划建立的可重复使用助推系统,并认为适用于可重复使用的碳氢燃料发动机将是最有前途的 NASA 技术,能够支持可重复使用助推系统。对于中长期,他认为,最高优先级技术应该是吸气式发动机推进技术(RBCC 和 TBCC)、脉冲爆震发动机和空气收集及压缩系统。

Tim Lawrence(美国空军理工学院)提出了关于在轨推进和先进推进概念的一些意见。他建议,基于核动力的推进技术是解决 NASA 运输需求的不错选择,但在实施之前还有若干个技术挑战需要克服。他大力鼓励发展绿色推进技术(不包括危险材料),因为它们适用于小规模和高校运营的航天器。此外,推进技术的突破性进展使目前无法想象的任务在将来成为可能。

在讨论期间,许多发言者都讨论了美国空军和 NASA 应该如何合作。有人指出,虽然这两个部门正在努力合作,但由于任何一个参与者都有可能改变研究方向,联合研究方案难以实施。还有人提到,由于美国空军和 NASA 之间存在研究任务及发展计划的重叠,美国国内可能有太多未得到充分利用的测试设施。一位发言者说,除非开发出一个革命性系统来提高发射频率,否则空军的发射频率可能会保持不变。

D.9.3 会议 3:推进系统制造商

Stan Graves(美国 ATK 公司)在推进系统制造商会议开始时,指出当前的发射系统都是使用液体和固体推进系统的组合。他预计,由于运载火箭工业的物理特性、经济特性和研制程序等原因,这种趋势将持续下去。在审查了 TA01 路线图草案后,他指出,许多技术将有利于商业发射系统、NASA 重型发射系统以及液体和固体推进系统的发展。他还建议有两种技术应该被列为高优先级发展技术,即电液混合推进和机电推力矢量控制技术。Graves 还声称,应该投资研发低成本、安全和绿色的发射系统。

JeffGreason(美国 XCOR 公司)指出,提高火箭性能不可能是 NASA 提高经济性、可靠性和进入太空安全性的最具成本效益方法。他主张提高发射频率并降低生产成本。他说,提高发射频率的最佳方法之一是满足发射客户所提各种性能中的共性需求,并且 NASA 可以通过投资研发将大型航天发射任务划分为小型多次发射的技术,以此来提高发射频率。在更高的发射频率情况下,特别是在每次发射的最大有效载荷质量有限制条件下,可重复使用发射系统显得更为有利。他还确定了另外两项高优先级技术:即可重复使用运载火箭的热防护系统和具有足够性能的低成本发动机。

Russ Joyner(美国 Pratt Whitney Rocketdyne 公司)说,目前的技术路线图太广泛,应该找出重点。在此之前,NASA 应首先建立任务的优先级。同时,他敦促 NASA 投资交叉技术领域,如制造业。他还呼吁技术投资侧重于降低成本而不是提高性能,他还支持为小规模技术研究提供稳定的资金支持,并定期审查,以便通过长期资助提高技术可行性。

Todd Neill(美国 Aerojet 公司)对发动机推进技术清单提出了很具体的建议。特别是,他提到 NASA 应发展 HTPB(端羟基聚丁二烯)固体推进剂技术,为氢燃料发动机开发延伸喷管和开发新的碳氢化合物发动机。他认为混合动力推进系统或先进的推进剂(除了前面提到的 HTPB)都不会有太大的收益。

在讨论会上,一些观众建议混合动力推进系统应该是高度优先的。他们认为,混合动力系统近年来发展迅速,表明它们比固体推进系统具有更高的效率,比液体火箭发动机更简单,并且易于制造和操作。还有人讨论了 IHPRPT 项目可作为推进技术研发的榜样,有人认为这是一个吸引高端人才和开发新工具的好项目,另外还有一些人则批评 IHPRPT 过多地关注提高性能,而没有注意到要降低成本。一位发言者不认为增加发射频率是降低成本的最佳解决方案,他建议,可以重新包装任务有效载荷,以大幅度提高整个国家的发射频率。当被问及什么技术将有助于提高经济可承受性时,各位发言者提到了改进的材料、制造和健康监测,他们还提醒说,工业界对这些技术的投资能力将会受到高成本和低生产率的限制。

D.9.4 会议 4:运载火箭制造商

BernardKutter(美国发射联盟公司)在运载火箭制造商会议开始时强调了一些观点,包括提高发射频率作为降低成本的关键措施,更应该投资于降低成本和提高可操作性的技术,而不是提高性能方面的技术。Kutter 指出,过去 30 年来在开发颠覆性发射系统方面的许多尝试都失败了,目前还不清楚可重复使用性是否会带来较好的经济效益。他支持一体化运载器推进剂方案,其将使用主发动机推进剂来替代当前辅助推进系统使用的其他推进剂。考虑到未来最优运载器配置方案的不确定性,他更倾向于对具有广泛适用性的交叉技术进行投资。

Gwynne Shotwell(美国 SpaceX 公司)回顾了 SpaceX 的历史。她认为最高优先级的推进技术将是一个推进力在 1500000lb 或更大量级的碳氢化合物发动机。这种发动机可以支持 NASA 超级重型运载器以及较小的商业发射系统。她建议,这种发动机应该通过公私合作伙伴关系来联合开发,固定价格竞争类似于 NASA 用于其商业轨道运输服务计划的方式。这种方法为行业提供了能获得最佳解决方案的灵活性和激励性的措施。

John Steinmeyer(美国 Orbital 公司)同意,一种新型的高推力碳氢化合物发动机应该是最优先发展的技术。他建议,可以用当前的俄罗斯发动机作为起点,后续目标是研发一种可以支持 NASA 超级重型运载器、小型商业运载器和美国空军之前提出的可重复使用系统的推进系统。他声称,最近的美国航天工业政策由于缺乏重点和一贯性,阻碍了新兴技术的发展。他说,一些新的工作应该得到适当的资助并根据过去的发展和战略,与当前计划协调后,进行重点投资。

在讨论会上,进一步讨论了碳氢化合物发动机,几位发言人认为它是超重型运载器系统的最佳路径,特别是它也可用于其他运载火箭,可以降低成本。一些发言者说应该开发两个具有竞争力的发动机来促进竞争,但另一些人则反驳说,市场可能太小,同时支持两个供应商不实际。

D.10 2016版修订内容

在 2012 年 NRC 的报告中,TA01 包括从地球表面到地球轨道或地球逃逸轨道的航天飞行任务所需的所有推进技术,包括固体火箭推进系统、液体火箭推进系统、吸气式推进系统、辅助推进系统和非常规/其他推进系统。2015 年,NASA 技术路线图扩充了 TA01 技术领域的范围,纳入了亚轨道气球技术。表 D.2 给出了新技术是如何融入 TA01 技术领域中,所有技术的得分与排名如图 D.4 和图 D.5 所示。

表 D.2 2016 版 TA01 发射推进系统的技术领域分解结构

第2层级技术子领域	被评估的第3层级具体技术
1.1 固体火箭推进系统	
	1.1.6 集成固体火箭发动机
	1.1.7 衬层与绝缘层
1.2 液体火箭推进系统	无
1.3 吸气式推进系统	无
1.4 辅助推进系统	无
1.5 非常规和其他推进系统	无
1.6 气球运载系统(新)	
	1.6.1 超压气球
	1.6.2 材料
	1.6.3 指向系统

续表

第2层级技术子领域	被评估的第3层级具体技术
	1.6.4 遥测系统
	1.6.5 气球轨迹控制
	1.6.6 电力系统
	1.6.7 机械系统：发射系统
	1.6.8 机械系统：降落伞
	1.6.9 机械系统：漂浮装置

		收益	与NASA愿景的一致性	与NASA的航天技术需求一致性	与非航天的其他国家需求的合理性	技术风险与难度	排序与进度	所需付出的时间和投入	加权重后的QFD分数	专家组给出的优先级
权重		27	5	2	2	10	4	4		
		0/1/3/9	0/1/3/9	0/1/3/9	0/1/3/9	-9/-3/-1/1	-9/-3/-1/1	-9/-3/-1/0		
技术名称		收益	与需求和一致性			风险/难度				
1.1.1 (固体火箭)推进剂		1	3	3	0	3		-1	70	L
1.1.2 (固体火箭)壳体材料		1	3	3	1	3	-3		72	L
1.1.3 (固体火箭)喷管材料		1	3	3	0	3		-1	62	L
1.1.4 混合火箭推进系统		1	3	3	1	3	-3	-3	54	L
1.1.5 基础性固体推进技术		1	9	3	0	3		-1	92	M
1.1.6 集成固体发动机系统		3	3	3	0	3		-1	116	M
1.1.7 衬层和绝缘层		3	3	3	1	3			126	M
1.2.1 液氢/液氧基		1	9	9	0	3		-3	112	M
1.2.2 液氧/煤油基		1	9	3	0	3		-3	112	M
1.2.3 液氧/甲烷基		1	3	3	0	3			54	L
1.2.4 爆震波发动机(闭式循环)		1	3	3	0	3	-3		54	L
1.2.5 (液体火箭)推进系统		1	9	3	0	3	-3	-1	94	M
1.2.6 基础性液体推进技术		1	9	3	0	3		-1	94	M
1.3.1 涡轮基组合循环		3	9	3	0	3	-3	-3	150	H
1.3.2 火箭基组合循环		3	9	9	0	3	-3	-3	150	H
1.3.3 爆震波发动机(开式循环)		1	3	3	0	3	-3		54	L
1.3.4 涡轮基喷气/超燃冲压发动机(返回式助推器)		1	3	1	0	3	-3		50	L
1.3.5 冲压发动机/超燃冲压发动机(加速器)		1	0	1	0	3		-1	39	L
1.3.6 深冷空气循环		1	3	3	0	3		-1	62	L
1.3.7 空气采集及压缩系统		1	3	3	0	3			58	L
1.3.8 基础性吸气式推进技术		1	3	3	1	3	-3	-1	64	L
1.4.1 辅助控制系统		1	9	3	0	3		-1	100	M
1.4.2 主推进系统(不包括发动机)		1	9	3	0	3		-1	100	M
1.4.3 发射中止系统		3	3	1	0	3	-1	-3	112	M
1.4.4 推力矢量控制系统		1	9	3	0	3		-1	100	M
1.4.5 健康管理与传感器		1	9	3	1	3		-1	102	M
1.4.6 火工和分离系统		1	9	3	0	3		-1	100	M
1.4.7 基础性辅助推进技术		1	9	3	0	3	-3	-1	92	M
1.5.1 地面发射辅助		1	3	3	0	3	-3	-1	56	L
1.5.2 空中发射和投放系统		1	3	3	0	3	-3		54	L
1.5.3 空间绳辅助(用于发射)		0	3	1	0	3	-3		3	L
1.5.4 束能量注入		1	3	1	0	3			32	L
1.5.5 核动力		0	0	0	0	3	-9		-38	L
1.5.6 高能密度材料和推进剂		1	3	1	1	3	-3	-1	44	L
1.6.1 超压气球		3	9	3	1	1	-1	-1	136	M
1.6.2 材料		1	9	3	1	1		0	86	L
1.6.3 指向系统		1	9	3	0	1		-1	82	L
1.6.4 遥测系统		1	9	3	0	1		-1	82	L
1.6.5 气球轨迹控制		3	9	1	0	3	-3	-1	142	M
1.6.6 电力系统		1	9	3	0	1		-1	86	L
1.6.7 机械系统：发射系统		1	3	1	0	1	-1	-1	52	L
1.6.8 机械系统：降落伞		1	3	3	1	1	-1	0	56	L
1.6.9 机械系统：漂浮装置		1	3	3	1	1			44	L

图 D.4 （见彩图）2016版 TA01 发射推进系统的质量功能展开(QFD)得分汇总矩阵
H代表高优先级；M代表中优先级；L代表低优先级。

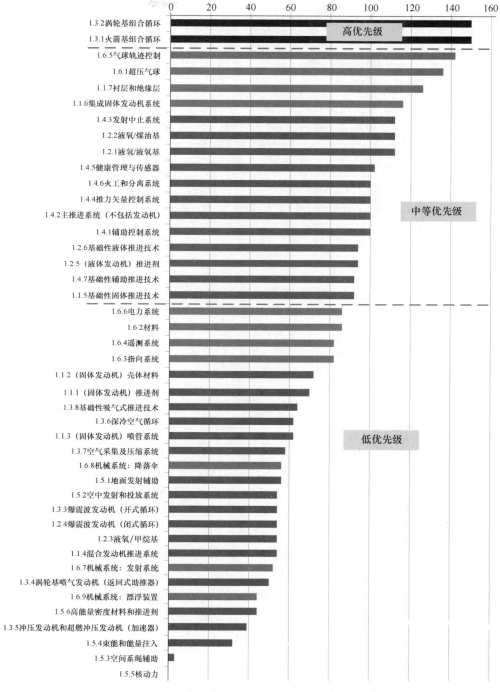

图 D.5 （见彩图）2016 版 TA01 发射推进系统 QFD 得分排名（新评估的技术以绿色表示）

D.10.1 技术 1.1:固体火箭推进技术

专家组对固体火箭推进系统中的两项新技术进行了评估,并将这两项技术都列为中等优先级。

1. 技术 1.1.6 集成固体发动机系统

NASA 正在为太空发射系统(space launch system,SLS)Block 1 研发一种新的五段式先进固体火箭助推器,其基础是航天飞机的四段固体火箭助推器。为了满足 130t 的有效载荷发射要求,SLS Block 1b 和 SLS Block 2 需要配置先进的助推器。有三个可选项可以满足这一需求,其中之一是先进的固体火箭助推器。

用于集成固体发动机系统的技术相当成熟,但仍需要进行小幅度改进,有些技术改进能使可应用的任务得以实施。此外,第 4 层级研究任务"纳米运载火箭固体发动机"使得各种任务有希望实现,这项技术被列为中等优先事项。

2. 技术 1.1.7 衬层和绝缘层

考虑到健康问题和供应问题,一般要求为固体火箭发动机系统开发非石棉衬层和绝缘层。虽然现在已有"绿色"基于凯夫拉(Kevlar)的衬层和绝缘层,但它们不符合 NASA 的要求。在某些任务中,可以并且必须解决这个问题。目前,有一种新材料(聚苯并咪唑丙烯腈-丁二烯橡胶或 PBI NBR)已经得到认证,这表明技术解决途径是清晰的。这项技术被列为中等优先事项。

D.10.2 技术 1.6 气球运载系统

NASA 科学任务局有稳定的多个飞行计划,其中之一是由 NASA 的高空气球项目提供。目前,可用的气球能携带大型有效载荷,质量高达 3600kg,可在 30km 高度完成长达 60 天的飞行任务。专家组审查了九项改善高空气球能力的技术。

1. 中等优先级气球发射技术

技术 1.6.1 超低压气球和 1.6.5 气球轨迹控制被列为中等优先事项,因为它们能够实现超长时间气球飞行,从而提高 NASA 高空气球项目的科学价值。超低压气球以及与零压气球运载器结合使用的超低压气球可以提供更长时间(长达 100 天)和更宽纬度的飞行。不过,由于一个较小的超低压气球已经完成升空飞行验证,这在很大程度上缓解了相关技术风险。为了能够在中纬度地区进行较长时间的飞行任务,需要开展气球飞行轨迹控制技术研究,以防止飞越人口稠密地区,能安全到达终点,从而避免其过早结束飞行。

2. 低优先级气球发射技术

技术 1.6.2 材料,1.6.3 指向系统,1.6.4 遥测系统,1.6.6 电力系统,1.6.7 机

械系统:发射系统,1.6.8 机械系统:降落伞和 1.6.9 机械系统:漂浮装置被列为低优先级,因为它们主要解决工程问题(实施确定的技术解决方案),而不是解决技术挑战(开发新的技术解决方案)。因此,这些技术的优先级比技术路线图的其他要素(这些技术路线更直接地解决了技术挑战)更低。

参考文献

[1] Bulman, M. J., and Siebenhaar, A. 2011. Combined cycle propulsion: Aerojet innovations for practical hypersonic vehicles. AIAA Paper 2011-2397. American Institute of Aeronautics and Astronautics, Reston, Va.

[2] Eklund, D. R., Boudreau, A. H., and Bradford, J. E. 2005. A turbine-based combined cycle solution for responsive space access. AIAA Paper 2005-4186. American Institute of Aeronautics and Astronautics, Reston, Va.

[3] Hampsten, K. R., and Hickman, R. A. 2010. Next Generation Air Force Spacelift. AIAA Paper 2010-8723. American Institute of Aeronautics and Astronautics, Reston, Va.

附录E
TA02空间推进技术

E.1 引言

技术领域"TA02 空间推进技术"的技术路线图草案包括4个第2层级技术子领域：
- 2.1 化学推进
- 2.2 非化学推进
- 2.3 先进(TRL<3)推进技术
- 2.4 支撑技术

TA02包括在航天器离开运载火箭之后执行空间飞行任务所需的所有与推进相关的技术。该技术领域包括应用于各种空间任务的推进技术，如近地轨道中的天体物理卫星的精准指向，机器人科学和地球观测任务，用于载人航天器的大推力离开地球轨道，用于人类探索的小推力货物转移，以及行星下降、着陆和上升推进。如此广泛的应用催生了一组非常多样化的技术，包括传统的空间可贮存的化学、低温化学、各种形式的电推进、各种形式的核能推进、化学能和电能微推进、太阳帆和空间系绳。专家组面临的挑战是，需要根据50余年的航天发展经验、所有技术的现状、对成功研发新技术可能产生效益的评估以及对NASA任务目标的整体理解，确定这些技术的优先次序。

在对TA02中第3层级具体技术进行优先级别排序之前,删除了几种技术。下面对这些变化进行解释并在表E.1中进行了说明。所有14个技术领域完整的、修订后的技术领域分解结构如附录B所示。

指导委员会删除了以下第3层级具体技术：
(1) 2.4.1 发动机健康监测与安全。
(2) 2.4.3 材料与制造技术。
(3) 2.4.4 散热。

(4) 2.4.5 电源。

表 E.1 TA02 空间推进技术的技术领域分解结构

NASA 技术路线图草案(版本 10)	指导委员会—修改建议
TA02 空间推进技术	删去了四项技术
2.1 化学推进	
2.1.1 可贮存液体推进	
2.1.2 低温液体推进	
2.1.3 凝胶推进	
2.1.4 固体推进	
2.1.5 混合式推进	
2.1.6 冷气/热气推进	
2.1.7 微推进	
2.2 非化学推进	
2.2.1 电推进	
2.2.2 太阳帆推进	
2.2.3 热推进	
2.2.4 绳系推进	
2.3 先进(TRL<3)推进技术	
2.3.1 束能推进	
2.3.2 电动帆推进	
2.3.3 核聚变推进	
2.3.4 高能量密度材料	
2.3.5 反物质推进	
2.3.6 先进核裂变推进	
2.3.7 突破性推进	
2.4 支撑技术	
2.4.1 发动机健康监测与安全	删去:2.4.1 发动机健康监测与安全
2.4.2 推进剂贮存与输送	
2.4.3 材料与制造技术	删去:2.4.3 材料与制造技术
2.4.4 散热	删去:2.4.4 散热
2.4.5 电源	删去:2.4.5 电源

这四项技术中的每项技术的适用范围实际上都超出了 TA02 的范围，NASA 的 TA02 技术路线图草案并没有表明任何一项技术都应该在 TA02 的范畴内进行研发。除 2.4.2 项外，技术路线图的此部分内容用于突出对 TA02 技术路线图很重要、但属于其他技术路线图的第 1 层级或第 2 层级技术。例如，关于技术 2.4.5 电源，技术路线图提到：

> 电源系统在用于人类和机器人任务的所有空间推进系统中都起着不可或缺的作用。读者可参考 TA03 空间电源与能量储存。

类似地，关于技术 2.4.1、2.4.3 和 2.4.4，技术路线图 TA02 分别将读者指向技术路线图 TA04、TA12 和 TA14，以获得在这些技术领域中应该做什么的详细内容。

E.2 顶级技术挑战

专家组确定了 TA02 技术领域有四大顶级技术挑战，它们都与提供给符合 NASA 任务需求的安全、可靠和经济型的空间运输系统相关。技术挑战按优先顺序分别论述如下。

（1）高功率电推进系统：为实现重型有效载荷产生高速度增量的任务，需研发高功率电推进系统技术。

电推进系统比其他空间推进技术（在可预见的未来是可用的），具有更高的推进效率，可应用在所有 NASA、美国国防部和商业航天任务领域中。具体来说，低功率电推进系统目前用于小型机器人行星际任务（如"隼鸟"号小行星探测器和"黎明"号小行星探测器）、用于大型地球同步通信卫星（如先进极高频卫星）发射后的轨道圆化，以及用于众多航天器（如 GOES-R 和商业通信卫星）的轨道位置保持。研发大功率电推进系统（30~600kW）将使更大规模的任务具有可行性，包括在地球空间研发更有效的空间运输系统，从近地天体（near-Earth objects, NEO）、火星卫星、其他深空目的地（包括延长"朱诺"号探测器对木星的任务）上取样返回，原位资源利用（in situ resource utilization, ISRU）设施的前期演示以及为人类探索任务预先布放货物。除了这些特定的推进和电源系统技术之外，需要开展大规模电推进航天器的演示验证，以确保货物或小型航天器在执行接近操作时对自主交会和对接操作的充分掌控。

（2）低温贮存和转移：使低温推进剂在太空中的长期贮存和转移成为可能，并使在太空长时间休眠后的低温发动机实现可靠工作。

深空探测任务将需要能用于所有任务阶段的高性能推进技术，包括在整个任务期间发生的离开地球、到达目的地、离开目的地和返回地球。对于大推力技术，无论是基于液氢/液氧化学推进的火箭,还是基于液氢的核热火箭(nuclear thermal rocket,NTR),都需要将低温推进剂贮存 1 年以上,以支持任务的所有阶段。化学和热核发动机在休眠相同时间后也必须能可靠地工作。虽然液氧目前可以长期贮存,但对于液氢来说,即使使用当前最先进蒸发量控制技术,其蒸发速率对于深空任务来说太高,仅能贮存若干天。此外,低温液体输送技术将使其他太空探索计划具备可行性,包括推进剂聚集和使用 ISRU 设施生产的推进剂。这项技术挑战为人类执行月球之外的太空探索任务创造了最合理的空间运输系统架构。

(3) 微小卫星:为高机动能力的微小卫星(小于 100kg)研发高性能推进技术。

由于缺乏类似于在较大卫星中使用的高性能推进系统(高速度增量、高比冲、低质量分数等),小型卫星的推广使用受到阻碍。现有的大多数推进系统不适合于小型化,需要开展一定的工作来研发能够有利于尺寸缩放和工程易实施的技术概念。除了小型卫星之外,高性能微型推进还可在不同的应用场景中实现各种功能,例如用于控制大的、柔性结构的分布式推进以及为了精确轨道维持、编队飞行、精确指向和轨道扰动消除而需要精细推力的任务。对这些技术(包括化学、电力和先进的推进概念,如绳系和太阳帆)中的许多技术进行适当投资可以证实其对小型卫星的适用性。

(4) 航天员快速转移能力:建立航天员快速抵达/离开火星的推进能力。

应使到达近地天体、火卫一和火星表面等航天任务的飞行时间最小化,以限制来自辐射(银河和太阳)、暴露于微重力环境和长时间深空旅行的其他影响对航天员健康的影响。需要研发高性能、大推力推进系统以减少空间飞行时间,从而降低这些因素对航天员带来的影响。对未来 20 年内的太空探索任务,当前有两种大推力推进技术可用:液氢液氧和核热火箭。用于航天员快速转移的发动机必须能够在长时间不工作的情况下具有多次重启能力,并且必须表现出极高的可靠性。当前,没有任何类型的可用的发动机能满足这种大推力、可靠性和重新启动能力的要求。最接近的两种液氢液氧发动机是 J2X(约 250000lb 的推力)和 RL-10(约 25000lb 的推力)。它们都是高性能发动机,并且都有一些重新启动功能,但都没有证明在长时间休眠后能完成多次重新启动的能力。此外,核热火箭从未在太空中进行过测试,最后一次地面测试是在 40 多年前进行的。对于重建 40 年前就存在的技术或确定测试和操作要求,以及解决重大的环境问题所需展开的工作也存在相当大的不确定性。

E.3 质量功能展开矩阵和计算结果

专家组评估了 23 项第 3 层级的空间推进技术。对第 3 层级空间推进技术,专家组的质量功能展开(QFD)评分结果如图 E.1 和图 E.2 所示。如上所述,TA 02 技术路线图草案中的有四项技术被排除在评分之外(如技术 2.4.1 发动机健康监测和安全,2.4.3 材料与制造技术,2.4.4 散热和 2.4.5 电源),因为它们在其他技术路线图中得到了恰当的处理。QFD 评分的结果如图 E.3 所示。先进推进技术子领域中的七项技术获得相同的得分,被列入一行(位于低优先级范围之内)。有四项技术被评为高度优先技术:

	收益	与NASA需求的一致性	与非NASA的航天技术需求的一致性	与非航天的国家需求的一致性	技术风险与合理度	排序与进度	所需付出的时间和投入	加权组重后的QFD分数	专家组给出的优先级
权重	27	5	2	2	10	4	4		
	0/1/3/9	0/1/3/9	0/1/3/9	0/1/3/9	1/3/9	-9/-3/-1/1	-9/-3/-1/0		
技术名称	收益	与需求的一致性			风险/难度				
2.1.1 可储存液体(非低温)推进	1	9	3	0	3	-1	-1	100	M
2.1.2 低温液体推进	3	3	1	0	3	1	-3	120	M
2.1.3 凝胶推进	1	3	1	0	3	-3	-1	58	L
2.1.4 固体推进	1	3	1	0	3	-3	-1	58	L
2.1.5 混合式推进(固体和液体)	1	3	1	0	3	-3	-1	58	L
2.1.6 冷气/热气(推进)	1	3	1	0	3	-3	-1	38	L
2.1.7 微推进	3	3	3	0	3	1	-1	132	H*
2.2.1 电推进	9	9	9	0	9	1	-3	388	H
2.2.2 太阳帆推进	1	1	1	0	1	-3	-3	20	L
2.2.3 (核能)热推进	9	3	1	0	3	-1	-3	274	H
2.2.4 绳系推进	3	3	1	0	3	-3	-3	104	M
2.3 先进(TRL 3)推进技术	0	0	0	0	0	0	0	0	L
2.4.2 推进剂储存与输送	9	3	1	1	9	1	-3	344	H

图 E.1 (见彩图)TA02 空间推进技术 QFD 得分汇总矩阵

注:图中所有高优先级技术的优先级认定依据详见"高优先级的第 3 层级具体技术"一节内容;H 代表高优先级, H * 代表调整为高优先级(不采用 QFD 分数),M 代表中优先级,L 代表低优先级。

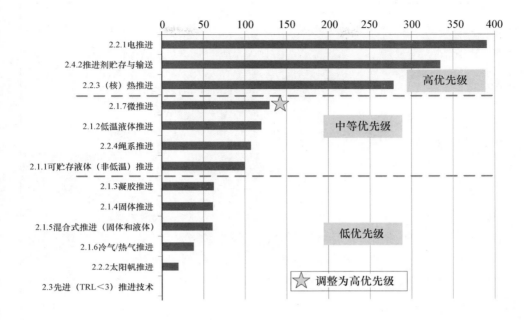

图 E.2　TA02 空间推进技术的 QFD 得分排名

（1）电推进；
（2）推进剂贮存与输送；
（3）热推进；
（4）微推进系统。

前三项技术被指定为高优先级技术，因为根据专家组的初步评估，它们获得了最高的 QFD 分数。专家组随后决定推翻 QFD 得分结果，将微推进系统指定为高度优先技术，以强调发展微推进系统的重要性。因为微推进系统支持快速发展的微型卫星市场，也可用于某些大型天体物理学研究的航天器。

E.4　顶级技术挑战与各项具体技术之间的关联性

图 E.3 显示了 TA 02 中每个第 3 层级具体技术如何支持上述的顶级技术挑战。该图表明，高优先级技术（将在下一部分中讨论）为解决这些挑战提供了潜在的解决方案。低优先级技术具有弱关联性，这是因为无论它们在主题方面与各种技术挑战有多么密切的重叠，投资这些技术所获得到的好处都是有限的。

优先级	TA02 技术按优先级列表	顶级技术挑战			
		1. 高功率电推进系统:为实现重型有效载荷产生高速度增量的任务,需研发高功率电推进系统技术	2. 低温贮存与转移:使低温推进剂在太空中的长期贮存和输送成为可能,并使在太空长时间休眠后的低温发动机实现可靠工作	3. 微小卫星:为高机动能力的微小卫星(小于100kg)研发高性能推进技术	4. 航天员的快速转移能力:建立航天员快速抵达/离开火星的推进能力
H	2.2.1 电推进	●		●	
H	2.4.2 推进剂贮存与输送		●		●
H	2.2.3(核)热推进		○		●
H	2.1.7 微推进			●	
M	2.1.2 液体低温推进		●		○
M	2.2.4 绳系推进	○		○	
M	2.1.1 可贮存液体(非低温)推进			○	
L	2.1.3 凝胶推进				
L	2.1.4 固体推进				
L	2.1.5 混合式推进(固体和液体)				
L	2.1.6 冷气/热气推进				
L	2.2.2 太阳帆推进				
L	2.3 先进(TRL<3)推进技术				

●	强关联:NASA 在这项技术上的投资对解决这一挑战可能会产生重大影响
○	中关联:NASA 在这项技术上的投资对解决这一挑战可能会产生中等影响
[空白]	弱/无关联:NASA 在这项技术上的投资对解决这一挑战可能影响不大,甚至没有影响

图 E.3 TA02 空间推进技术中各项技术对顶级技术挑战的支持程度

E.5 高优先级的第 3 层级具体技术

专家组确定了 TA02 中有四项高度优先技术,下面讨论将每项技术列为高优先级的原因。

E.5.1 技术 2.2.1 电推进

技术 2.2.1 电推进(electric propulsion,EP)使用在航天器上产生的电能将航天器加速到极高的速度。太阳能电推进系统(solar electric propulsion,SEP)包括电弧喷射推进器、霍尔推进器和离子推进器系统等,作为机动动力,目前已应用在230多个航天器上,主要是南北位置保持和轨道提升。美国及其他国家有少数月球和星际探测器(如欧洲航天局SMART-1月球探测器,日本"隼鸟"号小行星探测器,NASA"黎明"号小行星探测器)开始使用或已经使用SEP作为主推进系统。SEP还用于位于LEO航天器(如欧洲航天局GOCE卫星)的大气阻力补偿以及大型地球同步通信卫星的轨道提升和轨道保持。这些系统的技术成熟度为TRL 9。

NASA已经对30kW离子推进器和约100kW霍尔推进器的实验室原理样机分别开展了地面演示验证,这些系统技术成熟度是TRL 3。目前,NASA和美国空军正在开展100~250kW级霍尔推进器的实验室级原理样机研制工作,其飞行版本可在中期(2017—2022年)的时间框架内完成研发。从长期来看,空间核动力推进系统可以实现多倍兆瓦级推进动力,这可以通过使用当前仍在实验室里进行测试的锂磁等离子体动力推进器、脉冲感应推进器、场反向配置推进器和可变比冲磁等离子推进器(VASIMR)的飞行版本来实现。

NASA拥有专业知识及相关地面设施,可以与美国空军、工业界和学术界合作,并主导电推进系统中的关键技术研发。欧洲、日本和俄罗斯拥有非常有效的电推进项目,因此也有可能与他们进行国际合作。除了推进器技术研发外,推动高功率电推进系统的技术进步将需要做以下工作。

(1) 研发大容量电功率处理单元所需的组件和体系结构;
(2) 掌握推进器磨损机理,不必总是进行全寿命考核测试;
(3) 更全面地表征电推进/航天器的相互作用过程;
(4) 研发用于大功率电推进系统地面测试的基础设施;
(5) 对在太空进行大功率、大规模电推进系统的自主操作和控制技术进行演示验证。

国际空间站不适合作为高功率电推进系统的测试平台。在当前配置中,由于可用功率有限(约5kW)以及在交会和对接情况下验证航天器系统运行的需求,利用国际空间站在太空中进行高功率电推进测试没有任何益处。

电推进系统的主要优点是其高比冲,通常比化学推进系统高一个数量级:电推进为$10^3 \sim 10^4$s,而化学推进系统为500s或更少。因此,在可预见的未来,电推进系统是可用的、最具推进效率的空间推进技术,能在NASA、DOD和商业航天的所有任务领域中都能得到应用。虽然电推进的大比冲可以完成常规推进不可能完成或经济上可接受的众多太空探索任务,但因其推力低,导致完成这些任务所需的时间过长。电推进技术的这种特性限制了其在离轨和通过深重力井(Deep Gravity Well)飞行中的应用。大功率太阳能电推进系统进一步发展(约100kW~1MW)将使实施大质量飞行器和/或更短飞行时间的飞行任务成为可能,从而在地球轨道上可以提供更有效的空间运输系统,能更经济地完成前往诸如月球、火星和小行星带等星球的采样返回任务,可以为前往火星轨道的载人太空探索任务预先储备货物和ISRU设施,以及能让航天员高效地从起航点(如地月拉格朗日点)向近地天体和火卫一转移。这种巨大的优势、广泛的实用性、合理的研发进度以及所面临的技术挑战是电推进技术处于高优先级的基础。

E.5.2 技术2.4.2 推进剂贮存与输送

技术2.4.2 推进剂在太空的贮存与输送,包括低温推进剂(液态氢、液态氧、甲烷,以及用于电推进的推进剂)的长期贮存,以及这些流体在燃料加注站(贮存库)与航天器、上面级、月球/火星着陆与上升航天器的推进系统之间的输送。尽管"可贮存"(非低温)推进剂贮存和输送已在太空(TRL 7)中得到验证,但该技术仅在实验室环境(TRL 4)中的低温流体系统的组件级中得到验证。

NASA拥有主导这一研发工作的专业知识和设施,拥有多个地面测试设备,并在若干个NASA中心开展的低温流体管理方面拥有相当丰富的经验。国际空间站可以很容易地促进这项技术的发展,能进行简单但非常有益的实验来验证低温推进剂的长期贮存和处理。或者,一次性运载火箭可以携带大量的残余低温推进剂进入轨道进行独立试验,而且不会对国际空间站造成任何危险。这可能是将国际空间站作为深空运输节点的预先演示。

推进剂贮存与输送是一种改变游戏规则的技术,可以为NASA太空探索任务带来巨大的好处,它也可以使美国国防部和商业航天的任务受益。推进剂在太空中的贮存和输送可以降低运行成本,并使人们能够对月球和火星进行可负担得起的载人航天探索任务。

(1)载人火星探索:所有任务阶段都需要高速度增量的动作,包括离开地球、到达火星和返回地球。这些任务阶段的时间尺度将需要长期贮存推进剂。此外,离开地球的运载火箭可能需要比在单次发射中携带更多的低温推进剂进入地球轨道,因此推进剂的长期贮存是人类对火星探索任务的绝对需求。

(2)使用ISRU推进剂在月球或火星轨道中对航天器进行在轨加注,有可能将任务成本降低约一个数量级(与需要将所有燃料从地球运输到太空的任务模式相比)。

(3)实现不加燃料的深空运载器发射,减少深空运载器的质量,并可能减少每次发射所需的最大发射质量。

该技术需要在太空中进行演示,以验证微重力环境中的低温流体管理技术。推进剂贮存与输送是一种跨学科技术,可能与其他技术领域重叠,如先进的热控制技术,可以尽量减少汽化,也可能提供主动冷却能力。推进剂贮存与输送是一种改变游戏规则的技术,实用范围很广泛,因为它能够携带更大载荷以及更多航天员实现长时间、大推力、高速度增量的任务。

E.5.3　技术2.2.3 热推进

技术2.2.3 热推进包括使用太阳能和核热源来加热氢推进剂以实现高比冲的两种方式。在这两者中,只有核热推进被评为高优先级技术。与其他推进技术相比,太阳能热推进技术的优势有限,并且系统高度复杂且易受任务约束。

核热火箭是大推力推进系统,其比冲有望达到液态氢/氧化学火箭比冲的2倍。对多项任务的研究表明,核热火箭仅需一半的推进剂以及大约60%的化学火箭所需的发射质量,便能使前往火星的航天员飞行时间极大缩短。用于演示的核热火箭使用固体核反应堆来加热氢推进剂,通过标准喷管排出,以实现800~900s的比冲。在1951—1971年,NASA开展了一项广泛技术研发项目,即"漫游者"项目(Project Rover),在此期间对20个独立的反应堆和发动机在7500~250000lb的推力下进行了测试。该计划以火箭飞行器用核动力发动机(nuclear engine for rocket vehicle applications,NERVA)系统测试达到研究高峰,该系统工作了近2h,进行了28次重新启动。此后,间歇性演示工作侧重于先进核燃料开发、先进发动机的非核验证,如液氧增强核热火箭、地面试验要求评估、低成本技术研究以及各种任务的研究。

核热火箭的关键技术包括核燃料、反应堆和系统控制以及长寿命氢泵。技术开发还需要提高地面试验能力,因为"漫游者"项目中使用的露天试验方法对环境的影响是无法接受的。虽然核热火箭技术在1971年就已接近TRL 6,但此后研发工作停止,有经验的人员和设施出现匮乏,当前其技术成熟度可能处于TRL 4或更小。目前的挑战是重新获取NERVA计划的工程和技术支持。接下来的步骤将是验证核燃料在高温下的长寿命,以确保在地面试验期间核材料不会释放,并验证地面试验场地处理核热火箭试验所产生废物的能力。NERVA使用石墨基燃料,而现代燃料依靠金属陶瓷或钨来确保无辐射排出。在对核燃料进行研发的同时,需要使用现有钻孔测试方法,对核热火箭进行缩比或全尺度地面试验评估,以此可充分表征其所产生废物的特征行为。在内华达试验现场使用现有钻孔试验方法开展的初步研究显示,到目前为止没有主要的技术障碍,但仍然需要进行大量的研发工作和验证试验。使用现有的钻孔可以使得地面测试成本最小化。核热火箭研发可以很容易地采取分阶段的方法,同时加快开发核燃料,验证地面试验能力,并研发和演示低推力(5000lb)的核热火箭技术。在这之后将进行全尺寸度的技术研发和开展具有 20000~25000lb 推力的核热火箭飞行演示验证。这样的系统将具有足够的推力,可用于载人火星探索任务。对于后续系统,有可选的推力增长方案,如液氧增强核热火箭,可以提供更大的推力(在较低的比冲下),适用于行星重力井中的飞行任务。

核热火箭技术研发需要 NASA 与美国能源部(Department of Energy, DOE)国家实验室以及内华达试验场所进行密切合作。除了核燃料和反应堆外,NASA 拥有研发核热火箭所需的所有专业知识,根据法律,核燃料和反应堆由美国能源部负责。NASA-DOE 在研发核系统方面的合作有很多先例。没有必要在国际空间站进行核热火箭测试。

这项技术减轻了发射质量,并能大幅度降低成本以及载人火星任务的复杂性。专家组无法确定核热火箭技术在非 NASA 或非航天领域是否具有应用前景。虽然核热火箭的研发将是一个重要的计划,它给 NASA 带来的收益使得核热火箭排名为高优先级技术。

E.5.4 技术 2.1.7 微推进

技术 2.1.7 微推进包括化学和非化学的所有推进技术,可用于满足:①高机动性微小卫星(小于 100kg);②具有极高精度指向和定位要求的某些天体物理学探索任务。航天器子系统小型化的最新进展已经推动微小卫星(小于 100kg)、纳卫星(约 10kg)、皮卫星(约 1kg)和飞卫星(小于 1kg)研究领域快速增长。正在考虑将单独运行的小卫星或编队飞行的小卫星群用于日益复杂的任务(如飞行试验和新技术、科学任务和商业任务的有效性验证)。成本低、研制周期短以及具有能执行大型卫星系统无法执行的任务的潜力,使得小卫星成为 NASA 和美国国防部、其他政府机构以及世界各地许多研究中心和教育机构感兴趣的研究领域。但没有合适可用的微推进技术是目前先进高机动性微小卫星发展的主要障碍。理想情况下,新型和改进的微推进技术应具有如下特点。

(1) 较低的质量比和体积比(与卫星质量和体积相比),可应用于最小的卫星;

(2) 较宽速度增量能力,能提供数百米每秒甚至数千米每秒;

(3) 比冲范围广,长达数千秒;

(4) 精确的推力矢量和低扰动的精确操纵能力;

(5) 有效利用星载资源(即高功率效率和简化的热和推进剂管理);

(6) 经济性;

(7) 对用户和主要有效载荷的安全性。

当前,已经提出了许多微推进技术,包括现有系统的小型化和一些新概念,但其技术成熟度很少有超过 TRL3。但是,基于化学、电能和其他概念的一些有前途的推进技术已经发展到临界点,即在低到中等的风险环境下,采取中等规模的投资就能够在实验室中验证其工作原理的有效性,进而加速其工程样机研发进度,并能使其在太空中进行演示验证。在过去 10 年中,NASA 掌握了该领域的专业技术,通过与工业界和研究机构合作来维持美国在这个全球性增长领域的领导地位,并使地位得到加强和提升。国际空间站可用于微型推进技术的太空演示验证。事实上,微小卫星可以用于远程检查国际空间站。

研发微推进技术的好处不限于小型卫星、NASA 或航空航天工业界。例如,大卫星可以使用微推进技术产生精确的推力以抵消轨道扰动(如空间激光干涉引力波探测器)。它们还可用于航天器集群的精确编队飞行或用于控制大型空间结构的模块化分布式推进。美国 NASA、美国空军、国家侦查局、国防高级研究计划局(Defense Advanced Research Projects Agency,DARPA)和越来越多的商业用户正在探索新概念微推进技术。此外,很多微推进技术都采用基于非常规的材料和微/纳米制造工艺,它们也将在非航空航天领域得到恰当应用。

微推进技术具有以相对较低的成本来增加航天飞行任务价值的能力,因此它是一项改变游戏规则的技术。然而,在 TA02 技术路线图草案中,微推进技术是作为第 3 层级具体技术划分到化学推进技术的子领域中。将微推进技术研究局限于化学推进技术的替代品将会排除许多其他有前景的替代技术。专家组将这一技术列为高度优先,是假定这项技术的应用范围可以扩大到包括所有适用的推进技术。

E.6 中低优先级技术

指导委员会未将 TA02 中其他 11 项技术列入高优先级别。在开始被列为中等优先级别的六项技术和被列为低优先级别的另外六项技术之间,我们可以观察到它们的 QFD 评分有明显的差距。(如上所述,技术 2.1.7 微推进技术最初被评为中等优先级别,随后被专家组指定为高优先级别的技术,尽管其 QFD 评分相对较低)。中等优先级别中剩下的技术包括低温液体和可贮存液体,委员会认为这两项技术应更注重工程实施而非技术研发。空间绳系推进技术被认为投资回报低。特别是在过去已经研究了电能和动量交换的系绳,并获得了各种工况下的研究结果。虽然材料和制造技术与推进技术相关,但已经包括在 TA12 技术领域中。同样,发动机健康监测和安全已纳入到 TA04 技术领域的研究与投资范围。

TA02 技术领域中剩余的技术排名低,包括混合、固体、凝胶和金属化凝胶推进技术。这些技术的发展对 NASA 的好处是微不足道的,因为它们不能显著地提高空间推进系统的性能或降低其成本。太阳帆推进系统排名较低,主要是因为 NASA 或其他机构在近期或中期内只能获得有限的技术能力提升。冷气/热气推进已经处于较高的技术成熟度水平,预计在技术研发计划下继续对该技术进行投资不能获得较大的技术能力提升。最后,先进推进技术类中(TRL<3)的技术排名较低,因为即使成功研发这些技术中的任何一种技术都将在所有可能的意义上"改变游戏规则",但是在此所述的任何技术都不太可能使其在未来 20~30 年内实现工程应用。不过,这种先进推进技术概念的低排名不应被解读为从 NASA 的投资组合中删除它们的建议。

专家组建议,NASA 先进概念研究所(NASA Institute for Advanced Concepts)应对这类低技术成熟度、极高风险技术提供低少量的资金进行资助。

E.7 技术路线图所涵盖技术研发及其进度变化

技术研发成功的关键是建立一个分阶段的、渐进实施的方法,且具有合理的决策选择权。对于无约束条件的资助环境,TA02 技术路线图提出了一种合理的方法,特别是当重点放在上面列出的高优先级技术时。然而,在经费有限的情况下,不可能对列在日程表上所有第 3 层级具体技术都进行资助。

E.8 关于技术路线图的其他一般性意见

行星十年调查将火星上升推进和精确着陆确定为关键技术能力。火星上升推进系统未经验证,但原型系统可能依赖于具有强大环境控制系统的常规固体推进或可贮存液体推进技术,以便在火星环境中能够长期存储。此外,载人火星探索任务将需要向火星星球地表运送大量有效载荷。当前进入、下降和着陆技术已接近对火星大气环境的承受极限,并且需要对用于下降和着陆的推进系统进行一些技术改进。虽然这是需要新的工程研发计划,但推进系统在工程实施中所面临的技术挑战比技术研发中所面临的技术挑战更多。

E.9 公共研讨会总结

2011 年 3 月 22 日,在位于美国加利福尼亚州帕萨迪纳市的加利福尼亚理工学院校园里，推进和电源技术专家组组织召开了空间推进系统技术领域的研讨会。会议由专家组成员 Roger Myers 主持，他首先介绍技术路线图以及 NRC 对其进行审查评估的任务；然后为应邀发言人在其发言中应涵盖的主题提供了一些指导。针对 NASA 技术路线图草案 TA02，来自工业界、学术界和政府的每位专家均进行了 25 分钟的主题演讲，并与其他人一起讨论。在会议结束时，与会者举行了一次简短的公开讨论，重点讨论了最近的会议议题。最后，Roger Myers 进行了总结性发言，概况了会议期间关注到的关键点。

E.9.1 会议 1：空间小推力推进技术

Scott Miller（美国 Aerojet 公司）针对空间小推力技术，首先讨论未来是满足任务的需求，而不是关注性能的提高。他认为 NASA 应该抵制对所有技术都投入一点点资金的行为，而应对那些未来具有高回报、低技术成熟度的技术提供相同级别的资助。他还建议 NASA 应与其他机构和行业进行合作，以加强宣传、降低成本、并制定共同的需求。他还认为空间推进技术领域中优先级别最高的技术是大功率电推进和空间低温推进技术；在小推力技术领域，应专注于高功率霍尔和离子推进器、先进可贮存双组元推进剂发动机，以及用于姿态控制的先进单组元推进剂系统。

Mike Micci（美国宾夕法尼亚州立大学）针对微推进技术进行评论，微推进技术可以用作小型航天器的主推进系统和大型航天器的精细控制。他相信微推进是一种新兴的技术，会对近期的任务产生巨大的影响。另外，微推进技术也具有重要的地面应用，并能为小企业和学术研究类项目提供实质性好处。在评论 NASA 技术路线图时，他认为，非 NASA 部门目前正在开发的微推进技术与 NASA 研究成果相比存在很大的差距，技术路线图似乎过于强调那些没有前景的低性能技术。

Vlad Hruby（美国 Busek 公司）演讲的内容主要集中在微推进、静电和电磁推进器，他认为这是实现任务成功的关键并具有改变游戏规则的潜力。他建议美国应继续研发所有功率级的电推进系统，以涵盖后续广泛的应用场合。在近期，他建议部署一个小型电推进演示飞行器，以获得实际操作经验。他认为霍尔效应推进器是实现大功率电推进系统最有希望的技术途径。他还强调需要改进整个电推进系统，包括功率调节和功率控制组件子系统。

Lyon（Brad）King（美国密歇根理工大学）代表美国航空航天学会（American Institute of Aeronautics and Astronautics，AIAA）电推进技术委员会做了演讲。他指出，目前在轨运行的大量航天器都采用了电推进系统。他认为在电推进领域内有许多技术正在接近临界点。推动电推进技术发展的大部分工作常常面临着艰难的挑战，主要是现有技术如何扩展到越来越高功率水平的系统中。他认为 TA02 技术路线图草案有两个缺陷。

（1）缺乏试验设备，这将造成技术研发瓶颈（在美国，只有大约一两个试验设备能够对 50kW 级的电推进装置进行地面测试，而这些设备均在政府的实验室里）。King 建议，为了推动电推进技术发展，大学、小型企业和大型企业需要开展并行工作，这将需要更多的试验设备。

（2）依赖氙推进剂，这通常是电推进系统的推进剂。美国也许需要考虑用那些性能有可能降低，但可以减轻其他研发障碍的替代推进剂（包括可冷凝物），例如燃料材料的成本和试验设备的可用性。

Dave Byers（顾问）讨论了航天技术研发策略。在目前的环境下，他认为主要经济力量和短期收益占主导地位，并建议优先考虑对航天技术的经费资助，以回应与更广的行业和竞争力相关的多部门竞争因素。他将能提高美国在全球市场竞争力的技术放到了高优先级别的位置。他还建议，技术研发必须得到能够成功解决实际问题的技术方案。

在小组讨论中，有人指出，用于电推进系统的功率处理单元必须有显著的改进才能推动电推进技术的发展。这带来了对使用系统观点来优化电推进技术的重要性的讨论，该系统观点考虑：①从功率产生到推力产生的所有相关元素；②任务需求。一些发言者同意关于电推进技术具有端到端空间演示的价值，随着时间推移可以获得更高的功率。若干位发言者还对未来可用的氙推进剂以及地面试验设备的质量和数量表示关切。

E.9.2 会议 2：空间大推力推进技术

Russ Joyner（美国 Pratt & Whitney Rocketdyne 公司）在空间大推力推进技术方面展开了讨论，阐述了基于现有技术并在可接受的费用内取得技术进展的必要性。他建议，将重点放在 NASA 制定的当前任务组合是最好的前进方向，因为即使任务发生改变，但推进技术仍然适用。在他对技术路线图的审查中，他确认有六项技术可以推动大推力系统的技术发展，因此，他们应处于高度优先的位置：

（1）低温液体推进；

（2）可贮存液体推进；

（3）核热推进；

（4）制造/材料；

（5）发动机健康监测；

（6）推进剂贮存。

Bruce Schnitzler（美国爱达荷国家实验室）集中谈论了核热推进（nuclear thermal propulsion，NTP）技术。他简要回顾了美国核热推进研究工作的历史，以及在20世纪60年代和70年代进行的全尺寸发动机地面测试。然后他指出,相对于常规化学推进系统,核热推进的主要优点是能提供高得多的比冲,可以大幅度降低了载人太空探索任务中的发射质量要求。研发核热推进系统必须克服的挑战包括确定最佳燃料、研发时间长、寻找安全且经济可行的测试手段,以及克服通常由多机构联合工作所产生的复杂性(与为NASA研发的所有核系统一样,核热推进必然是NASA与DOE之间的联合协作)。Schnitzler建议克服这些挑战的最好方法是从相对较小的推力系统开始。

Joe Cassady(美国Aerojet公司)强调了研究框架的重要性,可用于指导技术和任务的研发,以防止进行无用的研究工作。他建议将这一框架建立在对技术备选方案分析的基础上,审查技术之间的相对优点和协同作用以及各种技术在支持多个任务和/或多个目的地方面的灵活性。他建议,要考虑的技术在未来20年内使用应该是可实现的,并从已经开展的地面测试中获得性能指标。满足这一要求的可选大推力技术是液氢液氧低温发动机、液氧甲烷发动机和核热推进。他认为,实现经济可承受航天飞行任务的关键是最大限度地利用和重复使用通用部件,并研发空间推进技术以使运载火箭更小。最后,他指出技术选择会产生连锁反应。例如,ISRU能够生产某种特定燃料的能力可以提高推进系统的适用性。

小组讨论的大部分内容都集中在从事核热推进技术研究时所面临的挑战,内容包括研发使用特定燃料能力,缩小可选核燃料范围,对安全和经济可承受的地面测试的需求,核热推进技术成熟所需的长时间和高成本,以及反核团体反对核推进系统的研发、测试、运输、发射和运行。有人建议围绕甲烷发动机和ISRU生产甲烷燃料构建一个整体架构,但有人认为甲烷发动机研发难度很大,并且它们不能满足近期对先进推进技术的应用需求。

E.9.3 会议3:空间推进——支撑技术

BernardKutter(美国发射联盟)通过讨论空间推进技术中的高优先级别技术开始了支撑技术的相关议题。

(1)研发一体化飞行器流体管理系统,使主要推进剂可用于姿态控制、增压和提供电力;

(2)提高空间低温流体贮存能力;

(3)提高空间低温流体输送能力。

这三项技术结合高效的结构设计,将会产生一个一体化的低温推进级,其性能将优于NASA目前正在研发的产品性能。Kutter建议开展一系列集成地面测试和低成本飞行演示验证,可以提高这些技术的技术成熟度。他还支持研发小型电推进演示验证原理样机,从而提高电推进系统设计能力,同时获得丰富的操作与运行经验。

Tom Kessler(美国波音幻影工厂)的演讲聚焦于高功率电推进系统,他认为,在以后各种科学探索和商业航天任务中,这些系统在费效比方面可以得到最大的投入产出回报。他指出,电推进系统在较低的功率水平下已得到充分应用证明,当前本行业正在通过共同努力,以比历史趋势更快的研发速度,在短期内提升电推进系统的输出功率。他建议在未来5年内可以进行30kW 太阳能电推进系统的飞行演示验证,200~400kW 可重复使用的样机在未来几年内可以进行飞行演示验证,电推进系统技术挑战涉及以下部件或系统的可用性。

(1) 高可靠、高产量的下一代太阳能电池;
(2) 高功率、高压功率处理单元;
(3) 200V 航天器电源系统;
(4) 长寿命、高功率推进器。

Al Herzl(美国洛克希德·马丁公司)讨论了过去的技术进步是如何直接支持已确定的任务需求。他举出了许多案例,如在航天飞机外贮箱研发期间实现了液氢推进剂运用的进步。他认为,确定未来 NASA 任务实际需要的技术很重要,寻找邻近的商业市场,并让这些项目投资该技术,也很重要。同时,他指出,只有在所需技术成熟时才应批准项目立项与实施。然后,他提出一些近期技术需求清单。

(1) 高压、低质量系统;
(2) 自主和综合健康管理;
(3) 长寿命低温贮存和燃料加注功能;
(4) 电推进;
(5) 研发工具。

Jim Berry(美国诺斯罗普·格鲁曼公司)强调,需要根据对太空探索和科学参考任务的收益和成本影响,确定技术投资的优先顺序。他指出,NASA 只能负担有限数量的技术投资,而选择哪些技术进行投资应该以批准的任务为基础。一旦 NASA 承诺开展某一项特定的任务,Berry 建议 NASA 应该坚持这些决定并予以执行。他还提议选择可以协同工作的技术组合,并敦促 NASA 在首选技术有特别大的风险时应建立备份技术选项。Berry 还建议提高低温发动机及其支持系统的使用寿命的价值,包括长期的空间贮存和推进剂输送。对于电推进系统,他建议,功率处理单元和散热器的进步是高功率推进系统研发的关键。Berry 还观察到,在小型系统经验证有效时,小型飞行实验具有为大系统运行提供经验的潜力。

小组用了大部分时间专门讨论了低温贮存。一些发言者建议,长期太空低温贮存应作为系统问题加以解决。一位与会者指出,在整体架构向前推进前,飞行演示应验证其模型的有效性。若干位发言者指出,对未来任何一种高于 LEO 的载人航天任务来说,低温液体输送都是必须的。一个参与者质疑在当前较低发射频率的状态下高功率太阳能电推进系统的价值。

E.9.4 会议4:先进空间推进概念

Terry Kammash(美国密歇根大学)首先在先进空间推进概念的会议上讨论基于核聚变的推进技术。他列出了可能用于实现基于核聚变推进系统的四个技术途径,这些途径涉及的技术远不如前面讨论的推进技术成熟。

Rob Hoyt(美国Tethers Unlimited公司)概述了空间绳系的三种潜在用途。

(1)电动绳系:沿着与地球磁场相互作用的系绳施加电流,在不使用推进剂的情况下产生力;

(2)动量交换绳系:将一个航天器的动能转移到另一个航天器;

(3)编队飞行:绳索连接多个需要密集编队飞行的航天器。

Kammash提出了使用绳系的多种操作方案。例如,太空拖船可以使用动量交换绳系提升有效载荷的轨道,然后太空拖船可以使用电动绳系恢复其动能。Kammash还观察到绳系飞行试验的成功率为70%,所有的故障都是由工程问题引起的,而非物理问题。他认为,近期有可能开展电动绳系飞行演示,动量交换绳系的飞行演示将是一个长期的项目。

Andrew Ketsdever(美国空军研究实验室)表示支持NASA最近在先进、低技术成熟度推进概念研发方面所做的努力。他建议对先进推进概念的投资应该敏捷,要基于健全的物理学理论。他认为应列入高度优先级的三项技术:

(1)对小型卫星来说,微推进是一项使能技术,且成本较低;

(2)束能,将使用地面发电基础设施提供电力给航天器,特别是电推进;

(3)先进高功率电推进技术,包括使用场反向配置和旋转磁场的概念。

Robert Frisbee(NASA喷气推进实验室)指出,将先进推进概念开发到可以被航天器系统使用可能需要很长时间和大量资金。他指出要回顾历史发展的价值,以避免重复发明。他认为,TA02的技术路线图草案非常好地涵盖了所有的先进推进概念,但它应该将先进的绳系添加进去,如"太空电梯"概念。他指出,核聚变和先进核裂变推进技术将使航天员能够在短短的3~4个月内完成一次往返火星的旅程,而不是像近期技术设想的那样需要多年的时间。他还认为除了这些先进推进的概念,核热推进是唯一的、能合理快速地完成载人火星探索任务的技术。Frisbee还指出了来自其他路线图的一些交叉技术,如先进的散热器、轻质材料和结构,这些对于空间电源系统的发展至关重要。

在小组讨论中,一些发言者建议通过绳系或束能来改善空间基础设施。还有一些发言者建议,对处于低技术成熟度状态的大量技术和不成熟的先进推进概念,其资助金额应维持在较低水平。

附录F
TA03 空间电源和能量储存

F.1 引言

技术领域"TA03 空间电源与能量储存"的技术路线图草案包括四个第 2 层级技术子领域：
- 3.1 发电
- 3.2 能量储存
- 3.3 电源管理和分配
- 3.4 交叉技术

由于面临着极端环境条件，NASA 在空间电源和能量储存技术方面有许多特殊的需求，需要特殊的技术解决方案。

(1) 金星地表操作需要适应非常高的持续高温(约 460℃)；

(2) 地表钻头必须能承受高撞击的减速(数百 g 量级的过载甚至更大)；

(3) 在非常冷的温度下执行深空星球表面任务；

(4) 远离太阳的探索任务无法利用太阳能；

(5) 对木星和许多其他目的地的探索任务必须适应高辐射环境。

先进的技术能以较轻的质量提供更稳定的电源系统，进而使得上述任务都能获益。当前，太间探索系统在体积、质量和可靠性等方面所面临的关键技术挑战，都包含在本技术领域中。即使在月球或火星的微重力情况下，大质量的舱外活动航天服也会降低航天员的工作效率。先进的电源和能量储存系统将直接提高舱外活动航天服、探测车、地表居住系统和航天器的性能。

最近完成的一项《关于行星科学的十年调查》(NRC, 2011)说明，空间电源和能量储存技术能够促进和增强 NASA 对地球和太阳系的认知能力，参考以下引文：

随着未来任务目标的演变，应对这些挑战将要求包括……在内的若干类技术得到持续发展，任务各个阶段都需要更高效率的电源和推进系统。

在能支持多个未来任务实施的所有技术中,没有一个比可在整个太阳系中使用的高效率电源系统更关键。

由于更有效地利用有限的钚供应能力将有助于确保一个稳健且持续的行星探索计划,近期,委员会在多任务技术投资方面的最高优先事项是完成和验证先进的斯特林放射性同位素发生器。

委员会建议NASA考虑对先进的UltraFlex太阳能电池阵列技术进行同等规模的系统投资,以更高的效率提供更多的电能⋯⋯

对这些系统能力的投资将使我们探索行星,尤其是在对外太阳系和小天体的探测能力方面会产生巨大的飞跃。

在对TA03中包含的第3层级具体技术优先级排序前,委员会对若干项技术进行了重命名、删除或移动。这些变化的解释说明如表F.1所列。修订的完整的技术领域分解结构见附录B。

能量储存可以使用多种不同的方法来实现。当前的技术路线图包括三种:电池、飞轮和再生燃料电池。在太空应用中,另外两种方法也被证明是可行的:①电场和磁场储存;②热能储存(特别是对于地表能源应用场合)。因此,该技术路线图修改时添加了两个新的第3层级具体技术:

(1) 3.2.4 电场和磁场储存;

(2) 3.2.5 热能储存。

表 F.1 TA03 空间电源与能量储存的技术领域分解结构

NASA 技术路线图草案(版本10)	指导委员会—修改建议
TA03 空间电源与能量储存	增加了两项技术
3.1 发电	
3.1.1 能量采集	
3.1.2 化学能发电(燃料电池、热力发动机)	
3.1.3 太阳能发电(光伏发电和太阳能热发电)	
3.1.4 放射性同位素发电	
3.1.5 核裂变发电	
3.1.6 核聚变发电	
3.2 能量储存	
3.2.1 电池	
3.2.2 飞轮	
3.2.3 再生燃料电池	
	增加 3.2.4 电场和磁场储存
	增加 3.2.5 热能储存

续表

NASA 技术路线图草案(版本 10)	指导委员会—修改建议
3.3 电源管理和分配	
3.3.1 故障检测、隔离与恢复	
3.3.2 管理与控制	
3.3.3 配电与传输	
3.3.4 无线电能传输	
3.3.5 (功率)变换与调节	
3.4 交叉技术	
3.4.1 分析工具	
3.4.2 绿色能源影响	
3.4.3 多功能结构	
3.4.4 替代燃料	

F.2　顶级技术挑战

专家组确定了 TA03 中有四大顶级技术挑战,所有这些挑战都与提供安全、可靠且经济的空间在轨电源系统相一致,均符合 NASA 当前和潜在的任务需求。按优先顺序,具体如下。

(1) 电源可用性:在规划和执行 NASA 任务过程中消除电源可用性的限制。

电源是影响空间科学和探索任务目标的一个关键系统。对 NASA 如何执行任务操作甚至各个任务的实现模式来说,更强的电源供应能力可以为之开辟新途径。人类执行星际探测任务时,可用电能的增加可支持更多的航天员居住在规模更大的行星基地,可以使用更大容量的 ISRU 系统和更高的数据传输速率,能在更短的周转时间内使用更高性能的移动系统和科学仪器。对于机器人科学任务,电能已经成为规划任务工作范围和到达任务目的地所需时间的关键,这是因为电推进系统的出现增强了机器人科学任务的设计能力,电源可输出功率越高,到任何目的地的所需时间就越短。到达目的地后,高功率的电源供应状态使科学家能够开发出新的科学研究方法,并能以更快的速度将大量信息传回地球。

(2) 电推进所需的大功率电源系统:为大型有效载荷在轨运行和行星地表作业所需的大功率电推进系统提供使能型的电源系统技术。

过去 10 年里,美国和其他国家在太阳能和核能技术方面取得了长足进步,有望可以据此研发数十到数百千瓦的发电系统。例如,由于去掉了用于生长多层光伏半导体材料的厚衬底,正在开发的倒置变形多结(inverted metamorphic,IMM)太阳能电池的能量转换效率达到了40%,并且质量很小。新的轻质结构还极大降低了太阳能电池阵列的质量,并实现了更高的功率输出。随着太阳能电池阵列发展到更大的尺寸规模(如用于行星探索任务的电推进功率高达数百千瓦),将需要新的技术对大型电池阵列进行控制和指向。核裂变系统的概念已经用于月球和火星探索任务,并为在行星地表合理部署并运行大规模核反应堆提供了新的技术途径,能提供10~100kW 的功率。这些设计使用成熟的燃料、功率转换技术和反应堆材料,将开发和操作风险降低到可接受的水平。核裂变系统的其他方面也需要进行技术开发,包括热交换器、流体管理、功率转换装置的缩放、散热组件、辐射屏蔽以及系统集成和测试等方面。

(3) 减少质量:减少空间电源系统的质量和体积。

电源系统通常占航天器质量的1/3,并且运载火箭整流罩内可用空间限制了安装于其内部的太阳能电池阵列的尺寸。新的发电、储能和电力输送技术有可能将这些系统的质量和体积减少原来的1/3~1/2。这些技术的成功研发将使太空任务能够采用更多的科学仪器、使用更小更便宜的运载火箭和/或提供更高的功率水平。

(4) 电源系统适应性:提供可靠的高适应性电源系统,以满足 NASA 任务中各种复杂环境的应用需求。

NASA 任务需要电源系统和组件,能适应各种不同类型的极端环境,包括高辐射环境、极高或极低温度、非常高的冲击力(对于行星地表钻头)、高腐蚀性环境、多尘环境和其他特有的极端环境。

在所有这些具有挑战性的环境中,电源系统必须要可预测和可靠地运行,否则任务就会失败。空间电源技术的持续发展,提高了 NASA 解决这些技术挑战的能力,这将使 NASA 能够计划和执行更广泛的太空探索任务。

F.3 质量功能展开矩阵和计算结果

对 TA03 技术领域,专家组评估了 20 项第 3 层级具体技术,其中 18 项技术出现在 TA03 的路线图草案中,专家组在评议过程又增加了两个。QFD 评分的结果如图 F.1 所示,图 F.2 将技术分为高、中和低优先级类别。有 6 项技术评估为高优先级发展技术:

(1) 太阳能发电(光伏发电和太阳能热发电);
(2) 核裂变发电;
(3) 配电与传输;

技术名称	收益	与NASA需求的一致性	与军民NASA的能源技术需求一致性	与军民其他国家需求的一致性	技术风险与合理性	时序与进度	所需身投的时间和投入	加权重后的QFD分数	专家组给出的优先级
权重	27	5	2	2	10	4	4		
	0/1/3/9	0/1/3/9	0/1/3/9	0/1/3/9	-9/-3/-1/1	-9/-3/-1/0	-9/-3/-1/0		
	收益		与需求的一致性			风险/难度			
3.1.1 能量采集	1	3	1	1	-3	-1	-1	60	L
3.1.2 化学能发电(燃料电池、热力发动机)	3	3	3	3	-1	-1	-1	130	M
3.1.3 太阳能发电(光伏发电和太阳能热发电)	9	9	9	9	-1	-3	-3	406	H
3.1.4 放射性同位素发电	3	3	1	1	-3	-1	-3	122	H*
3.1.5 核裂变发电	9	9	1	1	-9	-1	-3	374	H
3.1.6 核聚变发电	0	3	1	1	-9	-9	-9	-39	L
3.2.1 电池	3	9	9	9	-3	-1	-1	192	H
3.2.2 飞轮	1	1	1	1	-1	-1	-1	76	L
3.2.3 再生燃料电池	1	1	1	1	-3	-1	-1	50	L
3.2.4 电场和磁场储存	1	1	1	1	-3	-3	-3	64	L
3.2.5 热能储存	3	3	1	1	-3	-1	-1	118	M
3.3.1 故障检测、隔离与恢复	1	1	1	1	-1	-1	-1	118	M
3.3.2 管理与控制	1	9	1	1	-1	-1	-1	118	M
3.3.3 配电与传输	3	9	3	3	-3	-1	-1	216	H
3.3.4 无线电能传输	1	1	1	1	-3	-1	-1	60	L
3.3.5 (功率)变换和调节	3	9	3	3	-3	-1	-1	216	H
3.4.1 分析工具	1	9	3	1	-1	-1	0	106	M
3.4.2 绿色能源影响	1	1	1	1	-3	-3	-1	54	L
3.4.3 多功能结构	1	9	3	1	-3	-1	-1	102	M
3.4.4 替代燃料	1	3	1	1	-3	-3	-1	52	L

图 F.1 (见彩图)TA03 空间电源与能量储存 QFD 得分汇总矩阵

注：图中所有高优先级技术的优先级认定依据详见"高优先级的第3层级具体技术"一节内容；
H 代表高优先级，H* 代表调整为高优先级(不采用 QFD 分数)，M 代表中等优先级，L 代表低优先级。

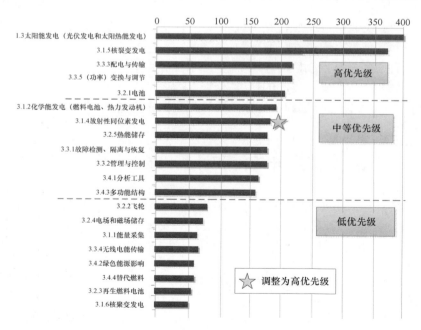

图 F.2 TA03 空间电源与能量储存 QFD 得分排名

(4) 变换与调节；
(5) 电池；
(6) 放射性同位素电源系统。

根据专家组的初始评估,前五种技术获得了最高的 QFD 分数,因此将它们指定为高优先级技术。然后,专家组决定推翻放射性同位素电源系统的 QFD 评分结果,将其列为高优先级技术,以强调目前资助和计划开展的钚-238 生产和斯特林发动机研发及鉴定项目的重要性。

F.4 顶级技术挑战与各项具体技术之间的关联性

图 F.3 将如上所述的顶级技术挑战的适用性与 TA03 领域中的每个第 3 层级具体技术相关联。F.5 节讨论的高优先级技术提供了可以解决这些技术挑战的潜在解决方案。中低优先级技术具有弱关联性,这是因为无论它们在主题方面可能与各种技术挑战有多么密切的重叠,投资这些技术所得到的好处都是有限的。

优先级	TA03 技术按优先级列表	顶级技术挑战			
		1. 电源可用性:在规划和执行 NASA 任务过程中消除电源可用性的限制	2. 电推进所需的大功率电源系统:为大型有效载荷在轨运行和行星地表作业所需的大功率电推进系统提供使能型的电源系统技术	3. 减少质量:减少空间电源系统的质量和体积	4. 电源系统适应性:提供可靠的高适应性电源系统,以满足 NASA 任务中的各种复杂环境的应用需求
H	3.1.3 太阳能发电(光伏发电和太阳能热发电)	●	●	●	●
H	3.1.5 核裂变发电	●	●	●	●
H	3.3.3 配电与传输	○	●	○	
H	3.3.5 功率变换与调节	○	●	○	○
H	3.2.1 电池	○		●	●
H	3.1.4 放射性同位素发电	○			●
M	3.1.2 化学能发电(燃料电池、热力发动机)			○	

图 F.3 TA03 空间电源与能量储存中各项技术对顶级技术挑战的支持程度

优先级	TA03技术按优先级列表	顶级技术挑战			
		1. 电源可用性:在规划和执行NASA任务过程中消除电源可用性的限制	2. 电推进所需的大功率电源系统:为大型有效载荷在轨运行和行星地表作业所需的大功率电推进系统提供使能型的电源系统技术	3. 减少质量:减少空间电源系统的质量和体积	4. 电源系统适应性:提供可靠的高适应性电源系统,以满足NASA任务中的各种复杂环境的应用需求
M	3.2.5 热能储存				
M	3.3.1 故障检测、隔离与恢复				
M	3.3.2 管理与控制				
M	3.4.1 分析工具				
M	3.4.3 多功能结构				
L	3.2.2 飞轮				
L	3.2.4 电场和磁场储存				
L	3.1.1 能量采集				
L	3.3.4 无线电能传输				
L	3.4.2 绿色能源影响				
L	3.4.4 替代燃料				
L	3.2.3 再生燃料电池				
L	3.1.6 核聚变				

●	强关联:NASA在这项技术上的投资对解决这一挑战可能会产生重大影响。
○	中关联:NASA在这项技术上的投资对解决这一挑战可能会产生中等影响。
[空白]	弱/无关联:NASA在这项技术上的投资对解决这一挑战可能影响不大,甚至没有影响。

图 F.3　TA03 空间电源与能量储存中各项技术对顶级技术挑战的支持程度续表

F.5　高优先级的第 3 层级具体技术

专家组确定了 TA03 中的六项高度优先技术,下面讨论将这些技术列为高优先级的原因。

F.5.1 技术3.1.3 太阳能发电(光伏发电和太阳能热发电)

空间光伏电源系统一直是支撑NASA科学任务的主力,也是商业和军事航天系统的基础。太阳能电池直接将太阳光转化为电能,目前的太阳能电池由Ⅲ-Ⅴ材料(Ⅲ-Ⅴ材料是由元素周期表的Ⅲ和Ⅴ组的材料制成的半导体材料,如砷化镓)制成并且由不同带隙的多结组成,可实现30%的太阳能转换效率。目前的重点是开发高转换效率的电池,NASA提出的需求如下:

(1) 可以在低强度/低温(low-intensity/low-temperature,LILT)条件下有效工作的电池(典型情况是当航天器距离太阳超过3个天文单位时);

(2) 可在高温(大于200℃)下长时间工作的电池和阵列;

(3) 高功率质量比电池阵列(500~1000W/kg);

(4) 静电清洁、耐辐射、耐粉尘、耐久用,可折叠和/或可展开的阵列。

由于光伏电源系统的极端重要性,美国国防部正在资助电池阵层面的技术研究工作,将转换效率首先提高到33%,然后提高到39%。最常见的是应用在平面太阳能电池阵列中,但是某些聚光器阵列已经成功地飞行,并且有两种类型产品目前正在研发中。聚光器阵列由于减少太阳能电池材料并提高了转换效率,从而降低了成本。

到目前为止,几乎所有在轨飞行的航天器都由太阳能电池阵列供电。光伏电源系统为NASA在近地轨道的科学任务和在高轨的卫星通信系统提供能量,如国际空间站、跟踪和数据中继卫星系统(tracking and data relay satellite systems,TDRSS),也为前往火星(火星轨道和火星地表)、金星和水星的科学任务提供动力。先进的光伏电源系统将用于"朱诺"号木星探测器抵达到木星的任务,也用于抵达太阳附近的"太阳探测器+"(solar probe plus)。位于地球同步轨道(geosynchronous earth orbit,GEO)的商业通信卫星完全依赖于光伏电源系统。NOAA极轨道气象卫星同样依赖于光伏电源系统。美国国防部在LEO、GEO和中地球轨道(MEO)的卫星上使用光伏电源系统进行观测、事件探测、导航(全球定位系统)以及其他应用。将这个第3层级具体技术列入高优先级是由于光伏发电技术所具有的优势。TA03的路线图草案还包括技术3.1.3中的太阳能热发电系统,但是专家组认为太阳能热发电技术不应作为一项高优先级技术,因为它没有在太空中使用过,也没有证明过是否具有成本竞争优势。

许多光伏电源系统的技术成熟度已经达到了TRL 9,包括Ⅲ-Ⅴ三结太阳能电池。新技术的出现带动了光伏技术的发展,如IMM光伏电池,通过去除基片,仅留下一个几微米厚的电池,功率转换效率超过30%,质量极小,具有一定的辐射耐受性。IMM阵列可以折叠和展开,其电池转换效率的增加使得采用更小规模的阵列成为可能,而轻量的电池单元可能使阵列结构进一步减小质量。目前,最先进水平的轻质太阳能阵列结构的比功率超过 100W/kg,有利于太空探索任务开展,但这些技术的成熟度目前还处于 TRL 3 或更低水平。

如附录 E(TA02 空间推进技术)所述,NASA 对用于高功率电推进任务的光伏电源系统开发具有很大的兴趣。因为电源系统质量减少对电推进任务至关重要,所以能提供高功率质量比(大于 500W/kg)和高功率密度(大于 300W/m^2)的先进电池阵列技术是关键的技术开发领域。由 IMM 光伏电池技术和轻量阵列技术提供的太阳能电池功率质量比预期大于 600W/kg,功率密度预期大于 400W/m^2,其中轻量阵列技术包括平面和光电聚光器阵列方法(现在其技术成熟度为 TRL 2)。

NASA 格林研究中心一直是 NASA 光伏技术的主要研发机构,喷气推进实验室(JPL)和 NASA 戈达德太空飞行中心(GSFC)为其提供重要的技术能力和设施,以推动现有技术向前发展。NASA 则是因为其专业知识和技术能力加上其任务需求的多样性,同时与美国国防部、能源部、商业界和学术界的合作密切,有能力领导高功率太阳能电池阵列技术的研发工作。虽然美国国防部对 IMM 太阳能电池技术投资力度不大,但 NASA 却非常积极地投资 IMM 技术,以确保及时发展下一代太阳能电池技术,满足其自身的任务需求。NASA 与其他投资空间光伏技术的国家(包括多个欧洲国家和日本)之间的持续合作是有益的。过去,国际空间站曾用于测试和验证新的光伏电池技术,目前它仍然可用于测试和验证此类技术。

因为更高功率、更小质量的太阳能电池阵列对 NASA 未来任务能产生颠覆性的影响,所以光伏电源技术是高度优先发展的技术。太阳能发电技术几乎可应用于 NASA 所有的任务及美国国防部、商业和民用航天企业领域,因此,该领域的技术研发工作会给整个用户群体带来广泛的益处。高功率太阳能电池阵列的研发风险为中到高之间,这适合于 NASA 进行技术投资。由于输出功率为 30~50kW 级别轻型阵列的技术风险相对较低,必须对其进行在轨演示验证。对于大规模的太空探索任务,需要研发功率高达 1MW 的大型阵列,具有这种高功率输出的太阳能阵列会是突破性的创新。然而,尚未研发足够大的结构来容纳如此大的阵列,因此有必要针对大阵列制定有针对性的研发计划,以解决控制和指向问题,以及与高功率相关的高风险问题,确保能够支撑 NASA 未来探索任务。

F.5.2 技术 3.1.5 核裂变发电

空间核裂变电源系统利用核燃料裂变产生的热量来驱动热电转换装置产生电能。关键分系统包括反应堆、热交换器(将热量移出反应堆并送入功率转换器)、功率转换器、散热器和辐射防护屏。正如在先前的一项研究(针对核裂变反应堆系统在太空中的应用)中所指出的(NRC,2006,第 10-11 页):

核反应堆系统可以长时间提供相对较高的功率,这使设计任务时能采用更多、功能更强大的科学仪器及高带宽通信系统,航天器飞行时间更短,能以更大的灵活性来改变航天器的航向和速度,足以对感兴趣的天体进行深入的调查(而不是简单的飞越),可以更容易地探测多个天体,并能根据特定任务期间收集的信息大幅度改变航天器的飞行轨迹。核反应堆有可能克服与低能耗和低功率有关的技术限制,它们可以在较长的时间段(几年到几十年,包括在运输和地面操作期间)、在很宽的功率水平上提供电能和推进力,因而一般不考虑采用太阳能或大量化学燃料。但是,核反应堆系统的开发费用昂贵,只有在解决了关键技术问题后,才能发挥其潜力。

目前,空间核裂变技术的技术成熟度评估为 TRL 3。尽管一些部件在较高的技术成熟度上得到了演示证明,但是其他许多重要部件还需要进行技术研发,以使他们的技术成熟度高于 TRL 3。某些部件在过去的 SP-100 和"普罗米修斯"项目中已经达到了较高的技术成熟度,但由于项目终止、研究中断、人员更迭,相关技术能力已经丧失,必须重新加以研究。目前,必须解决的关键分系统包括反应堆(包括仪器和控制/安全)、能量转换、传热、散热和辐射屏蔽。

NASA 拥有研发空间核裂变电源系统技术所需的一些专业知识,但它需要与美国能源部和私营企业合作,以便将这项技术的技术成熟度提升到 TRL 6 及更高水平。由于其特殊的能力和一些法定要求,美国能源部必须牵头开发反应堆组件和相关技术(含核燃料)。包括 NASA 格伦研究中心和马歇尔太空飞行中心在内的 NASA 各中心都有专门技能和试验设施来主导能量转换和散热子系统的研发。在能源部对涉核子系统的技术支撑下,NASA 也有资格领导整个系统工程的研发工作。由于这是一项主要适用于太空探索需求的技术,因此 NASA 最有能力率先将该项技术的成熟度提高至 TRL 6 或更高。也可能有机会与俄罗斯、日本和法国等具有反应堆技术研发能力和设施的国际合作伙伴进行合作,但不适合在国际空间站上对这项技术进行测试。

空间核裂变电源系统将会改变游戏规则,这是因为它具有如下潜力:①为行星地面探测任务(尤其是载人任务)提供一个电能充足的环境;②为深空探测和科学任务提供大功率的电推进系统。这项技术与 NASA 的需求是高度一致的,因为它将会对机器人科学和人类太空探索能力产生革命性的影响。但它与其他航天任务和国家需求的一致性被认为是较差的,因为空间核动力反应堆将设计成快中子反应堆,而快中子反应堆技术没有明显的地面应用场景。其技术风险评估为中高级别,这对 NASA 来说是适当的(这个风险级别假定 NASA 将为待开发的核裂变系统设定现实的目标;否则,其风险可能增加到"非常高"的级别)。下一个空间核裂变发展计划有望采用与被取消的木星冰月轨道器(Jupiter Icy Moons Orbiter,JIMO)任务中所采用的核裂变电源系统目标一样的性能和寿命目标,这样就不需要研发全新的材料或燃料。基于液态金属冷却、不锈钢结构和二氧化铀燃料的空间核反应堆概念拥有最坚实的技术基础,这是数十年发展的结果。对以往的空间核裂变电源系统开发项目来说,追求更高温度的系统一直是技术问题和相关成本及进度超限的主要来源。电源系统研发成本预计会很高,在 10~12 年的时间内花费 10 亿~20 亿美元,然而,与载人和机器人在外太阳系及更远的地方进行探索所带来潜在的好处相比,我们很容易证明该探索所需的成本是合理的。因此,核裂变发电技术被认定为高度优先的技术。

F.5.3 技术 3.3.3 配电与传输

人们对航天器电源系统各组件的兴趣通常集中在发电和储存功能上,并且已经投入了大量资源来探索新概念、研发替代技术方案、提高服务于这两个功能的系统比功率和比能量。随着未来改变游戏规则的科学和载人航天探索任务的实施,航天器对电能的需求显著增加,这已经成为一个更加明确并被高度重视的问题。基于这些未来大功率应用需求,如果将现有的配电与传输(distribution and transmission,D&T)技术直接外推,将使电源系统面临无法接受的质量大和复杂性问题。因此,专家认为配电与传输技术应该是一个高度优先发展的技术领域。

航天器系统的配电与传输主要由电缆(铜导体和绝缘层)和连接器组成。目前,航天器上的电源采用直流电(direct current,DC)进行分配,电压值范围为 28~100V。但国际空间站是个例外,它使用直流 120V 分配架构。随着航天器上各系统功率需求越来越高,需要采用更高电压的配电技术,以避免所采用的电缆线束过重,这可以通过直流或交流架构来实现。帕邢定律(Paschen's Law)将高压直流系统的最大直流电压限制在约 270V。因此,高功率级别系统的应用场景应更多地关注可能处在相对较高频率的交流系统。对轻量化的需求将挑战用于总线的传统铜材料,并且需要在更高的温度下可靠工作(以提高热管理系统的效率以及电子效率),但这与减少电缆线欧姆损耗的需求相矛盾。

技术 3.3.3 中拟定的研究将增加配电与传输子系统的电压,为航天器系统研发高频交流配电技术方案,并确定采用其他材料替代铜导线。长期以来,铜导线一直是航天器的首选导体,但随着功率水平的提高,电流和电压也将随之升高,导体质量也会随之增加。使用直流电源系统时,为了减少粗电缆带来的较大质量,需要开发替代材料。例如,超导体或纳米材料导体,以及能保护高压系统的、符合太空应用要求的轻量化绝缘材料。使用交流电源系统时,高于航天飞机所用 116V 电压的交流系统可能需要非常高的工作频率。例如,NASA 曾经资助开发一个 440V、20kHz 交流电源系统,用于"自由"号空间站,后来它被重新配置为使用直流电源系统(Patel,2005)。技术需求包括将传输损耗降至最低,减少变压器质量,将故障保护和智能遥测功能集成到配电架构中,并开发新的连接器。

最终,未来任务的性质将决定航天器电源系统所使用的架构和技术,而这反过来又决定对电源配电与传输系统的要求。例如,来自核反应堆-涡轮发电机系统的电源可能是高压交流电,而来自光伏发电系统的电源总是作为直流电压供电。如果任务需要电推进器,则极高压直流电源(千伏)将是必不可少的,可以采用核动力源。这些对配电与传输技术都提出较高的要求,而在大多数情况下,当前这些技术的成熟度还不到 TRL 3。在未来的 20 年中,开发所需的配电与传输技术的相关技术风险很高,但是如果所需要的电源要以可接受的质量、体积和效率约束交付给负载,那么除了满足这些需求外,可能没有其他的选择。

NASA 非常适合领导先进配电与传输技术的研发。这项技术的进步可能需要工业界和学术界的深度参与,共同对电压、架构技术方案以及先进传输和绝缘材料等方面开展研究工作。由于可以使用真空室和实验设施在地面上完成测试,国际空间站对该项技术研发提供的便利将是有限的。此外,在国际空间站上引入高压可能带来安全风险,会增加国际空间站上进行任何测试项目的成本和周期。然而,为了在太空环境中验证新的配电与传输技术,最终仍需要在太空中进行测试(国际空间站或其他太空平台)。例如,需要进行在轨测试以解决等离子体相互作用和微流星体冲击的影响。

专家组认为,由于高压系统可以极大地减少电缆线束质量,因此先进配电与传输技术在减少系统质量方面有着显著的优势。这一领域的先进技术将广泛适用于许多类别的 NASA 和非 NASA 航天系统,并可能也适用于各种各样的地面系统。在 NASA 技术计划的典型范围内,其技术风险被判定为中到高级别。

F.5.4 技术 3.3.5 变换与调节

任何特定航天器上可用的电源电压和电流将由电源、电源管理和配电架构所决定。各种不同的负载通常需要不同形式的功率,例如电推进系统需要较高的电压等。因此,功率变换和调节的目的是在电源和负载之间提供必要的桥梁,并且将该功率调节到负载所需的容差范围内。

目前有需求但尚未解决的问题包括:①对现有的地面用高压组件进行太空适用性的鉴定;②替换远远落后于商业技术水平的宇航级组件。改善功率变换和调节装置的重要参数包括增加变换效率、工作温度范围和辐射容限。近期有应用需求的先进变换与调节技术,其技术成熟度为 TRL 4。

未来的太空发电和配电系统可能在高电压下运行,比当前系统更高,以提高效率。更高的额定电流、更低的开关和传导损耗以及更高的结温容限有助于改善未来系统组件的功能。高压调节需求还与一些需要高压(千伏)才能工作的电推进技术相关。高压调节能力的发展将需要一个重大项目来带动,其中包括许多新技术和新设施的研发。目前用于功率变换与调节的下一代技术的技术成熟度仍为TRL 2~3。

先进变换与调节技术的一个典型例子是采用更宽带隙的半导体材料,例如碳化硅或氮化镓等,它将取代开关元件中的传统硅材料,从而提高器件的工作温度和效率,同时减小质量和体积。另一个例子是先进磁性元件,可用于改进变换和调节装置。

NASA拥有研究和开发先进功率变换和调节技术所需的诸多技术能力、设备和设施。NASA需要与工业界和学术界合作,以利用在其他领域(包括商业用途)取得进步的电力电子技术为当前技术研发提供支撑。NASA在这一领域取得的进展可应用于未来电动车辆和商用智能电网系统,在这些系统中,电能的产生和调节与使用点距离比较近。技术研发的某些方面可以与美国国防部和能源部的办公室联合完成。通过将试验性有效载荷外挂在国际空间站上,可以在太空环境中对相关硬件进行鉴定,这提供了低风险的太空演示验证机会。

功率变换和调节之所以被评为高优先级技术,是因为它被认定为有助于大幅改善任务能力,并且在NASA多个任务领域具有广泛的适用性。先进的功率变换和系统性能调节的主要好处是既可直接以分系统质量较轻的形式出现,也可间接地以更高的变换效率形式出现,从而可以提供更高的功率裕度。这些优点在需要较高功率水平的电推进系统或高带宽通信方面显得尤其重要。提高电源转换效率可能会使低功率系统上太阳能电池阵列、电池和热控系统的尺寸减少10%以上,对更高功率的系统会产生更大的影响。由于所有航天器都使用功率变换和调节组件,因此功率变换与调节技术在整个航天领域都具有广泛的应用。这种技术未来发展的技术风险是中到高级别,这完全在NASA对技术开发的风险承受能力范围之内,并且NASA可能付出的成本和完成技术开发的时间预计不会大幅度超过以往开发类似技术时的投入。

F.5.5　技术3.2.1　电池

从人类进入太空时代开始,电池就已经作为电化学储能装置在航天飞行中进行应用。当前,电池技术仍在不断进步,科学研究发现,对电池进一步开展高性价比的技术改进是可行的。在太空中,电池必须能在各种严酷的、有时是独特的环境中生存下来,而且与大多数地面应用相比,电池的负载特性要求更高。多数电池已经在太空得到验证,其技术成熟度达到TRL 9,但各种先进化学电池替代品尚未开发出来,也尚未通过太空飞行验证。

数十年来,航天工业都依赖于镍镉和镍氢充电电池,目前正在转向锂离子

(Li-ion)电池,并将它作为航天系统的标准储能组件。锂离子技术在比能量、充放电速率和高放电深度下的循环寿命等方面有着实质性提高。在诸如运载火箭箭上电源系统的应用中,锂离子电池也被用作一次性电池(电池只用一次而不充电)。

NASA 的任务将受益于能提供更高比能量和/或更高比功率的新型电化学电源技术。NASA 在空间电池技术方面拥有世界级的专业能力,其喷气推进实验室、格伦研究中心、戈达德太空飞行中心和埃姆斯研究中心等多个机构都具有电池技术研发能力。因此,NASA 最有资格领导先进电池技术的研发,以满足其各项太空探索任务的特殊需求。理想情况下,这项技术的研究应充分利用商业技术的发展,就像 NASA 开发太空应用的锂离子电池技术一样。

当前,充电电池技术正在迅速发展,以满足电动汽车、手机、笔记本电脑/平板电脑和可再生能源系统的商业需求。因此,NASA 将从与美国能源部和商业界合作开发先进电池技术中受益。美国能源部的先进研究计划署-能源(Advanced Research Projects Agency-Energy,ARPA-E)正在寻求各种先进电池技术,商用汽车行业正在投资用于插电式混合动力/电动汽车的高效电池,由于有可能在太空中进行应用,所以其使用寿命、能量密度和可靠性要求相当高。国际空间站可以在一定的热、电和微重力环境中对一些先进电池(如有液体电极或电解质等的电池)进行测试评估。

由于有可能大幅减少航天系统的质量,并能够在极端环境中推动任务有效实施,指导委员评估了电池技术所能带来的重大效益。鉴于这项技术对机器人科学和载人太空探索能力都有潜在影响,因此它与 NASA 的需求高度吻合。因为电池的广泛使用,所以它与其他航天任务和国家需求的一致性也很高。NASA 可以利用其他政府和商业组织对先进电池技术的大量投资。但是,对于在极端环境中任务所提出的独特要求,确实需要 NASA 以可接受的风险度进行专门的研究和开发。

F.5.6 技术 3.1.4 放射性同位素发电

放射性同位素发电系统(radioisotope power systems,RPS)可以在太阳系内外的几乎任何地方长期向科学和载人太空探索任务提供动力。放射性同位素电源系统使得许多特殊的深空和行星探测任务成为可能,进而使重要的科学发现成为可能。放射性同位素发电系统使用钚-238(Pu-238)作为热源,并且自 1961 年以来,一直使用热电转换器为整个太阳系的许多任务提供可靠的电能,包括先锋、维京、维京着陆器、伽利略、尤利西斯、"阿波罗"12 号~17 号宇宙飞船、卡西尼和新视野。各种飞行任务的使用寿命已经超过了 30 年。未来的放射性同位素电源系统可以发展到能提供较低的功率水平(0.1~1W 量级)和较高的功率水平(100~1000W 量级)。较高功率的系统将使放射性同位素发电系统推进能够用于深空任务,使若干个新的任务具备工程实施的可行性。

虽然放射性同位素发电系统具有完善的基础,但必须克服一些重大的技术难题,才能最大程度地提高美国日益减少的可用钚-238 的供应效率。美国能源部不再具有生产钚-238 的能力(用于少量研究的除外),美国已从俄罗斯购买了所有可用的钚-238,目前没有其他国家(包括俄罗斯)生产钚-238。而且多项研究表明,现今还没有其他可用的放射性同位素材料可以满足 NASA 对放射性同位素发电系统的需求。在最近的 NRC 研究(NRC,2010,2011)的支持下,NASA 和美国能源部试图重启有限年产量的钚-238 的生产,但国会尚未向美国能源部或 NASA 就此项工作提供资金支持。

NASA 和美国能源部一直在开发先进的放射性同位素发电系统,将使用斯特林发动机来取代热电转换器。正在开发的斯特林发动机的能量转换效率约为热电转换器的 5 倍,因此斯特林发动机需要更少量的钚-238 数量就能达到类似的功率水平。由于钚-238 的稀缺性,即使在钚-238 生产获得批准和资助之后,这种稀缺性仍将持续多年。如果放射性同位素发电系统能够用于 NASA 计划中的科学和太空探索任务,那么斯特林发动机的效率就必须得到极大的提高。正如第 4 章所讨论的那样,建立一个可靠的、可循环使用的钚-238 源和成熟的斯特林发动机技术对于为 NASA 未来的科学和探索任务提供动力是非常重要的,因为这些任务不能依靠太阳能发电。

目前,使用斯特林发动机的放射性同位素技术的技术成熟度被评为 TRL 6。尽管一些部件已经在更高的技术成熟度上得到证明,但仍需要进行飞行测试以达到更高的技术成熟度。由于在低轨上运行核电源系统受到限制,无法利用国际空间站来验证该项技术。对 NASA 来说,放射性同位素发电系统比较特殊,行星际太空飞行任务是其唯一的驱动需求,这是重新启动钚-238 生产的原因。NASA 和美国能源部拥有开发放射性同位素发电系统所需的唯一能力和基础设施。根据法规,美国能源部必须对放射性同位素发电系统中的核方面研发内容负责。NASA格伦研究中心负责斯特林发动机的研发,而喷气推进实验室则负责 NASA 在放射性同位素发电系统技术研发及其与航天器集成方面的工作。

在为这项技术分配 QFD 分数时,专家组认为钚-238 的生产和斯特林技术的发展将按照 NASA 当前的计划进行。如上所述,尽管放射性同位素发电系统技术的 QFD 分数相对较低,但由于这项技术对 NASA 深空探索任务的未来至关重要,放射性同位素发电系统技术仍被评为高优先级技术。委员会认为,对放射性同位素发电系统技术进行额外投资,其收益较低,因为没有好的措施可以用来提高斯特林发动机与钚-238 热源耦合的放射性同位素发电系统性能。然而,如上所述,如果这些技术尚未开发,则适当经费投入所带来的技术进步较大,由此评估其收益一般会较高。由于对机器人科学和载人太空探索能力的巨大影响,该技术与 NASA 需求的一致性很高,而与其他航天任务和国家需求的一致性则被认为是较低的。在 NASA 可接受的技术开发风险水平范围内,该项技术的风险被评估为中到高级别。发电系统的研发成本预计是适中的。基于 QFD 分数,放射性同位素发电系统技术应归为中等优先级技术,QFD 分数基于以下两个假设:①当前的斯特林发动机研发计划仍在继续;②国内生产钚-238 已及时恢复。考虑到第二个假设仍然存在疑问,专家组推翻了 QFD 分数,以将该技术指定为高优先级。

F.6 中低优先级技术

TA03 技术领域中包括 14 项排名为中等或低优先级的第 3 层级具体技术。这包括为了体系完整而添加到技术领域分解结构中的两项技术。与先进电池技术相比,热能储存技术具有改善储能容量的潜力,可用于许多特殊应用场景,所以在 TA03 技术领域中增加了热能储存技术。例如,如果使用基于太阳能热动力系统的电源系统,则可以有效地储存热能量而无须使用电化学系统。原位资源利用是热能储存技术优先考虑的另一个应用场景,特别是在使用基于热能工艺的情况下。电场和磁场储存是作为一项技术加入的,涵盖了超级电容器和超导磁储能等许多先进技术。一般而言,在储存时间非常短的情况下这些技术是非常有用,如大功率雷达仪器的峰值负载管理。

被评估为低优先级的八项技术中,有七项技术被认为在未来 20~30 年内对 NASA 的任务只有边际收益。这些技术包括能量采集、飞轮、再生燃料电池、电场和磁场储存、绿色能源、替代燃料贮存和无线电能传输。边际收益(不足 10% 的改进)的评估是基于对每种技术感兴趣的主要参数在系统级预期改善方面所起的作用的评估。在大多数情况下,这体现在航天器质量或可靠性的改善,专家组认为,只要对该技术进行合理的投资就可以实现这一点。尽管对其中的某些技术(如飞轮、电场和磁场储存等)提出了更高的要求,但专家组对现有信息的审查并未获得任何可信的技术发展路径,无法通过合理投资达到技术路线图草案中规定的性能水平。此外,目前可用的推动这些技术发展的方法所面临的风险水平,往往比通常适用于 NASA 技术投资所面临的风险水平低。对于剩下的低优先级技术——核聚变技术,则被认为在未来 20~30 年内不会给 NASA 带来任何价值,因为在这段时间内研发成功的可能性非常低。

被列为中等优先级的六项技术,包括四项具有边际收益的技术和两项具有更多实质性收益的技术,但这些收益的应用仅限于一小部分任务领域。这四项具有边际收益的技术包括:①故障检测、隔离与恢复(FDIR);②管理与控制;③分析工具;④多功能结构。虽然这些技术的优势类似于先前讨论的低优先级技术,但这四项技术排名更高,因为它们的任何进步都将适用于全部或大部分任务类别中的所有或几乎所有 NASA 和非 NASA 的太空任务。换句话说,这些技术的成功对所有应用领域都有帮助。剩下的两项中等优先技术,即热能储存和化学能发电,它们可为一小部分任务提供实质性的效益。如上所述,热能储存可应用在太阳能热动力系统和原位资源利用系统中,包括燃料电池和热力发电机在内的化学发电技术有助于载人太空探索任务实施因为大量的氢气和氧气能可用于推进系统。在这些情况下,可以使用贮箱里推进剂蒸发产生的气体来免费发电。

F.7 技术路线图所涵盖的技术发展及其进度变化

空间电源和能量储存技术的时间表在很大程度上取决于投入项目研发的经费额度。如果技术路线图中的每个项目都有足够的研发资金,那么技术路线图中描述的时间表通常是可行的。

F.8 关于技术路线图的其他一般性意见

空间电源和能量储存与其他若干个技术领域有关。TA02 中讨论的高功率电推进应用带来了许多挑战性的要求。电源和储能组件的散热取决于 TA14 所涵盖的热控系统技术。基于 TA12 中材料与结构技术和 TA10 所涵盖的纳米材料,采用两个技术领域中所涉及的先进材料技术,许多电源技术都可能取得一定的进展。

F.9 公共研讨会总结

2011 年 3 月 21 日,在加利福尼亚州帕萨迪纳市的加利福尼亚理工学院的校园里,推进与电源技术专家组组织召开了空间电源和能量储存技术领域的研讨会。专家组成员 Douglas Allen 主持研讨会,他首先对技术路线图草案和国家研究委员会的研究任务进行了总体概述。他还为邀请发言者在发言中应该包括哪些主题提供了一些方向。来自工业界、学术界和政府的专家应邀分别进行了 25min 的演讲,并就 NASA 的 TA03 技术路线图草案进行讨论。会议结束时,与会者进行了短暂的公开讨论,重点讨论了最新的会议议题。最后,Douglas Allen 进行了总结性发言,并总结了研讨会讨论期间观察到的关键点。

F.9.1　会议1：太阳能电池阵

　　Ed Gaddy(美国约翰霍普金斯大学应用物理实验室)在太阳能电池阵的研讨会上首先发言,讨论如何正确衡量技术改进所带来的影响。他认为,减重技术改进的成本影响被极大地低估了,这可能导致对先进技术的投资不足。他还观察到,太阳能电池阵的发展历史表明,缓慢而稳定的投资产生缓慢而稳定的技术改进,这是非常成功的,随着时间的推移,这种方法可以产生颠覆性的技术能力提高。他认为支持倒置变形多结光伏电池技术,可以作为太阳能电池阵技术的下一步发展目标。最后,他表示,当前正在实施的任务需要更好地了解采用特定新技术所带来的好处,并且应该建立激励措施,鼓励任务管理人员采用那些已达到适当高的技术成熟度的先进技术。

　　Alan Jones(美国ATK公司)在回顾TA03技术路线图时表示,技术路线图的近期目标总体上是可以实现的,但是长期目标会更具挑战性。然后,他回顾了NASA任务所特有的太阳能电池阵技术挑战,如极低或极高的环境温度。他赞成NASA在倒置变形多结光伏电池技术方面的投资,另外他还认为需要对先进电池阵技术进行资助,并特别提出,需要投资翼型结构平台,以充分实现新型电池的优势。

　　Ted Stern(美国先锋航天技术公司)首先讨论了可以降低阵列成本和减小质量、提高阵列可靠性的集成阵列制造方法,还提出了模块化太阳能电池阵的概念,通过使用相同的方法制造所有阵列来简化航天器的设计,从而可以更容易地进行性能鉴定。然后,他还简述了近期用于提高太阳能电池阵性能的聚光器技术的优缺点,从长期来看,他支持在光谱转换和多光子太阳能光伏领域的投资,这可能会取得改变游戏规则的性能突破。最后,他指出了改进的太阳能电池阵列与地面试验产品相关性方面的价值。

　　Paul Sharps(美国Emcore Photovoltaics公司)提供Emcore Photovoltaics公司的一些信息,并指出它是美国两家高效多功能太阳能电池和太空应用电池阵开发商和制造商之一。他指出,虽然太阳能电池已经连续25年获得了美国国防部的资金支持,但是在电池集成和阵列技术方面几乎没有什么改进。他提供了对倒置变形多结光伏电池技术的看法,指出美国Emcore Photovoltaics公司已经在实验室里用这项技术达到了34%的能量转换效率,并且正在开展可以达到37%转换效率(目前最先进电池的转换效率不到30%)的技术概念研究工作。Sharps认为,具有抗辐射能力的转换效率达到34%的倒置变形多结光伏电池离可飞行产品的距离是2~3年。他建议NASA把光伏电池投资重点放在这项技术上,使其能适应NASA的特殊要求,如超高温和超低温环境以及深空光照强度极低的情况。

　　在小组讨论中,主持人要求发言者预测未来20年中最先进的电池阵技术。发言者普遍认为近期将有400W/kg的功率密度可用,但由于下一代技术能否在倒置变形多结光伏电池之外取得成功仍有待确定,所以长期预测是非常困难的。小组讨论还涵盖了 NASA 可能从通过投资自己的太阳能电池阵列技术中所获得的收益,获益所采取的措施包括为 NASA 特定应用环境(尤其是对外行星、内行星和太阳等飞行任务)而建造的阵列,更快速地先进展开技术,以及提升其作为工业界电池阵技术精明买家的能力。

F.9.2 会议2:电能储存

Joe Troutman(美国 ABSL 航天产品公司)在会议开始时,指出锂离子技术已经推动了电池性能的最新发展。他提出,锂离子电池的基本技术已经被证实,但是更多的工作是改善电池的性能和安全性,主要是通过使用先进的阴极材料和阳极涂层。他还建议,提高电池电压将会获得更高的能量密度和循环寿命。

Michael Tomcsi(美国 Quallion 公司)表示,在过去的15年中,锂离子电池的能量密度($W \cdot h$)/kg 每年稳定提高6%~8%。他讨论了将来可用于改善电池的不同材料。他认为每年若干个百分点的小幅改进是可以实现的。Tomcsi 断言,尽管必须克服重大的安全问题,但金属锂电池可能会带来性能上的飞跃。

在小组讨论中,有两位发言者都认为,阴极技术的进步将是未来电池改进中的最大挑战。为了满足 NASA 具体需求所需的技术进步,他们建议可以改善低温性能,但是会损失一些其他性能,TA03 技术路线图草案中规定的高温要求是非常具有挑战性的,只能使用全新类型的电池才能解决这一问题。还有一些关于用于电池研发的更优建模方法的讨论,以及讨论关于开发好的基于物理学的电池模型来取代当前经验模型所面临的挑战。

F.9.3 会议3:电源系统工程

本次会议的目的是深入了解太阳能发电系统如何作为一个整体工作的,以及采用先进技术可能带来的性能改进。

Robert Francis(美国航空航天公司)在会议开始时讨论与改进太阳能发电系统相关的一些一般性问题。他指出,美国国防部有一个技术路线图,主要是针对太阳能电池阵列的能量密度和体积效率方面提出了具体的性能指标。该技术路线图预测的性能提升水平约为 NASA 的 TA03 技术路线图草案中提出的性能提升水平的1/2。Francis 认为,未来太阳能发电系统能减轻的大部分质量主要来自对太阳能阵列支撑结构的改进,而不是来自阵列上安装的太阳能电池的改进。他指出,转向极高功率阵列存在的技术挑战主要是航天器电气总线需要更高的电压以及地面测试存在困难。

AzamArastu(美国波音公司)大部分演讲内容集中在美国波音公司目前正在研发的两种先进、轻质和紧凑的太阳能电池阵上,它们受到美国国防高级研究计划局和空军研究实验室的资助。快速访问试验台航天器(fast access testbed spacecraft, FAST)和集成覆盖/互联系统(integrated blanket/interconnect system, IBIS)阵列都能够产生非常高的功率,并采用高效的倒置变形多结太阳能电池技术和先进的展开结构概念,从而显著提高当前的技术水平。FAST阵列使用线性太阳能聚光器,并且由于使用较少的太阳能电池,因而成本更低。它还具有更强的辐射耐受性,在深空的低光环境下更加有效,但对指向精度有更高的要求。IBIS阵列由薄、柔性和平面型太阳能模块构成,比FAST封装更紧凑,指向性要求也更低。这两种阵列系统的设计都是高度模块化和可扩展的,所以它们最终可以组装到能够产生高达300kW功率的太阳能电池阵列的系统中。

小组在讨论模块化问题上花了一些时间,有两位发言者均表示,简单性和批量生产组件所节省的成本抵消了模块化系统造成质量轻微增加的影响。当被问及为何在技术已经得到了大力发展,NASA还要在阵列上进行投资时,发言人建议NASA可以将投资重点放在航天器集成问题和太空操作的特殊环境要求上,其中一位发言者还表示,即使NASA的非经济支持也有助于确保技术进步。最后,讨论了总线电压:认为200V直流电对于近期的飞行任务是可行的,但从长期看来需要采用300V直流电。对于需要超过300V直流电的情况,若要实现预期性能提升,可能需要将直流电源系统改为交流电源系统。

F.9.4 会议4:核系统

Joseph Nainiger(美国Alphaport公司)在核系统会议开始时讨论了放射性同位素发电系统和核裂变发电系统的历史。他指出,尽管美国在放射性同位素发电系统方面拥有丰富的飞行经验,但只有一个核裂变发电系统完成飞行任务(在1965年),自1972年以来,并没有制造和在地面试验过基于核裂变方式的核热火箭。在短期内,放射性同位素发电系统将继续满足在不能使用太阳能的环境(使随着太阳能技术的进步)对可靠电源的需求。核裂变系统不受是否接近阳光或光照的影响,能够满足高功率需求的任务要求,Joseph Nainiger称赞NASA目前正在为研发和测试核裂变发电系统的无核组件所做的努力,他认为,只有持续不断积极地技术研发,才能产生出至少1MW功率的电源系统。核裂变发电系统需要对基础设施进行大量投资,他建议应采取措施来梳理并掌握过去发展的技术。同时,他还认为,重新开始生产钚-238是一项关键的国家需求。

Gary Bennett(NASA前雇员)同意NASA对钚-238的迫切需求。他推测,如果有足够的钚-238可用,那么在最近的行星十年调查(NRC,2011)中提出的任务中,有一半以上的任务将会因放射性同位素电源系统受益。他讨论了正在开发的新型放射性同位素电源系统,并敦促NASA应专注于斯特林发动机功率变换器的研发,这是斯特林先进放射性同位素发生器(advanced stirling radioisotope generator, ASRG)的核心。为了推进核裂变发电技术的发展与应用,他建议从小处着手,采用已知可行的想法,并随着时间的推移不断发展,重点放在安全性和可靠性上。他认为,NASA应该承认核裂变空间电源系统的高成本和复杂性,他提醒,不要追求新的核裂变发电概念,这是不现实的,未经证实,也没有技术基础。

H. Sterling Bailey(美国通用电气公司前雇员)将他的观点集中在核裂变发电系统上,他支持将该技术作为一种改变游戏规则的技术,因为它可以极大地扩展NASA的科学和探测任务能力。他指出了核裂变电源所面临的技术挑战,以及NASA与美国能源部合作开发核系统的法律要求。他还表示,核裂变空间电源系统发展历史的特点是缺乏创新动力,在实际工作完成研发之前就取消了大胆的创新工作。因此,目前来看我们对这项技术的信心不足,与其相关的经验丰富的人员很少,而且还在不断减少。他主张开发可产生1kW电能的核裂变空间电源系统,并大力支持NASA星球表面核裂变电源系统技术项目正在开展的工作。H. Sterling Bailey建议不要采用兆瓦级的系统作为新核裂变空间电源计划的目标,从小功率开始做会更好。

小组讨论期间花费了一些时间来研究应该建立多大规模的核裂变系统。大多数发言者支持NASA目前资助的40kW系统研发。目前,这项工作完全由NASA资助,但不包括核技术的研发。最后,系统性能要求应基于任何预期使用该系统的任务的要求。若干位发言者指出,发展新核电系统的努力通常面临技术和政治挑战。但NRC专家组成员指出,后者不在本项目研究的范围之内,本项目研究的重点是技术。

参考文献

[1] NRC (National Research Council). 2006. Priorities in Space Science Enabled by Nuclear Power and Propulsion. The National Academies Press, Washington, D. C.

[2] NRC. 2010. Radioisotope Power Systems: An Imperative for Maintaining U. S. Leadership in Space Exploration. The National Academies Press, Washington, D. C.

[3] NRC. 2011. Vision and Voyages for Planetary Science in the Decade 2013-2022. The National Academies Press, Washington, D. C. Patel, M. R. 2005. Spacecraft Power Systems. CRC Press, Boca Raton, Fla.

附录G
TA04机器人、遥操作机器人与自主系统

G.1 引言

技术领域"TA04 机器人、遥操作机器人与自主系统"技术路线图草案的独特之处在于,在其技术领域分解结构中没有对第 3 层级具体技术进行详细描述或提供支撑性文本信息。为了使其与另外 13 个技术路线图形式类似、内容充实,需要对它进行大量修改和完善,主要工作如下:

(1) 定义了清晰的、细化至第 3 层级的技术分解结构,可以识别出需要开发的技术,而无须预先确定技术解决方案;

(2) 提供支撑路线图第 3 层级具体技术的文本,包括对技术的潜在应用场景及如何驱动其发展的说明;

(3) 确保每项第 3 层级具体技术与技术路线图中提出的一项或多项顶级技术挑战相关联。

虽然 TA04 技术路线图草案给出了细化至第 3 层级具体技术的技术分解结构,但在以下内容上仍然不满足上述标准的要求:

(1) 现有 TA04 技术路线图草案中的技术分解结构未与第 2 层级技术下的任何支撑性信息文档相关联;

(2) 现有 TA04 技术路线图草案中的第 3 层级具体技术分类是按照技术解决方案进行辨识的,而非技术发展范畴。

基于以上原因,指导委员会和专家组没有一份明确定义的第 3 层级具体技术清单来执行本项研究任务。因此,专家组对第 3 层级具体技术的分解结构进行了大量修订和完善。本引言后一部分对修订后分解结构中的一些技术进行了描述。此外,"高优先级第 3 层级具体技术"章节对 TA04 中所有高优先级技术进行了详细说明。

专家组对 TA04 技术路线图草案的 7 个第 2 层级技术子领域未做修改：
- 4.1 传感与感知
- 4.2 移动性
- 4.3 操控性
- 4.4 人-系统整合
- 4.5 自主控制
- 4.6 自主交会对接
- 4.7 机器人、遥操作机器人与自主系统(robotics，tele-robotics，and autonomous systems,RTA)工程

因为 TA04 技术路线图草案没有包含一份完善的第 3 层级具体技术项目清单，所以使用第 2 层级技术子领域来征求公众意见，而不是像其他技术路线图那样采用第 3 层级具体技术。

TA04 技术路线图草案支撑 NASA 航天探索任务的设计与实施，包括发展新技能以促进新任务的实施，提高现有任务概念的执行效率，改善展示效果。通过开发灵巧机器人、优化人-机接口、改良平台系统机动性、增强传感与感知能力，TA04 中技术将拓宽人类和机器人探索能力的极限。自主领域的技术进步使机器人和人类协同工作系统无论执行近地任务还是深空任务均能以较高的效率达到良好的效果。TA04 中技术使机器人和航天员在太空实施维修任务成为可能，这将从根本上改变目前卫星的设计、建造和工作模式。

本章技术路线图描述了机器人技术、遥操作机器人技术和自主技术的发展，这些都是满足未来任务需求的必要技术，可提供增强的能力，或使新的任务概念成为可能，包括确定有代表性的未来任务以及实现或加强提升这些任务目标的关键能力和投资水平。技术路线图聚焦于未来机器人和自主技术发展的若干关键问题：①增强甚至超越人类在传感、领航、驾驶、操控和交会对接等方面的突出能力；②发展协作和安全的人机接口，组建人机团队；③提高自主能力，乘组人员可以独立于地面控制中心工作，机器人执行任务的能力更强。

如上所述，专家组为 TA04 创建了一组新的第 3 层级具体技术，如表 G.1 所列，完整的修订版技术分解结构图见附录 B。新结构图中的第 3 层级具体技术清单在最大限度保留原有技术路线图草案的基础上又体现了专家组对 TA04 技术需求的相关理解。一些新增的第 3 层级具体技术解决了 TA04 技术路线图草案的重大技术空白。

（1）4.1.6 多传感器数据融合。由于高效的机器人操作需要一系列传感器同时并行工作，将多种传感器采集的数据融合成更有用的信息将是一项关键能力。TA04 技术分解结构图草案中只包含了狭义的用于抓捕的传感器融合技术，在正式

版本中改为多传感器数据融合技术,技术范围更加广泛。

（2）4.1.7 移动特征跟踪与识别。本领域包含的唯一挑战是行星地表探测车在运动过程中面临的目标跟踪与识别难题。

（3）4.2.1 极端地形移动。极端地形包括悬崖、火山口和非常粗糙的地面,在这样的地形上安全抵达指定地点并在该地点徘徊的移动能力是本领域所特有的技术挑战。

（4）4.2.2 地表之下移动。探测器在地表下、岩洞中以及浸入液体中运动所面临的能力挑战,不包含在路线图中的其他第 3 层级具体技术中,因此单独列出。

（5）4.3.3 接触动力学建模。机器人探测器在停靠对接或操控目标时,需要详细的接触动力学模型,以实现对其相互作用的正确控制。

（6）4.3.4 移动操控。行星地表探测器在移动过程中执行任何类型的操控动作都增加了系统工作的复杂度,需要专项技术予以解决。

（7）4.4.4 意图识别与反应。机器人辅助人类工作的更高效的方法是机器人可以通过语音、手势或面部表情可靠地识别人类的意图,并做出恰当的响应。

（8）4.4.7 机器人/航天员接近操作的安全、信任和接口。航天员相信附近机器人能够提供关键支持能力的前提是对机器人的实用性、安全性和行为可预见性具有很强信心,因此需要采用人/机集成交互活动评估和相关验证及确认的方法或手段。原有的 TA04 技术领域分解结构中 4.7.1 人身安全移至这里并作了扩展。

（9）4.5.3 自主制导与控制。这项能力要求采用将探测车轨迹、路径和方向管理的有效决策算法与合适稳健的制导和控制措施相结合的方法。

（10）4.5.5 可变自主性。系统中可以设计很多不同层级的自主控制,可变自主性的一个重要能力是调整自主控制的应用层级,使其适应任务环境的变化,该调整既可以是自动实现,也可以接收人类指令实现。原有的 TA04 技术领域分解结构中 4.5.12 半自动系统移至这里并做了扩展。

其他新增的第 3 层级具体技术将原有的 TABS 进行了重新整理、叙述和重新组合。如果 NASA 接受这份重新调整后的技术路线图,那么 NASA 的技术路线图团队不再需要召集会议讨论修订路线图使之包含以上新的技术点,并提供 TA04 中所有第 3 层级具体技术的详细描述。

表 G.1　TA04 机器人、遥操作机器人与自主系统的技术领域分解结构

NASA 技术路线图草案（2010 年版本 10）	指导委员会—修改建议（针对 2010 年版本 10）
TA04 机器人、遥操作机器人与自主系统	众多技术都被大幅度修改
4.1 传感与感知	4.1 传感与感知

续表

NASA 技术路线图草案(2010 年版本 10)	指导委员会—修改建议(针对 2010 年版本 10)
4.1.1 立体视觉	4.1.1 视觉
4.1.2 激光雷达	4.1.2 触觉感知
4.1.3 接近觉传感	4.1.3 自然特征图像识别
4.1.4 非几何地形特征测量	4.1.4 定位与地图构建
4.1.5 地形力学性能评估	4.1.5 姿态估计
4.1.6 触觉传感阵列	4.1.6 多传感器数据融合
4.1.7 重力传感器和天文导航	4.1.7 移动特征跟踪与识别
4.1.8 地形相对导航	4.1.8 地形分类与描述
4.1.9 实时自标定手眼机器人视觉系统	
4.2 移动性	4.2. 移动性
4.2.1. 同时定位与地图构建	4.2.1 极端地形移动
4.2.2 危险探测算法	4.2.2 地表之下移动
4.2.3 主动照明	4.2.3 地表之上移动
4.2.4 不确定性三维路径规划	4.2.4 小天体上/微重力环境中移动
4.2.5 长寿命极端环境维持机构	
4.2.6 机器人喷射背包	
4.2.7 智能绳系	
4.2.8 机器人蜂群	
4.2.9 微重力环境中行走	
4.3. 操控性	4.3 操控性
4.3.1 多自由度运动规划算法	4.3.1 机械臂
4.3.2 传感与控制	4.3.2 灵巧操控
4.3.3 机械臂(低/高强度)	4.3.3 接触动力学建模
4.3.4 灵巧操控机械手	4.3.4 移动操控
4.3.5 抓取传感器融合	4.3.5 协同操控
4.3.6 抓取规划算法和机器人钻孔机构	4.3.6 机器人钻孔和样品处理
4.3.7 多臂/指协调操控	
4.3.8 不确定性规划	
4.4 人-系统整合	4.4 人-系统整合
4.4.1 航天员决策支持系统	4.4.1 多模式人-系统交互
4.4.2 虚拟现实可视化	4.4.2 遥控
4.4.3 分布式协同	4.4.3 机器人-航天服接口
4.4.4 多智能体协同	4.4.4 意图识别与反应

续表

NASA 技术路线图草案(2010 年版本 10)	指导委员会—修改建议(针对 2010 年版本 10)
4.4.5 触觉再现	4.4.5 分布式协同
4.4.6 数据远程展示	4.4.6 通用人-机接口
	4.4.7 机器人/航天员接近操作的安全、信任和接口
4.5 自主性	4.5 自主性
4.5.1 航天器控制系统	4.5.1 探测器系统管理和 FDIR
4.5.2 探测器健康、预测/诊断系统	4.5.2 动态规划和排序工具
4.5.3 航天员生命保障系统	4.5.3 自主制导与控制
4.5.4 资源规划/调度	4.5.4 多智能体协同
4.5.5 操作	4.5.5 可变自主性
4.5.6 集成系统健康管理	4.5.6 地形相对导航
4.5.7 FDIR 与诊断	4.5.7 不确定性路径和运动规划
4.5.8 系统监视和预测	
4.5.9 复杂自适应系统验证与确认	
4.5.10 自动软件生成	
4.5.11 软件可靠性	
4.5.12 半自动系统	
4.6 自主交会对接	4.6 自主交会对接
4.6.1 交会与捕获	4.6.1 相对导航传感器(远程、中程和近程)
4.6.2 弱撞击异体同构对接系统与接口	4.6.2 相对制导算法
4.6.3 相对导航传感器	4.6.3 对接与捕获机构/接口
4.6.4 稳健自主交会对接 GN&C 算法及飞控软件	
4.6.5 机载任务管理器	
4.6.6 自主交会对接集成与标准化	
4.7 RTA 系统工程	4.7 RTA 系统工程
4.7.1 人身安全	4.7.1 模块化/通用化
4.7.2 加注接口及相关工具	4.7.2 复杂自适应系统验证与确认
4.7.3 模块化/可用接口	4.7.3 机载计算
4.7.4 高性能低功耗机载电脑	
4.7.5 环境耐受性	
4.7.6 热控制	
4.7.7 机器人-航天服接口	
4.7.8 通用人-机接口	
4.7.9 乘员自给系统	

G.2 顶级技术挑战

专家组确定了 TA04 技术领域中有 6 项顶级技术挑战,下面按照优先级列出。

(1) 交会:开发用于高可靠自主交会、接近操作和捕获/附着(合作或非合作)自由飞行太空物体的技术能力。

执行自主交会、安全的接近操作和对接/捕获目标的能力,对未来的航天飞行任务(如卫星维护、火星采样返回、主动式碎片清理和其他需合作完成的航天活动)来说至关重要。主要挑战包括提高交会和捕捉过程的稳健性,以确保在光线、目标特征和相对运动变化很大的情况下能成功捕获目标。

(2) 移动:使机器人系统可以在 NASA 提出的多种环境中实现自由移动,如微重力环境,或地表、地下环境条件。

当前的有人和无人探测车无法进入月球和火星上的极端地形区域,机器人更是如此,需要航天员身穿航天服徒步驻留及穿越这些区域。极端地形移动技术将使无人探测车具有更强的穿越行驶能力,可以获取更多的科学实验样本。在微重力环境下,小行星和彗星上或其地表附近的移动技术尚未进行开发,更是未经测试。所面临的挑战包括开发机器人移动技术以穿越原本无法进入的区域,发展捕获和停泊在小行星或非合作目标星体上的技术,或是构建人员转运系统,以便将航天员运送到那些具有挑战性的地区。

(3) 原位分析与采样返回:开发地表下采样和分析探索技术,以支持原位分析及取样返回的科学任务。

天体生物学的首要目标和 NASA 太空探索任务的基本动力是寻找太阳系内的生命体或远古生物存在的证据,NASA 的科学家和工程师们被告知"围绕着水"去寻找生命。行星科学的一个重要任务是获得完整样本(挥发物质未受损),进行原位分析或从大小不等的行星取样返回到地球进行分析。这些原始样本位于地表之下,大部分是使用机器人上的钻孔装置从地表下获取。由于机器人钻孔/采样装置的自主性要求,且装置质量小、功率受限,地球上的钻探技术(包括美国国家科学基金会和美国陆军的冰层钻探)应用于地外天体会受到很大限制。机器人行星钻孔和采样处理是一种与众不同的新技能。

(4) 危险规避:开发移动机器人系统,使其具备自主、可验证地导航并规避危险的能力。

人类驾驶员在远距离感知地形危险方面具有出色的能力,但机器人在此方面远远落后,其原因是要将探测车速度维持在其速度极限附近,并快速评估微妙地形的几何学或非几何学特性,需要巨大的运算吞吐量。

(5) 时滞人机交互:开发更有效、更安全的人类-机器人系统交互(接近操作或远程操作)技术,以适应任意时滞效应。

人类与机器人之间更高效、更安全的人机交互技术有着许多不同的研究焦点,从接近交互的潜在危险,到时滞或非时滞的远程监控。接近交互要求机器人系统在基于对等的交互操作或独立操作的情况下,能够安全地作业并将动作和意图及时传递给近距离的操作者。同样,与机器人系统近距离交互的操作者必须有能力向机器人系统提供明确的指示或命令。

与机器人系统的远程交互不像接近交互那样,后者可能会对操作者造成直接的潜在危害,但是对远程操作人员来说,完全掌握机器人系统运行的工作环境和系统状态往往是一件非常困难的事。通信的时滞效应会使这个问题更加复杂,通信时间延迟的范围一般是从几分之一秒到很长一段时间。没有正确地掌握机器人当前环境和状态经常会导致操作员发出错误或不当的指令。我们必须开发适用于长时间通信时滞的机器人系统,以支持自主行动,而无须人工实时干预。这类系统还必须确保,一旦接收到机器人系统反馈的信息,我们应向远程操作者提供一种能够快速解析其所处情况的工具。

(6)目标识别与操控:开发目标识别和灵巧操控的方法,用以支持工程师和科学家的研究目标。

目标识别需要传感器,通常融合了多个传感方式,从而具有感知功能,能够将感知的目标与先验理解的目标相关联。迄今为止,传感方法结合了机器视觉、立体视觉、激光雷达、结构光和电磁雷达,而感知方法通常起始于 CAD 模型或使用相同传感器扫描创建的模型,该模型可用于后续目标识别。主要挑战包括使用大型的已知目标数据库、识别部分遮挡的目标、在较差(高、低和明显对比)光线下感知目标、评估快速翻滚目标的姿态,以及与近距离或远距离目标协同工作。这些挑战对于目标操控和目标跟随与躲避的机动性是十分重要的。

人类的手通常能够处理多种情况,但具有同等或更好抓捕能力的机器手需要增加机器手抓捕目标的接口复杂性,并为一些特殊任务提供灵敏的工具更换能力。灵巧度可以通过抓捕类型、尺度、强度和可靠性等指标来衡量。所面临的挑战包括研究驱动和感测的物理机制、辨别、接触定位、外部和内部驱动能力,以及手/手套包覆物,这些包覆物不应减弱传感器感测能力或目标运动能力,但在抓捕粗糙和锋利的目标时应足够牢固。

G.3 质量功能展开矩阵和计算结果

第 3 层级具体技术的评估过程在第 3 章中做了详细描述。评估结果如图 G.1 和图 G.2 所示,图中显示了每种技术的相对排名。专家组将八项技术评为高优先级,其中 7 项是因为 QFD 分数远远超过了其他技术的分数。经过谨慎考虑,专家组还将 4.2.4 小天体上/微重力环境中移动确定为高优先级技术。

技术名称	收益	与NASA需求的一致性	与非NASA的航天技术需求的一致性	与非航天的国家需求的合理性	技术风险与难度	排序与进度	所需付出的时间与投入	加权重后的QFD分数	专家组给出的优先级
权重	27	5	2	2	10	4	4		
	0/1/3/9	0/1/3/9	0/1/3/9	0/1/3/9	1/3/9	-9/-3/-1/1	-9/-3/-1/0		
	收益	与需求的一致性			风险/难度				
4.1.1 视沉(包括主动照明)	3	9	3	3	3		-3	152	M
4.1.2 触觉感知	3	9	3	1	3		-3	114	M
4.1.3 自然特征图像识别	1	3	1	1	3		-3	60	L
4.1.4 定位与地图构建	3	3	3	1	3		-3	118	M
4.1.5 姿态估计	1	3	1	0	3		-3	58	L
4.1.6 多传感器数据融合	3	9	9	9	3		-3	176	M
4.1.7 移动特征跟踪与识别	1	3	3	1	3		-3	60	L
4.1.8 地形分类与描述	3	3	3	1	3		-1	106	M
4.2.1 极端地形移动	3	9	0	1	9	-3	-1	194	H
4.2.2 地表之下移动	3	3	3	1	3	-9	-3	80	L
4.2.3 地表之上移动	3	3	3	1	3		-3	112	M
4.2.4 小天体上/微重力环境中移动	3	3	3	1	3		-3	112	H*
4.3.1 机械臂	1	3	3	1	3		-3	60	L
4.3.2 灵巧操控	3	9	3	1	9	-3		208	H
4.3.3 接触动力学建模	1	3	1	1	3		-3	60	L
4.3.4 移动操控	3	3	3	1	9		-3	120	M
4.3.5 协同操控	3	9	3	1	9		-3	178	M
4.3.6 机器人钻孔和样品处理	3	9	0	3	9		-3	194	H
4.4.1 多模式样-系统交互	3	9	3	3	3		-3	144	M
4.4.2 遥控	3	9	3	3	9	-3	-3	204	H
4.4.3 机器人-航天服接口	1	3	3	1	3		-3	60	L
4.4.4 意图识别与反应	3	3	3	1	3		-3	56	L
4.4.5 分布式协同	3	9	3	3	3		-3	144	M
4.4.6 通用人-机接口	1	3	3	1	3		-3	64	L
4.4.7 机器人/航天员接近操作的安全、信任和接口	3	9	3	3	3		-1	156	M
4.5.1 探测器系统管理和FDIR	3	9	3	1	9	-3	-3	216	H
4.5.2 动态规划和排序工具	3	9	3	1	3		-3	152	M
4.5.3 自主制导与控制	3	9	3	1	3		-1	160	M
4.5.4 多智能体协同	3	3	3	3	3		-3	126	M
4.5.5 可变自主性	3	9	3	1	3		-3	164	M
4.5.6 地形相对导航	3	3	3	1	3		-3	122	M
4.5.7 不确定性路径和运动规划	1	3	1	1	3		-3	64	L
4.6.1 相对导航传感器(远程、中程和近程)	3	3	3	1	3		-1	142	M
4.6.2 相对制导算法	3	9	3	1	9	-3	-3	304	H
4.6.3 对接与捕获机构/接口	3	9	3	1	9	-3	-3	304	H
4.7.1 模块化/通用化	3	9	3	3	3		-3	144	M
4.7.2 复杂自适应系统验证与确认	3	9	3	1	3		-3	168	M
4.7.3 机载计算	3	9	3	1	3	1	-3	176	M

图 G.1 (见彩图)TA04 机器人、遥操作机器人与自主系统 QFD 得分汇总矩阵

注:图中所有高优先级技术的优先级认定依据详见"高优先级的第 3 层级具体技术"一节内容;
H 代表高优先级,H* 代表调整为高优先级(不采用 QFD 分数),M 代表中等优先级,L 代表低优先级。

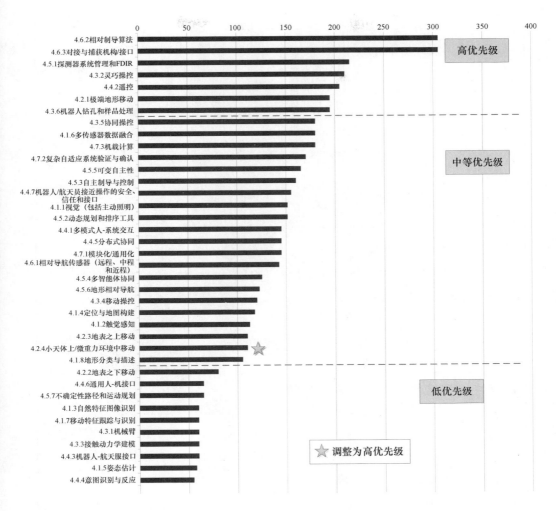

图 G.2 TA04 机器人、遥操作机器人与自主系统 QFD 得分排名

G.4 顶级技术挑战与各项具体技术之间的关联性

图 G.3 显示了 TA04 中单个第 3 层级具体技术与顶级技术挑战之间的关系。由 QFD 得分排名确定的最低优先级技术往往不会与顶级技术挑战紧密相关,而高优先级技术除一项以外,其余都与两项甚至更多项顶级技术挑战相关,中等优先级技术则只有两项与某一项顶级技术挑战相关。这显示了评估结果与 QFD 得分排名之间具有较好的一致性。

优先级	TA04技术按优先级列表	1.交会:开发用于高可靠自主交会、接近操作和捕获/附着(合作或非合作)自由飞行太空物体的技术能力	2.移动:使机器人系统可以在NASA提出的多种环境中实现自由移动,如微重力环境,或地表、地下环境条件	3.原位分析与采样返回:开发地表下采样和分析探索技术以支持原位分析及取样返回的科学任务	4.危险规避:开发移动机器人系统,使其具备自主、可验证地导航并规避危险的能力	5.时滞人机交互:开发更有效、更安全的人类-机器人系统交互(接近操作或远程操作)技术,以适应任意时滞效应	6.目标识别与操控:开发目标识别和灵巧操控的方法,用以支持工程师和科学家研究目标
H	4.6.2 相对制导算法	●	●	●	●		
H	4.6.3 对接与捕获机构/接口	●		●			
H	4.5.1 探测器系统管理和故障隔离重构	●	○	○	●	●	
H	4.3.2 灵巧操控	●		●		○	●
H	4.4.2 遥控	●	○		○		
H	4.2.1 极端地形移动		●	●	●		
H	4.3.6 机器人钻孔和样品处理			●			●
H	4.2.4 小天体上/微重力环境中移动		●	○	○		
M	4.3.5 协同操控			○		○	●
M	4.1.6 多传感器数据融合	○	○	○			
M	4.7.3 机载计算	●	○	○			
M	4.7.2 复杂自适应系统验证与确认	○		○		○	
M	4.5.5 可变自主性	○				○	
M	4.5.3 自主制导与控制		●				

优先级	TA04技术按优先级列表	顶级技术挑战					
		1.交会：开发用于高可靠自主交会、接近操作和捕获/附着（合作或非合作）自由飞行太空物体的技术能力	2.移动：使机器人系统可以在NASA提出的多种环境中实现自由移动，如微重力环境，或地表、地下环境条件	3.原位分析与采样返回：开发地表下采样和分析探索技术以支持原位分析及取样返回的科学任务	4.危险规避：开发移动机器人系统，使其具备自主、可验证地导航并规避危险的能力	5.时滞人机交互：开发更有效、更安全的人类-机器人系统交互（接近操作或远程操作）技术，以适应任意时滞效应	6.目标识别与操控：开发目标识别和灵巧操控的方法，用以支持工程师和科学家研究目标
M	4.4.7 机器人/航天员接近操作的安全、信任和接口					○	
M	4.1.1 视觉（包括主动照明）	○		○			○
M	4.5.2 动态规划和排序工具	○			○		
M	4.4.1 多模式人-系统交互					○	
M	4.4.5 分布式协同	○				○	
M	4.7.1 模块化/通用化						
M	4.6.1 相对导航传感器（远程、中程和近程）	○	○				
M	4.5.4 多智能体协同	○				○	
M	4.5.6 地形相对导航						
M	4.3.4 移动操控						
M	4.1.4 定位与地图构建		○				
M	4.1.2 触觉感知						○

229

优先级	TA04 技术按优先级列表	顶级技术挑战					
		1. 交会：开发用于高可靠自主交会、接近操作和捕获/附着（合作或非合作）自由飞行太空物体的技术能力	2. 移动：使机器人系统可以在NASA提出的多种环境中实现自由移动，如微重力环境，或地表、地下环境条件	3. 原位分析与采样返回：开发地表下采样和分析探索技术以支持原位分析及取样返回的科学任务	4. 危险规避：开发移动机器人系统，使其具备自主、可验证地导航并规避危险的能力	5. 时滞人机交互：开发更有效、更安全的人类-机器人系统交互（接近操作或远程操作）技术，以适应任意时滞效应	6. 目标识别与操控：开发目标识别和灵巧操控的方法，用以支持工程师和科学家研究目标
M	4.2.3 地表之上移动		○				
M	4.1.8 地形分类与描述		○				
L	4.2.2 地表之下移动		○	○			
L	4.4.6 通用人-机接口					○	
L	4.5.7 不确定性路径和运动规划						
L	4.1.3 自然特征图像识别						○
L	4.1.7 运动特征跟踪与识别	○					
L	4.3.1 机械臂						○
L	4.3.3 接触动力学建模						
L	4.4.3 机器人-航天服接口					○	
L	4.1.5 姿态估计						○
L	4.4.4 意图识别与反应					○	

●	强关联：NASA 在这项技术上的投资对解决这一挑战可能会产生重大影响。
○	中关联：NASA 在这项技术上的投资对解决这一挑战可能会产生中等影响。
［空白］	弱/无关联：NASA 在这项技术上的投资对解决这一挑战可能影响不大，甚至没有影响。

图 G.3　TA04 机器人、遥操作机器人与自主系统中各项技术对顶级技术挑战的支持程度

G.5　高优先级的第 3 层级具体技术

第二专家组确定了 TA04 中的八项高度优先技术,下面讨论将这些技术排名为高优先级的理由。

G.5.1　技术 4.6.2　相对制导算法

相对制导技术是确定飞行器在执行交会(远距离时)、接近操作(近距离时)和/或对接与捕获时所需轨迹的算法。这些算法必须能预测驱动航天器相对于感兴趣目标产生相对运动时的适用的环境场效应、所使用的轨道变化/姿态控制效应器的特性、用于制导算法的惯性导航和相对导航状态数据的质量。迄今为止,大多数航天器的相对制导功能都是在地面上实施的,主要依赖于与上行链路任务机动目标数据之间的通信链路。这项技术能提供实时的机载处理算法功能,可实现以特定轨迹变换为目标的计算和管理航天器机动飞行。

对于配有大型脉冲推进器的航天器,在地面对其实施相对制导控制是可实现的(技术成熟度为 TRL 9)。但是,当航天器采用其他推进系统(如电、低推力和/或可变推力)时,在对翻滚物体执行自动交会对接时,或在无地面控制系统或乘组人员介入情况下确保航天器机载电脑运行的算法收敛时,其技术成熟度就会下降至 TRL 3~5 的水平。相对制导技术与 NASA 的需求高度一致,因为该技术影响着载人深空探测、取样返回、空间维修和轨道碎片清除等多种任务。相对制导技术的验证与确认在某些方面取决于对实际空间环境的评估效果。在停靠于国际空间站的航天器上针对相对制导技术并行开展的试验,可以支持相关的技术验证与确认工作。

指导委员会将相对制导技术评估为"改变游戏规则"的关键性技术,因为它使一系列 NASA 任务成为可能,包括载人深空探测任务、火星取样返回、大型轨道碎片捕获和轨位紧密协调航天器星座的位置保持等。通过降低相对制导对地面管控的依赖,解决远距离通信产生的时间延迟问题,深空任务(包括载人探测)的安全裕度从本质上得到提高。

历史上,相对制导技术能力的发展是 NASA 投资的直接结果,并由 NASA 职员、承包商和大学来具体实现,在可预见的未来可能仍是这种状态。在这一领域的非 NASA 投资只限于特定的军事组织和从事航天领域研发的其他国家或组织。美国民用航天部门在相对制导技术方面的持续发展大多取决于 NASA 在该领域的技术开发投资。

G.5.2 技术4.6.3 对接与捕获机构/接口

对接与捕获机构用于太空中两个物体之间的物理捕捉和连接,以及随后的安全分离,这两个物体在连接时运行,可以实现其部分任务目标。对接与捕获机构/接口有助于对接/捕获前的最终相对对准,并使初始的软捕获/对接和随后的硬对接/配对成为可能。在某些任务中,当飞行场景要求已对接的两物体实现分离时,对接与捕获机构/接口执行相反的操作,也能满足要求。迄今为止,对接接口已设计用于人在回路的交会/对接系统和操作,即使是俄罗斯国际空间站货运飞船的半自动对接接口也是这样。机器人控制或自动交会对接操作将不需要实时人工控制。对接与捕获物理接口的发展能大幅度简化自动交会对接系统的控制需求。

通用化/模块化的自动交会对接与捕获系统尚未在太空中进行过测试,目前技术成熟度评定只有TRL 2或TRL 3。虽然DARPA轨道快车任务使用机器人实现对接,其中一些任务实现了自主控制,但是对接与捕获机构/接口设计仅用于执行这次原型演示。该项技术与NASA的需求高度一致,因为这项技术将影响载人深空探测、取样返回、空间维修和轨道碎片清除任务。国际空间站是评估新的对接和捕获机构性能的有效平台,可以在空间站内部或外部通过反复试验来测试在微重力环境下这些自动交会对接接口的可靠性。

这项技术被视为是一个游戏规则改变者,因为新型对接与捕获机构/接口有利于提高自动交会对接的成功率并降低系统控制难度,进而改善自动交会对接系统的工作可靠性。对接与捕获机构进一步修改后可以有更多用途,如用于航天员在运输飞船和在轨航天器之间的转移,为设备模块提供新型的连接手段,有利于执行机器人维修服务任务和抓取/捕获那些闲置的,甚至翻滚的航天器,如轨道碎片清除任务。新型航天器对接与捕获接口(或多个接口)的发展有助于提高自动交会对接的可靠性,这将对具有成本效益和实用性的自动交会对接架构的总体发展产生有益影响。

到目前为止,NASA一直是对接与捕获技术能力开发的主要推动者。虽然俄罗斯、日本和欧洲也开发了相应的可用技术,重要的是,美国必须发展自己的技术能力,以确保有手段来完成具有国家级优先权和重要性的科研探索任务。国家安全机构可以利用NASA的技术研发成果,而潜在的商业用户将严重依赖于NASA对这项技术的开发。

G.5.3 技术4.5.1 探测器系统管理和FDIR

专家组整合了集成系统健康管理(integrated systems health management,

ISHM)、故障检测、隔离与恢复(FDIR)和探测车系统管理(vehicle systems management, VSM)等相关技术,这些技术共同为自主航天器提供了至关重要的能力,即在不断变化的任务目标和/或飞行器出现故障的情况下,它也能安全可靠地运行。ISHM/FDIR/VSM 通过提供诊断能力来提高未来任务的可靠性,诊断能力可以帮助地面控制系统或乘组人员进行故障评估和故障自动修复/克服能力;提高机器人任务对故障的响应灵活性;并在发现需要乘组人员逃离和中止任务的情况下提高人员的安全性。

ISHM 和 FDIR 在许多地面应用中是很常见的,并且基本的 FDIR 功能在航天飞机和国际空间站中已经应用,技术成熟度为 TRL 8~9,但是对于未来更加自主的航天器任务,其所需的先进 FDIR 技术只有 TRL 3~5。此外,集成不同的算法以支撑连贯一致管理功能的技术尚未实现。所需的研究与 NASA 的经验和能力完全一致,并与 NASA 过去所扮演的角色一致。此技术的开发不需要利用国际空间站。

NASA 可能会从这一领域的其他重要工作(如商业机器人、飞机/无人机和商业航天器)中获益,但考虑到任务的长期性、多样性和复杂性,NASA 所面临的挑战是独一无二的,不太可能由一个外部的研究组织完全解决。因此,NASA 在这个技术领域的投资至关重要。

指导委员会认为,ISHM/FDIR/VSM 系统具有明显优势,因为它有可能显著提高未来任务的稳健性和可靠性。该项技术与 NASA 许多任务需求高度一致,如深空探测、机器人科学任务、行星着陆器和漫游车。与其他航天需求的一致性被评为中等,因为这项研究对航空航天的其他相关部门具有潜在的重大影响,如商用航天器。与国家需求的一致性较高,因为自主控制算法的可靠性和置信度是在其他许多安全关键部门中(如地面和空中交通)的主要障碍之一,也是在人类附近应用自主操作的主要障碍之一。因此,在这些部门应用的自主平台也可以从 NASA 在本技术领域的发展进步中受益。在 NASA 可接受的技术开发风险范围内,其技术风险评估为中至高风险。特别地,多年的 ISHM/FDIR/VSM 技术开发所获得的持续发展的技术能力,可应用于开发新的飞行验证基础项目。基于对主要任务具备能力提升的潜力、与 NASA 需求的高度一致,以及合理的技术风险和开发投入,ISHM/FDIR/VSM 技术被评为高优先级技术。

G.5.4 技术 4.3.2 灵巧操控

灵巧操控是一种系统级技术,涵盖多个独立的技术领域,其中包括:①用于机械手、末端执行器和传感器定位的机电装置;②用于关节、末端点和抓捕功能遥操作和自主控制的传感器;③从遥操作到自主控制的各种不同自主级别的控制软件。灵巧操控与当前和未来的 NASA 若干应用场景有很强的相关性。

(1) 在国际空间站上使用灵巧操控来实现维修和维护可以降低航天员舱外活动的风险和成本。此外,从地面进行控制可以进一步减轻航天员负担,同时还可以利用国际空间站上没有的设备。特别地是,国际空间站受到空间、功率和散热等方面的严格约束,而地面设施可以提供更大的显示界面、身临其境的用户界面环境和更强大的运算处理能力,以支持自主操作。

(2) 灵巧操控可远程实现卫星维修和较大结构件的在轨组装任务。

(3) 灵巧操控应用于远程勘探,可以为科学家提供与地外环境更自然地体验与互动的能力,最终提高科学回报。

灵巧操控的技术成熟度等级覆盖 TRL 1~9。自 1997 年以来,NASA 一直致力于机器人航天员 Robonaut 的开发,现已部署到国际空间站进行评估。对该技术投资的成果是得到一个现有技术下最先进的系统,其灵巧程度已接近于一个合格航天员的水平。此外,该系统还通过了与飞行鉴定和安全认证相关的关键里程碑节点考核,可在航天员身边使用。迄今为止的技术开发活动主要集中于人在回路的遥操作。而高带宽、低延迟的通信要求限制了上述遥操作系统的应用场合,因为延迟不利于控制的稳定性。

为了突破这些限制,下一代灵巧操控技术必须能够在嵌入式控制回路中操作,以绕开与外部操作人员相关的大延迟和低带宽的不利影响。有两种方法可以实现这一目标。首先,有监督的自主技术与自主感知和控制技术相结合具有承受很大延迟的潜力,并且可以利用有限带宽的通信链路来实施,该方法依赖于远程操控装置自主执行并报告执行状态的自主技能的发展。灵巧操控也非常依赖于人-机系统集成技术的发展(子领域 4.4)。远程灵巧操控受益于对基本活动的自主识别和控制的能力,如接触、抓捕和操控等。NASA 可以根据需要拓展在大延迟和低带宽环境下应用的机器人航天员 Robonaut 的技术和能力。

虽然机器人航天员 Robonaut 非常适合在国际空间站工作,但它的尺寸和质量妨碍了其在太空探索任务中的推广应用。探索任务可以从灵巧操控能力提升中显著受益。但是,驱动技术的巨大进步可减少质量和功率消耗,同时保留末端点的输出力、响应速度和控制带宽。新型驱动技术的发展将大幅度增加强度质量比,而 NASA 能从中受益。

NASA 始终处于开发用于遥操作控制的灵巧机械手系统的技术前沿。根据 MARS 2020 计划,NASA 也与 DARPA 保持良好合作关系,双方对灵巧机械手技术有共同的兴趣。NASA 专注于灵巧机械手的机电系统和人员方面,而美国国防部更加强调实现远程操作所需的更高级别的自主性和遥控技术。NASA 既可以与这些组织合作,又可以利用已有技术作为目前正在开发技术的补充。

在 NASA 应用范围以外,灵巧操控具有巨大的推广潜力,包括军事应用(研究和处理简易爆炸装置)、民用危险材料操作和现场急救工作,以及制造业应用(提高小批量生产的自动化水平)。

灵巧操控技术发展所面临的风险是多种多样的。在国际空间站上部署机器人航天员 Robonaut,采用严格的遥操作手段,其应用风险较低。通过使用嵌入式自主技术来容忍更大的远程操作延迟的方法增加了风险等级和必要的经费投入。然而,这正是灵巧操控的技术领域,它在 NASA、军事和民用领域中的应用能给我们带来巨大的收益。开发用于远程探索的灵巧操控技术需要在轻量化、高效驱动器领域取得根本性的进步,并且需要承担更大风险和更长的技术开发时间。

G.5.5 技术 4.4.2 遥控

遥控定义为使用更高级的任务目标驱动而不是用低级别的动作指令驱动来控制机器人行为的技术,因此要求机器人具有半自主或自主行为能力。这增加了单人能够同时遥控的机器人的数量,同时降低了远程支持团队的成本和时延的影响,提高了人/机器人混合团队的协同能力,并且促进了分布式机器人团队的发展。NASA 的遥控还包括延时遥控。遥控具有显著优势,因为它将最大限度地减少在任何地点和任何时间长期开展机器人任务所需的人力成本。这项技术能支撑改变游戏规则的科学和探索任务的实施,如在偏远地区执行新的机器人任务,以及在减少人员监督下同时开展机器人任务。

火星探测车已经应用了有限的遥控技术,因此其基本功能的技术成熟度很高(TRL 9),但高级功能的技术成熟度相对较低(TRL 2~3)。要解决的关键技术包括开发稳健的高级自主行为和控制、多传感器融合、来自多个机器人的清晰易懂和可用的信息展示以供人类理解、机器人提供信息的延时解释和描述、触觉反馈,以及遥控系统处理通信中断的方法。这项技术不会因在国际空间站上使用而受益。

该技术与 NASA 的需求保持高度一致,因为该技术可以减少监督机器人任务所需的人员数量,并且可以在大量科学探索任务中获得应用。遥控通常适用于政府机构,包括美国国防部、美国能源部和美国国土安全部。此外,无人潜水艇在水下也可能遇到类似的时间延迟效应;然而,通信时间延迟主要是太空探索任务所特有的。因此,NASA 具有独一无二的地位,能够率先发展该技术,使之达到 TRL 6 的技术成熟度,但也有机会与日本、法国、德国等国际合作伙伴进行合作。

与其他航天和国家需求的一致性被认定为中等,因为研究成果会提升任一机器人系统的遥控能力。基于提供遥控技术能力是一个系统工程难题的事实,其风险被评估为中高风险,因此该技术的发展高度依赖于底层机器人和人机交互能力的发展。技术研发将需要利用现有的 NASA 和美国国防部能力,以达到合理的目标,确保及时开发出各种相关技术,如稳健的自主行为。与此技术相关的概念已被大致勾勒出来,还应明确定义技术使用的用户类型。当考虑到人和机器人探测太阳系外围甚至外太阳系所带来的潜在益处时,这些努力无疑是正当合理的。因此,遥控被判定为高优先级技术。

G.5.6 技术4.3.6 机器人钻孔和样品处理

机器人钻孔和样品处理(robotic drilling and sample processing,RDSP)技术是指机器人钻探和类钻探技术,以及自动取芯装置和已采集样品的自动转移、存储和处理新技术,如样品容纳器、样品破碎器、样品切片器和样品与仪器的传送盘。RDSP技术将以一种改变游戏规则的方式,提高在小天体、卫星和行星上实施机器人科学任务的投入产出比,这是因为通过下一代RDSP技术获得的样品几乎无污染、未发生变化并保留了易挥发性特性。RDSP技术的发展还将促进太空探险家更好地认识和了解原位可用的原材料,从而有利于人类前往月球和小天体宇宙航行时所需的ISRU技术的发展。对于诸如火星采样返回等任务,获取未受污染的样品至关重要。开发可靠的行星间样品保护所需的样品容纳系统和样品运输设备有明显的好处,可以促使样品在返回途中避免挥发性物质损失,以及到达地球后保护样品免受再入环境的影响,从而保留样品的物理特性。

出于各种原因,专家组认为开发新的RDSP技术非常重要。首先,搜寻过去或现在的地外生命证据是NASA探索的基本目标。对来自任何行星体表面样品的分析都具有重大的科学意义,未来的RDSP技术研究和开发将继续制造出性能更强大的地表和近地表样品采样器。但是,对于探索生命体,只定位于表面样品采集分析将会限制所能取得的科学收益。对行星体地下岩石和风化层样品的分析将为行星科学研究提供一个高质量的技术途径,可以获取目标星体的气候历史和可能有利于生命诞生的地点。直接检测生命体需要对发现液态水的地下区域进行仪器分析。为了支撑这些搜寻,新型RDSP技术和系统将需要接近、获取和处理原始的且未改变的地下样品,以及来自地下的与液态水相关的样品。这些RDSP技术开发(包括为实现采样返回任务而开发的前往和离开行星时的高可靠保护技术)在专家组评估中得分非常高,部分原因是没有其他机构从事相关技术研发。由于行星探索任务受极端苛刻的质量和功率约束,因此从当前对功率和质量不敏感的地球地表商业钻探技术上也很少或没有技术可以借鉴。此外,行星钻探和样品处理系统具有非常高度的自主性,而对于地球地表钻探来说这是不需要的。RDSP是实现NASA关键目标所需的单一技术集。支持开发功能强大的RDSP技术的项目得分较高,因为这样的技术发展会直接推动NASA一个战略目标的实现,即探索宇宙中的生命起源和演化。

从20世纪60年代开始一直延续到现在,面向地表的机器人采样、浅层钻孔和样品保存系统的成熟度已经达到TRL 9。其中许多技术是众所周知的,如苏联

Luna钻探系统或火星探测漫游者(mars exploration rover,MER)的研磨式采样设备(rock abrasion tool,RAT)。最近的系统包括集成到火星科学实验室("好奇"号)中的浅钻实心旋转钻机,可以将钻屑输送到分析仪器中。支撑未来探索任务的RDSP系统具有深钻的能力,能够钻探更广泛的目标,可以对获得原始的岩芯进行处理(或者系统将分析仪器运送到钻孔下),其技术成熟度只达到TRL 2~5。早期的基本采样系统已经发展到很高的技术成熟度,而新型的RDSP技术研发成果有限但仍稳步前进。为未来更宏伟的太空探索任务开发RDSP系统的风险等级被认为是中等。随着机器人系统钻探深度越来越深,以及对更高品质样品、更先进样品处理和保护能力的追求,RDSP研发投入需要进行相应的增加,以满足未来太空探索任务所需的RDSP技术不断扩大的各种应用需求。

未来的RDSP系统将受益于在南极等地球偏远地区进行的现场测试,以模拟目标行星的自然条件。为了支持无人和载人采样任务以及彗星和小行星的地面和地下作业,在国际空间站进行的验证试验是非常有价值的。国际空间站的微重力环境可以用于解决与机器人钻孔相关的许多工程上未知的问题,例如在微重力环境下的切屑行为,处理和操作粉末或切片样品等相关的未知问题。行星间样品保护的运输中断方案也可以在国际空间站进行测试。

RDSP技术适用于以原位资源利用和采样返回为代表的火星探索任务,其技术发展也有利于前往小天体和月球的载人和无人飞行任务,并且RDSP技术对岩石星球表面和外行星卫星的探测任务实施也非常有帮助。

G.5.7 技术4.2.1 极端地形移动

极端地形移动包括在所有地形和表层的移动,这涉及在水平面上移动,以及横跨、绕行或穿过障碍物、垂直表面和各种土壤类型的地形。此外,它包括漫游(轮式、履带式和行走式)、爬行、水平跳跃、滑行、沙地移动、滚动、攀爬和系留,此技术使地面车辆具有在非结构化地形上穿越的能力,且假定在标称重力场作用下。微重力场中的移动能力在"4.2.4 小天体上/微重力环境中移动"中描述。

极端地形移动平台是地外天体探索任务成功和多样性的关键部分。此外,较高程度的移动能力可以补充自主性的不足。虽然一般来说更强的移动能力不可能抵消任何自主性缺陷,但是公平地说,平台在移动性方面的能力越强,它在整个自主性范围内表现就越好。当穿越恶劣地形时,对极端地形移动平台的需求是显而易见的。即使是穿过诸如楼梯、墙壁、下水道等结构化障碍物,对专门为这些应用场景设计的车辆也是具有挑战性的。但是,在具有随机几何形状和地形变化剧烈的复杂非结构化环境中,为避免在执行相关且有意义的探索任务时被卡住,机器人平台需要解决比以往更多的技术挑战。

极端地形移动技术成熟度覆盖范围很宽。某些垂直面和液体穿越技术的技术成熟度为 TRL 1~2,特别是考虑到应用于 NASA 任务时。但是,就 NASA 任务应用而言,其他地面和垂直面穿越技术的成熟度从 TRL 3 到 TRL 7 不等。美国国防部(特别是美国陆军)正在这一领域投入大量资金。此外,近年来在全球范围内发生多起灾难,如福岛核电厂灾难和美国龙卷风、洪水造成的灾难,现有技术能力难以使人或设备进入灾区,因此美国能源部和美国国土安全部也正在考虑对这一领域进行跟进投资。因此,NASA 可以从与其他联邦机构合作开发极端地形移动技术中获益。虽然 NASA 极端地形移动技术应用的一些环境条件是独一无二的,但目前非 NASA 机构进行的这些工作确实与 NASA 的任务直接相关。

开发这项技术不会因使用国际空间站而显著受益。但是,进入月球/火星地表基地执行探测任务、进入南极科考站以及模拟失重飞行测试机会都将极大地推动这项技术发展。

这项技术是颠覆性的,因为它为 NASA 提供了在极端地形上操控其地面车辆跟踪水源的能力,这是火星和月球表面探测任务中的高优先级科学项目。对这项技术来说,非 NASA 的航空航天需求得到了很低的评价,因为工业界不需要在地面上执行这种操作。极端地形移动技术的技术风险和合理性得分较高,因为该技术类包含广泛的特定能力投资机会,其中一些技术的应用范围和技术成熟度非常适合首席技术专家办公室投资。这项技术适用于有人或无人的、前往具有适当重力的行星(或月亮)地表的任一探索任务。

G.5.8 技术 4.2.4 小天体上/微重力环境中移动

在微重力环境中操作机器人面临着很多挑战。特别是,在微重力环境中,如果没有固定或系留到地面的装置,则开展有意义的工作非常困难。小天体上/微重力环境中移动技术涉及在极低重力的行星表面或其上方的移动,包括在微重力环境中和推进推力下的行走和漫游,例如在近地小行星或彗星的附近或其表面工作,以及所有在轨航天器的舱外和舱内活动。简单的任务,如转动螺丝、钻孔或按下按钮,对于未固定连接到其他结构的人员来说都是非常困难的。对于结构化环境,通常可以通过抓捕结构体的一部分来完成工作,例如抓住门把手和推拉门框。然而,在非结构化环境中(如小行星的表面),用这种方法来完成工作通常是不切实际的。因此,具有互补感知和自主控制的自适应移动系统是在狭小空间和微重力环境中执行探测和采样返回任务的关键。

微重力环境中移动技术的成熟度为 TRL 1~9。技术成熟度为 TRL 9 的在轨操作包括诸如舱外自主机器人相机(autonomous extravehicular robotic camera, AERCam)Sprint(舱外活动)和同步位置保持、连通与再定向试验卫星(synchronized position hold engage and reorient experimental satellites,SPHERES)(舱内活动)等。日本宇宙航空研究开发机构(Japan Aerospace Exploration Agency,JAXA)"隼鸟"号探测器是具有高技术成熟度的另一个例子,其在 Itokawa 小行星附近工作并成功地执行了样本采集任务。JAXA 的 Minerva 小行星漫游车为了同样的 Itokawa 任务而发射,但由于部署错误使其未能在行星表面成功登陆,在小天体上只进行了一次尝试,没能成功执行表面移动操作。地表移动(与接近操作相反)已经具有一些技术原型,例如在 Minerva 上实现的可变重心(CG)技术和混合动量轮技术。可变或动态重心功能可以通过与探测车的运动一起动态调整重心,从而极大增强平台移动和执行任务的能力。在有挥发物(如彗星)的地表上进行操作的技术仅处在概念阶段。美国国防部和美国商业卫星公司是其他可能对舱外活动任务(用于检查和维修/修理在轨资产)有兴趣的美国组织机构。

这项技术的发展极大地受益于在国际空间站上试验和使用,特别是在舱外和舱内操作与测试方面。这项技术也与 NASA 的目标一致,NASA 最近确定了一些机器人或载人探索小天体的演示验证项目(如 OSIRIS-Rex),使得这项技术成为未来任务成功实施的关键技术。

由于 QFD 分数不能反映这项技术在 NASA 优先事项相关方面的价值,专家组推翻了该技术的 QFD 评分,并将其指定为高优先级技术。需要说明的是,特别建议将其列入高优先级事项,因为在《NASA 授权法案(2010 年)》(P. L. 111~267)已经指出,探索小天体(近地小行星)任务是 NASA 飞越地球轨道的目标。如果这个目标作为 NASA 高优先级事项,将需要部署具有适当移动能力的机器人探测小天体表面。但该项目的总评分很低,是因为微重力系统的开发和测试非常昂贵,并且它与非航天行业需求没什么相关性。

G.6 中低优先级技术

TA04 包括 30 项优先级为低或中等的第 3 层级具体技术。这包括添加到技术领域分解结构中的大量技术,以使 TA04 的技术领域分解结构与其他 13 个技术路线图的相一致。

在这个技术路线图中,由于 4.3.5 协同操控和 4.3.4 移动中操控这两项技术与 NASA 任务领域需求的一致性有限而被评估为中等优先级。虽然确定了一些潜在的任务(如多个探测器自主协同的行星探索任务,在轨服务和/或装配任务),但这些技术并不广泛地适用于 NASA 多个任务领域中的多个任务。

专家认为,4.7.3 机载计算、4.5.3 自主制导与控制、4.1.1 视觉、4.7.1 模块化/通用化、4.6.1 相对导航传感器(远程、中程和近程)、4.1.4 定位与地图构建和

4.1.2 触觉感知这七项中等优先级技术可以极大地提高 NASA 探索任务能力,但与 NASA 首席技术专家办公室投资的技术相比,其投资风险等级较低。对这些技术来说,开发风险较低,因为支撑它们发展的基础技术已经广为人知,并且可以逐步制定、测试和应用一个专注于这些技术领域进步的渐进式开发计划。4.7.3 机载计算得分稍低,因为许多其他机构和商业实体正在这方面努力推动其发展,以至于 NASA 的投入相对较小。

以下 11 项中等优先级技术和 1 项低优先级技术也被认为能极大地提高任务能力,并广泛适用于多个 NASA 任务,但研发成本和成本风险都很高。这些技术包括 4.1.6 多传感器数据融合、4.7.2 复杂自适应系统验证与确认、4.5.5 可变自主性、4.4.7 机器人/航天员接近操作的安全、信任和接口、4.5.2 动态规划和排序工具、4.4.1 多模式人-系统交互、4.4.5 分布式协同、4.5.4 多智能体协同、4.5.6 地形相对导航、4.2.3 地上移动、4.1.8 地形分类与描述、4.2.2 地表之下移动。虽然这些技术能带来重大效益,但是经评估,它们很有可能会遇到研制陷阱,从而使工作复杂化,并引起额外的开发问题,可能导致成本大幅增长和进度延迟。

经评估,在未来 20~30 年内,最后的九项低优先级技术对 NASA 任务没有太大好处。这些技术包括 4.4.6 通用人-机接口、4.3.1 机械臂、4.3.3 接触动力学建模、4.1.5 姿态估计、4.5.7 不确定性路径和运动规划、4.1.3 自然特征图像识别、4.1.7 移动特征跟踪与识别、4.4.3 机器人-航天服接口和 4.4.4 意图识别与反应。这些技术至少属于下述三个类别之一:①相当成熟的技术,无进一步改进的空间(如 4.1.5 姿态估计);②即使元件或子系统技术有实质性的改进也不容易转化为任务能力或改善任务风险的量级(如 4.5.7 不确定性路径和运动规划);③技术仍然缺乏其基本原理的可应用性验证(如 4.4.6 通用人-系统接口)。

专家组指出,来自 NASA 以外机构的投资将使 NASA 任何潜在投资都黯然失色。这样 NASA 有限的资金可以更好地用于美国国防部、国际太空机构或商业公司没有做出实质性投资的技术领域,如 4.7.3 机载计算、4.4.4 意图识别与反应以及 4.1.1 视觉之类的技术。NASA 在这些领域的关键工作可以集中在调整其他机构取得的技术进展,以适应 NASA 任务的特殊要求。

G.7 公众研讨会总结

机器人、遥操作机器人和自主系统技术领域的研讨会由机器人、通信和导航专家组于 2011 年 3 月 30 日在华盛顿特区国家科学院 Keck 中心进行,专家组组长 Stephen Gorevan 主持会议。他首先概述了路线图和国家科学研究委员会评估路线图的任务。他还为应邀发言人讨论主题提供了一些建议。在介绍之后,NASA 技术路线图编者讲述了路线图的内容,随后分成若干个分论坛,讨论了技术路线图的关键领域。对于每个分论坛,来自工业界、学术界和/或政府的专家都应邀在30~45min的时间内讲述他们对NASA路线图的评论及意见。在这一天结束时,研讨会与会者进行了大约1h的公开讨论,然后由专家组组长进行最后的总结性发言,总结当天讨论期间观察到的要点。

G.7.1　NASA对技术路线图的概述

NASA技术路线图开发团队在演讲中描述了TA04中的7个二级子领域,包括过去和现在的任务、技术开发计划和每个技术子领域未来应用的示例。这些描述主要面向高层级的技术,几乎没有用于描述每个子领域内的第3层级具体技术的支撑性信息。开发团队提出了TA04技术的主要优势,仅作为整个机器人、遥操作机器人和自主系统领域的优势,而不是与特定的第3层级具体技术相关的优势。开发团队的演讲材料中没有列出12项顶级技术挑战的优先顺序,也没有说明这些技术挑战和第3层级具体技术之间的对应关系,更没有将技术挑战集中在NASA的具体问题上。演讲材料中给出一份具体的未来任务清单,并试图根据任务清单确定技术驱动和需求牵引的评价结果。

专家组讲述了他们在评估TA04技术路线图中相关技术时所遇到的困难,技术路线图没有对这些技术发展的最终状态进行明确。在不确定特定技术开发的终点的情况下,评估该技术的改进是否拥有足以改变游戏规则的能力,或能使全新的任务具备工程上可实施性,这是非常有挑战性的。例如,对于重力大的行星体,长距离穿越移动性与小行星上的移动性是非常不同的。如果没有设定任务优先级,就难以对这些技术挑战进行排序。由于NASA没有提供一套参考任务(与NASA当前的优先事项一致,并且与所有技术领域也一致)用于筛选这些技术,并且不同任务所需技术的最终状态也大相径庭,因此对技术挑战进行排序具有相当大的挑战性。NASA表示这是技术路线图开发过程中存在的问题,但每个技术路线图团队最终都要负责制定自己的任务清单。

G.7.2　会议1:卫星服务

David Kang(美国ATK航空航天系统公司)介绍了技术路线图在评估太空中卫星服务任务方面的适用性。Kang表示,在轨服务是一种改变游戏规则的能力,已经非常接近临界点,但是,要发展这种能力,就需要结合多项技术进步(以及良好的系统工程/不够先进的技术的集成),而这些技术不能对应到特定的第3层级具体技术上。他还说,卫星服务提供了一种评估技术对特定任务所产生的效用的方法,即通过对比技术开发所投入的成本与新功能所产生的效益(如通信和地面工作人员的成本对比开发和测试机载自主系统的成本)。商业的卫星服务必须有一个已完成的成功案例,所以这些类型的交易是至关重要的,NASA 不必为高优先级太空资产进行此类商业案例交易。

总体而言,Kang 认为技术路线图在高层级技术方面梳理出了非常好的关键技术列表,还认为每种技术都需要额外的详细说明,但这需要面向任务的应用场景来定义所需的具体性能级别。对于 TA04 技术路线图而言,这比其他 13 个技术路线图更具挑战性,因为 TA04 涉及自主性和机器人系统(如整个航天器系统)。

讨论意见指出,在轨服务的主要障碍可能是进入太空的高昂成本,而不是具体的卫星服务技术。当考虑平面变轨机动所面临的大量燃料需求时,只有在对相同轨道平面上的一组卫星进行维修服务,才是具有成本效益。Kang 认为这是一个问题,但他的公司对成为地球同步轨道的商业卫星运营商有足够的兴趣,可以完成一个在轨卫星维修的商业案例。

G.7.3 会议 2:轨道碎片清除和接近操作

Wade Pulliam(美国 Logos 科技公司)介绍了他和其他在轨道碎片或相关技术方面具有专业知识的同事一起获得的观察结果。他概述了当前近地轨道和地球同步轨道所面临的轨道碎片情况,预测了未来轨道碎片环境,提出了大尺度碎片清除的操作概念。这一介绍是非常有意义的,因为捕获在轨碎片的技术与卫星服务具有相似的技术集和需求清单,但要更复杂一些,因为碎片是不合作目标,几乎没有工具可以抓住它。该技术更类似于在小行星上着陆,包括当服务车到达时需要表征目标的状态和潜在的捕捉位置。

Pulliam 描述了采用灵巧机器人抓住自由飞行物体的方法,但同时高度评价了采用系绳鱼叉捕获无控空间碎片的方式。轨道碎片清除也将受益于多传感器融合技术(特别是将光电/红外成像与 LIDAR 传感器数据相结合的技术)和故障自主处理技术。

总的来说,Pulliam 认为技术路线图写得相当不错,只是它没有充分解决非人造或非完整物体的抓捕问题。Pulliam 指出,最大的难题是使非合作的旋转物体停止转动并抓紧它,以及能实现这种能力的技术开发计划。技术路线图开发团队确定了演讲材料中提及的这些内容。此外,Pulliam 表示技术开发进展应与任务及其需求相关联,而不是出于技术方面的考虑而将其包含在技术开发计划中(如让任务需求来界定技术路线图中的哪部分应该优先考虑)。

在讨论阶段,专家组提出了与国际政策和法律问题相关的潜在障碍。Pulliam 指出,近地轨道的 80% 航天器来自美国,而 80% 碎片来自于俄罗斯的火箭上面级,这引起人们猜测,通过美国和俄罗斯之间的双边协议可以减少很多风险。

G.7.4 会议3:移动性

William "Red" Whittaker(美国卡耐基·梅隆大学)随后介绍了未来的科学任务,该任务旨在探索行星上封闭在地表之下的"熔岩管",科学家已将其确定为高优先级探测任务。这种应用场景下的移动性对极端地形下的自主性(因为无法使用直视通信连接)、机动性和穿越能力、能量产生和储存、感知能力、建模能力和移动形式都提出了需求。

Whittaker 认为,未来太阳系内的移动任务应该强调远距离穿越技术而不是精确着陆的技术。对于寻找挥发物质的调查,下降和着陆过程将会潜在影响着陆点的环境,并妨碍了对该原生区域的真实探测。使用穿越技术,着陆器/探测车可以移动到目标区域执行科学探测,而不用担心污染问题。

Whittaker 指出,处理能力不再是机器人移动的限制条件,感知速度会越来越快。专家组评论认为,由于地面处理器和抗辐射加固处理器之间存在滞后,地面机器人与执行太空任务机器人相比,更是如此。为了缩小这一差距,需要推动已经空间飞行鉴定合格的处理器技术取得进一步发展。

G.7.5 会议4:行星地表机器人

EdwardTunstel(美国约翰·霍普金斯大学应用物理实验室)从行星地表机器人的角度对 TA04 技术路线图进行了评估。他指出,由于技术尚未迅速发展,所以当前路线图与之前的技术路线图具有相同类型的技术,唯一的变化似乎是技术路线图所关注的"里程碑"任务。Tunstel 指出,技术清单中没有明显的遗漏,但建议路线图应包括更多能为更长时间(行星地表机器人)探索任务提供功能寿命的技术。

Tunstel 认为技术列表中对软件的重视程度不够,但是专家组回应说,对硬件的重视程度不够。大家在讨论中发现,很明显,Tunstel 是对原始的技术领域分解结构发表了他的意见,但在技术路线图评估工作启动至研讨会期间,专家组已经进行了大量的改动,解决了他最初的关切。

Tunstel 提出了两个潜在的技术差距:本体感受(在有挑战性的地形上的强稳定性和操控)和低风险自学习/自适应(通过示范自学习,在分系统性能降级时最大化系统功能的能力)。Tunstel 还从行星地表探索的角度优先考虑了这些技术:①火星采样返回任务中样本封装机器人的移动性和操控性;②多臂灵巧遥操作机器人(包括沉浸式临场感、触觉和在延迟容忍网络上操作);③接近小天体表面;④进入行星地表下;⑤低风险自学习和自适应。

Tunstel 表示,"开源"软件社区在这个技术领域可能会提供很多帮助,其前提是国际武器贸易条例(ITAR)可以解决飞行代码的敏感性问题。专家组讲述了 SourceForge 最近在一个地面项目中获得的积极经验,对解决这类问题所需的技术方法持乐观态度。

G.7.6 会议 5:自主交会对接

Pierro Miotto(美国 Draper 实验室)将他的发言聚焦于自主交会对接(AR&D)子领域,讲述了过去航天任务中的手动和自主交会对接。该领域过去的工作都是针对每个特定应用场景的,几乎没有重复使用,也没有获得可用的经验教训。为了防止将来出现这些错误,Miotto 认为下一代系统必须强调通用标准、开放架构和非专有解决方案。

Miotto 将自主交会对接子领域分为五类:①自主交会对接分析、设计和测试;②自主制导、导航与控制;③自主任务管理;④传感器;⑤机构。在螺旋式发展过程的背景下,他为每一个类别都定义了早期和未来发展的技术需求和目标。他还阐述了充分的权衡分析对未来自主交会对接任务的重要性,包括确保可靠性、光照约束和操作概念都不会过度地限制技术发展空间,而只需要最先进的当前技术。因此,Miotto 建议 NASA 应探索和研发各种性能等级的自主交会对接技术,并进行演示验证。他还建议 NASA 为非 NASA 开发的系统提供飞行测试机会,这将有助于提升商业和非商业实体的开放式架构水平。理想情况下,这将包括创建专用的自主交会对接设施以在闭环环境中执行这些类型的测试。

G.7.7 会议 6:机器人

David Akin(美国马里兰大学)提出了空间机器人的顶层分类法,并讲述了移动性与操控性、微重力与行星地表的最新技术发展状态。他描述了基于功能的操纵机器人的低级分类法,并概述了移动和操控技术中的关键技术问题。每一种应用和技术都可以解决任务需求的复杂性,从灵巧操控到简单驱动,其适用范围很广泛。

Akin 还描述了未来的应用,其中包括各种空间机器人所面向的小众市场,每个机器人都可以高效率地执行各种任务。他认为并不需要一个能够执行任何任务的单一通用机器人,但是可以开发专用机器人来支持那些小众市场的需求。

G.7.8 公众意见和讨论会

以下是在公众意见征集和讨论会期间,由发言人、专家组成员和其他与会者表达的观点。

（1）技术路线图详细程度。一些与会者指出,路线图涵盖了许多领域,涉及的主题非常广泛,相当于对单个技术的高度处理。因此,技术挑战也处于较高水平,重点不突出。他们建议对于解决特定问题,应寻找不同的解决方案（如用于对接与行星探索的图像/模式识别技术）,而不是用通用方法解决。

（2）任务与技术发展之间的联系。有人建议在开发 TA04 技术路线图时,NASA 所采用的能力驱动模式应多于目标驱动模式。因此,鉴于技术种类繁多,以及特定技术水平与需要它们的任务之间的联系不佳,很难看出技术开发的优先级是如何确定的。

（3）自主性与自动化。一些与会者建议将自主性（认知能力）与自动化分开考虑（遵循 if/then/else 树）。许多讨论自主性的技术路线图技术实际上是在描述更复杂的自动化。NASA 技术路线图开发人员提出反驳,很难想象在未来 20~30 年内有需要高度自主性的可信任的任务,因为任务管理者更愿意等待几小时来解决潜在问题,而不是花钱开发机载自主控制技术并避免时间延迟所带来的不利影响。进入、下降和着陆（EDL）应用可能会推动这项技术发展,因为可用于做出决策的时间很短。

（4）自主性的风险。在自主性技术讨论期间,一些参与者认为自主性是一个程序性风险,因为航天器可能采取某些行动而使硬件处于风险之中。他们提到,由于任务的高成本和失败的高可见性,NASA 可能不愿意使用高度自主性技术。其他参与者则将自主性视为保护这些资产的一种方式,并可以通过消除人在回路中的信息传输延迟和地面操作人员来加快感知-理解-决策-执行循环。但这是对技术在未来任务中的作用的根本脱节。在扩展任务期间,可以在现有探测车上进行额外测试并检验自主性技术,此时,对项目风险的承受能力较高。

（5）未来任务对技术的牵引。一些讨论是关于技术路线图中的任务如何实现。许多目标任务可能没有资金,也没有足够高的优先级去实现它。因此,NASA 应该考虑更新技术路线图,对潜在任务进行更现实的评估,以便确定采用需求牵引（相对于技术驱动）的理由。

（6）与美国国防部协同投资。一名来自美国国防部的与会者鼓励 NASA 参与到多机构间的技术联合开发工作中。这可能是 NASA 与美国国防部对应机构进行沟通和识别高技术成熟度开发项目的机制,并确定 NASA 可以生产的高技术成熟度产品,尽早宣告其已研制成功。

G.8　2016 版修订内容

G.8.1　QFD 矩阵和计算结果

相对于2012 年NRC 报告,2015 年NASA 路线图 TA 04 名称更改为"机器人与自主系统"。在 2015 年技术路线图中,TA04 新增 11 项第 3 层级具体技术,而这些技术在 2012 版技术路线图组织结构的基础上被分类为新技术。2015 年新增技术已经被合并到表 G.2 中。TA04 新增技术的得分和排名也被合并至图 G.4 和图 G.5 中。

表 G.2　2016 版 TA04 机器人与自主系统的技术领域分解结构

第 2 层级技术子领域	被评估的第 3 层级具体技术
4.1 传感与感知	无
4.2 移动性	
	4.2.5. 地表移动
	4.2.6. 机器人导航
	4.2.7. 协同移动
	4.2.8. 移动性组件
4.3 操控性	
	4.3.7. 抓捕
4.4 人-系统交互	
	4.4.3. 接近交互
	4.4.8. 远程交互
4.5 系统自主性	
	4.5.8. 决策自动化数据分析
4.6 自主交会对接	无
4.7 系统工程	4.7.3. 机器人建模与仿真
	4.7.4. 机器人软件
	4.7.5. 安全性和信任

虽然 2015 年 TA04 中所有新增的第 3 层级具体技术对于机器人学都很重要,但 11 种新技术中有两种列为高优先级(4.3.7 抓捕和 4.4.8 远程交互),5 个被列为中等优先级(4.2.5 地表移动;4.2.6 机器人导航;4.2.8 移动性;4.7.4 机器人软件;和 4.7.5 安全性和信任),4 个被列为低优先级(4.2.7 协同移动;4.4.3 接近交互;4.5.8 决策自动化数据分析;4.7.3 机器人建模与仿真)。

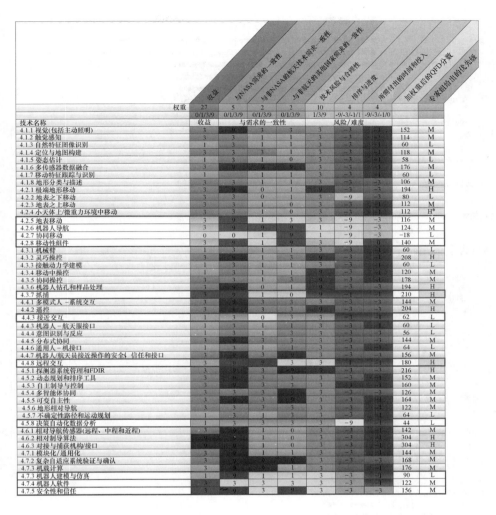

图 G.4 （见彩图）2016 版 TA04 机器人与自主系统 QFD 得分汇总矩阵

注：图中所有高优先级技术的优先级认定依据详见"高优先级的第 3 层级具体技术"一节内容；H 代表高优先级，H* 代表调整为高优先级（不采用 QFD 分数），M 代表中等优先级，L 代表低优先级。

G.8.2 高优先级的第 3 层级具体技术

G.8.2.1 技术 4.3.7 抓捕

抓捕系统被认定为高优先级技术，因为它们能够物理捕获小行星和小行星上

247

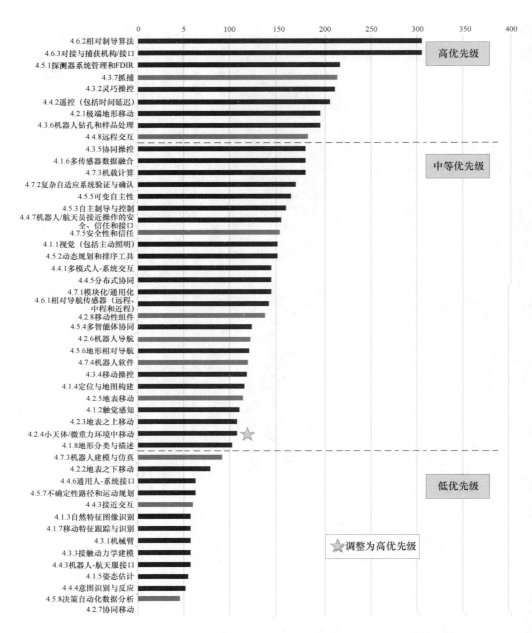

图 G.5 （见彩图）2016 版 TA04 机器人、遥操作机器人与自主系统 QFD 得分排名

的巨石，并将其附着到机器人飞船上，还可以捕获自由飞行的航天器。因此，抓捕技术可将小行星从自然轨道运送到月球轨道，人类也可以从月球轨道上的巨石中收集样品和采样返回，消除轨道碎片，保护地球免受小行星体的影响，并在轨道上

组装大型航天器以进行未来太空探索任务。潜在的商业用途包括：在商业太空资源运营中进行精细采样和处理以获得巨石大小的小行星样本，捕获废弃卫星将其强制返回大气层烧毁，开展处置、打捞或维修航天器服务。美国最近签署了《美国商业太空发射竞争力法案》，该法案赋予美国公民有权从小行星获得（或取样返回）任何小行星或太空资源，这可能激发人们对商业小行星采矿的兴趣。即使如此，NASA 发展抓捕技术仍是一个高优先级事项，因为其他政府机构和行业的相关工作不大可能符合 NASA 的具体需求，特别是考虑到"小行星捕获任务计划"的任务需求。

技术 4.3.7 的内容"抓捕"与 4.6.3"对接与捕获机构/接口"有所重叠。但是，技术 4.6.3 的重点是将一艘航天器与另一艘航天器对接，而技术 4.3.7 的应用范围包括与小行星和小行星上的巨石等天然物体的相互作用。小行星是具有非结构物理特性的大规模翻滚目标，需要新的抓捕技术来捕获小行星或小行星上的巨石。

技术 4.3.7 与 NASA 的需求非常吻合，因为 NASA 正在制定第一个机器人探测任务，用来抵达大型近地小行星。该任务的目标是从其表面抓取并收集一块数吨重的巨石，并将巨石重新定向到一个稳定的绕月轨道上。到达之后，航天员将再次采用抓捕技术来抓取巨石，并计划在 21 世纪 20 年代将抓取的样品返回到地球上。

国际空间站是评估和测试抓捕系统机电元件性能的有效验证平台。抓捕系统的捕获和预加载系统的可靠性测试可以在国际空间站内部或外部进行。

TA04 技术路线图中缺乏该技术的细节信息，只提出了一个第 4 层级研究任务，与第 3 层技术级具体技术相比，没有提供更多的详细信息。潜在的第 4 层级研究任务是解决抓捕大型旋转结构的非刚性方法。例如，连接到长度可调系绳的抓钩可以固定旋转物体并将其固定到航天器（或将航天器固定到这个物体上）。

G.8.2.2　技术 4.4.8 远程交互

远程交互是一项高优先级技术，因为它会提供控制和通信方法，使人类能够远程操作自主控制系统和机器人。控制包括遥操作、遥控和其他控制策略。远程交互包括遥控技术，该技术在 2012 年 NRC 报告中被列为高优先级（表 G.1）。如 2012 年报告所述，遥控合并所必需的技术，并使用更高级别的任务目标而不是低级别指令来控制机器人行为，因此要求机器人具有半自主或自主行为。遥控技术增加了人类可以同时监督的机器人数量，从而降低了成本。这项技术还降低了延时对远程执行机器人操作的影响，提高了人机交互团队的协同效果，并且促进了分布式机器人团队的发展。该技术能支撑改变游戏规则的科学和探索任务的设计与实施。例如，在偏远地区进行新的机器人任务，以及减少参与多个机器人任务的遥操作人员数量。

除了遥控技术外,技术 4.4.8 远程交互还包括支持手动控制远程系统技术以及操作员监视系统状态、评估任务进度、感知远程环境,并做出明智的操作决策的技术。这些技术与遥控技术是兼容和互补的,成功的远程操作系统必须集成所有这些技术。同时,需要根据任务需求构建适当的可视化、友好的人机界面以及对状况实时评估的辅助决策支持系统,以在监督控制和手动控制之间实现平滑过渡。这种双模式转换能力在执行新任务或对未预料到的情况做出反应时尤为重要。它集成了遥控、手动控制和有效界面的远程操作技术,使高效和有用的远程操作成为现实。

如 2012 年 NRC 报告所述,火星探测车采用了有限的遥控技术,有较高的技术成熟度(TRL 9),但高级功能的技术成熟度却很低(TRL 2~3)。由于减少了监督机器人任务的人员数量以及应用该技术的科学和探索任务的数量,该技术与 NASA 的需求高度吻合。远程交互技术通常在多个政府机构中都有应用,包括美国国防部、能源部和国土安全部。例如,无人潜水艇在水下可能遇到的时间延迟,虽然无人潜水艇的时间延迟范围不同于宇宙空间应用的时间延迟的范围。因此,NASA 具有独特的优势,可以将这项技术的成熟度推进到 TRL 6。NASA 在这一技术领域可能会与工业界以及日本、法国和德国等国际合作伙伴进行合作。

远程交互与其他航空航天和国家需求的一致性被认为是中等,因为研究成果可能会影响任何机器人系统的远程交互。基于提供远程交互是系统工程问题的事实,其技术风险被评估为中高风险。因此,该技术的发展高度依赖于潜在的机器人和人机交互能力的发展。相关项目将需要利用现有的 NASA 和美国国防部的能力,以确保及时开发各种相关技术,如稳健的自主行为。

G.8.3 中等优先级技术

在 2015 年技术路线图修订中新增 5 项中等优先级技术,它们分别是:技术 4.2.5 地表移动性、4.2.6 机器人导航、4.2.8 移动性组件、4.7.4 机器人软件以及 4.7.5 安全和信任。这些都有可能在适用于多个任务的机器人技术上做出重大改进。他们未被列入高优先级的因素主要是:①没有解决技术障碍的明确计划;②NASA 已经在飞行任务中成功地演示了一些相关技术;③在 NASA 以外的机构正在这些领域开展大量的工作,很容易被 NASA 应用。因此,NASA 在这些领域发挥主导作用并不是优先考虑的事情。与 4.2.5 地表移动性、4.2.6 机器人导航、4.7.4 机器人软件;以及 4.7.5 安全和信任相关的大量工作,NASA 以外的机构正在开展研究,但地面使用要求与 NASA 的需求不同。技术 4.2.8 移动性组件,虽然有更多的 NASA 独特性,但混合了第 4 层级研究任务,要么已经基本实现(如行星表面的车轮),要么缺乏明确的研究计划。

G.8.4 低优先级技术

在 2015 年技术路线图修订中新增四项低优先级技术,它们分别是:技术 4.2.7 协同移动性和 4.5.8 决策自动化数据分析,因为提出的第 4 级层研究任务不能对机器人技术产生重大的技术改进,或者它们不在设计参考任务(DRM)的关键技术实施途径中。这些技术非常重要,都是由 NASA 以外的组织或机构完成。所提出的工作要么对 DRM 不重要,要么不是 NASA 的特有需求,因此可以从工业界或其他机构完成的类似工作中获取相关技术能力。

技术 4.4.3 接近交互是机器人开发机构非常感兴趣的一个技术领域,特别是机器人与人类互动的工业、服务业和辅助技术应用。然而,由于所提出的第 4 层级研究并不是 NASA 的特殊需求,因此这项技术也被列入低优先级,除了 NASA 已经证明的能力之外,DRM 似乎不需要接近交互技术。在技术路线图的时间框架内,将接近操作拓展到 NASA 的新技术领域,似乎没有太大的好处。未来机器人技术领域的技术转移和适应性修改可能是很重要的,但这并不是迫切的需求。

技术 4.7.3 机器人建模与仿真被列入低优先级。虽然建模和仿真至关重要,但所建议的第 4 层级研究任务并非针对 NASA,美国农业部、美国国防部等机构正在积极推行相关研究工作。NASA 所特有的需求是要在远程操作中使用仿真模拟,但是所提出的所有工作基本上都是超级计算机级的仿真模拟。因此,模型的方法和类型不是 NASA 所特有的,NASA 在该领域努力的优势并不是高度优先。

附录H
TA05通信与导航

H.1 引言

技术领域"TA05 通信与导航"的技术路线图草案包括6个第2层级技术子领域：
- 5.1 光通信与导航
- 5.2 射频通信
- 5.3 网络互联
- 5.4 定位、导航和授时
- 5.5 集成技术
- 5.6 颠覆性新概念

通信和导航技术领域通过发展新的能力和服务来支持 NASA 所有的航天任务，使原本不可行的 NASA 任务变得可行。通信链路是航天器的生命线，它负责指令、遥测和科学数据传输，也提供导航支持。计划中的任务需要略微提升通信数据速率，以及适度地提高导航精度。通信和导航技术的进步将使未来的任务中可以使用新型的、能力更强的科学仪器，能大幅增强地球轨道以外载人航天任务的执行能力，并开启全新的任务概念模式。这将提升科学和探索任务的执行效率，通过提供高带宽的通信链路，以提高公众参与 NASA 探索和发现计划的能力。

本技术路线图描述了能够满足未来的任务需求、提供增强的任务能力或开启新的任务模式所必需的通信和导航技术的发展。这包括识别典型的未来任务，以及能促进这些任务实现和增强任务性能的关键能力和投资。路线图侧重于未来通信技术的若干个关键问题：开发射频(RF)技术，同时启动一条并行路径来发展光通信技术能力，应用地球的网络互联技术及流程，通过简化数据处理和分发来降低运行成本，提高导航精度，开发集成通信系统，以及识别潜在的颠覆性技术。

在对 TA05 中第3层级具体技术指定优先级之前，对其中一些技术进行重命名、删除或移动。这些变动的原因将在下面解释并在表 H.1 中进行说明。所有 14 个技术领域的完整、修改后的技术领域分解结构(TABS)见附录 B。

表 H.1 TA05 通信与导航的技术领域分解结构

NASA 技术路线图草案(2010 年版本 10)	指导委员会—修改建议(针对 2010 年版本 10)
TA05 通信与导航	合并两项技术,重命名一项技术
5.1 光通信与导航	
5.1.1 探测器开发	
5.1.2 大孔径技术	
5.1.3 激光	
5.1.4 捕获与跟踪	
5.1.5 大气减缓	
5.2 射频通信	
5.2.1 频谱效率技术	
5.2.2 电源效率技术	
5.2.3 射频传播	
5.2.4 飞行和地面系统	
5.2.5 地面发射和再入通信	
5.2.6 天线	
5.3 网络互联	
5.3.1 中断容忍网络	
5.3.2 自适应网络拓扑	
5.3.3 信息保障	
5.3.4 集成网络管理	
5.4 定位、导航和授时	
5.4.1 计时	合并 5.4.1 和 5.4.2
5.4.2 时间分配	重命名:5.4.1 计时与时间分配 删除:5.4.2 时间分配
5.4.3 机载自主导航和机动	

续表

NASA 技术路线图草案(2010 年版本 10)	指导委员会—修改建议(针对 2010 年版本 10)
5.4.4 传感器和视觉处理系统	
5.4.5 相对和临近导航	
5.4.6 自主精密编队飞行	
5.4.7 自主接近与着陆	
5.5 集成技术	
5.5.1 无线电系统	
5.5.2 超宽带技术	
5.5.3 认知网络	
5.5.4 通信系统中的科学	
5.5.5 混合光通信和导航传感器	
5.5.6 射频/光学混合技术	
5.6 颠覆性新概念	
5.6.1 X 射线导航	
5.6.2 X 射线通信	
5.6.3 基于中微子的导航和跟踪	
5.6.4 量子密钥分发	
5.6.5 量子通信	
5.6.6 SQIF 微波放大器	
5.6.7 可重构大孔径	重命名 5.6.7 纳米卫星集群可重构大孔径

注:技术 5.4.1 计时和 5.4.2 时间分配已经被合并并重命名;5.4.1 计时与时间分配,因为两项技术十分相似,二者合并之后将使其开发更高效。技术 5.6.7 可重构大孔径已经被重命名为 5.6.7 纳米卫星集群可重构大孔径,可以更好地表征这项技术在 TA05 路线图中描述的内容。

H.2 顶级技术挑战

专家组确定了 TA05 中有三大技术挑战,下面按照优先级顺序列出。

(1) 自主和精确导航:通过开发更自主和更精准的绝对和相对导航方法来满足未来 NASA 任务的导航需求。

NASA 的未来任务面临着各种各样的导航挑战,而当前的方法无法解决这些挑战。精确定位信息、轨道确定、协同飞行、轨道遍历以及与小天体交会等只是构成这些挑战的一小部分。此外,NASA 需要航天器在离地球更远的宇宙空间以更加自主的方式完成上述各种工作。适当的技术投资可以解决这些挑战,甚至可能提出全新的任务概念。

(2) 缓解通信约束限制:尽量减少影响未来 NASA 航天任务规划和执行的通信数据速率和距离限制。

对 NASA 未来可能执行的任务集的最新分析表明,通信性能需要以每 15 年约 10 倍的速度(也可简单地以每秒比特数来衡量)增长,才能满足预期的机器人任务需求。历史经验表明,NASA 任务倾向于返回更多数据,且数据增长速度随时间变化符合指数"摩尔定律"。各种任务继续受到依法分配的国际频谱带宽的限制。NASA 的 S 波段已经过度拥挤,并已开始使用其他波段。

未来任务中需要完成的许多复杂工作都会受到地面控制中心在实时决策环节中的限制。当需要做出决策时,到地球的直接通信链路有时可能无法联通,这可以通过使决策过程更接近任务平台来减缓通信链路不畅的影响,从而最大程度地减少对地面控制中心的依赖。通信和导航基础设施的进步将允许在本地收集信息,并在航天器中执行计算或者与附近的节点共享计算。显然,这一目标与自主控制和飞行器计算能力的增长需求相耦合。

(3) 信息交付:提供整个太阳系内完整且无误的信息交付能力。

未来任务包括强化国际伙伴关系和增加公众互动,这意味着增加了信息泄露的风险。例如,美国"白宫"在《2012 年科学技术优先事项备忘录》中所述,NASA 需要"支持网络安全研发,以探索设计和开发可信赖的网络空间的新方法,建立可防御的网络系统,使其能够在假定已被破坏的环境中安全可靠运行。"随着网络互联延伸遍及太阳系,通信架构需要以安全稳妥的方式运行。

H.3 质量功能展开矩阵和计算结果

第 3 层级具体技术的评价过程在第 3 章中已详细描述。评价结果如图 H.1 和图 H.2 所示,图中显示了每种技术的相对排名。专家组将四项技术评为高优先级,其中三项是因为它们的质量功能展开(QFD)得分远高于排名较低的技术的分数。经过谨慎考虑,专家组还将 5.5.1 无线电系统确定为高优先级技术。

技术名称	权重	收益 27 0/1/3/9	与NASA需求的一致性 5 0/1/3/9	与非NASA航天技术需求的一致性 2 0/1/3/9	与非航天的其他国家需求的一致性 2 0/1/3/9	技术风险与合理性 10 1/3/9	排序与进度 4 -9/-3/-1/1	所需付出的时间与投入 4 -9/-3/-1/0	加权重后的QFD分数	专家组给出的优先级
		收益		与需求的一致性			风险/难度			
5.1.1 探测器开发		3	9	3	1	3	-3	-1	148	M
5.1.2 大孔径技术		3	9	1	0	3	-3	-3	134	M
5.1.3 激光		3	9	1	1	3	-3	-1	144	M
5.1.4 捕获与跟踪		3	9	1	1	3	-3	-1	142	M
5.1.5 大气减缓		3	9	1	1	3	-3	-3	136	M
5.2.1 频谱效率技术		1	9	3	1	3	-3	-1	92	M
5.2.2 电源效率技术		1	9	9	3	3	-1	-1	126	M
5.2.3 射频传播		1	9	1	1	3	-9	-3	58	L
5.2.4 飞行和地面系统		1	9	3	1	3	-3	-1	94	M
5.2.5 地面发射和再入通信		1	9	1	1	3	-9	-3	56	L
5.2.6 天线		3	9	3	0	3	-3	-1	146	M
5.3.1 中断容忍网络		3	9	3	3	3	-3	-1	168	M
5.3.2 自适应网络拓扑		3	9	3	3	3	-9	-1	188	H
5.3.3 信息保障		1	9	9	0	1	-9	-1	52	L
5.3.4 集成网络管理		3	9	3	3	3	-1	-1	154	M
5.4.1 计时与时间分配		3	9	3	1	3	-9	-1	200	H
5.4.3 机载自主导航和机动		3	9	3	0	3	-9	-1	206	H
5.4.4 传感器和视觉处理系统		3	9	3	0	3	-3	-1	146	M
5.4.5 相对和临近导航		3	9	3	1	3	-3	-1	146	M
5.4.6 自动精确编队飞行		3	3	1	0	3	-3	-1	172	M
5.4.7 自动接近与着陆		3	3	1	1	3	-3	-1	112	M
5.5.1 无线电系统		3	9	3	9	3	-3	-1	164	H*
5.5.2 超宽带技术		3	3	1	0	3	-9	-1	148	M
5.5.3 认知网络		3	9	3	0	3	-3	-3	90	M
5.5.4 通信系统中的科学		1	3	1	0	3	-3	-1	56	L
5.5.5 混合光通信和导航传感器		1	3	1	0	3	-3	-1	58	L
5.5.6 射频/光学混合技术		1	9	3	1	3	-9	-1	70	L
5.6.1 X射线导航		0	3	0	0	1	-9	-3	-23	L
5.6.2 X射线通信		0	0	0	0	1	-9	-3	-38	L
5.6.3 基于中微子的导航和跟踪		0	0	0	0	1	-9	-9	-62	L
5.6.4 量子密钥分发		0	3	1	0	1	-3	-3	-21	L
5.6.5 量子通信		0	3	0	0	1	-9	-3	-45	L
5.6.6 SQIF微波放大器		1	3	3	1	1	-9	-3	-12	L
5.6.7 纳米卫星集群可重构大孔径		1	3	0	0	1	-9	-3	4	L

图 H.1 （见彩图）TA05 通信与导航 QFD 得分汇总矩阵

注：图中所有高优先级技术的优先级认定依据详见"高优先级的第 3 层级具体技术"一节内容；
H 代表高优先级，H * 代表调整为高优先级（不采用 QFD 分数），
M 代表中等优先级，L 代表低优先级

H.4 顶级技术挑战与各项具体技术之间的关联性

图 H.3 显示了单个 TA05 第 3 层级具体技术与顶级技术挑战之间的关系。请注意，由 QFD 排名确定的最低优先级技术往往不会与顶级技术挑战紧密相关。所

有高优先级技术与两个顶级技术挑战都有着密切的联系。这说明了评估结果与 QFD 得分排名之间具有良好的一致性。

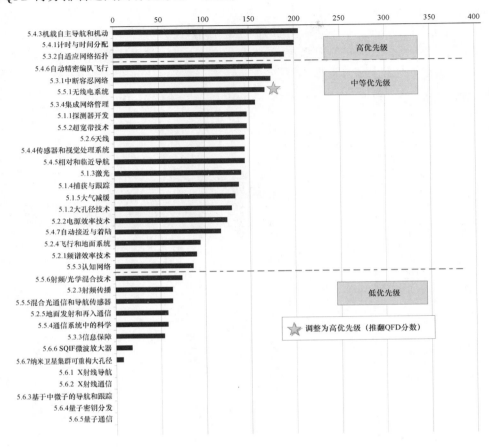

图 H.2　TA05 通信与导航 QFD 得分排名

H.5　高优先级的第 3 层级具体技术

第二专家组确定了 TA05 中的四项高度优先技术,下面讨论将这些技术排名为高优先级的理由。

H.5.1　技术 5.4.3 机载自主导航和机动

机载自主导航和机动(onboard autonomous navigation and maneuvering,OANM)

技术对于提高众多未来航天任务的能力以及减少任务支持需求至关重要。通过精确地确定探测器的位置和姿态，能极大减少对来自地球的辅助位置定位的依赖，从而释放出通信网络资源用于其他任务。机载机动规划和执行监控将增强探测器的敏捷性，能降低地面控制中心参与的时间延迟和信号再入大气层时的通信损失，从而获得当前不可能实现的新任务能力。它还可以通过消除支持航天器常规运行所需的大量劳动力需求来降低成本。

		1.自主和精确导航：通过开发更自主和更精准的绝对和相对导航方法来满足未来NASA任务的导航需求	2.缓解通信约束限制：尽量减少影响未来NASA航天任务规划和执行的通信数据速率和距离限制	3.信息交付：提供整个太阳系内完整且无误的信息交付能力
●	强关联：NASA在该项技术上的投资对解决这一挑战可能会产生重大影响			
○	中关联：NASA在该项技术上的投资对解决这一挑战可能会产生中等影响			
[空白]	弱/无关联：NASA在这项技术上的投资对解决这一挑战可能影响不大，甚至没有影响			

优先级	TA05技术按优先级列表	1	2	3
H	5.4.3 机载自主导航和机动	●	●	
H	5.4.1 计时与时间分配	●	●	
H	5.3.2 自适应网络拓扑	○	●	●
H	5.5.1 无线电系统	○	●	●
M	5.4.6 自动精密编队飞行	○		
M	5.3.1 中断容忍网络		○	○
M	5.3.4 集成网络管理		○	○
M	5.1.1 探测器开发		○	
M	5.5.2 超宽带技术		○	
M	5.2.6 天线		○	
M	5.4.4 传感器和视觉处理系统	○		
M	5.4.5 相对和临近导航	○		
M	5.1.3 激光	○	○	
M	5.1.4 捕获与跟踪	○		
M	5.1.5 大气减缓			
M	5.1.2 大孔径技术		○	
M	5.2.2 电源效率技术		○	○
M	5.4.7 自动接近与着陆	○		
M	5.2.4 飞行和地面系统		○	
M	5.2.1 频谱效率技术		○	○
M	5.5.3 认知网络			
L	5.5.6 射频/光学混合技术		○	
L	5.2.3 射频传播		○	
L	5.5.5 混合光通信和导航传感器	○	○	
L	5.2.5 地面发射和再入通信		○	
L	5.5.4 通信系统中的科学			
L	5.3.3 信息保障			
L	5.6.6 SQIF微波放大器			
L	5.6.7 纳米卫星集群可重构大孔径			○
L	5.6.4 量子密钥分发			
L	5.6.1 X光导航	○		
L	5.6.2 X光通信			
L	5.6.5 量子通信			
L	5.6.3 基于中微子的导航和跟踪			

图 H.3　TA05 通信与导航中各项技术对顶级技术挑战的支持程度

考虑到先前开展的飞行演示，例如，DS-1和EO-1，机载自主导航和机动的一些基础技术的成熟度为TRL 9，但是未来任务所需的高级功能新技术的成熟度更接近TRL 3。这项技术的研究和飞行验证需求是合理的，因其所支撑的未来任务与NASA的经验和能力完全吻合，且与NASA过去的角色保持一致。

NASA可以利用当前其他行业在自主机器人和UAV研究领域所得到的新算法和新能力，但是这些领域中的任务和自主需求与NASA应用有显著不同。NASA与国防部的自主水下机器人有较多技术重叠，因为真实的远程操作通常只有有限的机外通信能力。但是，考虑到任务的距离、多样性和复杂性，NASA面临的挑战是独一无二的，它们不太可能由一个外部研究组织完全解决。因此，NASA在这个技术领域的投资是至关重要的。

专家组认为OANM系统所能够提供的主要益处在于，该技术有望大幅度提高未来任务能力/性能并降低运行成本。该技术与NASA的需求一致性高，因为它将影响载人深空探测、机器人科学任务、行星着陆器和探测车。与其他航空航天需求的一致性被认为是中等，因为一些自动化和规划算法与国防部/商业航天任务及其他机器人应用存在重叠，但是与国家需求的一致性较低，因为这项工作事实上只与航天器有关。在NASA可接受的技术开发风险水平范围内，其技术风险被评定为中至高风险。特别重要的是，我们观察到在近期任务中逐渐增加（并验证）了自主导航和机动规划算法，从而可为未来任务应用奠定坚实的基础。这种方法可用于适当地扩展规模，以适度的工作量解决OANM技术挑战的所需的劳动力。由于具备提升重大任务能力和节约成本的潜力，与NASA需求紧密一致，以及合理的技术风险和开发工作量，因此OANM被评定为高优先级技术。

H.5.2 技术5.4.1 计时与时间分配

NASA为其任务提供通信和导航基础设施，这种基础设施的底层是原子钟和时间传递硬件和软件。在宇宙空间中运行的新型的、更精确的原子钟以及在这些原子钟之间进行时间分配和时间同步的新型、更精确的方法（如太空环境中运行的光学发射机和接收机），能推动基础设施进一步发展，以满足NASA在未来几十年里的任务需求。将带来基础设施的进步并满足NASA在未来几十年的需求。

计时与时间分配系统的技术成熟度在很宽的范围内变化，从当前计时系统的TRL 9到未提出的新型原子钟的TRL 1。在国家标准与技术研究所（National Institute of Standards and Technology, NIST）和其他实验室的计时和时间分配相关研究工作可以认为是TRL 3~4。计划中的国际空间站实验高级逃生系统航天服（Advanced Crew Escape Suit, ACES）是一种科学仪器，不是常规的PNT装置；考虑到应用场景，对ACES而言，TRL 3的技术成熟度可能是最好的估计。

精确计时和时间传递不仅对NASA,对国防和通信工业以及科学界也都具有重要意义。由于拥有深空网络和跟踪与数据中继卫星系统(TDRSS),NASA在太空系统的计时和时间分配方面具有专长。NASA与美国国防部、国家标准与技术研究所、大学实验室以及法国和日本等国际合作伙伴的合作将会取得丰硕成果(日本、法国、国家标准与技术研究所(NIST)和喷气推进实验室是ACES的合作伙伴)。NASA与合作伙伴一起,可以专注于实验室原型样机的小型化研制,提供必要和稳定的机械和热环境用于测试,增加精确时钟和时间传递设备的寿命和可靠性。国际空间站在计时和时间分配技术的开发中发挥着重要作用,在技术演示验证时可以提供微重力环境。然而,对于近地轨道以外的任务,还需要在高辐射水平下的硬件演示验证和合适的太阳系内导航算法。

计时与时间分配技术进步所带来的主要好处是,其精度的提高带来了相对和绝对位置及速度的精度提升,从而为自主交会、对接、着陆和远离地球的编队飞行等航天任务提供了更好的解决方案。此外,精密计时还可以对基础物理、时间和频率计量、大地测量、重力测量和超高分辨率超长基线干涉度量法科学应用进行新的测试。由于该技术对多个任务领域的多个任务有着重要的影响,包括涉及交会、相对位置保持和着陆任务的载人和机器人航天飞行,因此认为它与NASA的需求高度吻合。同样地,随着现代技术所需数据的爆炸式增长,导航和通信设备的精确计时和同步功能的益处也与其他航空航天任务和非航天的国家任务需求高度吻合。与精确计时和时间分配技术发展相关的风险被认为是中高风险非常适合NASA开展技术研发工作。由于其主要优点,与NASA和其他的国家需求保持一致,以及合理的风险和开发工作,精确的计时与时间分配被评为高优先级技术。

H.5.3 技术5.3.2 自适应网络拓扑

自适应网络拓扑(adaptive network topology, ANT)是指网络根据其内部变化或延迟,或关于通信路径之间关系的额外信息,改变其拓扑结构的能力。技术领域包括改进任务通信性能的技术(如Ad Hoc和网状网络、信道接入方法)以及跨动态网络中信号质量保持技术,以确保成功交换所需的信息,适应日益增加的任务复杂性,实现更强的任务稳健性。目标是改善端到端而不是逐跳的性能。ANT最初是出于商业用途而研发的,然而采用这种方法对地面网络进行优化已被放弃,取而代之的是添加额外的高塔和其他集线器。地面设备价格的下降已经减弱了对有限网络内部优化的需求。

ANT的技术成熟度为TRL 2~5,它们已在实验室中得到验证,但是尚未实现商业或在太空中应用。它们具有强烈的学术研究吸引力,但是商业实体不可能进行任何实际的开发。然而,具有极端应用场景(如水下通信)需求的政府部门可能会寻求发展这些能力。国防部内部正在投资该项技术,但是应用背景完全不同,以至于其与 NASA 的要求不符。虽然基础技术可以从由国家科学基金会和其他机构赞助的学术或研究机构购买,但是适用于 NASA 的工程技术却无法购买。由于缺乏商业应用需求,如果这项技术要在未来几十年内发展到能够支撑 NASA 的任务,NASA 参与该项技术研究是必要的。

进入国际空间站对于开发 ANT 不是必要的,该技术可以用于所有无法进行视觉通信的任务。中断容忍网络(DTN)和自适应网络拓扑(ANT)之间的区别是有争议的。专家组将 DTN 视为 ANT 的子集,并且这种观点在一定程度上是 ANT 评为高优先级的原因。

专家组评定 ANT 与 NASA 需求的一致性非常吻合,它对 NASA 的益处主要体现在,未来多元素任务将需要先进的网络拓扑技术,能根据要求进行自适应调整,以保证其应用的稳健性。在技术风险和合理性类别中获得了很高的评价,因为这是先前技术能力的显著扩展,当然也伴随与之相关的风险。但是,许多政府机构如国防部、国家科学基金会,甚至采矿业的国家职业安全与健康研究所(特别是在事故发生后),通过先前的各种小规模研究项目已经降低了技术风险水平。排序和计时评分较低,其主要原因是这项技术没有明确定义的任务需求计划。

H.5.4 技术 5.5.1 无线电系统

无线电系统技术专注于利用射频通信、定位导航授时(PNT)和空间网络互联技术的进步来开发先进的、集成的太空和地面系统,以提高性能和效率,同时降低成本。例如,可能会开发一种多用途软件定义无线电系统,它可以根据任务阶段和需求改变其功能。虽然无线电系统技术可以从 TA05 中的多个第 3 层级具体技术(天线、大气减缓、大孔径技术、电源效率技术、频谱效率技术、射频传播、地面发射和再入通信以及信息保障)的单项技术进步中受益,但其本身主要聚焦于将这些技术进步集成至运行系统中所带来的相关挑战。

无线电系统集成技术的发展集中在 TA05 内最高优先级的一个技术挑战:尽量减少影响 NASA 未来太空任务规划和执行的通信数据速率和距离限制。像 TA05 中所有技术一样,这些技术进步有利于在深空和近地轨道上的多种类型任务的实施。

软件定义无线电(software defined radio,SDR)是无线电系统集成面临挑战的主要示例。它们提供频率捷变和宽频率覆盖,但需要宽带电路、宽带天线和复杂的软件来驱动系统。虽然每个领域的元器件技术都很成熟,但在广泛采用 SDR 之前,仍然需要将其集成到飞行系统中进行验证。SDR 可以配置到多种应用中,如雷达、波束成形阵列、测向、信号识别等。

射电天文学界与用于接收望远镜信息的未来 SDR 应用的技术有很多重叠。搜寻地外文明(Search for Extra Terrestrial Intellingence,SETI)研究所和美国加州大学伯克利分校合力建造的艾伦望远镜阵列(allen telescope array,ATA)可能成为射电天文学的标准原型机。为了更好地搜寻地外文明,微软公司联合创始人保罗·艾伦向 SETI 研究所提供了开发资金用以完成原理验证和初始运行,但由于缺乏持续的运行资金,导致望远镜阵列曾因资金短缺而被暂时封存。在 ATA 中实施的技术也可以应用于未来的射电望远镜,并将极大地增强深空网络的能力。虽然 NASA 可以利用 ATA 技术,但是对于射电天文学界而言,这种技术转换是非常见的方式,因此还将需要来自 NASA 和其他团体的技术投资。

智能发射阵列需要有源天线元件,其也可用于智能接收阵列。它在将来的中继网络和轨道通信网络中也是有用的,可使地面用户能够同时在几个不同的方向上形成波束。这提供了以下同时都具备的好处:在很宽的频率范围内(从几毫米到几米的波长)覆盖大部分天空,同时跟踪或搜索多个目标,以及消除离散或扩展的干扰源;从只有小视角分隔的源接收微弱信号并测量其频谱、多普勒频移和角结构。借助这项技术,NASA 可以提高与深空任务通信的速率和效率,包括能同时与多个任务进行高速率通信。由于天线和接收机可以同时运行,因此也将减少对天线和接收机接入的详细调度的需求。

接收阵列当前的技术成熟度为 TRL 6,但是发射阵列技术成熟度更接近 TRL 2~3。雷达系统中有一些组件技术可应用于发射阵列,但是这些组件技术需要以集成方式进行演示验证以实现更高的技术成熟度。国防部拥有高度通用的、广泛适用的雷达系统,可以完成许多相同的功能,但是据我们所知,这些系统对 NASA 的独特任务需求的适用性尚未得到解决。

国际空间站可用作 SDR 新技术验证天基测试平台,但是由于嘈杂的射频环境以及大量的阵列、辐射体和阻碍定向视线通信模块的存在,国际空间站不是理想的平台。许多开发和系统集成工作可以在地面上完成,尤其是对于未来的深空网络系统而言。但是,对于面向太空的应用场景,如中继网络或小卫星编队,该技术可从任何在轨航天器上进行的初始测试中获得一些甚至更多的收益。

NASA 在无线电系统、软件定义无线电及望远镜阵列技术的发展中具有发挥领导和牵引作用的专业知识。尽管有一些技术进步可能来自美国国防部和美国国家侦查局的努力,但 NASA 对低信号电平和高角分辨率有着独特的需求,这不会在外部其他机构的研制工作中有所反映。考虑到商业手机行业也对下一代认知无线电的应用感兴趣,NASA 可以寻求联合开发项目,或者至少对这些行业和组织的进展保持关注。

指导委员会评估了无线电系统技术的优势,由于其可以提高吞吐量、通用性和可靠性,同时降低对搭载航天器的尺寸、质量和功率(size, weight, and power,

SWAP)方面的影响,因此可以大幅度提高任务执行性能。该技术与 NASA 的需求高度吻合,这是因为通信系统的改进几乎影响 NASA 所有的航天器,包括近地、深空和载人探测任务。由于其对国防部和商业航天器有着的潜在影响,该项技术与其他航空航天需求的一致性评为中等。而无线电系统技术与其他的国家需求高度吻合,因为它可以影响使用无线电、WiFi、电缆、互联网和其他通信技术的任一地面行业。由于以前开发的原型已经在组件或分系统级验证了关键技术,因此将技术风险评估为低到中等。剩下的挑战是将无线电系统与 NASA 通信应用系统集成并完成集成系统的太空应用验证测试。专家组推翻了无线电系统技术的 QFD 分数,并将其指定为高优先级技术,因为 QFD 分数未能反映出这项技术在系统级能力进步方面所具有的价值,而无线电系统技术的重大改进会促成系统级的技术进步。

H.6 中低优先级技术

TA05 包括 30 种排名低或中等优先级的第 3 层级具体技术。

在本路线图中,5.4.6 自主精密编队飞行和 5.5.2 超宽带两项技术与 NASA 多个任务领域的一致性有限而被评估为中等优先级。虽然识别出一些潜在可用这些技术的任务(如多航天器的分体卫星或任务、相邻航天器之间突发传输),但这些技术并不广泛地适用于多个 NASA 任务领域的多个任务。

一般认为其他 7 种中等优先级技术可以极大地改善任务执行性能,但经评估,与适用于 NASA 首席技术专家办公室投资的技术的风险等级相比,其风险等级更低。这些技术包括 5.3.1 中断容忍网络,5.3.4 集成网络管理,5.2.6 天线,5.4.4 传感器和视觉处理系统,5.4.5 相对和临近导航,5.1.3 激光和 5.1.5 大气减缓。对这些技术而言,开发风险较低,因为其技术基础已广为人知,并且可以逐步地制定、测试和应用一个渐进式开发计划,聚焦于推动这些领域的技术进步。

还有 5 种中等优先级技术也被认为可以大幅度提高任务性能,能广泛应用于 NASA 的多个任务,但开发成本和成本风险是一个值得关注的问题。这些技术包括 5.1.1 探测器开发,5.1.4 捕获与跟踪,5.1.2 大孔径技术,5.4.7 自主接近与着陆,5.5.3 认知网络。尽管这些技术具有巨大的潜在收益,但经评估,这些技术遇到研制陷阱的可能性很高,从而使研究工作复杂化并引起额外的问题,可能导致成本大幅度增长以及进度延迟。

其余的 3 种中等优先级技术和 6 种低优先级技术被认为在未来 20~30 年内对 NASA 任务的实施效益不明显。这些技术包括 5.2.2 电源效率技术,5.2.4 飞行和地面系统,5.2.1 频谱效率技术,5.5.6 射频/光学混合技术,5.2.3 射频传播,5.2.5 地面发射和再入通信,5.5.5 混合光通信和导航传感器,5.5.4 通信系统中的科学,5.3.3 信息保障。这些技术至少可以分为两种类型:①相当成熟的技术,改善提高的空间有限(如 5.2.3 射频传播);②即使组件或分系统技术有重大改进,也难以使得任务性能或任务风险得到数量级的改善(如 5.3.3 信息保障)。

剩下的 7 种低优先级技术被认为是非常不成熟和不切实际的,预计在对未来 20~30 年都不会产生任何效益。这些技术都属于路线图中的颠覆性新概念的一部分,包括 5.6.6 SQIF 微波放大器、5.6.7 纳米卫星集群可重构大孔径、5.6.4 量子密钥分发、5.6.1 X 射线导航、5.6.5 量子通信、5.6.2 X 射线通信、5.6.3 基于中微子的导航和跟踪。

专家组注意到,某些技术吸引到来自 NASA 之外组织的投资将减少任何潜在的 NASA 投资。在这种情况下,NASA 有限的资金可以更好地用于国防部、国际航天机构或商业公司没有提供实质性经费支撑的领域。这将影响诸如 5.3.1 中断容忍网络、5.3.4 集成网络管理以及 5.1.5 大气减缓之类的技术。NASA 在这些领域的主要工作可以集中于调整由其他组织所取得的技术进展,以适应 NASA 任务的特殊要求。

H.7 关于技术路线图的其他一般性意见

NASA 的所有任务在某种程度上都需要通信和导航,因此本节中确定的优先级基本上与任务组合无关。对于某些任务,通信吞吐量的提升可以使它们能够携带具有重大科学价值的、更先进的高数据速率仪器(如超光谱成像仪)。同样,导航精度的提高,再加上制导、自主控制、传感器和 EDL 技术的协同进步,能使着陆器在行星表面上进行高精度定位着陆。但在大多数情况下,通信和导航技术的优先次序不受任务模式中的具体任务的影响。

H.8 公众研讨会总结

2011 年 3 月 29 日,机器人、通信和导航专家组由在美国华盛顿特区国家科学院 Keck 中心组织召开 TA05 通信和导航技术领域的研讨会。研讨会由专家组组长 StephenGorevan 主持。他首先概述了技术路线图以及 NRC 评估技术路线图的任务,还为应邀发言人在其发言中应涵盖的主题提供了一些指导。在介绍之后,NASA 技术路线图制定者对技术路线图进行了解读,随后举行了若干个会议,讨论了技术路线图的关键领域。对于每个会议,工业界、学术界和/或政府的专家都应邀在 30~45min 的时间内陈述/讨论他们对技术路线图的评估。随后,研讨会与会者进行了大约1h的公开讨论,最后由专家组组长进行总结性发言,总结关键点。

H.8.1 NASA对技术路线图的概述

NASA技术路线图开发团队的报告给出了未来星际飞行任务面临的挑战,并描述了通信和导航技术如何改进才可以缓解这些挑战。从技术开发组合的角度来看,挑战的关键是要确保通信和导航的技术发展领先于新任务的需求,从而使技术足够先进,可以将其纳入今后的任务,而不会对关键路径产生不利影响。

现在使用的技术路线图是根据以前的十年调查结果制定的,但新的技术路线图是在研讨会召开前几周发布的。NASA虽然认识到需要更新技术路线图,以反映最近十年调查数据,但他们并不认为这会实质性改变技术路线图中的技术。NASA技术路线图开发团队表示,即使没有来自未来特定任务的推动,他们也将采用相同的技术清单,以确保当前的技术持续领先于潜在的通信和导航需求。尽管描述了一些近地空间中光通信中继器的解决方案,但讨论主要集中在深空(行星际)通信和导航的挑战。

NASA技术路线图开发团队概述了每个第2层级工作分解结构(WBS)子领域的问题:光通信和导航、射频通信、网络互联、定位导航和授时(PNT)和革命性的新技术。在每个子领域中,NASA报告中都描述了当前的最新技术状态、最新进展、预期的未来发展以及任务级别的影响。面临的挑战包括激光指向和稳定(光通信子领域);在复杂射频环境中(如火箭喷焰和再入电离环境)的通信(射频通信);利用天线阵列增加有效孔径(射频通信);机载计算的质量/功率/体积受限(因为其与机载路由(网络互联)和导航自主性(PNT)相关)。

NASA技术路线图开发团队提到,光通信和中断容忍网络(DTN)集成带来的综合优势要强于其中的任何一项技术。DTN计划围绕单跳DTN的近期改进而设计,这将证明其对自主化而不是网络化的好处。DTN无须使用手动的下行链路来进行脚本数据传输,而是允许在探测器/车上自动实现数据传输,这为DTN技术提供了发展动力,即使没有深空多节点中继网络的应用场景。

在NASA技术路线图开发团队陈述后,主持人给出了一个简短的讨论时间,允许专家组和感兴趣的公众成员向NASA发言人提问。有一些问题,分别是在最新技术路线图中未来任务的组成、网络互联模拟器、网际互联的深空基础设施、网络互通性/与国际伙伴的兼容性、空地光通信的技术和架构、精确定位着陆的技术障碍,以及技术路线图中技术的优先级/联系。

H.8.2 会议1:卫星组网

Eylem Ekici(美国俄亥俄州立大学)简要介绍了他在无线通信网络、无线网络分析与建模以及协议开发方面的工作背景。他对 TA05 技术路线图的评论主要集中在网络互联部分。他指出，技术路线图涵盖了最重要的现有项目和测试案例，但也强调了这个子领域有增长的空间。他认为，天基网络互联有着巨大的研究和开发潜力，可以利用地面上运行的自主网络实时改进优势，提升天基 Ad Hoc 网状网络组网能力。

Ekici 将 DTN 确定为技术路线图中最重要的挑战且具有改变游戏规则的能力。然而由于目标、硬件资产、功能和互通性划分不当，DTN 现有的工作不足以满足实际太空探索任务的需要。此外，他认为自适应网络拓扑的工作应该是网络前瞻性愿景的一部分，包括需求分析、通用网络架构，以及协议和解决方案的开发工作。虽然信息保障对于中期应用任务很重要，但现有的解决方案（或其他机构开发的新解决方案）可能以非常低的成本解决了 NASA 约 90% 的挑战。

在 Ekici 演讲后的问答环节中，有人对具有太空应用资质和抗辐射加固的电子器件是否适用于天基网络应用任务提出疑问。现有的商业和政府用硬件通常存在遭受辐射照射的问题，包括单粒子翻转和闭锁。由于 NASA 深空任务面临的辐射环境比近地轨道和地球同步轨道任务中的辐射环境更严酷，因此在实施空间联网解决方案方面可能会遇到基于硬件的挑战。Ekici 表示，可能存在必须解决的硬件/处理问题，并建议这项工作与网络和协议开发并行进行。

H.8.3 会议 2：光通信

Gary Swenson（美国伊利诺伊大学香槟分校）在 Ekici 的演讲之后，讨论了他本人和美国伊利诺伊大学香槟分校的一些教授（他们拥有光纤激光器、量子电子学和光学遥感背景）的观察结果的。基于上述相关教授们的研究背景，本次评估聚焦于技术 5.1 光通信和导航。他们认为激光发射器是光通信技术的关键挑战，包括在质量、可靠性和效率方面的预期改进。该领域的第二个挑战是激光扩束器、单模激光束的均匀性、以及缓解激光束大气扰动的方法。对于高带宽而言，传感器效率、暗电流（冷却）和放大器都是建议改进的领域。

作为一项技术开发工作，Swenson 建议 NASA 解决延长光通信组件寿命的方法，包括降低对高能粒子造成的损坏的敏感性，并减轻光纤随时间衰减/变暗的程度。但是，Swenson 还指出，NASA 近期最高优先级的工作应该是进行光通信系统的空间演示，而不是在孔径或大气湍流减缓方面进行组件级改进。

Swenson 还将光通信技术确定为开发技术风险较低，但在讨论期间，他澄清对于近期验证性任务的目标来说是低风险的。对于具有超大接收器的长期任务目标，NASA 需要更好地解决灵敏度和效率问题，然后才能对技术开发风险进行实际评估。

另外,还讨论了地面上光学阵列之间产生的路径长度是否需要本地同步的问题。NASA在制定技术路线图时就这一问题进行了一些讨论,但技术路线图文件本身没有涉及技术细节。这被认为是一个需要进行额外的模拟工作后才能对风险进行适当评估的技术领域。

H.8.4 会议3:制导与控制

Mimi Aung(美国喷气推进实验室)从制导、导航与控制(GN & C)的角度对TA05进行了评估。她确定了四类下一代任务,这些任务能推动制导和控制技术的进步:①大型物体的精确着陆(减少着陆误差椭圆,确保自主安全);②着陆于小天体和原始天体;③编队飞行(包括蜂群式和分布式集群);④自主交会对接。这些任务将共同推动对机载自主目标相对GN&C技术、多航天器GN&C技术和机载目标相对导航传感器的需求。在所有这些技术中,目标相对导航被确定为关键技术挑战。Aung表示,GN&C技术的进步将给当前机载计算元件的计算能力带来压力,并建议NASA投资先进计算(包括多核处理和现场可编程门阵列或FPGAs),以满足数据处理能力的需求。

Aung认为,这一领域的技术进步将需要开展分系统和系统级的演示验证,包括开发和利用地面综合测试台以及在轨验证。目前,每个任务都必须开发自己的测试台,未来的工作可以集中于开发一种开放式架构的、自适应的、硬件在回路的综合测试台,其可以在多个应用任务中重复使用。Aung还提到,NASA喷气推进实验室认为将多个单一技术集成为多功能系统所面临的挑战与开发单一技术相当。NASA喷气推进实验室相信,精确EDL技术的集成测试应该比特定技术的开发拥有更高优先级,这回应了Swenson之前演讲中提到的系统级测试的重要性。其他一些研讨会参与者也认同这一观点,并强调了性能中等的技术可能具有的优势,即这些技术在与性能最好的组件技术集成时可以很好地发挥作用。

然而,其他与会者的意见表明,他们希望将技术路线图重点放在OCT能够将技术成熟度提升至TRL 6的技术上,而不是针对特定项目的集成能力(如开发抗辐射加固FPGA而不是地形相对导航(TRN))。TRN作为一个学科对NASA的投资更为重要,但每个任务仍然需要对其应用和操作概念进行大量定制,这限制了对一般TRN能力投资的有效性。同样,其他与会者的意见建议,通用测试台可以通过项目/任务来开发,而不应安排独立的技术项目。专家组指出,科学任务更侧重于科学而不是技术,并且一般也不将有限的项目资源用于使技术成熟。如果测试台或通用性研究没有得到技术研究组织的资助,科学项目也不太可能这样做。

Aung建议在技术路线图中增加新的一节,专门用于论述自主集成GN&C技术。这引起了对这个提议的大量讨论,并强调了解决集成方式GN&C问题的需求。目前,导航是放在 TA05 下,但是制导和控制是被分解到 TA04(机器人、遥操作机器人与自主系统)和 TA09(进入、下降和着陆)中。

H.8.5 会议 4:X 射线导航

Darryll Pines(美国马里兰大学帕克分校)介绍了他从 2003—2006 年在 DARPA 期间负责运行的 X 射线导航和自主定位(X-ray navigation and autonomous position,XNAV)计划。但在本次会议上他的发言主要集中于 5.6.1 X 射线导航技术。Pines 描述了使用脉冲星作为导航信标的动机,并介绍对地球轨道长时间观测可能获得 24~36m 的精度,以及在太阳系内其他位置处可以达到小于 1km 的精度。最新研究的导航算法可以利用测量 X 射线脉冲的多普勒延迟来提供精确的航迹解决方案。根据 Pines 的说法,XNAV 的优势在于短波长(从地面进行适当的时钟更新)具有更高的理论精度、可应用于整个太阳系、固有的抗辐射性,以及对辐射损伤、干扰和污染的稳健性,因而其优于 GPS。由于这些优势,已经有几个后续计划开展相关研究,包括 DARPA 的 X 射线计时计划和若干个较小的 NASA 计划。XNAV 的一个缺点是,过去的系统体积大横截面为若干平方米、质量为 25~50kg。然而,近来的发展已经提高了检测器信噪比灵敏度并减小了导航仪原型机的尺寸、重量和体积。不过,如果位置和姿态精度要求更高,则需要改进 X 射线的光子检测和光学部件,以制造足够小的仪器设备用于深空导航任务。

H.8.6 会议 5:深空导航

Lincoln Wood(喷气推进实验室)简要评论了技术路线图中影响深空导航精度和性能的具体内容。Wood 认为,在单天线应用(如视线多普勒和测距)以及多天线应用(超长基线阵列)的深空导航精度估计方面,技术路线图是保守的。除了与频率和授时相关的新技术外,Wood 表示现有系统/组件在尺寸、重量和功耗方面的进步也应该是技术本身的进步,并应该与新能力一起反映在技术路线图中。他表示,任何改变游戏规则的能力都可能源于现有技术的进步,而不是革命性的技术。

Wood 对顶级技术挑战(在技术路线图的频率和授时章节)的评估包括改进高性能时钟、振荡器和航天级激光器。这意味着高优先级技术取得以下方面的进步:①通过提高技术成熟度,改善尺寸、质量和功耗指标,提高可靠性来改进频率和授时的参考源;②提高光学计量硬件的可靠性及改善尺寸、重量和功耗指标(而不是提高性能)。汞离子原子钟被确定为是接近临界点的一种元件,而中微子导航则被认为在任何类型的现实技术发展时间尺度上都是不可行的。

在提问和讨论阶段,Wood 建议 NASA 将导航信标放在感兴趣的地方或以更高频率访问的位置,如月球、火星、土星和其他地点。

H.8.7 会议6:任务设计和导航

AlbertoCangahuala(喷气推进实验室)提出了技术路线图中对月球和星际导航处理方法的意见。在这一领域,Cangahuala确定的顶级技术挑战如下:①高保真度建模,以降低光束的长往返时间对数值精度的影响;②减少制导和导航的机载资源(质量、功率和速度增量)需求;③自开机需求,以获取所需的目标天体的环境特性详细信息。他还指出了现代导航系统的几个趋势,包括低推力系统、低能量传输、接近操作、卫星和星际旅游的路线规划挑战,以及在不稳定和/或未知的动态环境中操作的挑战。根据这些发展趋势,现代任务要求飞行路径和姿态控制进行更强的集成(控制信息和推力的耦合),突出更多机载自主性的需求(包括充分集成的系统和利用现有飞行系统能力的导航"应用程序")。

Cangahuala将任务/航迹设计确定为技术路线图中的潜在技术空白。这是一种技术交叉能力,包括建模、仿真和导航中的各个部分。导航和任务/轨迹设计是通过对行星和航天器动力学进行一致性建模的共同需求而实现,并且任务/轨迹设计可以将导航不确定性最小化,这是设计过程的一部分。在该领域内,高优先级的技术挑战包括提高轨迹优化器的速度、敏捷性和稳健性,并研究新的轨迹机理(如不变流形、循环轨迹)。

H.8.8 公众意见和讨论会

以下介绍在公众意见和讨论会期间,由发言人、专家组成员和其他与会者表达的观点。

(1)与国防部投资的协同性。技术路线图中的某些技术可能与国防部的某些技术有协同关系。这包括大气动力学的近期试验、天基IP网络的认知、特殊的行波管放大器和固态功率放大器组件技术,以及最小化现有技术的尺寸、重量和功耗。虽然其中一些技术与已经取消的TSAT计划有关,但在这些领域的其他研究工作仍在进行。NASA和国防部可以从这些技术的合作中受益,或者至少应对其他组织的技术研究进展保持关注。鼓励NASA参加航天工业委员会的关键技术工作组,该工作组负责处理机构间的技术开发工作。这是NASA与国防部对应机构进行沟通并确定高技术成熟度开发项目的一种机制,NASA已经可以生产这些高技术成熟度的产品。

(2)国际参与。有关国际合作的问题,来自NASA首席技术专家办公室的一位代表澄清,NRC的近期重点是对技术进行优先排序,而不用管技术是否成熟。

未来首席技术专家办公室将解决 NASA 的优先事项与其他组织之间潜在的投资重叠问题,但这不会成为 NRC 工作的一部分。

(3) 系统工程框架。一名研讨会的与会者指出,路线图中说明了组件技术,但缺乏系统工程框架以确定技术之间(特别是不同技术路线图之间)的协同作用。首席技术专家办公室回应,他们将在未来 12 个月内完成这种战略整合,但并没有要求 NRC 这样做。

(4) 未来任务对技术的牵引作用。有一些讨论是关于技术路线图中的任务如何实现。许多目标任务可能没有资金和足够的优先级去实现。因此,与会者讨论了对潜在任务进行更真实评估的价值,以便确定更好的需求牵引(相对于技术驱动)。

(5) 工业基础。对于导航组件(如光纤陀螺仪、原子钟),存在着潜在的工业基础/市场规模问题,促使 NASA 采用特定的解决方案。这些领域的供应商廖廖无几,有些供应商技能不足,可能会从 NASA 的发展资金中受益匪浅。

H.9 2016 版修订内容

H.9.1 QFD 矩阵和计算结果

相对于 2012 年 NRC 报告,2015 年 NASA 技术路线图 TA05 名称更改为"通信、导航、轨道碎片跟踪与表征系统",新增一项第 2 层级技术子领域"5.7 轨道碎片跟踪与表征",从而扩大了该技术领域的范围。这个新技术子领域结合了两项新的第 3 层级具体技术:5.7.1 跟踪技术和 5.7.2 表征技术。还增加了另外两种第 3 层级具体技术:5.1.6 光学跟踪和 5.1.7 集成光电。表 H.2 给出了新技术是如何融入到 TA05 技术领域中。TA05 中所有技术的得分和排名如图 H.4 和图 H.5 所示。

TA05 中四个新增的第 3 层级具体技术都被评为中等优先级。

表 H.2 2016 版 TA05 通信、导航、轨道碎片跟踪与表征系统的技术领域分解结构

第 2 层级技术子领域	被评估的第 3 层级具体技术
5.1 光通信与导航	无
	5.1.6 光学跟踪
	5.1.7 集成光电
5.2 射频通信	无

续表

第2层级技术子领域	被评估的第3层级具体技术
5.3 网络互联	无
5.4 定位、导航和授时	无
5.5 集成技术	无
5.6 颠覆性新概念	无
5.7 轨道碎片跟踪与表征	无
	5.7.1 跟踪技术
	5.7.2 表征技术

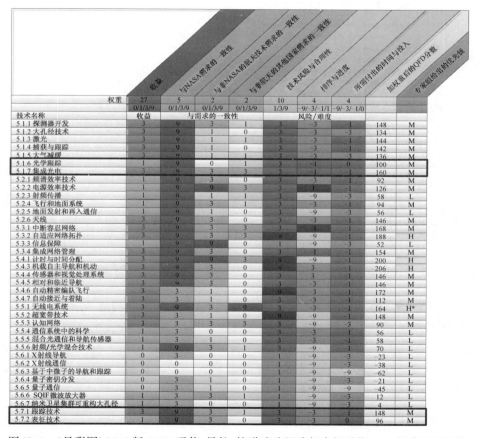

图 H.4 （见彩图）2016 版 TA05 通信、导航、轨道碎片跟踪与表征系统 QFD 得分汇总矩阵

注：图中所有高优先级技术的优先级认定依据详见"高优先级的第3层级具体技术"一节内容；H 代表高优先级，H* 代表调整为高优先级（不采用 QFD 分数），M 代表中等优先级，L 代表低优先级。

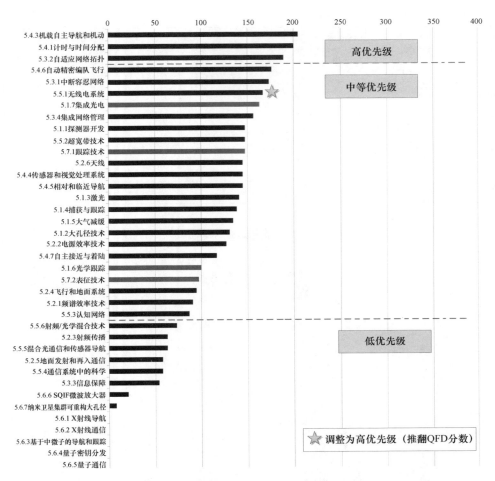

图 H.5 （见彩图）2016 版 TA05 通信、导航、轨道碎片跟踪与表征系统 QFD 得分排名

2015 年技术路线图新增 4 种中等优先级技术，分别为 5.1.7 集成光电，5.7.1 跟踪技术，5.1.6 光学跟踪和 5.7.2 表征技术。下面对这 4 种技术分别进行介绍。

H.9.2 中等优先级技术

H.9.2.1 技术 5.1.7 集成光电

技术 5.1.7 集成光电是 TA05 新增的第 3 层级具体技术中最有希望成为高优先级的技术，但它仍被列入中等优先级。技术 5.1.7 集成光电广泛适用于近地应用的短距离星间通信链路和具有深空通信能力的行星轨道器的网络通信。它还可以为需要大型光功率放大器的深空通信系统提供边缘积分和测试改进能力。此外,NASA应用的范围已超出通信领域,包括一些传感器,如用于对接和自主着陆的激光雷达(LIDAR),以及用于风测量、粒子表征、振动测量等的主动测量科学仪器。

QFD得分的整体排名与相关技术研究的排名一致,如5.1.3激光(144)和5.1.1探测器开发。与天文台和科学仪器所需的非常专业化的开发不同,在地面光纤网络驱动的集成光电开发中,有大量的商用开发工作。美国电信公司和政府财团等国际组织正在大力投资技术5.1.7,降低了NASA的技术开发风险。因此,5.1.7集成光电被列为中等优先级技术。这并不意味NASA不应该投资,而是NASA的投资应该更多地集中在特殊应用方面,特别是应投在各种空间环境中运行的电信产品的可靠性和辐射耐受性方面。除地面光纤系统使用的波长或波形外,还有项目或科学研究可能存在应用集成光子学的需求。

H.9.2.2 技术5.7.1 跟踪技术

5.7.1跟踪技术在一系列中等优先级技术中也被认为是相对重要的。这在很大程度上是由于人们日益认识到轨道碎片对NASA航天任务运行造成的诸多问题,特别是在近地轨道,国际空间站和地球传感卫星可能以相当大的相对速度暴露于轨道碎片的威胁之下。要解决这一问题,就需要开发新的、技术成熟度较低的技术来处理这些大小在几个数量级范围内的动态碎片的搜索、跟踪和编录的挑战性问题。委员会注意到,拟议的一套第4层级具体研究任务集目前并没有充分反映这些挑战。尽管这个问题可能很严重,但考虑到美国其他政府机构和欧洲航天局的广泛努力,委员会选择将其列为NASA投资的中等优先事项。很明显,在NASA技术路线图中参考上述机构的研究成果和努力有助于整体工作的协调与推进。

H.9.2.3 技术5.1.6 光学跟踪和5.7.2特性表征技术

虽然5.1.6光学跟踪和5.7.2特性表征技术都被列为中等优先级,但他们的QFD得分远低于其他两个新的TA05技术(技术5.1.7和技术5.7.1)。其他第3层级具体技术涵盖了实现光学跟踪所需的技术由,例如,5.1.1探测器开发、5.1.2大孔径技术以及5.4.1计时与时间分配的低抖动焦平面阵列。对于5.7.2表征技术,没有发现任何技术挑战,该技术专注于对碎片环境进行建模。NASA在这一领域与其他组织的协调能避免重复工作并验证NASA的研究成果。

其他组织的投资很可能会促使NASA减少在5.1.7集成光电、5.7.1跟踪技术、5.7.2表征技术这三项新的TA05技术上的潜在投资。鉴于这种情况,NASA的有限资源可以更好地用于资助其他技术领域。

附录I
TA06 乘员健康、生命保障与居住系统

I.1 引言

技术领域"TA06 乘员健康、生命保障与居住系统"的技术路线图草案包括五个第2层级技术子领域：
- 6.1 环控生保障系统和居住系统
- 6.2 舱外活动系统
- 6.3 乘员健康与执行力
- 6.4 环境监测、安全和应急响应
- 6.5 辐射

TA06 的技术路线图草案包括在太空探索任务中支持乘员健康和生存所需的技术。这些任务可以是短期的亚轨道任务、扩展的微重力环境任务，或是到各种目的地的外太空探索任务。这些任务将经历极端环境，如低重力（小于 $1g$）、高剂量辐射和紫外线（空间天气）、真空或显著降低的大气压力、微流星体和/或轨道碎片。尽管 TA06 中许多技术解决方案能广泛应用于前往多个太空目的地运输过程的设计，但这是假设运输过程始终处于微重力环境，对于地表探索任务而言，目的地环境可能会产生完全不同的功能需求。独立于目的地的设计是值得追求的设计目标，但这可能导致设计的需求不可行或方案经济效益较差。此外，由于到月球以外的目的地进行载人探测任务无法提前返回或中止，因此可在类似飞行的环境中进行测试和验证的系统以及开发验证模型对于任务的成功和安全至关重要。

TA06 技术路线图草案分为 20 项第 3 层级具体技术，进而细分为 78 项第 4 层级具体技术。与其他一些技术领域一样，TA06 的第 3 层级"具体技术"通常涉及范围较广，包括具有多种潜在设计解决方案的各种系统、分系统和组件。

在确定 TA06 中第 3 层级具体技术的优先级顺序之前，对其中的一项技术进行了重新命名。我们将在后面对该变化进行解释并在表 I.1 中阐明。14 个技术

领域的完整的、修订后的技术领域分解结构见附录 B。

表 I.1 TA06 乘员健康、生命保障与居住系统的技术领域分解结构

NASA 技术路线图草案(2010 年版本 10)	指导委员会-修改建议 (针对 2010 年版本 10)
TA06 乘员健康、生命保障与居住系统	重命名一项技术
6.1 环控生保系统与居住系统	
6.1.1 空气再生	
6.1.2 水再生和管理	
6.1.3 废物管理	
6.1.4 居住系统	
6.2 舱外活动系统	
6.2.1 航天服	
6.2.2 便携式生命保障系统	
6.2.3 电源、航电和软件	
6.3 乘员健康与执行力	
6.3.1 医学诊断/预后	
6.3.2 长期健康	
6.3.3 行为健康与执行力	
6.3.4 人因工程与执行力	
6.4 环境监测、安全和应急响应	
6.4.1 传感器:空气、水、微生物等	
6.4.2 火灾探测与灭火	
6.4.3 防护服/呼吸	
6.4.4 补救措施	
6.5 辐射	
6.5.1 风险评估模型	
6.5.2 辐射减缓	
6.5.3 辐射防护系统	
6.5.4 空间天气预测	重命名:6.5.4 辐射预测
6.5.5 监测技术	

专家组的共识是,从本技术路线图中移除技术 6.5.4 空间天气预测,该技术应为第四专家组和 NASA 所辖范围之外的单独的跨机构间技术路线图(如 NOAA、NSF 和 DOD)。6.5.4 被重新组织并命名为"辐射预测"。如技术路线图所述,该技术专注于监测、建模和预测太阳粒子事件(solar particle event,SPE)和宇宙空间

辐射(galactic cosmic radiation,GCR)的电离辐射。这种辐射是空间天气的一个子集,包括许多其他现象。新名称更好地描述了应用于此技术路线图的该项技术的范围界限。但在2015年技术路线图中,6.5.4名称又恢复为空间天气预测。

I.2 顶级技术挑战

专家组确定了TA06中有五大顶级技术挑战,下面按照优先级列出。

(1) 空间辐射对人类的影响:提高空间辐射对人类健康影响程度的了解,并研究辐射防护技术,以实现长期的载人航天任务。

近地轨道之外的任务涉及了一系列危害航天员健康的问题。总的辐射暴露时间已经成为国际空间站上职业航天员的飞行任务限制因素。由于缺乏适当的原位数据支撑,用于预测健康风险的人体健康辐射模型仍然具有较大的不确定性。目前,根据这些模型预估航天员的任务周期,近地轨道以外的载人任务应被限制在3个月或更短的时间,更长的时间会对航天员在任务周期内的健康产生不利影响或对其身体产生永久性伤害。我们应对原位生物学数据进行收集,用于支撑建立合适的模型改进,并开发新型传感器、先进的剂量测定仪器和技术,发展太阳粒子事件预测模型以及进行辐射减缓设计,拓展到月球、火星或近地小行星(NEA)的载人探测任务,否则任务风险可能超出乘员人体健康和任务成功可接受的风险限度,需要采用一种综合方法来开发用于近实时辐射监测和保护航天员的系统和材料。为了实现这个目标,必须升级现有的辐射防护技术,并根据需要部署新技术探索,以便对辐射环境进行充分表征,至少可以预测从地球到火星的途中所发生的太阳粒子事件。有助于解决这一技术挑战的颠覆性技术包括研制新型推进系统以降低运输环节暴露在辐射中的时间,应用于舱外活动套装、航天器、探测车和居住地的新型材料,以及新的原位资源利用能力以便在原地建立可提供保护的居住地。

(2) 环控生保闭环系统:开发可靠的闭环环控生保系统,以实现近地轨道之外的长期载人航天任务。

对地球轨道以外的探索任务(航天服、航天器和地面居住地),环控生保系统对于人员安全和任务成功都至关重要。"阿波罗"13号宇宙飞船的氧气罐损坏使得宇宙飞船上ECLSS中的一部分系统使用需要统筹考虑(如去除CO_2),险些造成宇宙飞船上3名航天员殒命。在早期没有回收能力和远程安全补给的任务中,环控生保系统必须尽可能具有100%的可靠性和/或在极少甚至没有再补给的情况下易于修复。由于空气和液体系统对重力水平敏感,在将其集成到探测飞船上之前,可能需要在降低重力的情况下对系统进行扩展测试。美国和俄罗斯在当前国际空间站上的使用经验表明环控生保系统还有较高的故障率,这对今后不断拓展的载人探测任务将是不可接受的。在大多数情况下,国际空间站上用的环控生保系统尚未在微重力环境下进行测试,便已部署和投入使用。即使在国际空间站进行的测试,如果没有合适的低/可变重力测试设备的支持,环控生保系统在低重力环境下(如月球(约 $1/6g$)和火星(约 $3/8g$))的性能数据在未来也都无法获得,这是 ECLSS 技术走向成熟的主要障碍。新型推进系统可以减少任务持续时间,降低因辐射暴露而产生的失败风险。

(3) 长期任务的健康影响:最小化长期任务对航天员健康的影响。

现已积累的国际经验表明,长期探测任务将会给航天员的身体和行为带来不利影响和不良反应。在某些情况下,如果缺乏有效的诊断和治疗,对身体健康的影响可能会危及生命。与健康有关的某些影响和事件是可以预测和计划的,但其他的尚不能预测。在这种情况下,自主的、灵活的和自适应技术及系统将有助于促进长期任务中乘员的身体健康,并在安全事故或疾病发生时能有效恢复。感兴趣的研究领域包括低重力环境(如骨质疏松、肌肉和心血管的紊乱,以及神经病变)的不利影响、低重力环境下的飞行中外科手术能力、自主医疗决策支持和规划管理,以及利用新一代固态、非侵入式、无线生物医学传感器和"芯片型实验室"技术实现的飞行中医疗诊断。

(4) 消防安全:在低重力环境下,确保载人探测车和居住地的消防安全(火灾探测与灭火)。

当前,人们对在普通重力($1g$)和微重力环境下应用的消防安全技术有着深入的理解,也有着长时间的良好应用历史,这将是未来人类执行近地轨道以外的航天探索任务所需要的。但是,根据航天飞机上的火灾处理经验,阴燃的电气火灾需要机组成员在靠近的位置才能检测到问题,而不能靠电子传感器,这种情况出现过两次。此外,俄罗斯的"和平"号空间站在其制氧系统中发生了火灾,这种火灾难以熄灭,并且需要若干天才能完全恢复。目前,微重力环境下灭火系统使用水或 CO_2 作为灭火剂,但将大量 CO_2 倾泻到小机舱内对航天员乘组是危险的,为消除过量的 CO_2,舱内环控生保系统承受着很大的压力。使用水作为灭火剂不会对机组人员造成伤害,但对任务总质量有重大影响。需要开展研究和测试,以了解为什么目前的传感器不能检测到阴燃的电气火灾,开发更有效和更安全的灭火系统,以及发展不损害环控生保系统组件和/或过程的修复能力。

(5) 舱外活动的地表机动能力:在低重力环境下($0 \sim 3/8g$),提高人类在舱外活动时的机动能力以确保任务成功和人员安全。

在"阿波罗"登月任务期间使用了两种紧密相关的航天服,在接下来的 40 年里,在微重力以外的环境中使用的航天服研究的资助相对较少。与此同时,在航天飞机计划期间的舱外活动主要侧重于完善了可维护性和在轨尺寸可调整能力,在这段时间内,航天服机动性的唯一主要进展是开发出了更加灵巧的压力手套。未来行星探测任务和"阿波罗"号宇宙飞船所用航天服的主要差异是需要解决长期暴露于微重力环境的影响，其舱外活动持续时间将是阿波罗任务的很多倍，J级"阿波罗"登月任务所完成的低重力环境舱外活动的持续时间为3天。"阿波罗"航天服进一步受到其在发射和再入阶段适用性的限制，但是航天飞机计划表明航天服在发射和再入阶段与舱外活动期间功能分开的设计是有效的。这个领域研究的关键问题包括低重力水平（月球（1/6g）和火星（3/8g））对步态、姿势和生物力学的影响，开发先进的材料和技术以延长使用寿命，使维护更简单，并降低地表灰尘对轴承、密封件和闭合机构的影响。在行星表面运动方面，通过整合漫游车、加压的居住地和机器人辅助载具，可以获得巨大的收益。这些需要进一步研究以提供充足的研究数据，为特定任务目标进行定量权衡对比分析。最后，必须开发为航天服穿戴者提供感觉、数据管理和驱动辅助的创新技术，并评估未来人类舱外活动设备的潜在规模。

I.3 质量功能展开矩阵和计算结果

图I.1总结了TA06技术路线图草案中20项第3层级具体技术的专家打分结

技术名称	收益	与NASA需求的一致性	与非NASA的航天技术需求的一致性	与非航天的其他国家需求的一致性	技术风险与合理性	排序与进度	所需时间与投入	加权重后的QFD分数	专家组给出的优先级
权重	27	5	2	2	10	4	4		
	0/1/3/9	0/1/3/9	0/1/3/9	0/1/3/9	1/3/9	-9/-3/-1/1	-9/-3/-1/0		
	收益	与需求的一致性			风险/难度				
6.1.1 (ECLSS) 空气再生	9	3	3	1	3	1	0	300	H
6.1.2 (ECLSS) 水再生和管理	9	3	3	3	9	1	-3	352	H
6.1.3 (ECLSS) 废物管理	9	3	3	3	9	1	-1	356	H
6.1.4 居住系统	9	3	3	9	9	1	-3	364	H
6.2.1 (EVA) 航天服	9	3	1	3	9	1	-3	348	H
6.2.2 (EVA) 便携式生命保障系统	3	3	9	3	3	1	-1	180	H*
6.2.3 (EVA) 电源、航电和软件	3	9	9	9	9	-3	-9	204	M
6.3.1 医学诊断/预后	1	9	3	1	3	1	-3	110	L
6.3.2 乘员长期健康	9	9	1	0	9	-3	-3	356	H
6.3.3 行为健康与执行力	3	9	1	1	9	1	-3	196	H
6.3.4 人因工程与执行力	3	9	9	9	9	1	-1	184	M
6.4.1 传感器：空气、水、微生物等	3	9	3	3	9	1	-1	190	H
6.4.2 火灾探测与灭火	9	3	9	9	1	1	-3	338	H
6.4.3 防护服/呼吸	1	3	0	0	1	1	-1	56	L
6.4.4 补救措施	3	3	3	0	1	1	-3	118	H*
6.5.1 辐射风险评估模型	9	9	3	3	9	1	-3	366	H
6.5.2 辐射减缓	9	9	3	3	9	-9	-3	342	H
6.5.3 辐射防护系统	9	9	9	9	9	-3	-1	374	H
6.5.4 辐射预测	9	9	9	9	3	1	-3	346	H
6.5.5 辐射监测	9	9	9	9	9	1	-3	390	H

图I.1 （见彩图）TA06乘员健康、生命保障与居住系统QFD得分汇总矩阵

注：图中所有高优先级技术的优先级认定依据详见"高优先级的第3层级具体技术"一节内容；
H代表高优先级，H*代表调整为高优先级（不采用QFD分数），M代表中等优先级，L代表低优先级。

果。专家组根据技术路线图中第4层级具体技术的描述,延伸评估到第4层级具体技术,因为只有第4层级具体分配了技术成熟度指标。下面显示出的每项技术的得分反映了每项第3层级具体技术下的第4层级具体技术的最高优先级。对于高优先级的第3层级具体技术(图I.2),其中关键的第4层级具体技术将在下面进行讨论,并涵盖了高优先级技术。

图I.2绘制了每一项第3层级具体技术的总体排名。专家组将14项技术评为高优先级。其中12个是基于他们的QFD分数,明显超过排名较低的技术分数。经过仔细考虑,专家组还指定了两项额外的技术作为高优先级技术。"高优先级"主题的数量可能会引起误导,因为14项高优先级第3层级具体技术实际上分为5个高优先级主题领域:辐射、ECLSS/居住、乘员健康/执行力、EVA系统和环境监测/安全(envrionmental monitoring/safety, EMS)。

14项高度优先技术中有9项属于辐射或生命保障(ECLSS/居住)主题领域,这些领域对于地球轨道以外的机组人员生存至关重要。

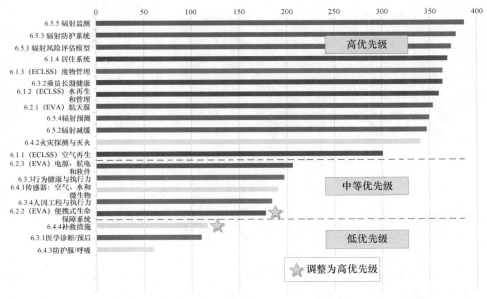

图I.2 (见彩图)TA06乘员健康、生命保障与居住系统QFD得分排名

I.4 顶级技术挑战与各项具体技术之间的关联性

图I.3显示了单个TA06第3层级具体技术与顶级技术挑战之间的关系。总

地来说,这种映射关系验证了主要的关注领域。

优先级	TA06技术按优先级列表	1.空间辐射对人的影响:提高空间辐射对人类健康影响程度的了解,并研发辐射防护技术,以实现长期的载人任务	2.环控生保闭环系统:开发可靠的闭环环控生保系统,以实现近地轨道之外的长期载人航天任务	3.长期任务的健康影响:最小化长期任务对航天员健康的影响	4.消防安全:在低重力环境下,确保载人探测车和居住地的消防安全(火灾探测与灭火)	5.舱外活动的地表机动能力:在低重力动能力以确保任务成功和人员安全
H	6.5.5.(辐射)监测技术	●		○		
H	6.5.3.(辐射)防护技术	●		○		
H	6.5.1.(辐射)风险评估模型	●		○		
H	6.1.4.居住系统		●			
H	6.1.3.(ECLSS)废物管理		●			
H	6.3.2.(乘员)长期健康	○		●		
H	6.1.2.(ECLSS)水再生和管理		●			
H	6.2.1.(EVA)航天服					●
H	6.5.4.辐射预测	●				
H	6.5.2.辐射减缓	●		○		
H	6.4.2.火灾探测与灭火		○		●	
H	6.1.1.(ECLSS)空气再生		●		○	
H	6.2.2.(EVA)便携式生命保障系统					●
H	6.4.4.补救措施		○		●	
M	6.2.3.(EVA)电源、航电和软件					○
M	6.3.3.行为健康与执行力			○		
M	6.4.1.传感器:空气、水和微生物		○		○	
M	6.3.4.人因工程与执行力			○		○
L	6.3.1.医学诊断/预后					
L	6.4.3.防护服/呼吸					

● 强关联:NASA在该项技术上的投资对解决这一挑战可能会产生重大影响。

○ 中关联:NASA在该项技术上的投资对解决这一挑战可能会产生中等影响。

[空白] 弱/无关联:NASA在该项技术上的投资对解决这一挑战可能影响不大,甚至没有影响。

图 I.3 TA06 乘员健康、生命保障与居住系统中各项技术对顶级技术挑战的支持程度

I.5 高优先级的第 3 层级具体技术

第四专家组确定了 TA06 中有 14 项高度优先技术,分为 5 个高优先级主题领域:辐射、ECLSS/居住(生命保障)、乘员健康/执行力、EVA 系统和环境监测/安全(消防安全)。下面讨论将这些技术作为高优先级的理由。

I.5.1 辐射

空间辐射对长期飞行任务造成严重的人体健康风险(NRC,2008 年)。因此,TA06 高优先级技术中有 5 项第 3 层级具体技术均与空间辐射相关,分别如下:
- 6.5.5 辐射监测:测量辐射剂量

- 6.5.3 辐射防护系统:降低辐射剂量(防护措施)
- 6.5.1 辐射风险评估模型:理解辐射的影响
- 6.5.4 辐射预测:预测辐射剂量
- 6.5.2 辐射减缓:降低辐射暴露的影响(应对策略)

I.5.1.1　技术 6.5.5 辐射监测

　　在长时间的太空飞行任务中,监测航天员乘组所处的辐射环境及所受的辐射剂量的能力对于确保人体健康和任务成功至关重要。这项技术针对地球轨道以外(包括月球和火星表面、未屏蔽的舱外活动和屏蔽的探测器及居住地内)的载人旅行过程中乘员所处环境的粒子(包括中子)电离水平进行测量和报告。对包括防护设备中产生二次辐射在内的局部辐射环境进行测量,是确保航天员保持其总辐射剂量处于"低到合理的可接受水平"(辐射安全实践的一个关键原则)所必需的。NASA 使用被动辐射监测器的历史贯穿其载人航天飞行整个历程。然而,现有技术对地球轨道以外将要遇到的全范围的辐射不敏感,也无法详细列出对所示剂量有贡献的颗粒类型。但这是很重要的,因为最近对航天员承受已知辐射照射的评估显示,他们在地球轨道外执行任务的时长应限制在 90 天左右。如果在空间推进能力方面无法取得一些突破性进步,则会阻碍探索火星和近地小行星任务的开展。

　　我们需要推进小型、低功耗、可主动读数的辐射剂量计测试技术发展,能够感测和区分宽范围辐射,特别是中子剂量和剂量率。此外,NASA 也许会引入一种新的方法来估计辐射的生物有效性,这可能被认为是一种新的辐射剂量测试仪类型(见技术 6.5.1 辐射风险评估模型的讨论)。辐射对生物的影响主要是当粒子移动通过身体时储存能量发生了重新分布。因此,以相同比例存储能量的不同粒子将会产生相似的影响。但是,新的解释获得了更多的青睐,粒子的能量和电荷分布都对人体健康产生影响,而当前的辐射剂量计无法提供这类信息。另一个技术领域发展涉及生物剂量学:测量人体内辐射剂量和剂量率的非侵入性方法,典型示例是或许不需要抽血即可完成血液样品的分析。

　　目前,使用的传统放辐射剂量计的技术成熟度为 TRL 9,改进版本的技术成熟度为 TRL 4~6,所需功耗更低,并能提供更好的主动读数功能。能够满足长期太空飞行任务需求的下一代辐射剂量计和生物辐射剂量计仅达到 TRL 1~3 的技术成熟度。

　　虽然 NASA 需要对特殊辐射环境敏感的剂量计,但是主动剂量计的改进超出 NASA 的应用范畴。典型场景包括放射医学,暴露于放射性矿物的矿工,监测核电厂和周围地区(在日常工作和紧急情况期间)、商业航空公司和处理放射性紧急情况的现场急救员。

　　国际空间站是改进辐射监测器的重要试验平台。在国际空间站上的测试使得其能够与在真实和良好表征的工作环境中使用了几十年的剂量计进行交叉校准。然而,深空中的辐射环境与近地轨道不同,地球的磁层为近地轨道提供了一些保护。为了更好地表征深空辐射环境,应将被动和基于生物学原理的传感器发送到更高轨道、月球-地球拉格朗日点或月球表面进行测试和验证。

I.5.1.2 技术6.5.3 辐射防护系统

辐射防护系统包括限制航天员接受辐射剂量的材料和其他方法。这项技术是6.5.2辐射减缓的补充,辐射减缓涉及生理学的应对策略,以减轻辐射照射的影响,而辐射防护系统可以受益于其他技术路线图技术开发的先进材料。尽管在TA06技术路线图草案中辐射防护系统没有提供独立的技术选项,甚至建议该技术的最早启动时间是2014年,但专家组赞同近期在该技术领域进行的投资。

防护是载人探测任务众多元素中的关键设计准则,包括深空运输船、地面居住地、地面漫步车、舱外活动用航天服和其他运输要素。单独的防护措施不太可能消除来自宇宙空间的辐射(包括二次辐射),但是采用良好防护措施的运输船或居住地可以极大地减少来自太阳粒子事件的辐射剂量。

模拟地球磁层中的电磁场也是可能的,这是先进可变比冲磁等离子体火箭(variable specific impulse magnetoplasma rocket, VASIMR)的一种特性,将于未来3年内在国际空间站上测试。面临的主要挑战是在满足任务总体允许的质量、成本和其他设计考虑因素条件下如何减少所受到的辐射。全面的辐射减缓策略还应包括对适当的太阳粒子事件具备报警和检测能力(技术6.5.4和技术6.5.5),以便航天员能及时避难。

先进的辐射防护技术处于较低的技术成熟度(TRL 1~3)。与高于z的重金属元素相比,低原子序数z元素(如氢)能提供更好地屏蔽颗粒辐射。因此,含有大量氢原子的水和聚乙烯是有效的防护材料。目前一直在研究的多功能复合材料具有结构承载和辐射屏蔽性能,适于直接集成到航天器结构系统中。先进复合材料包括用于多层涂层或部件的载氢碳纳米管或硝酸硼纳米管。但这些技术成熟度水平仍较低。

推动技术进步所需的研究工作包括以下内容:

(1)辨识先进的防护材料和方法。
(2)提升有应用前景材料的技术成熟度。
(3)将防护方法整合到航天器和居住地的设计和运行模式中。
(4)探索创新的防护技术,包括主动防护模式(磁场防护)。

NASA受益于改进的辐射防护概念,其降低了航天员遭受的辐射风险,潜在地减小了质量,并因此减少了任务成本。这项努力可以研究出一种新材料,能用于更广泛的载人探索任务架构,在设计过程早期便集成改进的防护概念将增强任务设计能力。

国际空间站是改进的防护材料的重要测试平台。新型材料可以在真实条件下投入应用和测试,如有需要,可以在空间站外进行空间环境中的耐久性测试。然而,由于地球磁层的防护效应,对近地轨道之外的探索任务的鉴定测试可能需要在更高轨道、月球-地球拉格朗日点或月球表面进行。

虽然针对银河宇宙射线和太阳粒子事件的防护是 NASA 的特殊要求,但先进的辐射防护材料和方法也可以用于地面场合,如用于核电站、高空飞行器、辐射医学和针对恐怖主义威胁的放射性意外事件的应急响应的防护。

I.5.1.3　技术 6.5.1 辐射风险评估模型

对任务期间所受辐射剂量的评估表明,其主要来源是具有高穿透性的银河宇宙射线。额外的辐射剂量也可能来自周期性强烈发作的被称为太阳粒子事件的太阳活动。虽然合理的辐射防护可以极大限制太阳粒子事件的辐射剂量,但是在降低银河宇宙射线辐射风险方面,它在很大程度上是无效的。

NASA 的许可辐射剂量限制中包括若干层风险限制。主要任务约束是限制航天员因癌症所导致的"剂量致死风险"(risk of exposure induced death,REID)在 95%置信水平下不超过 3%。这种风险限制在定量化辐射影响方面存在重大的不确定性。据评估,癌症 REID 的不确定性因子约为 3.5。辐射对中枢神经系统、心血管系统和免疫系统的影响没有可量化的限制。然而,这些器官的癌症风险可以通过限制全身辐射总剂量在既定许用值内来确定,职业航天员比普通民众的辐射既定许用值更高。商业航天产业需要仔细评估乘客可接受的辐射剂量水平,并提供适当的防护,如果有必要将寻求联邦政府的批准,以提高"太空游客"的辐射剂量限制。

研究表明,额定防护措施加倍仅使银河宇宙射线导致的辐射照射剂量降低 15%~20%,将癌症不确定性减少 50%可能需要将屏蔽厚度增加高达 5 倍。降低生物学和其他方面 50%的辐射健康风险需要定量化可替代防护措施(见 6.5.3 辐射防护系统)的价值以及可能的应对措施(见 6.5.2 辐射减缓)的功效。实现这一指标将需要继续或扩大一项实证研究计划,该计划包括空间数据采集、地面基础研究、数据分析和技术开发,以及在微重力或低重力环境下开展新模型的太空环境验证,以探索不同重力水平的综合效应。国际空间站有助于辐射风险评估模型的验证,但这需要开发适当的系统,如生物反应器和其他设施。最终验证可能需要可周期性访问月球表面设施。

其他机构或组织无须了解独特的空间辐射环境对人体健康的影响,NASA 在辐射对致癌作用的基本研究做出重大贡献。此外,为风险评估方法开发的技术可以广泛适用于地球上的各种职业和环境卫生。

I.5.1.4 技术6.5.4 辐射预测

预测辐射环境的能力对于确保航天员的安全和任务成功至关重要。该技术特别解决了太阳粒子事件(SPE)的预测需求，SPE是与太阳风暴相关的周期性强电离辐射。相关技术领域6.5.5辐射监测技术(见I.5.1.2节)主要解决本地辐射环境的测量需求。

目前，还没有能力预测SPE的发生，并且当SPE开始后，只有有限的能力预测它的演化发展。如今，管理涉及SPE风险的策略是"应对和避免"，这意味着制定保守的飞行规则，使航天员在观察到SPE发生后能够快速前往航天器或居住地的防护设施中避难。但是存在有若干缺点：它限制了航天员处理突发事件的所需时间，将执行探索任务的时间进度约束在狭窄的响应窗口内，并且导致对小事件或虚警产生过度反应。所有这些都过度限制了任务的执行力。此外，它将航天员置于一个易受非正常的严酷事件影响的环境中，易刺激航天员，潜在地使其遭受健康风险。

推动技术进步所需的研究工作包括以下内容：
（1）提高对SPE物理本质的理解。
（2）开发更好的应用模型来预测SPE的活动时间及其对外界的影响。
（3）发展先进剂量学，以更准确地测量航天员(特别是数百兆电子伏高能量粒子)经常停留区域的自然辐射环境(见技术6.5.5辐射监测)。
（4）开发较轻的仪器和卫星，以便部署成本效益好的辐射监测设备。
（5）开发更高效的通信系统，以中继来自太阳系周围不同监视器的数据。

改进版SPE预报系统(基于物理预测的8~24h预警期)的实施能提高任务执行效率，通过为航天员提供更多反应时间，减少他们在防护设施里躲避时间以及减少或消除误警次数来提供更经济的辐射减缓策略。

监测国际空间站外部周围的辐射环境将有助于建立辐射预测模型，该模型可以用来理解地球磁层对在大量SPE爆发期间发生的一系列复杂事件的动态响应。特别地，它有助于确定高能粒子到达中低纬度的强度，在中低倾角的近地轨道中，航天器所受的辐射剂量有所增加。

其他机构没有需要或责任预测除地球附近以外的SPE的强度或性质。然而，如果NASA成功开发了一个有效的策略来预测整个内太阳系的SPE(支持对火星或近地小行星的任务)，那么它也将有利于对影响地球的事件的预测。

辐射预测技术具有明显的好处，因为SPE不仅仅影响航天员健康，SPE中的高能粒子还可以损坏卫星上的所有类型的仪器和其他设备或使其性能退化，包括通信、导航和遥感卫星。这项技术还能支持新兴的商业航天产业和航空，特别是在高纬度的飞行。极地航线在过去10年中已大幅增加。在SPE活动期间，比较谨慎的办法是减少极地航线上的航班,在较不经济的低空进行飞行或改走替代航线或目的地,以避免SPE效应干扰极地通信网络。准确的预测技术能将提高航班的计划性,并可以避免飞行中的航路修正。

I.5.1.5 技术6.5.2 辐射减缓

辐射减缓技术涉及减小空间辐射剂量及其影响的应对措施。该技术领域是6.5.3辐射防护系统的补充,辐射防护系统是指采用防护和其他方法来减少航天员所受到的辐射剂量。通常认为单独的防护措施不会消除银河宇宙射线所产生的空间辐射,特别是在对质量非常敏感的航天器上,其防护措施无法做到足够强,但原位资源利用技术能够使用原位材料对地表居住地提供更好的防护。无论如何,探索生物学和/或药理学应对策略也许能够减轻连续的长期空间辐射的影响。此外,尽管有最好的准备和仔细的规划,航天员仍然可能在SPE活动期间遭受到大剂量的空间辐射。在这种情况下,限制大剂量空间辐射影响程度的医疗措施是非常重要的。但是,目前对超剂量空间辐射几乎没有药理学对策。此外,这些应对措施是为核突发事件应急使用而开发的,并且假定同时可以提供大量的医疗护理。所带来的副作用可能限制它们在太空中的实用性。另外,当前我们对长期的银河宇宙射线辐射也没有有效的解决方案。

设计用于减轻一个辐射作用(如致癌作用)的措施不太可能对另一个辐射作用(如心血管系统的退化)有效。富含抗氧化剂的饮食可以降低一些辐射效应,但是针对各种不同类型和水平的空间辐射,我们还没有对此类饮食的全部功效进行量化。事实上,在辐射水平不确定和辐射对健康的影响已经减小之前,难以准确地给出辐射减缓措施的量化值(见技术6.5.1辐射风险评估模型)。辐射减缓技术仍处于低技术成熟度(TRL 1~3)。

推动技术进步所需的研究工作包括以下内容:
(1)确定特定辐射诱发不良健康影响的潜在对策。
(2)进行适当的临床研究以证明疗效。
(3)探索多种辐射缓解措施的综合效应。
(4)增加有效辐射缓解措施的技术成熟度。

NASA可从改进后的辐射缓解措施概念中受益,具体途径包括降低航天员面临的辐射风险,实现更长期的任务,为意外发生的急性大剂量辐射提供有效防护。

国际空间站已经并将继续是一个重要的试验平台,用于辐射缓解措施的研究。新概念措施能在真实条件下进行部署和测试,特别是可用于确认有没有副作用和不良反应。

虽然针对银河宇宙射线和SPE辐射的缓解对策是NASA的独特需求,但一些辐射减缓技术可以更广泛地应用于地面场景,如应对核电站突发事件、高纬度航空器、辐射医学以及恐怖主义威胁。

I.5.2　环控生保系统/居住系统

环控生保系统/居住系统主题领域共有四项高优先级技术：
(1) 6.1.4.居住系统：包括食品生产、加工及卫生；
(2) 6.1.3.废物管理：包括液态和固态废弃物；
(3) 6.1.2.水再生和管理：为长期任务提供再循环利用能力；
(4) 6.1.1.空气再生：排除 CO_2、颗粒物和污染物，提供热控能力；
如图 I.1 和 I.2 所示，这四项技术有几乎一样的 QFD 得分。

I.5.2.1　技术 6.1.4 居住系统

居住系统技术的重点是与生命保障系统紧密耦合的功能。2010 年技术路线图草案内容与 2015 年技术路线图内容差异较大，该技术下的第 4 层级具体技术对比如表 I.2 所列。这项技术为载人航天飞行提供必要的功能，如为在太空中执行任务的航天员提供食物、卫生、衣着服装和保护。

虽然其中一部分技术的成熟度达到 TRL 9，如航天员卫生、废物收集与稳定，但是其他活动，如食品生产、食品准备和垃圾回收的技术成熟度至多是 TRL 6。服装和洗衣领域是混合技术，因为服装是 TRL 9，而洗衣是 TRL 4。

这项技术将直接支撑持续几个小时至几个月任务全程的载人航天飞行任务，例如长期驻留在国际空间站或经过长时间航行才能到火星或近地小行星的探测任务。国际空间站是这种技术的最终测试平台，经考核验证后允许这项技术用于其他应用场合，如商业载人航天飞行。NASA 参与开发太空居住系统技术是至关重要的，没有 NASA 的参与，将不会有新的太空居住系统技术的发展，这是 NASA 长期载人航天飞行任务的基本需求，NASA 没有理由与其他联邦机构合作开发这项技术。

国际空间站可用于验证成熟的居住系统技术的应用价值，增加其可靠性，并提供一种手段来展示它们的功能性能。其中一个好的例子是塑料垃圾熔化压实机的开发，将塑料垃圾和其他垃圾材料熔化和压实，形成可用于辐射防护的砖瓦。作为该技术的一部分，可以测试用于辐射防护的砖瓦的有效性。食品生产技术也可以使用国际空间站作为科学植物生长的试验平台以及用于测试食品生产系统。

居住系统技术是一个高度优先技术，因为当前的近地轨道任务将逐步拓展到近地轨道以外的长期任务。食品生产技术可为这些任务节省大量发射质量，增强生命保障系统能力，可从心理上对乘员提供支撑。食品加工技术可为乘员食用所生产的食物提供一种安全的供给方式，减少食源性疾病发生的可能性并增强乘员的健康。生活垃圾回收将原本需要处理的材料转化为有用的产品,以增加乘员的安全和/或能力。

表 I.2　2010 年与 2015 年技术路线图技术 6.1.4 居住系统中第 4 层级具体技术对比

技术领域	技术路线图中技术名称		技术描述(针对 2015 年技术路线图)
	2010 年	2015 年	
6.1.4.1	食品生产	全身清洁自由水沐浴	私人专用封闭式沐浴系统,可供全身洗浴;限制或防止水外逸,并将废水收集起来,供环控生保系统再生利用;可提供通风和照明
6.1.4.2	食品准备/加工	多用途货物转运袋(MCTB)	可重构转运储物袋,可折叠扁平状态,与乘员居住间结构外形适配,减少空袋子所占存储空间
6.1.4.3	乘员卫生	自适应智能噪声控制系统	降低噪声量级的主动系统,用于检测噪声量级并发射反噪声波
6.1.4.4	生理代谢废物收集和稳定	静音风机	载人航天器或舱段模块中通风系统使轻型高效风机,风机和风管的噪声极低
6.1.4.5	服装/衣服	长时间穿着服装(高级服装)	可长时间穿着的轻便抗菌服装,减轻质量、缩小体积及降低报废比率,非棉质服装的线头要少
6.1.4.6	垃圾回收/再利用	洗衣服保洁系统(简单清洗)	可延长服装使用寿命的保洁系统,为服装除味,恢复卫生清洁
6.1.4.7	—	轻量化乘员居住间	最小质量的乘员居住间,可供乘员休息和保护隐私,采用多用途货物转运袋构成,具有降噪和辐射屏蔽(压实垃圾)功能,集成了主动消音降噪系统
6.1.4.8	—	可重复使用湿巾(仅限家务用湿巾)	可清洗供重复使用的湿巾,包括制造湿巾的润湿剂
6.1.4.9	—	食品包装轻量化	食品包装轻量化技术开发
6.1.4.10	—	蔬菜清洗和安全认证	飞行途中清洗蔬菜,便于安全食用
6.1.4.11	—	稳定化食品	新型包装、新型加工、营养成分稳定和可接受性开发

I.5.2.2　技术 6.1.3 ECLSS 废物管理

废物管理技术保护乘员健康,提高安全性和执行能力,恢复资源并保护行星表面。该技术包括处置、存储和从垃圾及乘员使用后的废弃物中回收资源。它主要关注领域包括体积减小、稳定化、气味控制,以及水、氧气及其他气体与矿物质的回收。

目前,国际空间站上采用的垃圾处理技术是非常基础的,并且涉及航天员乘组的工作和管带传输。在国际空间站上粪便处理、稳定化和气味控制系统相当大程度上继承了成熟技术,其技术成熟度为 TRL 9。但是,仍然存在持续改进的空间。太空飞行垃圾的自动化压实和资源回收再利用技术处于开发的早期阶段。

NASA 一直在发展和资助垃圾自动化压实和水再生技术的研发。NASA 拥有进一步开发这些能力,以及改进废物稳定化和回收更多资源的专业知识、能力和设施。NASA 的太空飞行可能是唯一必须开发垃圾自动化压实技术和资源回收能力的应用场景,但其他政府和工业组织也可能对废物稳定化感兴趣。

国际空间站是先进废物管理技术的理想试验平台。EXPRESS 货架可以用于早期技术开发的测试平台,测试成功的技术可以在国际空间站继续进行长期测试,之后才能用于长期的载人探测任务。

从废物中回收资源对于长期载人飞行系统的闭环至关重要。在这之前,向舱外倾倒大量垃圾的行为是普遍可接受的,垃圾的稳定化和体积减小对于保持乘员长期任务中安全和舒适的生活条件是必需的。只要长时间航天飞行是任务目标,有效的废物管理也必须是任务目标。垃圾稳定化、体积减小和水再生已经在早期开发中显示出成功的希望,但是需要更多的努力来使这些技术成熟。从垃圾和人体废物中回收更多种资源,如 O_2、CO_2、N_2 和矿物可能需要具有巨大质量、功率和体积需求的硬件设施,并且可能需要大量的开发工作,直到同等条件下具有质量优势的资源回收系统开发成功,能用于航天探测等长期任务。

I.5.2.3 技术 6.1.2 ECLSS 水再生和管理

这项技术提供了安全可靠的饮用水供应,以满足航天员日常消耗和设备运行需要。从废水中回收可用水对于长期的航天飞行任务是必需的,因为如果水不能回收再利用,整个飞行任务将需要携带大量的水,并且从地球补给也不切实际。无论是短期任务还是长期任务,都需要一定程度的废水稳定化以保护设备,用于饮用水的消毒和贮存。

从尿液、卫生用水和湿气冷凝物中回收可用水是目前国际空间站上使用的主要水再生方法,其技术成熟度为 TRL 9。但该技术需要进一步开发以提高那些无法从地球获得补给的长期探索任务的可靠性。主水处理器从废水中回收约 90% 的可用水,并将剩余的 10% 作为废水排出。从废盐水中回收水的技术处于开发的早期阶段,在有限资源限制下对尿液进行化学预处理,去除其气味、酸性、腐蚀性和黏性的技术面临重大挑战。

NASA 具有主水处理器的经验,并且一直资助开发从废盐水中回收水和替代目前使用的硫酸和氧化剂的尿液预处理技术。NASA 具有继续开发这些技术的专业知识、能力和设施。长期探索任务的水再生的需求和局限性不同于任何其他工业或政府需求。在可预见的未来，NASA 很可能将独立于任何其他组织进行这些研发工作。

国际空间站是该技术的理想测试平台，因为微重力中的操作是任何液体处理技术的主要挑战之一。EXPRESS 货架可以用作早期的技术开发测试平台，新技术在应用于星际运输任务之前可以长期在国际空间站上测试和使用。

如果没有从废水中再生可用水的相关技术，就不可能执行长期星际运输任务。水再生技术的重要性随着任务时长的增加而增加。对于持续若干年无法获得补给的任务，再生率即使只有 98% 和 99% 的差异，对最初发射质量也有着巨大的影响。尽管实现 99% 的再生率非常困难，如果废水处理、主水处理器和盐水处理器的三者之间协调发展，如此高的再生率是可以实现的。因为水再生过程中的每个步骤都影响后续步骤的执行，所以必须要研究出一种高效的综合方法。

I.5.2.4　技术 6.1.1 空气再生

技术 6.1.1 空气再生包括 CO_2 排除（闭环）、CO_2 还原、微量污染物控制、微粒和微生物控制、温度和湿度控制、氧气供应，如表 I.3 所列。具有一个或多个这些功能的若干系统目前正在国际空间站上运行，它们的技术成熟度为 TRL 9。目前，最先进空气再生技术的主要不足之处是 CO_2 还原。对于长期载人探索任务而言，从废弃的 CO_2 中回收氧气的能力对降低发射质量将是非常可观的。到目前为止，各种技术正在实验室中演示，但仍没有哪种技术能在飞行状态下安装或测试。该技术的其他关键目标包括降低整个系统的质量和功耗，并减小噪声。一个意义深远的目标是使用植物作为提供重要的空气再生功能的方法。这已经在实验室中获得了不同程度的成功，但不是在宇宙空间中。这样做需要开发大量的辅助支持设备。

NASA 在与该技术相关的各个方面都有经验，对较低技术成熟度的技术领域的研究工作已经资助了一段时间。NASA 具有继续开发这些技术的专业知识、能力和设施。对于长期载人探索任务，空气再生的需求和局限性不同于任何其他工业或政府部门。在可预见的未来，NASA 很可能将独立于任何其他组织开展这些技术的研发工作。

国际空间站是该技术的理想试验平台，因为微重力中的操作是生命保障设备的主要挑战之一。EXPRESS 货架可以用于早期的技术开发测试平台，新技术在应用于星际运输任务之前可以长期在国际空间站上进行测试和使用。将更大的结构（如可充气模块）作为技术测试平台连接到国际空间站将能够更大规模地使用国际空间站。

表 I.3　技术 6.1.1 空气再生中第 4 层级具体技术

技术领域	技术名称	技术描述
6.1.1.1	CO_2 排除（闭环）	将航天器舱内空气中全体乘员生理代谢产生的 CO_2 含量降至安全水平，并将多余的 CO_2 用于舱内氧气再生
6.1.1.2	CO_2 还原	通过化学反应将从航天器舱内空气中排除的 CO_2 还原成其他制品，进而实现氧气再生
6.1.1.3	微量污染物控制	将航天器舱内空气中的有毒物质浓度降至最大允许浓度以下，污染物有可能是生理代谢产生的，也有可能是设备和材料随时间排放的废气
6.1.1.4	微粒和微生物控制	排放航天器舱内空气中的微粒（来源于乘员、衣服等）和微生物污染物
6.1.1.5	温度和湿度控制	将航天器舱内的温度和湿度控制在合理水平，并能收集湿气水分供回收用
6.1.1.6	氧气供应	依托舱内储氧罐或制氧系统实现氧气供应，以满足乘员生理代谢的需求和补偿舱内空气泄漏或重新增压
6.1.1.7	高压氧气供应	对舱内储氧罐进行再充气，供舱外活动、短期载人探测车或载人航天器的相关任务使用

如果没有稳健和全面的空气再生能力，特别是 CO_2 还原或长期可持续性的混合物理化学和/或生物学空气再生能力，长期载人任务将是不可能实现的。对于必须持续几年且无法进行再补给的任务来说，50%的氧气回收率和 75%～100%的氧气回收率之间的差异对发射质量的影响非常大。所需开展的研究工作难度很大，包括物理化学和生物学方面的工作，但可以通过 NASA 的各个研究中心和先进空气再生系统的供应商之间的协调努力来实现。

I.5.3　乘员健康/执行力

乘员健康/执行力主题领域有 1 项高优先级技术：
- 6.3.2 乘员长期健康

如技术路线图所述，技术 6.3.2 乘员长期健康的重点是创建"经验证的医疗实践技术，以解决空间环境对人体系统的影响"。到目前为止，在近地轨道开展的众多长时间太空任务所积累的国际经验揭示和预测了一个简单的、令人信服的、关于未来载人探索任务的真理：身体和行为健康受影响和不良反应事件将会发生。可以预测和减缓这些与健康相关的影响和事件中的一部分，但是其他的很可能还无法做到。因此，用来促进乘员长期健康，并在意外事件或疾病发生时能有效恢复的自主灵活和自适应系统是一项高度优先的技术。这一决断与先前一系列的学术研究结果一致，包括《安全通道：探索任务中航天员的保健》(2001年)《NASA关于航天员健康的纵向研究综述》(2004年)《载人航天探索的降低风险策略：NASA生物航天学路线图评估》(2006年)《新时代航天探索任务的空间辐射风险管理》(2008年)和《NASA人类研究计划证据书回顾》(2008年)。

专家组将人工重力评估/实现技术确定为一种改变游戏规则的能力。在太空飞行途中(或地球轨道上)，它将极大减轻长期待在居住系统期间发生的许多不利的健康影响。这些不良影响包括骨质疏松、肌肉和心血管失调以及神经血管障碍。然而，在技术路线图可预见的时间框架内，旋转空间站或探测器以产生$1g$或大部分重力的前景似乎是难以达到的。因此，如果能够实现，使用国际空间站上的大型离心机来产生人工重力的能力将是高度优先的。这样的设施能够用于研究和测试小型哺乳动物和其他生物以及航天飞行系统的反应，以试图理解低重力环境对人类、其他生物系统和航天飞行系统的影响。

由于长期健康技术的进步，进而极大促进了长期载人探索任务中乘员健康状态的保持。专家组将发展微重力环境下的飞行中外科手术能力(6.3.2.4)，自主医疗记录、信息学和程序管理(6.3.2.5)，以及飞行中医疗诊断(6.3.2.6)置于最高优先级的地位。这些能力是必不可少的，但需要根据空间环境的具体情况对相关问题的解决方案进行大幅度裁剪。创伤是长时间飞行中常见的医学问题，发展在严重创伤和其他不可预测的危及生命的病症(如阑尾炎)之后执行拯救生命的手术的能力，对于在探索类任务中提高乘员生存能力是非常重要的。紧凑、轻量化的成像技术(6.3.2.3)能支持精确的解剖学诊断，并可能刺激相似的医疗技术在地球上医疗保健能力的发展。类似地，用于监测生理过程的新一代固态、非侵入式无线生物医学传感器(6.3.2.2)可以催生用于各种形式的飞行中监测、疾病预测、诊断和治疗监测技术，这也可以促进全球范围内家庭慢性疾病健康状况监测能力得到显著改善。高度可靠的轻质"芯片级临床实验室"(6.3.2.3)可以极大地提高诊断和护理能力扩展的可能性。在长时间任务期间，包括基于运动缓解生理退化方法以及药理学解决方案在内的应对措施(6.3.2.11,6.3.2.12)对保持乘员健康都是非常重要的。我们需要先进测试平台(6.3.2.1)来开发和评估各种应对措施的有效性。对于上述每种高优先级技术，国际空间站都将是一个关键的技术评估平台。

I.5.4 舱外活动系统

舱外活动(EVA)系统主题领域有两项高优先级技术：
- 6.2.1 航天服：提供一种先进的 EVA 服装；
- 6.2.2 便携式生命保障系统：包含许多与 ECLSS 相同的组件。

I.5.4.1 技术 6.2.1 航天服

航天服是一种拟人铰接式航天器，航天员穿戴后可以开展舱外活动，并能在舱外生存下去。理想的航天服易于穿脱、高度铰接且易于根据穿戴者的身体结构进行运动学调节，能最小化穿戴者必须克服以完成所有任务所需的附加力和扭矩。

航天飞机舱外活动装置(extravehicular mobility unit,EMU)和"阿波罗"宇宙飞船 A7L、A7L-B 上航天服的技术成熟度为 TRL 9。虽然它们在 4.3psi(1psi=6.89×10^3Pa)和 3.5psi 压力下能提供足够的功能，但是乘员生理工作负荷的大部分(40%~75%)转移到了加压工作服的关节处。先进航天服在实验室和外场测试条件下功能正常(技术成熟度为 TRL 4~5)，近期计划的中性浮力和真空室测试给予了充足的开发资金。

虽然在 NASA 之外的行业也有航天服技术的一些应用需求，如用于军事的 HAZMAT 服装和生物战防护服装，但是如果没有来自 NASA 的大量且持续的经费支持，这一领域的研究工作将无法取得进一步开展。在整个航天飞机项目期间，NASA 在约翰逊航天中心与少数工业供应商那里保留了航天服的基础研究和开发能力。过去，学术界和一些小公司有一个舱外活动技术研究人员团体，但是这个团体在过去 10 年已经逐渐消亡。我们需要制定一个重大而持久的研究和发展方案，以创造下一代舱外活动航天服，无论是用于如近地天体的低重力任务，还是在月球或火星上的微重力操作，都非常适用。

国际空间站显然是新式航天服技术进行首次飞行测试的理想地点，有利于提高乘员开展空间站维护任务的能力。同时，未来航天服的真实测试将是考验它们在月球或火星等弱重力环境中支持持久步行运动的能力，国际空间站测试无法验证这项关键功能。

EVA 航天服对载人航天飞行各个方面都很关键，它们在发射和再入时的舱内减压阶段以及各种级别载人任务的舱外活动中都应提供必要的保护。虽然阿波罗时代的航天服是这两种类型应用之间的妥协，但未来任务几乎需要(如同航天飞机项目)用于发射和再入阶段以及舱外活动阶段两种不同应用场景的专门服装。虽然，自 Alan Shepard 首次太空飞行以来，每一次载人任务都包括航天服，但是当前的操作技术代表了 30 多年来开发的航天飞机舱外活动装置的逐步变化。因此，与当前技术水平相比，舱外航天服性能和操作能力仍有较大的提升空间。

自航天飞机 EVA 装置开发以来，建模和分析技术已有显著进步。现代生物力学建模能力和对加压织物结构行为的基本理解将为未来航天服开发提供严谨的基础。与此同时，当前和即将到来的新型材料，包括具有集成传感器、控制器，甚至致动器的"智能"材料能提供增强的服装功能。然而，下一代航天服研发重点必须聚焦于移动性的增强。尽管具体的评估结果根据测试协议和测量技术而变化，但是人们一致认为，航天服穿戴者需要承担他们用于简单移动航天服所需的大部分生理学工作负荷。疲劳是规划和制定舱外活动任务时所遇到的一个典型问题，特别是对于有大量灵活的手和手腕动作的场景。能提高航天服活动性技术水平，使之更接近于未穿戴时性能的先进方法将极大地降低 EVA 航天服人员的工作负荷，并且随之拓展未来太空任务中的潜在 EVA 应用范围。

用于发射和再入阶段的航天服技术基本上是成熟的，除非使用该套航天服进行标准的或突发情况下的舱外活动。在这种情况下，航天服需要设计为一个 EVA 航天服兼顾发射和再入应用需求（如在"阿波罗"号宇宙飞船上应用），而不是作为一个发射和再入航天服兼顾 EVA 应用。

I.5.4.2 技术 6.2.2 便携式生命保障系统

尽管该项技术的 QFD 分数较低（因为它们对基本功能而言并非关键，且所有人员生命保障系统（personal life support system，PLSS）的功能在非航天应用中受到限制），但由于有两个第 4 层级具体技术被认为是至关重要的，因此专家组推翻了这项技术的 QFD 分数，将此技术指定为高优先级。热控和二氧化碳捕获在未来的研究资金分配中高度优先，受到特别重视。

目前，舱外航天服热控制系统（TRL 9）基于水升华原理，但这增加了消耗品的使用量，并且在大气，乃至在火星的稀薄空气中都是不可行的。散热器通常很庞大，并且所需的散热面积使得该方法对于航天服不可行。目前，在 PLSS 应用中 CO_2 捕获是由消耗性 LiOH 过滤器或可再充电金属氧化物过滤器来实现，其需要大量的质量、体积和功率用于再充电炉以排出所捕获的 CO_2。

先进便携式生命保障系统适用于消防员、危险品防护服、生物战装备和水下呼吸系统。NASA 技术开发的重点是不采用水升华器的热控系统和成本相对次要的极高可靠性系统，这正是 NASA 任务的特殊之处。

先进 PLSS 技术在国际空间站上的初始飞行测试表现极好，大幅度增强了国际空间站的舱外活动能力。未来 PLSS 所面临的挑战，如在火星大气中的热控或在多尘环境的地表探索中拓展功能性，无法在国际空间站的测试中得到很好的验证。

增加 PLSS 的容量、可靠性和可维护性，同时延长使用的持续时间和减少背部质量对于使用者很重要,但这是很难实现的目标。

本技术领域最大的挑战是环境对 PLSS 的影响,这些影响包括:火星上低但可辨别的大气压力的影响,从小行星到月球和火星的所有太阳系天体上尘埃的长期影响,以及地球同步轨道的充电效应。PLSS 必须设计为具有必要支持设备的集成系统,而且集成系统是已含支持设备影响的最优化系统,其中支持设备可以在两次飞行之间重新补充。如果 PLSS 组件用于小型加压探测车或太空探索飞行器中的生命保障,则上述影响将加剧。例如,每次扩展任务结束后都需要快速补充能量,因此对 METOX 瞬间充电能力提出了需求,而不是在该功能仅限于本地 EVA 航天服支持时更平稳充电的需求。

I.5.5 环境监测/安全

环境监测/安全主题领域有两项高优先级技术:
- 6.4.2 火灾探测与灭火;
- 6.4.4 补救措施:在火灾或其他污染事件后恢复空气质量。

I.5.5.1 技术 6.4.2 火灾探测与灭火

第 3 层级具体技术 6.4.2 火灾探测与灭火是指通过降低火灾发生的可能性以及一旦发生火灾后应最小化乘员、任务和/或系统风险来确保乘员的健康和安全。研究领域包括防火、火灾探测和灭火,并且提出了低重力、低总压力和高氧气分压环境下的自由飞行火灾测试平台。灭火和太空火灾测试平台概念是促使 6.4.2 火灾探测与灭火获得较高 QFD 分数的两个方面。

下一代载人航天系统中预期的低重力环境和舱室总压及氧气分压需要成熟的防火技术,主要是材料的可燃性测试。在航天器运维环境中了解材料可燃性和燃烧产物对于防火是至关重要的。如果在微重力舱室环境继续在海平面条件下运行,则可以避免新一轮的材料测试。但是,仍然需要了解低重力环境对可燃性和燃烧产物的影响。

在航天飞机和国际空间站项目中,火灾探测系统已被证明是非常可靠的,迄今为止,只有一次失效。另外,对于低重力、新的大气压力和氧气分压环境下的火灾探测系统需要重新验证。宇宙载人航天器或空间站上的火和/或烟雾并非假想的事件:1967 年,"阿波罗" 1 号宇宙飞船的 3 名乘员在发射台上进行合练时因突发火灾全部死亡;在俄罗斯 "和平" 号空间站上,1997 年一次严重的失火事件几乎损失了全部乘组人员和空间站。

对于海平面标准大气中的 $1g$ 和微重力环境,当前的防火方法和技术已达到 TRL 9。然而相对于海平面条件,乘坐具有较低总压力和较高氧气分压的太空船前往低重力环境的目的地面临着新的挑战。一种使用微细水雾喷雾的新型灭火方法已经在地面灭火中得到应用,对载人航天系统而言,这种方法比当前的水喷雾和二氧化碳方案有明显优势(NRC,2011,第276、277、327页)。由于微细水雾灭火技术尚未在太空环境中进行测试,所以只能将其技术成熟度认定为 TRL 4。为了使这项技术尽快成熟,需要在近地轨道以外的低重力和低压力环境的载人探测任务中进行测试。

地面应用已经证明了新方法只需传统方法 1/3 的水即可扑灭同等规模的火灾。对载人航天系统来说,应用微细水雾灭火技术将消除大气中增加的 CO_2 量,相对于当前的水或 CO_2 系统,能大幅度减小灭火系统的质量。这项技术作为减少深空任务发射质量和提高灭火能力的手段,对 NASA、其他国家航天局和商业航天计划至关重要。NASA 完全有能力推进这项技术的进一步发展,提高其在太空应用中的成熟度,并使其可用于任何和所有太空系统供应商。

通过利用现有的一次性到访货运飞船,国际空间站可以在空间环境中对安全成熟的火灾探测与灭火技术研究发挥重要作用。一次性货运飞船可以配备火灾探测与灭火系统,并增加信息记录和传输能力。一旦到访货运飞船离开国际空间站,便可以调节其内部压力和氧气分压,并在短时间内点燃火花并观察火焰,然后使用新式的微细水雾系统喷雾灭火。这为将传感器和灭火方法纳入新的载人航天系统之前,在相关环境中测试它们提供了一种安全的途径。

微细水雾灭火技术的优点包括能减小灭火系统的质量,以及消除向载人航天系统舱室大气中增加大量二氧化碳的危险。促进这项技术成熟的风险相对较低,因为它已经在地面测试中得到验证,并且可以在一次性货运飞船脱离轨道后远离人类的太空中进行测试。超高压灭火技术正在改变游戏规则,因为它可以将灭火所用水量减少 10%~33%,还可以缩短灭火时间,在长时间的深空探索任务中将不必再被迫"遗弃"飞船。例如,俄罗斯"和平"号空间站由于难以扑灭氧气发生器容器破裂引起的明火而差一点被废弃,火灾的影响需要数天才能消除。此外,还有航天飞机上发生的两起阴燃电气火灾事件,烟雾传感器没有探测到,但乘组人员已注意到。

空间站为近地轨道任务和地球到月球或火星的星际旅行提供了一个在相关环境中进行测试的机会。在月球和火星的重力水平上进行低重力环境下航空器的飞行测试也很有价值,这将有助于了解重力对依靠浮力产生气流的传感器的影响,结果也可用于验证计算机模拟结果。

I.5.5.2　技术 6.4.4 补救措施

专家组根据"和平"号空间站、国际空间站、航天飞机在失火和火灾后补救方面的经验,将该技术提升至高优先级。由于氧气发生器容器破裂产生的明火,"和平"号空间站几乎被遗弃,并需要数天才能从其后果中恢复。国际空间站上用来清洁的表面清洁剂中含有的酒精对 ECLSS 组件有不利影响。在航天飞机上,乘组人员通过嗅觉发现了两起阴燃的电气火灾,而电子传感器未能探测到。

在执行长时间太空探索任务之前,需要彻底了解和纠正这些故障背后的问题,长时间任务无法抛弃载人航天器,系统必须在整个任务期间正常运行,而态势感知对乘组人员生存至关重要,而不仅仅是任务的成功。

国际空间站将是技术开发和鉴定的关键组成部分。

I.6 中低优先级技术

TA06 包括 8 个排名靠后的中等或低优先级的第 3 层级具体技术。当然,其中的大多数技术都将成为未来航天运行系统中最终成功设计不可或缺的组成部分。但是,对某些技术的投资比对其他技术的投资将产生更大的收益。事实上,TA06 技术优先级的划分是根据专家组对它们预期收益的评估来确定的:所有高优先级技术收益的得分为 9 分;所有中等优先级技术收益的得分为 3 分;所有低优先级技术收益的得分为 1 分。下面对一些中等或低优先级技术得分的具体因素进行详细描述。

技术 6.2.3 电源、航电和软件,包括重要的发展领域,但它们可能会被归为非 EVA 领域,主要是非 NASA 的领域需求。

技术 6.3.3 行为健康与执行力,被确定为中等优先级,其原因是根据前期经验得出的结论,即行为健康问题将不可避免地发生在探索类任务期间,但是对于该技术中某些元素所设想的技术性质,技术路线图中的描述仍不清晰。

技术 6.3.1 医学诊断/预后,在技术路线图中重点强调通过全面筛查预测未来健康事件,而 DNA 变异筛选等新的诊断过程确实可以逐步改进乘员选择标准,但这种预测不太可能消除对具有同样健康状况的乘员的飞行护理进行规划的必要性。此外,这一领域获得的许多知识将来自大规模群体研究和电子病历系统收集的临床数据,以及对人类基因组(DNA)和其他具有重要生物学意义的分子类别的高通量实验室测量,但这将需要更多的研究参与者,超出 NASA 可以合理承受的能力,因此这项技术的进步也将由 NASA 以外的研究力量来推动。

技术 6.4.1 传感器:空气、水、微生物等,由于这项技术的进步对未来载人航天系统的尺寸、质量和功率及当前系统能力补充等方面产生的影响上较小,因此其得分较低。一个可能的例外是与国际空间站上出现的水生霉菌或霉菌的最新数据有关,类似于俄罗斯"和平"号空间站的报告和观察到的霉菌增长。

技术 6.4.3 防护服/应急呼吸(包括长期穿戴服装、防护工作服、氧气面具等)

优先级较低,因为当前和替代方法足以实现该技术的目标。例如,航天器内配备洗衣机和烘干机,而不要求长期穿着同一套衣服,可以最大限度地减小衣服的质量,也可以通过增加整个可居住空间中的便携式和脐带式呼吸器的数量,并增加其使用寿命或提供更多备件,来改善应急呼吸能力。

I.7 技术路线图所涵盖的技术发展及其进度变化

附录 J 是关于 TA07 载人探索目的地系统技术路线图草案的报告。附录 J 与本章节对应的部分涉及四个共同主题:
- 与目的地相关的需求;
- 国际空间站微重力测试;
- 月球上的微重力测试;
- 小行星任务。

附录 J 中这些主题的讨论也适合 TA06 乘员健康、生命保障与居住系统技术路线图。

I.8 关于技术路线图的其他一般性意见:人因工程

TA06 技术路线图中有一个明显的技术缺项,即涉及人因工程技术方面。专家组鼓励 NASA 继续研究微重力和低重力下的人因工程(及相关技术),并维护和更新 NASA 标准 3001,以确保在航天器设计、EVA 航天服设计和居住地设计时考虑到变化的重力环境影响。理想情况下,人类航天计划开始以来的人因工程的"经验教训"应添加到电子数据库中,并与商业界共享(按照商业航天团体在公开会议中向专家组所提的建议)。专家组没有证据表明商业团体正在独立地产生任何相关测量技术或人因工程的信息,并且在专家组的公开会议期间已经提到了能否使用当前和未来的数据(附带适当的输出管制)对他们的成功至关重要。

此外,如果未来任务需求强调要确保探索任务能够涉及尽可能多的人群,则激光扫描技术和相关(军用和民用)人类人体测量数据库可用于确定所需的人体测量数据,并将这些数据用于载人系统设计(航天器、EVA 航天服、探测车、地表居住系统)。还包括一些先进技术,允许直接根据激光扫描的电子数据来定制 EVA 航天服尺寸,并进行经济高效的生产。虽然这是国家政策的问题,但航天器和 EVA 航天服的开发和设计似乎是谨慎的,以便用于未来乘组人员的人体测量要求不低于 20 世纪 70 年代为航天飞机制定的要求。专家组获得的数据显示,自 20 世纪 80

年代末以来,最初的航天员体型尺寸选择标准正在缩小,原因是预算压力(如减小EVA航天服尺寸),尤其是最近采用俄罗斯"联盟"号宇宙飞船运送航天员,并使用俄罗斯Orlan EVA航天服标准,其尺寸主要适合少数俄罗斯男性。目前,国际空间站对乘组人员的选择标准将排除许多前航天飞机时代的合格航天员(包括男性和女性)。这也会对商业团体带来重大影响,因为他们要将人类运送到近地轨道。

I.9 公众研讨会总结

2011年4月26日,人类系统专家组对"乘员健康、生命保障与居住系统"技术领域进行了讨论。讨论会由专家组组长Bonnie J. Dunbar主持。Dunbar首先从总体上概述了NRC评估路线图的任务,还为应邀发言人在其发言中涵盖的主题提供了指导。在介绍之后,举行了若干个分论坛,讨论了每个路线图的关键领域或感兴趣的关键领域中的代表。在每一个分论坛上,论坛组织方都邀请来自工业界、学术界和/或政府的专家,他们就NASA技术路线图的评估进行简短的介绍/讨论。每次会议结束时,与会者都针对近期会议进行了简短的公开讨论。在这一天结束时,专家组组长进行总结性讨论,总结讨论期间的关键点。

I.9.1 会议1:NASA人类探索框架小组现状

当天的第一场会议旨在概述NASA关于载人航天和探索任务未来发展方向的最新研究。

Christopher Culbert(NASA约翰逊航天中心)在会议开始后首先叙述了人类探索框架小组(human exploration framework Team,HEFT)完成的工作和关键研究成果的背景情况。一个重要的发现是,HEFT无法找到能够在政治上可持续的适当时间范围内使技术和财务更紧密的架构。其他的主要研究结果表明,没有一个单一的体系架构可以实现所有目标,满足所有利益相关者要求是不可行的,政治上提出的15年分析期限太短。Culbert还简要介绍了载人航天飞行架构小组(human spaceflight architecture team,HSAT),并指出HEFT和HSAT确定的技术与NASA技术路线图非常吻合。

Scott Vangen(NASA总部)对HEFT工作的成果提供了更多评论。他指出,根据HEFT的技术评估,与LEO、地月之间和短期月球表面任务相比,长期月球表面任务和月球以外的所有任务需要更多的技术投资。此外,虽然大多数必要技术可以在未来3~8年内成熟,但用于火星任务的一些关键技术需要更长的准备时间。然后,他引用辐射防护/屏蔽技术作为需要进行长期优先技术投资的一个例子。

I.9.2 会议2:NASA技术路线图概述

NASA技术路线图开发团队的演讲中描述了TA06中的5个第2层级技术子领域,并包括每个技术子领域内第3层级具体技术的示例。每个第3层级具体技术的特定示例提供了对特定解决方案的描述,同时讨论了关键测试设备、技术成熟度和任务适用性。NASA技术路线图开发团队提供的会议资料中包括按时间顺序排列的17项顶级技术挑战的清单,不过会议资料没有说明这些挑战与第3层级具体技术之间的对应关系。在会议结束时,专家组质疑是否完成了对现有技术解决方案进行的全面调查。技术路线图团队回答说,技术路线图中使用的技术示例是基于NASA团队已知或易于获得的信息。

I.9.3 会议3:环控生保系统以及居住系统

Jordan Metcalf(NASA约翰逊航天中心)在会议开始后首先发言,从运维视角概述了ECLSS。在审查TA06中ECLSS技术路线图时,他确定了高可靠性流程和集成系统、增强的自给自足性和最小化的物流供应量是关键的技术驱动因素。此外,他还指出,再生式ECLSS对于长时间的载人航天飞行任务来说是游戏规则改变者,并认为国际空间站上再生式ECLSS技术的进一步发展将给予人类最大的希望,成为人类探索LEO以外目的地能力的起点。

Daniel Barta(NASA约翰逊航天中心)对NASA探索技术开发计划(exploration technology development program,ETDP)牵引的ECLSS和居住技术发展现状进行了评估。评估包括每个第3层级具体技术中特定项目的技术成熟度、当前最新系统存在的问题以及面向各种目的地/应用场景的新技术需求。尽管可能已经在飞行中使用了某些技术,但Barta指出,如果要在不同的环境(如行星表面)中应用这些技术,它们的技术成熟度必然降低。

在讨论会上,专家组提出了技术开发中的低重力环境问题,以及ETDP在其评估中是否正在考虑这些问题。Barta表示,尽管考虑低重力环境对于某些技术来说很重要,但g-中性浮力解决方案是最佳的。此外,还讨论了可以实现多种功能的技术的使用,以及从系统工程角度来看这是好是坏。发言者和专家组都普遍认为,最大限度的通用性是载人探索航天飞行中非常需要的。

I.9.4 会议4:乘员健康与执行力

Jeffrey Davis(NASA约翰逊航天中心)是该中心的空间生命科学总监,在会议开始时概述了空间生命科学及其工作内容。他的团队开发了一个循证风险管理系统，通过该系统确定了65项人类系统风险。在审查TA06技术路线图时，他发现了许多关键的契机，能将技术路线图的技术开发与NASA人类研究计划的投资组合结合起来推进。

Jeffrey Sutton（美国国家空间生物医学研究所）简要介绍了研究所的相关工作。关于TA06中乘员健康与执行力技术路线图，他指出，成像技术应是多个组织/机构的高优先级事项。此外，Sutton还确定了最大技术挑战是个人对辐射的敏感性、进入国际空间站的机会和国际合作的障碍。

在讨论会上，对话的重点是辐射防护和环境特征，这些议题与乘员健康密切相关。Sutton指出，尽管人们已充分了解LEO外的辐射环境，特别是地球和火星之间的辐射环境，但必须考虑到一些重要因素，如可接受的辐射剂量水平和所需的屏蔽量。此外，在乘员健康/安全与辐射防护附加的成本/质量之间存在复杂的权衡空间。

I.9.5　会议5：环境监测、安全和应急响应

Nigel Packham（NASA约翰逊航天中心）以其对TA06技术路线图的评估开始了这次会议。虽然技术路线图充分解决了与环境监测和控制、防火、火灾探测和灭火有关的挑战，但Packham指出，他不建议与在封闭系统和长期飞行时间方面有类似挑战的其他政府机构进行合作。此外，他建议TA06技术路线图应确定在国际空间站上进行技术验证的目标日期，空间站需要运行至2030年，比当前计划的时间长10年。最后，当被问及挑战时，Packham认识到补救措施面临的最大挑战是如何平衡"通风和清理"与"舱室分区和居住空间"之间的关系。

Ralph Cacace（美国霍尼韦尔航空航天与防务公司）简要概述了国际空间站上目前使用的最先进的烟雾探测器。他表示，人们越来越关注传感器的小型化。除了尺寸，其他需要的传感器特性包括高精度、低功耗，以及智能传感器。这些智能传感器将多种简单的测量结果与应用物理学结合起来，能提供更复杂的测量功能。

I.9.6　会议6：舱外活动

Jim Buchli（美国国际海洋工程公司）从技术路线图的计划视角开始了会议。他确定了EVA技术路线图的三个关键注意事项：任务和需求的明确定义，技术技能和经验的临界量，灵活性、可生产性和可保障性的技术部署。此外，Buchli确定了EVA的顶级技术挑战是手套、机动性、便携式生命保障系统（PLSS）的模块化以及电子设备的小型化。

Brian Johnson（NASA 约翰逊航天中心）首先概述了 NASA 近期由 ETDP 完成的 EVA 技术开发工作。他还指出，HEFT 的研究重申开发航天服是要解决的最重要的"目标系统"要素之一。然后，他提出了 EVA 技术发展的一套战略目标：提高安全性和可靠性，减小系统质量，自主运行，扩大人体测量限学范围，降低成本。最后，Johnson 提供了目前 NASA 的 EVA 产品组合中的差距清单，包括电池比能量、辐射防护、热量排散替代技术、航天服材料/防尘、先进的 PLSS 包装和材料。

在讨论会上：专家组首先提出了一个有关维持未来 EVA 系统发展的"学术渠道"问题，Buchli 回答说，专注于航天服研发的大学数量肯定在减少；然后专家组就航天服减尘技术研究的最新进展提出质疑。Johnson 引用前星座计划的研究和进展情况，表明在取消之前已经在这一领域做了大量工作。

I.9.7 会议 7：辐射

Martha Clowdsley（NASA 兰利研究中心）首先描述了辐射防护，作为一种综合方法，其包括主动防护、预测、探测、生物/医学措施以及结构/材料/配置优化。然后，她继续提出了一系列建议。对于辐射屏蔽，Clowdsley 建议继续进行基础材料研究，并进行广泛的努力，以提高现有屏蔽材料的技术成熟度。对于辐射剂量分析工具，她建议采用多种方法来改进空间辐射传输计算和漫游车/居住地分析，以提高 NASA 对近地轨道外长期太空探索任务的辐射建模分析能力。

Edward Semones（NASA 约翰逊航天中心）对辐射监测技术的总体情况进行了介绍。关于近地轨道和长期探索任务之间的区别，他告诉专家组，相对于近地轨道任务，长期探索任务所受到的辐射剂量率明显较高（2~3 倍），而且时间更长，他强调长期探索任务将可能会突破 NASA 建立的人类辐射风险限值。此外，Semones 确定了与辐射监测技术相关的主要挑战，即个人剂量计电池技术的改进、故障安全数据存储和传输、原位主动报警和监测以及预测模型的数据（特别是预测 SPE）。

在讨论会上，专家组询问了哪些国际资产可用于空间气象监测。Semones 回应说，除了 ACE、GOES、SOHO 和 STEREO 空间天气监测卫星外，美国没有与其他卫星合作过。专家组还提出，生物对策或辐射屏蔽哪种技术更有前途。Clowdsley 回应说，刚开始的研究重点应该是减少与空间辐射环境的影响相关的生物不确定性。

I.9.8 会议 8：行业小组

Paul Zamprelli（美国轨道技术公司）首先总结了美国轨道技术公司正在进行的技术开发工作。关于 TA06 所涵盖的技术，Zamprelli 讨论了该公司的混合式

ECLSS 资源再生系统的开发。该系统旨在验证 90% 的氧气和 98% 的水资源闭式回收，相比之下，国际空间站 ECLSS 展示的只有 60% 的闭式回收。目前，根据 Zamprelli 的说法，美国轨道技术公司混合式 ECLSS 在本次研讨会召开时已经验证了具有大约 84% 的闭式回收能力。

Barry Finger（美国 Paragon 太空开发公司）简介了目前国际空间站上最先进的 ECLSS 现状。然后，他认为对于近地轨道以外的长期载人航天飞行任务需要一个简单、可靠和可维护的 ECLSS。Finger 随后继续指出，国际空间站是 ECLSS 技术开发必需的测试平台。关于 TA06 技术路线图，他认为 ECLSS 的技术进步对于深空载人航天任务是真正的改变游戏规则的技术。

Greg Gentry（美国波音公司）提供了在航天飞机与国际空间站上开发和维护 ECLSS 的一系列经验教训。这些经验教训是广泛的，范围从一般的"哲学"级经验教训到具体的组件层面经验教训。他获得的总体教训是，当运行系统发生变化时，一定要准备好应对"意想不到的后果"。

Edward Hodgson（美国 Hamilton Sundstrand 公司）提出了对 TA06 技术路线图中 EVA 技术的评估。他确定了路线图中的几个可能的差距，如减小"背负"质量和体积以支持前往火星表面的探索任务。此外，Hodgson 提出，技术路线图假设了 EVA 的使用时间与历史数据相当，但是，由于缺乏辐射防护/屏蔽，辐射环境可能会极大改变 EVA 架构，从而导致 EVA 操作不重要。

参考文献

[1] NRC (National Research Council). 2008. Managing Space Radiation Risk in the New Era of Space Exploration. The National Academies Press, Washington, D.C.

[2] NRC. 2011. Recapturing a Future for Space Exploration: Life and Physical Sciences Research for a New Era. The National Academies Press, Washington, D.C.

附录 J
TA07 载人探索目的地系统

J.1 引言

技术领域"TA07 载人探索目的地系统"的技术路线图草案包括 6 个第 2 层级技术子领域：
- 7.1 原位资源利用(ISRU)
- 7.2 可持续性和可保障性
- 7.3 先进载人移动系统
- 7.4 先进居住系统
- 7.5 任务运营和安全性
- 7.6 交叉技术

TA07 技术路线图包括在飞行途中和目的地表面上的太空探索任务期间支撑人类操作和科学研究所必需的技术。本技术路线图中确定的任务将经历极端环境，包括重力降低(小于 $1g$)、高量级的若干种类型辐射以及紫外线(空间天气)、真空或大幅降低的大气压力、多尘的表面(月亮和火星)以及微流星体和/或轨道碎片。技术路线图的许多要素都可以早日应用于国际空间站和商业载人航天飞行任务，而国际空间站是将某些技术部署在 LEO 上的重要测试平台。

TA07 的技术领域分解结构(TABS)包括 19 项第 3 层级具体技术，细分为 70 项第 4 层级具体技术。该技术路线图的预期时间表延长到 2035 年，人类到火星表面执行探索任务。

探索目的地技术及其集成系统的设计和开发要求将受到所选目的地不同环境的驱动，如低重力、表面灰尘的特性和化学性质、大气压力和组成等，不同目的地之间存在许多共同点，这些共同点可能产生共同的技术解决方案，但是也有重要的差异，将推动不同技术的发展。因此，人类在星球表面勘探将需要事先安排机器人测绘任务以及开展原位数据收集，如在"阿波罗"登月计划期间 NASA 在载人登月之前开展的各种工作("月球轨道器"1号,"勘测者"1号、"勘测者"3号、"勘测者"5号、"勘测者"6号和"勘测者"7号)。成功的ISRU技术将取决于原位样品返回地球,用于化学分析和随后加工设备的开发。例如,在"阿波罗"登月任务期间,大约有722lb(1lb=0.454kg)的月球岩和碎石运送到地球,这为开展将月球表土加工成结构和辐射防护材料的研究提供了基础。开发水和氧提取工艺需要类似的材料研究。

在确定TA07中第3层级具体技术的优先级之前,已重命名、删除或添加了若干种技术。下面简要解释这些变化并在表J.1中说明。14个技术领域完整的、修订的TABS如附录B所示。

技术7.2.1后勤系统已被重新命名为自主后勤管理,以更全面地包括库存和装载控制方面的所有要素,并鼓励发展自主能力所需的技术,理想情况下是从项目启动时开始,包括所有配套供应商。

表J.1 TA07载人探索目的地系统的技术领域分解结构

NASA技术路线图草案(版本10)	指导委员会一修改建议
TA07载人探索目的地系统	增加、删去及重命名一些技术
7.1 原位资源利用	
7.1.1 目的地勘测、勘探、测绘	
7.1.2 资源获取	
7.1.3 消耗品生产	重命名:7.1.3 ISRU产品/生产
7.1.4 制造与基础设施安置	
7.2 可持续性和可保障性	
7.2.1 后勤系统	重命名:7.2.1 自主后勤管理
7.2.2 维护系统	
7.2.3 修复系统	
	增加:7.2.4 食品生产、加工与保存(以前为7.2.1下的第4层级具体技术)
7.3. 先进载人移动系统	
7.3.1 舱外活动移动	
7.3.2 地表移动	
7.3.3 离地移动	
7.4 先进居住系统	
7.4.1 一体化居住系统	
7.4.2 住所演变	

续表

NASA技术路线图草案(版本10)	指导委员会—修改建议
	增加:7.4.3 智能住所(以前为7.4.1下的第4层级具体技术)
	增加:7.4.4 人工重力
7.5 任务运营与安全性	
7.5.1 乘员培训	
7.5.2 环境保护	删除:7.5.2 环境保护
7.5.3 远程任务运营	删除:7.5.3 远程任务运营
7.5.4 行星安全	删除:7.5.4 行星安全
	增加:7.5.5 综合飞行操作系统
	增加:7.5.6 综合风险评估工具
7.6 交叉系统	
7.6.1 建模、仿真及目的地表征	删除:7.6.1 建模、仿真和目的地表征
7.6.2 建造与装配	
7.6.3 尘埃防治	

    在技术路线图草案中,食品生产、加工和保存只是技术7.2.1后勤系统的一个要素。鉴于这一主题的重要性和复杂性,食品生产、加工和保存已经确立为新的第3层级具体技术(7.2.4)。

    在技术路线图草案中,技术7.4.1一体化居住系统包括若干个要素,其中有智能住所。与智能住所相关的技术在所有载人航天飞行器中都是普遍存在的,因此智能住所被确立为新的第3层级具体技术(7.4.3)。

    技术7.5.2 环境保护已被删除,因为该技术的所有要素在其他技术路线图(如辐射防护和热防护)中得到体现,或者当前可用的技术和设计过程(如电磁干扰和紫外线防护)足以解决与该技术相关的问题。

    技术7.5.3 远程任务运营已被删除,因为本主题中确定的相关技术放在TA11建模、仿真和信息技术与处理的技术路线图中更合适。但是,在7.5.5 综合飞行操作系统中增加了为载人航天任务提供培训和实时支持的内容。

    技术7.5.4 行星安全已从本技术路线图中删除,但在机器人技术路线图中有所体现。正如TA07技术路线图草案中所述,该技术类别的内容侧重于涉及机器人任务的行星保护,即确保机器人任务不会用来自地球的生物制剂污染行星目的地(正向防护),并确保机器人采样返回任务不会让外星生物制剂(逆向防护)污染地球。同样,有人指出,NASA的行星保护政策仅限于机器人任务。在根据国际空间研究委员会(Committee on Space Research,COSPAR)最近的行星保护政策更新这些政策,为有关载人航天探索任务提供指导之前,在 TA07 中投资与行星安全有关的新技术还为时过早。关于火星,2002 年 10 月的 COSPAR 行星保护政策(COSPAR Planetary Protection Policy)的相关声明(修订至 2011 年 3 月)如下。

探索火星的航天员或支撑探火任务的保障系统都将不可避免地接触火星上的物质。根据这些原则,人类对火星探测任务的具体实施准则如下。

(1) 人类任务将携带种类和数量各异的微生物种群,并且在发射时不可能详细说明允许的微生物群体或潜在污染物的所有方面。一旦确定并满足发射的任何基准条件,就需要对人类任务携带的微生物进行持续的监测和评估,以解决正向和逆向污染问题。

(2) 在任务执行期间和任务结束之后,应具有为全体航天员和个别航天员提供检疫隔离的能力,以防与火星生命体产生潜在的接触。

(3) 应为人类对地外星球探测任务制定一项全面的行星保护政策,其中包括正向和逆向污染问题,并解决任务中航天员和机器人的各个方面问题,包括地下勘探、样品处理以及样品和航天员返回地球。

(4) 如本 COSPAR 政策所规定,机器人系统和人类活动都不应污染火星上的"特殊区域"。

(5) 任何未经表征的火星站点应在航天员乘组进入前由先遣机器人进行评估。信息可以通过先遣机器人任务或人类任务中机器人部件获得。

(6) 任何未经表征的火星站点或特殊区域的任何原始样品或样本成分都应根据现行的第五类行星保护等级进行处理,限制返回地球,有合适的处理和测试规程。

(7) 在执行任务期间,航天员乘组应对执行影响航天员的行星保护规定负主要责任。

(8) 初期人类任务的行星保护要求应基于保守的方法制定,该方法与人们对火星环境、可能存在的生命物质以及人类支持系统在这些环境中的性能缺乏了解相一致。但在没有科学审查、论证和达成共识的情况下,不应放松对以后任务的行星保护要求。

本路线图中增加了技术 7.5.5 综合飞行操作系统,以支持开发下述能力,即为载人航天器和任务控制中心之间的航天飞行操作提供实时支持,减少地面人员以及通信延迟和/或信号周期的延长损失。该技术的重点将是操作数据管理和相关技术,用于改进载人航天器与地面综合及协同决策的能力,确保任务成功和近地轨道之外的空间飞行安全。这项技术是一种交叉技术,涵盖飞行软件开发,地基指挥和控制、模型和航天员培训,以及适用于载人航天器和地面控制系统的模拟。

本技术路线图中增加了技术 7.5.6 综合风险评估工具,以支持开发新的软件工具,用于评估不同勘探场景或设计参考任务(design reference missions,DRM)的综合安全风险。这些工具能提高评估各种勘探和载人航天器开发策略(如目的地、住所部署策略和 ISRU 的作用)风险的能力。该技术虽然没有获得高优先级的分数,但专家组认为有必要在确定人类探索目的地的顺序之前完成这一评估。

技术 7.6.1 建模、仿真和目的地表征已被删除,因为本主题中确定的相关技术放在 TA11 建模、仿真和信息技术与处理的技术路线图中更合适。目的地表征可以由机器人任务来执行,以便安全地为人类任务的技术和设计提供信息。

2015 年,NASA 在技术领域 TA 07 技术路线图中增加了一项新的第 3 层级具体技术:7.4.4 人工重力。

J.2 顶级技术挑战

专家组确定了 TA07 中有六大技术挑战,下面按优先级列出。

(1) ISRU 演示:针对可能的目的地(如月球和火星)开发并演示可靠且具有成本优势的 ISRU 技术,以降低成本,使人类或机器人进入太阳系的长期生产性任务成为可能,并增强其生产效能。

ISRU 的能力直接影响未来一些探索任务的部署和成功。在载人行星探测任务的规划中,升空质量和补给的高成本已经成为一个主要障碍。ISRU 有潜力大幅降低这些成本,还可以极大地增加乘员安全裕度和任务成功的可能性,并延长机器人任务的任务寿命。关键的技术挑战是原始资源的原位表征、资源回收和选矿的演示,在适当的 $1g$ 重力环境下(如使用失重飞机、国际空间站离心机、自由飞行绳系人造重力卫星或月球表面)建立最优工艺流程,以及支持未来探索任务所需的战略产品生产。使用的优先顺序是推进剂、生命保障和居住地建设。需要针对给定的运输场景进行系统分析,以验证 ISRU 能力对特定任务的好处。该系统分析需要对正在考虑用于开发的每项 ISRU 技术进行。其优点是可以使航天器更小、增加有效载荷、降低成本、延长任务寿命、提高航天员安全性。未来的载人行星表面探测任务将需要很大的发射质量,因此,其发射成本也随之增加。ISRU 技术开发是通过在勘探现场生产返程推进剂(燃料和氧气)来寻求大幅度降低这些任务的发射质量和发射成本。开发 ISRU 技术所带来的其他好处包括提供生命保障资源(氧气)和用于种植食物的挥发性物质(氮、碳、氢和氧),制备金属材料(铝、铁和钛)、砖块和其他材料(如混凝土、陶瓷和玻璃),用于居住地、辐射防护、结构、其他地表基础设施和其他产品。为了 ISRU 能有效实施,必须首先将来自预期勘探地点的样品返回地球,创建模拟系统,并在相关环境中进行 ISRU 流程和技术的测试。

(2) 尘埃:对尘埃进行表征,并减小目的地环境中尘埃对舱外活动、探测车和居住系统的影响。

对于机械部件摩擦系统、地表太阳能发电系统、仪器和人类居住地大气系统而言,尘埃是严重的环境危害。在阿波罗登月任务期间,灰尘是 EVA 航天服系统(堵塞冷却升华器)和人体健康(肺部摄入)面临的主要问题。目前,人们已经获取了来自"阿波罗"号宇宙飞船登陆点尘埃样本的详细特性,但是还需要更多关于月球和火星上未探测区域尘埃的组成和粒径等信息。这些信息是开发 EVA(自脱落服装织物)防尘技术、探测车辆胎面设计要求和 ISRU 模拟器所必需的。研究人员已经确定了在地球上的实验舱内和国际空间站上开展相关试验与测试的合理需求。

(3) 可保障性:投资自主后勤管理(autonomous logistics management,ALM)、维护和维修策略技术,以降低任务成本,并提高任务成功的可能性。

提高长期任务的可保障性(自主后勤管理、维修系统和维护系统)需要一种"从发射到任务结束"运营概念,该概念将高度可靠、可维护和可维修的系统与完全集成的自主后勤管理结合在一起。为了减轻再补给的后勤负担(如果在设计参考任务(DRM)中考虑再补给),任务实施中还需要进行回收再利用。理想情况下,从一开始就应该将可保障性系统集成到系统本身的设计中,以确保可以用最少的人员维护探测器系统。如果没有再补给,再加上有限的升空质量运送能力和有限的乘组保障时间,未来前往遥远目的地的任务需要系统具有非常高的可靠性(高于国际空间站)。

(4) 食品生产、加工和保存:开发食品分系统(作为闭环生命保障系统的一部分),以在长期任务期间提供新鲜食物和氧气,并清除大气中的二氧化碳。

长期任务需要食品系统,以便降低前往勘探现场的升空质量和再补给所需的成本、居住地空间大小和消耗品储存要求。新鲜食品的生产还能解决长期任务期间保存的食物可能失去营养价值的问题。NASA 和俄罗斯航天局已经在闭环 $1g$ 和微重力环境中粮食作物生长方面的技术进行了投资,但很少有工作进行到可以在低重力环境中加工新鲜食品的程度。前往遥远目的地的载人航天飞行任务应满足乘组人员长时间的营养需求。在载人航天器上和目的地生产食品可以大幅度提高乘组人员在整个任务期间保持身体健康的可能性。

(5) 居住地:开发能保护航天员的太空和星球地表居住系统,具有执行自我监测能力,并最大程度地减少航天员的维护时间。

未来,前往遥远目的地的载人航天飞行任务涉及的任务持续时间等于或超过人类在和平号空间站和国际空间站上所尝试的居留时间,而且系统质量将受到更大限制。虽然对微重力环境下生物力学方面的问题了解很多,实际上对人类在月球和火星等低重力环境中长时间生活、工作和生产会面临什么样的问题却一无所知。目前,还没有关于中性身体姿势(neutral body postures,NBP)、不合适的步态或重力降低时的工作站配置方面的数据,甚至在月球或火星住所的天花板应该有多高这样普通的设计细节也没有相关的数据。未来的居住地将需要提供辐射屏蔽，能适应长期暴露于来自地表的尘埃环境，并提供高度可靠的可居住数月或数年（在紧急情况下）的住所。未来的居住系统设计时还需要适应重大的医疗和外科干预，能提供世界一流的研究设备，并提供舒适和可持续的生活环境。

（6）地表移动性（探测车和舱外活动）：开发先进的探测车和 EVA 系统，用于大规模地表勘探任务。

"阿波罗"登月工程的后续任务清楚地展示了将探测车与人类地表勘探相结合的强大功能。在执行更长的对月、最终是对火星的探索任务中，无论是徒步、非增压或增压的探测车，还是使用创新的技术解决方案，如弹道跳跃器，在各个层面上增强人员或设备的地表移动能力，都将提高勘探任务的科学回报。目前对火星的机器人任务为人们提供了以下经验：在具有最大科学价值的地面区域（火山口、丘陵等）和适合于安全着陆的区域（平坦而广阔）之间几乎没有重叠。全面的地质勘探计划需要通过钻井或开挖进入高斜坡、松散和不稳定的地表以及地下区域。为了开发能够实现这些目标的系统，必须解决车轮-土壤相互作用、最佳移动平台设计以及对灰尘和极端环境具有高耐受性的高可靠机构等问题。这些挑战也存在于机器人临场感系统中（如探测车安装的照相机和机器人手臂），这些系统可用于将人类探索任务从地表居住地附近扩展到更远的范围，同时限制舱外活动时所受的总辐射剂量暴露。

J.3　质量功能展开矩阵和计算结果

图 J.1 总结了 NASA 的载人探索目的地系统草案中 19 项第 3 层级具体技术的专家打分结果。专家组根据技术路线图中对其内容（第 4 层级具体技术）的描述以及专家组对技术路线图所做的更改，对每一项技术进行了评估，详情如上所述以及在下面对个别高优先级技术的讨论。对于每项技术，下面给出的分数反映了在每项第 3 层级具体技术中分配给一个或多个第 4 层级技术主题的最高优先级。对于高优先级的第 3 层级具体技术（图 J.2），这些关键的第 4 层级技术项目将在以下有关高优先级技术的部分中进行讨论。

图 J.2 以图形方式显示出了每项技术的相对排名。专家组将 11 项技术评为高优先级。其中 10 项是基于他们的 QFD 分数明显超过排名较低的技术的分数。经过考虑，专家组还指定了一个额外的技术作为高优先技术。注意，11 项"高优先级"技术属于以下类别：ISRU（3 项）、交叉系统（2 项）、可持续性和可保障性（3 项）、先进载人移动系统（1 项）、先进居住系统（2 项）。

技术名称	权重 收益 0/1/3/9	与NASA需求的一致性 27 0/1/3/9	与非NASA的航天技术需求的一致性 5 0/1/3/9	与非航天的其他国家需求的一致性 2 0/1/3/9	技术风险与合理性 2 1/3/9	排挤与进度 10 -9/-3/-1/0	所需付出的时间与投入 4 -9/-3/-1/0	加权量后的QFD分数 4 -9/-3/-1/0	专家组给出的优先级
7.1.1 目标勘测、勘探与测绘	3	9	3	1	9			224	M
7.1.2 资源获取	9	9	1	0	9		-3	372	H
7.1.3 ISRU产品/生产	9	9	3	3	9		-1	390	H
7.1.4 制造与基础设施安置	9	9	3	0	9		-3	376	H
7.2.1 自主后勤管理	9	9	3	3	9		-1	390	H
7.2.2 维护系统	3	9	9	9	9	-3	-3	228	H*
7.2.3 修复系统	3	9	3	3	1		-9	140	L
7.2.4 食品生产、加工与保存	9	9	3	3	9	-1		342	H
7.3.1 舱外活动移动	3	9	0	3	9	-1	0	222	M
7.3.2 地表移动	9	3	3	3	9	-3	-3	358	H
7.3.3 离地移动	3	3	1	0	9		-3	170	L
7.4.1 一体化居住系统	3	3	3	9	9	-9	-1	140	L
7.4.2 住所演变	9	1	0	3	9		-3	340	H
7.4.3 智能住所	9	3	3	3	3	-3	-3	284	H
7.5.1 乘员培训	1	9	3	1	9		-1	144	L
7.5.5 综合飞行操作系统	3	3	3	0	9	-1	-1	168	L
7.5.6 综合风险评估工具	3	3	0	9	3		-1	192	M
7.6.2 建造与装配	9	9	3	3	9	-1	-1	390	H
7.6.3 尘埃防治	9	9	3	1	9		-1	386	H

图 J.1 （见彩图）TA07 载人探索目的地系统 QFD 得分汇总矩阵

注：图中所有高优先级技术的优先级认定依据详见"高优先级的第3层级具体技术"一节内容；H 代表高优先级，H* 代表调整为高优先级（不采用 QFD 分数），M 代表中等优先级，L 代表低优先级。

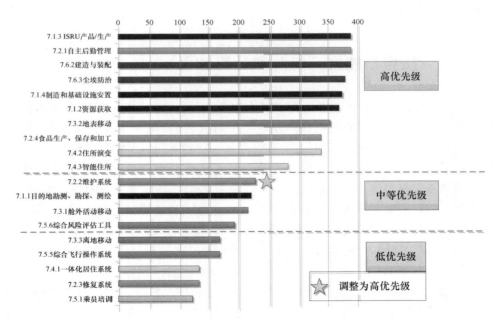

图 J.2 （见彩图）TA07 载人探索目的地系统 QFD 得分排名

J.4 顶级技术挑战与各项具体技术之间的关联性

根据专家组的定义,TA07 面临的最大技术挑战与该领域的高优先级技术相对应(图 J.3)。总的来说,两者之间存在着很好的相关性,这表明对高优先技术的投资有可能在应对挑战方面取得实质性进展。

优先级	TA07中技术优先级清单	1.ISRU演示:针对可能的目的地(例如月球和火星)开发并演示可靠且具有续任务的ISRU技术,以降低成本,使人类或机器人进入月球的长期生产性任务成为可能,并增强生产效能	2.尘埃:对尘埃进行表面、并消除含项的尘埃对舱外活动、中尘埃对舱外活动、探居住系统的影响	3.可保障性:投资自主后勤管理(ALM)、维护和修复技术,以确保在长期任务期间提供新鲜食物和氧气,并清除大气中的二氧化碳	4.食品生产、加工和保存:开发食品系统(作为闭环生命保障系统的一部分),以在长期任务中将本地生产食物的可能性最大化	5.居住地:开发保护航天员的太空和星球地表居住系统,具有同行自我监测能力,并最大限度地减少乘员地维护时间	6.地表移动性(探测车和EVA):开发先进的探测车和EVA系统,用于大规模地表勘探
H	7.1.3 ISRU产品/生产	●			●		
H	7.2.1 自主后勤管理			●		●	
H	7.6.2 建造与装配	○	○			●	●
H	7.6.3 尘埃防治		●			○	
H	7.1.4 制造与基础设施安置	●	○			●	
H	7.1.2 资源获取	●			●		
H	7.3.2 地表移动		●				●
H	7.2.4 食品生产、加工与保存				●		
H	7.4.2 住所演变		○			●	
H	7.4.3 智能住所			●		●	
H	7.2.2 维护系统			●			
M	7.1.1 目的地探测、勘探、测绘	○					○
M	7.3.1 舱外活动移动						●
M	7.5.6 综合风险评估工具						
L	7.3.3 离地移动						
L	7.5.5 综合飞行操作系统						
L	7.2.3 维修系统						
L	7.4.1 一体化居住系统						
L	7.5.1 乘员培训						

图例:● 强关联:NASA在这项技术上的投资对解决这一挑战可能会产生大影响;○ 中关联:NASA在这项技术上的投资对解决这一挑战可能会产生中等影响;(空白) 弱/无关联:NASA在这项技术上的投资对这一挑战影响不大,甚至没有影响

图 J.3 TA07 载人探索目的地系统领域中各项技术对顶级技术挑战的支持程度

J.5 高优先级的第 3 层级具体技术

第四专家组确定了 TA07 中有 11 项高优先级技术。这些技术可以分为 5 个高优先级主题领域:ISRU(3)、交叉系统(2)、可持续性和可保障性(3)、先进载人移动(1)和先进居住系统(2)。将每项技术评级为高优先级的原因如下所述。

J.5.1 原位资源利用

利用目的地资源来实现一个稳健的、可持续的、人类和机器人探索计划的概念并不新鲜。它是先前所有成功完成的地球表面上探索工作的一个组成部分,这种理念一直延续到早期的月球探测开发中。在 1969 年"阿波罗"11 号宇宙飞船降落静海基地(Tranquility Base)的前几年,NASA 资助 Aerojet 公司开展一项研究工作,该工作是关于从月球的风化层(覆盖在岩石上的表土)中提取氧气的可能性。在

1961年的一篇论文中,科学家们推测,月球两极的冷阱中可能存在水冰。2009年10月,月球坑观测和传感卫星(lunar crater observation and sensing satellite,LROSS)撞击月球南极陨石坑时,通过对飞溅物的光谱分析最终确认水冰的存在。一些过程具挑战性,但许多基本的化学反应可以追溯到几百年前。显然,这些技术是可以触及的,其中一些涉及月球的技术已经引起商业界的兴趣。例如,5年来,NASA的ISRU计划与小型企业合作,在月球模拟环境中建立并演示了月球氧气生产过程。月球氧气生产能力的早期演示可能会影响关于任务目的地和执行方式的决策。几十年来,NASA支持的研究和NRC一系列的研究确定并证实了ISRU的重要性。高优先级ISRU技术如下:

- 7.1.3 ISRU产品/生产:使用可用的原材料生产特定的产品。
- 7.1.4 制造与基础设施安置:制造物理结构和复杂产品的能力。
- 7.1.2 资源获取:收集和获取制造产品所需的原材料。

J.5.1.1 技术7.1.3 ISRU产品/生产

ISRU技术"(7.1.3)消耗品生产"已更名为ISRU产品/生产,因为ISRU产品预计不仅仅包括消耗品(如由月球或火星风化层制成的辐射防护材料)。未来的人类行星表面探测任务将需要较大的发射质量,也需要较高的发射成本。ISRU技术开发有可能通过在目的地表面生产关键产品来显著降低这些任务的发射质量和成本,如作为返程推进剂(H_2、HC等)、氧、水、金属(Si、Fe、Al等)、混凝土材料,玻璃、陶瓷、纤维(来自玄武岩),织物,纺织品,其他挥发性物质(CO_2、NH_3、CH_4、N_2、He等)、塑料和其他碳氢化合物材料。

任务分析表明,使用来自月球和火星的推进剂可以使发射质量减少60%以上。开发ISRU技术的其他好处包括:太阳能转化,用于种植食物的挥发性物质,以及用于建造居住地、结构和一般行星表面基础设施的金属、砖和材料的生产。

专家组对这项技术的评估是假设其内容(如技术路线图草案所述)有所修改。尤其是,通过将固体和液体加工(7.1.3.1和7.1.3.2)中现有的第4层级具体项目替换为主要通过ISRU制造特定高优先级产品的第4层级具体项目,从而加强对ISRU技术的研究,包括氧、水、燃料(H_2、HC等)、金属(Si、Fe、Al等)、混凝土材料、玻璃、陶瓷、纤维(来自玄武岩)、织物、纺织品、除水以外的挥发性物质(CO_2、NH_3、CH_4、N_2、He等)、塑料和其他碳氢化合物材料。如上所述,由于表面化学和重力的差异,在月球和火星上制造这些产品的工艺通常是不同的。

氧气可能是在月球和火星上回收和利用的首要任务。众所周知,月球两极有水,但其可达性是未知的。潜在的制备氧气方法包括使用碳或甲烷还原法(碳热法)、氢还原法(较低产率)、熔融氧化物电解和其他方法。水的回收对于未来的勘探计划也是至关重要的。氧气、氢气和水可用于推进剂(燃料和氧化剂)和生命保障系统。

从风化层和冷阱中回收的关键挥发性物质(非水)如 CH_4、CO、CO_2、NH_3、Ar、N_2 等可用于生命保障系统和其他应用场景。通过处理水(H_2O)和火星大气(CO_2)的燃料生产能够在火星上生产制造 H_2、CH_4 和其他碳氢化合物燃料。从风化层提炼的金属如 Si、Fe 可用于发电厂的太阳能电池生产,铁可用作低氧环境中的线缆和结构材料,铝可用于多种产品制造。

其他建筑材料对于未来在行星表面上的低成本基础设施建设与维护将是非常重要的。使用月球和火星材料的新织物技术对未来的空间住所结构可能大有裨益。

氧气制备的技术成熟度为 TRL 4~5。针对月球应用需求,提高其技术成熟度需要开发低重力挖掘技术、选矿技术和氧气提取技术。该技术的其他要素的技术成熟度通常较低。现在,月球和火星上似乎有大量的水可用,因此月球和火星的混凝土技术比以前认为的更可行。可以整合用于原位制造的水、燃料、金属原料和建筑材料的相关研发工作,以尽快提升其技术成熟度,并为 NASA 提供所需的工具,为 LEO 之外的太空开发路线提供信息。

这项技术与 NASA 的专业知识、能力和设施完美契合,是一个改变游戏规则的探索。NASA 与工业界及学术合作伙伴联手可以发挥重要的作用。目前,商业组织或其他联邦机构不太可能投资 ISRU 技术。一旦 NASA 承诺按规定的时间表到达某个目的地,工业界可能会进行更多的投资。其他国家也许会投资 ISRU 技术中的某些选定要素,如在月球上的氧气制备和水回收。

国际空间站可以提供一些环境因素(最明显的是降低重力,提高真空度),这将有助于一些 ISRU 技术和工艺的开发。为了促使这些技术成熟,必须评估重力对工艺过程的影响,如果国际空间站配备有大量的可变重力离心机设施,则国际空间站支持 ISRU 技术开发的能力将大幅度增强。

这项技术被认为是改变游戏规则的技术,因为它能显著降低长期人类任务或机器人任务的成本并提高其生产力。氧气、水、燃料、金属和建筑/施工材料的原位生产对上述任务将特别有益,这些能力需要与 NASA 的载人航天探索计划密切配合。开发系统组件和自动化工厂运营技术在收益和一致性方面排名也靠前。技术风险为中等风险到高风险,大都认为非常适合 NASA 投资。最大的好处可能源于最初对月球极地水生产的关注。如果对月球的关注取得成果,它就能改变火星探索的架构,同时促成新的商业市场。在原地生产并收集贮存在月球补给站中的大量水,可以从根本上改变太空探索模式。如果转化为液氧和液氢,转移到轨道燃料补给站中,可用于为轨道转移阶段补充燃料,从而携带更多的大型有效载荷前往月球或火星。这些水可能最终形成地-月经济的基础,为商业实体向 NASA 提供 ISRU 产品,为正在进行的太空探索任务提供动力。

J.5.1.2 技术7.1.4 制造与基础设施安置

专家组对ISRU制造与基础设施安置技术的评估是假设其内容(如技术路线图草案所述)有所扩大。根据技术路线图所述,这项技术将包括7.1.4.1原位基础设施、7.1.4.2原位制造和7.1.4.3原位衍生结构。这项技术通过扩大其研究范围得到加强,包括7.1.4.4风化层深开挖的基础设施、7.1.4.5备件制造和7.1.4.6风化层稳定。

开挖岩石用以安置7.1.4.1原位基础设施可能涉及机械挖掘机,如旋转刀头或爆炸物。当前,在地球上使用的固定刀头已经过优化,可以挖掘一种特定类型的岩石。为了使得所需能量最小或挖掘速度最大,可变几何形状的刀头可以调整其配置,以便在一系列固结的风化层和岩石上高效操作。该技术的技术成熟度估计为TRL 4。为了提高其技术成熟度,一种小型的、轻量化的刀头应在月球和火星上预期的模拟岩石沉积物中进行测试。最终,需要在目标目的地的模拟操作条件下来证明其有足够的运行寿命和可靠性。爆炸物的使用也可以作为一种低质量和低能量的方法来挖掘岩石,但这会带来飞溅的岩石碎片,存在安全问题。尽管这是地球上的常见做法,但尚未在太空应用中得到证明,其技术成熟度处于TRL 2。

7.1.4.2原位制造的初始应用通常是从月球表土中制造光伏电池,从月球表土中提取硅和铁原料的真空沉积是该工艺的关键环节,技术成熟度处于TRL 3。

7.1.4.3原位衍生结构,如由风化层制成的建筑材料,可能涉及多种方法,包括生产混凝土、烧结块、加工玻璃或陶瓷以及熔融风化层月壤。在月球和火星上产生大量水的能力将使得具体的实施方案更可行。将所需水量降至最低的技术已经发展到TRL 4。使用电阻加热元件在烘箱中制造烧结的风化层块已得到证明,其中块体的温度是均匀且受控的(TRL 4)。通过碳热还原工艺将处理过的风化层浇铸成玻璃或陶瓷部件是制造建筑材料(TRL 3)的另一选项。从熔融氧化物电解过程中处理的风化层也可以铸造成玻璃或陶瓷部件。熔融氧化物电解可以在处理过的风化层中产生氧和Fe-Si-Al-Ti合金,其可以进一步精炼成金属产品。由此产生的处理过的风化层也可以铸造成玻璃或陶瓷部件(TRL 3)。用聚光太阳能、微波能或电阻加热熔融的风化层可以浇铸成玻璃或陶瓷部件。浇铸成玻璃或陶瓷部件的熔融风化层比烧结风化层强得多。熔融风化层需要比烧结更多的热能,但是风化层的烧结需要均匀的加热和精确的温度控制。由于熔融风化层(TRL 4)具有较高的导热性,因此其熔化和浇铸不需要均匀的加热或精确的温度控制。

在地表施工时,可以通过振动辅助挖掘、可变几何形状的刀头、反铲等方式对干燥、固结的风化层进行深开挖7.1.4.4风化层深开挖的基础设施。切割表面时的振动会导致风化层颗粒流化,显著降低挖掘所需的力(TRL 4)。刀头可以适应固结风化层的特性,以最大限度地减少能源需求或最大限度地提高生产率(TRL

4)。反铲在地球上广泛用于挖掘孔洞,但是它们需要大量的改装才能在月球或火星的表面上生存和操作(TRL 3)。

根据 ISRU 材料的需求,7.1.4.5 备件制造所用的先进技术包括选择性激光烧结、电子束熔化、熔融沉积成型和3D打印。风化层中的金属可以通过碳热还原或熔融氧化物电解工艺提取出来作为原料。碳热还原过程产生的金属铁在熔融风化层中是不混溶的,因此它会自行分离成铁球。在实验室环境下的坩埚处理容器中已经证明了从加工的熔融风化层中可以分离出金属铁。处理过的风化层中的硅需要额外的处理才能分离处理(TRL 3)。熔融氧化物电解方法在处理过的风化层中产生 Fe-Si-Al-Ti 合金,可以被精炼成金属产品(TRL 2~3)。在火星上,大气中的二氧化碳可用于养殖大量的植物以制造各种材料(TRL 4)。用不可食用的生物质制造纺织品、纸张、绝缘毯和结构梁,可以采用当前在地球上应用的纸浆模塑成型技术并做适当调整。该技术可将食物生产的植物中不可食用的生物质转化为有用的组件。这些组件可以使用相同的技术连续回收再用以制备新组件。主要挑战是:①通过最大限度地降低质量、体积和能量的需求,并使任何需要地球来供应的消耗品最小化,从而优化在太空或行星环境中操作所需的加工设备;②评估各种可用的防火技术;③研究将多种废料(如有机物、塑料等)掺入最终产品中;④在相关的操作环境中演示加工设备。

7.1.4.6 风化层稳定用于准备道路、着陆场、护道等,以减少灰尘和防止爆炸物造成的损害,这是许多潜在的研究领域。

(1) 使用聚光太阳能烧结和/或熔化风化层表面(TRL 4)。直接利用太阳能比将太阳能转换为电能再转换为微波能或热能更有效,由于风化层的导热系数较低,利用聚光太阳能进行的风化层烧结只能在薄层中进行。

(2) 使用微波能烧结和/或熔化风化层表面(TRL 4)。微波能可以烧结或熔化比聚光太阳能更厚的风化层。但是,在将太阳能转换为电能接着转换为微波能最后转换为热能方面存在效率低的问题。

(3) 使用电阻加热烧结和/或熔化风化层表面(TRL 4)。由于风化层导热系数低,用电阻加热元件烧风化层只能在薄层中进行,将电能转换为热能的效率高于微波加热。

(4) 向风化层中添加化合物以大幅度增加其内聚力并形成固结表面(TRL 3)。我们寻求一种不需要热能的低能耗的过程。然而,这种方法可能需要地球提供添加剂,如聚合物。

(5) 在风化层表面上放置柔性纺织物或刚性覆盖物(TRL 3)。如果覆盖材料是从地球运来的,这可能是一种低能耗的过程。从风化层原位生产覆盖材料可能是高能耗型的方法,从不可食用的生物质中原位生产覆盖材料将是低能耗型的方法。

这项技术与NASA的需求是完全一致的,其他机构不太可能投资这项技术。

有一项研究是利用国际空间站来评估需要开发的与这一技术有关的工艺,这项研究是非常有益的。

这项技术被评为高优先级,是因为它有可能通过减小体积和质量来降低发射成本。它与NASA计划的一致性也非常好,这项技术的成功可以获得新的任务能力。

J.5.1.3 技术7.1.2 资源获取

该技术涉及收集和获取将要使用和/或加工成适当产品或某种用途的原材料。专家组对这项技术的评估是假设其内容(如技术路线图草案所述)有所扩大。根据技术路线图所述,这项技术将包括7.1.2.1风化层和岩石采集、7.1.2.2大气获取、7.1.2.3材料净化和资源预处理。这项技术通过扩大其研究范围得到加强,包括7.1.2.4冷阱技术、7.1.2.5干风化层的浅层挖掘和7.1.2.6冰风化层开挖。

风化层和岩石采集以及采矿机械包括切割工具和钻头、铲头、提升和旋转齿轮、密封件、轴承、致动器、灰尘过滤器、电动机、容器和存储处理设备、破碎机和磨碎机以及选矿设备。为了在火星上采集二氧化碳、氮气等气体,需要先进的压缩机、吸附工具或冷冻机。

为国际空间站、月球住所和火星住所开发回收和预处理技术,将最大限度地减少或消除国际空间站目前遇到的废物储存问题。

由于预期的极端环境条件,从月球冷阱区域回收水和其他气体需要新技术。在月球两极的永久阴影区域,典型的环境温度可能低于70K,远低于传统机械在地球上地面作业时经历的温度,需要采用新技术以使机械、电气和流体系统能在这样的低温下工作。涉及的分系统和部件包括轴承和润滑剂、电机、电气部件、计算机、微处理器、芯片、触点、旋转接头、流体管路、流体阀和流体调节器。行星表面跳跃机器人可以快速跳入和跳出冷阱区域,从而可以减轻与这些寒冷环境相关的问题。

对干燥风化层的浅层开挖将是在行星地表上开展的地表和基础设施准备工作的主要部分。挖掘气动风化层减少了暴露于腐蚀性风化层中的运动部件的数量。然而,这需要一个气源。相比之下,唯一需要的直接消耗是用于机械挖掘的能量。但是,由于风化层带来的磨损,需要周期性地更换切割表面和移动部件。刀头在地球上广泛使用,它们需要大量的改装才能在月球或火星上生存和操作。

在月球和火星上回收水的过程中,对冰层风化层(带有风化层的冰水)的挖掘可能是一个挑战。刀头能够适应冰层风化层沉积物的变化,从而只需最小限度地能量,并能最大限度地提高生产率。

风化层采矿设备的技术成熟度一般为TRL 3~5。过去几年里,只有少量资金资助研发一些采矿设备,但需要更多、更详细的技术开发才能实现更高的技术成熟度,目前火星大气收集技术成熟度为 TRL 6。

这项技术与 NASA 的需求是完全一致的,其他机构不太可能对这项技术进行投资,虽然有一些技术进步可能应用于地面。例如,设计用于月球上的可变几何形状刀头配置在某些情况下可用于地球。该技术在采集设备、采矿机械、挥发性提取设备、热回收系统和资源预处理/选矿方面的进展也可以改善地球上的一些工艺与实践。

如果国际空间站上配备有大量的可变重力离心机设施,那么它支持该技术发展的能力将得到极大增强。

这项技术对 ISRU 至关重要,因为它与人类探索计划有关。如果没有资源获取,ISRU 的成本和其他优势将不可用。在某些情况下,这种技术也可能应用于地面。例如,设计用于月球上的可变几何形状刀头配置在某些情况下可能适用于地球。此外,这项技术的成功可能促成从月球风化层中获取作为能源的氦-3 的商业开采。

J.5.2 交叉技术

交叉技术包含两项高优先级的第 3 层级具体技术:
- 7.6.3 尘埃防治;
- 7.6.2 建造与装配。

这两种技术都依赖于目的地的属性和环境。

J.5.2.1 技术 7.6.3 尘埃防治

尘埃防治解决了前往月球和火星的载人任务所面临的潜在人体健康与系统性能风险。此外,最近返回的小行星数据(小行星也许由尘埃和碎石的混合物组成)表明,尘埃也可能对小行星任务构成危险。对减轻尘埃有害影响的技术的开发需要了解尘埃的化学成分和粒度分布。地表漫游车需要详细了解表面化学和形态知识,以便设计牵引装置并理解摩擦学效应。对"阿波罗"号宇宙飞船月球车航天员的访谈表明,在"阿波罗"登月计划期间,月球尘埃没有得到有效的处理。尘埃渗入登月舱的每个部分(甚至航天员的指甲下面)。鉴于月球上舱外活动和登月停留的持续时间相对较短,对航天员健康和任务成功的风险是可以忍受的,但并非没有风险。在某次事故中,月球尘埃覆盖了舱外活动航天服的升华器,乘组人员过热,地表的舱外活动几乎终止。对于需要更长停留时间和/或更多舱外活动的任务,或者涉及人类尚未遇到的尘埃特性(如在火星上),尘埃构成的威胁将持续增加。

根据 TA07 技术路线图草案,在对近地小行星执行任务之后,直到 2029 年左右,才能在用于载人火星任务中的尘埃防治技术方面取得实质性进展。载人近地小行星任务中降尘措施的定义不够明确,并且可能在小行星舱外活动完成之后将未知特征的尘埃引入航天器中。技术路线图指出了尘埃预防和减缓的技术需求。缓解被定义为"清除或容忍过多的灰尘积聚"。为了确保乘员的安全和健康,建议制定更严格的通用要求,防止尘埃侵入可居住的区域。此外,TA06 的技术路线图草案(包括 EVA 系统与组件的设计和开发)确实涉及尘埃预防与减缓技术,尽管月球或火星尘埃可能是航天服(如肩部、腰部和手套关节及接口)的设计驱动因素。此外,尘埃的不利影响可能会推动人机界面设计和功能发展,最大限度地提高乘员的安全和健康以及科学回报效益。

有效地模拟火星土壤对身穿航天服执行舱外活动航天员的影响的能力并不容易获得。了解和再现土壤的性质,包括其磁性和微观性质,对于有效防止尘埃入侵至关重要。TA07 中 7.6 将"真空室内的模拟平台"确定为必要的技术,但尚不清楚这是否包括在火星大气层(更不用说在火星的重力水平下)多尘的环境中展示身穿航天服的航天员执行操作的能力,所有这些都可能影响舱外活动任务的成功。机器人先驱者任务对推进为满足特定着陆点需求而量身定制的防尘和减缓技术的技术成熟度将是非常重要的。

居住地设计将需要包括防止尘埃侵入的技术,以及隔离侵入可居住空间灰尘的技术。在先前航天飞机和空间实验室的飞行中,我们已经研究了微重力环境下一般尘埃的行为,如果未来的探测飞行器在返回之前受到尘埃的侵入,那么这些数据可用于确定其属性。如果国际空间站配备了大量的可变重力离心机设施,则它支持这项技术发展的能力将得到极大增强。

通过大幅度降低任务风险、提高乘员安全和增加任务成功的可能性,防尘和降尘技术可以成为行星表面操作和航天员健康的游戏规则改变者。

J.5.2.2 技术 7.6.2 建造与装配

除了在国际空间站建造中例行的大型模块停靠和公用设施安装之外,建造与装配技术的大部分功能在地球上都是现成的,但是它们还没有适应于太空飞行。该技术包括在太空中组装对于单个运载火箭来说体积太大和/或质量太大的结构。这种技术将使未来的任务超越现有的可展开结构(如 James Webb 空间望远镜)或模块化组装(如国际空间站),发展到可直立结构,包括可能大量使用在原位获得和制造的结构部件。该技术还与低重力环境及将 ISRU 技术用于大规模移动和定位风化层来覆盖组件以保护环境,改善着陆地点以提高安全性,减轻二次喷射带来的危险等相关。

基于地球环境的建造和组装技术通常假定存在正常地球的重力和大气,以及有充足的水。为了适应地外目的地的恶劣环境和对航天飞行质量、功率和消耗品的限制,这些技术需要加以改进。鉴于这些独特的需求,NASA将需要在利用工业界、学术界和其他政府机构的适用专业知识的同时,引领这项技术的发展。这一领域的绝大多数技术是从基于地球环境的工艺和技术转化而来,为NASA在太空中所用。

国际空间站是用于微重力组装技术的现有示例和绝佳试验台。然而,对于地表建造技术(如风化层移动和收集)的测试,它的实用性是有限甚至无效的。

建造与装配技术对于未来的许多载人和无人的航天任务都是必不可少的。光学和无线电频谱方面的大规模科学设施正在突破现有可展开结构的能力极限,可能需要依靠在轨组装来提高尺寸和能力。在月球或火星上建立永久设施需要具备地外星球地表施工的能力。目前,对银河宇宙射线影响的理解表明,除了使用大规模屏蔽之外,几乎没有其他可行的方法显著减少对生物有机体的有害影响,而使用原位材料建造更为经济。着陆垫的烧结可以减少二次喷射造成的威胁。无论是天文望远镜还是火星运输工具,先进系统的空间组装都需要目前只能在地面设施中获得的生产能力水平和可靠性。为这项技术开发的硬件将需要适应地外星球目的地的恶劣、多尘环境。地球上的大多数建筑硬件通过使用大体积部件而变得坚固和精确,这对于空间系统则是不可行的。在保持系统刚度和强度的同时,可能需要主动控制和高度冗余的致动器来减少系统和部件质量。

J.5.3 可持续性和可保障性

近地轨道以外的任务将受限于可用的后勤保障能力,包括备份的组件和系统。随着任务持续时间和前往目的地的转运时间的增加,对航天器可靠性和可维护性的要求可能会增加国际空间站必须持续维护和补给,这得益于它离地球很近,可以在发射后48h内到达,在紧急情况下,航天员乘组可以在不到2h内撤离并返回地球。然而,国际空间站上的生命保障系统必须不断得到补给和维护,虽然一些大气和水系统达到了闭环状态,但食物系统没有。此外,国际空间站还需不断补充推进剂,以实现对其姿态和高度的控制。ISRU能力将满足登陆月球或火星任务的部分要求,但是不能降低转运任务期间所遇到的风险。高优先级的可持续性和可保障性技术如下:
- 7.2.1 自主后勤管理
- 7.2.4 食品生产、加工与保存
- 7.2.2 维护系统

J.5.3.1 技术7.2.1 自主后勤管理

在本研究中,自主后勤管理包括对任务硬件和软件的位置、可用性和状态的集成跟踪,以便于对消耗品使用、备件可用度以及用于人类探索任务的车辆、居住地及其分系统的整体健康和能力状况做出决策。ALM 系统可能包括射频识别(radio frequency identification,RFID)、光电扫描装置、内置测试系统和自动健康监测系统。该系统将自动更新硬件物品在车辆或居住地周围移动时的位置、跟踪生命周期时间和状况,并基于该信息以及任务回收和再利用策略向任务团队通知补给需求。虽然集成化 ALM 系统已在各种地面系统中得到证明,但在 NASA 计划中没有使用过。对于空间应用场景,ALM 的技术成熟度约为 TRL 4。

国际空间站上的经验表明,考虑到每年交付给国际空间站货物的质量和体积,ALM 技术可以提供巨大的好处。国际空间站将是该技术的理想试验台,并为确定未来转运和行星居住地的需求提供基础。

探索任务航天员乘组少、地面通信有限,需要大量可靠的自主系统。ALM 技术能极大地减少对乘组人员和地面飞行控制器响应时间的要求。通过在单个储存库中随时提供所有这些信息并自动更新,航天员乘组和任务团队可以快速评估系统或子系统故障对后勤班车的影响,并允许重新确定补给和/或关键备件和消耗品的配给优先级。未来任务的持续时间可能很长,再加上再补给的响应时间长,因此任务团队必须了解集成系统在可用资源和再补给链上的容错能力。ALM 系统还可以考虑 ISRU 系统在本地生成供应的能力。

J.5.3.2 技术 7.2.4 食物生产、加工与保存

在 TA07 技术路线图草案中,该技术是 7.2.1 自主后勤管理系统下的第 4 层级具体技术(7.2.1.2)。其范围包括光源、供水方法、采收方法和保存方法。理想情况下,餐厨垃圾处理技术应与 ISRU 技术的发展相协调,因为餐厨垃圾是有机材料的潜在来源。食物资源的管理对于为乘员提供健康的饮食和减少探索任务(包括补给任务)的发射质量(和成本)至关重要。国际空间站上食物的营养价值似乎随时间的推移而降低,长时间的任务可能需要一些新鲜食物。食品生产还可以消耗二氧化碳并为乘员产生氧气。然而,微重力对植物生长的影响已被记录在案,但是 $1/6g$ 或 $3/8g$ 的低重力环境对其影响在很大程度上是未知的。

NASA 在地面生产、加工和保存用于近地轨道的食物方面具有丰富的经验。此外,研究人员已经在 $1g$ 的模拟空间闭环实验室中完成了某些植物的种植和采收。还有一些植物已在航天飞机、俄罗斯"和平"号空间站和国际空间站上的微重力环境下种植。但是,目前尚未在太空中加工食物,并且用于在低重力下收获、包装和保存食物的技术仍处于非常低的技术成熟度。植物在 $1/6g$ 和 $3/8g$ 低重力环境中生长尚未得到证明。

只有 NASA 对开发这项用于拓展探索和降低重力的技术感兴趣。

国际空间站是在微重力环境下对这项技术进行微重力测试的理想地点,例如

在飞往火星的过程中所经历的微重力环境。如果国际空间站上装备了大量的可变重力离心设备，那么它支持这种用于地外星球地面应用的技术的能力将得到大幅度提高。在任何情况下，该项技术的开发可能需要在国际空间站上安装更多的专用设备架，便于加工和保存食品，以及捕获氧气。

该技术的主要优点包括：通过增加氧气供应、回收废物供 ISRU 使用以及减少补给与发射质量需求与相关成本，从而有能力长时间维持乘组人员的身体健康。这项技术也可用于偏远站点，如在南极洲，并且改进的食品保存技术也具有军事应用价值（用作可长期储存的作战口粮）。

J.5.3.3 技术 7.2.2 维护系统

该技术包括四个第 4 层级技术项目：7.2.1.1 智能/智能系统，7.2.2.2 非破坏性评估与分析（non-destructive evaluation and analysis，NDE），7.2.2.3 用于维护的机器人系统，7.2.2.4 污染控制和清理。可维护性和可靠性是探测器和居住地系统中的任何系统或分系统的关键要求。无法在任务期间将有故障的设备返回地球进行维修，再加上可能需要较长的补给时间，这提高了便于乘组人员维修或免维修需求的设备设计的价值。这项技术的每个要素都将实现这些目标。

随着机器人航天员 Robonaut 的部署，机器人系统技术成熟度已经达到了较高的水平，但这项技术的其他技术要素通常没有在太空或在月球或火星的低重力环境中进行测试（或迄今为止所证明的能力是有问题的），因此这项技术的大部分技术要素仍然处于较低的技术成熟度（低于 TRL 4）。

这项技术中的某些技术要素可能会引起 NASA 之外行业的兴趣，并可能导致与需要开展类似技术开发的公司合作，以维护复杂的系统。

国际空间站将是用于一些智能维护系统技术以及污染与控制方法的理想试验平台。目前，它是一个用于机器人舱外活动保障技术研究的测试平台。

专家组推翻了该项技术的 QFD 分数，将其指定为高优先级技术，因为 QFD 评分没有反映该技术在居住地和探测车辆开发方面的价值，特别是应该在设计过程的早期将这些能力纳入处理。

J.5.4 先进载人移动系统

地表移动 7.3.2 是先进载人移动系统主题领域中唯一被确定为高优先级的第 3 层级具体技术。如下所述，7.3.1 舱外活动移动是重要的，但它应该在"TA06 乘员健康、生命保障与居住系统"的路线图中与 EVA 航天服设计相结合。在小行星上使用的有人驾驶车辆还需要采用新的技术进行开发，特别是与在旋转体上保持站姿有关的情况下，因为大多数小行星预期是围绕一个或多个轴以不同的速率旋转。

J.5.4.1 技术7.3.2 地表移动

如TA07技术路线图草案所述,7.3.2地表移动由四个主题组成:7.3.2.1探测车和加压探测车,7.3.2.2 跳跃式探测车,7.3.2.3 先进地面运输系统(如轨道炮、锚固、滑索和磁悬浮气压管道),以7.3.2.4用于近地小行星的停泊和锚固技术。地表移动技术是登月和登火任务的重中之重,因为它们是能够实现多项任务的关键能力。例如,它们允许从单个着陆点对大面积区域开展科学研究,并且它们使得分散的着陆区域可接受。

对非加压探测车和加压探测车(生命保障、热控制、电源、通信、牵引装置等)的投资应被视为该技术的最高优先级要素。在20世纪70年代初,"阿波罗"登月计划的月球车取得了相对成功的经验,它为将来载人的月球车和火星车提供了宝贵的经验教训。机器人漫游者已经获得了火星表面的行驶经验,但是在非常低的速度和有限的范围内获得。此外,以前的星球探测车没有加压舱,并且在设计时没有考虑人体辐射防护。

用于载人的先进表面移动系统的技术成熟度大约为TRL 4,近地小行星应用中的停泊和锚固技术则处于TRL 3或低于TRL 3。然而,如果小行星表面主要由灰尘和碎石组成,则锚定可能是有问题的,正如最近为火卫一确定的那样。与重力水平约为$0.001g$的小行星停泊可能更好地描述为站位保持。NASA是唯一对这些技术有要求的实体,已经研发月球和火星探测器,并且这项技术的发展与NASA目标完全一致。

因为地表移动主要与月球或火星表面上的低重力环境相关联,所以国际空间站作为试验平台的实用性是有限的。然而,在没有明显重力引力的情况下,如果设想人类驾驶的飞行器对近地小行星执行接近飞行操作,则国际空间站可为相关技术提供早期且相对安全的测试平台。

增强的地表移动性可使乘组人员实现从单一着陆点进入月球或火星表面的大部分区域,这将极大简化后勤计划并减少勘探所需的资源(以支持科学目标和建立ISRU能力),减少对多个居住系统和备用生命保障系统的需求,并降低需要开展额外发射以将资产设备放置在需要的地方所带来的相关风险。此外,如果出于任何原因建立多个地面设施,增强的地表移动性将有助于日常与紧急行动中人员和货物的机动。

J.5.5 先进居住系统

先进居住系统主题领域的高优先技术如下:

- 7.4.2 住所演变;
- 7.4.3 智能住所。

专家组将这些技术列为高优先级事项,因为它们对于在天基住所和地表住所方面实现探索远景非常重要。这两个领域也与可持续性和可保障性、交叉技术(见上文)两个高优先级主题领域的投资密切相关。因此,应密切协调这些主题领域的技术投资,以便能够有效地整合。

J.5.5.1 技术 7.4.2 住所演化

住所演化包括四个第 4 层级技术项目:可展开的居住地结构、行星际空间居住地、人工重力和先进的一体化居住地外壳。路线图中描述的潜在应用包括在高地球轨道(high Earth orbit,HEO)中的居住地,它们将先在近地轨道上建造,然后逐渐移至更高的轨道。最终,如果它们移动至接近月球表面,那么可以结合使用大量的原位资源(如月球表面的风化层)屏蔽以减少遭受宇宙辐射剂量。类似地,如果在将来某一时刻可行,旋转的人工重力居住地用于研究低重力水平对生物有机体的长期影响。在乘员舱中提供地球正常重力水平的旋转航天器是当前已知的避免长期航天飞行中的肌肉骨骼失调的一种方法,但是由于所需的旋转半径、沿着半径方向变化的重力以及对人类前庭系统的诱发科里奥利效应(coriolis effect)影响,当前该技术仍不可行。然而,一旦试验确定了防止不利健康影响所必需的最低重力水平,就可以对试验参与人员进行评估和追踪。

这项技术的各种技术要素一般处于非常低的技术成熟度(TRL 1~2),需要在材料、环境控制和生命保障系统、辐射防护和智能系统等技术领域取得进展。

这项技术是 NASA 所独有的,但有些技术要素在未来可能会被商业部门和更广泛的研究团体所用。

国际空间站目前的配置不太适合开展新居住地的初步研究和早期飞行测试。增加对接适配器可以提高国际空间站用于原位研究和技术测试的实用性。国际空间站还可以成为释放居住系统的中转平台,这些居住系统将在月球拉格朗日点和国际空间站上的临时居住地之间循环,可用于隔离从火星或其他地外目的地返回的航天员。

住所演化对于解决长期载人航天飞行中的相关问题至关重要。先进的概念性居住系统能提升现有技术水平,提供更高的安全性和可靠性,并减轻微重力和/或宇宙辐射环境对乘组人员在往返偏远目的地的长期太空飞行中的影响。

J.5.5.2 技术 7.4.3 智能居所

本主题领域涉及先进航电技术、基于知识的系统和潜在的机器人服务能力的开发,以创建长期居住地,显著减少对人类居住者进行诊断、维护和保障的需求。

在TA07技术路线图草案中,智能住所是技术7.4.1一体化居住系统中的第4层级技术项目。考虑到该技术对未来太空探索的重要性,专家组将智能住所确定为一项独特的第3层级具体技术。

该技术的技术成熟度目前处于TRL 3~5,主要用于基于地球应用场景的"概念住宅"。研究人员正在进行一些有限的努力,将智能住所能力纳入试验住所中,用于NASA相关任务的野外模拟。追求面向空间应用的智能住所是NASA最合理的选择。

国际空间站可以用作智能住所技术开发和初始运营评估的试验平台。

对Skylab任务期间乘组人员的工作时间研究表明,3名航天员通常每天工作8h进行科学实验,另外8h用于维护和服务居住系统。当国际空间站有3人乘组时,需要约2.5名航天员来维护空间站系统,只有1名航天员可以在一半时间内从事科学活动。此外,国际空间站还需要大量地面工作人员24h不间断地进行系统监控、储备跟踪和乘组操作计划。智能住所将最大限度地减少这些需求,它们对于远离地球的远程任务的居住系统越来越有价值。

这项技术将通过提供目前由任务控制或乘组人员本身执行的许多功能来增强乘组人员的能力,从而推动居住系统发展。系统参数将受到内部监控,自适应专家系统将检测异常情况并提供机载即时诊断。传感器会检测居住地内数千个组件的使用和存放位置,并将帮助乘组人员定位任务所需的特定部件。机载规划和优化程序将提供简单的图形用户界面,以允许乘组人员能实时输入工作量计划,从而减轻乘组对其工作缺乏控制的关注。在"智能"住所的最终形式中,机器人系统可以在乘组人员睡眠期间进行日常维护,甚至可以在"不干涉"正常乘组活动的基础上执行。

J.6 中低优先级技术

载人探索目的地系统有八项第3层级具体技术主题的排名较低或为中等优先级。其中,一项来自ISRU子领域,两项来自先进载人移动系统子领域,三项来自任务运营和安全性子领域,一项来自可持续性和可保障性子领域,一项来自先进居住系统子领域。为了确保"任务运行和安全性"TABS的完整性,技术路线图中增加了两个技术领域:第一个是综合飞行操作系统,以开发实时软件/数据管理工具的能力,用于支持载人飞行器与LEO之外的任务控制中心之间的航天飞行操作,其中通信环境的特征是地面人员减少、明显的通信延迟和/或加长的信号丢失(LOS)周期。这项技术的重点将是支持载人飞行器-地面一体化决策技术,以确保任务成功和飞行安全。它集成了飞行器飞行软件、地面指挥和控制软件以及用于载人飞行器和地面任务控制中心的先进训练模拟器等系统的综合功能。第二个是综合风险评估工具,以支持开发新的软件工具,用于评估 LEO 之外的各种勘探设计参考任务(design reference missions,DRM)的综合安全风险。它通过提高评估不同目的地的相对风险的能力,包括 ECLSS、可靠性、乘员健康风险、软件漏洞和 ISRU 的使用,拓展了目前的概率可靠性评估(PRA)工具。因此,它被指导委员会评估为中等优先级。

这八项技术中有五项被评估为低优先级,被归入这一类别,要么是因为投资可以推迟至少 5 年,直到其他相关技术成熟或选定目的地,要么是因为在未来 20 年内收效微乎其微。星球车与居住系统修复材料和黏合剂将取决于所选择的车辆及居住地。离地移动高度依赖于所选定目的地的环境信息。大气浮力运输和火星大气飞行器在短期内效益微乎其微,需要开展可行性研究。综合居住系统主要涉及新材料,这些材料也应纳入材料发展技术路线图中。智能住所被移出这一类别,并被评为高优先级。乘组培训和综合飞行操作系统被评为低优先级,因为它们被认为是渐进性技术而不是革命性的技术领域,但指导委员会也认识到,对这些领域的早期投资有助于为未来航天器和居住系统设计提供决策依据。

剩下的两个高度多样化的技术领域被评为中等优先级:EVA 移动被认为是非常重要的,它为航天员乘组在主要漫游车之外执行计划内和计划外的任务关键型工作提供了最大的灵活性,但还取决于所选择的车型和目的地。移动能力的设计应该与 EVA 航天服相协调,所需的支撑技术包括动力辅助外骨骼、EVA 过渡系统和移动辅助、工具和远程支持。目的地勘测、勘探和测绘对于 ISRU 和科学研究工作非常重要,但预计在航天员乘组使用星球车之前将通过无人驾驶航天器完成。样品收集和表征(如尘埃)在第 4 层级具体技术分类中优先级最高。

J.7 TA07 技术路线图中提出的技术开发、目的地和进度表

在将相关技术整合到探索任务序列和确定的目的地与时间计划表框架内的策略的背景下,本节阐述"TA07 载人探索目的地系统"技术路线图草案中技术的成熟度。这些评论一般也适用于"TA06 乘员健康、生命保障与居住系统"的技术路线图草案。

TA07 技术路线图草案几乎没有第 3 层级具体技术详细的开发进度表和里程碑节点,但它在一页图表中给出了广泛的研究目标、探索任务及其目的地。这些在图 J.4 中进行了总结。图中任务简介不包括登月任务,但它包括 2020 年的 HEO 居住地、2025 年的近地小行星/近地天体(NEA/NEO)任务、2030 年对"火卫"一(距离火星最近的卫星)或火星轨道的探索任务以及 2035 年的火星任务。

专家组将技术路线图中的每个目的地映射到已知目的地的环境,如图 J.5 所示。为了进行比较,该图还包括其他的目的地,如地球、拉格朗日点和月亮。其中一些目的地的许多环境变量尚未得到确定,特别是与火星、"火卫"一和近地小行星/近地天体相关的目的地。然而,这些是推动技术发展和后续系统设计的关键变量。图 J.5 中不包括尘埃,但它是登月、登火和登陆近地小行星等载人任务需要考虑的因素之一。

图 J.5 中目的地的大气压力范围从地球上 760mm 汞柱(氧气/氮气混合物)到月球表面的真空。重力级别从地球上的 $1g$、火星上的 $3/8g$、月球上的 $1/6g$ 到国际空间站上的 $0.000001g$。地球提供了最好的辐射防护,在 LEO 上,辐射照射引起生理效应的风险稍高,而一旦在前往所有其他目的地的途中缺乏地球电磁场的保护,来自辐射照射的健康风险就会极大增加。来自微重力和辐射照射对健康的不利影响随着任务持续时间延长和离地球的距离增加而增加。辐射防护和生命保障系统的可靠性是与距离地球和任务持续时间相关的关键技术。

专家组审查了 NASA 人类探索框架小组(Human Exploration Framework Team,HEFT)第一阶段的交付报告(2010 年),该报告将技术开发状况与未来可能的勘探目的地进行了对比,如图 J.6 所示。

J.7.1　与目的地相关的需求

开发单一技术以满足多个任务的需求,而不考虑这些目的地处的不同环境特点,是有问题的。从工程和技术开发的角度来看,目的地特性是工程设计要求、科学目标、开发计划和测试设备要求的制定依据。NASA 太空任务的实施经历证实,重力水平、大气成分、表面成分和辐射环境的差异需要不同的设计解决方案。例如,对流体物理学、燃烧和人类健康(航天生物学)或对与乘员健康、生命保障系统、航天服冷却等相关的技术而言,$1g$ 和微重力(或零重力)之间的参数关系是未知的。对于大多数现象,假设这些过程在 $0\sim1g$ 之间呈线性关系可能是不正确的。事实上,NASA 格伦研究中心最近对落塔燃烧的研究表明,燃烧过程在不同重力水平下以非线性方式变化。目前,关于微重力下液体行为的知识仍然不完整,国际空间站生命保障系统中的故障不断地证明这一点。由于重力、风化层化学特性和热传递特性的差异,可以在月球上开发用于提取氧气和水资源的 ISRU 过程可能无法在火星上运行。即便如此,通过增强目前仅在 $1g$ 和微重力下验证的扩散和热传递模型,从在月球表面的低重力环境下的作业中获得的数据可能有助于推动火星上氧和水提取技术的发展。要了解微重力环境中的人类骨质流失的原因,也需要有类似的数据:人们怀疑 g 有一个阈值,但目前尚不清楚。

在"阿波罗"登月计划中,NASA 在技术开发方面采取了渐进的步骤。载人之

TA06和TA07时间表	2012年	2013年	2014年	2015年	2016年	2017年	2018年	2019年	2020年	2021年	2022年	2023年	2024年	2025年	2026年	2027年	2028年	2029年	2030年	2031年	2032年	2033年	2034年
国际空间站运行																							
国际空间站超期运行																							
载人HEO																							
载人NEO/NEA																							
载人火星轨道/火卫一																							
载人登陆火星表面																							

图J.4 TA07技术路线图中定义的载人探索任务的时间表

通用参考任务			任务特征						
标志	目的地	辐射环境	大气	引力	表面复杂度	任务持续时间	飞行时间(微重力)	终止返回地球	任务经验
陆地段	地球	L	O_2/N_2 14.7psi	1g	地球土壤+水	N/A	N/A	N/A	"阿波罗"号宇宙飞船、天空实验室、国际空间站、航天飞机
载人LEO	地球	M	真空	≈0	N/A	90~270天	连续	90min	无
载人HEO	地球	H	真空	≈0	N/A	?	?	?	无
载人应格明日点	月球	H	真空	1/6g	月球土壤+水	3.5天	3.5天	3.5天	"阿波罗"号宇宙飞船
载人登月	月球	H	真空	1/6g	月球土壤+水	12天	180天	?	"阿波罗"号宇宙飞船
载人登火	火星	H	CO_2 0.17psi	3/8g	火星土壤+水	520天	180天	3.5天	机器人
载人登小行星/小天体	小行星/小天体	H	真空	≈0	未知	>80天	180天		机器人

图J.5 载人探索任务环境设计

HEFT DRM4		DRM4	其他人类目的地			
技术领域	技术领域	近地轨道	EM-L/月球轨道	火星轨道	月球表面（长时间）	火星表面
人类健康和居住技术	生命保障和居住	~	[ ]		●	●
	探索期间医疗能力	~	[ ]	●	●	●
	空间辐射防护	~	[ ]	●	~	●
	人类健康与防治	~	[ ]	●	●	●
	行为健康及执行力	~	[ ]	●	●	●
空间人因工程和可居住性	空间人因工程和可居住性	~	~	~	~	
EVA和机器人技术	EVA技术	~	[ ]	~	●	●
	人类探索遥操作机器人	~	[ ]	~	~	●
	人与机器人系统	~	[ ]	●	●	●
	地表移动	< θ >	< θ >	< θ >	θ	θ

符号
~ 该目标需要的技术
● 技术开发完成
[ ] 需要额外增加技术
< > 可以应用到该目标
θ 技术未开发
  不可用

图J.6 2010年NASA HEFT报告《前往其他目的地的技术进展》中综合图表

前,在类似飞行的环境中以最高的技术成熟度解决了每个技术风险点,并进行测试。在执行月球任务之前,进行了多次 LEO 任务,其中对生命保障系统进行了测试,也进行了生物医学测试,并评估了微重力对基于气体和液体的系统的影响。类似的策略有利于目前的技术开发方案,因为它正在为前所未有的火星任务做准备。

从预算的角度看,组织技术开发似乎是合适的,这样旨在支持同一任务的项目将以协调一致的方式向前推进。如果没有及早确定和提前安排目的地,各种技术开发工作的目标和计划表可能彼此不同步,并与上级机构的工作目标也不同步。如果资金足以支持开展广泛的技术研究工作,那么可以同时针对多个目的地开展探索研究。

J.7.2 空间站的微重力测试

只要美国继续在 LEO 以外的外太空开展空间探索任务,微重力研究和相关技术研发工作就需要在国际空间站及其假设的 LEO 继任者上执行,如同它的前身天空实验室(Skylab)和航天飞机/空间实验室(Spacelab)一样。除了用于 NASA、工业界和学术界对地面应用的一般性研究任务外,国际空间站还支持对外太空的勘探研究和技术开发工作。在从地球前往诸如月球、火星和近地小行星之类的目的地的飞行中,航天员将经历持续 3 天至 9 个月的微重力环境。近地轨道上的空间站为人类航天医学研究、技术开发和系统验证提供了唯一的近地、长期微重力环境。

近地轨道上的空间站还可以作为航天员从月球、火星或其他目的地返回地球的未来中转站,尤其是在需要隔离的情况下。如果近地轨道上的空间站配备了大量的可变重力离心机设施,那么它支持开发月球或火星表面任务技术的能力将得到大幅度提高。如果要开发旋转航天飞行器,还可以在空间站中的离心机上对系统和生物学在低重力下的行为进行一些基本研究。从根本上说,只要继续在近地轨道以外的外太空进行探索,就可能需要近地轨道的空间站来推进相关技术研究和开发活动,也可以提供操作支持。国际空间站及其继任者为微重力研究提供了最佳的高保真环境,这种环境离地球也足够近,从而使航天员具备在紧急情况下迅速返回地球的能力。

J.7.3 月球上的微重力测试

虽然,2010 年 NASA 的 HEFT 报告中包括了月球任务,但 TA07 技术路线图草案没有将月球列为目的地。此外,月球是离地球最近的目的地,可以进行长期研究并在低重力环境中进行测试(明显小于地球的 $1g$,且远大于国际空间站的微重力)。其他可能的目的地(如"火卫"一或 NEA)也基本上是零重力环境,因此不适合对火星用于表面任务中的设备进行低重力测试。在真空、高辐射、低重力(1/6g)的环境中开发在月球表面模拟作业技术,为 TA06、TA07 中的许多技术提供了最佳的技术研究和开发环境,包括航天生物学、ISRU、EVA、人类移动、居住系统设计、可持续性和可保障性以及辐射防护。从月球表面的长期任务中获得的测试和操作经验可以最大程度地降低火星任务的风险,这是因为在两年的任务执行过程中火星任务没有中止的机会。这种应对策略有先例。在 1969 年 7 月 20 日美国航天员首次登陆月球之前,许多早期的飞行都是为了开发和测试硬件与软件,收集生理数据,以及设计环境控制和生命保障系统。

J.7.4 小行星任务

作为 NASA 人类探索计划的下一个重大里程碑节点,尝试开发新技术以支持在 2025 年左右对一颗身份不明的小行星执行探索任务,这是一个艰难的挑战,尤其是计划表似乎不支持所需技术的研发。在接下来的 14 年中,研究人员必须开发和测试多种技术,才能在距离地球很远的高辐射环境中持续执行 6 个月或更长时间的载人任务。2019 年(飞行前 6 年),分系统技术成熟度达到 TRL 6,可以支撑初步设计评审(PDR)。

预计为期 6 个月的近地小行星探索任务将极大提高目前可用的生命保障系统和辐射防护系统的可靠性。2019 年,候选生命保障系统已经在国际空间站的微重力环境中进行了至少 2 年的测试,以允许设计改进和获取系统寿命数据。这意味着在 2017 年左右投入测试。设计辐射防护系统所需的辐射剂量数据必须在高于 LEO 上收集,然后在 2017 年之前集成到试验平台系统。TA06 和 TA07 技术路线图中没有清楚地说明这些数据收集任务需要在何时开展,或如何确定预期的辐射环境对生物系统的影响。

近地小行星探索任务尚未聚焦于某一特定的目的地。相反,它关注的是一颗假想的尚未被发现的名义上的小行星,它的假设轨道与地球绕太阳的轨道重合。因此,近地小行星探索任务的目的地的位置、构成、旋转速度和其他特性在很大程度上是未知的。然而,其重力水平肯定会很低,以至于近地小行星探索任务将无法在国际空间站上进行系统的测试,因为二者的重力有着明显的不同。

人类前往"火卫"一的任务在许多方面与载人、登陆火星任务一样具有挑战性,特别是在生命保障和辐射防护方面。火卫一上的重力加速度约为 0.001g,其上可能覆盖一层厚厚的细粒风化层。这些因素可能使人类无法在其上进行表面操作,并且在航天器抵达火卫一之前需要对其表面尘埃特性进行表征。TA07 技术路线图草案并未确定用于站点保持的先进载人移动技术,但这可能是必需的。

2010年，NASA的HEFT报告指出，对近地天体任务来说，以下技术的状态是"技术开发完成"：生命保障和居住，探索医疗能力，空间辐射防护，人体健康对策，行为健康和执行力，空间人因工程和可居住性，EVA技术，遥操作机器人和人与机器人系统。假设一项深空近地小行星探索任务将持续6个月或更长时间而不具备中止能力或补给能力，上述列表中列出的若干种技术似乎与TA06和TA07技术路线图草案中报告的技术状况相冲突。此外，还需要考虑关于正向和逆向污染问题。

J.8 公众研讨会总结

2011年4月27日，人类系统专家组对"载人探索目的地系统"技术领域进行了讨论。讨论会由专家组组长Bonnie Dunbar主持。Dunbar首先简要介绍了第1天的主要工作，并为应邀发言人在其发言中应涵盖的主题提供了一些指导。在专家组组长介绍之后，会议将重点放在每个技术路线图的关键领域或发言者关注的关键领域。在每一次会议上，来自工业界、学术界和/或政府的专家受邀简要介绍他们对NASA技术路线图草案的评论。在每一次会议结束时，与会者都会围绕最近的会议主题进行一次简短的公开讨论。在当天会议结束时，专家组组长进行一次结论性讨论，总结白天讨论期间观察到的要点。

J.8.1 会议1：NASA技术路线图概述

NASA技术路线图开发团队的演讲概述了在制定TA07技术路线图草案时所考虑的目的地。NASA技术路线图开发团队提供的演讲资料中包括按时间顺序排列的13个顶级技术挑战的列表，不过演讲资料中没有描述这些技术挑战与第3层级具体技术之间的直接对应关系。演讲资料中还讨论了开发各种技术需要哪些设施，这促使专家组提出一个问题，要求对目前存在和不存在的设施进行区分。技术路线图团队回应说，"星座"计划对现有设施进行编目的工作有助于调查这一问题，但这项工作仍在进行中。

J.8.2 会议2：原位资源利用

Bill Larson(NASA肯尼迪航天中心)以书面声明开始了ISRU研讨会。该声明强调了将ISRU技术用于近地轨道之外的人类探索任务的重要性，并指出ISRU技术开发计划历来在运载火箭和航天器技术开发中处于"次要地位"。此外，Larson强调，有必要先到月球上演示ISRU技术，以提高其技术成熟度，特别是从月球两极的水冰中制备氧气。

Diane Lenne（NASA 格伦研究中心）代表 Leslie Gertsch（美国密苏里科学技术大学），提供了对矿物、岩石和土壤材料的检测、表征和采集技术的综述。她指出，各种目的地的环境限制与（地球上的）常规做法不同，一些在地球上工作效率高的技术在其他重力环境中可能会失效。Gertsch 随后提供了她在勘探、采集和选矿领域所选顶级技术的评估。

在讨论会上，专家组对重力环境的差异如何影响 ISRU 技术提出质疑。一位演讲者回应说，微重力、1/6g、1/3g 和 1g 之间的差异在许多化学过程中产生了相当大的差异。当被问及在月球上的技术演示是否有助于开发适用于其他目的地的 ISRU 技术时，一位发言者回答说，虽然许多过程仍会有所不同，但研究月球上 1/6g 重力环境中的化学过程，将至少在具有微重力（在国际空间站和近地轨道中的其他平台上）和 1g（在地球上）的重力环境中获得的当前信息之间添加另一个数据点。

J.8.3　会议 3：可持续性和可保障性

Laura Duvall（NASA 约翰逊航天中心）在可持续性和可保障性研讨会上首先概述了国际空间站乘组人员飞行后的询问过程。她报告说，在飞行后询问期间收集的与人有关的数据存储在飞行乘组人员集成（flight crew integration，FCI）国际空间站生命科学乘组人员评论数据库中，对数据进行分析以生成总结报告，涵盖从宜居空间到锻炼的主题。这些报告随后被用于许多应用场合中，如乘组人员培训、硬件和软件设计以及需求开发。

Margaret Gibb（NASA 约翰逊航天中心）简要概述了国际空间站库存和配载员的职责、挑战和经验教训。与 TA07 技术路线图草案相关的要点是，在 LEO 之外的长期任务中，后勤管理和货物存储将是一个重大的挑战，因为在那里无法执行补给任务。

Kyle Brewer（NASA 约翰逊航天中心）概述了国际空间站运行支持官员的职责、挑战和经验教训。所吸取的主要经验教训是，在许多情况下，系统元件的小型化会增加维护的复杂性和难度，通用性是减少大量备件和工具的最佳策略，而一个强大的维护和诊断工具包对于勘探任务至关重要。

J.8.4　会议 4：先进载人移动系统

Rob Ambrose（NASA 约翰逊航天中心）由 Brian Wilcox 代表，首先介绍了先进载人移动系统会议，重点介绍了载人移动技术的历史和目前正在开发的各种实例。这些包括零重力喷气包、用于零重力移动的加压车和用于表面移动的加压车。Wilcox 指出，与载人移动相关的最大技术挑战是移动部件可持续性、灰尘控制以及人与自主机器人的交互。

David Wetergreen(美国卡内基梅隆大学)通过电话对整个技术路线图草案中机器人移动技术的学科交叉性进行了评论,并强调需要聚焦机器人移动能力提升,以支持载人探索任务。他认为这是一个技术差距,并认为,最大的挑战是车轮设计和地形建模、机构设计、人与机器人移动系统之间的通信。

在随后的讨论环节,专家组询问了移动系统架构中航天服接口的最新状态。其中一位发言者回答说,确定航天服接口还是气闸更适合于特定的移动车辆,在很大程度上取决于移动车辆所处的环境条件。

J.8.5 会议 5:先进居住系统

Marc Cohen(NASA 前雇员)在会议开始时简要介绍了先进居住系统对基于证据的性能要求的必要性,他还确定了人类进行深空探索任务的低重力的影响、辐射、尘埃、对再生和生物再生生命保障的需求以及行星保护(防止正向和逆向污染)五个重要因素。

Larry Bell(休斯顿大学)对深空居住地所需的设计事项进行了评论。他强调了通用性、简单性和自主性的必要性,并指出可接受的风险水平与质量要求相关,因此也与系统设计有关。关于风险,Bell 表示,NASA 和公众需要接受更高水平的乘员风险,以实现长时间的探索任务。他还建议,要克服的最大困难是简化复杂的系统,增加通用性,改进高技术成熟度的技术以用于勘探任务,以及提高航天服的耐用性。

J.8.6 会议 6:任务运营和安全性

Paul Hill(NASA 约翰逊航天中心)是 NASA 的任务运营总监,在会议开始时,他对 NASA 约翰逊航天中心的任务运营现状发表了评论。相对于 TA07 技术路线图草案,他指出,任务运营的自主性不是由行动概念驱动的,而是由航天器内置的自主性驱动的,与之相关的认证要求推动了设计和成本理念的发展。此外,Hill 建议,要克服的最大困难是深空任务的通信延迟时间,解决这些延迟时间的自动恢复软件,虚拟现实以及机载模拟和培训手段。

Nigel Packham(NASA 约翰逊航天中心)提供了他对 TA07 技术路线图草案中的任务运营和安全性部分的内容评估,指出它正确地确定了乘员自主权是当前乘员培训方案中"计划—训练—飞行"方法的一个重要方面,可以用 LEO 以外的探索任务。然而他还指出,技术路线图草案未能确定一种定量模型,以解释近地轨道以外乘员所面临的风险。

J.8.7 会议7：交叉系统：尘埃防治

Mark Hyatt(NASA格伦研究中心)在会议开始时简要概述了尘埃管理项目,并回顾了阿波罗登月任务期间遇到的尘埃问题。他认为,与尘埃相关的任务运营中所面临的主要挑战是下降过程中的表面遮挡、表面堆积与污染、乘组人员效率降低和人类接触灰尘(以及潜在的健康影响)。最后,Hyatt给出了三种有应用前景的除尘技术,分别是电动防尘罩、莲花效应涂层以及通过放电减轻月球环境中风化层浓度的空间等离子体(SPARCLED),并对技术发展状态及技术成熟度进行了介绍。

在讨论会上,专家组询问了月球尘埃和火星尘埃之间是否存在明显差异。Hyatt的回答是肯定的,尽管一些降尘技术可能在两个目的地都适用。然后,专家组向TA07技术路线图团队提出了一个问题,询问技术路线图中是否包括模拟生产。TA07团队的回答是否定的,因为他们得到明确指示,技术路线图中不包括这方面的内容。

J.8.8 会议8：工业组

Brad Cothran(美国波音公司)在工业组会议开始时,概述了国际空间站在长时间航天飞行方面的经验教训。他根据在国际空间站的工作经历,确定了深空航天任务的最大挑战是货物装载、ECLSS可靠性和可维护性、废物处理和探测器实时健康管理。

William Pratt(美国洛克希德·马丁公司)概述了"移民石/红石"(Plymouth Rock/Red Rocks)太空研究计划的任务概念,分别探索近地小行星和火卫二(Deimos)。随后,他总结了这些任务的使能技术,包括减轻微重力环境影响、降低遭受到的辐射剂量、高可靠性ECLSS、防尘,以及先进的EVA和移动技术。

Laurence Price(美国洛克希德·马丁公司)在会上做了一个报告,总结了"猎户座"(Orion)飞船乘员舱的最新技术进展。相对于TA07的技术路线图草案,"猎户座"号飞船使用了一个闭环生命保障系统,能够支持一个为期21天的4人乘组任务。此外,Price告知专家组,"猎户座"号飞船乘员舱包括先进的热控制、废物管理、火灾探测和灭火技术。当被问及"猎户座"号飞船将如何处理舱外活动时,他回答说,因为"猎户座"号飞船没有专用的气闸,整个乘员舱将减压并充当气闸。

Ken Bowersox(美国SpaceX公司)简要评论了美国SpaceX公司"龙"飞船乘员舱模块的开发状况。根据Bowersox的说法,"龙"飞船的首次载人飞行预计在未来3年内完成。关于龙飞船使用的技术,Bowersox报告说,SpaceX计划使用当前可用的ECLSS技术。

J.9 2016 版修订内容

J.9.1 QFD 矩阵和计算结果

相对于 2012 年 NRC 报告,2015 年 NASA 技术路线图 TA07 新增一项第 3 层级具体技术:7.4.4 人工重力。表 J.2 给出了新技术是如何融入 TA05 技术领域中。TA07 中所有技术的得分和排名如图 J.7 和 J.8 所示。

表 J.2 2016 版 TA07 载人探索目的地系统的技术领域分解结构

第 2 层级技术子领域	被评估的第 3 层级具体技术
7.1 原位资源利用	无
7.2 可持续性和可保障性	无
7.3 先进载人移动系统	无
7.4 先进居住系统	无
	7.4.4 人工重力
7.5 任务运行与安全性	无
7.6 交叉系统	无

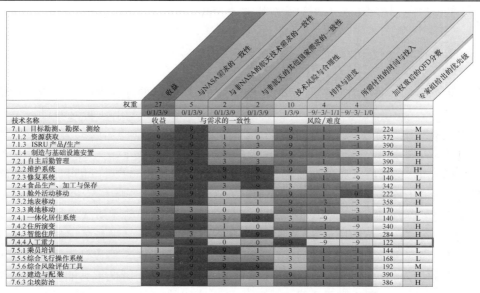

图 J.7 (见彩图)2016 版 TA07 载人探索目的地系统 QFD 得分汇总矩阵
注:图中所有高优先级技术的优先级认定依据详见"高优先级的第 3 层级具体技术"一节内容;H 代表高优先级,H* 代表调整为高优先级(不采用 QFD 分数),M 代表中等优先级,L 代表低优先级。

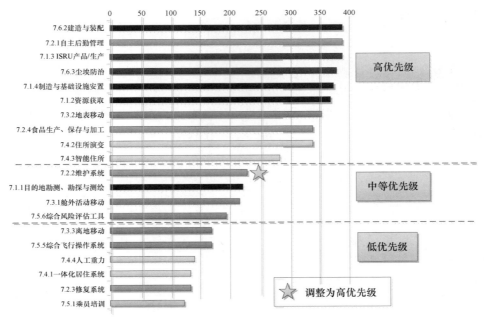

图 J.8 （见彩图）2016 版 TA07 载人探索目的地系统 QFD 得分排名

TA07 中新增的 7.4.4 人工重力都被评为低优先级。

J.9.2 低优先级技术

根据目前对技术"6.3.2（乘员）长期健康"中所概括的其他潜在重力应对措施的理解，"7.4.4 人工重力"被确定为低优先级技术。NASA 正在研究通过锻炼和其他应对措施来降低乘员长期暴露在微重力环境中所面临的风险的方法，这些措施的研发成本远低于开发具有人工重力的航天器所需的成本。人工重力利用向心力来模拟重力，既可以通过在航天器内的离心机上旋转乘员产生，也可以将航天器作为一个整体旋转产生，如图 J.9 所示。旋转航天员而不影响航天器整体设计的设备属于"TA06 乘员健康、生命保障与居住系统"（特别是第 4 层级具体研究任务"6.3.2.1 人工重力"）的范畴，这在 2012 年 NRC 报告中已经进行了评估。

人工重力面临的最大技术挑战是为适应旋转所需的航天器设计改进，以及人工重力的正面和负面影响。其中一个关键的先决条件是了解低重力的量级和持续时间，以应对与长期暴露于零重力或微重力环境相关的各种人类健康问题。低重力对月球或火星表面的长期影响也是未知的，但这个问题超出了技术 7.4.4 的范围。全面发展人工重力技术需要进行一次或多次全尺寸的太空演示验证，并且可

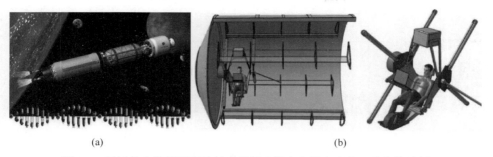

图 J.9 通过整个航天器的旋转或采用内部离心机产生人工重力的示例

注:(a) 来源于 S. K. Borowski, D. R. McCurdy, and T. W. Packard, 2014, "Conventional and Bimodal Nuclear Thermal Rocket (NTR) Artificial Gravity Mars Transfer Vehicle Concepts," Paper AIAA-2014-3623 presented at the 50th Joint Propulsion Conference and Exhibit, American Institute of Aeronautics and Astronautics. http://ntrs.nasa.gov/archive/nasa/casi.ntrs.nasa.gov/20140017461.pdf; courtesy of NASA. (b) 来源于 European Space Agency, "Artificial Gravity with Ergometric Exercise (AGREE)—Accommodation Feasibility Study," European Space Research and Technology Centre, August 2011.

能需要对所有其他探测器系统进行重新认证。除非目前提出的微重力应对措施被证明无效,否则这项工作可能仍然划归为低优先级的范围。

附录K
TA08 科学仪器、观测台与传感器系统

K.1 引言

技术领域"TA08 科学仪器、观测台与传感器系统"的技术路线图草案包括三个第 2 层级技术子领域：
- 8.1 遥感仪器/传感器
- 8.2 观测台
- 8.3 原位仪器/传感器

TA08 技术路线图涉及的技术主要是对 NASA 科学任务理事会资助的任务中感兴趣的技术。这些技术与地球科学、太阳物理学、行星科学和天体物理学的研究直接相关，并且许多技术领域在美国国家海洋和大气层管理局(national oceanic and atmospheric administration, NOAA)、美国国防部(department of defense, DOD)和商业遥感等任务中有潜在的应用前景。通常，NASA 科学计划的技术开发优先事项是以《NRC 十年调查战略报告》中推荐的科学目标和未来开发优先级为依据，专家组在评估技术路线图的第 3 层级具体技术时已经考虑了这些优先事项(NRC, 2011, 2010, 2007, 2003)。

在对 TA08 中第 3 层级具体技术进行优先级排序之前，专家组添加、重命名、删除以及移动了若干项技术。表 K.1 对这些变化进行了解释和说明。所有 14 个技术领域的完整、修改后的技术领域分解结构(TABS)如附录 B 所示。

8.1.3 光学组件与 8.2.1. 镜片系统合并，并重命名为 8.1.3 光学系统，因为这些技术非常相似，合并研发是最有效的方式。

增加了 8.1.7 空间原子干涉测量，以填补技术路线图中的空白。激光冷却原子的原子干涉技术使得在基础物理实验室里开展实验成为可能，包括重力测量(TRL 4)，可以大幅度提高测量精度。该技术的进步可以牵引高灵敏的空间加速度探测器研制，进而实现对重力波的测量。

表 K.1 TA08 科学仪器、观测台与传感器系统的技术领域分解结构

NASA 技术路线图草案(版本 10)	指导委员会修改建议
TA08 科学仪器、观测站、传感器系统	增加以及合并的技术
8.1 遥感仪器/传感器	
8.1.1 探测器和焦平面	
8.1.2 电子器件	
8.1.3 光学组件	重命名:8.1.3 光学系统(现在包含 8.2.1 内容)
8.1.4 微波/射频	
8.1.5 激光器	
8.1.6 低温/热	
	增加:8.1.7 空间原子干涉测量
8.2. 观测台	
8.2.1 镜片系统	删除:8.2.1 镜片系统(合并到 8.1.3)
8.2.2 结构和天线	
8.2.3 分布式孔径	
	增加:8.2.4 高对比度成像和光谱技术
	增加:8.2.5 无线航天器技术
8.3 原位仪器/传感器	
8.3.1 粒子:带电粒子和中性粒子	
8.3.2 场和波	8.3.2 合并到 8.3.1 粒子、场和波:带电和中性粒子、磁场和电场。 删除 8.3.2 场和波(合并到 8.3.1)
8.3.3 原位(仪器和传感器)	
	增加:8.3.4 地表生物学和化学传感器:检测和分析生命和前生命物质的传感器

  增加了 8.2.4 高对比度成像和光谱技术,以填补技术路线图中的空白。开发高动态范围成像的先进方法将是一种改变游戏规则的技术,可用于支持系外行星成像。这是《Astro2010 天文和天体物理学十年调查》(NRC,2010)中提出的一项优先倡议。这项技术将为探测系外行星系统提供前所未有的灵敏度、视野和光谱,同时也有许多附带应用场景,如太阳物理学和研究明亮物体周围的暗结构(如喷流、晕轮和风)。

  增加了 8.2.5 无线航天器技术,以填补技术路线图中的空白。在航天器航电设备与仪器仪表中使用无线系统将为航天器和空间任务的设计及执行引入一种新的、改变游戏规则的方法。无线航电设备可以提供许多优于布线架构的改进,如固

有的交叉捆扎,可扩展和可靠的架构,减少电缆质量,并能大幅降低系统集成和测试的成本与时间。

注:航电设备(包括无线航电设备)是跨技术领域的空白,技术路线图草案中没有提及。

技术路线图中的两种技术,即 8.3.1 粒子:带电粒子和中性粒子与 8.3.2 场和波似乎有很多内容重叠,因此将它们整合成一个条目。新技术的标题是 8.3.1 粒子、场和波:带电和中性粒子、磁场和电场。

K.2 顶级技术挑战

专家组确定了 TA08 中有六大技术挑战,这些技术挑战有助于为确定优先事项提供一个组织框架。其中两个技术挑战涉及交叉技术,余下四个技术挑战涉及具体的重要科学目标,下面按优先顺序介绍。

(1) 快速研发:投资一系列技术,使其达到足够高的技术成熟度,涵盖广泛的应用领域,能够在短时间内用于探索新颖的科学概念,以便可以在小规模(如"探索者"(Explorer)和"发现"(Discovery)类计划)任务上得到应用。

创新的想法需要在短时间内完成测试和评估,以使其中最好的概念加速成熟。为了实现这一目标,需要以常规且廉价的方式进入太空开展技术演示。在仪器开发方面,大学的工程和科学部门进行持续的合作也是一项重要资产。这种类型的项目需要开发合适的管理工具,具备使用标准接口的工程套件,这样可以使仪器更容易集成和测试。

(2) 低成本、高性能望远镜技术:开发新一代更低成本、更高性能的天文望远镜,增强并扩大对第一代恒星、星系和黑洞的搜索能力,进一步加深对宇宙基础物理学的理解。

宇宙学上重要的天文目标非常遥远,到达地球的信号很微弱。需要更大的有效望远镜收集区域和更有效的探测系统对其进行测量,波长范围从远红外到伽马射线区域。为实现这一目标,需要新型的超稳定的有低"质量收集面积比"的正入射和掠入射镜,其中的一个挑战将是保持或扩展这种反射镜系统的角度和光谱分辨率特性,这些反射镜系统必须与先进的、宽幅、低噪声的焦平面阵列耦合起来。先进探测器系统则需要亚开尔文冷却器和高灵敏度的相机系统。

(3) 高对比度成像和光谱技术:开发高对比度成像和光谱技术,发现宜居星球,促进太阳物理学的发展,并能够研究明亮天体周围的暗结构,从而为探测暗天体提供前所未有的灵敏度、视场和光谱特征。

寻找宜居行星及其上的生命体是空间科学计划中优先级最高、可见度最显著的目标之一,只有充分开发并经演示验证、达到较高技术成熟度的技术才能满足这类大型、昂贵的任务的需求,进而实现上述目标。这种技术一旦实施,将为详细研究行星系统的形成、性质、演化和消亡奠定基础。新能力对于各种高对比度目标也具有基本价值,例如,活跃星系核,它们的相对论喷流以及太阳上细微但具有重要科学意义的特征。

(4) 采样返回和原位分析技术:改进可用于行星样品返回和原位分析的传感器,确定当前是否存在有机物的合成,是否有证据表明曾经出现过生命,以及判断其他行星体上是否有具备维持生命的必要条件的居住地。

所需的技术包括:集成和小型化传感器套件,地下采样和处理,微重力下的松散材料处理,冷冻样品的温度控制,便携式地质年代测定,极端环境中的仪器操作和样品处理。为了执行对金星和远日行星卫星表面的探索任务,需要能够在极端环境中工作的地质、地球物理和地球化学传感器仪器。

(5) 无线系统技术:将无线系统技术纳入航天器航电设备和仪器中,提高航天器设计、测试和操作的有效性,并降低航天器研制进度风险和总质量。

使无线系统为应用于航天器做好准备,当前的地面网络技术将需要做调整和改进,以适应非常高的数据速率,能提供高吞吐量和低延迟的无线协议,支持各类航电接口,并不受干扰。

(6) 合成孔径雷达:开发经济实惠、质量小、可展开的合成孔径雷达天线,能够从太空中实现对行星表面、固态土壤和冰冻层表面变形的主动测量,并监测自然灾害。

合成孔径雷达可以提供独一无二的探测信息,在地震、火山、山体滑坡、地面沉降、洪水、冰川浪涌和冰盖/冰架崩塌方面具有科学研究和有益的应用价值。此外,合成孔径雷达可以实现行星表面的测量,如金星或"土卫"六这种表面上被云覆盖的地质特征。主要进展可以通过一个大型的单个结构或分布两个或更多个航天器上的孔径来实现。该技术还将依赖于太空中高性能计算能力的提高。

K.3 质量功能展开矩阵和计算结果

图 K.1 和图 K.2 展示了每项技术的相对排名。专家组将七项技术评为高优先级。其中四项是基于它们的 QFD 分数,明显超过排名较低的技术的分数。经过考虑,专家组还指定另外三项技术作为高优先级技术。

注:由于认识到 QFD 过程不能准确地量化给定技术的所有属性,在编制 QFD 得分后,即使其得分与其他高优先级技术的得分不可比,在某些情况下专家组仍将某些技术指定为高优先级。TA08 所有高优先级技术的高优先级指定理由见第

3章。

TA08 中技术按优先级排列如图 K.2 所示。

技术名称	收益 27 0/1/3/9	与NASA需求的一致性 5 0/1/3/9	与非NASA的航天技术需求的一致性 2 0/1/3/9	与非航天的其他国家需求的一致性 2 0/1/3/9	技术风险与合理性 10 1/3/9	排序与进度 4 −9/−3/−1/1	所需付出的时间与投入 4 −9/−3/−1/0	加权重后的QFD分数	专家组给出的优先级
8.1.1 探测器和焦平面	9	9	1	1	9	−1	−1	374	H
8.1.2 电子器件	3	9	3	3	3	−1	−1	180	H*
8.1.3 光学系统	9	9	3	0	9	−1	−3	376	H
8.1.4 微波/射频	3	9	3	1	9	−1	−1	244	M
8.1.5 激光器	3	9	1	1	9	−3	−1	220	H*
8.1.6 低温/热	3	3	1	3	9	−1	−1	216	M
8.1.7 空间原子干涉测量	3	3	3	1	9	−3	−1	190	M
8.2.2 结构和天线	3	3	3	1	9	−3	−1	208	M
8.2.3 分布式孔径	9	3	3	0	9	−1	−3	296	M
8.2.4 高对比度成像和光谱技术	9	9	1	3	9	−1	−1	386	H
8.2.5 无线航天器技术	3	9	9	9	3	−1	−1	234	H*
8.3.1 粒子、场和波（传感器）	3	9	1	1	9	−3	−1	160	M
8.3.3 原位（仪器和传感器）	9	3	3	3	9	−1	−1	372	H
8.3.4 地表生物学和化学传感器	9	3	3	3	3	−1	−1	312	M

图 K.1 （见彩图）TA08 科学仪器、观测台与传感器系统 QFD 得分汇总矩阵

注：图中所有高优先级技术的优先级认定依据详见"高优先级的第 3 层级具体技术"一节内容；H 代表高优先级，H* 代表调整为高优先级（不采用 QFD 分数），M 代表中优先级。

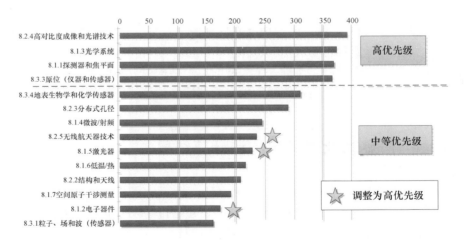

图 K.2 TA08 科学仪器、观测台与传感器系统 QFD 得分排名

K.4 顶级技术挑战与各项具体技术之间的关联性

图K.3提供了第3层级具体技术与专家组关于空间科学仪器、观测台与传感器系统中的技术挑战之间联系的概述。

		1.快速研发：投资一系列技术，使其达到足够高的技术成熟度，满足广泛的应用领域，能够在短时间内用于探索新颖的科学概念，以便可以在小规模（如"探索者"（Explorer）和"发现"（Discovery）类任务）任务上得到应用	2.低成本、高性能望远镜技术：开发新一代更低成本、更高性能的天文望远镜，增强并扩大对第一代恒星、星系和黑洞的搜索能力，进一步加深对宇宙基本物理学的理解	3.高对比度成像和光谱技术：开发高对比度成像和光谱技术，发现宜居星球，促进太阳物理学的发展，能够研究明亮天体周围的暗结构，从而为探测暗天体提供前所未有的灵敏度、视场和光谱特征	4.采样返回和原位分析技术：改进用于行星样品返回和原位分析的传感器，确定当前是否存在有机物的合成，是否有证据表明曾经出现过生命，以及判断其他行星体上是否具备承载生命的必要条件的居住地	5.无线系统技术：将无线系统技术纳入航天器航电设备和仪器中，提高航天器设计、测试和操作的有效性，并降低航天器研制进度风险和总质量	6.合成孔径雷达：开发经济实惠、重量轻、可展开的合成孔径雷达天线，能够从太空中实现对行星表面、固态土壤和冰冻层表面变形的主动测量，并监测自然灾害
●	强关联：NASA在这项技术上的投资对解决这一挑战可能会产生重大影响。						
○	中关联：NASA在这项技术上的投资对解决这一挑战可能会产生中等影响。						
(空白)	弱/无关联：NASA在这项技术上的投资对解决这一挑战可能影响不大，甚至没有影响。						
优先级	TA08中高优先级清单						
H	8.2.4高对比度成像和光谱技术	○		●			
H	8.1.3光学系统	○	●	●			
H	8.1.1探测器和焦平面	○	●	●			
H	8.3.3原位（仪器和传感器）				●		
H	8.2.5无线航天器技术	○	○			●	
H	8.1.5激光器	○					
H	8.1.2电子器件	●					
H	8.3.4地表生物学和化学传感器	○					
	8.2.3分布式孔径						
	8.1.4微波/射频						
H	8.1.6低温/热						
M	8.2.2结构和天线					○	●
M	8.1.7空间原子干涉测量						
M	8.3.1粒子、场和波（传感器）	○					

图K.3　TA08科学仪器、观测台与传感器系统中各项技术对顶级技术挑战的支持程度

K.5 高优先级的第3层级具体技术

第三专家组确定了TA08中有7种高优先级技术，下面讨论将这些技术列为高优先级的理由。

K.5.1 技术8.2.4 高对比度成像和光谱技术

这项技术的发展可以增强高动态范围成像任务的能力，并支撑《Astro2010天文和天体物理学十年调查》中优先倡议的系外行星成像任务。这项技术与在顶级技术挑战上取得的进展有着很强的关联性，有助于发现宜居行星，促进太阳物理学的进步，并能够研究明亮天体周围的暗结构。在十年调查中确定的技术方法包括恒星阴影（外部遮挡物）、干涉测量和日冕仪技术（NRC，2010）。技术挑战（目前技术成熟度为TRL 3~4）已经得到了很好理解，而技术进步将来自若干跨领域技术的融合。

这项技术与NASA的专业知识、能力和设施密切相关，与工业部门主要合作伙

伴的利益非常吻合。主要关注点是外星球可居住区的直接成像和光谱成像技术能力,适用于任何需要高动态范围测量的应用场景,包括潜在的国防应用场景。不需要在国际空间站上进行技术验证。

这是一种改变游戏规则的新技术,因为它能显著提高对太阳系外行星系统的探测灵敏度、视场和光谱特征,并有许多辅助应用场景,如太阳物理学和研究明亮天体周围的暗结构(喷流、晕轮、风等)。由于具有较高的科学价值、与 NASA 多个科学任务领域的相关性、风险与合理性的高度评价,专家组给予了该领域最高 QFD 分数。

K.5.2 技术 8.1.3 光学系统

有两种光学系统技术特别令人感兴趣:主动波前控制光学系统和掠入射光学系统,这些技术与在开发新一代低成本天文望远镜这一顶级技术挑战上取得的进展有着密切的联系。

主动波前控制技术可以通过改变反射镜的形状和对准,以应对外部干扰。它允许光学系统在轨进行自动校正以及轻质反射镜和望远镜的使用。当前用于单个反射镜段(如 James Webb 太空望远镜)的校正技术,其技术成熟度为 TRL 6。用于单个反射镜段的主动校正技术,其技术成熟度为 TRL 4~5。尽管地基望远镜通常使用波前补偿来校正大气诱发的干扰,但是这种方法不能轻易地应用于空间观测台,这是由于轻量化、主动控制的望远镜系统在 $1g$ 重力环境中很难进行全面测试,低成本进入太空的能力(可能包括使用国际空间站)可为提高其技术成熟度提供关键机会。

主动波前控制技术与 NASA 对开发下一代大孔径天文望远镜、轻量化激光通信系统和用于行星任务的高性能轨道观测台的需求密切相关。通过对星载光电传感器长期研究,NASA 已经拥有了该技术的能力和专业知识。国防部也可能对这项技术感兴趣,并具有一定的专长。开发可靠技术所面临的挑战将是在微重力环境中进行演示。

根据《Astro2010 天文和天体物理学十年调查》的评估结果,掠入射光学系统的技术成熟度为 TRL 2~3,正入射光学系统的技术成熟度为 TRL 2~5。这些技术与 NASA 的专业知识、能力和设施以及主要工业合作伙伴完美契合。掠入射镜系统的相关研究工作不需要在国际空间站上进行。国际空间站作为一种测试平台有助于开发主动波前控制技术。

进一步发展掠入射光学系统,在不增加单位面积质量的情况下,至少可以将空间分辨率提高 10 倍,对未来的 X 射线天文学任务至关重要。这将涉及改进用于薄热弯玻璃的压电调节的生成系统以及光学组件的安装与测试。典型应用于 X

射线和远紫外(UV)(小于500Å)天文学,并且可以拓展到软 γ/硬 X 射线区域(约100keV)。二维调整能力也可能使同步加速器行业受益。

这些都是能改变游戏规则的技术,将使恒星的直接成像和高能天体(如活跃星系核)的详细成像成为可能。基于薄热弯玻璃的可调光学器件是一种改变游戏规则的技术。直径4m 及以上、波长低至300Å 的正入射镜也将是一种改变游戏规则的技术。

K.5.3　技术 8.1.1 探测器和焦平面

开发亚开尔文冷却器和高灵敏度探测器(覆盖远红外(far-infrared, IR)、远紫外和极紫外线以及少数千电子伏的 X 射线三种光谱能量带)是未来空间天文学任务的高度优先工作。这些技术与在开发新一代低成本天文望远镜这一顶级技术挑战上取得的进展有着很强的关联。相关设备在实验室的技术成熟度已达到 TRL 4~5,但还需要进一步地研究使其符合空间应用需求。NASA 内部和大学具备研发这些技术所必要的专业知识与设施,当前该行业工业能力也满足深层次的技术研发需求。同时,美国国防部也支持这些领域的研究工作。该项技术的研发及验证不需要使用国际空间站。

这是一种改变游戏规则的技术,原因如下:功能强大的亚开尔文冷却器可以实现长时间的太空任务,这对 NASA 许多科学学科都很重要,包括天文学和行星研究。这些制冷技术的发展还可以据此研发出全新类别的设备,这些设备可能具有巨大的商业和社会影响,如超导和量子计算、超导电子设备。所提出的技术开发将使波长 $250\mu m$ 以上的红外星载天文望远镜的灵敏度提高 10 倍,同时计数探测器能获得更高像素。将采用 FUV 和 EUV 波长的望远镜灵敏度和像素数提高近一个数量级的技术改进能满足新任务的需求,并有助于任务实施,例如以前所未有的灵敏度和分辨率研究星系中的恒星形成。对 X 射线探测器的技术改进可以显著降低成本和/或增强下一代 X 射线观测台的能力。

K.5.4　技术 8.3.3 原位(仪器和传感器)

这些技术与在顶级技术挑战上取得的进展之间存在着密切的联系,以确定当前是否存在有机物的合成,是否有证据表明生命曾经出现过,以及其他行星体上是否有具备维持生命的必要条件的居住地。地质、地球物理和地球化学传感器及仪器需要设计成能在极端环境,如高气压、高低温和不利的化学环境中工作。典型的仪器类型包括相机和成像仪、光谱仪、辐射传感器、地震仪、磁强计和进入—下降—着陆设备。这项技术的潜在收益非常高,由于当前的技术成熟度为 TRL 4,所以全面开发到飞行状态的风险低。

NASA 在这项技术的研发中扮演着至关重要的角色,它可以推动技术发展并为某些特定任务量身定制,如研究太阳系天体及其大气的组成以及寻找生命的任务。该技术不需要进入国际空间站开展研究。

这是一种改变游戏规则的新技术,因为它使前往金星的表面和大气层以及远日行星卫星(如木星和土星的卫星)的表面和亚表面进行探索任务成为可能。

K.5.5　技术 8.2.5 无线航天器技术

在 NASA 最初的技术路线图中,无线航天器技术是被添加到观测台技术领域中,这是因为在航天器航电设备和仪器仪表中使用无线系统可以为航天器和空间任务的设计与实施方式开创一种改变游戏规则的新方法。无线航电设备可以提供可靠的子系统到子系统通信,从而催生一种新的容错、交叉绑扎、可扩展和可靠的体系架构方法。

为了使无线系统能够应用于航天器,当前的地面网络技术将需要进行如下调整和改进。

(1) 适应航天器子系统内部和之间的极高数据速率以及极低数据速率;
(2) 提供高吞吐量和低延迟的无线协议;
(3) 支持多种航电设备接口(串/并口、RS-422、1553 等);
(4) 不受干扰,包括多路径自干扰;

最终,这些系统将需要飞行测试和演示验证。

目前,该技术的成熟度估计为 TRL 3。NASA 各中心、工业界和学术界的若干个研发小组正在研究无线方法。在航天飞机和国际空间站上已经安装了简单的传感器和设备。虽然不需要用在国际空间站上,但是在国际空间站上测试新的无线传感器和系统能极大地促进其发展。

专家组推翻这项技术的 QFD 评分,将其指定为高度优先技术,因为这项技术直接关系到如何应对顶级技术挑战,以提高航天器设计、测试和运行的有效性,并通过将无线系统架构引入航天器航电和仪表系统中,降低航天器研制技术风险,减少系统质量。

无线航电设备能提供可靠的子系统到子系统通信,与硬连线架构相比,做了如下改进。

(1) 减小电缆质量;
(2) 加快集成和测试进度,减少维护、升级和周转时间;
(3) 允许多个子系统之间同时通信,提高响应;
(4) 大幅度降低系统集成和测试的成本,并减少时间;

(5) 在分系统之间提供内部的电气隔离；

(6) 为电缆和连接器故障提供冗余,提高航天器航电设备的可靠性。

K.5.6　技术8.1.5 激光器

激光器是地形激光雷达、大气成分探测器(如用于 CO_2 浓度检测)和多普勒测风设备的基本组件。提高激光器效率和延长寿命是确保太空应用的关键技术。因效率提高而增加的输出功率将使多波束地形激光雷达和高功率多频激光器能够用于三维风、气溶胶以及臭氧测绘和剖面分析等任务。空间应用面临的挑战是如何避免污染,这种污染强度较高的地方会造成长期损害,对高峰值功率脉冲激光器来说是一个严重的问题。正如《地球科学和应用十年调查》报告中所指出的:"混合是指相干和非相干两个 DWL 系统的组合,在不同波长范围内运行,具有明显不同但互补的测量优点和缺点。近地轨道上的混合多普勒测风激光雷达(hybrid Doppler wind lidar, HDWL)可能对全球对流层风分析方法产生颠覆性的影响。"(NRC,2007年)

专家组推翻该技术的 QFD 评分,将其指定为高优先级技术,因为 QFD 分数没有体现其应用价值,获得全球三维风场的 NASA 激光演示任务将以前所未有的方式定义地球大气动量场,并增加数值天气预报能力,特别是对于强风暴。

激光是一个拥有数十亿美元产值的行业,其特点是为广泛的技术领域提供了强大的创新能力。显然,NASA 的投资只有专注于上述特定的任务需求,才能为整个行业做出重大贡献。激光技术开发也将为未来的化学天气和空气污染应用带来很高的潜在回报。专家组同意了《地球科学和应用十年调查》报告中的陈述,报告建议"设计、建造、机载试验,并最终进行 HDWL 原型的天基飞行测试的积极计划"(NRC,2007年)。通过评估和鼓励新出现的激光技术,以满足在《地球科学和应用十年调查》报告中确定的空间飞行任务的持续需求,并重点关注空间激光系统飞行资格认证方法,这对 NASA 后续任务实施有着极大的帮助。在这种情况下,NASA 的技术开发可以满足科学界的需要,服务社会,并依靠这些已熟练掌握、高成熟度的技术执行下一个 10 年期的任务。

K.5.7　技术8.1.2 电子器件

当前,最先进的读出电路支持正在飞行中使用的探测器尺寸(约 4k×4k 像素)。为了支持更大的探测器尺寸,未来的读出集成电路(readout integrated circuitry, ROIC)将需要适当的设计、布局、仿真工具和制造工艺,并利用最先进的 ASIC 技术。注意,在速度、功率噪声和容量(如像素数、通道数等的读取)等属性中,并非每个探测器应用都需要这些属性。该技术与NASA的专业知识、能力、设施和在开发中的作用非常吻合,并与大型探测器和阵列的发展方向一致。不需要进入国际空间站进行技术演示来支持该技术的开发。

专家组推翻该技术的QFD评分,将其指定为高优先级技术,因为QFD分数没有体现该技术在NASA任务、商业成像、NOAA任务和国家军事航天等各个领域广泛适用性方面的价值。这项技术与顶级技术挑战所取得的进展有着密切联系,该顶级技术挑战是关于在短时间内为小型任务所做的技术开发及提高其技术成熟度,这些技术对推动所有顶级技术挑战取得较大进展都很有价值。未来使用多种类型大型阵列的仪器,如电荷耦合器件(CCD)、光子探测器或光谱仪,都需要新的ROIC来充分实现这些阵列的性能增益。高密度、高速、低噪声和低功耗的ROIC将使仪器具有更小的功率和质量,更少的零件数量,更简单的设计,同时可靠性相应提高。用于极端环境(高辐射或低温)的仪器也将受益于辐射硬化或低温耐受能力。

K.6　中等优先级技术

TA08包括10项列为中等优先级的第3层级具体技术。在这一组中,这些技术的收益和/或一致性得分通常低于高优先级技术。如上所述,它们中有三项技术被提升为高优先级类别,上面已对此讨论。

增加了一项新的第3层级具体技术,即8.1.7空间原子干涉测量,因为激光冷却原子的原子干涉技术使得在基础物理实验室里开展试验(TRL 4)成为可能,包括能大幅度提高测量精度的重力测量,并且该技术可牵引高灵敏度空间加速度检测器研发,进而实现重力波检测。

增加了一项新的第3层级具体技术,即用于技术8.3.4地表生物学和化学传感器,因为用于超高分辨率质谱仪和自动微芯片电泳仪的轻质、低功率和小型化技术将允许对太阳系中的任何地方,包括火星、木卫二、土卫六和小天体的有机化合物进行高灵敏度分析。这项技术所获得的分数在中等优先级技术类别中是最高的,因为它具有很高的科学价值,并与NASA以外潜在用户的需求一致。

8.3.4地表生物学和化学传感器和8.2.3分布式孔径,这两种中等优先级技术被认为可能会改变游戏规则,但它们的得分低于专家组制定的高优先级截止分数。说明了这样的一个事实,即确定一组贴近现实而又负担得起的优先事项需要专家组做出一些艰难的选择,但并不表明这两种技术是不重要的观点。其他中等优先级技术往往缺乏明确的用户或任务或仅面向小众市场。粒子、场和波传感器技术在中等优先级技术中排序最低,这是因为,虽然它们与NASA太阳物理任务领域需求一致,但是它们与其他航空航天或非航空航天应用的联系有限,而且它们只需要逐步改进。

K.7 公共研讨会总结

2011年3月29日,参与NASA技术路线图研究的仪器和计算专家组(第三专家组)在美国加利福尼亚州欧文市的美国国家科学院贝克曼学术中心举办了关于科学仪器、观测台与传感器系统(NASA技术路线图TA08)的研讨会。参加研讨会的人员有第三专家组的专家、NASA技术路线图研究指导委员会的一名或多名委员,还有受邀的研讨会参会者、相关研究人员以及参加公开会议的公众人士。研讨会首先由专家组组长Jim Burch作了简短的介绍,他在发言中强调了需要科学界的投入。接下来是一系列长达6h的专家组讨论,然后是45min的公众评论和一般性讨论,最后是专家组组长的简短总结和概括。每个小组讨论都由第三专家组的成员主持,来自工业、学术界和/或政府的专家应邀参加。

K.7.1 会议1:通过亚轨道与低成本轨道飞行进行技术测试和演示

本研讨会的重点是利用低成本的亚轨道和轨道飞行推进空间技术这一贯穿各个技术领域的问题。会议由Webster Cash主持。

Christopher Martin(美国加利福尼亚理工学院)首先作报告,他是天文物理学探空火箭评估组(astrophysics sounding rocket assessment team,ASRAT)组长。在报告中,他强调了探空火箭作为未来任务开发技术平台的重要性,并概述了他们在这方面取得了历史性的成功;同时还指出,通过提供执行空间科学任务的端到端的体验,它们已被用来培训下一代空间实验专家和技术专家。ASRAT建议NASA启动轨道探测火箭(orbital sounding rocket,OSR)计划,以每年至少发射一次的频率将高达1000lb的科学有效载荷发射到近地轨道,任务持续时间为1~100天。他们认为,对那些使用目前的短期亚轨道飞行无法完成的额外的测试和科学研究任务,OSR计划可以用来执行这些任务,能填补耗资数百万美元的亚轨道飞行与起步价1亿美元以上的轨道飞行任务之间的空白。ASRAT认为,OSR将是一个改变游戏规则的技术平台,可用于执行NASA和其他政府机构的技术创新、人力开发和科学研究任务。

Alan Stern(美国西南研究院)讨论了使用新兴商业可重复使用的亚轨道飞行器进行飞行实验的问题。这些系统可以在高度140km提供3~4min的微重力(10倍于零重力飞行器的微重力时间和100倍于地面模拟的微重力环境),从而实现在其他平台上无法实现的应用场景。载人亚轨道旅游市场可能会需要航班的常态化和低成本,可以让现有的实验室设备与研究人员一起飞行(因为这些飞行器将被定义为旅游),而成本仅为探空火箭的 1/10。许多商业公司都提出了暴露于飞行环境的有效载荷舱概念。Stern 指出,接受这些新系统对 NASA 来说可能是一个挑战,但他们最终会改变 NASA 开发新系统的方式。

Ray Cruddace(海军研究实验室)讨论了常规的低成本进入空间(routine low-cost access to space,RLCAS)方法。其目的是快速进行科学观测,以检验新的科学思想和预测,对新仪器进行飞行测试,并将科学研究和技术研发的范围扩大到亚轨道探空火箭能提供的 5~10min 的时间。人们对 RLCAS 的设想是从当前的探空火箭项目发展成 OSR。OSR 计划的本质是接受一定程度的风险,维持一个经验丰富的工程团队,使用货架零部件,进行全面的环境测试,并采用经验证过的运载火箭。目前,最有希望的备选运载火箭是 Falcon 1e 型,其在 2009 财年的成本为 1050 万美元。总体而言,OSR 任务的预期特征是任务期限为 1~3 个月,发射频率至少每年一次,任务成本目标为 3000 万美元。潜在的用户包括 NASA、美国国防部和大学。

K.7.2 会议 2:观测台

本研讨会的主题侧重于作为一个整体的新一代天基观测台。会议由 John Hackwell 主持。

Jim Anderson(美国哈佛大学)将他的演讲聚焦在研究气候变化所需的观测台上。他介绍了对国家优先事项的影响,特别是全球能源需求与气候之间的联系。对于与全球能源需求相关的上万亿美元产业而言,调整的时间要几十年。对气候而言,时间尺度是年,并存在反馈和不可逆性的问题。他建议,影响北极海冰的气候反馈循环应该推动技术决策。他还介绍了利用机器人空基平台和小型航天器作为观测台的能力。

Tony Hull(美国 L-3 集成光学系统公司)介绍了困扰 NASA 技术开发工作的计划问题。他在类地行星搜索者项目中的工作经验表明了稳定并持续的技术开发工作及全面周密项目计划的重要性。他指出,需要尽早选取达成共识的最低科学需求并固化,确定相关的现实预算,并采取统一的流程来固化具有冗余能力的基准技术方法。他对美国工业基础的健康状况和研发预算经费不断减少表示关切。他还指出了国际武器贸易条例(ITAR)对美国的潜在影响,实际上限制了多国组织与 NASA 的合作。最终的结果是,国外航天技术正在超越美国的技术能力。在谈到具体的技术优先事项时,他建议,随着光学系统变得越来越大,刚度越来越低,通过主动反射镜进行波前控制的作用应该越来越大,但是驱动机构对许多空间观测项目的管理者来说是一种麻烦。他认为,使用波前感应和控制的自适应反射镜是大孔径系统的一种改变游戏规则的技术,光学基板制造(以减少发射镜质量)和光学精加工技术已接近技术临界点,这可能导致光学系统质量和性能的突破。

K.7.3 会议3:光子检测器(红外、可见光和紫外)

本研讨会的重点是用于电磁频谱的可见光和近可见光区域的光子检测器。会议由 Joel Primack 主持。

TerryLomheim(美国航空航天公司)作了侧重于焦平面阵列的演讲。首先,他指出商业地面需求和太空应用之间的差异,同时解释为什么空间阵列更加昂贵。空间阵列的应用需求使得每个硅晶片的阵列更少,每个设计上用更少的晶片。他认为,这是保持制造/制造供应链运转的关键挑战。他对技术挑战的看法是,强调需要更大的互补金属氧化物半导体(CMOS)阵列及其相应的读出集成电路(ROIC)。他认为,所有感兴趣的组织(包括 NASA 和其他政府组织)都必须进行大量的技术协调开发工作,以推动技术向前发展。

Christopher Martin(美国加州理工学院)讨论了紫外/光学光子计数探测器技术发展的潜在影响。他说,目前最先进的探测器的量子效率在 10% 左右,远低于理论极限,但其应用受阻于研发成本。他认为,光子计数探测器能极大提高光谱、空间和时间分辨率,具有更高的像素数,并能提供高动态范围。这些技术进步是若干未来科学任务所必需的,并且可能为其他任务节约大量成本。一个例子是宇宙网格重子测绘任务,它考察了三种不同的技术,以达到给定的信噪比和光子计数为标准,研究所需要的最小的望远镜直径和最少的资金。他指出,背照式、δ 掺杂、AR 涂覆的电子倍增 CCD 是一种特别有前途的技术,可以达到 50% 的量子效率,当前技术成熟度为 TRL 4~5。

Oswald Siegmund(美国加利福尼亚大学伯克利分校)作了最后的报告,重点介绍了微通道板(microchannel plate,MCP)光子计数探测器。他提到,微通道板已经参与了 NASA 和欧洲航天局的许多紫外天基任务,并继续被提议用于未来的任务。Siegmund 描述了伯克利分校当前微通道板探测器的一些技术发展状态,包括增加尺寸,将光电阴极量子效率(quantum efficiency,QE)提高到 50% 以上,提高可操作性并降低成本。他指出,需要改进配套的电子设备,以充分发挥这些先进探测器的全部性能优势。此外他还指出,大面积的硼硅酸盐玻璃微通道板是一种特殊的技术,可能会改变游戏规则,但这项技术还处于早期阶段。

K.7.4　会议4:光子检测器(X射线和γ射线)

本研讨会的重点是用于电磁频谱高能量区的光子探测器。会议由 Alan Title 主持。

Steve Murray(美国约翰·霍普金斯大学)首先介绍了未来任务所需的 X 射线探测器。并指出,目前设想的任务已确定了非常具体的技术需求。例如,国际 X 射线天文台想要 1024 个像素,而当前的最先进的是数十个像素。他认为,目前的 CCD 技术正在突破提高像素数和速度的极限。他提到的一些方法可以满足下一代观测台需求,包括一种镶嵌许多小阵列的组合体和用于低功耗处理的专用集成电路(ASIC)。他提到,CMOS 技术是有望改变游戏规则的新技术,其可能在像素层进行事件触发。然而,目前的 X 射线 CMOS 产品非常不可靠。

Kent Irwin(美国国家标准与技术研究院)作了第二个报告。他认为,从技术角度来看,在 X 射线应用中使用的低温探测器(low-temperature detectors,LTD)与用于更长波长的低温探测器具有巨大的杠杆/耦合作用,对它们的投资应当一并考虑。他认为,单像素 LTD 几乎与它们所需要的一样好,并且可以在能量分辨率(包含长波和 X 射线)方面达到要求。他认为,大多数的技术进步都来自阵列规模的增加,目前的 LTD 阵列规模大约每 20 个月翻一番。亚毫米 LTD 的最新技术水平为 10000 像素,X 射线是 256 像素。他提出,配套的电子产品是成本降低潜力最大的领域。随着阵列尺寸增加,需要改进的技术来调制和编码探测器信号。

K.7.5　会议5:地球和行星遥感观测

地球和太阳系内其他行星体遥感观测研讨会由 David Kusnierkiewicz 主持。

Chris Webster(喷气推进实验室)和 Keith Raney(美国应用物理实验室)联合作报告,内容是对地球和行星遥感仪器与传感器的广泛调查。报告首先总结了行星遥感任务所面临的固有挑战,包括针对任务独有的环境进行开发。他们展示了地球和行星科学航天器典型有效载荷套件的示例,以强调所携带仪器的多样性。他们还对当前和提出的 NASA 地球和行星科学任务进行了编目。

他们的演讲文稿简要回顾了 NASA 技术路线图,重点介绍了遥感仪器/传感器技术领域。他们注意到潜在的差距,如在 8.1.2 电子器件中加入高带宽下行链路的可能性。他们还指出,利用月球勘测轨道器任务作为 8.1.4 微波/射频发射机和接收机下发生的范式转移的例子,可能会缺少创新架构(与特定的技术要素相反)。他们还建议对使能技术带来的影响进行更多讨论,这些技术为其他技术路线图中的技术,可以改进通信性能和降低发射成本。他们认为,NASA 应该努力为

TA08技术路线图的11个技术途径(6个主题)中的每一个确定技术推动因素。最后他们建议,在新技术方面也应考虑当前不在NASA资助计划中的第一层级任务。

随后,演讲者就NASA在技术开发方面应该采取的发展方向发表了意见。他们强调了技术路线图中的评论,即一个健康的技术研发计划需要竞争、资金和同行评审三个要素。他们指出,最近的行星十年调查建议,NASA行星科学部总预算中6%~8%应专门用于技术开发,并应谨慎维持资源分配额度。他们还指出,考虑到行星十年调查和NASA地球科学预算提案最近提出的建议,可承受性是一个基本因素。

K.7.6 会议6:原位表面物理、化学和生物传感器

本研讨会讨论了太阳系内非地球天体的交互式测量。会议由Daniel Winterhalter(美国喷气推进实验室)主持。

Jeffrey Bada(美国加利福尼亚大学圣地亚哥分校)是第一位报告人,报告聚焦于探测有机物和生物物质所面临的挑战。他指出,在地球上前生命阶段产生了前RNA世界,进而产生了一个RNA世界。RNA世界被认为是地球上生命的早期阶段,促成了一个DNA/蛋白质世界的诞生,它是所有陆地生物的基础。所有这些都假定发生在液态水中,而液态水是宇宙中最丰富的溶剂。Bada建议,不应包括基于一些其他生物化学或溶剂来搜索奇怪的生命,因为我们不知道该寻找什么。他建议未来的任务应该追寻氨的成分。他指出,在碳质陨石以及前生命模拟合成实验中,至少有50~70种不同的氨基酸,而在我们所知的生物学中,蛋白质只有20种不同的氨基酸。他建议,一个盒子大小的简单的总胺值检测器将是一个很好的初始仪器。他认为,一个鞋盒大小的火星有机分析仪是下一步发展方向,因为它可以解决同手性的问题,这是地球上氨基酸的独有特征,也可能是其他地方的生命。

Michael Hecht(美国喷气推进实验室)是第二位报告人,他首先回顾了原位仪器的路线图,并指出一些传感器所面临的挑战,包括原位地质年代测定仪和超高分辨率质谱仪(解析同量异位素)未在技术路线图中体现。他认为,技术路线图中还未涵盖一些系统性挑战,包括火星样本原位分析、极端环境(金星、土卫六)、千万级和兆瓦级电源、非太阳能、非核能源(如风能、热能和化学能),以及用于行星保护和污染控制的全航天器灭菌。他将非生物高优先级传感器技术领域确定为液相分析仪(湿化学、芯片实验室和冰/水分析)、质谱分析仪(同量异位素分辨率大于100K、激光烧蚀质谱仪和地质年代测定仪)和化学显微镜(扫描电子显微镜/能量色散X射线微量分析仪、小光斑扫描X射线荧光光谱仪、频谱成像和发色团显微镜)。他确定了接近技术突破临界点的改变游戏规则的技术,包括执行与样本返回相关的工作的能力(如原位地质年代测定、先进生命检测和微量分析)。他还指

出,扩大进入深空的途径(如当天早些时候讨论的飞行仪器)将会改变游戏规则。

K.7.7 公众意见征询会和一般性讨论

Robert Hanisch 主持的公众意见征询会结束了这一天日程。大多数问题和评论都侧重于与技术开发相关的一般性问题上。会议涉及的主题包括维持一支有能力提高现有技术水平的、合格的人力资源队伍所面临的挑战,以及维持已经开发的知识和能力所面临的困难。

参考文献

[1] NRC (National Research Council). 2003. The Sun to the Earth—and Beyond: A Decadal Research Strategy in Solar and Space Physics. The National Academies Press, Washington, D.C.
[2] NRC. 2007. Earth Science and Applications from Space: National Imperatives for the Next Decade and Beyond. The National Academies Press, Washington, D.C.
[3] NRC. 2010. New Worlds, New Horizons in Astronomy and Astrophysics. The National Academies Press, Washington, D.C.
[4] NRC. 2011. Vision and Voyages for Planetary Science in the Decade 2013–2022. The National Academies Press, Washington, D.C.

附录L
TA09 进入、下降与着陆系统

L.1 引言

技术领域"TA09 进入、下降与着陆系统"的技术路线图草案包括三个第2层级技术子领域：
- 9.1 气动辅助与大气进入
- 9.2 下降
- 9.3 着陆
- 9.4 进入器系统技术

进入、下降与着陆（EDL）系统是一项关键的技术，能使 NASA 的许多里程碑任务得以实现，包括重返地球、载人登月以及机器人登陆火星。EDL 技术适用于执行 EDL 三个任务阶段中的任何一个或全部任务所必需的所有系统及其演示。NASA 的 TA09 技术路线图草案将进入定义为从抵达到高超声速飞行的阶段，将下降定义为高超声速飞行到着陆初端的阶段，将着陆定义为从下降的末端到最后触地的阶段。EDL 技术可以支持这些任务的三个阶段，或其中之一，或其中之二。例如，大气捕获和气动制动技术仅适用于进入阶段。

进入、下降与着陆是三个主要的第2层级技术子领域；第四个为进入器系统技术，它涵盖 EDL 多个阶段所需的技术。

在对 TA09 中的第3层级具体技术进行优先级排序之前，需要对某些技术进行更名、删除或移动。这些改动的原因将在下面进行解释，并在表 L.1 中予以说明。所有14个技术领域的完整、修改后的技术领域分解结构（TABS）如附录 B 所示。

技术 9.1.5 EDL 仪器与健康监测，适用于 EDL 三个阶段，因此它被转移到技术子领域 9.4 进入器系统技术，其中包括涵盖 EDL 多个阶段的技术，其编号改为 9.4.6。

表 L.1 TA09 进入、下降与着陆系统的技术领域分解结构

NASA 技术路线图草案(版本 10)	指导委员会—修改建议
TA09 进入、下降与着陆系统	若干项目被合并/重新排序/删除
9.1 气动辅助与大气进入	
9.1.1 刚性热防护系统	
9.1.2 柔性热防护系统	
9.1.3 刚性高超声速减速器	
9.1.4 可展开式高超声速减速器	
9.1.5 EDL 仪器与健康监测	移动:9.1.5 加入新增的 9.4.6EDL 仪器与健康监测
9.1.6 进入建模与仿真	合并 9.1.6、9.2.5 和 9.3.6,并增加到 9.4.5 EDL 建模与仿真
9.2 下降	
9.2.1 附体展开式减速器	
9.2.2 拖曳展开式减速器	
9.2.3 超声速反推减速器	
9.2.4 制导、导航与控制传感器	合并 9.2.4 和 9.3.4,并移动到增加的 9.4.7 GN&C 传感器与系统
9.2.5 下降建模与仿真	将 9.2.5、9.1.6 和 9.3.6 合并,并增加 9.4.5 EDL 建模与仿真
9.3 着陆	
9.3.1 触地系统	
9.3.2 脱出与展开系统	
9.3.3 推进系统	
9.3.4 大质量体的制导、导航与控制	合并 9.3.4 和 9.2.4,并增加 9.4.7GN&C 传感器与系统
9.3.5 小质量体系统	
9.3.6 着陆建模与仿真	将 9.2.5、9.1.6 和 9.3.6 合并,并增加 9.4.5 EDL 建模与仿真
9.4 进入器系统技术	
9.4.1 体系结构分析	删除:9.4.1 体系结构分析
9.4.2 分离系统	
9.4.3 系统集成与分析	注:在路线图中的一些地方,9.4.3"系统集成与分析"被标为"进入器技术"。"系统集成与分析"对于描述本项技术的内容更为准确
9.4.4 大气与地表表征	
	增加:9.4.5EDL 建模与仿真
	增加:9.4.6EDL 仪器与健康监测
	增加:9.4.7GN&C 传感器与系统

EDL建模与仿真分别作为单列项目放在进入(9.1.6)、下降(9.2.5)和着陆(9.3.6)中。然而,这三个领域之间有太多的重叠内容,决定优先级的因素在不同领域之间的差别很小,所以它们被组合成一个新的第3层级具体技术(9.4.5 EDL建模与仿真),属于9.4进入器系统技术子领域。

制导、导航与控制传感器(9.2.4)适用于EDL三个阶段。另外,对大质量体的制导、导航与控制(9.3.4)有进入和下降两种应用场景。因此,这些项目被合并成一个新的第3层级具体技术(9.4.7 GN&C传感器与系统),属于技术子领域9.4进入器系统技术。

技术9.4.1体系结构分析出现在TA09技术路线图的技术领域分解结构和两个概要图中,但未出现在路线图目录或技术路线图正文中,它已经被删除。

技术领域分解结构中的技术9.4.3被命名为系统集成与分析。在技术路线图的某些地方它被命名为进入器技术。系统集成与分析更准确地描述了这项技术的内容。

L.2 顶级技术挑战

EDL通常是NASA任务中的一个具有挑战性的系统,EDL的问题与许多险些失利的任务及一些重大失败相关。

NASA的EDL技术路线图草案可能过于狭隘,因为它专注于开发载人级别的任务,以将大型有效载荷送达火星作为重点发展方向,但这样的任务可能在30年以后才能实现。虽然该任务非常有利于推动EDL技术研究,但同时也给EDL技术开发带来一定的挑战,我们需要谨慎地考虑将先进的EDL技术应用于其他可能的场景中所带来的好处,以确保正在开发的技术与特定的任务或目的地没有太紧密地联系在一起。通过适应最大范围的目的地和时间变化,可以实现最广泛的未来任务的EDL技术将具有特别的价值,这反映在如下的6个顶级技术挑战和随后对通用参考任务的讨论中。专家组确定的顶级技术挑战按照优先级顺序排列为:前四个挑战将使EDL系统的技术能力更强,第五个挑战将使EDL系统更安全、更可靠,第六个挑战将使EDL系统成本更低。

(1)到达(星体)表面的质量:开发向目的地运送更多有效载荷的能力。

NASA未来的任务将需要具备更大质量的运送能力,以便在感兴趣的遥远天体上放置具有科学意义的仪器包,有利于从感兴趣的天体上取样返回以及完成人类对火星的探索任务。对于给定的发射系统和轨道设计,可以运送到进入界面的最大质量是固定的。因此,增加运送到地外星球表面(或其他目的地,如行星轨道或移动飞行平台)的质量将需要减小航天器的结构质量,采用更高效更轻的热防护系统、推进系统和/或减速系统。从某种意义上说,提高到行星表面的质量运送能力是 EDL 技术的"游戏名称",因为它可以使目前不可能的任务(如载人登陆火星)成为可能,和/或为其他任务实现能力增强,如能在目前计划任务中增加更复杂的科学调查和取样返回任务。

(2) 地表进入通道:提高在行星上不同地点和不同时间着陆的能力。

在理想情况下,任何探索任务都应有能力在满足其任务要求和目标的时刻、在不同的地点着陆,包括那些难以到达的高纬度或高海拔地区,可通过在一个或多个特定地点着陆,或通过从一个单独的指定着陆地点向其他感兴趣的地点的转移(如通过漫游车)的方式进入特定地点。然而,目前在火星上远距离穿越极度崎岖的地形是不可行的。此外,提高进入系统的稳健性以更好地承受各种环境条件(大气风、太阳入射角等)的影响,有助于到达更多不同的着陆点。或者,如果进入飞行器首先进入轨道,则可以更好地处理进入环境中的不确定性。可以通过调整任务进入窗口(对进入倾角的控制能力和/或在进入期间的穿越范围能力)来增加着陆地表的能力。具有较高升阻比的系统是一个潜在的研究领域,可以提升在具有浓密大气层的探索目的地的地表上的着陆能力。

(3) 精确着陆:提高探测器更加精确着陆的能力。

精确着陆能力使得探测器能够在更靠近特定的预定位置处着陆,以确保探测器的安全着陆(不会对自身或可能已经在(行星)表面的其他人员造成损伤),或以满足其他可操作或科学目标的应用需求。触地点能够达到的精度水平(如1000m、100m 等)取决于 GN&C 设计、飞行器控制能力以及进入环境。精确着陆要求在整个下降和着陆阶段具有准确的 GN&C 性能,这需要精确控制探测器的位置、速度、姿态以及其他状态(Paschall 等,2008)。

(4) 地表障碍检测与规避:增加着陆系统对地表障碍的可承受性。

与探索目的地有关的地表障碍在某种程度上仍具有不确定性,除非开展过实地考察。仅仅依靠被动系统来表征着陆点可能是有问题的,这一点在阿波罗计划期间很明显,6 次着陆任务在着陆点都面临着任务失败的潜在危险。危险的岩石、陨石坑和斜坡使得每一次成功着陆都危机四伏,并给每次任务带来令人难以置信的挑战(Brady 和 Paschall,2010)。主动障碍检测方法可以快速优化安全着陆地点并降低燃料成本,同时能实时直接描述着陆地面的特征,但需要进一步的技术开发来提高该领域的关键能力(Brady 等,2009)。

(5) 安全与任务保证:提高 EDL 过程的安全性、稳健性和可靠性。

对 NASA 和国际社会来说,在 EDL 期间任务失利事件多得令人无法接受,如重返地球的任务,尤其是行星进入任务。在过去 20 年里,美国火星任务的失败概率为 27%(11 次中有 3 次失败),火星着陆器的失败概率为 20%(5 次中有 1 次失败)(NASA,2011),备受瞩目的失败任务包括火星极地着陆器(Mars Polar Lander,MPL)和火星气候轨道器(Mars Climate Orbiter,MCO)。其他国家航天器在 EDL 期间也经历了众多失败(如"小猎犬"2 号和许多苏联的任务),尤其是在早期的行星探测任务中。这些引人注目的机器人任务是人类多年来在设计、开发、飞行和运营资源方面努力的结果,失败造成的代价巨大,难以承受。对于载人任务,EDL 故障可能会导致悲剧事件的发生,比如"哥伦比亚"号事故。

安全与任务保证是任务和飞行器设计的必要约束,在行星探索任务中不可避免地存在一定程度的风险。这一挑战旨在提高任务的安全性,并确保任务成功,同时能以经济上的可承受的方式来实现重要的任务目标。

(6)经济性:提高 EDL 系统经济上的可承受能力。

携带大型有效载荷的 EDL 任务成本非常高,提高 EDL 系统的经济性将允许在固定的、可预测的预算内执行更多次数的飞行任务,并使以前认为负担不起的新任务具备可实施性。事实上,经济性问题导致《行星十年考察》报告质疑火星取样返回任务是否要纳入未来行星任务的技术路线图(NRC,2011)。EDL 系统的经济性可以通过以下两种方式改善:一是提高 EDL 能力,从而降低将某一特定质量的有效载荷运送至地外行星地表所需成本;二是改进有效载荷技术,以便在将较小质量的有效载荷运送至地外行星地表的情况下实现相同的任务目标。TA09 的技术开发侧重于第一种方式,第二种方式会因为其他技术领域的发展进步自然而然地发生。

L.3 质量功能展开矩阵和计算结果

图 L.1 给出了 TA09 中每项技术的 QFD 分数。

技术名称	收益	与NASA需求的一致性	与非NASA的航天技术需求的一致性	与非航天的国家需求的一致性	技术风险与合理性	排序与进度	所需付出的时间与投入	加权重后的QFD分数	专家组给出的优先级
权重	27	5	2	2	10	4	4		
	0/1/3/9	0/1/3/9	0/1/3/9	0/1/3/9	1/3/9	-9/-3/-1/1	-9/-3/-1/0		
	收益	与需求的一致性			风险/难度				
9.1.1 刚性热防护系统	9	9	3	1	9	1	-3	378	H
9.1.2 柔性热防护系统	9	9	3	1	9	3	-3	370	H
9.1.3 刚性高超声速减速器	3	9	1	0	9	-1	-3	142	M
9.1.4 可展开式高超声速减速器	9	9	1	0	9	-3	-3	356	M
9.2.1 附体展开式减速器	3	3	1	0	9	1	-1	180	M
9.2.2 拖曳展开式减速器	3	9	1	0	9	1	-1	210	M
9.2.3 超声速反推减速器	1	3	1	1	3	-3	-3	58	L
9.3.1 触地系统	3	3	1	1	1	1	-1	140	M
9.3.2 脱出与展开系统	1	3	0	0	1	1	-1	52	L
9.3.3 推进系统(相互作用)	3	3	1	1	1	-1	-1	120	M
9.3.5 小质量体系统(无重力)	3	3	1	1	3	-3	-3	126	M
9.4.2 分离系统	1	3	3	0	1	1	-1	88	L
9.4.3 (EDL)系统集成与分析	3	9	3	1	9	1	-3	216	H*
9.4.4 大气与地表表征	3	9	3	3	9	1	-3	220	H*
9.4.5 EDL 建模与仿真	3	9	3	3	9	1	-1	224	H*
9.4.6 EDL 仪器与健康监测	3	9	3	0	9	1	-1	222	H*
9.4.7 GN&C 传感器与系统	9	9	9	3	9	1	-1	402	H

图 L.1 (见彩图)TA09 进入、下降与着陆系统 QFD 得分汇总矩阵

注:图中所有高优先级技术的优先级认定依据详见"高优先级的第 3 层级具体技术"一节内容;H 代表高优先级,H* 代表调整为高优先级(不采用 QFD 分数),M 代表中等优先级,L 代表低优先级。

图 L.2 给出了按照高、中、低优先级进行分组的每项技术的相对排名。QFD 分数生成的过程如第 4 章所述。专家组将其中的八项技术评为高优先级。八项中有四项是根据它们的 QFD 分数而确定的，它们的分数明显高于排名较低技术的分数。经过认真的考虑，专家组又将另外四项技术指定为高优先级技术。

基于 QFD 分数而被认定为高优先级的四项技术：9.4.7 GN&C 传感器和系统，9.1.1 刚性热防护系统，9.1.2 柔性热防护系统，9.1.4 可展开式高超声速减速器。这些技术具有显著的总体效益、能满足 NASA 的需求（通常具备支撑广泛任务的能力）、风险可控且合理可行，因而排名靠前。9.4.7 GN&C 传感器和系统也因为在非 NASA 航天领域具有一定的需求而受到关注。另外四项技术在 QFD 评分上没有得到很高的分数，但是对这些技术的投资将能支撑未来广泛的 EDL 任务。

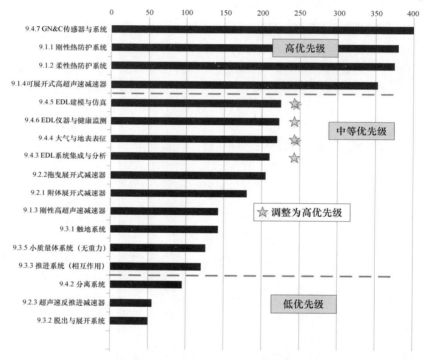

图 L.2　TA09 中第 3 层级具体技术 QFD 得分排名

L.4　顶级技术挑战与各项具体技术之间的关联性

图 L.3 显示了 TA09 中第 3 层级具体技术与顶级技术挑战之间的关系。

优先级	TA09中的技术，按优先级排序	1. 到(星体)表面的质量：开发向目的地运送更多有效载荷的能力	2. 地表进入通道：增加在行星上不同地点和不同时间着陆的能力	3. 精准着陆：提高航天运载器更加精确着陆的能力	4. 地表障碍规避：增加着陆系统对地表障碍的可承受性	5. 安全与任务保证：提高EDL过程的安全性、稳健性和可靠性	6. 经济性：提高EDL系统经济上的可承受能力
H	9.4.7 GN&C传感器和系统	○	●	●	●	○	○
H	9.1.1 刚性热防护系统	●	●	○		○	●
H	9.1.2 柔性热防护系统	●	●	○		○	●
H	9.1.4 可展开式高超声速减速器	●	●	●		○	○
H	9.4.5 EDL建模与仿真	○	○	○	○	●	●
H	9.4.6 EDL仪器与健康监测	○	●	●		●	○
H	9.4.4 大气及地表表征	○	●	●	●	○	○
H	9.4.3 EDL系统集成与分析	○	●	○	○	●	●
M	9.2.2 拖曳展开式减速器	●	●	○	○		○
M	9.2.1 附体展开式减速器	●	●	○			○

续表

优先级	TA09中的技术,按优先级排序	顶级技术挑战					
		1. 到(星体)表面的质量:开发向目的地运送更多有效载荷的能力	2. 地表进入通道:增加在行星上不同地点和不同时间着陆的能力	3. 精准着陆:提高航天运载器更加精确着陆的能力	4. 地表障碍检测与规避:增加着陆系统对地表障碍的可承受性	5. 安全与任务保证:提高EDL过程的安全性、稳健性和可靠性	6. 经济性:提高EDL系统经济上的可承受能力
M	9.1.3 刚性高超声速减速器	○					○
M	9.3.1 触地系统	○	○			○	○
M	9.3.5 小质量系统(无重力)				○		
M	9.3.3 推进系统(相互作用)				○	○	
L	9.4.2 分离系统	○					
L	9.2.3 超声速反推进减速器			○			
L	9.3.2 脱出与展开系统						

● 强关联:NASA在这项技术上的投资对解决这一挑战可能会产生重大影响。
○ 中度关联:NASA在这项技术上的投资对解决这一挑战可能会产生中等影响。
[空白的] 弱/无关联:NASA在这项技术上的投资对解决这一挑战可能影响不大,甚至没有影响。

图 L.3 TA09 EDL 系统中各项技术对顶级技术挑战的支持程度

高优先级技术与许多技术挑战都有着密切的关系。排名第一的第3层级具体技术(9.4.7 GN&C 传感器与系统)可能对六项技术挑战中的四项有重要的影响，对其余两项有中度的影响。排名紧随其后的两项技术(9.1.1 刚性热防护系统和9.1.2 柔性热防护系统)可能对六项技术挑战中的五项有影响。基于这两种技术，对可重用热防护系统进行改进，有助于应对经济性的挑战，特别是对于从近地轨道进行的载人返回任务。排名第四的技术(9.1.4 可展开式高超声速减速器)对六项技术挑战中的四项有帮助。另外的四项高优先级技术在应对技术挑战方面也发挥着重要作用。实际上，它们中的三项对所有的六项技术挑战都有所帮助。这些技术尤其可以帮助改善对 EDL 系统的了解，从而减少所需的设计裕量。

L.5 TA09 的一般性参考任务

EDL 技术开发广受关注，有助于防止潜在的重要任务因 EDL 需求无法满足而被取消。此外，与支持一系列越来越具挑战性的任务的搭积木式技术开发方法相比，只能用于少量任务的技术所获得的回报可能较少。而且由于资源限制，对 EDL 技术的投资必须分阶段进行。EDL 技术通过适应目的地和时间的最广泛变化，使得未来最广泛的任务成为可能，这将是最受重视的任务。EDL 技术反映在上述广泛的技术挑战中，以及下面和图 L.4 中对通用参考任务的讨论中，图 L.4 是 NASA 技术路线图草案中表1的替代品，图 L.4 的内容更为全面。

图 L.4 中的通用参考任务列出了已经飞行的和在可预见的未来可能飞行的最大范围的 EDL 任务。但是，图中没有人类抵达冥王星的通用参考任务，这是由于这种类型的任务距离太遥远，难以合理地实现。图 L.4 中的 35 个通用参考任务根据其目的地、当地的环境差异(存在大气、重力和极端环境)以及任务定义的差别(进入或着陆、硬着陆或软着陆以及着陆器的类别，如有人、货物或机器人)而各有不同。

鉴于图 L.4 中通用参考任务的定义，图 L.5 显示了通用参考任务和专家组评估的 EDL 技术之间的联系。图 L.5 证实了高优先级技术(以及许多中等优先级技术)适用于广泛的通用参考任务。

EDL 任务列表		任务特征						任务示例
通用参考任务编号	任务标识	目的地	不同类型（人类、货物舱、机器人）	进入、着陆？	硬着陆、软着陆？	是否有大气	是否有重力	是否有极端环境	
1	低升阻比载人返回地球	地球	人类	着陆	软	是	是	否	"阿波罗"号宇宙飞船，"猎户座"飞船，商业载人计划
2	高升阻比载人返回地球			着陆	软	是	是	否	航天飞机，Xcor 太空飞船
3	载人制动返回地球			着陆	软	是	是	否	SpaceX 龙飞船
4	低升阻比货物舱返回地球		货物舱	着陆	软	是	是	否	SpaceX 龙飞船
5	高升阻比货物舱返回地球			着陆	软	是	是	否	"追梦者"号（Dream-chaser）
6	货物舱制动返回地球			着陆	软	是	是	否	"隼鸟"（Hayabusa）号、"星尘"（Stardust）号、"起源"（Genesis）号
7	低升阻比机器人返回地球		机器人	着陆	软	是	是	否	X-37
8	高升阻比机器人返回地球			着陆	软	是	是	否	美国 Masten 公司，美国机器公司
9	机器人制动返回地球			着陆	软	是	是	否	

续表

通用参考任务编号	EDL 任务列表 任务标识	任务特征 目的地	不同类型(人类、货物舱、机器人)	进入、着陆?	硬着陆、软着陆?	是否有大气	是否有重力	是否有极端环境	任务示例
10	载人登陆火星	火星	人类	着陆	软	是	是	否	"海盗"(Viking)号、"凤凰"(Phoenix)号、"探路者"(Pathfinder)号、"火星探索漫游者"(MER)
11	货物舱登陆火星		货物舱	着陆	软	是	是	否	
12	机器人登陆火星			着陆	软	是	是	否	
13	火星穿透器		机器人	着陆	硬	是	是	否	DS2
14	机器人进入火星			进入	—	是	是	否	火星飞机(Mars Airplane),火星全球探勘者(mars global surveyor, MGS),"奥德赛"(Mars Odyssey)号探测器
15	载人登陆月球	月球	人类	着陆	软	否	是	否	"阿波罗"号宇宙飞船,"牵牛星"(Altair)号月球车
16	货物舱登陆月球		货物舱	着陆	软	否	是	否	"牵牛星"号月球车
17	机器人登陆月球		机器人	着陆	软	否	是	否	月球取样返回
18	月球穿透器			着陆	硬	否	是	否	月球 A 计划

365

续表

通用参考任务编号	EDL 任务列表			任务特征					任务示例
	任务标识	目的地	不同类型(人类,货物舱,机器人)	进入,着陆?	硬着陆,软着陆?	是否有大气	是否有重力	是否有极端环境	
19	载人登陆小行星/小天体	小行星/小天体	人类	着陆	软	否	否	否	
20	机器人登陆小行星/小天体		机器人	着陆	软	否	否	否	近地小行星交会(NEAR)探测器
21	小行星/小天体穿透器			着陆	硬	否	否	否	"隼鸟"(Hayabusa)号
22	机器人登陆彗星取样返回	彗星	机器人	着陆	软	否	否	否	"星尘"(Stardust)号
23	机器人彗星着陆器			着陆	软	否	否	否	
24	彗星穿透器			着陆	硬	否	否	否	"深度撞击"(Deep Impact)号
25	机器人进入金星/土卫六	金星/土卫六	机器人	进入	—	是	是	是	"惠更斯"号探测器,"土卫六"气球探测器
26	机器人金星/土卫六着陆器			着陆	硬	是	是	是	先驱者"金星"号,"金星"7号
27	机器人金星/土卫六穿透器			着陆	硬	是	是	是	

续表

通用参考任务编号	EDL 任务列表		任务特征					任务示例
	任务标识	目的地	不同类型(人类、货物舱、机器人)	进入、着陆?	硬着陆、软着陆?	是否有大气	是否有重力	是否有极端环境	
28	机器人土卫二着陆器	土卫二	机器人	着陆	软	否	是	是	
29	土卫二穿透器	土卫二		着陆	硬	否	是	是	
30	机器人水星着陆器	水星	机器人	着陆	软	否	是	是	BepiColombo 水星探测器
31	水星穿透器	水星		着陆	硬	否	是	是	
32	机器人进入土星/木星	巨行星	机器人	进入	—	是	是	是	"伽利略"号木星探测器
33	机器人进入天王星/海王星	远日行星		进入	—	是	是	是	
34	机器人天王星/海王星着陆器	远日行星	机器人	着陆	软	是	是	是	
35	天王星/海王星穿透器	远日行星		着陆	硬	是	是	是	

图 L.4 TA09 的通用参考任务

EDL 技术地图

EDL任务列表	高优先级												中等优先级			低优先级	
通用参考任务编号 / 任务标识	GN&C传感器和系统(EDL)	可展开式高超声速减速器	刚性热防护系统	柔性热防护系统	EDL建模与仿真	大气及表面表征	EDL仪器与健康监测	EDL系统集成与分析	拖曳展开式减速器	附体展开式减速器	刚性高超声速减速器	触地系统	EDL小质量体系统(无重力)	EDL推进系统(相互作用)	EDL分离系统	超声速反推减速器	脱出与展开系统
1 低升阻比载人返回地球	是	是	是	是	是	是	是	是	是	是	是	是	—	—	是	—	—
2 高升阻比载人返回地球	是	是	是	是	是	是	是	是	是	是	是	是	—	—	是	—	—
3 载人制动返回地球	是	是	是	是	是	是	是	是	是	是	是	是	—	是	是	是	—
4 低升阻比货物舱返回地球	是	是	是	是	是	是	是	是	是	是	是	是	—	—	是	—	—
5 高升阻比货物舱返回地球	是	是	是	是	是	是	是	是	是	是	是	是	—	—	是	—	—
6 货物制动返回地球	是	是	是	是	是	是	是	是	是	是	是	是	—	是	是	是	—
7 低升阻比机器人返回地球	是	是	是	是	是	是	是	是	是	是	是	是	—	—	是	—	—

续表

EDL 任务列表		高优先级								中等优先级						低优先级		
通用参考任务编号	任务标识	GN&C 传感器和系统（EDL）	可展开式高超声速减速器	刚性热防护系统	柔性热防护系统	EDL 建模与仿真	大气及表面表征	EDL 仪器与健康监测	EDL 系统集成与分析	拖曳展开式减速器	附体展开式减速器	刚性高超声速减速器	触地系统	EDL 小质量体系统（无重力）	EDL 推进系统（相互作用）	EDL 分离系统	超声速反推进减速器	脱出与展开系统
8	高升阻比机器人返回地球	是	是	是	是	是	是	是	是	是	是	是	是	—	—	是	—	—
9	机器人制动返回地球	是	是	是	是	是	是	是	是	是	是	是	是	—	是	是	是	—
10	载人登陆火星	是	是	是	是	是	是	是	是	是	是	是	是	—	是	是	是	是
11	货物舱登陆火星	是	是	是	是	是	是	是	是	是	是	是	是	—	是	是	是	是
12	机器人登陆火星	是	是	是	是	是	是	是	是	是	是	是	—	—	是	是	是	是
13	火星穿透器	是	是	是	—	是	是	是	是	是	是	是	—	—	—	是	—	—
14	机器人进入火星	是	是	是	—	是	是	是	是	—	—	—	—	—	—	是	—	—
15	载人登陆月球	是	是	—	—	是	是	是	是	—	—	—	是	—	是	是	—	是

EDL 技术地图

369

续表

通用参考任务编号	EDL任务列表 任务标识	EDL技术地图																
		高优先级								中等优先级							低优先级	
		GN&C传感器和系统（EDL）	可展开式高超声速减速器	刚性热防护系统	柔性热防护系统	EDL建模与仿真	大气及表面表征	EDL仪器与健康监测	EDL系统集成与分析	拖曳展开式减速器	附体展开式减速器	刚性高超声速减速器	触地系统	EDL小质量体系统（无重力）	EDL推进系统（相互作用）	EDL分离系统	超声速反推进减速器	脱出与展开系统
16	货物舱登陆月球	是	—	—	—	是	是	是	是	—	—	—	是	—	是	是	—	是
17	机器人登陆月球	是	—	—	—	是	是	是	是	—	—	—	是	—	是	是	—	是
18	月球穿透器	是	—	—	—	是	是	是	是	—	—	—	是	—	—	是	—	—
19	载人登陆小行星/小天体	是	—	—	—	是	是	是	是	—	—	—	是	是	是	是	—	是
20	机器人登陆小行星/小天体	是	—	—	—	是	是	是	是	—	—	—	是	是	—	是	—	是
21	小行星/小天体穿透器	是	—	—	—	是	是	是	是	—	—	—	是	是	—	是	—	—
22	机器人登陆彗星取样返回	是	—	—	—	是	是	是	是	—	—	—	是	是	是	是	—	是

续表

EDL 技术地图

通用参考任务编号	任务标识	高优先级								中等优先级						低优先级		
		GN&C传感器和系统(EDL)	可展开式高超声速减速器	刚性热防护系统	柔性热防护系统	EDL建模与仿真	EDL大气及表面表征	EDL仪器与健康监测	EDL系统集成与分析	拖曳展开式减速器	附体展开式减速器	刚性高超声速减速器	触地系统	EDL小质量体系统(无重力)	EDL推进系统(相互作用)	EDL分离系统	超声速反推进减速器	脱出与展开系统
23	机器人彗星着陆器	是	—	—	—	是	是	是	是	—	—	—	是	是	—	是	—	是
24	彗星穿透器	是	是	—	—	是	是	是	是	—	—	—	—	是	—	是	—	—
25	机器人进入金星/土卫六	是	是	是	是	是	是	是	是	—	是	是	是	—	—	是	—	—
26	机器人金星/土卫六着陆器	是	是	是	是	是	是	是	是	是	是	是	是	—	是	是	—	是
27	机器人金星/土卫六穿透器	是	是	是	是	是	是	是	是	是	是	是	—	—	—	是	—	—
28	机器人土卫二着陆器	是	—	—	—	是	是	是	是	—	—	—	是	—	是	是	—	是
29	土卫二穿透器	是	—	—	—	是	是	是	是	—	—	—	—	—	—	是	—	—

371

续表

通用参考任务编号	EDL任务列表		EDL技术地图															
			高优先级								中等优先级						低优先级		
	任务标识	GN&C传感器和系统(EDL)	可展开式高超声速减速器	刚性热防护系统	柔性热防护系统	EDL建模与仿真	大气及表面表征	EDL仪器与健康监测	EDL系统集成与分析	拖曳展开式减速器	附体展开式超声速减速器	刚性高超声速减速器	触地系统	EDL小质量体系统(无重力)	EDL推进系统(相互作用)	EDL分离系统	超声速反推进减速器	脱出与展开系统
30	机器人水星着陆器	是	—	—	—	是	是	是	是	—	—	—	是	—	是	是	—	是
31	水星穿透器	是	—	—	—	是	是	是	是	—	—	—	—	—	—	是	—	—
32	机器人进入土星/木星	是	是	是	是	是	是	是	是	是	是	是	—	—	—	是	—	—
33	机器人进入天王星/海王星	是	是	是	是	是	是	是	是	是	是	是	—	—	是	是	是	是
34	机器人天王星/海王星着陆器	是	是	是	是	是	是	是	是	是	是	是	—	—	是	是	是	是
35	天王星/海王星穿透器	是	是	是	—	是	是	是	是	是	是	是	—	—	—	是	是	—

图 L.5　TA09 中第 3 层级具体技术的通用参考任务图

L.6 高优先级的第3层级具体技术

第6专家组确定了TA09中的八项高优先级技术,下面讨论将这些技术列为高优先级的理由。

一般来说,EDL技术不会从进入国际空间站中获益。然而,先进的EDL技术可能催生新型运载器,提高从国际空间站返回航天员或有效载荷的能力,而从国际空间站上再入返回地球可以为EDL技术提供绝佳的飞行测试机会。

L.6.1 技术9.4.7 GN&C传感器与系统

许多EDL任务的主要目标是将进入飞行器安全地降落在新的目的地,以实现人类或是机器人的探索任务。高性能EDL GN&C系统的用例包括:能够准确地命中进入走廊,在进入和下降阶段控制进入飞行器,在EDL的所有阶段对进入飞行器进行导航,在危险的地形中准确而安全地着陆。

从根本上讲,EDL任务是通过设计架构支持实现其目标。GN&C系统实现其任务目标的能力取决于GN&C传感器性能、进入器执行机构能力以及设计人员在功能强大的实时计算平台上巧妙地将它们结合在一起的能力。

GN&C传感器与系统中相关技术的技术成熟度差异很大。实践证明,有效的GN&C传感器(典型的如惯性测量单元(IMU)和星敏感器)通常具有较高的技术成熟度,但是它们可以继续从减小尺寸、质量和降低功耗中受益,同时还能提高性能和抗噪性。具有EDL功能的测速计和高度计通常具有低到中等水平的技术成熟度,但可以进一步受益于提高的精度、量程和更新率,同时也能够减小尺寸、质量和降低功耗。目前,还处于低技术成熟度的下列项目中的GN&C传感器与系统的进步能大幅改善甚至使未来EDL任务的实现成为可能。

(1) 地形相对导航系统、传感器和算法。
(2) 精确着陆系统、传感器和算法设计。
(3) 障碍相对导航系统、传感器和算法设计。
(4) 障碍检测传感器和系统。
(5) 自适应控制系统。
(6) GN&C自主排序和任务管理器。
(7) 惯性蜂群感知方法和仪器。
(8) 增强容错能力。

如图L.5所示,对所有可预期的EDL通用参考任务来说,GN&C传感器与系统都是通用的。它们与NASA的专业知识、能力和设施非常吻合。鉴于其有着广泛的适用性,其他非NASA机构(欧洲航天局、日本宇宙航空研究开发机构)和美国军事部门(美国国家侦查局、美国导弹防御局、美国海军、美国空军等)将继续提高某些GN&C传感器当前的技术水平,但改进操作系统还需要做更多的工作。NASA可以以身作则,投资于积极的、有计划的且持续性的相关技术研发项目,以促进GN&C传感器与系统技术发展,使其广泛适用于多种任务。这将需要持续而协同的努力,尤其是各部门之间的共同努力,以提高必要的GN&C传感器与系统的技术成熟度,尤其是跨越有"死亡谷"之称的TRL 5~6级技术成熟度(需要在相关环境中进行验证)。

这项技术改变了游戏规则,因为它显著增强了到达地外星体表面质量的能力、在任何地方着陆的能力以及在任何时间着陆的能力。该技术被评为高优先级:一方面是因为这项技术的重大进步有可能会提供变革能力,将未来20年不可行的重要任务变为可行;另一方面是因为它普遍适用于整个航空航天界及多个NASA任务领域。此外,与该技术研发相关的技术风险为中等到高等,非常符合NASA对技术研发的风险容忍度,预计NASA可能的付出成本和完成技术研发的时间不会像过去研发相应技术那样远远超出预计。

L.6.2 技术9.1.1 刚性热防护系统

热防护系统(thermal protection systems,TPS)用于保护进入飞行器的有效载荷(包括人和机器人)免受高超声速进入阶段所经历的高温和高剪切流动环境的影响。刚性TPS材料通常分为可重复使用和不可重复使用两大类,有些任务将两者组合起来使用。航天飞机上使用的防热瓦就是可重复使用的刚性TPS的一个典型示例。这些材料虽然是可重复使用的,但由于经历了再入阶段的热环境和力学环境,它们的使用寿命有限。对于高能量进入,如从近地轨道以外的轨道上进行的重返地球或进入另一个星球的大气层,由于目前可用的可重复使用系统不能承受如此高的热载荷,因此历史上一直使用不可重复使用或烧蚀型的热防护系统。AVCOAT、PICA和SLA-561V等材料已经过飞行验证,其技术成熟度为TRL 7~9。然而,"猎户座"号飞行器使用的AVCOAT生产工艺不得不重新开发,其技术成熟度可能会降低(TRL 5~7)。军事广泛应用的材料,如碳酚醛树脂,其技术成熟度也在TRL 7~9的范围内。然而,由于美国缺乏人造纤维供应商,尤其碳酚醛材料存在可用性问题。

NASA的大多数飞行任务采用刚性TPS材料,即在刚性气动外壳结构上安装TPS,它们可以应对高速度和高热通量的环境。然而,刚性TPS在进入飞行器的质量中占有很大的百分比,进入器设计时一般使用热环境的保守估计来解决热的不确定性问题,这又增加了 TPS 系统的质量。最近的研究主要集中于低密度烧蚀材料的开发上。对于飞行器以更高的速度进入具有大气层的地外行星以及它们的卫星,人们还需要开发新材料来应对包括高对流和高辐射在内的极端环境。

很显然,当前能用于近地轨道返回任务并经飞行任务考核的防热材料是存在的(或需要重新构建),但持续开展新型防热材料的研究和开发工作可以使从近地轨道返回的下一代 EDL 系统受益,能提高飞行器的可靠性和可维修性并降低成本。但是,技术路线图草案对刚性 TPS 的描述集中在应用于行星进入任务的烧蚀型和一次性 TPS。正如 TA09 EDL 研讨会上所指出的,如果将该技术的应用范围扩大到包括近地轨道返回的任务在内,那么这项技术的价值将会得到大幅提升(Grantz,2011;Picetti,2011)。对于新的可烧蚀型和可重复使用的材料,其技术成熟度为 TRL 1~3。

目前,商业应用主要集中在能量较低的近地轨道返回,而用于高能量进入的刚性 TPS 则主要面向 NASA 或军事任务。因此,NASA 有机会与其他部门合作开发这项技术。此外,由于许多其他国家正在进入民用航天领域,因此也有与他们合作的机会。典型例子就是欧洲航天局的欧洲试验再入测试台(european experimental reentry testbed,EXPERT)任务(Thoemel 等,2009;Muylaert,2011)。再进一步,其他需要热防护的高温应用场景(如火箭发动机喷嘴或核反应堆)可能存在附带机会。由于热防护技术对这些应用来说是独一无二的,并且需要小规模的地面测试和大规模的飞行测试,所以工业部门不太可能在开发或鉴定新材料或防热系统方面起到主导作用。因此,NASA(还有美国国防部)可能是维护像电弧喷射这样的设备和投资尖端计算工具(以及开发和应用这些工具的人力资本)的最佳选择。

这项技术正在改变游戏规则,因为该领域的进步将使在极端热环境下的新任务或是减小进入器质量成为可能,可以增加进入器上有效载荷数量并提高其性能,这将远远超越之前取得的成就。这种技术不仅在军事上具有广泛的适用性,而且可以对非 NASA 的航空航天需求产生很大影响。它的进一步发展涉及中到高的风险等级。

L.6.3 技术 9.1.2 柔性热防护系统

与刚性 TPS 类似,柔性 TPS 可以是可重复使用的或烧蚀型的(或是两者的组合)。因为它们的柔性,这些 TPS 可以挤压成更紧凑的形状,应用于不规则的表面,并在需要时展开。除了热防护功能,这些系统还可以承载重要的空气动力学载荷(主要用于减速)。同样,由于它们的柔性,可以通过调整 TPS 的形状来改善进入器在高超声速进入阶段的空气动力学性能(提供升力和横向运动能力),也可以使用这些柔性材料控制局部边界层状态(层流与湍流)和热载荷。虽然柔性 TPS

已被用于航天飞机的背风面(先进的柔性可重复使用的表面绝热毯),但它们尚未在高能量进入或是发生重大气动-热-结构相互作用的情形中得到验证。先进的柔性TPS材料的技术成熟度为TRL 1~2。

与刚性TPS类似,柔性TPS将在商业、民用和军事航天市场中得到应用。改变TPS形状的能力可用于远程打击系统中,在这些系统中,精确的空气动力学控制能力是至关重要的。类似于刚性TPS,预计NASA将成为提高其技术成熟度的主要机构,最终工业部门能够将其开发的功能商业化。先进柔性TPS作为大气进入阶段的主要热防护系统还需要开展大量的研究工作。几乎所有的可展开式减速器概念都存在着众多的挑战,包括在行星间转运或在近地轨道储存后的搬运、制造、包装和展开等方面的相关热防护。与刚性TPS一样,推动柔性TPS技术发展将需要在计算能力方面取得重大进步(如在高热流环境中模拟流体-结构相互作用)。此外,要对这些系统进行定量和可靠的地面及飞行测试将会面临着重大的挑战。

这项技术改变了游戏规则,因为与刚性TPS相比,柔性TPS的技术进步能够将TPS的尺寸和质量减小到低于刚性TPS所能达到的尺寸和质量,军事航天行业也可以从这项技术中收益。由于在这一技术上缺乏经验,其风险为中等偏高,但可能高于刚性TPS的技术风险,特别是在高热通量/高动态压力区域内应用的可重复使用柔性TPS类型,在TA09技术路线图草案中并未对这一主题展开讨论。在将柔性TPS作为未来可用的候选技术之前,需要对这些系统的材料和制造技术进行深入开发,但证明柔性TPS技术优于刚性TPS技术将需要更长的时间。

L.6.4 技术9.1.4 可展开式高超声速减速器

目前的进入系统采用传统的刚性减速器结构,用来提供热保护和减速能力。刚性装置的外形和尺寸决定了其气动性能,运载火箭的尺寸决定了其最大尺寸,进而决定了传统减速器的最大阻力面积。与传统的刚性减速器相比,展开式减速器采用柔性或是刚性部件,通过利用更大的阻力面积和新颖的气动外形,从而具有更强的能力,因为它们不受航天器尺寸的限制。

可展开式减速器可以在EDL的早期阶段增加航天器的阻力面积,从而降低所需高度,并增加着陆构型配置的可用时间。这些技术可用于来自地球亚轨道的大型物体的安全着陆,也可使更重的有效载荷成功抵达火星地表,那里的低密度大气环境特别具有挑战性。可展开式减速器还可以在太空真空中展开,以增强其气动捕获能力,对科学任务具有显著的成本效益。

刚性减速器可与伺服系统、推进器、储存气体和/或其他机械装置一起使用,这些装置在设计、构造及执行上相对简单,但所占质量比较大,由此带来的成本也相对较高。机械展开系统不依赖充气,但需要柔性 TPS 与相关复杂系统的集成。

充气减速器在质量方面非常有吸引力,但需要某种形式的内部加压为它们充气。充气系统可以使用储存气体、燃气发生器或混合方式。减速伞使用冲压空气(大气)充气来确定其形状。因此,它们不需要辅助气体系统或与其相关联的物质,但也不能在真空中展开。这一特点使减速伞作为大气捕获或气体制动装置的使用复杂化。

充气系统中应用的许多技术具有相对较高的技术成熟度,但是与减速器结构相结合的充气系统的技术成熟度要低得多。总的来说,可展开式高超声速减速器技术的技术成熟度为 TRL 2~4。

这是一种改变游戏规则的技术,因为相对于传统的刚性减速器,它提供了更大的阻力面积和新颖的飞行器外形。这些功能可以增强进入段的热防护和减速能力,从而提供一种实现新任务(如大质量体在火星上着陆)的方法。该技术完全符合 NASA 的需求,可用于广泛的探索任务。商业发射服务供应商也可以利用这些技术,通过回收再利用助推器和货物运载器来实现运输成本的大幅降低。但是,商业发射服务供应商不太可能进行必要的投资来推动该技术成熟度超过 TRL 6,所以 NASA 应该领导相关技术研发。这当然是一项艰巨的任务,但完全是 NASA 分内之事。

L.6.5 技术 9.4.5 EDL 建模与仿真

EDL 建模与仿真(modeling and simulation,M&S)技术为在 EDL 任务的各个阶段进行强大而有效的设计提供计算预测能力。该技术包括计算流体力学分析、有限元建模、流体-结构相互作用分析、空气热力学建模(包括烧蚀表面和热辐射物理、耦合稳定性和弹道分析)、多学科分析工具以及 EDL 任务所需的其他高保真分析。

由于试验测试中可用的测试条件范围有限,并且此类测试成本较高,因此在 EDL 系统设计和分析的每个阶段,M&S 工具都受到高度重视。除了开发物理模型、数值方法和软件工具以进行 M&S 之外,该技术还包括开发和应用包括飞行试验在内的试验验证技术。只有高保真模型也得到了很好验证,它们才有助于降低裕度,从而在不损失安全性的条件下提高任务能力。传统的飞行数据通常不足以验证计算程序,特别是因为我们通常难以充分理解测量中的不确定性,并且 M&S 所需的边界条件也没有得到很好的表征。EDL 系统所经历的各种工作环境使整个过程变得更加复杂。

NASA 航空研究任务局和探索系统任务局(Exploration Systems Mission Directorate,ESMD)主要执行与任务相关的建模与仿真工作。这项技术将以 NASA 航空研究任务局完成的基础研究为基础,以推进未来 20 年中规划的关键任务领域的最新技术发展。

目前,M&S 技术的技术成熟度为 TRL 4~7,即它已经具备对刚性结构进行准确稳定的空气动力学分析能力。然而,现在的预测能力对 EDL 任务所需要的准确分析是不足的,技术成熟度通常为 TRL 3。例如,由于可靠预测辐射环境中每个位置处 TPS 的退化率无法实现,防热层往往会过度设计,因此增加了质量并降低了任务能力。

NASA 具备的专业知识、能力和设施完全满足这项技术的研发需求。在航空航天领域的热化学非平衡建模技术发展中,NASA 发挥了主导作用,也受益于与国防部、能源部实验室以及工业合作伙伴的密切合作,这些合作伙伴针对连续稀薄高温流环境中的武器系统开展应用研究。NASA 在物理建模和软件开发方面拥有丰富的专业知识,可以负责指导和协助学术界、联邦政府机构和工业界的合作伙伴对该技术的研究。NASA 在高性能计算设备上的投资也使得它非常适合开展这项工作,而且目前它拥有独一无二的地面和飞行测试能力,可以进行 EDL 建模与仿真所需的实验验证。我们需要继续投资建设地面试验设施,如大型风洞、电弧喷射设备、超声速和高超声速风洞,以确保在需要时能够为验证计算程序提供技术手段。NASA 有需求去推动这项技术的进步,如果没有 NASA 的参与,工业界不会对此进行大量的投资。

专家组推翻了这项技术的 QFD 评分,并将其指定为高优先级技术,因为 QFD 分数并不能完全反映这一技术的价值,体现在对 EDL 任务的广泛适用性以及促进 TA 09 中的其他高优先级技术(尤其是 TPS 和减速器技术)的成功开发与实施方面。此外,EDL 建模与仿真支撑所有六项顶级技术挑战。它在物理建模、数值技术开发和实验验证等方面处在适当的风险级别和难度,这一特点使 NASA 在这些主题上拥有长期的核心竞争力。这项技术的发展计划很明确,联邦机构和航天工业界有可能共同出资开展研究。

L.6.6 技术 9.4.6 EDL 仪器与健康监测

TA 09 技术路线图草案指出:"用于工程数据记录并对进入器进行健康监测的仪器为进入飞行器系统的预测和观测性能之间提供了关键联系。"对于进入器热防护系统来说尤其如此,因为在地面测试设施中不可能完全模拟进入环境。因此,虽然地面试验设施在热防护系统研发中是不可或缺的,但热防护系统设计算法完整、严格的验证只能通过预测结果与飞行数据的比较来实现。此外,健康监测仪器可以提供系统性能数据以及进入飞行器系统在进入前正常运行的证据。如果 NASA 听从技术路线图草案中的呼吁,即"为所需的 EDL 仪器和数据采集制定一项NASA研发规划,以推进并建立对EDL系统认证必不可少的模型",那么这项技术的投资价值将得到极大提高。

正如技术路线图草案所指出的,进入仪器的主要技术挑战包括能够直接进行热通量原位测量的高温系统、TPS测量(温度和应变)、先进光学与其他非侵入式测量技术以及在烧蚀型TPS中的激波层辐射测量。健康监测面临的挑战包括开发低数据、低功耗网络,误报结果的剔除以及对已发现损伤部位修复的启动和监测能力。

这种技术的技术成熟度为TRL 9,因为这种仪器在以前的飞行任务(如,"阿波罗"号宇宙飞船和航天飞机)中成功应用。然而,目前的仪器系统很重,在有些情况下,无法接受侵入式测量方法,所以需要新的更轻、更小、更少侵入式和更准确的方法,此类系统目前的技术成熟度为TRL 2~3。

专家组推翻了这一技术的QFD评分,并将其指定为高优先级技术。QFD分数并不能完全反映这一技术的价值,体现在对所有EDL任务的广泛适用性以及对提高EDL任务安全性和可靠性的贡献方面。这项技术与NASA的专业知识和能力非常吻合,需要NASA的参与才能成功开发。所获得的数据及由此产生的改进后的防热设计算法将引起NASA、DOD、DOE、大学研究人员和商业航天运输界的极大兴趣。

该技术的研究范围与TA04机器人、遥操作机器人与自主系统的自主子区域中的一些技术有重叠。

L.6.7 技术9.4.4 大气与地表特征

技术9.4.4的目标是对行星的大气和地表提供足够详细的描述,以促进行星任务的规划和执行。就行星大气而言,需要一个预测模型来定义全球、区域和局部尺度上的空间和时间大气特征,包括年度的、季节性的以及每日的变化。对于月球、火星和金星,这样的模型是存在的,但是它们不能提供所需的详细内容。火星全球参考大气模型代表了当前最新的技术水平(Justus等,2005;Justh等,2011)。该模型允许对所需的大气廓线和动力学进行预测,但其精度受数据库不足的限制。对于其他行星,现有的模型仅提供粗略描述,很少有细节。行星的表面模型对漫游车任务极其重要,对涉及载人登陆的任务更是至关重要,因为在这些任务中,风化层的颗粒尺寸和磨损特性会对轴承、驱动电动机和航天服造成严重损坏。大气模型对于进入任务来说是极其重要的,因为这涉及提高着陆准确性的空中机动以及增加着陆质量的气动捕获。目前,大气模型的不准确导致了保守的设计和巨大的质量余量,从而降低了系统性能,并造成了项目经理无法接受这些技术。

未来对这项技术的投资可能包括:①火星上的分布式天气测量(短期和长

期);②为所有的火星着陆任务研发一个标准的、低冲击的测量包(为未来的火星着陆器提供表面压力和向上风的测量);③开发用于在与空气制动、气动捕获和空中机动相关的高度上对风和大气特性进行表征的轨道仪器;④基于这些数据开发更高保真度的大气模型。另一个主要的贡献将是为可视立体图像、多光谱图像、高度测量开发数据自动融合技术,并将其转换为适合地形跟踪器使用的机载地形和反照率表面地图。其他高优先级的工作领域包括开发"侦察"探测仪,用于测量进入器前端的大气特性,以及开发基于进入器的传感器,能用于实时测量局部和远场的大气特性。

目前,预测模型的技术成熟度从 TRL 6(用于月球和火星大气的表面表征)到 TRL 2 或 TRL 3(用于更远的行星)。上面所介绍的相关项目目前处于相对较低的技术成熟度,即 TRL 2~4。专家组推翻了这一技术的 QFD 评分,并将其指定为高优先级技术,因为 QFD 得分没有反映这项技术的价值,即大气与地表特征在解决所有 EDL 顶级技术挑战方面具有重要价值,此外,它与 6 项级技术挑战中的 3 项有着密切的关系。

在未来大多数行星任务的设计和执行中,迫切需要这项技术。它与 NASA 的专业知识和能力非常一致,需要 NASA 的参与才能成功开发。这些模型将引起科学界的兴趣,基础科学研究可以为模型的发展提供支撑。基础科学研究与预测性工程模型的研发应平行开展,以实现效益最大化。

L.6.8 技术 9.4.3 EDL 系统集成与分析

EDL 系统是一个由软件和硬件组成的、功能相互依赖的多学科高度耦合的系统。这一问题的本质是要求开发改进的系统集成与分析方法的技术,如多学科设计优化。优化 EDL 系统涉及多个学科(如热学、流体动力学和弹道学)、多个飞行阶段(EDL)、总体系统可靠性和成本,以及一系列解决上述所有问题的工具。这项技术与 9.4.5 建模与仿真密切耦合。

在新系统的开发中应尽早探讨系统需求、系统概念和新技术潜在效益之间的相互作用,尤其是剔除过度的限制和任意要求,从而提高系统的性能,降低生命周期的成本,缩短技术研发所需的时间(Mavris 和 DeLaurentis,2000)。

现有的系统集成与分析技术尚未广泛应用于 EDL 任务设计,当然还没有达到为载人火星任务设计 EDL 系统需要的程度。一旦系统集成与分析技术得到验证,整个 EDL 技术组合将受益于在一个更大的任务集里扩大使用这些技术,因为它们有助于理解其他技术能给特定任务或是整个任务带来的好处。和 9.4.5 EDL 建模与仿真类似,系统集成与分析将极大受益于飞行工程数据,以验证并改进系统集成与分析工具。但是,随着系统集成度与分析技术保真度的提高,可以减少进一步

(昂贵)测试的需要。

对这项技术的理解和需求主要存在于 NASA 内部,在某种程度上对美国国防部也是如此,但其性质适合于大学可以执行的项目。

虽然系统集成与分析预计不会成为改变游戏规则的技术,但是专家组仍推翻了这项技术的 QFD 得分,并将其指定为高优先级技术,因为它支撑完整的任务集和所有六项 EDL 顶级技术挑战。

L.7 中低优先级技术

相对于高优先级技术,TA 09 中有一组中、低优先级技术在总体效益和技术发展所面临的挑战都较低。9.2.2 拖曳展开式减速器、9.2.1 附体展开式减速器、9.1.3 刚性高超声速减速器和 9.2.3 超声速反推减速器都属于这一类。拖曳和附体展开式减速器在中、低优先级技术中排名最高。然而这两种技术都被认为收益有限,尤其是因为它们适用于下降阶段,不被视为改变游戏规则的技术。刚性超声速减速器是排名紧随其后的技术。虽然这项技术可以做进一步的改进,但通常受到当前运载火箭上有效载荷最大可用空间的限制。超声速反推减速器也被认为收益有限,而且在技术上是最具挑战性的。虽然它经常被描述为一个改变游戏规则的技术,但专家组认为它的适用性主要限于将大型的有效载荷降落在火星表面。在这类火星任务的应用中,运送额外推进剂所付出的代价可能会超过任何其他可能的任务改进所带来的好处。

另一组中、低优先级技术并非为关键性技术,通常是与个别任务特点相关的需针对性解决问题的工程技术。9.3.1 触地系统、9.3.3 推进系统、9.4.2 分离系统和 9.3.2 脱出与展开系统技术都属于这一组。

技术 9.3.5 小质量体系因任务适用性非常有限,通常认为其收益较低。该技术实际上可以更好地适用于 TA 04 机器人、遥操作机器人与自主系统的技术路线图,因为它本质上是一个交会对接问题。

L.8 技术路线图所涵盖的技术发展及其进度变化

EDL 任务的起起落落使得 EDL 界难以维持核心能力和知识。EDL 技术开发需要不断的努力和持续的资金支持,促进工业界共同参与,才能取得成功(Peterson,2011;Grantz,2011;Rohrschnedier,2011)。

在"阿波罗"登月计划之后,"海盗"号火星探测器和其他行星探测器利用了在

"阿波罗"登月计划期间开发的烧蚀型防热技术。然而,近年来人们更多地关注用于从近地轨道返回的航天飞机上使用的可重复使用的TPS,使得烧蚀型材料开发及相关供应链都失去了投入动力。目前,由于航天飞机计划(用于载人航天)的结束,以及火星科学实验室与"火星2018"任务(用于机器人探索)之间存在较大差距,在未来几年,推动可重复使用TPS发展的进程可能会停滞。例如,在资金不足的情况下,关键材料供应商正在中止研发和生产用于陶瓷瓦的高温涂层(Grantz,2011)。

理想情况下,NASA的EDL研究和技术开发是建立在过去的工作基础上,以满足未来的需求。由于EDL不是工业界的高需求项,因此NASA维持这些能力是非常重要的。一个成功的技术计划需保持测试能力,并以一个稳定的节奏推进关键性的技术研发工作,而不仅仅是依赖于飞行任务的批准。通过确保专业知识积累,NASA可不必重新吸取过去的经验教训。在AVCOAT材料上的折腾就是失去知识、经验和教训的一个很好的示例。

L.9 公众研讨会总结

2011年3月23—24日,参与NASA技术路线图研究的EDL专家组在美国加利福尼亚州尔湾市的贝克曼中心组织召开了EDL技术领域的研讨会。讨论由专家组组长Todd Mosher主持。Mosher一开始就概述了技术路线图的总结和NRC的评估任务,还为受邀的演讲者在演讲中应该涵盖哪些主题提供了一些指导。之后,技术路线图制定者介绍了EDL技术路线图草案的注意内容。每个分组会议都由分组会议主持人的简要介绍开始,接着是每个受邀的专家组成员作报告。然后,留出时间让所有研讨会参与者就专家组关心的主题进行开放式讨论。在每天结束的时候,所有研讨会参与者都有额外的时间进行一般性讨论。

L.9.1 NASA技术路线图概述

研讨会首先由Mark Adler介绍了NASA关于TA09的技术路线图草案,其他制定者也出席了会议。Adler阐述了EDL面临的一般性挑战:"不燃烧,及时减速,正中靶心,并幸免于难。"针对这些挑战,Adler介绍了EDL技术的优势,特别着重于可以实现和增强的相关能力:提高到达目的地的质量,增加行星表面的进入时机,提高到达表面的着陆精度,延长EDL时间轴以完成在进入阶段的关键事件,增强着陆系统对地面障碍的稳健性,提高任务的安全性和成功概率,提高从近地轨道以外轨道返回时的人身安全性,提高取样返回的可靠性及行星间防护能力。Adler评论到,在制定技术路线图时,制定者试图给出未来任务的概貌,以便选择技术并将其映射到这些任务上。我们仅考虑了在2010—2030年被认为是可行的技术,尽管这些技术由于交付使用的时间很长而受到较长期任务(如载人火星登陆任务)的影响。其演讲的剩余部分概述了技术路线图中的每个第2层级技术领域,以及每个技术领域中的技术,即EDL和进入飞行器系统。最后,他介绍了关于EDL交叉技术的一张幻灯片,补充评论指出技术路线图中的许多技术在NASA以外很少有应用。例如,与美国国防部所用系统有重叠的某些TPS、商业乘组的发射中止以及针对亚轨道和轨道运载器回收的EDL技术商业应用的潜在新兴市场。

Adler的演讲之后是一个问答环节。有人提出测试的经济性问题,技术路线图制定者回答,对于许多EDL技术,测试必须在目的地(如火星)上进行,因为在地球的相关环境中进行测试非常困难。由于这样做的成本问题,大多数火星任务都建立在"海盗"号和"火星探路者"号探测器所展示的技术基础上,此后几乎很少有新技术得到开发。另一个研讨会参与者询问了星座计划取消后,NASA电弧加热设备的发展情况(在为期两天的研讨会中,电弧加热设备成为一个持续讨论的话题)。其他问题集中在具体技术上,特别是用于减速伞的升阻特性、点火器技术和材料。

L.9.2 会议1:非NASA政府机构

James Keeney(美国空军研究实验室)在本次会议中第一个作报告,重点介绍空军研究实验室(以及一般的私人企业)如何能从技术路线图中提出的EDL技术中获益,以及美国空军研究实验室在这些技术的开发中发挥的作用。他指出,大多数协议和专业知识、技术与资产的共享是通过个人联系项目负责人这一级进行的,但将这些联系正式化是有益的,以使其更多地能在公司这个层面进行。在EDL方面,美国空军研究实验室有兴趣与NASA合作,将他们的一些实验从近地轨道带回到地面(美国空间天气研究是典型的例子)。商业实体主要关注近地轨道,Keeney关心NASA将如何将其技术引入到商业轨道运输服务(COTS)中,以降低成本。按Keeney所见,技术路线图的一个关键缺陷就是其他机构、国家实验室和国际合作伙伴关系之间缺乏相互依赖性。Keeney还指出,美国空军研究实验室有大量的NASA可能会用到的设备,如风洞,他在技术路线图草案中没有看到NASA有超出他们目前水平的设备。

观众的问题集中在试验的细节(200kg级)、美国空军研究实验室的传感器(激光雷达和基于射频的装置)以及构建地形图的专业知识(这是美国国防部擅长的领域,可以转化为NASA在行星探索领域的应用)。另一位观众询问,在建模活动方面,美国空军研究实验室与NASA是否存在任何的相互关联。Keeney表示,虽然技术路线图明确指出测试存在问题(他同意这一说法),但是并没有提出方案来解决这个问题。美国空军研究实验室的大多数测试是以地球大气层为基础的,而扩展到其他行星的大气层则更多地属于NASA的管辖范围。

Carl Peterson(美国桑迪亚国家实验室,已退休)讨论了到目前为止为NASA制定EDL技术路线图的看法。Peterson声称,"测试你要飞行的,飞行你所测试的"方法所需费用已限制了NASA对新技术的测试与使用,现在仍然在依靠"海盗"号火星探测时代的EDL技术和方法(如进入运载器的外形、降落伞)。此外,Peterson继续说,工程技术往往得不到足够的经费,这是因为大部分技术是根据特定的任务而开发的。如果NASA希望依托未来的任务提升现有的能力(如能到达新的目的地并取样返回),那么过去的EDL技术真的不够好。Peterson提出由于存在重合的技术需求,NASA与空军(或更广泛地说是国防部)有合作的可能性,并认为技术开发资金的连续性至关重要,应将官僚监督和汇报要求保持在最低限度。另外,需定期对研发目标进行重新评估和更改。Peterson还强调,EDL技术开发是一项长期战略目标,需要持续不断的努力,不能因为每一届政府更换而修改。一名参加研讨会的NASA代表表示赞同。NASA内部不断变化的优先事项和预算使得技术开发在过去很难实现,技术路线图的目标是保持长期的连续性。在优先级排序和技术研发进度方面,Peterson认为技术路线图草案的近期计划过于乐观,主要是由于基于测试的方法在经济上已经无法承受。相反,NASA需要利用计算、建模与仿真方面的进展推动相关工作,全尺寸飞行试验的数量应该受到限制,一般作为鉴定工具而非设计工具。

在问答环节中,专家组讨论了若干个关键议题。第一讨论的是与其他机构的合作,建议的合作包括进行超级计算的美国国家实验室和进行再入建模的美国导弹防御局。关键的一点是应该签署合同协议以共同维护设施。关于设施,他们还就在技术路线图中强调设施问题的必要性进行了重要讨论。第二是关于建模与仿真及其与测试的关系的讨论。有几位发言者表示,模型必须通过测试进行验证,在进行验证之前,你不能相信你的计算模型。应该利用一切机会来收集数据,包括对实际飞行进行检测。不过,测试的作用已经改变了,它不再用于设计,现在需要与验证预测方法结合起来。一些观众还评论了开展集成系统演示以避开技术成熟度中的"死亡谷"(大气捕获是一个著名的例子)的必要性,技术路线图应该包括专用技术演示任务的里程碑节点。第三是关于技术路线图关注对象的讨论,即它应该关注火星,还是已经过于关注火星?NASA的一名工作人员指出,应该有一个核心能力的投资清单,而不与单个项目办公室绑定,因为项目时有时无,要求不一。然而,在预算受限的条件下,很难有并行的路径,技术必须通过它们在任务中的使用来证明是合理的。有人担心技术路线图过于关注载人火星登陆。相反,很多人认为技术路线图应该侧重于更近期的目标,因为当NASA准备好执行载人火星任务时，有些技术可能就过时了。第四，就行业而言，还需要长期目标和资金的持续性，这是让行业将部分自由资金投入技术开发的唯一途径。

L.9.3　会议2：工业 I

Arthur Grantz（美国波音公司）将他的演讲集中在从近地轨道的进入方面，他认为这是技术路线图草案中的一个差距/不足。正如 TPS 材料和技术在"阿波罗"登月计划之后"丢失"一样，他担心随着航天飞机的退役也会发生同样的事。未来几年里，从近地轨道返回仍然很重要，应该被列为优先事项。他认为，可重复使用的 TPS 材料、制造工艺和可维护性正处在关键转折点，但技术路线图过于关注新的烧蚀型 TPS 材料。他还讨论了高速返回地球（如从月球或火星）与近地轨道返回地球之间的重叠区域。此外，Grantz 认为 EDL 任务需要仪器设备来探测并记录数据，用来改进/验证计算模型。基础设施也需要维护，特别是电弧加热设备。技术路线图还应该包括更多地从近地轨道进入和更高进入速度系统的地球大气飞行试验。

Al Herzl（美国洛克希德·马丁公司）讨论了他认为需要的 EDL 技术是 TPS 材料、高温绝热和结构、减速伞系统、机械分离和展开系统、降落伞、推进系统、着陆与障碍规避传感器及算法，还有着陆装置。他认为，必须确定任务，以牵引更加成熟的技术。同样的，他相信每个任务都有责任牵引技术发展。他还认为寻求商业市场是有益的，并评论说，学术界和工业界都希望致力于技术开发工作，所以 NASA 应该尝试并寻求合作研究。最后，他相信测试项目是信心的关键——需要测试数据来构建分析，然后验证模型。

Steve Jolly（美国洛克希德·马丁公司）讨论了技术路线图中他同意的技术领域以及他认为需要修改的技术领域。总的来说，除了小质量体技术（可能会在单独的技术路线图中）外，他同意重点推荐的技术发展领域。他认为技术路线图草案没有足够地重视系统集成的方法，这对高度集成、高度耦合的 EDL 系统来说往往是至关重要的。他还认为，人们过多关注行星任务，却没有充分关注从近地轨道、中高轨道、地月之间以及近地天体等目的地的返回地球任务，指出"这些问题尚未解决"。他同意技术路线图中所列出的建议立即行动清单，因为挑选可以轻易实现的目标是重要的。他列举了他认为 EDL 面临的顶级技术挑战，即 TPS 的资格认证（以及对电弧加热设施的需求）、减速器（降落伞）的资格认证、再接触的威胁、障碍规避、水平速度和触地以及与地面的相互作用。最后，他还列出了他所认为的改变游戏规则的技术，即终端下降推进器与着陆装置的解耦、GN&C 传感器、可操控减速器技术、触地用应急阻尼安全气囊、大气捕获、终端下降反向推进以及类似 FBC 的 EDL 结构超声速展开，以避免重新接触。

Don Picetti(美国波音公司)认为,技术路线图的覆盖范围很全面,并且在短期和长期投资之间取得了很好的平衡。他认为,技术发展的平行路径和量化目标是技术路线图的优势。Picetti 还关注可重复使用的地球进入系统,这有助于改善商业供应商的运营成本。他还强调了高保真度建模与集成系统仿真的重要性。他特别讨论了与其他 NASA 技术项目(如航空)协调以获得数据的需求、升级和维护地面测试设施的需求,以及对未来 NASA 任务进行仪器测量的需求。他认为顶级的技术挑战包括可展开和充气减速器(游戏规则改变者)、超声速反向推进(游戏规则改变者)以及精确着陆。他确定的高优先级领域为飞行测试/地面测试和设施、刚性减速伞、可展开和充气减速器系统、超声速反向推进以及集成的高保真建模与仿真技术。他认为近期投资应以对未来任务产生重大影响的潜力为指导。对于近地轨道返回,这将包括稳健的 TPS 和健康监测。对于太阳系的探索,这将包括刚性/可展开式减速伞和 TPS、超声速反向推进、自适应 GNC、集成系统的建模与仿真以及地面设施。

L.9.4 开放讨论

第一天的讨论主要集中在如下关键主题。

在研讨会的第一天,参会者就工业界在 EDL 技术的开发/实施/共享方面的作用进行了大量讨论。其中值得关注的议题是 NASA 如何将这些技术转移给工业界。一些研讨会的参与者没有看到其对商业应用的巨大推动,其他人看到了太空冒险旅游方面的应用,并希望 NASA 为商业航天产业提供推动力。此外,还讨论了 NASA 的最佳作用是什么,工业界的最佳作用是什么,以及两者如何有效地协同工作。许多发言者说,对于行星探索任务,NASA 应该处于领导地位,组织工业界参与及实施(因为这种情况是一种科学研究工作,当前没有商业案例)。然而,对于近地轨道任务(特别是改进性能、降低成本、提高可靠性)而言,NASA 应该把这些技术转移给工业界。另外还有一些意见认为,NASA 部分职责应该是维护核心技术和设施。

另一个共同的主题是飞行测试问题。有人提出了一个问题,即如何测试改变游戏规则的技术,尤其是对于空间辐射项目。随后还讨论了可以在地球的大气层或地面设施中进行多少测试,以及是否真的需要在火星上进行技术演示任务。

关于测试有很多关于设施的讨论,尤其是电弧加热设施。人们非常担心这些设施可能会关闭,因为测试和鉴定 TPS 材料需要它们。有一些关于需要任务牵引以维持这些设施正常运行的评论,还提出可以使用技术开发和/或模型验证的测试来填补任务之间的停机时间。

L.9.5 会议3：工业 II

美国犰狳航空航天（Armadillo Aerospace）公司的 Neil Milburn 专注于该公司（以及其他小型初创公司）在 EDL 技术开发中可以发挥的作用。犰狳航空航天公司的优势是快速研发原理样机和开展飞行测试。他们也有强大的并对其非常有信心的模拟仿真能力，因为这种能力有飞行测试数据的支撑。Milburn 介绍了美国犰狳航空航天公司的测试台能力及运载工具。他们可以进行测试的一些领域有软着陆、羽流减缓与撞击，以及 EDL 的亚轨道测试技术（如气球和降落伞）。特别是，他们正在努力开发一种可重复使用的探空火箭，可以将 10~20kg 载荷发射到近 500km 的轨道高度。基本上，美国犰狳航空航天公司可以为 EDL 技术开发提供一种非常廉价的小规模测试平台。

美国马斯顿航空航天（Masten Aerospace）公司的 Colin Ake 也介绍了该公司的技术能力以及如何为 EDL 技术开发做贡献。与美国犰狳航空航天公司一样，他相信，小型初创公司可以在帮助测试和演示 EDL 技术方面发挥作用。Ake 给出了一些马斯顿运载器的介绍，与美国犰狳航空航天公司类似，美国马斯顿航空航天公司也参与了月球着陆器挑战赛和 NASA 巡洋舰计划。马斯顿公司的经验主要集中在下降与着陆技术领域，而且他们的垂直触地测试平台已经投入使用。Ake 对技术路线图的建议集中在 EDL 的着陆方面，包括着陆精度、验证羽流撞击的计算流体动力学、推进（技术路线图中未充分涵盖）和运载器集成健康监测。Ake 强调需要测试数据来验证模型，并且需要开展尽可能多的地面测试。Ake 还强调了设施，并建议尽可能地使用工业界的资源。他建议技术路线图应包括技术演示的里程碑节点。最后，他谈到小企业是否有商业案例的问题——他认为小企业可以通过成为一个测试台、技术开发者和技术演示者来创造商业案例。

美国鲍尔航空航天技术公司（Ball Aerospace & Technologies Corp.）的 Reuben Rohrschneider 讨论了创建与工业界参与相关的技术路线图的好处。如果工业界能够看到一个长远的计划和长期的资金支持，那就更有可能参与技术开发中。不过，他对路线图的一个批评就是它太过专注于火星。他认为，NASA 需要对其他的目的地进行架构研究（类似于以前对火星所做的研究），这将有助于确定其他任务的 EDL 技术要求。然后，Rohrschneider 讨论了他认为重要的技术：安全与精确着陆（特别是地形相对导航和障碍检测），可展开式气动减速器（尽管技术路线图将这些细节集中在火星应用上，但它们在火星之外也有广泛的适用性），材料测试和开发。在材料方面，Rohrschneider 说，虽然其他工业领域正在开发新材料，但他们通常不会测试或是提供 EDL 所需条件的数据。所以他认为材料测试设施（不仅仅是刚性 TPS 需要，烧蚀型 TPS 也需要）也至关重要。Rohrschneider 也强调需要减少余量的重要性,这可以通过更好地了解环境、改进建模能力和减少测试不确定性来实现。他还评论了采用仪器设备收集飞行任务数据的必要性。

美国先锋航空航天(Pioneer Aerospace)公司的 Al Witkowski 着重讨论了减速器,重点介绍了目前两大降落伞开发项目。他评论说,NASA 仍在使用基本上与用于"海盗"号探测器(用于火星)和"阿波罗"号宇宙飞船(用于地球)相同的降落伞技术。这些专用减速器系统的主要用户是 NASA,从历史上看,与具体任务相关的资金必须用于降低风险,因而降低了向新型减速器开发计划投入的时间和经费。然而,传统的减速器技术在当前状态下无法用于重型有效载荷在火星上的着陆。Witkowski 认为最主要的技术挑战是缺乏精确建模所需的材料数据,缺乏柔性系统(降落伞、充气式结构等)建模所需的验证数据,以及进行全尺寸测试的经济可行的方法。总的来说,Witkowski 认为技术路线图草案很好,但要想取得成功,需要持续不断的长期资金投入。除技术开发外,还需要对柔性材料进行基础研究,这是大学可以发挥作用的地方。最后,他认为需要减速器测量测试能力(如应力、应变、形状等)来开发模型并提供模型验证手段。这可以从小尺度开始,但最终将需要进行全尺寸测试。

在四位与会成员的发言之后,进行了一个长时间的问答环节,重点是材料,特别是适用于柔性 TPS 应用的材料(尽管有一位观众评论说问题不限于柔性 TPS)。总的来说,NASA 并没有研发新的材料,而是借用其他工业行业的材料,这些材料通常是在海外制造的。在建模与仿真方面,人们普遍认为目前是无法对柔性材料(如降落伞和充气式结构)进行建模。虽然需要进行测试来帮助建立和验证模型,但测试技术也需要进行技术开发(如测量柔性材料的应变就是一个特殊的挑战)。还有几个意见认为,NASA 需要专门开发一个通用材料数据库,其中包括 EDL 所需的材料属性和状态的数据。

关于材料,有人问,为什么充气减速器在多年的资金支持下还没有达到飞行的技术成熟度?这是一个技术问题还是一个资金问题?一位与会人员回答说,对柔性 TPS 来说存在技术性的难题,特别是在材料方面。此外,到目前为止,大多数技术开发工作是作为飞行任务的一部分进行的,没有任务愿意接受低技术成熟度项目的风险,如充气式结构(大气捕获是这类情况中的另一个例子)。由于大多数 EDL 技术都是单点故障,因此几乎不可能在科学任务的飞行中使用未经验证的技术。如果科学不是任务的关键,那么需要开展技术的演示验证。

一名观众询问了有关高空飞行中测试仪器采集数据的问题,并建议 NASA 应该为这种仪器研发提供种子资金。有若干个意见再次重申了仪器进行飞行测试的必要性。虽然有些事情可以在实验室条件下进行测试,但仍然需要开展飞行测试。

与会者还进一步讨论 NASA 与工业界的角色。有些人指出说,NASA 不应该与工业界竞争,而应该分享知识,特别是应鼓励小企业的发展。但是,如果掌握专业知识的人员没有流动,那么技术转移是难以进行的。另一个意见是关于设施的:由于工业界业负担不起,NASA必须维持某些设施的正常运转。

还有一些与会者讨论了减少余量的重要性。对余量影响最大的因素是建模中的假设。一般来说,基线设计时已经添加了余量,也就是说基线设计中已经隐含了裕量。Rohrschneider指出,很少有人对这些假设进行敏感性分析。

最后,大家讨论了技术路线图中对火星的关注点。技术路线图制定者认为,在起草技术路线图时,火星任务正在持续开展,而其他任务目标还在相互竞争,所以不能保证将探测哪些目标。然而,也有人试图在技术路线图草案中把重点放在返回地球。另一个技术路线图制定者评论说,最难的EDL问题是人类登陆火星,所以火星值得关注。会议还讨论了可以在短期内完成的支撑性技术,这些技术最终能促成载人火星探索任务(减速器、超声速反推、充气式再入运载器试验)。观众普遍的看法是,返回地球的内容需要加强,特别是在支持商业任务方面。

L.9.6 会议4:学术机构

美国马凯特大学(Marquette University,MU)的Robert Bishop着重讨论了技术路线图中的GN&C部分。他关注三个方面内容。

(1)减速伞:需要更大的升力;制导应该是减速伞设计中不可缺少的一部分,而不是事后考虑。

(2)EDL=GN&C:需要智能传感器,需要考虑它们在导航中的作用。

(3)教育:技术路线图没有很好地解决教育问题,应该保持学生们的兴奋度和参与度,使其成长为下一代工程师。

然后,Bishop谈到了EDL的现状:在进入阶段(高超声速),飞行器具有很大的升力和可控性,但是我们对其飞行状态了解不足;一旦打开降落伞,尽管我们对其状态有了很好的了解,但它不再具有足够的可控性了。因此,他认为重点应该放在高海拔地区的更多传感器和定位信息上。他认为,技术突破的关键是健壮的模块化GN&C算法,可在不同的任务间移植,并不受软件开发阻碍。他相信改变游戏规则的技术是具有高升力的减速伞。与许多其他发言者一样,Bishop也强调了EDL任务对测量仪器仪表的需求。总的来说,Bishop认为技术路线图草案需要强力聚焦导航、制导与控制技术。

美国冯·卡门流体动力学研究所的Jean Muylaert在开始发言时就对技术路线图草案发表了一般性意见。首先,他认为工业界、学术界和NASA之间的联系很重要。其次,他认为有必要重新启动一个充满活力的地面和飞行测试项目(但如何做呢?)。接着,他强调了物理模型验证与测试(以及地面测试设施升级的需求)、风险分析和EDL集成级别资格认证的重要性。最后,Muylaert讨论了在欧洲进行的飞行试验策略。他认为,欧洲应该更加重视飞行中的研究性试验平台,这是通过廉价发射、亚轨道飞行等技术手段实现的,以弥合地面测试与飞行数据之间的差距。EXPERT 就是他演讲中讨论的一个飞行试验平台的例子。

美国莱斯大学(Rice University)的 Tayfun Tezduyar 关注降落伞技术,特别是流体-结构相互作用的建模。Tezduyar 解释,这是最难测试的问题之一,由于降落伞很轻,许多经典的流体-结构相互作用技术都无法有效解决工程中所遇到的各种问题,虽然在过去几年中它们取得了很大进展。Tezduyar 讨论了莱斯大学开发的一套方法,迄今为止已经产生了良好的效果。他还强调需要飞行试验数据,以便对计算模型进行基准校验。

在问答环节中,Muylaert 被问及欧洲航天局的 EXPERT 项目以及 NASA 如何为类似的技术专用任务提供资助。Muylaert 介绍了欧洲航天局如何设立一个技术理事会和一个项目理事会对 EXPERT 资助进行部署和监管,他们在讨论中还包括了项目群理事会,他声称这对欧洲航天局非常有帮助。本质上,它创造了一个关于飞行中研究的新愿景/战略。

然后,与会成员被问及对改变游戏规则技术的看法时。Tezduyar 回答,计算建模需要在整个过程(特别是流体-结构相互作用)中发挥更大的作用。Bishop 认为,开发 GN&C 技术以完成在火星上的精确定点着陆将是改变游戏规则的技术。然而,如果没有安排技术演示任务,就无法利用更大升力的运载器。

最后,讨论了教育问题以及如何将研究生的作品与 NASA 联系起来的问题。

L.10 2016 版修订内容

L.10.1 QFD 矩阵和计算结果

2015 年,NASA TA09 技术路线图对 2012 年国家研究委员会报告的技术领域分解结构中许多第 3 层级具体技术进行了调整。2015 年,TA09 技术路线图报告的唯一工作就是支持将 2012 年国家研究委员会推荐的 TA09 技术领域分解结构中 17 项第 3 层级具体技术中的 7 项调整为其他技术,在许多情况下它们属于其他技术领域。需要特别注意的是,技术 9.4.7 GN&C 传感器与系统在 2012 年国家研究委员会报告中是 TA09 中排名最高的技术,并被指定为 16 项最优先的技术之一。然而,根据 2015 年 TA09 技术路线图报告,尽管在两项现有技术(9.1.3 刚性高超声速减速器和 9.1.4 可展开式高超声速减速器)和三项新技术(9.2.6 大机动制导、9.2.7 地形相对感知与表征以及 9.2.8 自主定位)主题下提出了一些贡献性的技术,但技术 9.4.7 主题下却没有提出系统级的工作。这三项新技术是委员会评估的主题,表 L.2 展示了它们在 TA09 技术领域分解结构中的情况。TA09 中所有技术的得分和排名如图 L.6 和图 L.7 所示。

表 L.2　2016 版 TA09 EDL 系统的技术领域分解结构

第 2 层级技术子领域	被评估的第 3 层级具体技术
9.1 气动辅助与大气进入	无
9.2 下降与定位	无
	9.2.6 大机动制导
	9.2.7 地形相对感知与表征
	9.2.8 自主定位
9.3 着陆	无
9.4 进入器系统	无

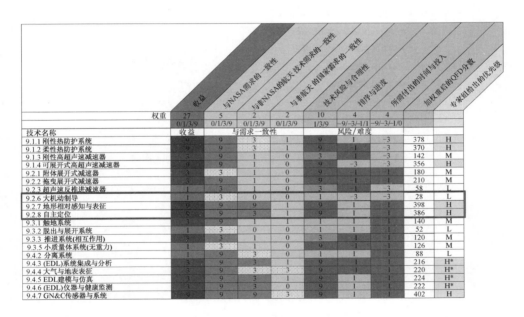

图 L.6　(见彩图)2016 版 TA09 EDL 系统 QFD 得分汇总矩阵

注:H 代表高优先级,H* 代表调整为高优先级(不采用 QFD 分数),M 代表中等优先级,L 代表低优先级。

三个新的第 3 层级具体技术中有两个被评估为高优先级(9.2.7 地形相对感知与表征和 9.2.8 自主定位),这与 2012 年国家研究委员会报告一致,GN&C 仍作为高优先级,技术 9.2.6 大机动制导则被列为低优先级。

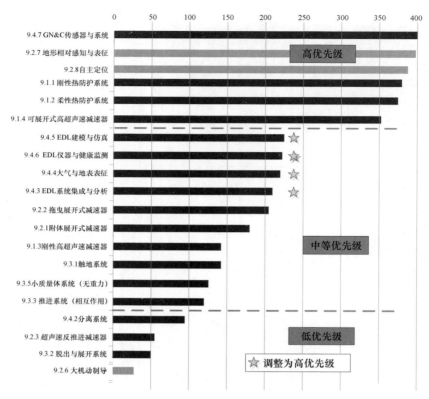

图 L.7 （见彩图）2016 版 TA09 中第 3 层级具体技术 QFD 得分排名（本次研究评估的新技术用绿色标示）

L.10.2 高优先级技术

L.10.2.1 技术 9.2.7 地形相对感知与表征

技术 9.2.7 地形相对感知与表征是最有前途的新的第 3 层级具体技术，可为相关算法提供高速率、高精度的测量数据，使进入器能够在高科学价值或预先部署设施的附近区域安全准确着陆。这是一项改变游戏规则的技术，可以在未来 20 年内实现目前不可行的重要新任务。它影响多个任务领域中的多个任务，无论是载人任务还是机器人任务。随着新地平线号探测器飞越冥王星，NASA 完成了对太阳系中主要天体的初步遥感调查，并将继续进行行星探索，我们进入了一个地外星球表面探索任务日益增加的新时代。这项技术将有助于在这个新时代实现许多这样的任务,如载人和机器人的火星探索任务、取样返回任务以及木卫二着陆任务。

技术9.2.7地形相对感知与表征在航空航天界产生了广泛的影响,并已经影响商用与军用自主运载器,如飞速发展的无人驾驶飞机。例如,该技术正在用于开发一种系统,即允许单个操作员同时监视一组分布式飞行器的运行。技术9.2.7地形相对感知与表征和9.2.8自主定位高度耦合,通过降低机载系统对操作员的依赖,增强了系统的自主能力。

这项技术的技术风险为中到高,无论是在进度上还是在可行性方面,都非常适合作为NASA的技术项目开展研究,并有完善的执行计划。

L.10.2.2 技术9.2.8 自主定位

与技术9.2.8自主定位相关的算法是与技术9.2.7地形相对感知与表征的传感器紧密耦合的。技术9.2.8自主定位同样是一项改变游戏规则的技术,可以在未来20年内实现目前不可行的重要新任务,如几个新前沿(New Frontier)任务。它也能增强多个任务领域的多个任务能力,无论是载人任务还是机器人任务。通过提高飞行器着陆与探测时所面对的地形的评估与表征能力,这项技术将能使自主定位的下一步成为可能,这在星际间的距离使得遥感制导变得困难或不可能时至关重要。即使用于载人任务,这项技术对于确保安全着陆也是至关重要的。

就其对航空航天界的影响而言,该技术的排名仅略低于技术9.2.7地形相对感知与表征,预计仍将影响该行业相当大的一部分任务。尽管它对商业与军事自主飞行器仍然具有一定的可用性,但是它的适用性不如技术9.2.7地形相对感知与表征那样广泛,因为这个领域的算法预计是针对NASA的应用场景而更加具体化。与技术9.2.7地形相对感知与表征一样,预计这种技术对非航空航天应用场景的影响较小。该技术的技术风险也是中高风险,但无论是在时间上还是在可行性方面,它都非常适合作为NASA的技术项目开展研究,并有完善的执行计划。

L.10.3 低优先级技术

L.10.3.1 技术9.2.6 大机动制导

技术9.2.6大机动制导将开发新的制导算法,以在再入阶段为进入器的横向机动能力带来重大改变,从而实现1~10km的机动能力。该技术被认定为低优先级,这是因为它仅能使任务能力得到最小程度的改善,而机动所需要的推进剂会大幅度增加。该技术仅适用于少数任务,并且精确着陆不一定需要大的机动能力,完成这项技术的开发将是一项风险极高的重大投入。TA09技术路线图指出,在将这项技术应用到具体的飞行任务之前,需要一个完整的系统进行演示验证。此外,这项技术的发展计划也不是很明确。

参考文献

[1] Brady, T., and Paschall, S. 2010. The challenge of safe lunar landing. IEEE Aerospace Conference, Big Sky, Montana, March 6-13, 2010. Available at http://ieeexplore.ieee.org/.

[2] Brady, T., Paschall, S., Zimpfer, D., Epp, C., and Robertson, E. 2009. Hazard detection methods for lunar landing. IEEE Aerospace Conference, Big Sky, Montana, March 7-14, 2009. Available at http://ieeexplore.ieee.org/.

[3] Brady, T., Paschall, S., and Crain, T. 2010. GN&C development for future lunar landing missions. AIAA Guidance, Navigation, and Control Conference, Toronto, Ontario, Canada, August 2-5, 2010. American Institute of Aeronautics and Astronautics, Reston, Va.

[4] Grantz, A. C., Experimental Systems Group, Boeing Company. 2011. "TA-09 Entry, Descent, and Landing Panel Discussion," presentation at the National Research Council NASA Technology Roadmaps Panel 6 Workshop, Irvine, Calif., March 23, 2011. National Research Council, Washington, D. C.

[5] Justh, H. L., Justus, C. G., and Ramey, H. S. 2011. Improving the precision of MARS-GRAM. Fourth International Workshop on the Mars Atmosphere: Modelling and Observation, February 8-11, 2011, Paris, France. Available at http://www-mars.lmd.jussieu.fr/paris2011/abstracts/justh_paris2011.pdf.

[6] Justus, C. G., Duvall, A., and Keller, V. W. 2005. Mars aerocapture and validation of MARS-GRAM with TES data. 53rd Joint Army-Navy-NASA-Air Force (JANNAF) Propulsion Meeting, December 5-8, 2005. Available at http://ntrs.nasa.gov/archive/nasa/casi.ntrs.nasa.gov/20060005595_2006003663.pdf.

[7] Mavris, D. N., and DeLaurentis, D. A. 2000. Methodology for examining the simultaneous impact of requirements, vehicle characteristics, and technologies on military aircraft design. 22nd Congress of the International Council on the Aeronautical Sciences (ICAS), Harrogate, England, August 27-31, 2000. Paper ICAS-2000-1.4.5. Available at http://www.icas-proceedings.net.

[8] Muylaert, J., von Karman Institute for Fluid Dynamics, Belgium. 2011. "EDL Workshop: Review of the NASA Technology Roadmap TA09," presentation at the National Research Council NASA Technology Roadmaps Panel 6 Workshop, Irvine, Calif., March 24, 2011. National Research Council, Washington, D. C.

[9] NASA (National Aeronautics and Space Administration). 2011. Programs and Missions: Missions, Mars Exploration Program. NASA. Available at http://mars.jpl.nasa.gov/programmissions/missions/.

[10] NRC (National Research Council). 2011. Vision and Voyages for Planetary Science in the Decade 2013-2022. The National Academies Press, Washington, D. C.

[11] Paschall, S., Brady, T., and Cohanim, B. 2008. A self contained method for safe and precise lunar landing. IEEE Aerospace Conference, Big Sky, Montana, March 1–8, 2008. Available at http://ieeexplore.ieee.org/.

[12] Peterson, C., Sandia National Laboratories (retired). 2011. "Thoughts on NASA's Future Investments in EDL Technology," presentation at the National Research Council NASA Technology Roadmaps Panel 6 Workshop, Irvine, Calif., March 23, 2011. National Research Council, Washington, D.C.

[13] Picetti, D., Boeing Company. 2011. "NASA OCT Technology Roadmap Study," presentation at the National Research Council NASA Technology Roadmaps Panel 6 Workshop, Irvine, Calif., on March 23, 2011. National Research Council, Washington, D.C.

[14] Rohrschnedier, R., Ball Aerospace Corporation. 2011. "Panel 6: Entry, Descent, and Landing," presentation at the National Research Council NASA Technology Roadmaps Panel 6 Workshop, Irvine, Calif., March 24, 2011. National Research Council, Washington, D.C.

[15] Thoemel, J., Muylaert, J-M., Ratti, F., and Gavira, J. 2009. In-flight testing of critical technologies and experimentation of aerothermodynamics phenomena. AIAA Paper 2009-7232, 16th AIAA/DLR/DGLR International Space Planes and Hypersonic Systems and Technologies Conference, Bremen, Germany, October 19–22, 2009. American Institute of Aeronautics and Astronautics, Reston, Va.

附录M
TA10 纳米技术

M.1 引言

技术领域"TA10 纳米技术"的技术路线图草案包括四个第 2 层级技术子领域：
- 10.1 工程材料与结构
- 10.2 能量产生与储存
- 10.3 推进
- 10.4 传感器、电子器件与设备

纳米技术是在原子和分子层面来操纵物质和力，其公认的结构尺寸是至少在一个维度上处于 1~100nm 之间，并且包括在该尺寸范围内（至少在一个维度上满足）的材料或器件。在该尺度上，量子级的机械力变得很重要，这意味着纳米尺度下材料或器件的性质可能与宏观尺度下的相同材料性质有着非常大的差别。纳米尺度的材料或将它们添加到基质材料中具有能从根本上改善部件的热力学、电学、光学和力学性能的应用前景。纳米技术可以极大地增强材料的性能，并且由于仅在纳米尺度上发生的新奇现象能开启新材料研究的机会。在纳米尺度下设计的工程材料将改变太空探索、传感器、推进和总体系统设计的模式。

在对 TA10 中第 3 层级具体技术进行优先级排序之前，若干种技术已被重命名或移除，变化情况详见表 M.1。所有 14 个技术领域的完整、修订后的技术领域分解结构（TABS）如附录 B 所示。

表 M.1 TA10 纳米技术的技术领域分解结构

NASA 技术路线图草案（版本 10）	指导委员会—修改建议
TA10 纳米技术	指导委员会没有对该技术领域技术路线图的结构进行修改，但 NASA 技术路线图草案对技术领域分解结构中的七种技术进行了重命名或移除

续表

NASA技术路线图草案(版本10)	指导委员会—修改建议
10.1 工程材料与结构	
10.1.1 纳米增强轻量化结构	对10.1.1进行重命名:纳米增强轻量化材料与结构
10.1.2 损伤容限系统	
10.1.3 涂层	
10.1.4 黏合剂	
10.1.5 热防护与控制	
10.2 能量产生与储存	
10.2.1 能源储存	将10.2.1移到10.2.2能源储存
10.2.2 纳米增强能量产生	将10.2.2移到10.2.1纳米增强能量产生
10.2.3 能源分配	
10.3 推进	
10.3.1 推进剂	对10.3.1进行重命名:纳米推进剂
10.3.2 推进组件	对10.3.2进行重命名:推进系统
10.3.3 空间推进	
10.4 传感器、电子器件与设备	
10.4.1 纳米传感器与驱动器	
10.4.2 纳米电子器件	对10.4.2进行重命名:电子器件
10.4.3 微型仪器	对10.4.3进行重命名:微型仪器设备

M.2 顶级技术挑战

在纳米技术领域,专家组确定了五大顶级技术挑战,以下按优先级顺序进行叙述。

(1) 纳米增强材料:研发由纳米技术增强的轻量化和/或多功能材料与结构,减轻航天器和运载火箭的质量。

利用纳米技术研发先进材料可以提升以下领域的技术水平:电能产生和储存,推进,传感器,仪器设备,信号和电力传输,热防护,以及结构主动感知、愈合和形状控制。通过增加材料的强度和刚度以及降低结构质量,纳米增强复合材料可以用来提高任务性能。碳纳米管技术在减轻质量的同时还可以增加材料的功能(如增加强度和刚度),这已经在大量材料应用中得到验证,正在寻找纳米增强材料进入商业产品的途径。纳米增强先进复合材料可以降低运载火箭、低温贮箱、推进系统和航天器的结构质量,从而提高有效载荷所占的质量百分比。纳米增强的多功能材料和结构可能存在特有的失效模式,因此需要新的设计分析工具。为了理解纳米增强复合材料的失效机理和界面特性,需要采用从纳米级到宏观级范围内均有效的多尺度模型来模拟,以便在设计中考虑这些因素。还需要采用多物理模型来解决制造工艺、极端环境下服役和活性材料设计的难题。纳米工程材料的广泛使用及将其纳入到现有产品中的其他挑战,是某些原始纳米材料的有限可用性及其品质的不确定性。需要新的生产方法,不仅用于制造原始纳米材料,而且用于将它们可控地结合到其他材料中。特定的最终应用场景可能需纳米颗粒的特定分散和排序功能。

(2) 增加电能:利用纳米技术开发效率更高、质量更轻和体积更小的能源系统,为未来航天任务增加可用电能。

能量产生和能源储存仍是未来所有与航天有关的任务的顶级技术挑战之一。电池和发电设备在任何运载火箭中都占据相当大的质量,采用有效的方法来产生和再利用能源、降低总的电能需求以及减轻质量都将有益于 NASA 未来的任务。对于长期航天飞行任务,提升能量产生和储存能力对任务的成功将发挥关键性的作用。纳米技术可以提高能量产生、能量储存和能量分配的性能。在电池中使用纳米增强的电极材料可以使表面积大幅提高,从而获得更快的充电/放电速率、更高的功率密度、新式电池和燃料电池材料,且能提高安全性。纳米工程设备还可以改善现有的能源储存和生产技术,使先前低效的技术更具竞争力。传感器和结构健康监测系统的大量使用会产生更大的能量需求,不仅需要传输信息,还要处理信息。纳米技术将使传感器能够实现自供电工作,并以联网方式进行分布式感知。人们正在积极研究纳米材料,用以改进太阳能收集、热采集和从结构本身收获能量的方法。新技术(如纳米结构超材料和具有光谱压缩的光子或声子晶体)能提高能量收集效率,并可以提供新功能。

(3) 推进系统:使用纳米技术提升发射推进系统和空间推进系统的能力。

纳米技术的进步将使新型推进剂和改进推进技术的应用成为可能。通过提供更高燃烧效率的推进剂和使用危险性更低、冷却需求更低的替代燃料,纳米技术可以从这两个方面来推动推进剂技术的发展。能量更高的推进剂能减轻固体发动机中的燃料质量,并提供可调的点火和反应速率。基于纳米材料的高温和低腐蚀结构材料可以减轻发动机喷嘴和推进结构的质量。在相对较小的空间内耦合高效率和大比冲量的空间电推进系统,也将受益于纳米颗粒推进剂和纳米制造的发射推进器的性能改进。

(4) 传感器和仪器:使用纳米技术开发具有独特功能与更好性能的传感器和仪器设备。

除了收集科学数据之外,NASA 航天任务的成功在很大程度上依赖于多种环境下的各种各样的传感方法和传感器技术。在航天器复杂性和任务持续时间日益增加的情况下,除了对航天员进行健康监测外,还需要进行航天器结构健康监测以及内部系统自我监测,系统或结构应具有向操作员和航天器系统报警以改变运行状态的能力,这使得系统或结构可以采用积极主动的方法来维持功能。纳米传感器技术允许在更小、更节能、更灵敏的结构和系统中加入传感器,从而实现更完整和更准确的健康评估。纳米技术还允许有针对性的应用传感器,以提高功能效率。未来的航天任务还将需要研发更小、更高效的激励源(光子或电子)用于科学工作,纳米技术还可以使仪器小型化,并增强其性能。

(5) 热管理:使用纳米技术提高热管理系统的性能。

热管理是一个关键的技术领域,可以实现和影响 NASA 的所有任务。适当的热管理可以降低整个系统的成本并减小质量,从而直接有利于减小整个运载火箭的质量。通常,在系统级以及子系统和组件级需要热控,但这些要求经常是不一致的。例如,装载到仪器中的样品需要加热,但是探测器需要被冷却。纳米技术可用于调整材料的导热性,使其成为更有效的导热体或绝热体。纳米材料还可以作为填充剂用在热防护系统的烧蚀材料中,既有助于炭的形成,又能增加烧蚀材料的结合力,可减少热防护系统中材料的剥落和总烧蚀量。这种纳米材料组分可使热防护系统中烧蚀材料的使用量减少,从而达到减小质量的目的。

M.3 质量功能展开矩阵和计算结果

使用 QFD 矩阵来协助对纳米技术中第 3 层级具体技术进行优先级排序,并收集专家组关于技术评估领域的意见和关注点。QFD 矩阵如图 M.1 所示,用质量功能展开方法评估的所有第 3 层级具体技术的加权得分如图 M.2 所示,有三项技术的加权分数明显超过其他技术,因此这三项技术被确定为高优先级。对于 10.4.1 纳米传感器与驱动器,如果完全根据其 QFD 得分来排序,那么它应是中等优先级,但是专家组仍将其指定为高优先级,其原因将在下面的"10.4.1 纳米传感器与驱动器"评估一节进行讨论。

技术名称	收益	与NASA需求的一致性	与非NASA的航天技术需求的一致性	与非航天的国家需求的一致性	技术风险与合理性	排序与进度	所需付出的时间与投入	加权重后的QFD分数	专家组给出的优先级
权重	27	5	2	2	10	-9/-3/-1/1	-9/-3/-1/0		
	0/1/3/9	0/1/3/9	0/1/3/9	0/1/3/9	1/3/9				
	收益		与需求的一致性			风险/难度			
10.1.1 纳米增强轻量化材料与结构	9	9	9	9	3	-1	-3	338	H
10.1.2 纳米损伤容限系统	3	9	3	3	3	-3	-3	144	M
10.1.3 纳米涂层	1	9	3	1	3	-3	-1	94	L
10.1.4 纳米黏合剂	1	9	3	3	3	-3	-1	98	L
10.1.5 纳米热防护与控制	3	9	3	3	3	-3	-1	152	M
10.2.1 纳米增强能量产生	9	9	9	9	3	-3	-3	330	H
10.2.2 纳米能量储存	1	3	3	3	3	-3	-3	90	L
10.2.3 纳米能量分配	1	3	3	3	3	-3	-3	60	L
10.3.1 纳米推进剂	9	9	3	3	3	-1	-3	322	H
10.3.2 纳米推进系统	3	9	3	9	3	-3	-3	204	M
10.3.3 纳米空间推进	3	3	3	3	3	-1	-1	160	M
10.4.1 纳米传感器与驱动器	3	9	9	9	3	1	-1	192	H*
10.4.2 纳米电子器件	1	3	3	9	3	-3	-3	72	L
10.4.3 微型仪器设备	3	9	3	3	3	-1	-1	160	M

图 M.1 （见彩图）TA10 纳米技术 QFD 得分汇总矩阵

注：表中所有高优先级技术的优先级认定依据详见"高优先级的第 3 层级具体技术"一节内容，H 代表高优先级，H* 代表调整为高优先级（不采用 QFD 分数），M 代表中等优先级，L 代表低优先级。

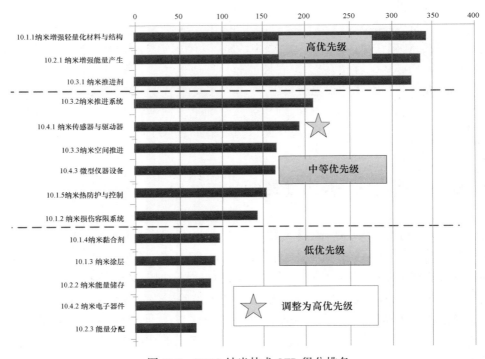

图 M.2 TA10 纳米技术 QFD 得分排名

M.4 顶级技术挑战与各项具体技术之间的关联性

图 M.3 给出了 TA10 中 14 项第 3 层级具体技术与顶级技术挑战之间的关系。

注意,根据 QFD 得分确定的最低优先级技术往往不会与顶级技术挑战紧密相关,这些技术在最左列中标识为"L",并且主要通过"○"链接到顶级技术挑战。所有高优先级技术和许多中等优先级技术至少与一个顶级技术挑战具有强关联性。这种相关性与专家组的评价表现出良好的一致性。

此外,TA10 技术路线图中许多技术彼此关联,以支持共同的顶级技术挑战或交叉技术。例如,许多技术都支持与推进、传感器和仪器设备以及热管理相关的技术挑战。

M.5 高优先级的第 3 层级具体技术

第五专家组确定了 TA10 中有四项高优先级技术,下面讨论将每项技术列为高优先级的理由。

M.5.1 技术 10.1.1 纳米增强轻量化材料与结构

纳米尺寸材料有望能大幅度改善部件和结构的热、电和/或力学性能,同时也能减小系统质量。纳米技术在许多层面上都有提升材料性能的能力,可以用来研发多功能、轻量化的材料和结构,这将对航空航天的系统设计和系统功能产生颠覆性的影响。未来的 NASA 任务(无论是载人的任务,还是无人的任务)对先进的新型纳米增强复合材料都有明确的需求,基于这些材料制成的结构所产生的影响是广泛的。减重在许多领域的应用中可以很容易地实现,同时能改善结构强度、损伤容限以及热、力学和电性能。对于未来的任务来说,碳纤维材料已难以满足减小质量和材料性能提升的要求,而这正是目前低温贮箱和运载火箭、辐射防护以及损伤容限设计中所必须考虑的问题。

由于现有技术更新变化速度非常快,所以轻量化材料与结构的技术成熟度难以评估。任何技术成熟度都是针对个别材料而不是整个技术研究领域。低成熟度技术(TRL 1~3)包括使用多孔碳纤维的材料以及对连续单壁碳纳米管(carbon nanotube,CNT)纤维的研发,将这些材料集成到复合材料和结构中有望实现 20%~30% 的质量减小以及随之而来的结构强度和刚度的增加。更高技术成熟度的技术(TRL 4~6)包括近期在飞机中准备使用的碳纳米管制作的电缆和条带,以代替传统的铜基电线和电缆。

优先级	TA10 技术按优先级列表	1. 纳米增强材料：研发由纳米技术增强的轻量化和/或多功能材料与结构，减轻航天器和运载火箭的质量	2. 增加电能：使用纳米技术开发更高效率、更轻质量和体积更小的能源系统，为未来航天任务提供电能	3. 推进系统：使用纳米技术提升发射推进系统和空间推进系统的能力	4. 传感器和仪器：使用纳米技术开发具有独特功能与更好性能的传感器和仪器	5. 热管理：使用纳米技术提高热管理系统的性能
H	10.1.1 纳米增强轻化材料与结构	●				●
H	10.2.1 纳米增强能量产生	●	●	○		
H	10.3.1 纳米推进剂	○		●		○
H	10.4.1 纳米传感器与驱动器	●	●	○	●	●
H	10.3.2 纳米推进系统	●		●		
M	10.3.3 纳米空间推进			●	●	●
M	10.4.3 微型仪器设备	●			●	
M	10.1.5 纳米热防护与控制				○	●
M	10.1.2 纳米损伤容限系统	○			○	
L	10.1.4 纳米黏合剂	○				
L	10.1.3 纳米涂层		○			○
L	10.2.2 纳米能量储存		○	○		
L	10.1.1 纳米电子器件					
L	10.1.1 纳米能量分配					
●	强关联：NASA 在这项技术上的投资对解决这一挑战可能会产生重大影响。					
○	中等关联：NASA 在这项技术上的投资对解决这一挑战可能会产生中等影响。					
[空白]	弱/无关联：NASA 在这项技术上的投资对解决这一挑战可能影响不大，甚至没有影响。					

图 M.3　TA10 纳米技术中各项技术对顶级技术挑战的支持程度

通过纳米技术增强轻量化材料和结构,在减小质量的同时还可以提高材料的性能,这非常符合 NASA 的专长和能力。由于有长时间深空探索和载人飞行任务,NASA 对此技术有着独特的需求。NASA 的内部研发计划应该关注纳米增强材料与结构的测试和使用,并了解它们在太空极端环境条件下的性能。对所有发射和空间系统来说,对该领域的技术开发是一个值得投资的项目。此外,它将对在非 NASA 航天和非航天领域中的应用都产生广泛影响。

直接进入国际空间站验证有利于推动轻量化材料与结构的技术发展。这些材料与结构的性能虽然可以在地面上进行设计、测试和评估。但是,将它们置于多次发射和再入测试,以及长期暴露于空间环境中将有利于对它们的性能进行评估。

在 QFD 矩阵的分析中,该技术领域在所有第 3 层级具体技术中获得了最高得分。纳米增强轻量化材料与结构将有着巨大的投资回报,这是一项改变游戏规则的技术,因为航天飞行器的结构和有效载荷质量的减小允许高效地发射更多有效载荷。总发射质量的减少允许 NASA 在任务设计时具有更大的灵活性。目前,预期的质量减少是在 20%～30%的范围内,但是可以更大,特别是考虑采用多功能性结构所减小的质量时。这项技术还将影响 TA12 中的第二个顶级技术挑战(减少质量)和第四个顶级技术挑战(大孔径系统),并支撑第一个顶级技术挑战(多功能结构)。该技术还影响了 TA14 中的第一至第四个顶级技术挑战,即热防护系统、零蒸发贮存、散热器和多功能材料。

缺乏对与尺度相关的制造方法的研究会减缓纳米增强轻量化材料与结构的技术发展。如果用户群体受限或者材料在地面使用的应用空间有限,则将制造工艺扩大到商业级别会导致成本急剧上升。对制造方法的研究不足将减慢纳米增强轻量化材料与结构的研发与使用。另外,如果不能实现纳米颗粒扩散、有序性和界面性质的控制,则不能获得期望的强度和性能的提升。

M.5.2 技术 10.2.1 纳米增强能量产生

利用纳米技术可以改善太空飞行中能源的产生模式。目前,深空任务主要依赖于储存的能源(核能或化学能)来为航天器上的系统供电。对当前能量产生技术的改进和其他能量产生方法的研发可以实现减小质量、提高可靠性和增加任务持续时间,从而加快未来任务实施进度。

纳米增强能量产生技术的成熟度取决于所实施的技术领域。在技术路线图中讨论的较低技术成熟度的技术包括与碳纳米管连接的量子点和碳纳米管增强的柔性有机太阳能光伏(TRL 2～3),而较高技术成熟度的技术涉及纳米增强电极材料和优化的纳米工程结构,用于提高阳极性能(TRL 4～6)。

NASA 的需求与其在纳米增强发电技术领域的专长之间存在着极好的一致

性。然而,由于研究领域相当广泛,且在这一领域已经有大量的私人和公共投资,因此,NASA可以与工业部门、学术界或其他政府机构(如美国空军和美国能源部)合作,利用这项有前途的技术来实现航天飞行所需的极端环境中能量产生系统和能量采集方法。

进入国际空间站验证将有利于对纳米增强能量产生技术进行评估,在极端环境下对纳米增强能量产生技术的长期测试是至关重要的。

纳米技术通过改进现有的能量储存和产生系统中的材料来影响能量产生技术。QFD矩阵的评估结果表明,纳米增强能量产生技术研究对NASA有着明显的好处且其与NASA需求有着惊人的一致性。与"10.1.1 纳米增强轻量化材料与结构"一样,通过纳米技术推动能量产生技术的进步是一种改变游戏规则的方法,因为更轻、更坚固的材料和结构可以使得更多的有效载荷用于能量产生和电能储存,并且更有效的能量产生方法允许发射时携带的有效载荷更轻。当改进用于能量产生的材料以增加可靠性、极端环境中的性能和功率密度时,可拓宽或扩大任务的实施空间,成本也会随之下降。能量采集能力,如纳米传感器可以自供电,能以一小部分质量成本提供系统自检测功能,并且具有更大的传感器覆盖范围。这项技术如果得不到进一步发展,实现数字孪生的前景将会遥遥无期。由于该技术领域的广度和可用于成功执行航天任务所需的众多技术,NASA在这一技术领域的发展存在中等风险。然而,由于无法适应于极端环境中需要足够性能的应用场景,商业化开发的技术面临的风险很大。

M.5.3 技术10.3.1 纳米推进剂

纳米推进剂包括使用纳米级材料作为推进剂的组分以及作为液体燃料的胶凝剂。在这两种情况下,纳米级材料提供了相当大的反应表面积。使用纳米级材料作为推进剂的组分可以解决当前推进剂系统的若干问题。其中最关心的问题是自燃固体推进剂的毒性和环境危害,以及推进剂的低温处理需求。纳米推进剂具有更高燃烧效率的潜力。如果可以控制纳米颗粒的形状和尺寸,则可以调整推进剂的燃烧和反应速率。此外,这项技术在空间推进剂长期贮存以及纳卫星和皮卫星推进系统等领域具有较大的应用潜力。使用纳米颗粒作为胶凝剂使得推进剂系统更容易处理,但是带来泵送和喷注的问题。纳米推进剂的成功实现需要解决的问题包括钝化和扩散技术、材料和制造的规模扩大、纳米级颗粒成本的降低以及系统实施,还有与使用新材料相关的安全和健康问题。

氢贮存是许多研究工作的主题。纳米结构材料表面积非常大,具有8%的质量吸附能力,需要开展大量工作以增加其在各种工作温度下的吸附能力。美国能源部在氢贮存技术方面做了大量工作,可供NASA借鉴和参考,以提升氢燃料在航天器推进领域中应用的可能性。

纳米级推进剂的技术成熟度相对较低,其中纳米级燃料组分,如在铝冰混合燃料 ALICE 中使用的纳米级铝颗粒和冰浆的混合物,其技术成熟度是最高的(TRL 4)。纳米胶凝推进剂和用于氢存储的纳米结构处于较低的技术成熟度水平(TRL 2~3)。

纳米推进剂的研究与 NASA 的专长和能力非常吻合。NASA 可以与其他机构合作,如美国空军和美国能源部,这些机构也对纳米材料有兴趣。纳米推进剂在非航天领域中的应用在未来可能会有,但现在几乎没有得到工业界的支持。

该技术不需要进入国际空间站进行验证。

推进剂对于 NASA 太空任务的成功至关重要。纳米推进剂的使用具有改变游戏规则的作用,因为它们在效能方面可以增加 15%~40%,从而可以减小系统质量。此外,纳米推进剂可以是多功能的,也就是说,推进剂可以作为可消耗性的结构部件,也可以为空间电源提供能量存储。纳米材料的研发风险相对较低。

M.5.4　技术 10.4.1 纳米传感器与驱动器

纳米级传感器与驱动器是满足 NASA 航天任务需求的一个重要研究领域。它们能以足够低的功率水平运行,同时具有较高的灵敏度和检测能力。除了 CNT 或多种材料的组合之外,纳米传感器可以由生物材料、无机材料或聚合材料等材料制成。由于材料选择的多样性,纳米传感器可以非常容易地与传感器电子器件集成,以制造出对机械、热、辐射和分子扰动具有超高灵敏度响应的紧凑的低功耗传感器系统。

纳米传感器与传感器系统的发展前景是集成纳米电子技术和纳米能源技术,以实现适合于结构健康监测和其他分布式感知行为的自主传感器阵列。随着飞行器复杂性和任务持续时间的增加,除了对航天员的健康进行监测外,还需要对空间飞行器的结构进行监测及对其内部系统进行自监测。系统或结构应具有向操作员和航天器系统报警以改变运行状态的能力,允许其采用积极主动的方法来维持功能。纳米传感器更小、更节能、更灵敏,可以执行更完整和更准确的健康评估。纳米技术还允许有针对性的应用传感器,以提高功能效率。

纳米传感器与纳米驱动器的技术成熟度在特定应用场景中是较高的。微量气体纳米传感器已经在太空任务和国际空间站(TRL 6)中得到了应用。然而,在分布式感知领域还有许多工作要开展,因此其技术成熟度较低(TRL 2~3)。影响分布式自主感知技术发展的限制因素是采样技术、传感器清洁技术以及在必要时的废弃物去除技术的研发。

纳米技术增强型传感器和驱动器与 NASA 的需求和专长保持一致。为了使得长时间载人航天飞行任务圆满成功,需要缩小尺度、提高性能,同时降低功耗的传感器和驱动器。由于 NASA 需要能在极端环境中可靠运行的传感器,它可以与其他机构合作,开展联合研究,以使这些技术能满足其特定需求。纳米传感器与驱动器的研究在工业界、学术界和政府实验室中是广泛存在的,并且该技术领域的研发速度非常快。可能对这项技术感兴趣的航空航天与非航空航天工业界包括飞机和基础设施的结构监测,如建筑物和桥梁。此外,纳米传感器在未来的医疗保健中也将发挥重要作用。

在国际空间站上开展相关试验有利于纳米增强型传感器与驱动器的测试和评估。将纳米传感器嵌入复合材料面板中,然后暴露在极端的空间环境中,并进行结构健康状态评估,从中获取的经验是非常有用的。

尽管这项技术获得了较低的 QFD 分数,但专家组仍将其指定为高优先级技术,这是因为 QFD 分数没有从所有任务的总体效益方面反映这项技术的价值。该技术获得了三项高 QFD 分数(满分),以满足 NASA、非 NASA 航天和非航天国家目标的需求。NASA 使用各种传感器用于制导、监测结构健康、航天员健康、发动机健康、碎片损坏、燃料和泄漏检测、行星生命检测、气体探测、大气探测以及科学研究,由于纳米技术对传感器技术的影响被寄予厚望。

M.6 中低优先级技术

TA 10 中包含 14 项第 3 层级具体技术,其中 10 项被确定为中等或低优先级。QFD 矩阵表明,对于所有参与评估的第 3 层级具体技术,与 NASA 需求和非 NASA 航天技术需求的匹配性非常高,但在与非航天技术需求的匹配以及对 NASA 的感知利益方面有着显著差异。

有四种技术被确定为中等优先级。这些技术与非 NASA 航天技术需求和非航天国家发展目标的总体一致性高于低优先级技术,但低于高优先级技术。中等优先级纳米技术是 10.3.2 推进系统、10.4.3 微型仪器设备、10.3.3 空间推进、10.1.5 热防护与控制以及 10.1.2 损伤容限系统。已确定下述第 3 层级具体技术不会出现改变游戏规则的效果或给 NASA 带来非常大的收益,它们是 10.1.3 涂层、10.1.4 黏合剂、10.2.1 能量储存、10.2.3 能量分配和 10.4.2 电子器件,因此它们被评为低优先级。在商业部门有广泛的现有基础设施可用于这些技术的研发,国家对其需求不高。专家组认为,NASA 可以通过在极端环境中利用和测试现有商业技术或通过与商业供应商或其他机构合作,在这些技术领域保持有效的参与,以能及时获得解决方案。

所有技术都有一些与之相关的风险和困难。

M.7 技术路线图所涵盖的技术发展及其进度变化

未来的 NASA 任务高度依赖于材料更轻更强、可靠性持续增加、制造和运行成本降低等技术的进步。所有这些都会受到纳米技术的影响。TA10 技术路线图中的折页(图 R,TA10-3/4,2010 版)详细描述了各种技术以及何时需要它们,但是从任务描述中不清楚为什么需要这些特定技术以及为什么是这个特定的日期需要。这使得对技术路线图时间表提出具体修改的建议具有一定的挑战性。然而,由于国际上多家研究机构在这一领域开展了大量的研究工作,使得特定纳米技术的发展可能比预期更快。

M.8 关于技术路线图的其他一般性意见

值得再次提及的是,纳米工程材料的广泛使用以及添加到实用产品中所面临的主要挑战是,某些原始纳米材料的供应量有限且产品质量参差不齐。缺乏充足的原材料将对技术路线图的实施产生负面影响。然而,专家组并不主张 NASA 应该积极参与纳米材料的大规模生产。

纳米技术是一个非常广泛的研究领域,从 TA10 技术路线图的 TA10-22(2010版)表中可以看出,它与其他每个技术路线图都存在着交叉技术和相互影响。如前所述,纳米技术的研究也将影响 TA12 中的顶级技术挑战 2(降低质量)和顶级技术挑战 4(大孔径系统),并为顶级技术挑战 1(多功能结构)提供支撑。纳米技术还影响 TA 14 中顶级技术挑战 1~4,即热防护系统、零蒸发量贮存、散热器和多功能材料。

此外,我们已经注意到由 NSF 和其他机构资助的政府实验室、大学和工业部门正在开展纳米技术国家研发计划,并做了大量工作,因此,NASA 对纳米技术在航天中应用的研究应与国家研发计划相协调。

但是,即使在 NASA 内部,其纳米技术研究似乎也没有得到集中协调,因此存在大量重复性的研究工作。例如,根据 2011 年 1 月份会议上向专家组提供的信息,NASA 格伦研究中心、NASA 阿姆斯研究中心和 NASA 喷气推进实验室都在进行纳米传感器研究。专家组建议,在 NASA 各大研究中心以及从事国家研发计划的纳米技术研究人员和特定的 NASA 任务最终用户之间应进行实质性的协调工作。此外,专家组建议纳米技术研究人员尽可能与参与其他技术路线图第 3 层级具体技术的研究人员进行密切合作。

M.9 公共研讨会总结

2011年3月9日,在美国华盛顿国家科学院 Keck 中心,材料专家组组织召开了 TA10 纳米技术领域的公共研讨会,由专家组组长 Mool Gupta 主持。他首先概述了技术路线图和 NRC 的评估任务。他还为应邀发言人在其发言中应涵盖的主题提供了一些指导。在他介绍之后,NASA 航天技术路线图制定者叙述了技术路线图的概况,接下来是几个专题会议,讨论每个技术路线图的关键技术领域。在每个专题会议中,来自工业界、学术界和/或政府的专家进行了用时 35min 的演讲/讨论,以阐述他们对 NASA 技术路线图的意见和建议。会议结束前,由研讨会与会者进行了约 1h 的公开讨论,随后由专家组组长进行总结发言,对当天会议期间观察到的一些关键点进行了总结。

M.9.1 NASA 技术路线图概述

NASA 技术路线图编制团队做了一个主题演讲,主要是概述了纳米技术的优势,包括能减轻飞行器质量,提高材料耐用性,以及改善推进系统、传感器、太阳能电池和其他电子系统的性能。有人指出,虽然有些技术领域,如航空-排放和探索等一些领域可以提供需求牵引,但一般来说纳米技术属于技术驱动类。在对技术路线图的技术分解结构及技术路线图本身进行概述后,针对一些关键的能力开展了详细的讨论,包括:低温推进剂贮箱质量减轻 30%;实现在极端环境中工作;更轻和更有效的热防护和管理;"智能"机体和推进概念;自适应 gossamer 结构;高效柔性太阳能光伏;增强的电能和能量存储;微型仪器;能够编队飞行的轻量化智能卫星;低功耗抗辐射可重构电子器件;改进的航天员健康管理系统;超高灵敏度的选择性感知能力。

下面分三个时间段来概述纳米技术面临的顶级技术挑战。

1. 未来5年

(1) 巨大挑战:纳米推进剂的可控增长和稳定化。

(2) 研发长寿命、可靠工作的发射源。

(3) 研发表征工具和方法,以测量纳米结构材料的耦合性质,包括非破坏性技术和原位技术。

(4) 纳米材料块体特性的优化。

2. 未来5~10年

(1) 巨大挑战:研发纳米结构材料,比传统复合材料轻 50%,同时具有相当或更好的性能及耐久性。

（2）巨大挑战：跨尺度（从纳米到宏观）的分层系统集成。

（3）巨大挑战：研发一体化的纳米增强能量产生、获取和采集技术。

（4）研发制造方法，包括网状制造以生产具有受控结构、形态和产品质量的大尺度纳米材料和器件。

3. 未来 20 年及以后

（1）巨大挑战：石墨烯电子器件的研发。

（2）开发高保真、高可靠性多尺度模型，用以预测纳米级材料和器件/结构的性能。

（3）开发具有高特异性的单分子检测方法（2029 年以后）。

技术路线图编制团队通过对一些议题的讨论结束了本次演讲，这些议题主要是纳米技术如何与 NASA 其他大多数技术路线图实现技术交叉融合，以及 NASA 如何与美国国防部开展材料和光伏技术领域的纳米技术合作研究，如何与美国国土安全部开展传感器领域的纳米技术合作研究，还讨论了国家纳米技术倡议（national nanotechnology initiative，NNI）计划，以及如何在 NNI 签署方面探索进一步合作的潜在途径。

M.9.2　会议 1：纳米材料

Brian Wardle（美国麻省理工学院）以一个简短的介绍开始了演讲，随后快速回顾他的研究团队在麻省理工学院所开展的工作。他认为，TA10 技术路线图为"NASA 更广泛的任务中所需的纳米材料开发提供了一个准确且令人信服的愿景"，他的演讲主要集中在有改进潜力的领域。Wardle 指出，NASA 在技术路线图中确定的五大挑战引人注目，其中既有具体的应用领域，也有改变游戏规则的交叉领域。Wardle 认为交叉技术非常重要，并强调这不应在评估过程中舍弃。他认为NASA 在纳米技术领域更适合扮演集成商的角色，而不是主要的研发者，但有一些小的例外，如纳米推进剂。他评论了几个具体领域，包括多尺度建模和界面/形态考虑的重要性，并质疑 NASA 在理解纳米材料的环境健康和安全方面应当发挥什么作用。最后 Wardle 指出，考虑到 NASA 在这些领域的需求和优势，技术路线图中对纳米结构金属和陶瓷的讨论很少。

在演讲后的问答环节中，Wardle 指出，有报道称，与目前的复合材料相比，纳米复合材料的极限强度提高了 30%，而且作为一种结构材料，它已经被纳入到"朱诺"（Juno）号等规划的任务中。有人提出，目前控制纳米管形态（作为结构元件排列和处理纳米管等）似乎是采用试错的方法，而不是基于建模预测。Wardle 表示，这种建模超出了当前的能力，是一个潜在的高价值投资领域，但可能并不适合 NASA 进行投资。Wardle 评论认为，虽然目前产量很大，但形态各异。

Wade Adams(美国莱斯大学)在 Wardle 演讲之后开始了他的演讲,讨论他和美国莱斯大学的一些同事提出的意见和建议。Adams 表示,总的来说,TA10 技术路线图是对 2000 年纳米管技术路线图的一个很好的更新和扩展,而纳米管技术路线图则是由他的一些团队帮助创建的。虽然 Adams 表示他相信五大顶级技术挑战是非常有用的,但是他认为"分层系统集成"挑战最值得关注,因为它是纳米/微米技术广泛应用到未来系统的关键所在,这也是 NASA 可能会展示潜在领导力的一个领域。Adams 还强调了需要内部专业知识,并对有限的经费预算表示关切,因为这可能会使 NASA 人员无法掌握最新的技术,也就难以成为更好的"更聪明的买家"。Adams 观察到,NASA 技术路线图似乎有着明确的长期目标,因此确定一些短期回报可能是一个好方法。最后他指出,NASA 将来没有足够的资金来实现其在许多技术领域的重要领导地位,但将资金集中于若干个关键需求上可能会确立 NASA 在这些技术领域的领导地位。最后,Adams 强烈鼓励 NASA 积极与其他团体(如美国国家纳米科技计划、美国国防部、美国能源部、公私伙伴关系)合作。

M.9.3 会议 2:传感器和纳米电子器件

Avik Ghosh(美国弗吉尼亚大学)以一些介绍性图表开始了他的演讲。他指出,对于纳米材料,我们已经非常了解其近平衡状态的特性,但对非平衡的机制却知之甚少。他指出,在开关区附近的噪声越来越难以避免,最近的研究试图寻求一种方法来利用这种噪声。在谈到 NASA 技术路线图时,Ghosh 表示技术路线图非常好,但 NASA 需要更好地讲清楚需求与能力之间的关系。他也同意其他演讲者的意见,因为有限的资金意味着 NASA 必须确保具体的特定领域不会被忽略,这是非常重要的。相对于主要挑战,Ghosh 讨论了散热是电子学的一个主要关注领域,自旋电子学(和多铁性材料)是有前途的,但很少获得资助,需要对新材料进行深入研究,以解决目前的应用局限性(例如,对某些应用场合来说,石墨烯是适合的,但对开关等其他应用场合不是这样)。Ghosh 表示,在陷阱动力学和改进热晶体管的工程应用方面有机会,但也注意到,NASA 技术路线图在导热性(与导电率相比,其应用范围更小)和生物计算方面似乎存在空白。他总结他的陈述并建议,除了与其他机构合作外,NASA 还可以选择一些其他机构没有涉足的领域,并专注于这些待开发的利基市场应用。

在 Ghosh 演讲之后的讨论期间,一位专家组成员指出,像美国英特尔公司和美国 IBM 公司可能会在这些领域推动技术研发,并询问 NASA 关注的重点应该是什么。Ghosh 回答道,工业部门似乎专注于近期应用,而美国国家科学基金会对长期探索性研究更感兴趣,NASA 可以寻求弥合二者之间的差异。在回答 NASA 应该重点关注的具体技术的问题时,Ghosh 同意需要在这一领域进行大量投资,一种可能性是他们应瞄准当前资金不足的利基市场,并试图确定应参与的合作领域。作为 NASA 可能考虑的利基市场的一个例子,Ghosh 指出,在传感器设计中利用噪声的技术领域,目前没有看到其他组织进行大量资助。在讨论本技术路线图中许多技术的当前技术成熟度时,Ghosh 同意这些技术当前仍处于基础/探索性研究阶段。然而他注意到,自旋转移扭矩随机存储器(STTRAM)看起来更接近于产品化(如非易失性存储器)。他还表示,纳米电子技术可以由像美国英特尔和 IBM 等工业公司主导开发,NASA 则可以从这些技术发展中受益。

　　Ashraf Alam(美国普渡大学)接着介绍了他对 TA10 技术路线图的看法。根据他对技术路线图的总体评估,Alam 指出,对可用的传感器技术进行系统的多指标的评估将非常有帮助,NASA 可以与内部和外部研究人员合作共同实现这一目标。Alam 指出,在短期内敏感性、可变性和选择性问题使许多新的传感器技术不适合快速推向应用,努力改进这些缺点是一个值得投资的领域。他还指出,生物条形码传感器和纳米蛛网传感器似乎特别有前途,值得未来开展研究工作。Alam 认为传感器面临的挑战之一是假定灵敏度线有无限长,而实际上,由于环境(如盐)影响,传感器会在一段时间(如 1h)之后失效。根据 Alam 所述,另一个有趣的应用是将传感器与被测物混合在一起,而不是将其简单地放在被测物的底部进行测量。他表示这类传感器具有更高的灵敏度且没有噪声。最后,Alam 总结出三个关键点:①追求高灵敏度可导致高波动;②在极端环境下,传感器的响应特性与正常状态下非常不同;③选择性是一个根本问题,如果可能的话,必须覆盖传感器中的间隙/空间。他指出,纳米技术将对生物传感器的发展发挥着重要作用。

M.9.4　会议 3:推进技术

　　Steve Son(美国普渡大学)在他的演讲中指出,纳米推进剂的比表面积大非常有优势,但也有一些潜在的负面因素,如在固体火箭中需要更多的黏结剂。关于这种技术,他指出某些特性在纳米尺度并不会发生变化,但其他特性如反应速率确实出现了变化。Son 表示,这些性质可用于调整点火和反应速率,控制热量释放位置,并可影响燃烧稳定性。他指出,纳米技术可以用于提高混合火箭发动机的燃面退移速率。按照 Son 的说法,从微米到纳米尺度的转变可以影响流变学,如铸件会变得更脆。相对于绿色推进剂,他指出硝酸铵可能比高氯酸铵更好,纳米技术有助于硝酸铵改善燃烧速率。至于多功能技术,Son 指出,固体火箭是多功能的,并且可以研究用于能量存储(如燃料电池使用)的液体和药浆。但是,Son 确定了若干个挑战,包括增加比表面积大颗粒的流变性、控制纳米颗粒的分布(其中大的聚集块可导致收益损失)和钝化技术。他还评论道,成本总是一个挑战,如同处理健康和安全问题。

在 Son 发言后的讨论期间,一位专家组成员询问,在这一领域预期会有哪些合理的效率提高。Son 回答,它依赖于系统,例如在某些情况下,像纳米铝冰(nano-aluminum-ice,nAl-ice)火箭,推进剂不一定需要更高的性能,但能够以不同的方式来工作。另一位与会者在这一评论的基础上指出,对于铝冰火箭推进剂来说,纳米级尺度(纳米铝粒子)是使其能够正常工作的尺度,因为推进剂不会在微米尺度量级情况下燃烧。然而,Son 做了进一步的评论,对于混合燃料,引入纳米颗粒以增加燃面退移速率可能会带来潜在的更高性能。当被问及纳米推进系统建模能力的现状时,Son 回答,虽然已经结合建模工作进行了研究,但是还有很多提升空间,并且建模需要与实验相关联才有用。最后,在讨论专家组成员关于技术成熟度的问题时,Son 指出,有些领域(如使绿色推进剂更可行)近期可实现,但其他领域(如使用发动机集群)则是长期才能实现(10 年或更长时间)。

Richard Yetter(美国宾夕法尼亚州立大学)接着介绍了他对纳米技术和推进技术的看法。关于纳米推进剂,他指出,纳米推进剂不一定要提供更高的能量密度,但可以改善对储存的化学能的利用。例如,纳米材料可以产生新的凝胶和固体推进剂,并且纳米推进剂可以用于非常规的应用场合中。Yetter 注意到了一些关键的技术问题,如对含能材料来说,燃料和氧化剂元素的自组装和超分子化学远远落后于其他学科(如药品、微电子学、微生物学)的化学应用状况。他指出,这将导致对哪种类型的超分子结构在燃烧、机械和危险特性方面能提供所期望性能只能获得有限的基本理解。然后,Yette 在关于自组装、表面钝化、石墨烯催化剂(如以获得更高的反应速率)、纳米工程高能材料(如物理气相沉积)和 MEMS 器件(如微点火器)进行了详细的讨论。在多功能性方面,Yetter 评论认为,一种可能的应用是将电源系统内置到推进系统中。

在 Yetter 演讲后的讨论期间,有人问他,如何看待 NASA 在这个技术领域的领导地位。Yetter 回答,美国空军正在这一领域投入大量的资金及研究工作,因此,NASA 的工作最好调整与某个特定的应用任务相关。他指出,一个良好的开端可能是在转向更大的系统之前,应专注于 MEMS 规模上器件的自组装。关于顶级技术挑战,Yetter 指出,钝化和组装存在高风险。他还建议应专注于系统实现——如何将纳米技术作为一个整体来影响系统?最后,Yetter 确定了若干个潜在的技术差距,包括传感器的质量/体积改进、使用石墨烯作为燃料/催化剂以及至关重要的安全问题。

M.9.5 会议 4:能量产生与储存

Gary Rubloff(美国马里兰大学)在他的演讲中首先指出,他特别想要解决发电、纳米组件的集成和分层系统三个方面的问题。Rubloff 对以下研究领域做了详细的评论:关于"随机"和"常规"非均匀3D纳米结构,暴露式和植入式纳米结构(如两种方法之间的应用和差异)、3D结构的工程问题(如防止杂质影响性能)、工艺和器件集成(如纳米级的集成以改善体积/重量)和多功能纳米系统(如纳米集成光伏和能量存储系统)。Rubloff还讨论了他所说的"三自",即自组装、自对准和自限反应,以及如何使用它们来降低成本。在NASA技术路线图方面,Rubloff指出,对于顶级技术挑战,他认为缺陷识别机制是最欠缺的。他还指出了一些技术差距,包括使用建模与仿真来指导系统设计和优先排序,以及管理缺陷和可靠性的系统级策略。相应地,Rubloff指出,NASA应该重点关注的高度优先领域是缺陷和可靠性机制、集成系统和基于模型的系统设计。最后,相对于NASA技术路线图的时间范围,Rubloff评论说,这些材料/系统的制造设备需要及时就位。

M.9.6 公众意见和讨论会

以下是在公众评论和讨论会期间由演讲者、专家组成员或其他出席者表达的观点。

1. 技术投资流程

一位发言者建议在NASA各研究中心之间成立一个工作组,定期举行会议,并通过一些外部审查对具有最大收益的投资领域达成共识。他提到,在一个10亿美元的项目中,花费1亿美元对2~3个特定领域中取得重大进步的技术进行演示验证,是非常有意义的。

2. NASA应主导的领域

有人建议,像纳米技术这样的交叉领域对NASA来说将是一个挑战,其他机构也在从事这方面的研究工作,所以不清楚NASA应该做什么。一个回应是建议NASA应该在与极端环境和多功能系统相关的纳米技术研究中发挥主导作用。有人提出,在传感器技术领域,NASA可能是真正的用户/客户,但不一定是技术研发的领导者。建议强调的另一个有机会起主导作用的领域是推进技术(如微型推进器)。能源储存被认为是另一个应关注的领域,但它可能由能源部主导。

3. 其他机构的纳米技术研究

会上对其他机构在纳米技术领域正在进行的大量研究也进行了讨论,并建议NASA应当寻求技术合作,并从九个机构的大量投资中获益。据说其他机构正在研究纳米技术在抗辐射加固电子器件、碳纳米管存储器和ASIC器件中的应用,但没有具体的机构来协调各方的研究工作。值得注意的是,美国空军的观点是在短/大质量与长/小质量的碳纳米管之间进行折中考虑。

4. 纳米管融合到结构中的时间框架

黏土纳米复合材料被纳入汽车结构中已经超过10年,但纳米纤维结构在商业应用中尚未得到大量使用(用于防弹保护的陶瓷可能在未来 1~2 年内具备使用条件)。有使用多层材料的示例,但是它们还没有用于结构中。有人认为这与碳纤维的发展历史相似:最初它出现在低复杂度运动器材中,最终应用于更复杂的系统(如航空航天)。据估计,高性能结构应用可能在未来 10~15 年内实现。

5. 形貌

有人指出,性能的提高在很大程度上取决于使用的纤维,单壁纳米管(single wall nanotube,SWNT)性能的测量值已经达到 50GPa(碳纤维 PAN 性能的 10 倍)。目前有一些研究小组试图根据所需尺寸来研发材料,这些材料可以像现今的复合材料那样铺层组装在一起。关于复合材料中减重的问题,有人指出,有能力使用纳米管来控制形貌,但是排列需要纳米尺度的精确控制,目前无法实现。潜在收益也许没有那么大,即使在大量投资下,其性能也只能提高 50%。另一个需要考虑的领域是复合材料基体,有人认为,通过对这一技术领域的研究,可以获得一个改进材料性能的重要机会(如可获得 30%左右的性能提升)。

6. 散热系统应用

在导热性方面,有人举例说明了应用纳米管有助于从电子器件/处理器中散热。有一些研究小组声称热膨胀系数(coefficient of thermal expansion,CTE)降低了 10%,但目前的研究没有集中在这一领域。有人指出,SWNT 的热膨胀系数很小,但是负值,设计各向同性材料可能具有一定的挑战性(但这也是 NASA 可能受益的领域)。

附录N
TA11建模、仿真、信息技术与处理

N.1 引言

技术领域"TA 11 建模、仿真、信息技术与处理"的技术路线图草案包括四个第2层级技术子领域：
- 11.1 计算
- 11.2 建模
- 11.3 仿真
- 11.4 信息处理

NASA 实现工程突破和科学发现的能力不仅受到人、机器人和遥感观测的限制，而且受到传输数据并通过复杂模型将数据转换为科学和工程知识的能力的限制。但是，这些数据管理和利用步骤可能会对相关机构的信息技术与处理能力产生影响。随着数据量呈指数级增长到拍字节（PB级）和艾字节（EB级）范围，建模、仿真、信息技术与处理需求需要先进的超级计算能力。

处理和归档快速增长的数据集，包括使用适当的元数据分析和解析数据，对信息系统技术提出了重大的新需求。观测和模拟数据量的增长速度远远快于网络速度，因此需要新的模式：分析算法将越来越多地在远程数据库上运行，而不是将大量数据带到科学家的工作站进行分析。

还有一些重要的航天器计算机技术要求，包括智能数据理解、抗辐射多核芯片和 GPU 的开发、容错代码和硬件，以及在这些系统上高效运行的软件。另一个重要的挑战是开发改进的软件，用于可靠地模拟和测试包括人体部件在内的完整 NASA 任务。

在对 TA11 中第3层级具体技术进行优先级排序之前，将一项技术分为两部分。这些变化的原因将在下面解释，并在表 N.1 中进行了说明。所有 14 个技术领域的完整、修改后的技术领域分解结构如附录 B 所示。

表 N.1　TA11 建模、仿真、信息技术与处理的技术领域分解结构

NASA 技术路线图草案(版本 10)	指导委员会—修改建议
TA11 建模、仿真、信息技术与处理	一种技术被分为两个部分
11.1 计算	
11.1.1 飞行计算	
11.1.2 地面计算	
11.2 建模	
11.2.1 软件建模和模型检查	
11.2.2 集成硬件和软件建模	
11.2.3 人-系统性能建模	
11.2.4 科学与工程建模	11.2.4 分为两种独立的技术:
	11.2.4a 科学建模与仿真
	11.2.4b 航空航天工程建模与仿真
11.2.5 框架、语言、工具和标准	
11.3 仿真	
11.3.1 分布式仿真	
11.3.2 全系统生命周期仿真	
11.3.3 基于仿真的系统工程	
11.3.4 基于仿真的训练和决策支持系统	
11.4 信息处理	
11.4.1 科学、工程和任务数据生命周期	
11.4.2 智能数据理解	
11.4.3 语义技术	
11.4.4 协同科学与工程	
11.4.5 先进任务系统	

技术 11.2.4 科学与工程建模(TA11 技术路线图文本中实际标题为"科学与航空航天工程建模")被认为过于宽泛,故将它拆分为两部分:11.2.4a,科学建模与仿真;11.2.4b,航空航天工程建模与仿真。这两种技术的内容如 TA11 技术路线图 11.2.4 科学与工程建模对应内容所述,分别在标题为"科学建模"和"航空航天工程"的章节中。

N.2 顶级技术挑战

专家组确定了 TA 11 中有四大技术挑战,下面按优先级列出。

(1) 先进飞行能力的设备和软件:为飞行计算(如用于在行星表面着陆的实时自主避障技术、自适应望远镜反射镜技术、智能漫游车和自主交会)开发具有先进飞行能力(如低功率、高性能、抗辐射、容错)的设备和系统软件。

目前,计算能力越来越强大,它的应用能支持更多的任务,其中大多数任务都依赖于自主智能系统。然而,为地面商业应用开发的许多高级设备不适用于空间环境。空间应用需要在质量和功率资源受到严格限制的情况下,对辐射诱发效应具有免疫力或至少有一定耐受力的装置。在这些先进设备上运行的软件设计方案,其体系架构不同于当前符合空间应用要求的设备,也需要新的解决方法。这些用以满足空间苛刻应用要求的关键而且复杂的软件需要进一步开发,以使其管理和运行的风险较低。

(2) 新的软件工具:开发新型飞行和地面计算软件工具(并聘请训练有素的计算机专家),利用新的计算技术,紧跟计算硬件技术发展,消除多核"可编程性差距",并允许移植旧代码。

大约自 2004 年以来,由于每个芯片内核数量("多核")的增加,以及使用非常快速的矢量图形处理器(graphical processing units,GPU),而不是提高处理器速度,导致计算机功耗的增加。NASA 在新的计算机硬件方面有大量预算,但是为这些新的计算机体系结构开发高效的新代码所面临的挑战尚未得到解决。主要代码已经发展了几十年,但是计算机每隔几年就会改变,所以 NASA 的大量遗留工程和科学代码将会需要重新设计,以有效利用快速变化的先进计算系统。这种重新设计需要预测现在正在开发的未来架构,如许多集成众核(many integrated core,MIC)和其他高级处理器,其目标是可移植性、可靠性、可扩展性和简洁性。这项工作既需要大量计算机专家和专业程序员的参与,也需要开发新的软件工具,以便于旧代码的移植,并为这些新系统创建更有效的新代码。随着计算机系统发展到数百万个核,还会出现其他问题,包括应对硬件故障的冗余或其他预防措施的需求,需要创建防止负载不平衡降低代码性能的软件和操作系统,以及需要更节能的大型计算机,因为它们消耗越来越多的可用电力。

(3) 测试:利用新一代经济型仿真模拟软件,提高硬件和软件测试的可靠性和有效性,增强任务的稳健性。

为了确保系统的可靠性和稳健性,必须对由高级硬件和软件组成的系统的复杂性进行管理。能够洞察复杂系统设计的新软件工具,将支持具有良好理解和可预测行为的系统的开发,同时可以最小化或消除非预期反应。

(4) 仿真工具:开发科学仿真和建模软件工具,以充分利用新一代科学计算机的能力(如用于地球科学、天体物理学、太阳物理学和行星科学的跨尺度模拟、数据同化和可视化)。

超级计算机的功能越来越强大,通常能够对复杂的天体物理、地球物理和空气动力学现象进行真实的多分辨率模拟。现在正在模拟的现象包括星周盘向行星系统的演化、星系巨分子云中恒星的形成和整个星系的演化,以及来自超新星和超大质量黑洞的反馈。这些也是多分辨率问题,如果不了解诸如恒星形成之类的小尺度现象,就无法真正理解星系演化。NASA超级计算机正在模拟的其他多尺度现象包括航天器进入行星环境以及影响地球上气候演变的海洋-大气相互作用。然而,利用这些新计算机体系架构全部功能的高效新代码仍在开发中。

N.3 质量功能展开矩阵和计算结果

图N.1和图N.2显示了每种技术的相对排名。专家组对第3层级具体技术与顶级技术挑战之间关联性的评估总结在图N.3中。

技术名称	收益	与NASA需求的一致性	与NASA的航天技术需求的一致性	与非NASA的其他航天需求的一致性	技术风险与合理性	排序与进度	所需付出的时间与投入	加权值后的QFD分数	专家组给出的优先级
权重	27	5	2	2	10	4	4		
	0/1/3/9	0/1/3/9	0/1/3/9	0/1/3/9	1/3/9	-9/-3/-1/1	-9/-3/-1/0		
11.1.1 飞行计算	9	9	9	3	9	1	-3	394	H
11.1.2 地面计算	9	9	9	9	3	1	-1	354	H
11.2.1 软件建模和模型检查	3	9	9	3	3	3	-1	176	M
11.2.2 集成硬件和软件建模	3	9	9	3	3	1	-1	192	M
11.2.3 人-系统性能建模	1	9	3	3	3	1	-1	114	L
11.2.4a 科学建模与仿真	9	9	3	9	3	1	-1	354	H
11.2.4b 航空航天工程建模与仿真	3	9	9	3	3	1	-3	160	M
11.2.5 框架、语言、工具和标准	1	9	3	3	3	1	-1	90	L
11.3.1 分布式仿真	3	9	3	9	3	1	-1	192	H*
11.3.2 全系统生命周期仿真	1	9	1	1	3	-9	-1	64	L
11.3.3 基于仿真的系统工程	1	3	3	9	1	1	-3	72	L
11.3.4 基于仿真的训练和决策支持系统	1	1	1	1	3	1	0	70	L
11.4.1 科学、工程和任务数据生命周期	3	9	9	0	3	1	-1	174	M
11.4.2 智能数据理解	1	3	1	0	3	-3	-1	38	L
11.4.3 语义技术	3	9	3	3	3	1	-1	160	M
11.4.4 协同科学与工程	0	9	3	3	3	-3	-3	51	L
11.4.5 先进任务系统	3	9	3	1	3	-9	-3	188	M

图N.1 (见彩图)TA 11 建模、仿真和信息技术与处理QFD得分汇总矩阵

注:图中所有高优先级技术的优先级认定依据详见"高优先级的第3层级具体技术"一节内容;H表示高优先级,H*表示调整为高优先级(不采用QFD分数),M表示中等优先级,L表示低优先级。

专家组将四项技术评为高优先级。其中三项是因为它们的QFD分数远高于排名较低的技术的分数。经过仔细考虑,专家组还指定了一项附加技术作为高优

先级技术。

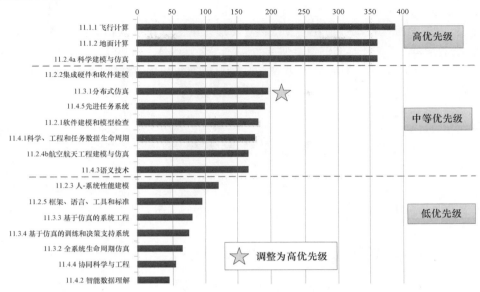

图 N.2　TA 11 建模、仿真和信息技术与处理 QFD 得分排名

图 N.3　TA11 建模、仿真和信息技术与处理领域中各项技术对顶级技术挑战的支持程度

图 N.2 按优先级顺序展示 TA11 技术。

对与计算相关技术的评估很困难,因为在许多情况下该技术的研发主要由 NASA 以外的机构推动和应用。NASA 主要是先进信息技术设施的消费者、采用者和/或适配器,但航天器上信息处理系统除外,这是由 NASA 负责技术推动的。因此,只有四项技术被列为最高优先级,但这并不意味着其他技术对 NASA 不重要,只是 NASA 不被视为开发这些技术的主要组织机构。

N.4　高优先级的第 3 层级具体技术

第三专家组确定了 TA11 中有四项高优先级技术,下面讨论将这些技术评为高优先级的理由。

N.4.1　技术 11.1.1 飞行计算

飞行计算技术包括低功耗、抗辐射、高性能处理器,仍是航天领域的一般应用中所急需的。这些高性能处理器使得自主着陆和危险规避等特殊操作变得切实可行。具有所需性能的处理器(如多核处理器)可随时用于地面应用中,然而抗辐射版本并非如此。

主要关注的问题是确保面向空间应用的抗辐射集成电路的持续可用性。随着商用集成电路的特征尺寸减小,辐射敏感性则在增加,维护抗辐射设备的生产线无利可图。如果 NASA 和其他政府组织希望保持这些设备的国内资源,则可能需要采取行动,或者可能需要进行新技术开发工作,以确定如何在空间环境中应用商业设备。例如,使用能够隔离经历过异常的内核的多核处理器可能是一种方法。有理由认为,这可能是未来飞行中继续使用高性能处理器的唯一选择。

相关技术的风险范围为中高等,具体风险等级取决于为确保持续使用这些设备所采取的方法。维持现有生产线所需的成本可能过高,所生产的设备的性能也受限。然而,在商业多核产品具备安全、可靠的应用能力之前,可能需要采取此类措施以维持设备的可用性。

这项技术与 NASA 的专业知识和能力非常一致,NASA 与业界合作伙伴长期合作开发这样的设备就证明了这一点。这项技术应用于航天领域的各个方面,如民用、国家安全和商用航天都有应用,进入国际空间站测试并不会推动该技术的进一步发展。

这项技术将产生重大影响,因为先进的计算机体系架构最终被纳入抗辐射飞行处理器时,有望在星载计算吞吐量、故障管理、智能决策和科学数据采集方面带来重大的性能提升,并能自主着陆与实现航天器的危险规避。预计可以用于NASA的所有任务。

N.4.2 技术11.1.2 地面计算

地面计算技术包括多核/混合/加速计算机体系架构的可编程性,以及帮助将现有代码移植到这些新体系架构上的开发工具。

在2004年之后,计算技术的重大改进来自每个芯片的计算核数量的增加和加速处理器(矢量图形处理器单元)的改进,而在2004年之前,改进主要来自单个计算核的时钟速度的稳定提高。然而,庞大的遗留工程和科学代码库无法在新的计算机体系结构上高效运行,需要技术开发来创建软件工具,帮助程序员转换旧代码和新算法,以便在这些新计算机系统上能高效运行。相关的技术挑战是开发改进的编译器和运行时算法,来改善这些新的计算机体系结构中的负载平衡,以及开发防止拥有数十万到数百万个核的系统中的计算机硬件故障影响可靠性的方法。所有高性能计算机的用户都面临这些挑战,NASA可以与其他机构和行业合作伙伴一起解决这些问题。随着计算机系统架构的稳步变化,将需要不断的技术改进。改进的技术可能广泛适用于NASA、航空航天界以及其他领域。该项技术不需要进入国际空间站验证。

这是一种改变游戏规则的技术,因为随着新的多核和加速器硬件的出现,计算机硬件能力呈指数级增长,但是软件却跟不上硬件的步伐。解决可编程性差距有可能使计算能力提高2~3个数量级,可带来广泛深远的影响。

N.4.3 技术11.2.4a 科学建模与仿真

第三专家组将原来的11.2.4科学与工程建模技术分为两种技术分别进行优先级评估:11.2.4a 科学建模与仿真,高优先级;11.2.4b 航空航天工程建模与仿真,中等优先级。

技术11.2.4a 包括多尺度建模,需要处理具有各种长度尺度或其他物理变量的复杂天体物理和地球物理系统。还需要开发更好的方法,将仿真结果与观测结果进行比较,以提高对快速增长的NASA数据集内涵的物理理解。

开发多尺度模型和仿真技术是一种持续不断的挑战,影响许多科学领域。该技术的进一步发展需要在代码和方法上稳步改进。随着科学家试图通过不断改进的数据来理解日益复杂的天体物理和地球物理系统,面临的数据处理挑战也越来越大,需要研究更好的方法来整合不同来源的数据,并将这些数据与仿真数据进行比较,以提高科学理解。该技术与NASA的能力和需求非常吻合。不需要进入空间站进行测试。

这项技术会产生重大影响,因为它通过阐明所涉及的物理原理来优化并解释观测数据。这种能力可能影响 NASA 的许多任务,改进的建模与仿真技术可能在不同的任务领域都会产生广泛的影响。

N.4.4 技术 11.3.1 分布式仿真

分布式仿真技术创造了在软件开发人员、科学家和数据分析人员之间共享仿真的能力,从而极大地提高了对仿真技术进行大量投资的价值,目前仿真可能需要数千万个 CPU 小时。需要具有足够高的互联带宽和显示能力的大规模、共享、安全分布式环境,以实现分布式仿真(处理)以及对仿真产生的数据进行分布式分析和可视化。大型仿真通常可以产生数太字节(TB)的数据,因此需要先进的数据管理和数据挖掘技术。

专家组推翻了这项技术的 QFD 分数,将其指定为高优先级技术,因为 QFD 分数没有体现该技术在支持合作的重大效率提升方面所能提供的价值,特别是跨学科研究,这能使 NASA 在多个领域的众多任务受益。此外,它将在非 NASA 航天领域中产生广泛影响,也会对许多非航天领域产生广泛影响。

N.5 中低优先级技术

第一组中等优先级技术包括:11.2.2 集成硬件和软件建模,11.4.5 先进任务系统,11.2.1 软件建模和模型检查。它们都能带来较高的收益(但达不到改变游戏规则的程度),在任何类别中都不会获得最低的分数,并有一个共同点,即开发成本可以降低。

第二组中等优先级技术包括:11.4.1 科学、工程和任务数据生命周期,11.2.4b 工程建模与仿真,11.4.3 语义技术。随着系统建模和仿真能力的提高,由于系统内部与外部环境的复杂交互以及异常行为,系统安全性能的建模也有望得到改善。本组中每一项技术都能带来较高收益(但达不到改变游戏规则的程度),在任何类别中都不会获得最低的分数,并有一个共同点,即不需要任何重要的新技术。

第一组低优先级技术包括:11.2.3 人-系统性能建模(同样包括如上所述的系统安全性能),11.2.5 框架、语言、工具和标准,11.3.3 基于仿真的系统工程。这些技术所带来的收益较低,在任何类别中都不会获得低分,并有一个共同点,NASA 不需要投资进一步的开发,因为开发已经在进行。

第二组低优先级技术包括：11.3.4 基于仿真的训练和决策支持系统，11.3.2 全系统生命周期仿真，11.4.4 协同科学与工程。后两者在一个类别中得分较低，这些技术所带来的收益较低，并有一个共同点，即部分技术已经存在。

剩余的低优先级技术是 11.4.2 智能数据理解，它的收益得分为零。第三专家组认为，它不会带来任何重大收益，这方面的大部分研究工作目前正在进行。

N.6 公共研讨会总结

2011 年 5 月 10 日，在美国华盛顿特区的 Keck 中心，仪器和计算专家组（第三专家组）组织召开了 TA11 建模、仿真、信息技术与处理技术领域研讨会。参加研讨会的有第三专家组的成员、NASA 技术路线图研究指导委员会的一名或多名成员、受邀的研讨会参与者、研究人员和参加公开会议的公众人士。研讨会首先由专家组组长进行简要介绍；然后是四个小组讨论会，接着是一次公开征求意见和一般性讨论的会议；最后是专家组组长的简要总结。每个小组讨论会都由第三专家组的一名成员来主持。来自工业界、学术界和/或政府的专家应邀出席小组讨论会。

N.6.1 会议 1：工程系统的仿真

第一场会议聚焦于工程系统的仿真，由 Alan Title 主持。

Greg Zacharias（美国 Charles River Analytics 公司）介绍了基于仿真的系统工程。他指出，系统工程是一种人力密集型的过程，通常具有非常非正式和隐含的规范与要求。他认为，让该过程自动化的技术挑战是让计算机更像人类一样思考，或将人类的概念转化为机器可读形式。他认为这种能力会改变游戏规则。他还指出，技术路线图中另一个改变游戏规则的潜在差距是改进了仿真中操作者的建模方式，实现了完全的端到端系统建模，或"数字孪生"，需要操作员在正确的感知/认知/运动保真度水平上建模。这也与他提出的另一点有关，即需要改进系统的多分辨率建模和仿真能力（包括操作者）。

Amy Pritchett（美国佐治亚理工学院）的报告侧重于航空，但讨论了它与天基任务的关系。安全驱动因素包括相互依赖的耦合行为（硬件、软件和人类动力学）。她指出，《NRC 航空学十年调查》报告将开发复杂的交互式自适应系统列为开发飞行关键系统的最大挑战。她认为，目标应该是模拟整个系统和过程（包括回路中的所有人、所有飞行器和零部件等）。系统之间的相互依赖性不仅需要在硬件和软件系统之间建模，而且需要在操作者和组织方面建模。建模和仿真不仅包括基于物理的建模，而且包括计算系统、沟通行为和系统中人类的认知行为。她在技术路线图中单独看到了这样一个集成模型的组件,但似乎并没有将这些组件结合在一起。她还同意,当单个模型链接在一起以建立完整的体系结构模型时,如何正确地缩放它们是一个重大挑战。

N.6.2 会议2:再造工程仿真、分析和处理代码

本会议聚焦于新类型的编程语言以及如何适应新的多核计算机,由Joel Primack主持。

Bill Matthaeus(美国特拉华大学巴托尔研究所)首先作报告,他在报告中阐述了他作为理论和计算物理学家的观点,描述了在计算科学家和终端用户之间划分责任的挑战。他指出,计算范式正在发生变化,最新的变化是多核处理器在集群中工作。他说明了最终用户需要在多大程度上为每一个范式转换重新调整工具,以及软件编译器如何简化转换的问题,并注意到最终用户越来越脱离代码和软件包细节的趋势,可能在未经验证的情况下对其过于信任。他讲述了他的担忧,即现代编译器已经变得不那么具有稳健性,会产生不稳定的代码、不可移植的代码或在不同的计算机上产生不同结果的代码。作为模拟复杂性的一个例子,他提到了他关于开发日球层三维磁流体动力学模型(如空间天气)的工作,并将其与陆地全球环流模型进行比较,或根据第一原理计算波音747飞机周围的气流。

Bronson Messer(美国橡树岭国家实验室(ORNL))随后作报告,他首先介绍了橡树岭国家实验室目前的能力。该实验室在单个房间里有三个千万亿次(Petascale)平台,拥有超过每秒2千万亿次(2 petaflops)浮点运算能力、运算速度世界排名第二的计算机。ORNL正在建造一个每秒10~20千万亿次浮点运算能力的计算机,到21世纪末,它正朝着运算速度达到每秒百亿亿次(Exaflop)的方向发展。他报告说,目前大型超级计算机中最困难的物理挑战是在存储器和处理器之间以及节点之间移动数据时所需的电力,这将随着一些即将到来的技术进步而改变。他认为,拟议中的百亿亿次级系统(超越现有的千万亿次系统)有着明显的不同,随着用于提高性能的片上并行度的增加,系统变得更加分层化和异构化。他认为,在处理这些系统的复杂性和开发新的编程模型方面,面临着巨大的挑战。他指出,解决方案在于从软件开发人员那里抽象出一些架构细节的编程模型。在最近一次对潜在用户的调查中发现,人们强烈倾向于使用当前的语言和工具(如消息传递接口(message passing interface,MPI))进行演化式开发。

在Messer的演讲后,有一个漫长的讨论期,Messer回答了听众和专家组的问题。他说,NASA目前没有投入大量资金来推进超级计算技术的发展。他讨论了处理生成的大量数据所面临的挑战,以及将结果返回给用户的最佳方式。最后有一些讨论认为,NASA将需要为他们的飞行计算机解决多核系统的新计算范式。

N.6.3 会议3：智能数据理解、自主S/C操作和星载计算

本次会议侧重于航天器星载处理技术，以及提高操作和数据处理的自主性，由 David Kusnierkiewicz 主持。

George Cancro（美国约翰斯·霍普金斯大学应用物理实验室）第一个作报告，他对技术路线图草案提出了几点批评，主要建议是，技术路线图应该更全面地显示建模、仿真、自主性和操作软件发展之间的联系，因为它们都是相互关联的。他还看到，在整个技术路线图中，技术概念缺乏具体的效益和目的，并认为根本问题是"为什么 NASA 需要这样做？"自始至终都没有得到正确处理。他认为，星载计算的整个部分都集中在多核处理器上，但似乎没有关于哪些特定任务需要多核处理器的任何信息。他指出技术路线图中的不足：没有讨论大规模数据流的星载计算；没有讨论虚拟观测台、信息交换所、搜索引擎和其他 NASA 科学数据的处理工具，这些是用于执行多任务数据分析或 Anchor 建模所必需的；没有讨论支撑建模和仿真的框架或流程。他指出自主和自适应系统的巨大潜力，并表示他们面临的最大挑战是测试。他引用了新的空军技术路线图"技术水平线"，将"可信自主"确定为首要问题，他认为这只能通过自主系统测试技术的发展来解决。

Noah Clemons（美国英特尔公司）第二个作报告。他认为技术路线图过于笼统，需要解决高效性能、基本性能（使用当今的多核处理器进行应用程序编码）、先进性能（更先进、跨平台）和分布式性能（高性能 MPI 集群）四个方面的问题。他指出，许多现有的应用程序从未打算在并行处理器上运行，通过更改串行代码或编写新代码，将代码转换为在并行处理器上运行是一个重大挑战。他强调需要以可移植性、可靠性、可扩展性和简单性为目标。他警告，不要过分关注一种特定的计算架构，每隔几年就必须为新的架构或范式重新编码。他认为，目前的情况正朝着一种计算机处理器的方向发展，即异构 CPU 和 GPU 都嵌入在一起，但在未来整个模型可能会消失。他相信，一种改变游戏规则的并行编程技术是在任务中编程而不是管理单个线程。使用这种类型的编程技术，程序可被结构化改造，通过聚焦于扩展（使用内核）和在更高级别上的矢量化编码来利用高度并行的硬件。有几种并行编程解决方案，包括内置在编译器中的"任务而不是线程"，其他都是内置在库中。他认为，结构化并行模式已经接近一个临界点，这种模式可以用很少或不需要任何成本就能作为构建块使用（不必从头开始编写所有内容），其中许多工具中已经内置了一些可移植组件。他还认为，应该在调整分析工具方面进行少量投资，因为已经有一些工具可用于协助实现代码并行化、优化/改进代码和调整代码。

N.6.4 会议4:数据挖掘、数据管理、分布式处理

当天的最后一个会议集中于使用和管理数据,由Robert Hanisch主持。

Peter Fox(美国伦斯勒理工学院)第一个作报告,他对技术路线图如何涵盖数据管理和处理表达了自己的观点。他认为技术路线图中存在一些不足之处,包括数据集成或集成能力,以及处理数据拟合度(质量、不确定性和偏差)。他建议,在如何整合来自不同航天器的大量数据方面,应进行适度的前期投资,否则面临事后难以处理的困境。他表示需要在数据人员(很少出现在前面的图片中)、算法开发人员、仪器设计师等之间进行协同开发。参会人员提出了一个关于这是技术还是管理的问题。Fox的回答是,两者兼而有之,并给出了一个称为Giovanni系统的例子,它极大地提高了科学家的工作效率。在数据拟合度方面,从他在地球科学方面的经验来看似乎最关心偏差。他指出,偏差可能是由测量数据失真引起的系统误差,或者它可能是人们利用、处理和理解数据的偏差。最后,他认为技术路线图并没有准确地描述语义技术的现在和未来,虽然它已经广泛地应用在NASA产品中,但其发展进步可能会彻底改变科学研究的方式。

Arcot Rajasekar(美国北卡罗来纳大学教堂山分校)第二个作报告,重点介绍数据生命周期与任务生命周期的集成,并讨论了用于百亿亿次级(Exascale)数据编排的端到端能力方面面临的挑战。他指出,NASA拥有海量的任务数据,需要在很长一段时间内无损失地共享所有这些数据。他建议使用一个集成的数据和元数据系统,以便数据对未来的用户有用,但目前技术路线图中还没有相关技术来满足这些需求。他认为,当前的技术路线图展示了各个应用层面对数据密集型能力的需求,但是对如何牵引和推动这项技术发展所提供的指导有限。他指出,信息处理技术的技术路线图非常令人印象深刻,但需要相应的"进化"数据编排技术路线图。在他看来,NASA面临的改变游戏规则的挑战包括面向策略的数据生命周期管理(管理策略、让策略引擎管理字节和文件)、不可知数据的可视化技术、面向服务的数据操作以及分布式云存储和计算。然而,他认为NASA面临的最大挑战是全面的数据管理系统(而不是为每个任务都采用烟囱式方法),并指出该技术已经存在,只是需要去实现。向面向数据、面向策略和面向结果(根据数据结果捕获行为的系统)的百亿亿次级数据系统转变将是一种范式转变。

Neal Hurlburt(美国洛克希德·马丁公司)第三个作报告,也是最后一个关于数据系统的发言。他首先对最近的一项研究进行了总结,该研究发现有必要对新兴的综合数据系统进行行业监管。他认为NASA面临的最大挑战包括当前数据服务的互操作性不足,未来数据系统的成本将主要取决于软件开发(而非计算和存储)、基础设施和数据分析工具的开发不协调、支持生命周期不可预测,以及对数

据系统软件需要更协调的方法。然而,他认为 NASA 可以利用新兴技术满足他们在这一领域的大部分需求,而无须投资于开发,NASA 的作用应该是为虚拟观测台开发基础设施,建立参考体系架构/标准,鼓励语义技术与天文和地球物理学行业进行整合,并为综合数据分析工具提供支持。他认为相关元数据/语义注释的广泛使用已接近临界点。

N.6.5 公众意见征询会和一般性讨论

研讨会结束时,主持人留出一些时间进行一般性讨论,并听取观众的意见。本次会议由 Carl Wunsch(美国麻省理工学院)主持。

讨论会首先围绕 NASA 在信息技术与处理技术开发中的作用展开了讨论。有人指出,这些技术有很多都不是 NASA 所独有的,在其他地方已经开展了大量的研究工作,如工业界和商业公司。有些人表示,NASA 在技术开发中更多的是受益者,而不是关键的参与者。

有人指出,NASA 与商业活动的关键区别是,NASA 关注于最大限度地降低风险,特别是在飞行系统方面。有一些共识认为,对于空间飞行场景而言,目前商业级应用的大部分产品存在不够紧凑、不够可靠、功耗过高等问题。典型例子如抗辐射计算机或 CCD,工业级产品在技术上遥遥领先,却无法在太空中使用。有人提出,航天技术在这些领域远远落后,而旧技术无法在市场买到。有人建议,NASA 需要与财力雄厚、目标类似的美国国防部合作。有人还提醒到,如果 NASA 不开发某些技术(因为它认为商业公司会来做,但商业公司只有在有经济回报的情况下才会这么做),NASA/科学界就有可能受制于商业市场。

抗辐射电子产品的例子引发了一些更详细的讨论。有人指出,目前很多计算都是使用抗辐射 FPGA 和 ASIC 完成的,这些都是现成的。有人提到,FPGA 更难验证,每个 ASIC 制造商都有自己的一套模拟器、编译器等。有人建议,可用不同的方法来实现容错。会上提出的技术挑战是,可以利用当前技术的集成电路开展抗辐射设计,不需要专门的设施即可生产。

研讨会上的一些讨论集中在数据系统(尤其是关于科学数据)上,发言者可以交替处理工程数据和科学数据,但 NASA 处理这两个领域的方式截然不同。每个任务都有自己上下文驱动的内容管理系统来进行配置管理,这是产品数据生命周期管理的一部分。有人建议,应该努力提高当前的技术水平,并在系统工程和智能数据理解的任务中共享这种技术。据称,解决方案不必是单一的,因为任务确实不同。最后有人指出,小型任务的技术,即通用技术尚未得到解决。与会者一致认为,未来几年中不会有大型任务,规模较小的任务所需费用越来越高。

N.7 2016版修订内容

N.7.1 QFD矩阵和计算结果

2015年,NASA的TA11"建模、仿真、信息技术与处理"技术路线图扩大了2012年该技术领域的范围,增加八项新的第3层级具体技术。表N.2显示了这些新技术如何融入TA11的技术领域分解结构中。TA11中所有技术的得分和排名如图N.4和图N.5所示。

表N.2 2016版TA11建模、仿真、信息技术与处理的技术领域分解结构

第2层级技术子领域	第3层级具体技术
11.1 计算	无
11.2 建模	11.2.6 用于任务设计的分析工具
11.3 仿真	11.3.5 百亿亿级仿真
	11.3.6 不确定性量化和非确定性仿真方法
	11.3.7 多尺度、多物理场和高保真度仿真
	11.3.8 验证与确认
11.4 信息处理	11.4.6 网络基础设施
	11.4.7 人-系统整合
	11.4.8 网络安全

八项新的第3层级具体技术中有两项(11.2.6任务设计分析工具,11.3.7多尺度、多物理场和高保真度仿真)被评估为中等优先级,其他六项新技术被列为低优先级。

N.7.2 中等优先级技术

N.7.2.1 技术11.3.7 多尺度、多物理场和高保真度仿真

技术11.3.7多尺度、多物理场和高保真度仿真被评为TA11中最有发展前途的新技术。它有望增加维度与尺度的跨度以及预测的逼真度,从而提高对物理过程具有多层次相互依赖性的物理系统的理解、设计和优化。TA11的路线图表明,

技术名称	权重	收益 27 0/1/3/9	与NASA需求的一致性 5 0/1/3/9	与非NASA的航天技术需求的一致性 2 0/1/3/9	与非航天的其他国家需求一致性 2 0/1/3/9	技术风险与合理性 10 1/3/9	需求紧迫性和与其他地技术的交互性 -9/-3/-1/1	所需付出的时间与投入 4 -9/-3/-1/1	加权重后的QFD分数	专家组给出的优先级
11.1.1 飞行计算		9	9	3	3	9	1	3	394	H
11.1.2 地面计算		9	9	3	3	9	1	-1	354	H
11.2.1 软件建模和模型检查		3	9	3	3	3	-3	-1	176	M
11.2.2 集成硬件和软件建模		3	9	3	3	3	1	-1	192	M
11.2.3 人-系统性能建模		1	9	3	3	3	1	1	114	L
11.2.4a 科学建模与仿真		9	9	9	3	3	-1	-3	354	H
11.2.4b 航空航天工程建模与仿真		3	9	3	3	3	1	-3	160	M
11.2.5 框架、语言、工具和标准		1	9	3	1	1	1	1	90	L
11.2.6 用于任务设计的分析工具		3	9	3	3	3	1	-1	160	M
11.3.1 分布式仿真		3	9	3	9	3	1	1	192	H*
11.3.2 全系统生命周期仿真		1	9	1	0	3	9	1	64	L
11.3.3 基于仿真的系统工程		1	3	3	1	3	1	1	72	L
11.3.4 基于仿真的训练和决策支持系统		1	1	1	1	3	1	0	70	L
11.3.5 百亿亿级仿真		1	9	3	3	3	1	1	130	L
11.3.6 不确定性量化和非确定性仿真方法		1	9	3	3	3	-3	-1	110	L
11.3.7 多尺度、多物理场和高保真度仿真		3	9	3	3	3	1	-1	192	M
11.3.8 验证与确认		1	9	3	3	3	1	-3	118	L
11.4.1 科学、工程和任务数据生命周期		3	9	3	3	3	1	1	174	M
11.4.2 智能数据服务		1	3	1	1	1	-3	-1	38	L
11.4.3 语义技术		3	9	3	3	3	1	1	160	M
11.4.4 协同科学与工程		0	9	3	3	3	1	-9	51	L
11.4.5 先进任务系统		3	9	3	1	9	9	1	188	M
11.4.6 网络基础设施		1	9	3	1	1	-1	-1	86	L
11.4.7 人-系统整合		1	9	3	3	3	1	1	106	L
11.4.8 网络安全		1	1	0	1	3	1	-3	56	L

图 N.4 （见彩图）2016 版 TA 11 建模、仿真和信息技术与处理 QFD 矩阵

注：H 代表高优先级；H* 代表调整为高优先级（不采用 QFD 分数），M 代表中等优先级，L 代表低优先级。

作为该技术领域的一部分所开发出的仿真技术将有助于"开发更轻、更耐用的结构材料，用于燃料电池、核反应堆、电池和太阳能电池的高性能材料，以及结合这些功能的新型多功能材料，理解超高声速下发动机和机身周围的反应流"。这项技术的发展对上述应用的贡献还有待观察。但无论如何，委员会都没有把 11.3.7 多尺度、多物理场和高保真度仿真列为高优先级的技术，主要是因为其他私营和政府实体正在开发相关基础技术。虽然 NASA 可以为推动其发展做出贡献，并将其应用于特定的问题和系统，但 NASA 没有必要牵头开发该技术。

N.7.2.2　技术 11.3.5 百亿亿级仿真

技术 11.3.5 百亿亿级仿真技术被列为低优先级，通过引入更强大的计算能力，最终将成为 11.3.7 多尺度、多物理场和高保真度仿真的重要组成部分。若干个国家实验室正在开发超大规模仿真能力（每秒百亿亿次浮点运算），并得到美国国家战略计算计划（national strategic computing initiative，NSCI）的支持，预计在未来 5~7 年具备使用条件。通过密切关注百亿亿级超算能力的发展，NASA 准备在其可用时将其应用到各种任务中。11.3.5 百亿亿级仿真和 11.3.7 多尺度、多物理

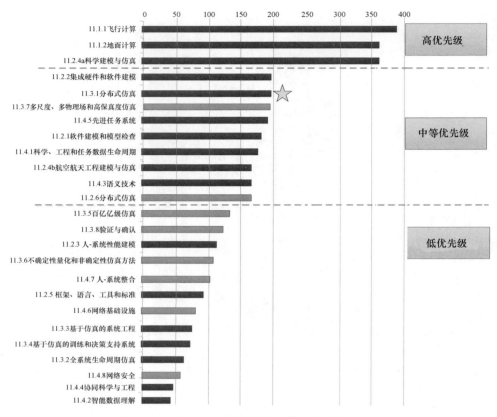

图 N.5 （见彩图）2016 版 TA11 建模、仿真和信息技术与处理 QFD 得分排名

场和高保真度仿真都是 2012 年 NRC 报告中的技术 11.2.4a 科学建模与仿真的组成部分，而在该报告中，技术 11.2.4a 科学建模与仿真被评为高优先级。在 2015 年 NRC 报告中，11.2.4a 科学建模与仿真和 11.2.4b 航空航天工程建模与仿真已被合并为 11.2.4 科学建模。

N.7.2.3　技术 11.2.6 用于任务设计的分析工具

技术 11.2.6 用于任务设计的分析工具被列为中等优先级。这些工具可以增强当前的任务设计能力，并能提高 NASA 对其技术组合的管理水平。随着任务变得更为复杂和分散，相比综合应用现有的商用货架系统和以前任务选定的系统，集成任务设计工具更能实现最佳设计。除了有利于优化设计任务之外，先进的分析工具还具有改进成本和风险估计的潜力。用于任务设计的分析工具之所以没有被列为高度优先的技术，主要是因为它只是对当前工程实践的一种改进，而不是新任务的使能技术。

N.7.3　低优先级技术

TA11中的其他新技术被列为低优先级,技术11.3.5百亿亿级仿真,正在由其他私营和政府实体开发。如上所述,NASA可以继续关注这方面的技术进展,而不是更多地参与进来。技术11.3.6不确定性量化和非确定性仿真方法,通过减少任务设计和开发中多方面的不确定性,有望提高成本的控制能力和任务的稳健性。然而,与系统真实状态相一致的不确定性的数学描述等概念仍然相当抽象,需要开展基础研究工作,NASA可以关注这些概念的进展,直到它们更适合应用于解决自己的具体问题。技术11.3.8验证与确认,主要应用于软件、建模和仿真领域,当前已经是一项持续的工作,可以稳步地得到改进。虽然它很重要,与相关任务的关联性也较大,但它并不需要进行大量的投资。技术11.4.7人-系统整合的发展对未来的深空任务来说将变得更加重要,在这些任务中,为了减少对地面控制的依赖,需要增加乘组人员的自主权。已经提出了多种不同的方法来改善人机系统的整合,并且在任务设计活动中已经定义了许多概念。随着特别感兴趣的重点领域的确定,可能会出现更高优先级的重大投资目标。技术11.4.6网络基础设施和11.4.8网络安全被列为低优先级技术,因为这两项技术虽然对NASA非常重要,但对许多政府和行业组织来说也是至关重要的。考虑到其他机构的投资力度,NASA更适合成为这些技术的用户而不是开发者。

附录O
TA12 材料、结构、机械系统与制造

O.1 引言

技术领域"TA12 材料、结构、机械系统与制造"的技术路线图草案包括 5 个第 2 层级技术子领域：
- 12.1 材料
- 12.2 结构
- 12.3 机械系统
- 12.4 制造
- 12.5 交叉技术

TA 12 技术领域所包含的内容极其广泛。与其他大多数技术领域不同的是，该技术领域由众多使能型的核心学科组成，并包括那些基础性的新技术，它们直接影响 NASA 科学与探索任务日益严格的需求。这些任务高度依赖于更轻、更强的材料和结构等先进技术，并要求可靠性更高、制造和运营成本更低。识别出来的技术是真正的跨学科技术，几乎支撑着所有其他的技术领域。

在 TA12 技术领域中，NASA 识别出人体辐射防护与可靠性两项关键技术。长期的载人探索活动将需要新的辐射防护技术，即轻量化辐射防护材料、多功能结构设计与先进制造技术。在前往离地球数以百万英里目的地的太空旅行中，为了确保安全，极端可靠的飞行器及相关系统需要交叉技术。

在对 TA12 技术领域中的第 3 层级具体技术进行优先级别排序之前，专家组考虑是否从技术领域分解结构中重命名、删除或移除某些技术。但对于 TA12，专家组未提出修订建议。TA12 的技术领域分解结构如表 O.1 所列，所有 14 个技术领域的修订后的技术领域分解结构见附录 B。

表 O.1 TA12 材料、结构、机械系统与制造的技术领域分解结构

NASA 技术路线图草案(版本 10)	指导委员会修订建议
TA12 材料、结构、机械系统与制造	技术路线图结构未发生变化
12.1 材料	
12.1.1 轻量化结构材料	
12.1.2 计算设计	
12.1.3 柔性材料系统	
12.1.4 环境	
12.1.5 特殊材料	
12.2 结构	
12.2.1 结构轻量化概念	
12.2.2 结构设计与验证方法	
12.2.3 可靠性与耐用性	
12.2.4 测试工具与方法	
12.2.5 新概念多功能结构	
12.3 机械系统	
12.3.1 展开、对接与接口	
12.3.2 机构延寿系统	
12.3.3 机电、机械与微机械	
12.3.4 机械系统设计分析工具及方法	
12.3.5 机械系统可靠性/寿命评估/健康监测	
12.3.6 验证方法	
12.4 制造	
12.4.1 制造工艺	
12.4.2 智能集成制造与信息物理系统	
12.4.3 电子和光学制造工艺	
12.4.4 耐用性制造	
12.5 交叉技术	
12.5.1 非破坏性评估与传感器	
12.5.2 基于模型的验证与耐用方法	
12.5.3 载荷与环境	

O.2 顶级技术挑战

专家组确认了 TA12 中有六大顶级技术挑战。下面将按优先顺序对其进行简述,尽管这与 NASA 技术路线图文档中确定的内容并无矛盾,但它们仍然有所不同,主要是这些技术挑战并没有明显地包含在每个第 2 层级技术中,即材料、结构、机械系统、制造与交叉技术。

(1) 多功能结构:构思并研发多功能结构,包括辐射防护结构,使其具备执行新任务的能力(如长时间的载人航天飞行),并能降低质量。

结构起着承载和维持形状的功能。从某种程度上说,结构同时还需承担额外功能,特别是那些需要临时增加的功能,任务能力随着结构质量的降低而提高。整体防护将是改变游戏规则的技术,可以为载人航天飞行减少暴露在太空辐射环境中及受到微流星体和空间碎片(micrometeoroid and orbital debris,MMOD)撞击的风险。国际空间站可用来验证这些概念。其他先进多功能结构概念将使结构(包含连接)能够提供热防护和控制、电信号和电力传输、电能和燃料贮存、自我感知和自愈以及主动形状控制。例如,低温蒸发防护性能提升将能在很大程度上减小执行火星任务时所需的结构质量。这样多功能材料和结构需要新的设计分析工具,并可能表现出新的失效模式,为了使它们能在系统设计与航天器系统运行中使用,需要深刻理解它们的性能。

(2) 减少质量:减少运载火箭、航天器及推进系统结构的质量,可以增大有效载荷的质量,提高任务能力,降低成本。

需要使用轻量化材料与结构来提高任务能力,并使新任务实施成为可能。先进复合材料和颠覆性的结构概念能极大地降低运载火箭、低温贮箱、推进系统和航天器中的结构质量,提高有效载荷所占的质量比。高能推进剂可以减小固体发动机的燃料质量,耐高温且低烧蚀材料能够减轻发动机喷管的质量。充气式居住与空间结构、可展开空间系统和大尺度结构的减重能使新的探索和科学任务成为可能。

(3) 计算模拟:推动经验证的计算设计、分析和模拟的新方法研究,为材料与结构的设计、认证及可靠性提供支撑。

第一性原理物理模型具有改变游戏规则的潜力,可以用于指导定制的计算材料设计工作。在复合材料、界面、失效、多组件与可展开结构、一体化控制系统设计中需要采用多尺度模型,在处理制造过程、极端环境中的运行及活性材料问题时需要采用多物理场模型。已有的设计方法本质上都遵循保守设计思路,如基于统计的材料性能许用值和传统的安全系数法。若有试验数据支撑,通过合理化的设计裕度,不确定性管理与量化有助于减小结构质量、认证和寿命周期内所需的费用。可以量化基于物理的和基于计算的误差,并将其与所需的准确度和置信水平进行比较。经过验证的计算模拟方法可以为分析法验证提供基础,如有可用的实验数据,将有助于验证设计的合理性,并可增强设计适用性的信心。计算模型需要融入设计过程中,以提高产品的可靠性,并可用于解释由健康监测系统所获得的测量数据。为了实现健康监测功能,包括微型的传感器以及传感器集成,其构型可能与传统构型有所不同,以使对材料与结构进行健康评估和长期任务的可持续性成为可能。

(4) 大孔径系统:为大孔径系统研发可靠的结构和机构,使它们在发射过程中务必保持紧凑的收拢状态,到达指定位置后能够实现高精度的最终形状。

NASA 的许多任务采用了必须在极端环境中可靠展开的机械系统和结构,通常可以使航天器高精度地实现预期形状。这样的系统包括仪器臂、天线、光学镜面、太阳帆和一些再入热防护系统。它们可以在太空中展开、组装或制造,也许会涉及柔性材料。模块化和可扩展性是这些概念的期望特征,可能需要研发自主的自适应控制系统和技术以解决关键的功能元件和材料问题。备受关注的问题有滑动接头和轴承、摩擦和摩擦学、涂层和润滑,以及它们在储存和极端操作环境中的长期性能和耐久性。大型精密航天器系统的性能不能在 $1g$ 地面环境中直接验证,因此国际空间站将有助于验证这些概念。

(5) 结构健康监测:为长期任务提供结构健康和可持续性监测,包括集成微型传感器和应答式箭/星载系统。

通过集成结构健康监测系统将有助于提高任务成功率,结构健康监测系统能够检测和评估在役系统损伤或失效的危险程度,然后确定改进措施或触发自愈结构中的修复功能。这样的系统需要采用轻型、可靠、坚固、微型和多功能的传感器,可以与供电和数据传输设备一起集成到结构中。能整合不同的数据,并诊断和预测结构健康状态以及能进行必要修复的软件也是一个重大挑战。对于长期、远程任务,自主集成的箭/星载系统具有改变游戏规则的能力。

(6) 制造:为小批量的、可靠的高性能结构和机构实现低成本制造,包括太空制造。

先进的 NASA 太空任务需要经济性的结构、电子系统和光学有效载荷。经济性的高性能结构需要制造技术的进步。这些技术进步包括:可重复使用的柔性工具的自动化;基于数据库和基于模型的仿真,以确保选择最低成本但可靠且可扩展的方法;用于聚合物基质复合材料构件制造的非热压罐成型方法,以尽量降低对基础设施的投资;大型结构(如燃料库)的太空制造和装配,以及用于大型结构的轻型精密光学系统的低成本制造技术。太空制造为结构减重及新任务可行性提供了改变游戏规则的潜力,如 NASA 和 DARPA 最近寻求在太空中制造大型光学系统的可能性。国际空间站可用于演示验证轻型的空间结构在轨制造能力。

O.3 质量功能展开矩阵和计算结果

针对 TA12 技术路线图中的 23 项第 3 层级具体技术，图 O.1 给出了专家组共同的评级结果。显然，在这些技术中，收益是主要的评级依据，技术风险和合理性次之，与 NASA 目标的一致性则位于第三位。TA12 中的大多数技术对 NASA 多个领域的多个任务都有很大的推动潜力，这是因为每个任务都能从轻量化的结构中获益，大多数任务也能从结构可靠性提高和成本降低中获益。

技术名称	收益	与NASA需求的一致性	与非NASA的航天基本需求的一致性	与非航天的国家需求的一致性	技术风险与合理性	排序与进度	所需付出的时间的投入	加权重后的QFD分数	专家组给出的优先级
权重	27	5	2	2	10	4	4		
	0/1/3/9	0/1/3/9	0/1/3/9	0/1/3/9	1/3/9	-9-3-1/1	-9-3-1/0		
12.1.1(材料)轻量化结构	3	9	9	9	9	-1	-3	236	H
12.1.2(材料)计算设计	3	9	9	9	1	-1	-3	164	M
12.1.3柔性材料系统	3	9	3	3	1	-1	-1	168	M
12.1.4(材料)环境	3	9	3	3	3	-1	-3	156	M
12.1.5特殊材料	1	9	1	1	3	-1	-3	98	L
12.2.1(结构)轻量化概念	3	9	9	9	9	-1	-3	244	H
12.2.2(结构)设计与验证方法	3	9	9	9	3	-1	-3	236	H
12.2.3(结构)可靠性与耐用性	3	9	3	3	3	-1	-1	106	L
12.2.4(结构)测试工具与方法	1	9	3	9	3	-3	-1	94	L
12.2.5(结构)新型多功能概念	9	9	9	9	9	1	-3	346	H
12.3.1可展开、对接与接口	3	9	3	3	9	-1	-3	216	H
12.3.2机构延寿系统	1	9	3	3	3	-3	-3	90	L
12.3.3机电、机械与微机械	1	9	3	3	3	-3	-1	90	L
12.3.4(机械系统)设计分析工具及方法	3	9	9	9	9	-3	-3	228	H
12.3.5(机械系统)可靠性/寿命评估/健康监测	3	9	9	9	9	-1	-3	184	H*
12.3.6机械系统验证方法	3	9	3	3	9	-1	-3	176	M
12.4.1制造工艺	3	9	3	3	9	-1	-3	176	M
12.4.2智能集成制造和信息物理系统	3	9	3	3	9	-1	-3	184	H*
12.4.3电子和光学制造工艺	1	9	3	3	3	-1	-3	98	L
12.4.4耐用性制造	1	9	3	3	1	-3	-3	78	L
12.5.1非破坏性评估与传感器	3	9	9	9	9	-1	-3	236	H
12.5.2基于模型的验证和适用方法	3	9	3	9	9	-1	-3	164	M
12.5.3载荷与环境	1	9	3	3	3	-1	-3	98	L

图 O.1 （见彩图）TA12 材料、结构、机械系统与制造 QFD 得分汇总矩阵

注：图中所有高优先级技术的优先级认定依据详见"高优先级的第 3 层级具体技术"一节内容；H 代表高优先级，H* 代表调整为高优先级（不采用 QFD 分数），M 代表中等优先级，L 代表低优先级。

图 O.2 给出了第 3 层级具体技术的评级情况。12.2.5 多功能结构新概念获得最高的 QFD 得分，如图 O.2 所示。QFD 评分中的两个断点有助于将其划分为相对较高、中等和低优先级类别。由于与其他高优先级技术的密切关系，中等优先级中排名靠前的两项技术被提升为高优先级类别。12.3.5 机械系统可靠性/寿命

评估/健康监测本身就非常重要,它紧密支撑 12.3.1 展开、对接与接口以及 12.4.2 智能集成制造与信息物理系统,并支持大量其他高优先级别技术和 NASA 任务。

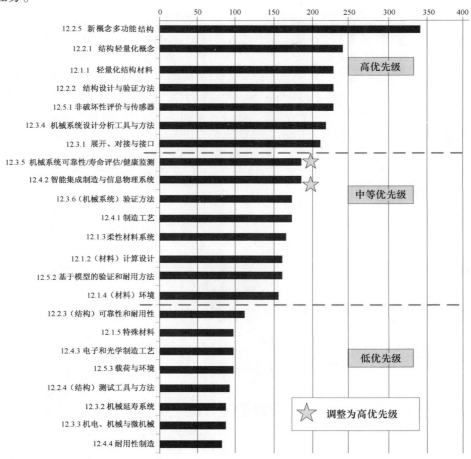

图 O.2　TA12 材料、结构、机械系统与制造 QFD 得分排名

O.4　顶级技术挑战与各项具体技术之间的关联性

图 O.3 表明 TA12 技术领域 23 项第 3 层级具体技术与顶级技术挑战之间的关系。

优先级	TA12 技术按优先级列表	顶级技术挑战					
		1. 多功能结构：构思并研发多功能结构，包括防护结构，使其具备执行新任务的能力（如长时间载人航天飞行），并能降低质量	2. 减小质量：降低运载火箭、航天器及推进系统结构的质量以增大有效载荷的质量，提高任务性能，降低成本	3. 计算模拟：推动经验证的计算设计、分析和模拟的新方法研究，为材料与结构的设计、认证及可靠性提供支撑	4. 大孔径系统：为大孔径系统研发可靠的结构和机构，使它们发射过程中务必保持紧凑的收拢状态，到达指定位置后能够实现高精度的最终形状	5. 结构健康监测：为长期任务提供结构健康和可持续性监测，包括集成微型传感器和应答式箭/星载系统	6. 制造：为小批量的、可靠的高性能结构实现低成本制造，包括空间制造
H	12.2.5 新概念多功能结构	●					
H	12.2.1 结构轻量化概念	○	○				
H	12.1.1 轻量化结构材料	○	●				
H	12.2.2 结构设计与验证方法	○	●	●	○		
H	12.5.1 非破坏性评估与传感器			●		●	
H	12.3.4 机械系统设计分析工具及方法			●	●		
H	12.3.1 展开、对接和接口			○	●	●	○
H	12.3.5 机械系统可靠性/寿命评估/健康监测				●	●	
H	12.4.2 智能集成制造与信息物理系统					○	●

续表

优先级	TA12技术按优先级列表	顶级技术挑战					
		1. 多功能结构：多功能思并研发多功能结构，包括防护结构，使其具备执行新任务的能力（如长时间载人航天飞行），并能降低质量	2. 减小质量：降低运载火箭、航天器及推进系统结构的质量，以增大有效载荷的质量，提高任务性能，降低成本	3. 计算模拟：推动经验证的计算设计、分析和模拟的新方法研究，为材料与结构的设计、认证及可靠性提供支撑	4. 大孔径系统：为大孔径系统研发可靠的结构和机构，使它们发射过程中务必保持紧凑的收拢状态，到达指定位置后能够实现高精度的最终形状	5. 结构健康监测：为长期任务提供结构健康监测和可持续性监测，包括集成微型传感器和应答式箭/星载系统	6. 制造：为小批量的、可靠的高性能机构和结构实现低成本制造，包括空间制造
M	12.3.6(机械系统)验证方法				●		
M	12.4.1制造工艺	●					●
M	12.1.3柔性材料系统	○	○		○		
M	12.1.2(材料)计算设计			●			
M	12.5.2基于模型的验证与耐用方法	●		●		●	
M	12.1.4(材料)环境		○			○	
L	12.2.3(结构)可靠性与耐用性				○	●	
L	12.1.5特殊材料						
L	12.4.3电子和光学制造工艺			○			○
L	12.5.3载荷与环境			○	○	●	
L	12.2.4(结构)测试工具与方法				○		

续表

优先级	TA12技术按优先级列表	顶级技术挑战					
		1.多功能结构:构思并研发多功能结构,包括防护结构,使其具备执行新任务的能力(如长时间载人航天飞行),并能降低质量	2.减小质量:降低运载火箭、航天器及推进系统结构的质量,以增大有效载荷的质量,提高任务性能,降低成本	3.计算模拟:推动经验证的计算设计、分析和模拟的新方法研发,为材料与结构的设计、认证及可靠性提供支撑	4.大孔径系统:为大孔径的结构研发可靠的结构和机构,使它们在发射过程中务必保持紧凑的收拢状态,到达指定位置后能够实现高精度的最终形状	5.结构健康监测:为长期任务提供结构健康和可持续性监测,包括集成微型传感器和应答式箭/星载系统	6.制造:为小批量的可靠的高性能结构实现低成本制造,包括空间制造
L	12.3.2 机构延寿系统					○	
L	12.3.3 机电、机械与微机械				○		
L	12.4.4 耐用性制造						○

●	强关联:NASA在这项技术上的投资对解决这一挑战可能会产生重大影响。
○	中关联:NASA在这项技术上的投资对解决这一挑战可能会产生中等影响。
[空白]	弱/无关联:NASA在这项技术上的投资对解决这一挑战可能影响不大,甚至没有影响。

图 O.3 TA12 材料、结构、机械系统与制造中各项技术对技术挑战的支持程度

注意,由QFD排名确定的最低优先级技术往往不会与顶级技术挑战紧密相关(这些通过最左列中的"L"来标识,并且主要通过空心圆圈链接到顶级技术挑战)。所有高优先级技术和许多中等优先级技术至少与一个顶级的技术挑战紧密相关。这显示了专家组评价具有良好的一致性。

此外,TA12技术路线图中的许多技术都彼此相关,支撑共同的顶级技术挑战或技术路线图中的交叉技术。例如,技术路线图中的许多技术都支持与可靠性、健康监测和耐用性相关的技术挑战。

O.5 高优先级的第3层级具体技术

专家组确认了TA12技术领域中有九项高优先级技术。下面讨论将每种技术列为高优先级的理由。

O.5.1 技术12.2.5 新概念多功能结构

除了承受载荷和保持形状之外,具有多种功能的结构可以提高任务完成能力,同时能减小结构质量和体积,可使未来所有的航天任务受益。新概念多功能结构包括提高系统集成的水平,并为提升自主能力奠定基础。在执行长时间的航天飞行任务中,具有整体防护能力的居住结构将能减少航天员暴露在空间辐射环境中所接收的辐射剂量及受到微流星体和空间碎片撞击的风险,这些可能涉及柔性材料和充气可展开结构。其他新型的多功能概念将使低温贮箱、居住地、传感器支架、热防护系统中的承载结构具有隔热、热控和防热等功能,对于连接接头结构以及主结构也可以这样处理。这些概念将通过减小热控系统的质量和降低复杂性而实现在轨燃料贮存并且有利于人类的探索和科学任务实施(如提高低温蒸发防护能力将使火星任务系统的质量减小50%,Braun,2011)。自感知与可控结构将受益于传导电信号和电力的能力,从而实现健康监测和自适应调节。其他多功能结构具有可储存能量和自主修复损伤的能力。

一般认为,在多个第4层级具体技术清单中,多功能结构技术是处于TRL 2水平;在某些情况下,则是处于TRL 3水平,例如微流星体和空间碎片整体防护技术;在有些情况下,如一体化窗口和结构响应的主动控制技术,其技术成熟度水平可达TRL 5。最高优先级技术的技术成熟度为TRL 2~3。

载人航天飞行中应用的多功能结构技术是NASA所独有的,对NASA牵头进行相关技术研发有着重要影响。另外一些多功能结构概念,如涉及热结构和电结构功能的概念,可能在多个领域和多个任务,甚至在航天之外的领域(包括电子产品和航空器)中有着更广泛的应用。NASA将从共同开展这些技术概念研发的合作中受益,具有合作潜力的一个例子是高导热电子封装结构的商业开发和演示验证。

新概念多功能结构中的某些技术可以在国际空间站上进行验证。例如,在国际空间站上验证既能防辐射又能防流星体和空间碎片的多功能防护式居住结构(包括长期暴露在太空环境中)将能提高这些概念的技术成熟度。虽然有些多功能技术概念在国际空间站上进行验证对该技术是有利的,但这不是必需的。

这是一种改变游戏规则的技术,因为对于人类的航天飞行而言,具有整体防护的多功能居住结构可以减小人类暴露在辐射环境中以及遭遇到流星体和空间碎片撞击的风险,能将风险水平降低到可接受的范围,同时还可以减小航天器的结构质量和体积。其他多功能结构技术可能影响多个领域和多个任务,并在航天领域之外也能发现其用途。技术研发风险是中高风险,花费的精力可能超过过去研发类似技术的精力。

O.5.2 技术12.2.1 结构轻量化概念

结构轻量化概念可以显著增强未来的探索和科学任务能力,并使新任务可行。降低运载火箭质量、提高有效载荷所占质量比所带来的性能增强可使未来所有航天探索任务受益。轻量化低温贮箱概念可以改善运载火箭的性能,有望使在轨燃料贮存成为可能(与TA14交叉相关)。小尺寸充气展开式空间系统概念已经得到证明,并且计划在21世纪末开展商业上较大尺寸的充气展开式载人系统研制。这些概念和轻量化的充气展开式地面居住系统使未来的探索任务可行。用于可展开太阳帆、精密空间结构和充气式可展开防热板的轻量化概念为新任务提供机会,或极大地有利于计划中的科学任务。先进复合材料在研发轻量化结构概念方面发挥了重要作用。先进材料和结构技术集成为轻量化概念的设计和优化提供了最大的收益。

结构轻量化概念的技术成熟度一般为TRL 2/TRL3~5,一些充气展开空间系统已经得到演示验证,其技术成熟度达到TRL 6。技术成熟度TRL 2~3的轻量化结构概念的例子主要有冷休眠弹性记忆自我展开结构以及带有形状记忆丝的部分柔性复合材料。

NASA和航空航天工业界研发的轻量化结构概念已经在运输、商用飞机和军事系统中得到了广泛应用。结构轻量化概念在航天上的应用也已得到证明,如铝锂合金低温贮箱结构、固体火箭发动机壳体和有效载荷结构,然而,未来的航天任务中有很多机会采用轻量化概念。NASA可以与其他政府机构和/或行业合作,研发和演示结构轻量化概念,进而支撑NASA未来航天任务。潜在的可以合作研的典型案例是充气展开式太空居住地系统的商业研发和演示验证,这将有助于推动 NASA 探索目标的实现。

结构轻量化概念中的某些技术可以通过进入国际空间站验证获益。具体来说,轻量化结构的太空制造演示验证、充气模块的展开部署以及这些概念中使用的材料长期暴露在太空环境中将增加轻量化概念的技术成熟度。虽然有益,但进入国际空间站不是必需的。

结构轻量化概念技术可以极大地造福所有的探索和科学任务,并与 NASA 的目标和宗旨保持一致。结构轻量化概念技术的风险水平从中等到高等都有,这取决于具体的技术和应用场景。在 TRL 2~3 之外的许多结构轻量化概念是与任务相关的,并且从较低的技术成熟度提高到 TRL 6 所需的时间和工作量将取决于具体应用场景。

结构轻量化概念中减重技术可以显著提高计划中的探索和科学任务能力,并有潜力支撑新任务的完成。对于居住地、安全区和地面基础设施的结构轻量化概念,特别是那些满足多功能要求的技术,可以完成对月球或火星的新的载人探索任务。轻量化的可展开结构可以使未来的科学任务具有可行性,这些科学任务需要大尺寸结构、精确展开和防护等要求。

O.5.3 技术 12.1.1 轻量化结构材料

未来航天系统的轻量化结构研发需要采用先进复合材料、金属和陶瓷材料以及经济有效的加工和制造方法。如果要从轻量化结构中获取更大益处,那么深入推动相关技术的发展是必需的。与金属结构相比,非热压固化的大型复合材料结构在运载火箭上的应用会减小 30% 以上的结构质量。先进的材料系统可以实现多功能结构设计,以降低空间辐射量级,提高对微流星体和空间碎片的防护能力,并增强热管理能力。将基于纳米技术的工程材料纳入轻量化结构中在减重和提升性能方面具有改变游戏规则的潜力。轻量化结构的材料技术与 NASA 的所有计划和未来任务都相关。

通常认为,轻量化结构材料的技术成熟度在 TRL 2~3 之间,接近 TRL 3。若要达到 TRL 6,则需要中等程度的工作量,与以前的工作量相当。

由 NASA 及其他政府机构、学术界和航空航天工业界开发的轻量化结构材料已经在运输、商用飞机和军事系统中得到广泛应用。NASA 继续在面向太空应用的材料研发领域发挥领导作用,可以使新材料系统在减小质量和降低成本方面具有明显的优势。NASA 可能有机会与其他联邦机构和行业合作寻求这些材料。

对轻量化结构材料的研发工作来说,进入国际空间站不是必需的,然而,国际空间站可以用作评估这种材料暴露于空间环境的试验平台。

该技术可能显著减小几乎所有运载火箭和有效载荷的结构质量,为新项目立项创造机会、提高性能并降低成本。材料开发和轻量化结构的技术风险级别从中等到高等都有,非热压罐固化复合材料处于中等风险状态,将纳米材料纳入高性能轻量化结构的研发中具有稍高的技术风险。

O.5.4　技术 12.2.2 结构设计与验证方法

当前的结构验证方法依赖基于统计的材料性能鉴定数据、基于经验的载荷系数和安全系数的保守组合,随后是设计研发和鉴定测试。以往的验证试验和任务实施表明结构倾向于被过度设计,因此其质量要大于所需要的质量。有人提出了一种基于模型的"虚拟数字验证"(virtual digital certification)方法,它能以更经济高效的方式来设计和验证航天结构。使用确定性和概率方法来预测结构响应、故障模式和可靠性的基于物理的高级模型是这种方法的关键要求。这种方法及相关模型应该用所有必要的规模和复杂程度的测试数据进行检验和确认有效,以增强其应用的信心。基于经确认有效的高保真分析模型的设计和验证方法,有望可以通过减少当前方法中的过度保守量实现减重,以及通过取消所需要的大尺度结构试验实现降低成本。

先进设计和验证方法通常被认为处于技术成熟度 TRL 3,这是由虚拟数字验证中检验模型的可用性所决定的。

NASA 一直是研发这种技术的领导者。空军研究实验室对类似技术的投入显著,并且预计将持续下去。若干个国家实验室在不确定性管理和量化方面有重要的规划。要研发的技术不仅对 NASA 航天任务的减重和降成本有重要促进作用,而且对美国国防部的航天结构也是很关键的。NASA 可以与其他对这项技术感兴趣的联邦机构(如美国国防部和能源部)合作,以共享现有的研究成果。

此技术研发不需要使用国际空间站。然而,国际空间站中设计研发和鉴定测试数据会有助于验证由此技术开发所产生的新模型和方法。

该技术提供了更轻和更经济航天结构的另一种实现途径,同时确保足够的可靠性。经过验证和确认有效的基于模型的设计与验证方法在轻量化结构设计及经济性的验证方面具有较大的优势,它无须进行广泛的测试,同时又确保了航天结构的长期可靠性。为了"虚拟数字舰队领导者"(virtual digital fleet leader, VDFL)系统中的结构响应,需要采用基于物理的模型,"虚拟数字舰队领导者"系统包括运载器的数字表示和实时系统,以评估运载器健康状态并识别解决运载器性能所需的动作。总体而言,这种技术的优点低于多功能、轻量化结构与材料。由于 NASA 的多个任务将从改善的结构设计和分析能力中获益,该技术与 NASA 需求的一致性在 TA12 领域中是最高的。这种排序在非 NASA 所用的结构领域也是这样,因为轻量化结构设计、概率设计方法和数值模拟能力的改善也将有利于美国国防部、能源部和其他先进结构应用场景。与该技术相关的风险和难度水平是非常高的,因为需要来自 NASA、工业界、学术界和其他政府机构的大量努力才能提高当前的技术水平。此外,虽然已经确定了目标,但是仍需要克服一些挑战才能达到技术成熟度 TRL 6,特别是在模型开发和虚拟测试中。

这项技术适用于所有 NASA 航天飞行器,包括用于科学任务的无人、机器人和载人航天飞行器,以及长时间的人类探索任务。

O.5.5 技术 12.5.1 非破坏性评估与传感器(交叉技术)

非破坏性评估(non-destructive evaluation,NDE)从早期用于质量控制、产品验收和定期检验,发展成包括持续健康监测和自主巡检等应用领域。长时间的航天任务将需要新的非破坏性评估和传感器技术,包括用于评估运载火箭和航天器系统健康的原位嵌入式传感器阵列、用于预测运载火箭和箭上系统运行能力的综合分析系统以及自主的非破坏性评估和传感器监测。对关键部位的早期检测、故障定位和缓解能力可以提高任务的安全性和可靠性。NASA 已经提出了在"虚拟数字舰队领导者"系统中集成非破坏性评估和传感器技术能力,"虚拟数字舰队领导者"系统包括运载器的数字表示,具有对运载器结构健康进行实时评估能力,以预测其性能并确定用于解决运载器性能所需的维护操作。"虚拟数字舰队领导者"系统是对影响任务成败的在轨条件进行监测、识别、评估和响应的这套整体系统方法的第一步。

对多数第 4 层级具体技术项目,非破坏性评估与传感器技术的技术成熟度为 TRL 2~3。然而,有一些传感器技术处于更高的技术成熟度水平,需要集成到运载器系统中才能使整体达到 TRL 6。

NASA 和其他政府机构、工业界和学术界在非破坏性评估与传感器方面的研发工作已经提高产品质量并减少了航天结构的故障。在新的非破坏性评估和传感器技术的研发中,NASA 与学术界、工业界和其他组织存在合作机会。

对于持续研发非破坏性评估与传感器技术,通常不需要进入国际空间站开展相关工作。

非破坏性评估与传感器技术可以极大地提高任务的可靠性,且适用于许多交叉应用场合,有可能显著提高未来长时间航天任务的安全性和任务保证能力。NASA 的任务受益于集成式非破坏性评估方法,可对影响人类探索和科学任务的在轨条件进行监测、识别、评估和响应。NASA 提出了"虚拟数字舰队领导者"系统作为最终的技术研发方案。这个概念可以扩大到不仅解决航天飞行器的结构完整性,而且包括整个运载器系统的性能和运行。"虚拟数字舰队领导者"系统的概念具有改变游戏规则的潜力,但在20年内无法实现。

非破坏性评估与传感器技术可能影响多个领域和多个任务,特别是随着任务持续时间的不断增加,其影响更广。对于涉及复杂运载器的长时间任务以及找到在航空航天领域之外的用途来说,以尽可能少的人为干预来评估和维护运载器的完整性是最基本的要求。其技术研发风险是中高风险,与过去研发类似技术所付出的努力一致。评价表明这种技术有明确的用途,虽然可能存在与其他机构合作的机会,但没有明确的用户。

O.5.6　技术12.3.4机械系统设计分析工具与方法

高保真运动学和动力学设计分析工具与方法对于建模、设计和验证先进的航天结构和机械系统(包括涡轮机械、着陆系统和展开机构)至关重要。该技术包括增加各个系统之间的数据传输速率,以实现机械系统数据实时使用所需的工具和接口。机构相互关系/相关分析方法能用于创建航天器机械系统的单一模型,可以减少跨专业(如气动载荷、动力学和结构响应)带来的设计裕度叠加。这样的模型可以被集成到用于诊断、预测和性能评估的健康管理系统中以及"虚拟数字舰队领导者"系统中。

该技术包括用于实现展开、刚度控制、形状控制和干扰抑制等领域的控制设计技术,这涉及可能的技术迭代发展,因为产生最优控制结果的模型与用于其他目的的模型(如应力分析)并不一致。控制设计应使用最适合的模型,但这样的模型可能不是完全基于物理的模型。

先进设计和分析方法的技术成熟度一般为TRL 2,这是由相互关系/相关分析系统的可用性所决定的。

NASA一直积极开发设计分析工具与方法,用于航天器机构的运动学和转子动力学分析,以及试验飞行中数据高速率传输技术。美国空军研究实验室还对可展开机构的建模和测试技术研究进行资助。NASA和空军的航天飞行器都需要这项技术,NASA可以领导或与其他对这项技术感兴趣的联邦机构合作。

此技术研发不需要进入国际空间站进行测试。然而,在轨测试可展开系统能为分析工具的研发提供有价值的参考数据。

该技术能够大幅提高机械系统的可靠性,如分离、释放和展开等动作所需的机械系统。对于航天器机械系统来说,改进的预测模型可以减少各个专业的预留裕度,从而减小质量,并能通过最少的地面测试实现更好的性能。这项技术的总体优势与12.2.2(结构)设计与验证方法相同。多个NASA任务都会从改进的机构设计和分析能力中受益,因此该技术与NASA需求的一致性是TA12技术领域中最高的。此外,由于需要NASA、工业界、学术界和其他政府机构开展大量的研究工作才能提高现有技术水平，因此与本技术相关的风险和难度级别被评为高级别。

这项技术适用于所有 NASA 航天飞行器，包括用于科学任务的无人、机器人和载人航天飞行器，以及长时间的人类探索任务。

O.5.7 技术 12.3.1 展开、对接与接口

未来许多涉及成像和科学数据采集的科学任务将受益于大孔径结构和精密几何学的联合应用。尽管可以考虑其他方法，如在轨组装或太空制造，但在运载火箭的预期约束下完成这种构型设计将很可能涉及可展开机构，也有可能采用柔性材料。对接及其相关的接口提供了另外一种方法来实现由较小平台建造较大平台，这些在载人航天飞行任务中已经应用，还有柔性材料展开构成的居住地系统也会这样。这些机械系统和结构必须在极端环境中可靠展开，并且能高精度地实现预期的最终形状，某些系统还可能需要使用控制系统以在操作干扰下保持精确的形状。这样的系统包括天线、光学元件和太阳帆。模块化和可扩展性是这些技术概念的期望特征。

在超出当前应用(如天线、太阳能电池板、遮阳罩和着陆系统的科学任务，以及国际空间站上的对接系统)的可展开、对接和接口技术中，大多数第 4 层级具体技术的技术成熟度为 TRL 2~6，名义上是 TRL 4。先进的可展开和对接系统的技术成熟度已经发展到 TRL 6，但通常用于较小的系统。目前，最高优先级技术的技术成熟度为 TRL 3~4。

大型精密孔径系统对某些 NASA 科学任务以及一些国防部监视任务至关重要，能使得这些任务达到最先进的性能。建议 NASA 主导相关技术开发，在可行的情况下寻找合作伙伴。

可展开结构和对接概念中的某些技术能通过进入国际空间站测试而受益。如果系统相对较大且具有柔性特点，它们的性能不能在地面大气及重力环境中得到直接验证。在这些情况下，国际空间站可用于验证这些概念或确认设计和验证模型的有效性。

该技术将确保大型精密结构的可靠展开和实现预期的高性能。若不对这种技术进行相关的演示验证，在实施这样的系统时将继续存在相当大的不确定性和风险。这些系统能提高 NASA 科学任务的性能，在多个领域和多个任务以及需要精确的结构几何形状的航空航天领域大系统中，可精确展开结构和机构技术具有广泛的应用场景。其技术研发风险等级是中高级，需要花费相当于过去研发相似技术的工作量。技术评价表明，该技术具有明确的用途和清晰的用户，与其他机构合作存在一些可能性。航天飞行任务由于分离、释放或展开系统的故障而常常失败，对提升这种系统可靠性的追求是重要且关键的技术研发方向。

O.5.8　技术12.3.5　机械系统可靠性/寿命评估/健康监测

根据最近的经验,机械系统的可靠性(包括展开、分离和释放以及电动系统)对于航天飞行任务成败有着非常大的影响,这比为满足当前认证标准而设计的结构的可靠性更为重要。重要的技术问题包括滑动接头和轴承、摩擦和摩擦学、涂层和润滑,以及它们在长期储存和极端操作环境中的性能和耐久性。集成传感器系统将提供用于确定机械系统的当前状态以及预测未来行为的基础。为了最有效地确保任务的可靠性,系统设计必须采取具有纠正能力的措施。

对于多数第4层级具体技术项目,可靠性、寿命评估和健康监测技术的技术成熟度为TRL 2~3,环境耐久性测试技术的技术成熟度为TRL 4,通用延寿预测技术和"虚拟数字舰队领导者"系统概念的技术成熟度为TRL 1。采用多个机械系统同时工作的冗余方式可以大幅度提高其可靠性。

任务成功需要高可靠的航天器机械系统,特别是对于长时间任务。机械系统可靠性中的一些技术可以通过进入国际空间站测试而受益。例如,材料长期暴露在太空中以及设备在太空中长时工作能提高其技术成熟度。虽然进入国际空间站对提升技术成熟度有利,但不是必需的。

该技术可以大幅度提高机械系统和结构的可靠性,特别是对于长时间的太空任务。通过研发健康监测系统,能减少与这些任务有关的内在风险。本技术与可展开、对接和接口技术领域密切相关,其本身在QFD评估中排名较高。机械系统可靠性的大幅提升将对确保航天飞行任务的成功有重大的好处。高可靠机构技术中的许多内容可能在多个领域和多个任务、广泛的航空航天领域以及一些非航空航天领域中找到应用场景。其技术研发风险等级是中高风险,可能超过过去研发类似技术所需付出的努力,寻求外部合作的可能性很大。

O.5.9　技术12.4.2　智能集成制造与信息物理系统

一般说来,在太空中应用的高性能材料、结构和机构需要专业的制造能力。由于技术的进步,主要是基于IT技术的进步,可以采用更加通用且更加灵活的制造方法来生产专用的部件和系统。数据库和数据挖掘能力将有助于支撑地面和行星际设计、制造和运营供应链。高保真制造工艺模型可用于模拟各种制造场景,以便快速评估可替代的工艺方案。智能产品定义模型可用于模拟组件在其生命周期各个阶段内的完整行为,需要协调硬件和软件技术,以开发用于航天结构制造的下一代机器人技术和自动化技术。这需要面向长期载人航天飞行任务,研发信息物理系统,以使可适应性制造和自主制造技术成为可能,包括直接数字化制造(direct digital manufacturing,DDM)技术。太空制造技术有可能改变游戏规则,因为它减小了必须送到地球轨道或其他星球表面的结构质量。

智能集成制造技术技术成熟度水平为 TRL 4,这是由经过验证的产品定义和制造工艺模型的可用性决定的。太空制造技术处于相当低的技术成熟度水平,为 TRL 1~2。

目前,工业部门已经具有生产工艺建模、工厂自动化和仿真以及产品寿命周期建模的能力。空军研究实验室在类似技术方面的投资显著增加,并且由于这些技术对制造的经济性有着潜在影响,预计投资将持续进行。制造业是 NASA 可以从监管硬件、软件和供应链管理发展中受益的领域,有可能组建政府、大学和行业联盟来实现这些目标。

这项技术的发展不需要进入国际空间站。但是,国际空间站是用于测试太空制造过程的有用平台。

这项技术将使物理部件能够在太空中进行制造,如果有必要,则可以在有人的长期太空飞行任务中进行制造。对于一些太空探索任务,这可能会减小必须携带到太空中物件的质量。此外,该技术有希望能提高由高性能材料制成的一次性结构的经济性。NASA 的多个任务,尤其是那些预算有限的科学任务,将受益于从摇篮到坟墓的产品整个生命周期和制造过程的模拟,以选择经济性的设计方案和工艺方案。例如,非热压罐固化工艺能大幅度减少制造小规模的大型聚合物基质复合材料结构所需的基础设施投资。此外,NASA 和 DARPA 最近进行了一项研究,重点是利用太空制造技术开发更大(大于 100m)、更轻的天基光学系统。小尺寸(毫米级)太空制造技术已经得到验证,但是仍需要大量的研究工作将之推广到有实用意义的光学系统。这项技术的技术成熟度为 TRL 2,并具有在国际空间站上进行演示验证的潜力。因此,该技术与 NASA 应用的一致性是该技术领域中最高的。然而,这种高排名优势并没有延续到非 NASA 应用领域,在那些领域,多个制造单元上的摊销改变了确保经济性所需的制造方法。

与该技术相关的风险和难度被评为高级别,因为将需要来自 NASA、工业界、学术界和其他政府机构的大量研究工作才能提高当前的技术水平。

这项技术适用于 NASA 所有的航天飞行器,包括用于科学任务的无人、机器人和载人飞行器,以及长时间的人类探索任务。

O.6 中低优先级技术

TA12 包括 23 项第 3 层级具体技术,其中有 14 项技术被确认为中低优先级,有 6 项技术是中等优先级,这里不包括最初被评为中优先级,但后来提升为高优先级的2项技术,有8项技术是低优先级。

QFD 评分结果如图 O.1 所示,可以深入了解这些技术没有得到高优先级的原因。

对于这6项中等优先级技术,其技术风险被认为太低,或者所需付出的研究工作被认为是不合理的。其次是它们与非 NASA 航天技术和国家目标的一致性较低。在中等优先技术方面,航天工业部门和其他机构在制造工艺、柔性结构、机械系统验证方法、基于模型的验证和维护方法、材料计算设计和环境材料表征领域正在进行重要的研究工作。

与12.3.6 验证方法相关的大多数第4层级具体技术的技术成熟度较低。NASA 应该能够与其他机构合作,共同研发 12.4.1 制造工艺中的多数第4层级具体技术,专家组将 12.4.1(d)在轨装配、制造及维修纳入高优先级技术 12.4.2 智能集成制造与信息物理系统中。12.1.3 柔性材料系统可以支撑 12.2.5 新概念多功能结构以及 12.3.1 展开、对接与接口。对 12.1.2(材料)计算设计进行研究所带来的好处不可能在本研究所涉及的时间范围内实现。12.5.2 基于模型的验证与耐用方法也被认为是一个有价值的目标,但在本研究时间框架内不可能实现其优势。

从一般意义上来说,8项低优先技术可能带来的好处小于追求高优先级和中等优先技术所带来的好处。此外,与这些技术相关的技术风险被认为是太低,或者所需付出的研究工作被认为是不合理的。最终,这些技术通常表现出与非 NASA 航空航天技术和国家目标的符合性较低,虽然在特定的航空航天应用中很重要,但是特殊材料、电子和光学制造工艺、机电和微机械系统以及耐用性制造等技术被确定为,其他机构、工业界和学术界可以就其与 NASA 合作,选择与未来 NASA 相关的技术进行研发。包括载荷和环境、测试工具和方法以及机械延寿方法的类似技术领域,被列入最好通过与工业及学术界合作进行研发的范围。

对 12.5.3 载荷与环境的监测一般认为包括在 12.5.1 非破坏性评估与传感器中。12.1.5 特殊材料是一个不相关技术的"框",将那些不完全适合路线图内容的技术放在这里。专家组建议,相关的第4层级具体技术项目应由潜在的用户根据需要来支持研发。NASA 可以与其他机构合作研发 12.4.3 电子和光学制造工艺中的某些第4层级具体技术项目,而与大型超轻精密光学结构相关的技术也可以与其他高优先级技术很好地融合在一起。12.3.3 机电、机械与微机械包括各种可能不相关的第4层级具体技术项目。

O.7 技术路线图所涵盖的技术发展及其进度变化

也许是由于需要在总结文档中处理如此广泛的技术,TA12 技术路线图几乎没有讨论假设的任务模型或技术开发的相互依赖性。在某种程度上,它可以视为一个技术项目的目录或一个计划。虽然路线图草案的图 2 展开项中包含这些信息,但是详细的解释留给读者。因此,很难对技术发展的时间进程提出具体的修改建议。

O.8 关于技术路线图的其他一般性意见

TA12 技术路线图既没有促进对发射过程的强烈振动声学环境的理解,也没有提出可以降低结构动态响应的新方法,这些极端载荷经常决定了航天器的结构设计。这与 12.5.3 载荷与环境(交叉技术)和 12.2.2 结构设计与验证方法这两项第 3 层级具体技术密切相关。还有一项交叉技术,即主动控制振动声学环境和响应(TA04)。

O.9 公共研讨会总结

2011 年 3 月 10 日,在美国华盛顿州华盛顿国家学院的 Keck 中心,材料专家组组织召开了 TA12 材料、结构、机械系统与制造技术领域的研讨会。研讨会由专家组组长 Mool Gupta 主持。他首先对技术路线图进行了一般性的总结概述以及 NRC 评估任务的要求,然后为特邀发言嘉宾在其发言中应涵盖的主题提供了一些指导。随后,由 NASA 技术路线图制定者对路线图进行介绍,接下来是若干个分会议,讨论了技术路线图的每个关键领域。对于每个会议,来自工业界、学术界和/或政府的专家进行 35min 的演讲/讨论,表达了他们对 NASA 技术路线图的意见。在研讨会结束时,与会者进行公开讨论,时长约 1h,随后由专家组组长进行总结发言,对当天讨论期间观察到的关键点一一点评。

O.9.1 NASA 对技术路线图的审查

NASA 研究团队介绍了 TA12 技术路线图。他们指出,在制定技术路线图时,他们专注于创新型和改变游戏规则的技术领域,而不是渐进式改进的技术领域。研究团队还表示,他们既研究了技术驱动领域(如基于物理的方法、材料、智能制造、维护、可靠性),也研究了需求牵引领域(如经济性、多功能性、轻量化、环境友好)。总体而言,研究团队在技术路线图中确定了 23 项技术,并指出其中许多技术与 TA12 技术路线图之外的不同学科相关。该研究团队还指出,在技术路线图制定期间,他们与其他技术路线图制定者进行了大量的沟通和交流。最后,该研究团队强调,他们认为 TA12 技术路线图符合 NASA 的战略目标。

NASA 研究团队指出的一个主题是,技术路线图的关键重点是"虚拟数字舰队领导者"系统。这套系统包括高保真建模和仿真、设计和验证方法、态势感知以及生命预测和维持等。根据研究团队的说法,"虚拟数字舰队领导者"系统是 NASA 未来研究工作所需要的工具,如深空旅行,在那里很难进行再补给或在紧急情况下提供安全的避难所。他们指出,"虚拟数字舰队领导者"系统是一项长期的技术,旨在降低成本并提高 NASA 未来任务的可靠性。

NASA 研究团队也花费了一些时间讨论他们在 TA12 技术路线图中制定的顶级技术挑战。团队注意到,在所有的顶级技术挑战中,人体的辐射防护和可靠性上升到榜首。他们还确定了特定领域的顶级技术挑战,包括材料(如新的定制材料、计算材料技术)、结构(如稳健的轻量/多功能结构、"虚拟数字舰队领导者"系统)、机械系统(如更高的可靠性和可预测的性能、大型航天结构的可展开机构)和制造(如先进的制造工艺、耐用性制造)。

在 NASA 研究团队介绍之后,接下来是专家组成员向该团队提问与讨论的时间。关于 NASA 研究团队如何看待纳米材料在结构中的作用,研究团队回答说,他们从 TA10 技术路线图中确定了他们可以使用的产品,并指出,材料、制造和结构应在更大尺度上协同推进,需要弄清楚如何在这个更大的尺度上使用/实现纳米材料。该研究团队指出,使用纳米黏土作为增韧剂和阻渗层等领域可能是更近期的事。对于其他领域,如负热膨胀系数(coefficient of thermal expansion,CTE)材料和血小板材料(为了降低渗透性和增加寿命)在消费级产品或飞行系统中已经得到使用。一个与会者也同意这个观点,即离应用已经越来越近了,在未来 5~10 年,应该有可能进行更多的研发。

"虚拟数字舰队领导者"系统的概念也引起了一些讨论。某位专家组成员表示,他认为"虚拟数字舰队领导者"系统是一种系统工程技术,而不是材料/结构技术。他认为"虚拟数字舰队领导者"系统走得不够远,因为它还应该包括推进、制导/导航和控制、箭上传感器和其他功能,如监测和发送所有子系统的健康状况。另一位专家组成员指出,NASA 研究团队提到验证模型将是"虚拟数字舰队领导者"系统的一部分,并询问这是否是验证与确认(validation and verification,V&V)的总体方法。NASA 研究团队回答说,已经存在鉴定和验证模型,"虚拟数字舰队领导者"系统要过渡到验证模型,而不是验证程序/任务。该研究团队还指出,随着时间的推移,使用"虚拟数字舰队领导者"系统的每个航天器将是一个用于改进模型的测试案例。

O.9.2 会议 1:材料

Tia Benson Tolle(美国空军研究实验室)介绍了她对 NASA 技术路线图的意

见。她表示,看到技术图线路中对长期投资战略需求的认可,以及技术路线图投资组合中内置的需求牵引与技术驱动关系,让她深受鼓舞。她指出,多项研究已经得出结论,在这种需求牵引和技术驱动的关系中构建一种行之有效的方法,可以最大限度地提高创新能力和改进产品研发能力。Benson Tolle 还强调,计算设计/方法是加速复杂工程材料成熟的关键,并且未来任务将越来越依靠它们。她指出,尽管人们一直致力于改进计算方法,但是仍需要一种更广泛和更综合的方法。Benson Tolle 还讨论了若干个其他材料领域,包括混合材料、变形材料、新兴的能源收集技术、杠杆化投资热防护系统和数字制造工艺。关于顶级技术挑战,她评论说,对纳米裁剪技术的研究,人们对界面的作用(及其对基质材料的影响)只有一般的了解,可以更多地关注这一点,以推动其技术发展。Benson Tolle 强调的一些高优先级技术领域包括多功能材料和集成计算材料科学与工程(integrated computational materials science and engineering,ICMSE)。最后她指出,纳米裁剪的复合材料和三维纤维结构接近技术突破拐点,额外的投资可以促进这些技术领域成熟。

在 Benson Tolle 演讲后,与会者问她,美国空军研究实验室是否有与 NASA 研究项目进行沟通和交流的正式计划。Benson Tolle 回复,对她的领域(材料),她不知道有任何特定的论坛可用于互动交流,但其他领域(如发动机研发)有正式的交流渠道。但她确实指出,材料领域似乎还有与 NASA 进一步合作的空间(将先进材料推进到可以应用于航空航天领域的程度)。在随后的讨论中,另一位与会者向 Benson Tolle 询问美国空军研究实验室在多功能材料比较研究工作方面的经验。Benson Tolle 答复:首先,系统级的优化必须尽早完成;其次,随着研究人员对工程材料的深入研究,性能优化与提升空间的机会可能会出现。

Byron Pipes(美国普渡大学)随后介绍了他对 NASA 技术路线图的看法。他指出,虽然该行业使用复合材料已有 30 多年的历史,但仍然无法准确预测失效模式,这导致了复合材料结构的过度设计。Pipes 表示,相对于计算材料而言,"试验辅助设计"和"试验辅助验证"这两个方面要考虑,多尺度仿真提供了一种无须试验即可对材料进行验证的方法。Pipes 建议,NASA 的目标应该是考虑仿真驱动的材料和结构验证,以及关于仿真驱动的材料和结构设计。他还指出,尽管 NASA 为航空航天领域提供的目标大相径庭(航空的普遍性与航天的独特性),但乘员安全是两者的核心问题。Pipes 表示,需要强调的一些领域可能包括材料(如计算设计材料)、结构(如设计和验证)、基于交叉模型的验证和制造(如制造工艺)。他还指出,微观设计模型是一个需要高度重视的领域。然后,Pipes 提了一个问题,对于虚拟数字验证,如何让 FAA 和其他团体对此进行更多的思考? 他强调说这是一个影响所有任务的领域。最后,Pipes 总结道,智能材料和装置是另一个具有低技术成熟度的领域,可能会给 NASA 带来好处(如健康监测)。

在 Pipes 发表演讲之后,研讨会的参与者指出,在研发过程的早期就将传感器集成到结构中的措施很重要,并且评论 NASA 有关于这方面的研究项目(如 MEMS)。Pipes 建议,在数据采集分析方面还有很多的工作要做,而不仅仅是将传感器内置到结构中。在另一个话题上,一位与会者表示,波音 787 象征着最先进的认证技术,并询问 Pipes 他认为下一步的发展方向是什么。Pipes 回答,有很多重要的技术能力是来自实验室,可加以利用。他还表示,在将来需要对每个运载器中的每一块结构进行测试,其测试费用将变得越来越高,难以承受,因此,最好将一些不确定性和经验性的内容从模型中去除。最后 Pipes 总结,科学是存在的,但直到最近计算能力才有了进步,可以充分利用这一点,他相信未来十年会有更多的技术改进。

O.9.3 会议 2:结构

Les Lee(美国空军科学研究办公室)首先简要概述了空军科学研究办公室(Air Force Office of Scientific Research,AFOSR)及其研究计划。他指出,关键领域之一是多功能设计和材料。在某些情况下,这些多功能部件的性能可能低于单功能部件,但只要整个系统的性能有改善,这是可以接受的,当然这需要制定系统级指标来量化相关性能。关于 NASA 的技术路线图,Lee 表示,技术路线图布局看起来很好,并且在需求牵引与技术驱动之间实现了很好的平衡。他建议,技术路线图可以更多地强调多功能设计中材料和结构之间的集成,以及提供对"最弱的连接"(如连接点、不连续点)的更多覆盖。特别是在后一个问题上,研讨会与会者表示赞同,她处理的 90%问题都在界面上。Lee 还评论,技术路线图对预示能力和"虚拟数字舰队领导者"系统集成的内容涵盖似乎是乐观的,虽然他表示这会有用,但他不认为这应该用作跳过验证测试的借口。此外,Lee 指出,虽然可靠性分析技术路线图的涵盖范围很广,但也需要关注具有改变游戏规则能力的技术领域,如自主系统。最后 Lee 指出,自修复技术很重要(如重复愈合),并且这对于深空太空任务至关重要。

Lisa Hill(美国诺斯罗普·格鲁曼公司)在演讲中首先指出,成本和经济性是技术投资的主要考虑因素,但这只在 NASA 技术路线图的高层级技术中体现。她表示,技术路线图在确定"我们可以走往哪里"规划得很好,但它也将受益于对原因进行更多的量化。Hill 还评论道,关于牵引/驱动的技术讨论做得很好,将技术和长期目标联系起来的概念(如"虚拟数字舰队领导者"系统)也是如此。同时,她发现了潜在的不足之处(如数字直接制造),以及需要进一步澄清的领域(如技术路线图中具有相似名称的各种结构和材料技术,与 TA10 技术路线图的关联性)。Hill 还质疑,为什么太阳帆在技术路线图中被列为 2020 年的任务,因为它们已经在小规模飞行。关于"虚拟数字舰队领导者"系统,她指出,目前从结构和机构中获得的数据很少,除非强制进行系统设计改进,否则承包商一般无法提供这些数据。Hill还评论,"虚拟数字舰队领导者"系统工具听起来很有用,但如果它们真的可用并能在设计中使用,那么以后也许不需要"虚拟数字舰队领导者"系统。Hill提到的一些顶级技术挑战包括大规模生产(如每年数百到数万)、模块化、可扩展性,以及获得关于结构(如连接结构)上有用的性能数据。不过,她确实指出了技术路线图中的一些技术缺陷,包括对大型光学系统的模块化结构、材料和展开机构的生产,以及以不同方式处理发射载荷的概念(如用于阻尼的关节摩擦),对这些方面的论述内容太少。

O.9.4 会议3:机械系统

RakeshKapania(美国弗吉尼亚理工大学)以对材料的评论开始他的演讲,他说,尽管材料非常重要,但如何使用它们更重要(方向、几何)。根据Kapania的说法,有若干个技术领域是技术路线图的关键所在:展开、对接与接口(如可扩展性、缩比和全尺寸模型之间的相关性)、机构延寿系统(如理解结构在非平稳随机激励下的响应)、机电系统、设计分析工具和方法(如与健康监测的连接分析、多功能结构的建模、数值病态的重要性),以及可靠性/寿命评估/健康监测(如小型化、基于可靠性的结构优化)和认证方法(如基于计算的认证,对于降阶建模的需要,计算机和软件的可靠性)。Kapania确定了若干个顶级技术挑战,包括:以减重为目的的小型化;缺乏关于载荷与环境的信息;辐射对材料性能的影响;多学科系统(如信息管理、可靠软件)的分析与设计。关于技术路线图的不足,Kapania指出,能源需求、能量采集、基于光纤的传感器和分布式传感都应该得到更多的关注,对NASA特殊应用而言,有若干个高优先级技术,包括小型化和最优化、可靠的多系统分析软件以及理解多功能材料的故障模式。Kapania还建议,制造的某些方面(如从计算机文件到三维物体,具有感知、致动、计算、损坏检测和自修复能力)以及不产生数值病态问题的能准确执行多系统分析的可靠的软件,这是能改变游戏规则的技术领域。当问Kapania NASA应该在哪些领域发挥领导作用时,他回答,其中一个领域是描述空间环境的特征,即它是什么,载荷是什么。他指出,一旦理解了需求,解决方案也就迎刃而解。Kapania还评论,结构健康监测(他认为它已经接近只要有额外投资就能产生显著效益的"拐点")是大多数工业的需要,包括航空航天之外的工业部门,如汽车工业。

O.9.5 会议4:制造与交叉领域

Ming Leu(美国密苏里科技大学)在他的演讲一开始就指出了NASA技术路线

图中制造和交叉领域应涵盖的技术。在太空装配、制造和维修方面,他建议NASA应该在这方面起带头作用。Leu还为制造工艺领域增加了多尺度建模与仿真(随着计算机能力的大幅提高,这一点变得很重要)和纳米制造(NASA应该寻求利用现有的国家科学基金会进行杠杆投资)两个新方向。Leu对若干个技术领域进行了详细评论,包括:激光辅助材料加工(这是一种先进的三维打印技术,适用于太空制造和维修);智能集成制造与网络物理系统;可维修性制造(包括环境、经济和能源方面的考虑,即E3因素);非破坏性评估;载荷和环境。特别是在非破坏性评估领域上,Leu指出,技术路线图似乎主要集中在超声波技术。他建议还应该考虑其他方法(如涡流、微波、毫米波),传感器融合是另一个值得关注的内容。相对于NASA技术路线图中的顶级技术挑战,Leu评论说,基于多尺度建模做出精确的预测还需要很长时间,而试图高精度地制造出复杂的三维零件是很困难的。他还评论,技术路线图中似乎存在一些不足,包括多尺度建模与仿真、纳米制造、全寿命周期产品和工艺设计(或E3技术)。Leu指出了NASA应该高度重视的若干个领域,包括:原位自主制造、维修和组装;先进机器人技术;能够耐极高温环境的功能梯度复合材料。在接近突破点的技术方面,Leu指出,复合材料制造(特别是聚合物基的复合材料)可以从额外的投资中获得巨大收益。最后,Leu在他的演讲后评论,NASA参与这些领域是很重要的,因为工业部门通常不愿意投资。

Glenn Light(美国西南研究院)在Ming Leu之后发表了对NASA技术路线图的看法。Light指出,该技术路线图充分阐述了非破坏性评估技术的目标,即非破坏性评估技术如何能够为长时间航天飞行任务的安全性和可靠性提供支持,以及如何在最少的人工干预下来评估或维护飞行器的完整性。他还指出,技术路线图对预测(发现缺陷,评估状况,并提供预测剩余寿命或使用时间的能力)进行了很好的讨论,并且指出这是一个值得关注的领域。另外,Light还强调了他认为NASA技术路线图未涵盖的一些领域,包括:预期的缺陷和损伤类型;传感器实用性与有效集成和传感器寿命;结构周围场景/环境的感知和监测;全结构的材料常规修补技术;传感器的无线供电技术。在非破坏性评估与传感器系统的顶级技术挑战方面,Light指出,这些挑战包括:不利影响最小的传感器集成;对早期损坏的敏感性;延长传感器寿命;结构内置的传感器和微电路;结构的环境保护(如涂层);监测涂层如何磨损的能力。Light还讨论了他认为NASA应该高度重视的若干个领域,包括:针对实际应用场合的传感器研发;内置传感器的无线充电技术(如采集利用本地能量);随叫随到式修复技术;自愈合金属与复合材料;将嵌入式传感器作为结构设计的一部分进行集成。关于与NASA目标的一致性,他指出,技术路线图中有许多技术领域与NASA的专业知识、能力和设施非常吻合。Light建议有必要为太空计划设定明确的国家目标,并将成本分摊要求降至最低,同时应有军民两用技术(许多联邦合同中均有规定)。Light还重点介绍了他认为会改变游戏规则的几项技术,包括:毛细管修复材料;实际上会影响结构强度的嵌入式传感器阵列;给所有传感器进行无线供电能力。他还指出,对结构周围环境的感知已接近技术突破点,并可能受益于进一步的投资。关于嵌入式传感器,Light 表示这需要在结构设计中引入新概念。最后,在回答一位研讨会参与者关于光纤传感的问题时,Light 指出,这对某些方面(如应力分析)是有好处的,但到目前为止主要的问题是对结构有不利影响。

O.9.6 公众意见和讨论会

以下是在公众意见和讨论会期间,由演讲者、专家组成员或其他出席者表达的观点。

1. 关于技术研发的个人观察

根据在美国政府机构参与技术研发工作的经历,一位与会者提供了一组相对详细的观察结果。他指出,由于需要考虑抗辐射和所面临的恶劣环境,航天系统所用材料的差异性非常大。他还表示,航天系统通常是小批量生产计划。然后,这位与会者建议,在计算建模中,由于大多数方法没有考虑制造的差异性,当将其用作验证系统的基础时,会出现一些明显的不一致问题。他强调,虽然有很多出自试验的基于物理的模型,但仍然没有能替代试验测试的方法,因为无法认清可能影响一个系统的所有问题。他提供的一个例子是锂离子电池中的杂质,以及这些组件仍需要测试 10 年才能了解其 10 年寿命的事实。最后,这位与会者指出,要想成功获得技术资助,就需要从实施策略上思考。他建议,在制造成熟度较低的情况下寻找军民两用技术,并将其产品化,可能是实现这一目标的一种方法。

2. 与其他机构合作

在当天的讨论中,一些演讲者和与会者强调了 NASA 需要考虑如何利用其他机构在技术开发方面的投资。一位与会者表示,这些不同的团体之间缺乏正式的技术研发交流渠道,并建议 NASA 首席技术专家办公室制定这样一个程序文件。这位与会者还指出,NASA 应该关注国家研究实验室、空军研究实验室和其他研究团体,并进行差距分析,以找出哪些领域可能最适用于 NASA,也最值得 NASA 投资。

3. 辐射防护

一位专家组成员指出,NASA 已将辐射防护确定为技术路线图中的顶级技术挑战之一。这引发了许多评论,包括一些来自 NASA 团队的评论,建议他们寻找像在坦克中使用的那种金属有机泡沫材料,以帮助保护居住地。另一位研讨会参会者指出,为了保护电子设备,有抗辐射加固电子设备或用于非抗辐射加固电子设备的辐射防护两种方法。他评论,如果 NASA 发展更好的方法对航天器进行辐射屏蔽,它对无人航天器系统也会有很大的好处。在此评论的基础上,另一位与会者指出,采取更多的活性材料的方法应该是有益的。

4. 材料认证

与会者评论,似乎与认证相关的成本很高,这往往是在实际系统中使用新材料的障碍。一位与会者还评论说,在过去,任务要求使用 TRL 6 或更高技术成熟度的技术,而技术研发组织经常停止在 TRL 4 技术成熟度水平,这导致了难以克服的"死亡谷"。最后,另一位与会者表示,改善基于物理的建模是尝试和简化认证的一种方式,但是需要在为了认证的建模和测试之间找到良好的平衡。

5. 可靠性

在公众讨论会快结束时,一位与会者询问其他人如何看待将可靠性作为技术路线图的一个重大挑战。作为回应,NASA 团队的一名成员指出,准确了解结构可靠性对系统集成和减小质量/体积非常重要。另一位参会者还建议,重要的是考虑是否正在使用这些技术,因为它们具有这样的能力或者应该具有这样的能力(如嵌入式传感器)。他评论,需要将传感器嵌入层压板中而不是金属中,并且在应用这些技术的过程中注重实效。他提供的另一个例子是自我修复:如果一个结构上有许多管道和孔,强度就会降低。他指出,需要应用一种筛选机制,以便这些技术能够应用于航天器系统上,使其结构更加坚固。

参考文献

Braun, R., National Aeronautics and Space Administration. 2011. "Investments in Our Future: Exploring Space Through Innovation and Tech-nology," presentation at the Johns Hopkins University Applied Physics Laboratory, Laurel, Md., May 25, 2011. Available at http://www.nasa.gov/pdf/553607main_APL_Bobby_5_27_11_DW2.pdf.

附录P
TA13 地面支持与发射系统

P.1 引言

技术领域"TA 13 地面支持与发射系统"的技术路线图草案包括四个第2层级技术子领域：
- 13.1 优化操作生命周期的技术
- 13.2 环境和绿色技术
- 13.3 提高可靠性和任务可用性的技术
- 13.4 提高任务安全性和控制任务风险的技术

TA 13的目标是为地面准备流程、发射阶段、任务阶段和恢复操作阶段提供灵活且可持续的保障能力，以显著增加空间任务的安全性，包括以下内容：

（1）运载火箭、航天器和有效载荷在发射场的运输、装配、总装和射前技术准备；

（2）发射基础设施建设及其支持未来发射任务的能力；

（3）靶场、人员和设施安全能力；

（4）发射控制和着陆操作，包括精确的天气预报和飞行乘组、飞行硬件以及返回样品的恢复；

（5）任务整合和控制中心的业务与基础设施建设；

（6）降低地面和发射作业对环境的影响。

地面支持与发射系统进步所带来的主要好处是降低任务成本，节省出的资金可用于对其他技术领域的投资。目前，运载火箭和有效载荷在技术准备和地面操作阶段的成本是任务生命周期成本的重要组成部分。

在对TA13中包含的第3层级具体技术进行优先级排序前，专家组考虑了是否在技术领域分解结构（TABS）中重命名、删除或调整某些技术，最终未建议对TA13进行任何更改。TA13的技术领域分解结构如表P.1所列，附件B给出了完整的、修订后的14个技术领域的分解结构图。

表 P.1 TA 13 地面支持与发射系统的技术领域分解结构

NASA 技术路线图草案(版本10)	指导委员会修改建议
TA13 地面支持与发射系统	技术路线图结构未发生变化
13.1 优化操作生命周期的技术	
13.1.1 流体的贮存、分发和保护	
13.1.2 自动对准、连接和装配系统	
13.1.3 地面和运载器/地面集成系统的自主指挥与控制	
13.2 环境与绿色技术	
13.2.1 腐蚀预防、检测和缓解	
13.2.2 环境修复和场地恢复	
13.2.3 自然生态系统保护	
13.2.4 替代能源原型	
13.3 提高可靠性和任务可用性的技术	
13.3.1 先进发射技术	
13.3.2 高环境适应性材料与结构	
13.3.3 检查、异常检测与识别	
13.3.4 故障隔离与诊断	
13.3.5 故障预测技术	
13.3.6 修复、减缓与恢复技术	
13.3.7 通信、网络、定时与遥测	
13.4 提高任务安全和控制任务风险的技术	
13.4.1 靶场跟踪、监视与飞行安全技术	
13.4.2 着陆、回收系统与组件	
13.4.3 气象预报与减缓	
13.4.4 机器人/遥操作机器人	
13.4.5 安全系统	

P.2 顶级技术挑战

地面支持与发射系统的发展需要克服如下若干挑战,包括:降低地面控制和发射基础设施设备的维护与操作成本;提高安全性;提高向地面控制和发射人员提供信息的及时性、相关性和准确性(如部分需要通过检查和异常检测能力的提升)。虽然先进的技术有助于解决这些挑战,但是通过管理实践、工程应用和有效设计等方面的改进,可以最有效地应对这些挑战。本项研究没有确定任何与TA13相关的、已经达到与其他技术路线图中顶级技术挑战相当的顶级技术挑战。

P.3 质量功能展开矩阵和计算结果

图P.1和图P.2展示出了专家组对TA13技术路线图中19个第3层级具体技术的评级结果。专家组考虑即便在最好的情况下,第3层级具体技术的进步所带来的收益最多只能是任务生命周期成本的微小改善,因此该领域没有第3层级具体技术被列为高优先级技术。

技术名称	收益	与NASA需求的一致性	与非NASA的航天技术需求的一致性	与非航天的其他国家需求的一致性	技术风险与合理性	排序与进度	所需付出的时间与投入	加权重后的QFD分数	专家组给出的优先级
权重	27	5	2	2	10	4	4		
	0/1/3/9	0/1/3/9	0/1/3/9	0/1/3/9	1/3/9	−9/−3/−1/1	−9/−3/−1/0		
	收益	与需求的一致性			风险/难度				
13.1.1 流体的贮存、分发和保护	1	9	9	1	3	−3	−1	106	M
13.1.2 自动对准、连接和装配系统	1	3	0	0	1	−1	−1	44	L
13.1.3 地面和运载器/地面集成系统的自主指挥与控制	1	3	1	1	3	−1	−1	60	L
13.2.1 腐蚀预防、检测和缓解	1	3	1	9	3	−1	−1	92	M
13.2.2 环境修复和场地恢复	1	0	0	9	1	−3	−1	55	L
13.2.3 自然生态系统保护	1	0	0	3	3	−3	−3	31	L
13.2.4 替代能源原型	0	1	1	3	1	−3	−3	19	L
13.3.1 先进发射技术	1	3	3	0	3	−3	−3	54	L
13.3.2 高环境适应性材料与结构	1	3	3	3	3	−1	−1	68	L
13.3.3 检查、异常检测与识别	1	9	3	1	3	−3	−3	94	M
13.3.4 故障隔离与诊断	1	9	3	1	3	−3	−3	94	M
13.3.5 故障预测技术	1	9	3	1	3	−3	−3	94	M
13.3.6 修复、减缓与恢复技术	1	3	1	1	3	−3	−3	54	L
13.3.7 通信、网络、定时与遥测	0	9	9	9	3	−3	−1	77	M
13.4.1 靶场跟踪、监视与飞行安全技术	1	9	9	0	3	1	−1	120	M
13.4.2 着陆、回收系统与组件	1	3	1	0	1	−1	−1	58	L
13.4.3 气象预报与减缓	0	9	9	3	3	−3	−3	79	M
13.4.4 机器人/遥操作机器人	0	3	1	0	3	−3	−1	47	L
13.4.5 安全系统	1	9	3	1	3	−3	−3	94	M

图 P.1 (见彩图)TA13 地面支持与发射系统 QFD 得分汇总矩阵
注:M 代表中等优先级;L 代表低优先级。

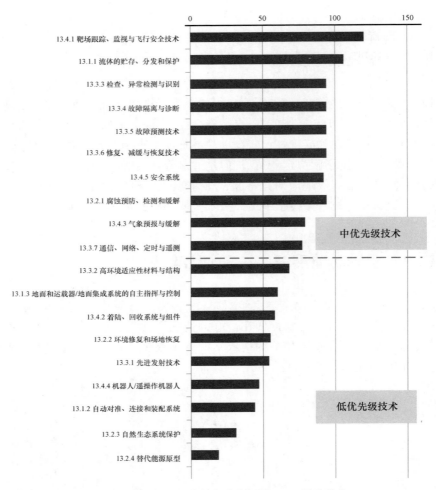

图 P.2　TA13 地面支持与发射系统 QFD 得分排名

P.4　高优先级的第 3 层级具体技术

如上所述,专家组未将 TA13 中的任一第 3 层级具体技术列为高优先级技术。

P.5　中低优先级技术

TA13 技术路线图大部分由各种工程项目组成,虽然这些项目可能有助于降低运载火箭的成本,但并不属于本研究项目的范围,本项研究主要针对技术成熟度TRL 1~6 的技术开发项目。

降低 NASA 未来地面支持与发射系统处理成本的最佳方法是从一开始就为低成本操作设计新的运载火箭。关于如何降低地面操作成本,商业运载火箭公司已经学到了很多。

在考虑通过技术开发来转移 NASA 资源以降低发射运营成本的优点时,应当指出,在可预见的未来,NASA 有效载荷的发射频率会很低,主要通过从私营公司采购发射服务来实现,这些公司将使用自己的地面支持与发射系统。因此,在可预见的未来,NASA 不可能自行开发多种发射系统。此外,NASA 改进型一次性运载火箭(evolved expendable launch vehicle, EELV)任务中最大的成本来自有效载荷、运载火箭和在轨运营,发射前的地面操作成本仅占总任务投资的很小一部分。因此,不建议 NASA 在推动地面支持与发射系统的技术发展方面进行大幅度的技术投资。

P.6　技术路线图所涵盖的技术发展及其进度变化

专家组对技术发展和进度变化没有任何建议。

P.7　公开研讨会情况总结

2011 年 3 月 24 日,在美国加利福尼亚州帕萨迪纳市加州理工学院(California Institute of Technology,Caltech)的校园里,推进和能源专家组召开了地面支持与发射系统技术领域的研讨会。研讨会由专家组成员 Joyce McDevitt 主持,McDevitt 首先概述了技术路线图的基本情况和 NRC 关于本研究任务的要求。她还为应邀发言人在其发言中应涵盖的主题提供了一些建议。来自工业界、学术界和政府的专家分别对与 TA13 相关的 NASA 技术路线图草案进行了时长 25min 的演讲和讨论。在会议结束时,研讨会与会者举行了一次简短的公开讨论,重点讨论了当天会议的各个议题,最后由 McDevitt 对当天的讨论进行了总结。

P.7.1　会议 1:传统的发射服务供应商

Bernard Kutter(美国联合发射联盟)在该会议开始时回顾了 EELV 项目地面系统的最新发展。他指出,地面系统技术是与发射体系架构相关的技术,应在发射系统设计的早期阶段进行统筹考虑,EELV 系统是利用最先进的技术来简化操作流程,降低了系统的研制成本。Kutter还指出,一些新技术的发展会为航天发射带来适度的收益,如低温推进剂的亚低温冷却技术,提高水抑制系统的性能,开发用于空基发射的靶场和提高专家系统自动化程度等。

Bill Findiesen(美国波音公司)专注于TA13技术路线图草案中与异常检测、隔离和更大自主性预测技术相关的若干领域。他介绍了以前的一项研究结果,认为下一代可重复使用运载火箭的地面支持系统成本具有比航天飞机低30%~40%的潜力。这将需要在新型运载系统及其地面系统设计初期就要考虑系统不同组成部分间的集成和自动化设计,这可能涉及向地面支持人员提供更多的实时信息。他设想,地面支持技术的进步也会改善任务保障能力,并能提高发射的可靠性和安全性,特别是如果运载火箭系统开发和早期测试时收集了大量的数据。

John Steinmeyer(美国Orbital公司)指出,地面操作对发射成功至关重要,它们是发射成本的重要组成部分。他还指出,运载器驻留在发射场的时间关系着发射成本,基础设施建设收紧,发射场面临着缩减成本的压力。他强调,发射场成本是运载火箭、有效载荷和任务复杂性等要求相关的函数。他还提供了一些经验教训,如详细的且可重复使用的流程的重要性、经验丰富的发射队伍、高度自动化的加注系统和流水线式的有效载荷与运载火箭集成操作。他认为,可以支持NASA下一个重型运载系统的具体技术包括运载器健康监测、低温流体管理、氦气优化、自动加注系统、防腐蚀和分布式任务控制。

Stan Graves(美国ATK公司)强调了自动化系统在减少人为错误方面的优势,从而可以提高可靠性并降低成本。他指出,设计一个方便保障的运载器远比为一个运载器设计更好的保障要重要,并建议将制造业务从发射场分离出去,该业务应依靠商业合作完成。最后,他指出,设计一种稳健性强大的运载器会减少发射延迟,并能够节约整体的发射成本。他表示,这些改进主要是工程解决方案,不需要新技术。

在随后小组讨论中,几个研讨会参会者指出,地面支持系统的大部分改进将涉及采用经过验证的技术,包括最先进的信息处理和数据技术,而不是开发新技术。值得注意的是,对于与现有基础设施再利用相关的近期成本节省和与开发和部署新系统相关的长期成本节约,NASA希望在二者之间能取得平衡。一些与会者还建议,发射场占地面积和占用时间都应尽可能减少。

P.7.2 会议2:新发射服务供应商

Jeff Greason(美国XCOR公司)首先介绍了在亚轨道和发射行业涌现的新兴公司相关情况,他指出美国XCOR公司的地面支持和飞行操作系统与传统的发射系统有很大的不同,而与航空行业有更多的共同点。美国XCOR公司的运载火箭不使用任何有毒的物质或火工品,使其所有操作都能轻松满足美国职业安全与健康管理局(National Institute of Occupational Safety and Health, OSHA)和其他政府标准。美国 XCOR 公司火箭不在联邦航天发射场上发射,也没有任何靶场安全系统。美国 XCOR 公司产品依靠飞行员处理异常现象和中止发射任务。飞行前操作大约需要 90min 和四个人,美国 XCOR 公司已经证明其运载火箭周转时间不大于 9min。

William Pomerantz(美国维珍银河公司)指出,他们的系统与常规的发射系统有着很大的不同,它有能力每天执行多次发射任务。他们的主要设计驱动因素是提高发射频率、降低发射成本和提高发射安全性。Pomerantz 表示,NASA 地面支持与发射系统技术路线图中涉及的大多数技术对维珍银河公司来讲应用价值不大,但其中部分技术还是可以借鉴的,如高层大气气象监测,高温硬化材料,故障检测、隔离及参数重新配置等。他还表示,可能缺少一些有价值的技术,如雷电防护、地面支持系统的信息技术和集成的应变传感系统。

Brett Alexander(美国商业航天联合会)未能出席研讨会,由 William Pomerantz 介绍了他的材料。他首先回顾了商业航天联合会的任务使命,即通过倡导和分享本行业的最佳实践,以提高安全性,使商业载人航天飞行成为现实。他鼓励 NASA 在执行其传统任务的同时,应均衡发展其对具有创新理念和更快发射节奏特征的多样化航天发射行业的适应能力。他认为,未来最具挑战性的系统将是那些对 NASA 来说是新的系统,如动力辅助垂直下降的可重复使用火箭等新型技术。

Gordon Woodcock(美国波音公司)表示,每项技术的重要性都应该在其支持潜在探索架构的能力范围内加以考虑。他提出了一种架构方案,利用若干个空间技术的发展来减少发射需求,并消除开发大型重型运载火箭的需要。该方案将依靠先进的电力推进系统,采用可重复使用飞行部件,以及在太空中存储和转移推进剂。为了使这种架构技术可行且经济合理,大型运载火箭可以通过缩短在发射台上的技术准备时间并提升发射过程检查的自动化程度来提高发射频率。他还指出了大幅减少发射中氦气用量的重要性。

在研讨会上,与会者还讨论了哪些技术可用于新兴的发射公司,但并没有达成一致意见。例如,关于非破坏性评估的话题,一位发言者说,某些新兴公司宁愿研发一种更强大的结构产品,也不愿意在产品内部增加健康状态监测系统。当被问及 NASA 如何简化操作时,几位与会者说,NASA 应该尽可能简化系统和程序,并使飞行系统更加独立和自主,所有这些都需要从精打细算开始。此外,还有一些关于 Woodcock 提出的体系架构方案的讨论。他说,单从技术角度看,最重要的技术进步将是先进的电力推进系统。另一位与会者指出,目前全部运营成本的架构看起来不像阿波罗架构,但 NASA 仍然依赖于阿波罗架构。

P.7.3　会议3:其他感兴趣的参与者

Emmett Peter(美国华特迪士尼公司)在会议开始时,介绍了华特迪士尼公司用于确保其游乐园游乐设施安全性和可操作性的工程经验。这些游乐设施每年承载数百万乘客,这就意味着百万之一的事故发生可能性较大,设施的寿命和运营标准必须严格要求,以防止小概率事故的发生。这些设施很少能够直接使用现成的设备搭建,需要加入防错设计,并且严重依赖于其自主容错能力。例如,一些设施使用高压气体与液体的自动耦合和转移,每天要进行数以百计的循环。Peter还回顾了美国迪士尼公司的自动维护验证系统,该系统具有明确的责任和时间表,并为技术人员配备了手持无线设备。在回顾了NASA的技术路线图之后,他说,一致性和通用性是有用的,但很难实现。此外,按照关键程度对零部件进行分类和鉴定是一种非常好的做法,可以确保将检查重点集中在正确的零部件上;地面支持系统的最大收益可能来自结构健康监测和腐蚀技术。

Brian Wilcox(NASA喷气推进实验室)提出了一种与传统系统截然不同的架构。他的方案是使用一个高空、赤道附近系留气球将运载火箭提升到95%大气层高度以上。从大气层上方的位置发射运载火箭可以提高Wilcox方案中小型运载火箭系统的性能。Wilcox认为,以每年超过5000枚的速度大规模生产小型运载火箭,将比生产几枚传统运载火箭节省大量成本,222枚小型运载火箭运送到轨道上的有效载荷可以在轨组装成大型推进级系统。

Edward Bowles(美国通用原子公司)回顾了电磁飞机弹射系统(electromagnetic aircraft launch system,EMALS)的发展,并讨论了将该技术用于太空发射的可能性。下一代美国航空母舰将使用EMALS代替传统的蒸汽动力弹射器,EMALS使用直线电机可提供高达30万lbf来弹射和回收海军飞机。采用这项技术开发运载火箭发射辅助系统将需要更长距离的直线电机,以将更大的运载火箭加速到更高的速度。用于火箭发射的EMALS中最昂贵的部分是发电系统。我们的目标是使用8mile(1mile=1.609(m))的轨道将质量达500t的运载火箭加速到Ma3的速度。Bowles指出,这样的系统可能在执行大约40次发射任务后才能实现收支平衡。

在研讨会上,Peter指出,美国迪士尼公司在游乐设施一开始设计时就追求稳定性和互换性,基于零部件类别采用不同的设计裕量,关键零部件设计时采用足够的设计裕量,并使用不锈钢、防腐漆和涂层来防腐蚀。Wilcox表示,他们的系统不需要任何重大的技术投资,这个概念可以利用缩比的气球进行验证。Bowles表示,他们的系统的终端速度受到电子设备频率的限制,可以在没有重大技术进步的情况下发展,发电系统技术的进步对该系统的发展是有益的。

P.7.4　会议4:安全专家和非NASA政府人员

当天最后一次会议旨在收集安全专家和非NASA政府机构的意见。

John Schmidt(美国海军研究实验室)在会议开始时指出,许多安全系统可以推广到多种航空、航海和航天应用场景。他的大部分演讲内容都在回顾美国海军为更有效地减缓结构腐蚀所做的努力,最近的重点是优化和提高人类对抗腐蚀的能力,可以通过改进工具、工作环境和培训来实现,海军也在改善故障数据采集和记录方面开展了大量的工作。

Michael Kelly(美国联邦航空管理局)支持NASA在提高在线检测和运载器健康管理方面所做的努力。他指出,美国系统将以类似俄罗斯系统运行的方式运行,但采用了更先进的技术。Kelly还支持改进检查、异常检测和识别,遥测和跟踪技术。他同意强调通信的通用性,尽管他认为,由于实现"一刀切"解决方案所面临的挑战,通用性对大多数其他系统都没有好处,对于新兴的非传统航天发射公司正在开发的各种新概念运载火箭尤其如此。Kelly还预测,新的经济型运载器将是具有流水线操作能力的紧密集成系统。他还指出,他的所有建议都可以在没有太多技术进步的情况下实现,主要挑战与工程和实施相关。

P.8　2016版修订内容

P.8.1　QFD矩阵和计算结果

2015年NASA的TA13"地面支持与发射系统"技术路线图扩大了2012年该技术领域的范围,增加三项新的第3层级具体技术。表P.2显示了这些新技术如何融入TA13的技术领域分解结构中。

表P.2　2016版TA13地面支持与发射系统的技术领域分解结构

第2层级技术子领域	被评估的第3层级具体技术
13.1 气动辅助与大气进入	
	13.1.4 后勤保障
13.2 环境保护与绿色技术	
	13.2.5 医药设施、行星保护和洁净房间
13.3 可靠性与维修性	
	13.3.8 辅助决策工具
13.4 任务成功	无

TA13 中所有技术的得分和排名如图 P.3 和图 P.4 所示。

技术名称	收益	与NASA战略目标一致性	与非NASA的航天技术需求的一致性	与非NASA的航天其他国家目标与合理性	技术风险与难度	需求紧迫性和与其他技术的交互性	所需付出的时间与投入	加权重后的QFD分数	在专题组层级优先级
权重	27	5	2	2	10	4	4		
	0/1/3/9	0/1/3/9	0/1/3/9	0/1/3/9	1/3/9	-9/-3/-1/1	-9/-3/-1/0		
	收益	与需求一致性			风险与难度				
13.1.1 流体的贮存、分发和保护	1	9	3	1	3	-3	-1	106	M
13.1.2 自动对准、连接和装配系统	1	3	0	0	1	-3	-1	44	L
13.1.3 地面和运载器/地面集成系统的自主指挥与控制	1	3	1	1	3	-3	-1	60	L
13.1.4 后勤保障	1	3	3	0	3	-9	0	42	L
13.2.1 腐蚀预防、检测和缓解	1	3	1	9	3	-1	-1	92	M
13.2.2 环境修复和场地恢复	1	0	0	9	1	-1	-1	55	L
13.2.3 自然生态系统保护	0	1	1	9	3	-3	-1	31	L
13.2.4 替代能源原型	0	1	1	3	3	-3	-3	19	L
13.2.5 医药设施、行星保护和洁净房间	3	3	1	1	3	-3	0	118	M
13.3.1 先进发射技术	1	3	3	3	3	-3	-1	54	L
13.3.2 高环境适应性材料与结构	1	3	3	3	3	-3	-1	68	L
13.3.3 检查、异常检测与识别	1	9	3	3	3	-3	-1	94	M
13.3.4 故障隔离与诊断	1	9	3	3	3	-3	-1	94	M
13.3.5 故障预测技术	1	9	3	3	3	-3	-1	94	M
13.3.6 修复、减缓与恢复技术	1	9	3	3	3	-3	-1	94	M
13.3.7 通信、网络、定时与遥测	0	9	9	3	3	-3	-1	77	M
13.3.8 辅助决策工具	1	3	3	0	3	-9	0	42	L
13.4.1 靶场跟踪、监视与飞行安全技术	1	9	0	0	3	-1	-1	120	M
13.4.2 着陆、回收系统与组件	1	3	1	3	3	-3	-1	58	L
13.4.3 气象预报与减缓	0	9	3	3	3	-3	-1	79	M
13.4.4 机器人/遥操作机器人	1	3	3	3	3	-3	-1	47	L
13.4.5 安全系统	1	9	9	3	3	-1	-1	94	M

图 P.3　（见彩图）2016 版 TA13 地面支持与发射系统 QFD 得分汇总矩阵

注：H 代表高优先级；H* 代表调整为高优先级（不采用 QFD 分数）；M 代表中等优先级；L 代表低优先级。

P.8.2　中等或低优先级技术

与之前 NRC 对 TA13 的审查一样，新的 TA13 技术均未被列为高优先级。技术 13.1.4 后勤保障和技术 13.3.8 辅助决策工具被列为低优先级，主要是因为每种技术所带来的好处都很有限。虽然地面支持与发射系统是任务生命周期成本的重要组成部分，但主要创新是由商业供应商进行的，NASA 正在为这些供应商提供有竞争力的催化剂和客户，而不是开发商。技术 13.2.5 医药设施、行星保护和洁净房间对行星表面任务非常重要，因为它将促进地面操作，减少对耐热飞行硬件的需求。行星保护也是机器人火星取样返回任务或载人登陆火星表面任务的关键要素。然而，与其他新的 TA13 技术一样，技术 13.2.5 医药设施、行星保护和洁净房间并不是一种急需的、能改变游戏规则的技术，它被列为中等优先级。

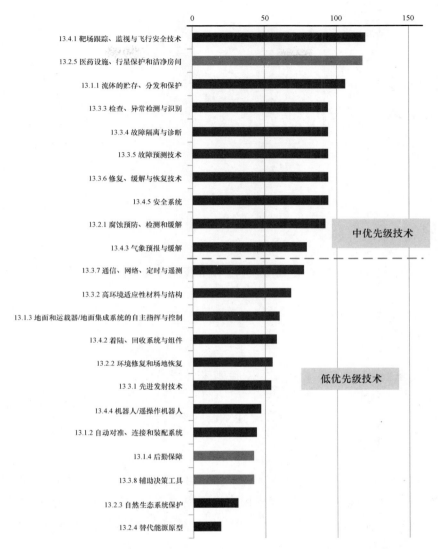

图 P.4 （见彩图）2016 版 TA13 地面支持与发射系统 QFD 得分排名

附录Q
TA14 热管理系统

Q.1 引言

技术领域"TA14 热管理系统"的技术路线图草案包括三个第 2 层级技术子领域：

- 14.1 低温系统
- 14.2 热控制系统
- 14.3 热防护系统

热管理系统是指通过出色的温度控制来处理高热负荷的系统和技术，其目标是减小现有系统的质量。TA14 主要关注广泛应用热管理系统和技术的低温系统（在-150℃以下运行）、热控制系统（在室温附近运行）和热防护系统（在 500℃以上运行）三个领域。

在对 TA14 中第 3 层级具体技术进行优先级排序前，专家组讨论了是否对技术领域分解结构中的技术进行重命名、删除或是更改。除了对两种技术的名称进行了更正外，专家组未对 TA14 其他内容进行更改。TA14 的技术领域分解结构如表 Q.1 所列，完整的、经过修订的所有 14 个技术领域的技术领域分解结构如附录 B 所示。

表 Q.1 TA14 热管理系统的技术领域分解结构

NASA 草案技术路线图(10 版本)	指导委员会修改建议
TA14 热管理系统	指导委员会未对该技术路线图结构进行更改，只是对两种技术的名称进行了重命名
14.1 低温系统	
14.1.1 被动热控制	
14.1.2 主动热控制	

(续)

NASA草案技术路线图(10版本)	指导委员会修改建议
14.1.3 集成与建模	重命名:系统集成
14.2 热控制系统	
14.2.1 热采集	
14.2.2 传热	
14.2.3 散热与储能	
14.3 热防护系统	
14.3.1 进入/上升阶段的热防护系统	重命名:上升/进入阶段的热防护系统
14.3.2 羽状屏蔽(对流与辐射)	
14.3.3 传感器系统与测量技术	

Q.2 顶级技术挑战

专家组确定了TA14中有七大顶级技术挑战,下面按照优先级顺序叙述如下。

(1) 热防护系统:热防护系统既可以新研也可以重组之前已有系统,为载人和机器人高速返回任务开发一系列刚性烧蚀型和充气/柔性/可展开的热防护系统。

对未来所有需要进入或再入行星的人类和机器人任务而言,热防护系统都是关键性的。对于近地轨道再入任务,目前可用的高技术成熟度的刚性烧蚀型热防护系统足够应对,但不足以用于高速再入地球或行星的任务。无论任务中有人还是机器人,烧蚀型材料都能够用于所有这些要求高马赫数再入的NASA、军方或是商业任务,如近地小行星旅行或火星登陆任务(Venkatapathy,2009a,2009b)。系统研究表明,大型的进入热防护系统为这些任务提供了一种潜在的使能手段,可以增加在行星(火星)表面的着陆质量(Jamshid等,2011;McGuire等,2011)。在许多情况下,更新过去开发的已有过时的热防护系统材料或工艺可能比开发新材料或方法来得更快、更便宜。有些材料现在不可用是因为技术丢失、对材料的新限制或是其他因素。如碳-酚醛树脂要在应用于未来任务之前重新认证。其他的新材料显示出了很大的应用前景。

(2) 零蒸发贮存:加快对先进的主动和被动系统进行研究,以实现接近零蒸发量的长期低温贮存。

长期任务所需要的低温生命保障供给(如液态氧)、低温推进剂(如液态氢)或科学设备工作所需的非常低的温度都要求接近于零蒸发率。TA14技术路线图中提出了多种技术,其中一些在低温技术方面提供了渐进的但是很有希望的改进。

研究的重点应该是在不同任务中都可以集成的可靠、可修复、可承受的主动和被动系统。许多技术在效果上是类似的,但某些技术可以作为热门候选。

（3）散热器:开发先进的、轻量化的空间散热器。

散热器用来移除来自航天器和行星基地系统的能量,这对许多任务来说都是至关重要的。为了减小散热器的质量、面积和泵浦功率(译者注:指发热体单位时间内传递给散热器的能量),需要在可变发射率、极低的吸收率/发射率比、自清洁、耐高温涂层等方面开展研究。此外,还要研究用于扩展舱外活动能力的轻量化散热器或紧凑型存储系统。

（4）多功能材料:开发兼具结构强度、良好的绝缘性能及可能还有其他功能的高温多功能材料。

由于整合了防热功能与结构功能,多功能系统可以显著地减小质量,从而能增大有效载荷的质量。目前,这些功能在航天器设计中是分别考虑的。结合了热、结构、微流星体和轨道碎片与航天员辐射防护的多功能热防护系统以及多层隔离系统可以大幅度减少系统质量,使长期任务可行。它也能用于行星居住地的热防护及多功能防护。该技术挑战在 TA12 路线图中排名第三。

（5）验证与确认:对新的或改进的综合热分析计算代码进行开发、验证、确认,并量化不确定性分析需求。

需要升级用于预示再入加热过程中烧蚀行为的代码(程序),以将紧密耦合的多相烧蚀与辐射加热行为纳入流动仿真中,要特别注意验证、确认和不确定性的量化。所有的热分析代码(程序)都应该包括:①代码没有内部错误的验证,准确地将建模与分析中使用的方程用代码编译出来;②根据所有可用的实验数据对预示进行确认,并核算试验误差带;③量化代码预示中的可信度,这里要考虑用作模型输入的数据的不确定性、分析中使用的数学模型的不确定性以及所实施的数值技术引起的不确定性(如时间和空间的离散化误差)。如果不考虑这些要素,代码得到的结果对设计来说是不可靠的。该技术挑战也被列在 TA10 和 TA12 中。

（6）修复能力:开发空间热防护系统的修复能力。

修复能力对于长期任务尤为重要,因为在这些任务中没有安全的修复设施可用。我们应该继续深入研究为航天飞机轨道器热防护系统(增强型碳-碳/防热瓦)开发的修复技术并扩大其应用范围,以便为未来的 NASA 和商业航天器提供修复方法。

（7）热传感器:增强热传感器系统与测量技术能力。

对了解异常现象、材料或性能的退化或增强,以及先进科学任务的测量来说,传感器设备运行的地面测试是必要的。超轻传感器系统可以提供识别在轨损伤、微重力环境中液位测量、原位或自修复机制、对损伤进行补偿而不是修复损伤的自适应控制算法所需的数据。监测再入热防护系统性能的精确仪器对于验证用于热防护设计的新开发预测代码是必要的。上述的每一项测量都能提高飞行的安全性和任务成功的概率。

Q.3 质量功能展开矩阵和计算结果

TA14 中 9 个第 3 层级具体技术的 QFD 矩阵如图 Q.1 所示。
所有用 QFD 方法计算的第 3 层级具体技术的加权得分列于图 Q.2。

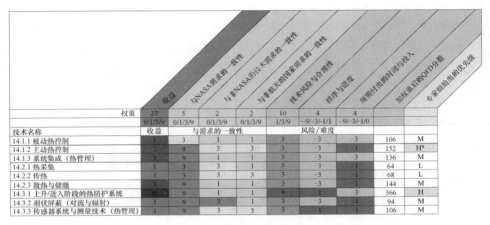

图 Q.1 （见彩图）TA 14 热管理系统 QFD 得分汇总矩阵

注：图中所有高优先级技术的优先级认定依据详见"高优先级的第 3 层级具体技术"一节内容；H 代表高优先级；H* 代表调整为高优先级（不采用 QFD 分数），M 代表中等优先级，L 代表低优先级

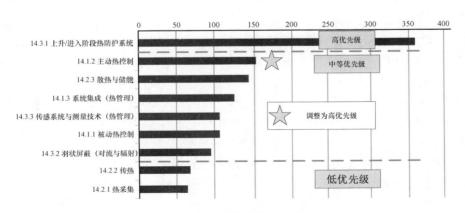

图 Q.2 TA14 热管理系统 QFD 分数排名

其中14.3.1上升/进入阶段的热防护系统的得分远高于其他第3层级具体技术,得到了最高分。14.1.2主动热控制是一项支持低温流体零蒸发率所需的技术。虽然14.1.2主动热控制没有14.3.1上升/进入阶段的热防护系统的得分高,但是它被认为是一项可用于各种长时间任务的技术,因此也列为高优先级。因此详细讨论这两项技术,其他七项技术被评为"中优先级"或"低优先级"。

Q.4　顶级技术挑战与各项具体技术之间的关联性

在图Q.3中,技术按照优先级降序列于第一列中,挑战列于第一行。两者之间的相关性用符号表示,实心符号表示强相关,空心符号表示弱相关,很少或是无相关性没有符号。可以看出,这些挑战在某种程度上与技术的优先级相关,如对角线上大致是高优先级或中优先级的。

Q.5　高优先级的第3层级具体技术

第五专家组在TA14中确定了两项高优先级技术。将每项技术列为高优先级技术的依据叙述如下。

Q.5.1　技术14.3.1上升/进入阶段的热防护系统

对于所有需要进入行星大气层的机器人和有人任务来说,在上升和进入大气层期间进行有效的防隔热是至关重要的。由于人员的老龄化及退休,这一领域已经失去了之前的技术(自"阿波罗"时代开始)。新的安全和环境法规也要求对早期TPS的制造和成型工艺进行更改。此外,更高级任务中的更快再入速度需要开发更多的热防护系统,以满足更高温度、辐射和总加热量的应用环境。目前,除了近地轨道任务外,其他所有任务的技术成熟度约为TRL 3。使用具有热防护梯度、包含各种添加剂夹杂(如各种纳米管或纳米颗粒材料)以促进各向异性传导等新方法的技术成熟度低于TRL 3,但有望进一步提高其性能。

NASA维护着用于新系统资格认证所必需的测试设施,但是为了纳入高辐射热通量试验,以模拟高速再入的预期条件,这些测试设施必须要改进。

其他的潜在用户是美国空军,可能还有商业航天开发者。

尽管人们可以设想把空间站用作准备使用加速返回弹道进行高马赫数再入测试任务的基地,但在开发这一技术领域时,几乎不需要或根本不需要空间站。

优先级	技术领域14中的技术，按优先级排序	顶级技术挑战						
		1. 热防护系统：既可以新研也可以重组之前已有系统，为载人机器人高速返回任务开发的一系列刚性烧蚀性和充气/柔性/可展开的热防护系统	2. 零蒸发贮存：加快对先进的主动和被动系统开展的研究，以实现接近零蒸发量的确定长期低温贮存	3. 散热器：开发先进的轻量化的空间散热器	4. 多功能材料：开发兼具结构强度及良好的绝缘性能，可能还有其他功能的高温多功能材料	5. 验证与确认：对新的综合热分析计算代码进行开发、验证、确认，并量化不确定性分析需求	6. 修复能力：开发空间热防护系统的修复能力	7. 热传感传器：增强热传感器系统测量能力
H	14.3.1 上升/进入阶段的热防护系统	●			○			○
H	14.1.2 主动热控制		●	●				○
M	14.2.3 散热与储能		○	●	○			
M	14.1.3 系统集成（热管理）		●		●	●		
M	14.3.3 传感系统与测量技术			○		○	●	●
M	14.1.1 被动热控制	○			○			
M	14.3.2 羽状屏蔽（对流与辐射）					○	○	
L	14.2.2 传热				○	○		○
L	14.2.1 热采集				○	○		
●	强关联：NASA在这项技术上的投资对解决这一挑战可能会产生重大影响。							
○	中度关联：NASA在这项技术上的投资对解决这一挑战可能会产生中等影响。							
【空白的】	弱/无关联：NASA在这项技术上的投资对解决这一挑战可能影响不大，甚至没有影响。							

图 Q.3　TA14 热管理系统中各项技术对顶级技术挑战的支持程度

上升/进入阶段的热防护系统是改变游戏规则的技术,因为对于每次行星大气环境中的上升或进入任务,包括每次返回地球的任务,它都是必要的。由于开发合适的热防护系统所需的工作投入很大,因此NASA与工业界的联合开发与测试项目应仔细协调,最大限度地提高NASA的效率。

特别关键的第4层级技术项目是刚性烧蚀型热防护系统、淘汰驱动的热防护系统材料和工艺开发、多功能热防护系统和柔性热防护系统(与TA09进入、下降与着陆系统及TA12有交叉)。支撑性的技术是空间热防护系统修复和自诊断/自修复热防护系统。

对14.3.1上升/进入阶段的热防护系统的高优先级评估与TA09报告(见附录L)中的评估是一致的,其中把刚性热防护系统列为高优先级。

Q.5.2 技术14.1.2 主动热控制

低温流体的低蒸发量乃至零蒸发量对于长时间太空任务至关重要,现有技术还不能实现这一点。主动热控制技术能够长期储存消耗品,例如用于有人任务、有人或机器人任务的低温推进剂、支撑月球或行星地面站、支撑有低温条件要求的科学设备等所需的液态氧。在采用有效的被动热控制技术后,有必要对低温系统进行主动控制(再冷凝),以防止剩余热量泄漏。该项技术的目标是开发一个整体低温系统设计方案,将主动技术和被动技术集成到一个最优的系统中,并且能够用仪器和传感器来监测流体质量。通过有效地利用被动控制技术可将对主动系统性能要求降至最低,有助于提高整个系统的可靠性。

主动热控制技术路线图中提出了许多第4层级技术项目,但大多数是对现有技术的增量改进。总的来说,它们可以明显地减少蒸发率。大多数技术的成熟度为TRL 3。

由于长时间太空任务需要这项技术,因此NASA将在指导该技术的改进方面处于实际主导地位,虽然很多非NASA的航空航天潜在用户可以从中受益。然而,他们的需求对于任务的完成来说不太重要。一般来说,他们与NASA不一样,可以接受一些损失率。

虽然绝大多数初始测试都可以使用成本较低的地面低温真空试验箱,但国际空间站也可以为真实条件下的测试提供试验平台。

专家组推翻了这项技术的QFD评分,将其指定为高优先级技术,这是因为QFD评分没有体现出这一技术在各种长时间任务中的价值。总的来说,这项技术通常能获得高分,因为它是能够决定任务成败的技术,但在某些领域中得分较低,这是因为对很多第4层级技术项目来说,它的预期收益是递增的。

许多提议的技术是相互关联的,应进行细致的审视,并考虑系统集成的可能性,以便能继续支撑这些最有前途的技术。

Q.6 中低优先级技术

在 TA14 中,9 个第 3 层级具体技术中的 5 个被列为中等优先级(14.2.3 散热与储能、14.1.3 系统集成、14.1.1 被动热控制、14.3.3 传感器系统与测量技术以及 14.3.2 羽状屏蔽)。余下的两个第 3 层级具体技术为低优先级(14.2.2 传热和 14.2.1 热采集)。

被列为中、低优先级的热管理系统技术有助于支撑未来的 NASA 航天器和任务。这些技术适用于所有或绝大多数任务类中的所有或几乎所有的 NASA 和非 NASA 空间任务,但起辅助作用。它们可以为整体热管理系统性能提供增量改进,但不是决定成败或能改变游戏规则的技术。14.1.3 系统集成、14.3.3 传感器系统与测量技术以及 14.1.1 被动热控制列入中等优先级,是因为这些技术是没有突破性想法的渐进式改进。被动热控制是 14.1.2 主动热控制的必要补充,主动热控制被列为高优先级,被动控制的改进能够降低对主动系统性能的要求,但是被动控制自身无法达到零蒸发量的目标。

如果在这些中低级别的技术中有突破性的想法出现,就可以更积极地开展相关研究工作。

Q.7 关于技术路线图的其他一般性意见

软件验证与地面测试设施的使用是与 TA14 相关的两个主要交叉问题,在第 5 章进行了详细讨论。

由于预算和人员配置的限制,NASA 不可能完成技术路线图中提出的所有任务。有必要与其他为了自身目的、能够资助并开展主要研究工作的组织进行协调与合作。然后 NASA 可以利用其研究成果。此外,还有必要与这些组织进行积极的互动,确定哪些组织可以最好地帮助 NASA 完成任务也是一项艰巨的工作,将需要投入大量的管理工作。

NASA 直接研究支持任务的选择在一定程度上取决于其他人可以开展哪些任务研究,这使得 NASA 的研究没有意义。然而,总会有一些领域的 NASA 需求与外部研究机构不相关,NASA 将通过资金集中支持的方式来最大化在这些领域的投资回报。这些领域(如用于高速再入的再入热防护系统、辐射屏蔽、减重结构、低温散热器等)可能需要内部研究团队或是合同工程经费来开展研究工作。

首席技术专家办公室应持续监控技术路线图中列出的技术项目的研究进展情况,以保持其与需求的相关性。有些项目将被证明是不可行的,另外一些项目可能会比预想的发展要快,因此,在未来几年里支持和资助的优先顺序会发生变化。NASA确实进行了这样的审查,并且受到鼓励,可以继续并扩大这种监督。

许多任务可能(或应该)会合并起来。技术路线图草案将技术14.1.1被动热控制分解为8项:大型多层隔热结构、先进多层隔热结构系统、多功能多层隔热/微流星体与轨道碎片防护结构、地面与飞行中的隔热、低电导率支架、低电导率贮箱、原位隔热以及低温散热器。所有这些项目都是为了最大限度地减少热泄漏,所以研究应该作为一个整体的系统问题,而不是一个技术项目一个技术项目地推进。

TA14与其他技术路线图的相互依赖程度很高,跨技术路线图的协调需要精心的管理以确保能开展良好的合作,并避免重复投入。特别地,TA14中有许多技术依赖于TA01(发射推进系统)、TA02(空间推进技术)、TA09(进入、下降与着陆系统)、TA10(纳米材料)以及TA12(材料、结构与机械系统与制造),或与之协调发展,并与其他技术有明显的相互推动作用。

Q.8 公共研讨会总结

2011年3月11日,在美国华盛顿国家科学院的凯克中心,材料专家组组织召开了TA14热管理系统的研讨会,会议由组长Mool Gupta主持。Gupta首先介绍了技术路线图的总体情况和NRC对技术路线图的评估工作。他还为应邀发言者在演讲中应涉及的主题提供了一些指导。在他介绍之后,这一天的会议以编写人员对NASA技术路线图的概述开始,接下来就是讨论每个技术路线图中关键领域的会议。在每次会议上,来自工业界、学术界以及政府的专家针对NASA技术路线图进行了35min的发言/讨论,阐述了他们对NASA技术路线图的意见。当天结束时,与会者进行了约1h的开放式讨论,然后由组长进行总结性讨论,总结了当天讨论中观察到的要点。

Q.8.1 NASA概述技术路线图

在介绍TA14技术路线图的过程中,NASA团队指出,他们要覆盖一个巨大的业务范围,从毫瓦低温系统到零蒸发,再到乘员/航天器的热管理等。出于这些原因,他们根据温度将技术路线图划分为温度低于-150℃的低温系统、温度在-150℃到零上几百摄氏度的热控制系统、温度高于零上几百摄氏度的热防护系统三个主要类别。NASA团队指出了技术路线图如何与NASA的战略目标以及机构任务计划清单联系起来,以及如何利用 NASA 人类探索框架团队工作中的设计参考任务。

根据顶级技术挑战,NASA 团队基于时限将它们分为不同类别。

(1) 近期:

① 用于近地轨道以外任务(进入速度大于 11km/s)的中密度烧蚀材料与系统;

② 创新的热元件以及回路架构;

③ 20K 制冷机与推进剂贮箱的集成;

④ 低热导率的结构/支架;

⑤ 两相传热回路;

⑥ 淘汰驱动的热防护系统材料与工艺;

⑦ 辅助散热设备(Supplemental Heat Rejection Devices, SHReD)。

(2) 中期:

① 热结构;

② 用于科学应用的低温/动力制冷机。

(3) 远期:充气/柔性/可展开式热防护罩。

NASA 团队指出,这个技术路线图与其他几个技术路线图之间是交叉相关的,并与 TA06、TA09、TA11、TA12 的团队进行了详细讨论,描绘了这些技术能够给 NASA 带来的益处:

(1) 减重:

① 具有 20W 功耗的 20K 制冷机;

② 单回路热控制系统(去除了界面换热器);

③ 辅助散热设备(航天器和舱外活动);

④ 大尺度多层隔热结构和低温系统的低热导率支架以及贮箱。

(2) 提高可靠性:

① 单回路热控制系统;

② 减少了多重串联的可靠的加热器/控制器。

(3) 性能提升:

① $150W/cm^2$ 的柔性热防护系统;

② 液态金属热管;

③ 用于严格温度控制的两相流系统。

此外,NASA 团队还强调了这些技术如何造福能源、建筑、环境以及汽车行业。

在 NASA 团队发言后,与会者开展了中密度烧蚀材料、柔性隔热罩以及多功能系统的技术特性在不同技术领域之间的合作方式的讨论。特别是关于后者,NASA 团队的一些后续评论是,对于包含辐射防护的多功能化设计,重要的是确保材料的性能不会因为多功能化而降级。一位参会者请NASA团队对纳米技术在热管理中的近期及远期影响做出评论。他得到的答复是,热带和相变材料可以用碳纳米管来实现减重。总的来说,NASA团队认为很多热技术都可以从纳米技术中受益。此外,还有对散热器进行了一些讨论,尤其是与微流星体和轨道碎片碰撞、冗余以及可靠性(有人认为国际空间站寿命超过10年的可靠性为0.9999)相关的讨论。

关于接近"临界点"的技术,NASA团队表示,这其中有许多技术的成熟度都在TRL 4~5之间,并且已经经过了小型地面演示验证,下一步就是将其中的一些技术进行飞行测试。当有参会者询问所需的飞行类型时,NASA团队回应,确定牵引技术发展的需求和任务很困难,某些技术可能会受益于国际空间站和亚轨道飞行器,而其他技术(如制冷机)则可以在集成和其他方面进行额外的地面试验来推动其发展。

最后对基础设施问题进行了大量的讨论。一位参会者评论,他理解NASA团队在制定路线图中不考虑解决基础设施问题的做法。但是,将技术推进到较高的技术成熟度(如中密度烧蚀)所需要的基础设施当前还不存在。在回答他关于NASA在这方面正在做什么的问题时,NASA团队回应,最初有两支队伍研究等离子电弧加热设备,但是现在已经演变为一个监督/实施小组。一位NASA团队成员表示,如果没有需求/任务量,维护这些设施就很困难,每个NASA研究中心都在为此苦苦挣扎。另一位团队成员赞同了前一位的观点,并补充提到,需要有足够的能力、在相关环境中进行测试的设施和任务量。根据NASA的技术风险态势,这位成员指出,拥有多个设施能分散风险,允许同时在不同的位置研究不同的物理现象。

Q.8.2 会议1:低温系统

Ray Radebaugh(美国国家标准与技术研究所,已退休)介绍了他在低温系统方面的研究经验和看法。他首先概述了低温系统的优势/应用,尤其是对NASA而言,他强调了致密化(如液化及分离)、量子效应(如流体与超导)以及低热噪声(如传感器)。关于绝热材料,Radebaugh强调需要开展多层绝热材料的减重方法研究,并指出,虽然泡沫和气凝胶也许会降低成本,但是不如多层隔热材料有效。对于散热器,他向大家展示了一个图,以说明低温如何限制在太空中的辐射,并且为了获得更低的温度,还需进一步的研究工作。随后Radebaugh谈到了主动热控制技术,以及寻找降低20K制冷机比功率、质量和振动方法的重要性。他还举例说明了哈勃如何使用Turbo-Brayton制冷机、普朗克如何使用焦耳-汤姆逊制冷机,认为进一步的投资可以让科学仪器上使用的制冷机在较高的输入温度下工作。他还指出,Turbo-Brayton的设计需要从使用氖气转向其他流体,而脉冲管制冷机需要在性能和效率上有所提高。Radebaugh后来提到,NASA的技术路线图似乎没有解决将氧气和甲烷(对原位资源利用是有用的)用于大功率液化器的问题,在低温散热器与主动冷却之间需要进行一些优化调整的探索空间。他认为技术路线图中没有提及的另一个领域是在宽温度范围内进行热膨胀匹配的需要(如材料匹配)。Radebaugh 提出技术路线图中的其他不足包括零蒸发量和液化应用的低温技术,以及冷压缩机的技术路线。Radebaugh 强调的顶级技术挑战包括减小制冷机的质量、提升制冷机的效率、在大范围大气中的轻质化绝热、柔性散热器以及长距离传热。Radebaugh 在演讲结束时指出,NASA 擅长进行总体系统研究,并且在特定领域也有专长。他建议 NASA 也可以利用其他团队(如美国空军、美国国家标准与技术研究所以及私人企业)的专业优势。

在他的发言之后,Radebaugh 被问到他对热界面重要性的看法。Radebaugh 回应,许多大家感兴趣的应用场景(如制冷机)并不产生大量的热,但在某些应用中可能需要散热器或类似产品将热量传递到相关系统中。Radebaugh 还被问及制冷机的振动问题,以及这是否是压缩机设计的内容。关于这个问题,Radebaugh 表示振动对于空间观测台来说可能是一个重要问题。他指出,哈勃望远镜的 Turbo-Brayton 制冷机是一个振动非常低的旋转系统,但脉冲管和斯特林制冷机可能会因为有部件做往复式运动而产生振动,在太空应用中一般通过使用多个活塞来抑制这些振动。

Q.8.3　会议 2:热控制系统与建模/仿真

关于热控制系统的会议是与 David Gilmore(美国航空航天公司)通过电话会议讨论的形式开始的。一个研讨会参与者向 Gilmore 询问他对技术路线图的看法。Gilmore 表示,技术路线图与他在 NASA 中心和国防部看到的基本一致,而且其中所列出的许多技术似乎也适用于国防部。另外,Gilmore 也指出技术路线图所存在的不足:①对高可靠热管理系统的需求,这是深空任务所必需的,并将推动热设计技术和结构-热-光学分析程序的发展,因为运算速度更快的集成程序可以将分析周期从数月缩至更短的时间;②科学应用,因为很多科学任务都有独特的热要求,例如,为了保持未来十年调查空间天文台的灵敏度而提出的热稳定性要求,大型被动低温天文台的热平衡测试技术。Gilmore 回答了一个问题,即这些技术可能支持哪个十年调查任务的实施,并指出金星着陆器可能需要一些绝热和相变技术,对于木星探测也是如此。他还指出,像对类地行星搜寻与成像这样的实际应用需要大量的低温技术。接着 Gilmore 建议,把如何实现广泛的应用作为关注点可能会有助于提升技术的优先级。他指出,散热器的使用范围很广泛。他讨论的其他高回报技术包括两相泵浦回路(如使高功率空间系统可行)和先进泵浦(既有低功率应用也有高功率应用)。另一位参与者询问了关于居住地反向制冷的问题,Gilmore 回答,在这方面并没有太多的研究,一般来说,设计理念是让事情尽可能简单,以确保可靠性。当被问及多层绝热材料以及绝热的现状和未来方向时,Gilmore 指出,这一领域对科学任务很重要。他还评论,目前的这些材料都是根据每种实际应用场景定制的,简化建造和安装绝热体的工艺将会节省任务成本。最后讨论了将吸光度降至 0.01 的问题。Gilmore 认为,虽然这是可取的,但不确定能走多远。他指出,可以开发低吸光度的涂层,但也需要保持材料/涂层清洁的方法(如采用莲花涂层以减少灰尘问题)。有一些讨论认为,这些涂层可以使散热器变小,并有可能减小航天器质量和降低任务成本。

接下来,Robert Moser(美国得克萨斯大学奥斯汀分校)做了题为"建模与仿真:验证、确认和不确定性量化"的发言。首先,Moser 引用了 NASA 技术路线图中的几句话作为开场白,指出许多陈述都涉及建模与仿真。他表示,建模与仿真非常重要,因为它是用来开发基于科学的预测,以支撑决策的制定。他还表示,当无法在特定区域进行试验时,建模与仿真非常有价值,但这就需要理解模型中的不确定性。Moser 提到,技术路线图对量化或提高计算预测的可靠性给予的关注较少,这是一个不足。接下来,Moser 谈及了不确定性量化以及验证与确认的必要性。他指出,代码(程序)验证至关重要,但通常没有得到足够的重视;他建议的一些方法包括良好的软件实践、对模型进行端对端的测试,以及可能使用制造的解决方案。在确认方面,Moser 提出了几个需求,包括不确定性的数学模型、计算不确定性的算法和软件工具以及对试验不确定性的表征。他给出了一个热流计的例子,在这个例子中,他能够了解该系统测量的不确定性。他提供的另一个例子是 NASA 的猎户座飞行器,在该飞行器上,结果中不确定性的量化可以让 NASA 对系统设计中的裕度做出更合理的决定。Moser 总结了四条建议:①确保应用于计算模拟的计算代码(程序)经过严格的确认;②开发具有现代后验分析及适应性的建模软件;③开发/采用不确定性量化的公式和软件工具;④将物理建模、不确定性分析和试验方案紧密集成,以确保不确定性评估的可靠性。在演讲后的讨论中,一个研讨会参与者问 Moser 如何处理缺少物理理论支撑的工程问题。Moser 回应,这是一个挑战,一般来说在可以做到的范围内使用可用的数据进行校准。当他被问及对 NASA 技术路线图的评价时,Moser 认为技术路线图中缺少的是定义需要模拟什么以及应该如何进行模拟。他评论,获取数据以量化不确定性和可靠性计算应该很困难。最后,在答复另一个关于建模与仿真在设计流程中的作用的问题时,Moser 认为,在某些情况下建模与仿真可以为即将投入使用的系统提供信心。

Q.8.4 会议 3:热防护系统

热防护系统的会议以专家组成员 Don Curry(美国波音公司)的发言开始。

Curry 从一张表格开始,该表格展示了历史上若干个载人航天器热防护系统的质量百分数。总的来说,在 10% 左右。Curry 对不同的烧蚀型材料进行了一些讨论,包括阿波罗的 AVCOAT 材料和艾姆斯研究中心的酚醛浸渍碳烧蚀(phenolic impregnated carbon ablator,PICA)材料。对于碳酚醛热防护系统,Curry 指出,在许多情况下,这是用于特定任务的唯一可行的热防护系统材料,但是难以获得宇航级人造纤维丝对未来任务是一个重大问题。在热防护系统测试方面,Curry 提到了如何通过等离子电弧加热和其他测试方法来量化可重复使用热防护系统材料的任务寿命。他还提供了阿波罗任务使用的 AVCOAT 材料的一些数据;在这个案例中,用多个设施进行了数千小时的测试。Curry 指出,为了确保材料能够及时提供,所有这一切都是必需的。Curry 讨论了测试的重要性,指出许多性能(例如碳的导热系数)的最终设计值来自电弧加热测试;同样也需要了解材料压缩、剪切等性能。对于热防护系统设计,Curry 强调了许多重要因素需要考虑,包括气动热环境、强度/刚度、热梯度、通风特性、排气、空间环境、损伤容限、可修复性和翻新。最后,Curry 强调测试设施对热防护系统开发的重要性,并指出取消设施将会导致风险的显著增加。在他的演讲之后,Curry 被问及为什么猎户座飞行器没有使用 PICA 材料,它有较低的密度和较高的烧蚀热。Curry 的回答是 PICA 材料是一种瓦片系统,可能会由于结构中的张力而产生裂缝(瓦片间通常也存在间隙可以用来解释这一点)。Curry 还指出,PICA 在分离火工品工作时产生的冲击载荷作用下存在一些问题。

接下来,Bill Willcockson(美国洛克希德·马丁公司)就热防护系统材料进行发言。Willcockson 从讨论以前从事机器人任务的工作经验开始,指出"海盗"1 号火星着陆器进行了数百次测试(可能高达 1000 次),对载人任务来说,测试可能会提供良好的衡量标准。对于进入木星/金星的探索任务(如热流为 10000 W/cm^2 量级),他指出已无法再制造碳酚醛材料,如果没有电弧加热设备,也无法对这些材料进行测试。在经济性方面,他评论说,PICA 的工艺成本是 SLA-561V 的 3 倍。美国洛克希德·马丁公司一直在开发新材料来解决这个问题,如 MonA 材料。他指出,虽然 SLA-561V 是 20 世纪 70 年代开发的,但重要的是要保留这样的老技术并不断更新,以避免技术过时落后。关于柔性材料,Willcockson 认为它们的技术成熟度较低且发展缓慢。在总结中,Willcockson 强调了投资热防护系统的重要性:①碳酚醛材料恢复使用的需求,还需要重建相关设施;②需要一种机制来起用大公司里经验丰富的员工(类似于 SBIR 计划);③持续的资金资助以维持现有的热防护系统材料;④需要 NASA 项目的支撑以抵消电弧加热器的成本。Willcockson 还指出,NASA 技术路线图没有提及飞行中的仪器使用问题,因为有经费支持,在火星"探路者"(Mars Pathfinder,MPF)中完成了该项工作,火星科学实验室(Mars Science Laboratory,MSL)也一直在做此事。Willcockson 发言后,一个参会者提供了一条补充意见,即冲击载荷可能会迫使设计更改。例如,在航天飞机的连接点附近用增强碳碳材料代替瓦片,测试与建模工作需要同时进行。

Chris Mangun(美国科罗拉多大学航空航天学院)接下来作了关于 NASA 技术路线图中材料发展前景的发言。对于刚性烧蚀型热防护系统,他指出,PICA 是目前最先进的技术水平,但提出了它是否能适用于下一代任务的问题。Mangun 指出,对于高加热率的再入过程来说,热固性树脂必须碳化,树脂的放气是有利的,因为它会增厚边界层并减少热流。他列出了热防护系统所期望的性能,包括低热导率、高烧蚀热、机械韧性而非脆性(树脂必须很好地黏附于增强体上)以及整体结构(避免使用瓦块)。他对芳香族热固性聚酯类材料进行了讨论,指出这种材料的优势和未来潜在的应用前景。Mangun 谈论的另一个主题是用 AlB_2 作为金属基复合材料(metal matrix composites,MMC)的平面增强体。关于用于微流星体及轨道碎片防护、结构修复以及自密封低温贮箱等应用的自愈材料,Mangun 指出,复合材料中的双微胶囊系统是一种选择,他还提到新的微血管方法可以持续地输送愈合剂。值得注意的是,结构复合材料中的微血管网络可以引进动态的、可重构功能,如损伤感应、热管理和辐射防护。最后 Mangun 总结指出,推动某些技术加速发展是可能的,如多功能热防护系统、结构集成热防护系统以及自修复复合材料。

Q.8.5　公众评论及讨论议题

下面是演讲者、专家组成员或其他与会者在公众评论和讨论环节所表达的观点(需要注意的是,由于研讨会最后一天的提前结束,公众讨论的时间较为有限)。

1. 技术路线图的资金设置

由于技术路线图列出了一些技术的 TRL 发展的时间进度表,一位参会者询问 NASA 团队技术路线图的资金设置是怎样的。NASA 团队回应称,现在还没有这方面的指南,但总体而言,他们会要求员工在假设获得合理资金资助的框架下,制定每项技术的开发细节。

2. 两用型(军民两用)技术的重要性

一位参会者提出了一个问题,即 NASA 对这些技术双重用途的重视程度,也就是说它们是否适用于 NASA 之外的其他领域。NASA 团队回应,他们一直都在寻找潜在的其他用途,但这不会推动某一个特定技术的发展。

Q.9　2016 版修订内容

2015 年,TA14 热管理系统技术路线图草案增加了一个新的第 3 层级具体技术,即 14.3.2 热防护系统建模与仿真,它代替了在 2012 年 NRC 的技术领域分解结构图和 2010 年 NASA 的技术领域分解结构中出现的具有相同技术编号的 14.3.2 羽状屏蔽(对流和辐射)。表 Q.2 展示了带有新技术的 TA 14 的技术领域分解结构。TA 14 中所有技术的得分和排序见图 Q.4 和图 Q.5。

表 Q.2　2016 版 TA14 热管理系统的技术领域分解结构

第 2 层级技术子领域	被评估的第 3 层级具体技术
14.1 低温系统	无
14.2 热控制系统	无
14.3 热防护系统	
	14.3.2 热防护系统建模与仿真

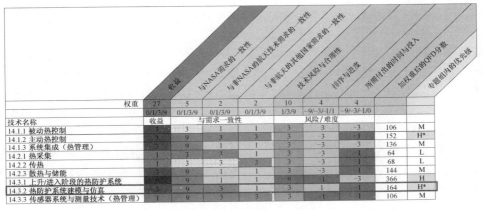

图 Q.4　(见彩图)2016 版 TA14 热管理系统得分汇总矩阵

注:H 代表高优先级;H* 代表调整为高优先级(不采用 QFD 分数);M 代表中等优先级;L 代表低优先级。

技术 14.3.2 热防护系统建模与仿真的设立依据如下:强辐射冲击模型中的不确定性是高速进入地球、火星或其他星体大气环境时设计有效热防护系统的主要制约。这项技术将解决以物理理论为基础的进入冲击、热辐射以及它们与烧蚀型热防护材料相互作用的建模中仍然存在的主要挑战。早期的热防护系统大多是经验性设计,主要依据基于在地球大气环境中进行的大量直接且昂贵的测试结果。由于与大气进入相关的极端环境,在地面测试设施中进行测试困难且成本高昂。采用基于物理模型的计算方法正在逐步改进,通过实验室和飞行试验验证进行有效性确认,在预示热防护系统性能方面越来越可靠。然而,建模与仿真技术仍然需要进一步发展来建立信心,即增强大幅度减小设计裕量和质量的信心。在提高关于进入冲击、热辐射以及它们与烧蚀热防护材料之间的相互作用的物理模型的精

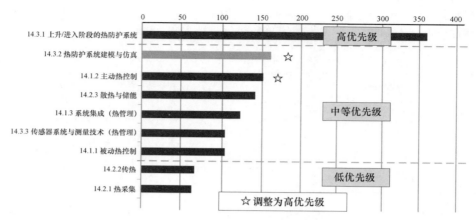

图 Q.5　（见彩图）2016 版 TA14 热管理系统 QFD 排名

度和准确性方面，仍然存在重大挑战，这项技术可以解决这些挑战。目前，火星返回任务的不确定性是+80%～−50%，其他目的地任务有不同的不确定性范围。技术 14.3.2 热防护系统建模与仿真提出的研究目标是将所有行星任务的不确定性减小到 25% 以下。不确定性的减小能使热防护系统减重，从而实现航天器减重和/或增加有效载荷质量。

　　虽然这项技术的 QFD 分数在 TA14 的中等优先级分数范围内，是 TA14 内中等优先级技术中分数最高的技术，但委员会认为这项技术是高优先级技术，并按此对其进行排名。该技术与 2012 年排名靠前的交叉技术 X.5 进入、降落与着陆热防护系统（包括刚性和柔性系统）有着紧密的耦合。为了推进这项技术并实现其潜能，必须改进建模技术。

　　正如 TA14 技术路线图指出的那样："开发这项技术所面临的一个重大挑战是可用飞行和地面测试数据的限制。"委员会赞成 2012 年委员会和其他专家组提出的建议，即应利用更多机会获取这些关键飞行数据，以验证建模工作。

　　根据 QFD 分数，本技术只能列为中等优先级。然而，委员会将其划归为高优先级类别，因为它对 NASA 的所有任务都非常重要，包括大气进入，同时考虑它能加快用于研究激波现象的多物理场建模技术的发展进程。这项技术的发展将得益于 NASA 与外部组织加强合作。例如，美国的一些研究型大学正在美国国家科学基金、能源科学办公室和其他政府机构的资助下，采用高端计算系统来解决高度复杂得多物理场问题。多所大学已经建立了协作关系，通过采用先进的算法、软件、工作数据存储以及友好的用户–机器界面来解决这些高级建模与仿真技术所面临的挑战。这个正在研究的主题包含对激波现象和等离子体过程的研究。

参考文献

[1] Jamshid, A., Samareh, J. A., and Komar, D. A. 2011. Parametric mass modeling for Mars entry, descent and landing system analysis study. AIAA Paper 2011-1038. 49th AIAA Aerospace Sciences Meeting, Orlando, January 4-7, 2011. American Institute of Aeronautics and Astronautics, Reston, Va.

[2] McGuire, M. K., Arnold, J. O., Covington, M. A., and Dupzyk, I. C. 2011. Flexible ablative thermal protection sizing on inflatable aerodynamic decelerator for human Mars entry descent and landing. AIAA Paper 2011-344. 49th AIAA Aerospace Sciences Meeting, Orlando, January 4-7, 2011. American Institute of Aeronautics and Astronautics, Reston, Va.

[3] Venkatapathy, E. 2009a. Thermal Protection System Technologies for Enabling Future Sample Return Missions. White paper submitted to the Planetary Science Decadal Survey, National Research Council, Washington, D. C.

[4] Venkatapathy, E. 2009b. Thermal Protection System Technologies for Enabling Future Outer Planet Missions. White paper submitted to the Planetary Science Decadal Survey, National Research Council, Washington, D. C.

附录R
指导委员会委员和工作人员传记

R.1 2012版

R.1.1 指导委员会

Raymoni S. Colladay 担任指导委员会主席,是美国一家航空航天咨询公司——RC航天企业有限公司(RC Space Enterprises, Inc.)的总裁。他是洛克希德·马丁公司退休的公司官员,也是位于丹佛的洛克希德·马丁航空公司的前总裁,曾为美国科罗拉多矿业学院(Colorado School of Mines)讲授"领导与伦理"课程,并担任过多个指导委员会、董事会和委员会成员。在进入私营部门之前,他曾任美国国防部DARPA局长以及NASA副局长,在NASA工作期间,他是航空航天研究与技术研发的高级主管,以及负责监督艾姆斯、兰利、德莱登和格伦等NASA下属研究中心的业务。Colladay博士是在NASA格伦研究中心的推进研究与开发(R&D)岗位开启其航空航天职业,然后前往NASA总部任职,并经历过多个领导岗位,之后被任命为NASA副局长。他曾是美国空军科学咨询委员会和多个国防科学委员会夏季研究会的成员,也是美国航空航天研究协会(american institute of aeronautics and astronautics,AIAA)和美国宇航学会的会士。他在密歇根州立大学获得机械工程博士学位。Colladay博士曾在多个专业领域的国家研究委员会任职,其中包括美国民用航天计划的基础和目标委员会,以及针对美国民用航天政策委员会审查NASA能力技术路线图研讨会的规划委员会。Colladay博士还担任美国航空航天工程委员会主席。

John D. Anderson,Jr. 是美国国家航空航天博物馆空气动力学馆的负责人,是马里兰大学(university of maryland ,UM)航空航天工程系退休教授。他是一位杰出的学者/教师,在1973—1980年担任该系系主任,并于1999年退休。在此之前,1959—1962年,他在美国赖特-帕特森空军基地的航空航天研究实验室担任任务科学家,军衔为中尉,从事超声速空气动力学方面的研究工作。1966—1972 年,他是美国海军军械实验室的高超声速研究组的负责人。在马里兰大学,他从事高超声速和高温气体动力学、大气再入飞行器以及高超声速超燃冲压喷气发动机研究。在美国国家航空航天博物馆,他从事航空工程史研究。他与麦格劳希尔(McGraw-Hill)集团、剑桥大学出版社、学术出版社和约翰霍普金斯大学出版社合作,出版了10 本著作以及 120 多篇关于辐射气体动力学、再入气动热力学、气体动力学和化学激光器、计算流体力学、应用空气动力学、高超声速流动、空气动力学历史的学术论文。他是美国国家工程院院士(national academy of engineering,NAE)、英国皇家航空学会会士以及美国 AIAA 荣誉会士。他在俄亥俄州立大学获得航空和航天工程博士学位,曾在三个国家研究委员会专家组任职,审查美国空军科学研究局(air force office of scientific research,AFOSR)流体力学领域的项目建议书(1996 年、2002 年和 2004 年)。

James B. Armor,Jr. 是美国 ATK 公司航天器系统与服务部的战略与商务拓展副总裁,负责小型卫星、卫星部件和工程服务业务领域。Armour 少将也是位于美国科罗拉多州科罗拉多斯普林思市的 NAVSYS 公司的董事会成员,该公司为全球定位系统(global positioning system,GPS)及其他定时和导航系统提供先进的研发产品和服务。此外,他还加入了美国安全世界基金会的顾问委员会,该基金会是一个非营利组织,致力于太空可持续发展的宣传与筹划。2008 年,Armour 少将从美国空军退休,在那里,他最后一职是担任位于华盛顿特区的美国空军部副部长办公室国家安全事务处(national security space office,NSSO)的主任,负责协调所有的防务工作和太空情报活动。在前往 NSSO 任职之前,他是美国国家侦查局负责信号情报系统采集与运营的主任、罗宾斯空军基地的华纳罗宾斯空军物流中心的副司令以及洛杉矶空军基地的 NAVSTAR GPS 项目主管。早期,他曾担任作战组导弹发射官、激光信号情报分析员和卫星发射系统集成师。此外,他被选为美国国防部航天飞机有效载荷专家,并且是美国国家战争学院的研究员,首次对信息战展开研究。他是 AIAA 的副会士。最近,他担任美国民用航天计划的基础和目标委员会以及美国空军科学、技术、工程和数学(scientific,technical,engineering and math,STEM)人力需求委员会委员,同时是《保卫地球:近地天体调查与危险应对策略》的第三位审查专家。

Edward F. Crawley 是美国麻省理工学院(massachusetts institute of technology,MIT)的福特工程学教授、航空航天和工程系统学教授。他在麻省理工学院航空航天工程系获得了学士学位、硕士学位和博士学位,是该校系统设计和管理项目专业的创始人,曾担任麻省理工学院航空航天系系主任以及剑桥大学-麻省理工学院研究所执行董事,当前是戈登-麻省理工学院工程领袖项目的主管。他的研究重点是涉及经济和利益相关者问题的复杂技术系统中的体系、设计和决策支持领域,目前的体系研究领域包括能源系统、地球观测和载人航天飞行。Crawley 博士是美国 AIAA 和英国皇家航空学会的会士,是瑞典、英国和美国的三个国家工程院的院士。他曾担任 NASA 技术与商业咨询委员会主席、1993 年空间站重新设计总统顾问委员会成员以及 2009 年美国载人航天飞行计划(奥古斯丁)委员会成员。最近,他担任审查 NASA 探索技术研发计划的国家研究委员会的共同主席。他还是莫斯科航空研究所的客座讲师、中国清华大学的客座教授、1980 年 NASA 航天员选拔的决赛入围者。2004 年,他获得了"美国童子军"的杰出鹰级童军奖。他创立了三家创业型公司,目前在多家公司董事会任职。

Ravi B. deo 是美国 EMBR 公司的创始人和负责人,EMBR 是一家专门从事战略规划、商务拓展、项目管理和结构工程的航空航天工程与技术服务公司。Deo 博士曾担任美国诺斯罗普·格鲁曼公司集成系统部门中技术、空间系统市场部的主管。他曾担任政府资助项目的项目和业务经理,这些项目涉及低温贮箱、集成飞机和航天飞行器系统健康管理,以及结构和材料、热保护系统、软件开发。他在技术路线图、项目规划、技术方案执行、进度安排、预算编制、提案准备和技术开发合同的业务管理方面拥有丰富的经验。他的重要成就包括 NASA 资助的太空发射计划、下一代发射技术、轨道航天飞机(orbital space plane,OSP)和高速研究计划,在这些计划中,他负责多学科技术的研发。Deo 博士是 50 余种技术类出版物的作者,还是一本书的编者。他曾是美国国家研究委员会专家组 C 的成员,负责指导委员会关于民用航空十年调查的结构和材料;也是专家组 J 的成员,负责 NASA 能力技术路线图审查委员会的高能量电源和推进以及空间运输技术。他还曾在美国空军研究实验室的科学咨询委员会中任职。

Walt Faulconer 是美国一家航空航天咨询公司-战略空间解决方案(strategic space solutions,LLC)有限责任公司的总裁。他于 2010 年开始向美国 NASA、国家海洋和大气管理局、国防部和商业公司提供有关战略规划、商务拓展、系统工程和管理等方面的建议。此前,他曾是美国约翰霍普金斯大学应用物理实验室(applied physics laboratory,APL)民用航天业务部门的负责人,负责应用物理实验室的所有 NASA 任务,包括信使号(水星的第一颗轨道飞行器)、新视野(第一个前往冥王星的任务)和日地关系观测台(solar terrestrial relations observatory,STEREO),这是研究日冕物质抛射的孪生探测器。在加入应用物理实验室之前,Faulconer 先生在美国洛克希德·马丁公司工作了 26 年,曾担任多个职位,其中包括美国航天系统公司的战略规划总监、载人航天飞行和太空运输的商务拓展总监以及先进技术和航天运输项目(包括 X-33 军用航天器和乘员转移飞行器项目)的项目经理。他曾担任系统工程师和任务运营领导,主管航天飞机项目和各种机密的航天项目。他拥有南加利福尼亚大学的系统管理硕士学位和佛罗里达理工学院的空间科学学士学位。

Philip D. Hattis 在美国德雷珀实验室担任实验室技术总监的职务（实验室里的最高技术职位），拥有 36 年的航空航天系统设计、开发、集成和测试经验。在具有挑战性的 GN&C 和航电系统开发的各类大小型项目中，他担任技术领导角色，负责确保稳健的综合 GN&C/航电故障管理。在其带领下，他们团队研发的 GN&C/航电系统已经应用于航天飞机、国际空间站、猎户座航天器、先进的地球观测系统、自主航空和太空飞行系统、无人机、可重复使用的运载火箭、高超声速飞行器、火星精准着陆系统、弹道导弹防御系统、空投精确交付系统、地面战士系统和直升机火力控制系统。他曾承担并领导 NASA、其他政府机构和航空航天承包商的重大项目的第三方审查任务。他是 AIAA 的终身会士，曾是 AIAA 董事会成员及 AIAA 负责公共政策的副总裁。他因对 STS-1 和 STS-8 任务的贡献而获得德雷珀杰出表现奖、AIAA 杰出服务奖和 NASA 表彰。他从麻省理工学院获得博士学位，并担任麻省理工学院许多研究生的论文顾问，也偶尔在该校担任技术和技术政策讲师。

Tamara E. Jernigan 目前担任美国劳伦斯利弗莫尔国家实验室（lawrence livermore national laboratory，LLNL）的武器与综合集成部（weapons and complex integration，WCI）常务副主任和该国家实验室的常务副主任。WCI 负责通过全面的科学计划，确保美国核储备在不进行核试验情况下的安全性和可靠性。Jernigan 博士最初加入 LLNL，担任物理与先进技术部常务副主任，后来成为战略人力资本管理部副主任。在加入 LLNL 之前，Jernigan 博士于 1985 年被选为 NASA 航天员。她执行过 5 架次航天飞机任务，在 STS-40、STS-52、TST-67、STS-80 和 STS-96 任务中，她负责指导飞行前的计划以及执行飞行中的关键操作。在 STS-67 任务中，Jernigan 博士担任有效载荷指挥官，在该次任务中，乘组人员对各种恒星、行星和遥远的星系进行了不间断的紫外线观测。在 Jernigan 博士的最后一次飞行中，即 STS-96 任务中，乘组人员首次执行与国际空间站的对接操作，Jernigan 博士完成了近 8h 的太空行走，并将设备连接到国际空间站外部。Jernigan 博士获得过许多奖项，包括美国阿拉梅达县科学领域杰出女性奖（2004 年）、NASA 杰出服务奖（2000 年）、洛厄尔·托马斯奖（Lowell Thomas Award）、探险家俱乐部（2000）、五项 NASA 太空飞行奖（2000 年、1996 年、1995 年、1992 年、1991 年）、NASA 杰出服务奖（1997 年）、NASA 团队成就奖-舱外活动研发与实验团队（1997 年）、美国国际航空联合会 Vladimir Komorov 奖（1997 年和 1996 年）、NASA 杰出领导奖（1996 年）、NASA 杰出表现奖（1993 年）、NASA 卓越服务奖章（1993 年）和航空周的"桂冠奖"（1991 年）。Jernigan 博士从莱斯大学获得空间物理学博士学位，她曾是美国空间研究委员会（space studies board，SSB）和空间探索科学领域委员会成员。

John C. Karas 是美国洛克希德·马丁空间系统公司副总裁兼载人航天事业部总经理，负责协调该公司的载人航天能力建设及资源统筹，包括负责公司所承担的航天飞机外贮箱项目的实施,及其在联合太空联盟咨询委员会任职。同样,诸如"猎户座"号多功能载人飞船之类的探索项目也是由他来指导。在此之前,他曾担任商务拓展副总裁,负责战略规划和先进技术概念。Karas 还是先进空间系统和技术部的主任,负责运营研究、系统初步设计和技术开发的管理。在他的指导下,该部门专注于结构和推进技术,包括单级入轨和美国国家空天飞机低温系统,并承担技术研发工作。Karas 还曾担任先进航空电子系统部门主管,负责新技术演示。这些新技术包括自适应 GN&C、多重容错控制、使用机电作动器和人工智能的全电飞行器等。Karas 在美国佐治亚理工学院的电气工程学院获得了学士学位,选修了面向工程硕士和工商管理硕士学位的高级课程。Karas 以前没有参加过美国国家科学院的相关研究工作。

John M. Klineberg 是美国斯韦尔斯宇航公司的前首席执行官,也是美国劳拉空间系统(space systems/loral, SS/L)公司的前总裁。在担任 SS/L 公司的总裁职位之前,Klineberg 博士曾担任劳拉公司全球星项目执行副总裁,成功领导了面向蜂窝电话服务的全球星卫星星座的研发、生产和部署。在 1995 年加入美国劳拉公司之前,Klineberg 博士在 NASA 工作了 25 年,曾在各种管理和技术岗位任职。他是 NASA 戈达德太空飞行中心的主任、美国刘易斯(现为格伦)研究中心的主任,NASA 总部航空与航天技术副助理局长以及 NASA 艾姆斯研究中心的高级研究员。在进入 NASA 开始其职业生涯之前,他在美国加利福尼亚理工学院进行流体动力学基础研究,以及在美国道格拉斯飞机公司和格鲁曼飞机公司工作。Klineberg 博士在美国普林斯顿大学获得工程学学士学位,在美国加州理工学院获得硕士和博士学位。他是国家研究委员会空间研究委员会的副主席、两个国家研究委员会的前主席(包括审查 NASA 天体生物研究所委员会)、另外两个国家研究委员会的前成员以及航空航天工程委员会的前会员。

Ivett A. Leyva 是美国空军研究实验室下属太空和导弹推进部航空物理学研究室的高级工程师,专注于液体火箭发动机的设计。Leyva 博士是一名实验技术专家,目前正在研究声场对液体火箭喷注器的影响,并且从事高超声速边界层转捩研究。此前,她是美国 Microcosm 公司的高级空气动力学家,负责开发烧蚀冷却燃烧室,并对 Microcosm 公司运载火箭的分系统进行数值/分析研究。在前往 Microcosm 公司工作之前,她曾在美国通用电气公司的全球研究中心工作,在那里她领导了若干个脉冲爆震技术新概念的设计、开发和测试,以及协调与苏联科学家的联合研究项目。Leyva 博士在推进技术领域拥有多项美国和欧洲专利。她从美国加州理工学院获得航空航天博士学位,曾任审查 NASA 探索技术研发项目委员会委员、美国空军/国防部航空航天推进委员会和民用航空十年期调查指导委员会委员。当前,她在美国航空与工程委员会任职。

Lester L. Lyles 是美国空军的将军(已退休)。在服役期间,他的职务包括在

"挑战者"号航天飞机事故调查期间担任中型运载火箭项目和美国太空发射系统办公室的项目主管、奥格登空军后勤中心副指挥官和指挥官、美国太空和导弹系统中心(space and missile systems center, SMC)指挥官、美国弹道导弹防御组织负责人、美国空军总部的副参谋长、美国空军装备司令部指挥官。LYLES 将军现任多家公司董事会成员,其中包括美国通用动力公司、代顿电力照明公司、KBR 公司、精密铸造公司、巴特尔实验室和联合服务汽车协会(USAA)。他获得了许多荣誉和勋章,其中包括国防荣誉勋章、杰出服役奖章、国防高级服务奖章和橡树功勋勋章。1990 年,他被国家太空俱乐部评为年度航天工程师,并于 1994 年获得了罗伊金斯的杰出贡献奖,以表彰其为美国全国有色人种协会的军事平等机会政策和项目做出的杰出贡献。Lyles 将军是美国国家工程院院士,2003 年被评为年度黑人工程师/终身成就奖,并获得了美国新墨西哥州立大学的荣誉博士学位。Lyles 将军从美国霍华德大学获得了机械工程学士学位,从美国新墨西哥州立大学获得了机械/核工程硕士学位。他曾在美国国防系统管理学院、武装部队参谋学院、国家战争学院进修,并选修过美国哈佛大学国家和国际安全管理课程。Lyles 将军于 2009 年在奥古斯丁太空委员会任职,制定了 NASA 载人航天飞行任务的议程。他还主持了国家研究委员会的"美国民用航天计划的角色和合理性研究"项目。Lyles 将军是美国国防科学委员会和总统情报咨询委员会的成员。

Melosh H. Jay 是美国普渡大学地球和大气科学、物理、航空航天工程专业的杰出教授。Melosh 博士以前的职位有亚利桑那大学月球和行星实验室行星科学教授、美国加州理工学院行星科学副教授、美国纽约州立大学地球物理学副教授。他对地球和行星科学做出了许多重要的贡献,包括对月球碰撞起源和碰撞过程的定性研究,其他主要贡献包括声场流态化、动力地形和行星构造。他积极参与天体生物学研究,主要涉及类地行星之间的微生物交换。Melosh 博士是美国国家科学院院士。他从美国普林斯顿大学获得了文学学士学位,从美国加州理工学院获得了物理和地质学的博士学位。Melosh 博士曾在行星和月球探索委员会任职,同时也在对"近地天体调查与危险应对策略"项目进行审查的指导委员会和减灾专家组任职。

Daniel R. Mulville 是美国航空航天系统、工程和管理方面的独立顾问。他曾为 NASA 进行过多次技术审查,包括最近的"近地天体研究和"月球机器人体系结构研究"。他还领导了国家极轨运行环境卫星系统(national polar-orbiting operational environmental satellite system, NPOESS)、N-Prime 环境气象卫星和"黎明"号小行星探测器项目的技术和管理研究,并加入了评估日本宇宙航空研究开发机构太空项目的团队。在 NASA,他是负责指导和管理 NASA 日常运行的助理副局长。他还担任 NASA 总工程师,负责 NASA 项目技术成熟度和执行情况的全面审查,并在美国航空航天技术办公室担任材料和结构部门的副主任。他指导了先进发射系统项目的复合材料技术和相关结构系统。在前往 NASA 工作之前,他曾担任美国海军航空系统司令部的结构技术主管,负责海军飞机和空射导弹系统的结构研究、技术和探索性研发工作。他领导了 AV-8B 垂直起降攻击机复合材料机身和尾翼的研发,以及 F/A-18 中所用的推进结构系统。他是美国海军研究室结构研究项目主管、负责开发设计和失效分析方法的研究工程师。Dan.Mulville 获得 NASA 杰出服务勋章、杰出领导奖章和 NRL 研究出版奖。他从美国天主教大学获得了结构力学博士学位。Mulville 博士以前没有参加过国家科学院的研究项目。

Dava J. Newman 是美国麻省理工学院航空、航天与工程系教授,哈佛-麻省理工学院健康科学与技术项目的助理教授。Newman 博士还是麻省理工学院的麦克维卡研究员、技术和政策项目的负责人。她专门调查人类在整个重力位场谱范围内的表现,是舱外活动、人类运动、物理建模、生物力学、能量学和人机协作领域的专家。对于长期太空任务场景下的骨骼损失及所承受的负载,Newman 博士的有限元建模工作首次为 NASA 提供了一个三维展示。她在先进舱外活动领域有着积极的研究计划,包括先进太空服设计、人机协作和生物医学设备。Newman 博士还专注于工程教育,涉及主动学习、动手设计和信息技术实施,以增强学生的学习能力。她因 BioSuit^{TM} 系统而被《时代》周刊评选为 2007 年度最佳发明家之一。Newman 博士从巴黎圣母院大学获得了美国航空航天工程专业学士学位,从美国麻省理工学院获得了航空航天技术与政策专业硕士学位、航空航天生物医学工程专业博士学位。她是国家研究委员会航空航天工程委员会的前成员,曾在国家研究委员会中的多个委员会任职。

Richarl R. Paul 是一名拥有 40 年相关研发管理经验的独立顾问。Paul 少将在美国空军服役 33 年后,于 2000 年退役,随后在波音公司工作 7 年后退休。他曾在波音公司的集中研究和技术组织担任副总裁,该组织为波音公司的商用飞机和国防相关航空航天产品家族研发先进技术。在该任务中,他领导了该组织的战略发展、建模与仿真工作,并担任波音公司"2000 人技术奖"的执行经理。在空军职业生涯中,Paul 少将在三个空军实验室、一个产品中心、两个一级司令部、五角大楼的美国空军总部以及一个联合参谋部任职。他的后三份工作都是与空军科技企业合作,在最后一份工作中,他担任空军研究实验室主任。Paul 少将目前是美国空军大学监事会成员、国家研究委员会的陆军科学技术委员会、国家科学基金会小型企业创新研究咨询委员会和美国莱特州立大学研究所咨询委员会成员。他是美国工业研究所(一个由 200 家公司组建的研发联合体)的前任主席,同时也是桑迪亚国家实验室董事会任务委员会的前顾问。Paul 少将曾在国家研究委员会中的若干个委员会任职,其中包括 NASA 空间与地球科学任务中任务关键性工作的作用和范围委员会、NASA 技术路线图指导委员会以及"让士兵在未来战场做决策"的委员会。

Liselotte J. Schioler 在美国国家航空航天研究所(national institute of aerospace, NIA)负责除 NASA 兰利研究中心之外的客户的新项目研发。她在基础研究领域有近 30 年的工作经验,还有项目和方案研发、方案咨询和项目管理方面的经验。在前往 NIA 工作之前,她曾在美国联邦政府担任高温结构陶瓷(美国陆军)研究员,还担任陶瓷/高温材料的项目经理(美国空军科学研究办公室与美国国家科学研究基金会(NSF)),以及在一家大型航空航天公司、一家小型高科技企业担任类似职位,她自己还经营一家咨询公司。她参加了许多机构的咨询委员会,其中包括美国能源部和 NASA 以及负责对提交给 NASA 微重力材料项目办公室的项目建议书进行审查的专家组。Schioler 博士是美国陶瓷学会的会士,并为陶瓷学会的出版物多次担任编辑职务。她从美国麻省理工学院获得了陶瓷科学专业的理学博士学位。

Gerald Schubert 是美国加利福尼亚大学洛杉矶分校地球与空间系的教授。Schubert 博士的研究兴趣包括对巨型行星及其主要卫星内部结构的理论研究。他还研究了类地行星的内部以及金星和外行星的大气层。他的研究领域与许多航天器任务有关:"伽利略"号木星探测器中大气结构实验的跨学科科学家和合作研究者、"麦哲伦"号金星探测器成像雷达的研究组成员、"先驱者"金星计划的跨学科科学家、"阿波罗"16 号宇宙飞船月球表面磁强计的联合调查员以及"阿波罗"15 号和 16 号宇宙飞船子卫星磁强计的共同调查员。Schubert 博士曾担任 NASA 行星地质与地球物理管理业务工作组的成员、月球和行星地球科学评估小组及地球物理小组组长、行星大气评估小组和动力学小组组长(1995 年)。他从美国康奈尔大学获得了工程物理专业的学士学位及航空工程专业的硕士学位,从美国加利福尼亚大学伯克利分校获得了工程和航空科学专业博士学位。Schubert 博士是美国国家科学院院士,曾任职于美国国家研究委员会下的行星和月球探测委员会太阳系探索新前沿的 2002 年太阳系十年调查委员会、太阳系探索新机遇委员会以及行星科学十年调查(卫星专家组)委员会。

R.1.2 推进剂与电源专家组

John R. Rogacki 担任专家组组长,是美国佛罗里达州人类与机器认知研究所(Institute for Human and Machine Cognition,IHMC)的副主任。在前往 IHMC 工作之前,Rogacki 博士担任美国佛罗里达大学研究和工程教育基金会(Research and Engineering Education Facility,REEF)的主任,这是佛罗里达州西北部一个独特的教育机构,通过机械、航空航天、电子、计算机、工业和系统工程等研究生学位课程支持美国空军的研究和教育需求。在 Rogacki 博士的领导下,REEF 成长为一个实力强大的、在国际上享有声誉的研究和教育机构。在他过去的经历中,Rogacki 博士曾担任过 NASA 航天运输技术副助理主任(负责航天发射计划)、轨道航天飞机和下一代发射技术计划的项目主任、NASA/国防部综合高收益火箭推进技术项目的共同主席、NASA 马歇尔太空飞行中心太空运输部主任、美国空军研究实验室推进和电源部主任、美国空军菲利普斯实验室空间和火箭推进部主任、美国空军怀特实验室飞行动力学部副主任。他曾担任 NASA 国家航空航天计划的主要联络员、美国国防部未来推进技术咨询小组共同主席、美国国防部地面和海上飞行器技术领域成熟度评估小组的联合主席、全国高周疲劳协调委员会委员以及作为 NASA 高级代表加入联合航空指挥官组。他曾在美国空军学院担任工程力学副教授(兼材料部门负责人)。2005 年,他在美国哈佛大学肯尼迪政府学院学习了国家和国际安全高级管理人员课程。Rogacki 作为一名成功的飞行员,以飞行员、飞行教官和飞行考核人员身份执行超过 3300h 的飞行任务,从机动滑翔机到重型轰炸机。Rogacki 博士从美国空军学院获得了工程力学学士学位,从华盛顿大学获得了机械工程的硕士和博士学位。

  Douglas M. Allen 是独立顾问,在先进航空航天技术研究、开发和测试领域拥有 30 年的工作经验。他是一名空间电源技术专家,所获得的成果包括牵头领导多结太阳能电池和模块化聚光太阳能电池阵的技术研发并实现首飞成功,为 AIAA 讲授空间电源系统设计短期课程、领导高能量比电池研发、负责空间核电源系统研发、主导太阳能发电系统的设计以应对敌对威胁。他因杰出的职业成就而被 AIAA 授予"航空航天电源系统奖"。在此之前,Allen 1992—2010 年在 Schafer 公司工作。他领导了多项建模和仿真工作,其中包括为空军研究实验室的航天飞行器部开发 SPECTTRA 系统,以模拟卫星电源系统,并在应用到特定的卫星系统时进行技术权衡,以显示先进技术在系统级别上所获得的收益。Allen 是 Schafer 公司的 NASA 方向合同的首席工程师,其中包括为月球和火星探索任务提出载人探测器概念及开展概念设计。在此之前,Allen 为五角大楼的战略防御计划组织管理运载火箭和电源技术项目。Allen 于 1980 年获得了美国代顿大学机械工程专业的学士学位,1982 年获得了代顿大学的机械工程/能源转换专业硕士学位。他以前作为国家研究委员会委员的工作包括放射性同位素电源系统项目委员会和热离子研究和技术委员会。

  Henry W. Brandhorst, Jr. 是美国无碳能源有限责任公司(carbon-free energy, LLC)的总裁兼首席技术官,也是美国奥本大学的客座教授,负责为美国塞缪尔·甘恩工程学院开发一门核动力工程辅修课。Brandhorst 博士于 2010 年 6 月从奥本大学太空研究所所长的职位上退休,于 1996 年担任 NASA 刘易斯研究中心的电源技术部门负责人。他为各种太空任务研发了轻型高效的太阳能电池,同时也研发了先进轻量化太阳能阵列技术以及斯特林和布雷顿动态空间(以及地面)电源系统。他参加了"深空"1 号中集中光伏发电系统的首次飞行任务,并已经演示验证了一个基于地面集中太阳能电池阵列的"直驱"太阳能电力推进系统。Brandhorst博士参与了"先进斯特林热电转换器"（advanced stirling radioisotope generator，AS-RG）项目中斯特林放射性同位素发电系统和一个5kW自由活塞斯特林转换器的研发，用于核裂变地面电源系统。他曾获得NASA颁发的多项杰出工程成就奖和杰出领导奖。他于1961年从美国普渡大学获得了核化学专业的博士学位。Brandhorst博士是国家研究委员会负责评估NASA先进概念研究所的成员之一。

David E. Crow是美国普拉特·惠特尼飞机发动机公司已退休的工程高级副总裁，也是美国康涅狄格大学机械工程荣誉教授。在普拉特·惠特尼公司，他在设计、开发、测试和制造全系列航空航天和工业应用的发动机方面具有一定的影响力，参与研发的产品包括大型商用和军用飞机的高推力涡轮风扇、涡轮螺旋桨飞机、供区域级和公司级飞机与直升机使用的小型涡轮风扇、用于先进运载火箭的芯级发动机和上面级推进系统、航天飞机的涡轮泵以及陆上发电站所用的工业发动机，参与的工作包括复杂的计算机建模和标准化工作，以不断提高公司产品的性能和可靠性，同时降低噪声和碳排放。Crow博士是美国国家科学院院士，于1966年从美国密苏里-劳拉大学获得机械工程专业学士学位，1970年从伦斯勒理工学院获得机械工程专业硕士学位，1972年从密苏里-劳拉大学获得机械工程专业博士学位。Crow博士目前在国家研究委员会的工作主要是2011年空中和地面运输专家组（2009年是成员）组长、美国空军未来飞机保障需求及其满足这些需求的应对策略的审查委员会成员、陆军研究实验室技术评估委员会成员、制造与工程设计委员会成员。他以前的工作包括美国航空航天工程同行委员会的副主席、俄亥俄州第三前沿计划2009年工程物理科学研究和商业化计划（engineering and physical science research and commercialization program，ERCP）审议委员会成员、2007年空中和地面运输专家组成员、NASA基础航空研究项目评估委员会委员、空军大型非战斗机飞机发动机效率提升方案分析委员会委员、空军/国防部航空航天推进委员会委员、推进与电源专家组（B组）成员、2005年航空工程NAS奖评选委员会委员、航空工程NAS奖评选委员会委员、航空航天工程同行委员会委员等。

Alec D. Gallimore是美国密歇根大学航空航天工程系的Arthur F. Thurnau教授，负责等离子体和电推进实验室。Gallimore博士也是密歇根大学工程学院的科研和研究生教育系副主任。他的主要研究兴趣包括电推进和等离子体诊断，在各种电推进技术领域都拥有丰富的经验，包括霍尔推进器、离子推进器、电弧喷射、射频等离子体源、100kW级稳态磁等离子体（magneto plasma dynamic，MPD）推进器和兆瓦级准稳态磁等离子体推进器。Gallimore博士已经开展了各种探针、微波和光学/激光等离子体诊断技术研究，发表超过280篇有关电推进技术与等离子体物理学的期刊和会议论文，指导了30名博士毕业生和12名硕士毕业生。他曾任AIAA电推进技术委员会委员，也是AIAA的会士。Gallimore博士是《推进与电源》和《JANNAF 期刊(推进)》的副主编。他从美国伦斯勒理工学院获得了航空工程专业的学士学位,从美国普林斯顿大学获得了航空航天工程专业博士学位。Gallimore 博士目前在国家研究委员会下属的多个委员会任职,包括美国助推阶段导弹防御与其他替代方案进行比较的概念和系统评估委员会、常规快速全球打击(conventional prompt global strike,CPGS)能力委员会、面向反间瞄武器的定向能武器委员会、未来空军生存能力委员会工程专家组、高能电源与推进及太空运输专家组(J组)、人类/机器人探索与空间开发技术委员会以及水下武器科学和技术委员会。

Mark W. Henley 是美国波音研究和技术公司的高级工程师和项目经理,负责未来太空运输和能源系统的先进技术概念。他最近在波音公司所从事的与能源相关的工作主要集中在地球上使用的新技术,但他研究内容包括太阳能、热能、化学和核能源在轨道上和月球(和火星)上的应用。1998—2005 年,Henley 在波音公司负责 NASA 的太阳能光伏发电研究项目,协调了 10 多个相互关联的研究合同。他还担任过项目负责人,演示激光-光伏电能传输技术,该技术可以应用到月球南极附近的永久阴影环形山中,最近在那里发现了冰资源。Henley 曾经在罗克韦尔公司管理高级项目,评估苏联航天发射系统的商业化,为国际空间站研发了一个名为"检查员"的子卫星,并领导低温上面级的设计工作。在前往波音公司/罗克韦尔公司工作之前,他在美国通用动力公司工作了 10 多年,负责规划和开发 Atlas 商业发射系统,并开展先进空间概念和技术研究。他在美国加利福尼亚大学加州太空研究所开始了自己的职业生涯。Henley 于 1988 年从加利福尼亚大学圣迭哥分校获得了物理学学士学位和航空航天工程专业的硕士学位。

Anthony K. Hyder 是美国圣母大学物理学教授,主要研究航天器与空间环境的相互作用,也是该校核天体物理学联合研究所的成员。他最近的工作侧重于航天器系统的设计,特别是电源和热管理子系统以及航天器上高灵敏度红外传感器的操作,还在高亮度粒子加速器的物理学领域持续开展研究工作。他曾在多个国家和国际小组及咨询委员会任职,包括北约传感器小组、国防情报局科学顾问委员会、导弹防御局咨询委员会和陆军科学委员会,这主要是因其在军事武器系统开发、电子、传感器、非致命武器、大规模杀伤性武器(weapons of mass destruction,WMD)、空间系统和数据融合方面的技术背景而被上述机构任命。Hyder 从圣母大学获得了物理学专业的学士学位,从美国空军理工学院(air force institute of technology,AFIT)获得了空军物理专业的硕士学位及核物理专业的博士学位。2005 年,他获得美国空军理工学院的杰出校友称号。他在美国国家研究委员会的多个委员会任职,拥有丰富的工作经验,这些组织包括预测未来颠覆性技术委员会、美国特种作战司令部研究、开发和采购选择委员会、工程委员会、使能概念与技术委员会、先进无人驾驶飞行器材料、结构和航空委员会以及 TOPAZ 国际项目委员会。

　　Ivett A. Leyva,见 R.1.1 指导委员会。

　　Paulo C. Lozano 是美国麻省理工学院航空与航天系的 Slater H. N. 副教授。他的主要研究兴趣是等离子体物理、空间推进、离子束物理、小卫星和纳米技术,部分研究成果包括研发用于皮卫星/纳卫星的高效紧凑的离子推进系统。2007 年,他因在多孔金属电化学微细加工领域的工作获得麻省理工学院 Karl Chang 创新奖。2008 年,他因在微推进领域的工作获得了美国空军授予的青年研究者计划奖。2011 年,他获得了《新探索科学》杂志和"探索频道"的未来思想奖。由于对麻省理工学院本科生教学研究所做的贡献,他获得了本科生研究项目(undergraduate research opportunities programme,UROP)优秀导师奖。Lozano 博士已经拥有三项专利,在多个会议和期刊上发表了 60 多篇学术论文。他讲授太空与火箭推进、流体力学和等离子体物理学课程。Lozano 博士是 AIAA 和美国物理学会的高级会员。他从麻省理工学院获得了空间推进专业的硕士学位和博士学位。Lozano 博士以前在美国国家研究委员会的身份是减灾专家组成员。

　　Joyce A. McDevitt 是系统安全领域的独立顾问。目前,她是 NASA 航空航天安全咨询专家组的成员,最近担任美国约翰·霍普金斯大学应用物理实验室(JHU/APL)的项目安全工程师,负责冥王星-新视野航天器开发和发射任务的安全性。McDevitt 曾担任 Futron 公司和计算机科学公司的项目经理,为政府和商业客户提供靶场安全和系统安全支持,并在 JHU/APL 的弹道中段太空红外试验航天器项目中承担安全主管职责,她还带领一个团队为美国联邦航空管理局(Federal Aviation Administration,FAA)的商业空间运输许可和安全部提供技术支持。McDevitt 在 NASA 总部、美国空军系统司令部和美国海军军械站等公务部门近 30 年的工作中,获得了航天、航空、设备和武器系统行业所用推进剂、爆炸物及化学品方面的安全知识,并将之应用到这些领域。她是安全工程专业的注册专业工程师,是国际系统安全协会的高级会员。她在美国新罕布什尔大学获得了化学工程专业学士学位,在美国天主教大学获得了工程学专业硕士学位。她以前在美国国家研究委员会的工作主要是航天发射场安全委员会和评估客运潜水器安全委员会的委员。

　　Roger M. Myers 是美国航空喷气通用公司太空和发射系统业务部门的副总裁、电推进和集成系统的执行总监,为该公司太空系统提供发展战略和计划管理,并对业务管理进行监督。在此之前,Myers 博士是美国航空喷气通用公司雷德蒙德分公司的总经理,该分公司是专注于空间推进技术研发,职员有 430 人。作为雷德蒙德分公司电推进和集成系统部门的执行总监,Myers 博士负责先进航天器系统研发的项目和战略规划。在此任命之前,他曾担任系统和技术开发的执行总监,专注于美国航空喷气通用公司先进化学和空间电推进系统的研发、鉴定和首个飞行件的生产。在他于 1996 年作为电推进技术总监加入雷德蒙德分公司(当时是奥林航空)之前，Myers 博士在 NASA 格伦研究中心(当时名称是 NASA 刘易斯研究中心)和美国普林斯顿大学担任过各种管理和研究职位。Myers 博士以最优异成绩从美国密歇根大学获得了航空航天工程专业硕士学位，从美国普林斯顿大学获得了机械和航空航天工程专业的博士学位。他以前在国家研究委员会的工作主要是作为专家组专家审查空军科学研究办公室的 2005 年推进计划建议书以及高能电源、推进和空间运输专家组(J 组)成员。

  Lawrence J. Ross 是美国航空航天工程协会有限责任公司(Aerospace Engineering Associates, LLC)的首席执行官。在这个职位上，他对航空航天相关问题进行了技术研究，以制定战略计划和投资策略。Ross 对客户所遇到的具体组织和管理问题进行了审查并提出建议，在提案制定和进行尽职调查方面提供协助，如评估运载火箭的发射准备情况、特定航空航天项目的状况和可行性。2007 年 1 月，他与其他人共同创立了美国航空航天工程协会有限责任公司。Ross 于 1994—1995 年担任 NASA 风洞计划办公室主任，这是一个专门委派给他的任务，可以直接向 NASA 局长汇报，授权建立、组织并指导一个特别工作组，该工作组负责筹划一个 2.5 亿美元经费的国家风洞综合(national wind tunnel complex, NWTC)试验基础设施发展计划。1963—1994 年，他担任 NASA 刘易斯研究中心太空总监、中心副主任和中心主任的职务，该研究中心是一个运营费高达 10 亿美元的业务部门，负责为国家航天和航空领域研究、技术和系统开发提供多样化的产品。他是 Delta 运载火箭 178 号飞行事故审查委员会的主席，这是一项特设任务，负责组织和管理对飞行失败原因的深入调查，并制定一套纠正措施，以防止未来的飞行失败。此外，他还在刘易斯研究中心担任过多个职位，负责开发和推出"大力神"和"宇宙神"运载火箭，所承担的职位其中包括设计工程师、项目工程师、总工程师、项目经理等。他于 1963 年从曼哈顿学院获得了工科学士学位，于 1991 年完成了哈佛高级管理人员计划培训。

  Raymond J. Sedwick 是美国马里兰大学航空航天工程副教授，自 2007 年起任该校詹姆斯·克拉克工程学院空间电源和推进实验室主任。在此之前，Sedwick 博士在美国麻省理工学院航空航天系的"麻省理工学院空间系统实验室"任首席研究员兼实验室副主任，任期 10 年。在美国马里兰大学，Sedwick 博士目前的研究内容包括用于空间推进的射频等离子体源、等离子辅助燃烧、长距离谐振感应电能传输、用于空间和地面电力的新型聚变约束方法。他的研究兴趣包括大多数形式的太空发电和推进，特别关注核系统和等离子体的应用。Sedwick 博士是贝布克伦布奖的首个获奖人，并因紧凑螺旋波等离子体源而获得了美国国家科学基金会的"杰出青年奖"(NSF Career Award)。他是 AIAA 的副会士，并在核能和未来飞行技术委员会任职。Sedwick 博士从美国宾夕法尼亚州立大学获得了航空航天工程专业学士学位，并于 1994 年和 1997 年从麻省理工学院分别获得了航空航天专业的硕士学位和博士学位。

George F. Sowers 是总部位于美国科罗拉多州丹佛市的美国联合发射联盟（United Launch Alliance，ULA）公司业务拓展和高级项目副总裁，负责战略规划、先进技术研发、先进概念研究和新业务收购工作。在加入 ULA 之前，Sowers 博士是位于科罗拉多州丹佛市的美国洛克希德·马丁航天系统公司的市场开发和高级项目主管，主要负责空间运输业务线。Sowers 博士曾担任"宇宙神"号运载火箭项目的任务集成总监。在这个岗位上，他负责"宇宙神"号运载火箭总装及星箭对接的所有工作，这包括制定接口需求、任务设计、动力学和系统分析以及飞行软件研发等。在此之前，Sowers 博士是"宇宙神"V 号运载火箭研发项目的系统工程与集成团队（Systems Engineering and Integration Team，SEIT）的系统总工程师兼主任。该团队负责系统需求制定和确认、系统测试、系统集成和系统分析。自"宇宙神"V 号运载火箭项目启动时，Sowers 博士便开始为该项目工作，并于 2002 年完成了该火箭的第一次飞行试验。1981 年，Sowers 博士于在美国马丁·玛丽埃塔公司开始了他的航空航天职业生涯，在该公司以飞行设计工程师的身份从事"大力神"运载火箭设计工作。1983 年，为了攻读博士学位，他离开了公司。直至 1988 年，他回到美国马丁·玛丽埃塔公司，随后，Sowers 博士在"大力神"运载火箭项目上承担了越来越多的重要职务，最后任该运载火箭项目的副总工程师。Sowers 博士于 1980 年从美国佐治亚理工学院获得了物理学学士学位，于 1988 年从美国科罗拉多大学获得了物理学的博士学位。

R.1.3 机器人、通信与导航专家组

Stephen P. Gorevan 位于纽约的美国蜜蜂机器人航天器机构公司的董事长兼联合创始人，该公司是 NASA 先进机器人研究和开发工程的供应商，也是航天器分系统的供应商，其供应范围从机器人设备（如火星探测"漫游者"计划中的火星岩石磨蚀工具（RAT）一直到航天器太阳能电池阵列的展开装置。在 Gorevan 的带领下，蜜蜂机器人航天器机构公司已成为行星科学界密切的合作伙伴。对行星科学界的这种强有力的技术支持使得该公司的机器人装置广泛应用在火星探测"漫游者"计划、"凤凰"号火星登陆器、火星科学实验室以及未来前往金星（蜜蜂机器人航天器机构公司开发了高温电机）、小行星体（采样系统）、土卫六（锚定位系统）和月球的探索任务中。Gorevan 还指导蜜蜂机器人航天器机构公司参与到 NASA 和 DARPA 使用机器人技术进行在轨维修操作的任务中，并与之持续合作。Gorevan 在美国纽约大学获得了音乐学士学位，并在纽约城市大学获得了机械工程专业学士学位。此前，他曾任国家研究委员会指导委员会委员，负责载人与机器人探索及太空开发方面的技术研发问题。

Julie A. Adams 是美国范德堡大学电气工程与计算机科学系计算机科学与计算机工程副教授。Adams 博士是人机协作团队实验室主任。她的研究重点是分布式人工智能算法,用于自主多机联合编队以及面向大型人类和机器人团队协作的复杂人机系统。Adams 博士获得美国国家科学基金会的"杰出青年奖"(NSF Career Award)。她从宾夕法尼亚大学获得了计算机科学专业的博士学位。Adams 博士担任国家研究委员会下美国陆军研究实验室技术评估委员会士兵系统专家组的成员。

Edward J. Groth Ⅲ 是美国普林斯顿大学物理学教授。他的研究领域包括红外天文学、高速光度测定(包括蟹状星云脉冲星的定时)以及大尺度结构和宇宙学。1977 年,他被选为空间望远镜(后来命名为哈勃空间望远镜(Hubble Space Telescope,HST))数据和运营团队的负责人。1990 年,望远镜发射升空后,他被任命为广角行星照相机仪器项目的副首席研究员。他还曾在美国特设委员会任职,该委员会研究主镜误差表征技术,这是 1993 年底第一次维修任务期间执行修复的先决条件。他的研究包括进行哈勃空间望远镜的第一次观测结果(现在称为格罗斯条带),以及哈勃空间望远镜数据的第一次弱透镜分析。此外,他参加了凯克天文台的观测研究,以获取调查对象的光谱。他还参加了光学地外文明搜寻(search for extraterrestrial intelligence,SETI)计划,并曾于 2004—2009 年担任 NASA 领航员计划的外部独立成熟度评估委员会委员,该计划旨在探索并表征在附近恒星的宜居带中运行的类地行星。2001—2008 年,他担任美国普林斯顿大学物理系副主任,多年来,他一直担任普林斯顿大学驻大学空间研究协会(Universities Space research Association,USRA)的代表,2006—2008 年任 USRA 机构理事会副主席、理事会主席以及 2008—2010 年董事会成员。Groth 博士从加州理工学院获得了学士学位,并获得了普林斯顿大学的博士学位,这两个专业都是物理学。Groth 博士是国家研究委员会空间望远镜科学研究所(Space Telescope Science Institute,STScI)任务专家组的成员。

Philip D. Hattis,见上面的指导委员会清单。

Jonathan P. How 是美国麻省理工学院航空航天系的理查德·科伯恩·麦克劳林(Richard Cockburn Maclaurin)教授。在斯坦福大学和麻省理工学院,How 博士主持过由多个飞行器组成的系统的导航、控制和自主性算法的开发。他的研究兴趣包括:①分布式稳健规划算法的设计与实现,可以在动态不确定环境下协调多个无人自主飞行器;②开发适用于航天器编队飞行的分布式导航,包括使用差分全球定位系统(differential GPS)和射频测距传感器进行估计、规划和控制算法;③自适应飞行控制技术,以实现自主敏捷飞行和特技飞行。How 博士是麻省理工学院 DARPA 城市挑战赛团队的规划和控制系统的负责人,该团队在 2007 年的比赛中获得第四名。他是 2002 年度导航布尔卡学会奖的获得者,2008 年获得波音特别发明奖,是 AIAA 的副会士及 IEEE 的高级会员。How 博士曾在空军研究实验室/航天飞行器任务局的科学顾问委员会下属成熟度审查委员会任职,他还是引力波观测委员会(美国戈达德太空飞行中心高能天体物理实验室)的成员。How 从麻省理工学院获得了航空航天专业的博士学位。

James W. Lowrie 是美国洛克希德·马丁公司导弹和火控系统部自主系统的前主任(2010 年 1 月 31 日退休)。Lowrie 在军事、民用航天和商业应用领域的主要自主系统的研究、开发、技术转化和应用方面拥有广泛的技术背景。他曾担任多个项目的总工程师,包括 DARPA 先进机器人项目、空间站机器人项目、火星探测器和军用无人系统。Lowrie 先生还拥有广泛的管理经验,包括小型和大型的商业公司。他创立了一家小公司,使其发展壮大,最后将其出售给一家位列财富 500 强的大公司,他在美国洛克希德·马丁公司担任 20 多年的高管。Lowrie 对政府、商业承包及商业运作有深入的了解,并在广泛的客户环境中获得了丰富的经验,包括 NASA、美国国防部、美国国土安全部和为数众多的企业。Lowrie 从美国约翰·霍普金斯大学获得了电气工程专业的学士学位。

David P. Miller 是美国俄克拉荷马州立大学(University of Oklahoma,OU)航空与机械工程学院空间科学与机器人学教授,并在该校计算机科学学院和生物工程学院以及国际空间大学教师学院也有任职。在美国喷气推进实验室工作期间,Miller 博士领导了实验室内小型火星车项目的设计与原理样机研究,最终研制了火星"探路者"任务中所用的"漫游者"火星车。Miller 是 iRobot(后来被称为 ISRobotics)公司的创始人之一,也是美国 KIPR 公司的联合创始人,这是一家非营利性的机器人推广机构。Miller 博士的研究兴趣包括行星机器人的移动性、机械与智能之间的相互作用,以及与载人移动和技术教育相关的辅助技术发展。Miller 博士的空间机器人工作已经获得了 NASA 的诸多认可证书、NASA 团队成就奖、NASA 太空行动委员会奖、JPL 卢艾伦奖和 NASA 的杰出服务奖章。他的推广工作最终获得了艾姆斯研究中心的 Dave lavery 技术奖。他从美国耶鲁大学获得了计算机科学专业的博士学位。

Jonathan R. Salton 是美国桑迪亚国家实验室在智能系统、机器人和控制论领域中杰出的技术人员。他拥有丰富的研究背景,包括电力行业的系统工程、航空航天工业的机械设计工程以及自 2000 年以来在桑迪亚国家实验室从事的机器人研究和开发工作。目前,他是桑迪亚国家实验室 5 个大型项目的负责人,这 5 个项目分别是①DARPA 城市跳跃者(Urban Hopper),一个鞋盒大小的跳跃机器人)、跳跃者过渡项目、DARPA 反潜作战项目、为危急矿工实施救援行动研发高机动性机器人项目和小型碳氢化合物发电项目。他在桑迪亚国家实验室的工作还包括空气处理系统的热力学建模和分析、辣椒采集和加工过程的自动化、磁悬浮车辆机动性分析预测工具的研发、预测越野机动性的分析工具开发以及涉及一体化小型机构的其他研发项目。在桑迪亚国家实验室任职之前,Salton 曾在 NASA 任职,在 NASA,他是多个专用舱外活动工具的设计主管,这些工具用于航天飞机和国际空间站项目,并获得了 NASA 著名的"史努比奖"。他帮助设计和开发的所有工具目前仍用于国际空间站的组装和维护,其中一些已用于哈勃空间望远镜的维修/升级任务。他从美国威斯康星大学密尔沃基分校获得了机械工程专业的学士学位和硕士学位,研究课题主要集中在动态搅拌黏性流体的电磁效应上。Salton 是美国新墨西哥州的注册专业工程师。他曾担任国家研究委员会下属载人探索系统、移动、自主系统与机器人专家组的成员。

Donna L. Shirley 是管理创新公司总裁,这是一家面向咨询和培训业务的公司。在此之前,她曾在美国俄克拉荷马州大学任高级项目开发工程副主任,并担任航空航天机械工程系的讲师,这些职位是她在美国加利福尼亚州帕萨迪纳市的喷气推进实验室工作了 33 年之后获得的。在喷气推进实验室,她达到了职业生涯的顶峰,负责管理 NASA 火星探测计划,其中包括"探路者"、火星全球测量员任务以及"漫游者"火星探测器计划。Shirley 拥有航空航天工程、空间科学、政府技术项目管理和系统工程方面的经验。她从美国俄克拉荷马州立大学获得了新闻学学士学位和航空航天工程学士学位,并从美国南加利福尼亚大学获得航空航天工程专业硕士学位。她曾担任国家研究委员会下属太阳系探索新机遇委员会委员、国家航空航天计划委员会委员及 NASA 空间任务数据可用性和实用性任务组的成员。

George W. Swenson, Jr. 是美国伊利诺伊大学厄巴纳-香槟分校的电气工程和天文学荣誉退休教授,他于 1956 年入职伊利诺伊州立大学。在此之前,他曾在美国华盛顿大学(圣路易斯)和密歇根州立大学进行过短期任职,获得了终身教职,并在阿拉斯加大学完成一年的访问研究。Swenson 博士讲授过多种电气工程和应用数学专业课程,在电气工程和天文学专业指导了大约 10 名博士研究生和 40 名硕士研究生,并先后在美国伊利诺伊州立大学的天文学系及电气与计算机工程系担任系主任。随着 1957 年人造地球卫星的出现,他在伊利诺伊州立大学组织了一项电离层研究计划,为 NASA 和美国空军设计了若干套星载仪器,并共同撰写了一些关于在卫星上开展电离层研究的早期出版物。Swenson 博士在美国伊利诺伊大学设计并领导了两个开创性的射电望远镜的建造工作,这都是当时最大的射电望远镜,并于 1957—1982 年建立并指导了 Vermilion River 天文台。1964—1968 年,他从美国伊利诺伊州立大学休假,去国家射电天文台担任访问科学家,在那里他是一个研究团队的负责人,该团队负责概念设计,并提出了"超大阵列"射电望远镜的建议。Swenson 博士曾在多个国家和国际科学委员会任职。自 1988 年从伊利诺伊大学退休以来,他一直致力于无线电工程和物理学方面的研究工作,并以这些研究主题指导了 2 名博士研究生和 23 名硕士研究生。他是美国国家工程院院士、国际电子电气工程师协会会士和美国科学促进会(American Association for the

Advancement of Science,AAAS)的会士,还是古根海姆学者。Swenson 博士从美国威斯康星大学麦迪逊分校获得博士学位。他曾从事过多项国家研究委员会的研究项目,最近担任商业航空安全委员会成员以及机场旅客检查专家组组长。

R.1.4 仪器与计算专家组

James L. Burch 担任专家组组长,是位于美国得克萨斯州圣安东尼奥市的西南研究院空间科学与工程部门的副总裁。他是空间等离子体物理仪器设计与应用领域的专家,曾担任全球磁顶层极光成像仪探测器(imager for magnetopause-to-aurora global exploration,IMAGE)、"罗塞塔"(Rosetta)号彗星探测器、"动力学探索者"1号(Dynamics Explorer 1)和"大气应用与科学实验室"1号(Atmospheric Laboratory of Applications and Science,ATLAS)空间科学任务的项目负责人,也是 NASA 磁层多尺度任务仪器套件科学团队的项目负责人。他从美国圣玛丽大学获得物理学专业硕士学位,从乔治·华盛顿大学获得研发管理专业的硕士学位,从莱斯大学获得空间科学专业博士学位,他与国家研究委员会有着广泛的合作历史,曾担任太阳能地球物理研究与监测用小型仪器分布式阵列技术研讨会委员会主席、外日球层探索研讨会委员会主席、太阳能和空间物理学委员会主席。他也是下列委员会委员:月球探索科学背景委员会、NASA 科学任务局科学规划审查委员会、NASA 空间探索计划中关于太阳和空间物理作用的评估委员会、空间研究委员会、太阳和空间物理学委员会关于行业评估与未来战略研讨会。他也是下列专家组成员:太阳风-磁层相互作用专家组、太阳与空间物理委员会和空军科学研究办公室大气科学审查专家组。

Philip E. Ardanuy 是美国雷神公司情报和信息系统的首席工程研究员,是多个已签署有效合同项目的首席技术专家和首席科学家,这些合同是该公司与 NASA、美国国家海洋和大气局、美国环保署(Environmental Protection Agency,EPA)等机构签署。他的专长是通过政府、行业、学术合作伙伴关系提出集成任务概念,其研发生涯跨越了以网络为中心和体系的概念,遥感应用和系统工程,研究到运营管理转型,临场感-遥科学-遥控机器人,热带气象学和建模,作为"雨云"-7 号(Nimbus-7)卫星地球辐射预算(earth's radiation budget,ERB)科学小组成员,研究地球辐射预算与气候,卫星仪器校准、表征与验证,STEM 教育和公共科普。Ardanuy 博士于 1995 年加入美国休斯飞机公司,担任地球科学经理。美国雷神公司在 1999 年收购了美国休斯飞机公司,他承担了更广泛的工程、科学和业务开发的工作。Ardanuy 博士先前在国家研究委员会的工作包括作为其下属委员会的委员,该委员会旨在减轻传感器探测范围缩小和清晰度降低对国家极地轨道运行环境卫星系统(national polar-orbiting operational environmental satellite system,NPOESS)和 GOES-

R 气象卫星的影响。他还曾担任国家研究委员会下属环境卫星数据利用委员会委员,2007 年度《地球科学与太空应用十年调查》项目地球科学应用和社会需求专家组成员以及确保 NPOESS 和 GEOS-R 航天器气候记录的备选方案专家组成员,记录数据来自国家极轨环境卫星系统和 GOES-R 气象卫星。Ardanuy 博士从美国佛罗里达州立大学(Florida State University,FSU)获得气象学博士学位。他的专业所属机构包括 NAS/NRC 地球研究委员会,美国气象学会(AMS),NOAA 科学咨询委员会环境信息服务工作组,美国马里兰州太空商业圆桌会议董事会和名誉理事长,大气研究大学联盟(University Corporation for Atmospheric Research,UCAR)下属天气联盟,SPIE 遥感系统工程论坛,国家海洋和大气管理局与美国科罗拉多大学共建的遥感科学与技术合作中心(Cooperative Remote sensing Science and Technology,CIRES)外部咨询委员会,美国气象学会(American Meteorology Society,AMS)卫星气象学、海洋学和气候学委员会主席。Ardanuy 博士所获荣誉和奖项有:2011 年获得 AMS 会士,多次获得 NASA 团体成就奖、美国雷神公司卓越商业发展奖和雷神公司同行奖。他名下有 100 多种出版物,其中包括同行评审期刊上的文章、书籍章节和会议论文。

  Webster Cash 是美国科罗拉多大学博尔德分校天文物理学和行星科学以及航空航天工程科学教授。他的研究兴趣主要集中在空间仪器的设计、制造和使用,这些仪器用于天文学研究。他目前的研究重点是研发一些用于 X 射线成像和光谱分析、直接观测可见光波段的系外行星以及适应新一代亚轨道飞行器空间实验的新技术。Cash 博士曾在"由核动力和核推进支撑的空间科学优先事项:2015 年以后的愿景"委员会天文与天体物理学专家组与"新世界、新地平线十年调查"基础设施专家组任职。

  John A. Hackwell 是美国航空航天公司(Aerospace Corporation,CA)传感器系统分部的主要负责人,专门从事地球遥感研究工作。在航空航天公司,他领导了空间增强型宽带阵列光谱仪系统(spatially enhanced broadband array spectrometer system,SEBASS)的研发工作,这是第一台高灵敏度的机载成像光谱仪,可在 3~13.5μm 的光谱区域内工作,该光谱仪在 1995 年完成首次飞行任务。此后,Hackwell 博士主导研发了一系列功能越来越强大的红外成像光谱仪。在转入航空航天公司工作之前,他是美国怀俄明大学的一名教员,在该校,他与别人共同开发了 2.3m 怀俄明红外望远镜,并于 1977—1985 年担任该项目主管。他还研制出了宽带阵列光谱仪系统,这是一种天文仪器,在多个天文台使用,并在 NASA 柯伊伯天文台上安装运行过,目前仍在 NASA 位于莫纳克亚山火山的 3m 红外望远镜设施上使用。Hackwell 博士从英国伦敦大学学院获得物理学博士学位。

  Robert J. Hanisch 是美国空间望远镜科学研究所(Space Telescope Science Institute,STScI)的资深科学家,并是美国虚拟天文台主任。他主持开展了天文学界大量的信息化系统建设和应用工作,特别是致力于努力提高数据档案与目录的可访问性和互操作性。2000—2002年,他担任美国空间望远镜科学研究所的首席信息官(CIO),负责监管研究所的所有计算机、网络和信息服务,并作为主任办公室工作人员的身份参与其中。他在担任美国空间望远镜科学研究所的首席信息官之前,负责哈勃望远镜数据存档的管理工作,并主导建立了空间望远镜多任务档案库,该档案库是NASA天体物理任务的主动光学/紫外线天文观测数据档案中心。Hanisch博士于1981年从美国马里兰大学帕克分校获天文学博士学位。

David Y. Kusnierkiewicz是美国约翰·霍普金斯大学应用物理实验室太空部门的总工程师。他在航天器电源系统电气设计、集成和测试方面拥有广泛的工程背景。他曾担任NASA新视野冥王星-库伯带飞行任务的任务系统工程师,现在仍然是NASA热层、电离层、中间层、热力学与动力学项目的任务和航天器系统工程师。他曾在NASA多个任务的审查委员会工作过,包括月球勘测轨道飞行器(Lunar Reconnaissanceobiter,LRO)、"月球机器探索者"(Lunar Robotic Explorer)、"黎明"号(DAWN)、"朱诺"(Juno)号和ST-8(新千年计划技术研发项目的一部分)。Kusnierkiewicz从美国密歇根大学获得电气工程专业学士学位和硕士学位。他是国家研究委员会"近地天体调查和危险应对策略"审查委员会的减灾专家组成员。

Joel R. Primack是美国加利福尼亚大学圣克鲁斯分校杰出的物理学教授,同时也是美国加利福尼亚大学全系统高性能天文计算中心的主任。他专门研究星系的形成和演化,以及构成宇宙中大部分物质的暗物质的性质。他是"冷暗物质理论"的主要创始人和开发者之一,该理论已经成为宇宙结构形成标准现代图景的基础。他目前正在使用超级计算机来模拟各种假设条件下宇宙的演变和星系的形成,并使之可视化,将这些理论的预测结果与最新观测资料进行比较。他从斯坦福大学获得博士学位,是美国科学促进会和美国物理学会的会士,他也是国家研究委员会下属"NASA超越爱因斯坦计划:一种可实施的架构"委员会成员之一。

Gerald Schubert,见R.1.1指导委员会。

Daniel A. Schwartz是美国哈佛-史密森天体物理学中心的资深物理学家。他的研究专长是X射线天文学、活动星系核(active galactic nuclei,AGN)和银河系外天体喷流的研究、观测宇宙学、X射线望远镜和探测器仪器。他曾在美国钱德拉X射线天文台(Chandra X-Ray Observatory,CXO)建造期间担任史密松天体物理天文台(Smithsonian Astrophysical Observatory,SAO)的项目科学家,在其第二个十年在轨运行中,他继续领导钱德拉任务的科学运营小组和仪器保障小组。他曾在罗西X射线时变探测器(rossi X-ray timing explorer,RXTE)科学工作组工作并担任主席,担任空间红外望远镜设备独立外部审查专家组成员,参加了第X代X射线天文台(Generation-X X-Ray Observatory,GXXO)的视觉任务研究,任第X代天体物理学战略任务概念研究技术部门协调员。

Alan M. Title(NAS/NAE)是位于美国加利福尼亚州帕洛阿尔托市的洛克希德·马丁公司先进技术研究中心的高级研究员,是先进太阳天文仪器和传感器研发方面的顶尖专家,曾担任 7 项空间科学任务的项目负责人或首席科学家,这些科学任务分别在天空实验室、航天飞机、JAXA 和 NASA 的飞行任务中得到验证。Title 博士于 1967 年从美国加州理工学院物理学专业获得博士学位。曾先后在 NASA、国家科学基金会、国家科学院和大学咨询委员会任职,Title 博士是国家科学院、国家工程院和国际宇航科学院的院士。他担任过国家研究委员会下属多个委员会委员,为 2010 年 Arctowski 奖章评选委员会主席,曾担任太阳与日球层物理委员会副主席、太阳天文学委员会副主席,该委员会是天体物理学和日球层物理学十年调查的执行委员会,并且是由项目负责人(PI)领导的"空间科学任务:经验教训"委员会、"太阳与空间物理:未来行业评估与战略"委员会、天文和天体物理学调查委员会、太空研究委员会、地面太阳能研究工作组和"探索者"计划审查专家组成员。

Daniei Winterhalter 是位于美国加利福尼亚州帕萨迪纳市美国喷气推进实验室的首席科学家,也是喷气推进实验室的人类/机器人任务系统类项目的首席科学家。此外,他还是 NASA 工程安全中心(NASA Engineering and Safety Center, NESC)的首席科学家。他的研究兴趣包括探测太阳系外行星的低频无线电辐射、太阳风的空间演化以及与太阳风与行星环境(特别是与火星和月球)的相互作用。他曾参与许多太空任务的规划和/或实施,包括"旅行者"(Voyager)号、"尤利西斯"(Ulysses)号、火星轨道器、"火星全球勘探者"、"卡西尼"(Cassini)号、水星轨道器和火星科学轨道器。Winterhalter 博士从美国加利福尼亚大学洛杉矶分校(University of California,Los Angeles,UCLA)获得了地球物理学和空间物理学专业的博士学位。他是国家研究委员会太阳和日球层物理委员会的成员。

Carl Wunsch 是美国麻省理工学院物理海洋学"塞西尔(Cecil)和艾达格林(Ida Green)"教授。他的研究集中在通过结合全球大气环流模型和最近可用的全球数据集来估计时变海洋环流及其对气候和古气候的影响。他的工作包括使用"反演方法"、估计与控制理论中一般性数学方法等数学工具,以及大尺度海洋大气环流模型。Winch 博士从美国麻省理工学院获得了地球物理学专业博士学位,现为美国国家科学院院士。他在国家研究委员会承担大量工作,包括气候变化对美国海军国家安全影响的研究委员会成员。在此之前,他曾担任 1998 年 Alexander Aggassiz 奖章评选委员会和美国海洋研究委员会委员主席、世界海洋循环实验专家组组长、"全球观测和了解海洋环流"论坛指导委员会主席以及 2004 年美国国家科学院 I 类院士委员会委员。他是无线电频率委员会和大地测量与地球物理国际联合会美国国家委员会的当然委员①,以前曾任 NASA 星座集群系统

---

① 译者注:当然委员是指在该委员会中担任公职而自动成为委员的人。

支持的科学机遇委员会、NASA 科学任务局任务计划评审委员会、报告审查委员会、全球变化研究度量委员会、2005 年 Arthur L. Day 奖和讲师评选委员会、NASA 地球科学办公室科学实施计划评审委员会、地球物理和环境数据委员会、1989 年和 1995 年亚历山大阿格西茨奖章选拔委员会、海洋研究委员会、地球观测遥感简报专家组、海洋气候研究委员会、海洋流量试验特设专家组和太空研究委员会等委员会或专家组成员。

R.1.5 乘员健康和地表探索专家组

Bonnie J. Dunbar 担任专家组组长,是一名独立的航空航天顾问,也是美国邓巴国际有限责任公司的总裁。在创建自己的公司之前,她曾担任美国飞行博物馆总裁兼首席执行官,时长 5 年,随后又与他们签订合同,扩大博物馆的太空收藏物与绘画作品并开展 STEM 教育。Dunbar 博士在美国波音公司(波音计算机服务公司)和美国罗克韦尔国际航天部门(航天飞机)以实习工程师身份开始其职业生涯,之后她开始了在 NASA 的多领域工作历程。她被任命为 NASA 约翰逊航天中心的有效载荷官员/飞行控制员,时长 2 年,之后被选为 NASA 航天员,参与了 5 架次航天飞机的飞行任务。作为对"挑战者"号航天飞机事故罗杰斯调查委员会的支持,她还两次前往华盛顿特区,然后担任 NASA 总部生命和微重力科学办公室副助理行政官。1994—1995 年,Dunbar 博士在俄罗斯星城接受训练,作为俄罗斯"和平"号空间站三个月飞行任务的后备机组成员,并通过美国-俄罗斯加加林航天员培训中心的"和平"号空间站长期飞行任务资格认证。1995—1996 年,她在 NASA 约翰逊航天中心任务运行局任助理主任,负责主持国际空间站训练准备情况审查,并促进俄罗斯-美国联合操作和培训安排更加顺畅。Dunbar 博士还担任美国约翰逊航天中心副主任,负责大学研究监管工作,并担任生物科学和应用部副主任,担任空间与生命科学理事会副主任,负责技术集成和风险管理。Dunbar 博士于 2005 年从 NASA 退休,她是美国国家工程院院士、美国航空航天学会会士、美国陶瓷学会会士和皇家航空学会会士,并且被选为爱丁堡皇家学会通讯会士。Dunbar 博士获得乔治·华盛顿大学陶瓷工程专业的学士学位和硕士学位,以及美国的休斯顿大学的机械/生物医学工程专业的博士学位。Dunbar 博士最近成为载人航天航天员操作委员会成员,于 2008 年担任国家研究委员会审查 NASA 的探索技术发展计划委员会的联合主席,并担任工程教育委员会成员,航空航天工程同行委员会成员,以及 Bernard M. Gordon 奖评审委员会成员。

David L. Akin 是美国马里兰大学航空航天工程系副教授,也是空间系统实验室主任以及灵巧空间机器人研究所所长。Akin 博士目前的研究包括空间系统设计和空间人因工程,重点是先进人机协作技术,以及用于太空、海底和医疗康复的综合机器人系统。他还是 STS 61-B 上舱外活动结构实验装配（experimental assembly of structures in EVA,EASE）的飞行试验项目和美国火箭公司的伞型防护结构试验飞行器的项目负责人。他是 NASA 空间科学咨询委员会的成员，NASA"火星 2003 漫游者"独立审查专家组成员，目前在美国航空航天学会空间自动化与机器人技术委员会任职。他曾在 NASA 遥操作机器人和舱外活动工作组任职，以及承担 NASA 咨询委员会关于人类在地球静止轨道上角色的咨询工作。他撰写了 100 多篇关于航空航天系统设计、舱外活动、遥操作、机器人和空间仿真技术的论文。他从美国麻省理工学院航空航天学院获得了理学学士、硕士和博士学位。

Dallas G. Bienhoff 是美国波音公司的太空和地表系统经理。在美国波音公司，Bienhoff 领导空间运输和空间探索体系研究、月球居住地、推进剂补给站、地月运输系统和技术演示任务概念的合同和独立研究和开发（independent researchand development,IRAD）工作。他也是美国洛克达因公司的航天飞机主发动机研发团队的成员。他参与过的项目有美国波音公司太空新概念探索与精细化研究愿景、最低功能居住要素、罗克韦尔 X-33 可重复使用运载火箭、X-38 机组返回飞行器、先进发射系统和货运航天飞机（Shuttle-C）研究。Bienhoff 也是美国波音公司与 NASA 的联席主管，负责国际空间站上俄罗斯总装团队负责的多功能货舱，并作为合同经理和多个"NASA-工业团队"的成员参与了多次"进入太空"研究。Bienhoff 从美国加州州立大学北岭分校获得了工程学专业的硕士学位，从佛罗里达理工学院获得了机械工程学士学位。

Robert Curbeam Jr. 是美国 ARES 公司航空航天与防务集团总裁。该部门为多个 NASA 研究中心和若干个国防部用户提供高端系统工程、安全和任务保证、风险管理和计划/项目管理。Curbeam 是美国海军上尉（已退役），在其职业生涯期间担任各种职务，包括作为 F-14 雷达拦截官员的作战飞行、F-14 空对地武器分离项目的项目经理，并在 NASA 工作 13 年。他在 NASA 的工作包括许多技术任务，如安全和任务保证（safety and mission assurance,S&MA）副总监、星座计划 S&MA 主任以及在航天员大队任职，在此期间，他完成了三次太空飞行，并执行了七次太空行走。他也是美国海军战斗机武器学校和美国海军试飞员学院的毕业生。Curbeam 获得美国海军研究生院的航空工程硕士学位。

Gregory J. Harbaugh 是美国 Sigma Chi 基金会的总裁兼首席执行官,在这个职位上，他负责公司的所有业务、运营和战略制定。在担任航天飞机飞行操作工程师和任务控制技术经理之后，他于 1987 年 6 月被选为 NASA 航天员，曾四次担任航天飞机任务的乘组人员，在太空中共工作了 818h，其中包括 18h 29min 的太空漫步。他还担任过"太空行走"项目办公室的经理，负责管理先进航天服技术研究和未来行星（月球和火星）研发任务。Harbaugh 于 2001 年 3 月从 NASA 退休。他从美国休斯顿大学净湖分校获得物理科学硕士学位。他曾在国家研究委员会下属委员会任职,负责评估哈勃空间望远镜寿命延长的可行性,也是载人探索系统、移动、自主系统和机器人的专家组成员。

Tamara E. Jernigan,见 R.1.1 指导委员会。

Daniel R. Masys 是美国华盛顿大学生物医学和健康信息学的兼职教授。此前,他曾任美国加利福尼亚大学圣地亚哥分校生物医学信息学系主任、教授和医学教授,曾担任美国国立卫生研究院(National Institutes of Health,NIH)国家癌症研究所国际癌症研究数据库主管,1986—1994 年,他任美国莱斯特山国家生物医学通讯中心主任,该中心是国家医学图书馆计算机研究与开发部门。Masys 博士是美国医学研究中心(Institute of Medicine,IOM)的成员。他从美国俄亥俄州立大学医学院获得医学博士学位,曾是航空航天医学和极端环境医学委员会的成员、NASA 探索技术开发计划审查委员会成员,并担任 NASA 航天员健康风险研究委员会主席。

Eric E. Rice 是美国轨道技术公司的首席执行官兼董事长。他拥有 44 年以上的航空航天业务经验,一直领导着轨道技术公司的发展,使其成为国家太空计划的重要贡献者。他指导了一份与原位资源利用相关的 AIAA 立场文件的编制工作,正在开发用于月球基础设施制造任务的原位材料,包括推进剂、气体、材料、生命保障流体、复合材料、陶瓷和混凝土的使用。他也对月球采矿、挖掘和减轻月球尘埃感兴趣。2002 年,他担任美国航空航天学会太空殖民技术委员会(Space Colonization Technical Committee,SCTC)的创始主席,主持太空资源开发工作,并通过太空殖民技术委员会启动组建新的太空资源利用技术委员会(Space Resources Utilization Technical Committee,SRUTC)。太空资源利用技术委员会侧重于太空旅游、基地、探索、殖民化/定居点和土地改造。他目前是美国空军的空军研究实验室第三期通用太空运载火箭(universal space launch vehicle,USLV)项目的负责人。他曾担任 NASA 的项目负责人,负责月球挥发性气体的原位采集和处理工作。他曾担任 NIAC 研究员,负责先进的概念研究,包括:①开发月球水冰/氢回收系统架构;②基于原位资源利用的推进和动力系统以及无人和载人火星探测系统的先进系统概念。他是 NASA 马歇尔航天飞行中心计划的某项目负责人,该项目采用一种颠覆性的方法来减少月球氧化物的碳热还原以产生月球氧气。Rice 博士也是 NASA 约翰逊航天中心资助的两个原位资源利用项目的负责人,即开发从行星尘埃颗粒中回收水的反应堆,并开发地基月球冰模拟器。他也参与了月球和火星基地的概念开发。此外,他还完成了 NASA 格伦研究中心资助的项目,该项目演示了基于一氧化碳/氧气的推进系统。Rice 博士还曾担任威斯康星大学的兼职教授,讲授空间运输和推进方面的知识。Rice 博士担任美国威斯康星州太空拨款协会(Wisconsin Space Grant Consortium,WSGC)工业项目的副主任,负责工业界相关研发工作,也在太空拨款咨询委员会任职。Rice 博士获得了美国俄亥俄州立大学航空和航天工程系博士学位,也持有美国威斯康星大学麦迪逊分校的化学学士学位。Rice博士在国家研究委员会指导委员会为"人类和机器人太空探索与技术发展"发展研讨会工作。

Ronald E. Turner是分析服务(analytic services ANSER)公司的研究员,是国际公认的航天员辐射风险管理专家,尤其在应对太阳风暴方面。他是NASA创新先进概念(NASA innovative advanced concepts,NIAC)计划的高级科学顾问。九年来,他一直担任ANSER公司与NASA先进概念研究所之间的联系人,NIAC是一个独立的研究机构,负责创造未来太空机会的愿景,带领NASA进入新世纪。他是参与"火星奥德赛"项目的科学家,在美国国家空间生物医学研究所的急性辐射研究中心担任咨询委员会委员。Turner博士从俄亥俄州立大学获得物理学博士学位。他曾在国家研究委员会下属若干个委员会任职,目前正在国家研究委员会下属太阳与空间物理委员会任职,最近还担任了"太空探索辐射屏蔽评估"委员会成员。

R.1.6 材料专家组

Mool C. Gupta担任专家组组长,是美国弗吉尼亚大学激光和等离子体研究中心的兰利杰出教授和国家科学基金会设立的企业/高校合作研究中心(Industry/University Collaborative Research Center,I/UCRC)的主任。在此之前,他曾任美国欧明道大学应用研究中心主任、材料科学与工程项目主任、电气与计算机工程系研究教授。他在美国伊士曼柯达公司研究实验室工作了17年,担任资深科学家和研究团队主管。加入柯达公司之前,他曾在美国加州理工学院喷气推进实验室担任高级科学家。Gupta博士的研究兴趣包括纳米材料、太阳能、传感器和材料的光子加工。其他专业活动包括在材料研究会担任6年多光电材料、工艺和设备专业的短期课程讲师,在美国康乃尔大学材料科学与工程系担任8年多的兼职教授,担任1996年SPIE非线性频率转换研讨会的会议主席。他是美国CRC出版社《光学手册》第1版和第2版的主编,拥有140多份研究型出版物和26项专利,并被列入柯达公司的发明家库,是众多政府机构的审查员和首席调查员。他从美国华盛顿州立大学获得了物理学博士学位。Gupta博士是国家研究委员会"俄亥俄州第三前沿项目:俄亥俄州研究学者计划提案和进展回顾"委员会的成员。

Gregory R. Bogart目前是桑迪亚国家实验室集成微型设备系统部门技术团队的主要成员。Bogart博士领导了美国BioStar公司的表面设计、开发和制造工作,并交付了首款低成本、一次性医生办公室可用的传染病硅生物传感器。在美国朗讯科技-贝尔实验室里,Bogart博士负责6~8in晶圆的深度反应离子蚀刻和微米级MEMS工艺,并率先使用干蚀刻技术提供大面积薄膜。他还负责制造位移灵敏度为$12fm/Hz^{1/2}$的基于MEMS技术的纳米级加速度计。至2009年底,Bogart博士是美国交响乐音响公司的工程部副总裁,该公司设计和制造了用于地震和音频应用的光学传感器。他的研究兴趣包括新材料和技术的工艺集成,用来提供独特的微米和纳米尺寸结构件以及用于生产这些结构件的批量制造技术。目前的研究涉及能量采集材料、冲压超材料、采用特殊材料的批量光子和声子晶体制造。Bogart 博士在美国的科罗拉多州立大学获得分析化学专业的博士学位,并拥有 14 项专利。

Donali M. Curry 是美国波音公司的热分析师,为热防护系统提供技术支持。此前,Curry 博士于 1963 年到 NASA 约翰逊航天中心工作,直至 2007 年 1 月退休。Curry 博士从"双子座"号飞船项目开始职业生涯,直至航天飞机项目结束,在再入加热和热防护系统领域拥有 44 年的工作经验。他是航天飞机轨道飞行器前缘结构系统(leading edge structural system, LESS)的分系统主管,该系统由强化碳碳复合材料(reinforced carbon-carbon, RCC)机翼前缘、整流罩、下面板和前外板附件组成,他负责铺层方向、协调、技术设计、开发、测试、分析和飞行操作保障。Curry 博士是 NASA 约翰逊航天中心航空辅助飞行试验(aeroassist flight experiment, AFE)项目群经理,负责航空辅助飞行实验气动制动结构和热防护系统。作为轨道飞行器前缘结构系统/强化碳碳复合材料中的 NASA 系统工程师(NASA systems engineer, NSE),他参与了轨道飞行器返回飞行(orbiter return to flight, RTF)项目,负责监管轨道飞行器中前缘结构系统承包商承担的与运行和维护有关的工作。他还担任 NASA 约翰逊航天中心技术主管,负责 NASA 先进项目的热结构和烧蚀热防护系统的评估。Curry 博士在美国的休斯顿大学获得了机械工程博士学位。

John R. Howell 是美国得克萨斯大学奥斯汀分校机械工程系"小欧内斯特·科克雷尔"(Ernest Cockrell Jr.)退休荣誉教授,自 1978 年以来一直在该校担任教职,在此之前,他在休斯顿大学任教。他在开始教师职业生涯之前,曾在 NASA 刘易斯(现为格伦)研究中心担任航空航天技术专家,研究工作主要集中在辐射传热学。Howell 博士从美国凯斯理工学院获得了化学工程专业的学士学位和硕士学位及工程学专业博士学位。他是美国国家工程院院士,也是俄罗斯科学院的外籍院士。Howell 博士担任国家研究委员会专家组成员,负责评估美国机械工程领域的竞争力标杆、有限太空探索技术项目、两个关于化学品非军事化技术和关停规划项目。他目前在国家研究委员会化学品非军事化常设委员会任职。

George A. Lesieutre 是美国宾夕法尼亚州立大学教授、声学与振动中心主任及航空航天工程系主任。在 1989 年加入宾夕法尼亚州立大学之前,他曾在美国 SPARTA(太空技术)公司和美国罗克韦尔国际(卫星系统)公司担任职务。在 SPARTA 公司,他开展了一些涉及精密空间应用的复合材料和结构项目的研究。在罗克韦尔国际公司,他分析和表征了航天器结构,包括桁架尺寸优化、复合材料应力分析、断裂控制、阻尼处理设计和控制-结构相互作用。他目前的研究兴趣包括结构动力学、被动阻尼、主动结构和能量收集。他的出版物获得大量引用,研究成果对工程实践产生了较大影响。Lesieutre 博士担任 DARPA 多个大型自适应性结构项目的负责人。他获得了 AIAA 颁发的 Zarem 教育家奖、AIAA 持续服务奖，并获得了 5 个社会最佳论文奖，以及宾夕法尼亚州立大学颁发的杰出研究奖。他是 AIAA 会士，目前在 AIAA 董事会任职。他从麻省理工学院获得了航空与航天工程硕士学位，从加利福尼亚大学洛杉矶分校获得了航空航天工程专业博士学位。Lesieutre 博士曾在国家研究委员会下属的两个委员会任职，负责美国空军科学研究办公室力学研究计划的审查。

Liselotte J. Schioler，见 R.1.1 指导委员会。

Robert E. Skelton 是美国加利福尼亚大学圣地亚哥分校机械与航空航天工程系的荣誉教授。作为美国亨茨维尔市的工程师，1963—1975 年他为美国天空实验室（SKYLAB）和其他航天器设计了控制系统。在普渡大学航空与航天学院，他开发了柔性航天器模型简化和控制设计的新理论（1975—1977 年）。作为加利福尼亚大学圣地亚哥分校的教授和讲席教授，他创立了目前应用的动态系统和控制程序。他的技术贡献在 5 本书和 400 篇论文中有详细描述，包括集成结构和控制设计的算法、柔性结构控制、传感器和驱动资源在大型系统中的优化以及允许集成控制功能的新结构设计（最近出版了《张拉整体系统》(*Tensegrity System*)，2009）。凭借突出的跨学科工作，他获得了 AIAA（会士）、IEEE（会士）和 ASCE（诺曼奖章的共同获得者）三个工程学会的荣誉，也获得了日本科学促进会（Japan Society for The Promotion of Science，JSPS）的资深科学家奖、洪堡基金会的研究奖、1991 年美国加利福尼亚大学伯克利分校（University of California, Berkeley, UCB）的 Russell Severance Springer 教授、NASA 局长关于哈勃服务和维修任务（在 EIRR 专家组为 3 个哈勃维修任务提供服务）的感谢信。他在加利福尼亚大学洛杉矶分校获得博士学位，于 1985—1988 年担任国家研究委员会下属的航空航天工程委员会委员。

Georeg W. Sutton 目前已退休，曾任美国科巴姆分析解决方案/SPARTA 公司的兼职高级研究科学家，在那里，他一直为弹道导弹防御领域的新概念、先进传感器和武器系统研究提供指导和审查。在加入美国 SPARTA 公司之前，Sutton 博士是美国 ANSER 公司（一家非营利性公司）的首席工程师，在那里，他是 BMDO 拦截技术和高能激光器 SETA 团队的成员。他对外部冷却窗口的空气-光学性能、非制冷光学圆顶和窗口热辐射、应力和光学像差进行了原始研究分析并发表相关论文，研究 1、2 和 3 色被动光学和激光测量的分辨能力，拦截器测试平台飞行试验规划，捷联导引头图像运动补偿检测技术，各种 FPA 的目标获取性能，并支持天基激光项目。1992—1996 年，他担任美国航空热电技术公司华盛顿办事处主任以及首席科学家。Sutton 博士是负责 BMDO 战区弹道导弹拦截技术的 SETA 团队的成员，专注于气动热化学、大气光学和结构，为 BMDO 研发碰撞杀伤式弹道导弹拦截器。他编写了最初的拦截弹飞行的计算机程序，包括窗口加热、窗口发射噪声和目标信噪比;他编写了原始的计算机程序,用于拦截结束时的制导与控制,以确定导引头的分辨率和精度对脱靶量的影响。他完成了超声速空气动力学、边界层、湍流、等离子体物理学和项目管理的博士后课程。在此之前,他曾在美国 Helionetics 公司工作,负责准分子和蓝绿色激光通信。再往前,他在美国 Avco-Everett 研究实验室工作,研究气动激光器(他所创造的名称)、电动二氧化碳激光器和准分子激光器。Sutton 博士用分子吸收和雾/云模拟了激光束在大气湍流中的传播。他还对激光反射镜由于反射涂层吸收的热量而产生的变形进行了模拟,并对材料损伤进行了建模和实验研究。他使用大气湍流、吸收和雾的统计数据,进行激光系统研究和波长优化工作,包括传播和致命威胁。他发明了成功应用于洲际弹道导弹再入飞行器、科罗纳侦察卫星回收系统和水星载人返回舱的高超声速再入热防护(烧蚀)材料。Sutton 博士是美国国家工程院院士。他担任 AIAA 杂志主编近 30 年,并获得了无数奖牌和奖项。他从加州理工学院获得机械工程和物理学专业博士学位,曾担任 6 个国家研究委员会下属委员会的委员,最近担任定向能技术反间瞄武器指导委员会委员。

R.1.7 进入、下降和着陆专家组

Todd J. Mosher 担任专家组组长,目前是美国内华达山脉公司(Sierra Nevada Corporatio,SNC)商业载人飞船项目"追梦者"号太空飞船的设计和开发总监,该项目已经获得 NASA 的商业载人开发项目两个阶段的资助。因此,他负责设计和开发构成"追梦者"号升力体式空间飞行器的所有分系统。在此之前,他曾担任内华达山脉公司航天器业务发展总监,在那里,他帮助内华达山脉公司赢得了轨道通信公司第二代卫星(OG2)订单,第一批建造 18 颗卫星,另有 30 颗卫星待定。他还是快速响应空间多任务太空飞行器的项目经理。在去内华达山脉公司工作之前,Mosher 博士先后在美国洛克希德·马丁公司负责 NASA 重返月球计划,担任犹他州立大学机械与航空航天工程系助理教授,曾在航空航天公司工作,在加利福尼亚大学洛杉矶分校任教,也曾在通用动力公司工作。他撰写了 50 份专业出版物(期刊论文和会议论文)。Mosher 博士曾为来自世界各地的学生授课,并为若干个获奖的学生竞赛队伍提供咨询。作为副会士,他在 AIAA 担任过许多领导职务,是 2009 年 NASA 航天员选拔的决赛入围者。Mosher 博士从圣地亚哥州立大学获得了航空航天工程专业的学士学位,从亚拉巴马大学亨茨维尔分校获得了系统工程专业的硕士学位,从科罗拉多大学获得了航空航天工程专业硕士学位和博士学位。他在 NRC 多个委员会任职,包括 NASA 实验室能力评估委员会、NASA 勘探技术开发计划审查委员会、NASA 空间通信计划审查委员会和 NASA 颠覆性技术审查委员会。

John D. Anderson, Jr., 见 R.1.1 指导委员会。

Tyem. Brady 是位于美国马萨诸塞州剑桥市德雷铂实验室的技术骨干和空间系统工程组组长。在过去的 22 年里, 他一直致力于多个空间项目的航天仪器仪表设计和集成, 包括高能暂现源实验(high energy transient experiment, HETE)卫星、高能暂现源实验卫星 2(HETE-Ⅱ)号、ASCA 天文卫星(Advanced Satellite for Cosmology and Astrophysics, ASCA)、钱德拉 X 射线天文台(Chandra X-Ray Observatory, CXO)、ASTRO-EX 射线天文观测卫星和战术卫星-2(TACSAT-2)。在德雷珀实验室, 他领导开发出一种新颖的、完全成功的在轨姿态传感器, 标志着 MEMS 陀螺仪和有源像素传感器星敏感器在太空中的首次成功运行。他目前是德雷珀实验室的月球着陆技术总监, 负责开发能够安全、高精度大范围着陆的下一代着陆系统。他的研究兴趣包括先进着陆系统、GN&C 仪器仪表、系统工程流程、自主系统和星敏感器设计。2009 年, Brady 因出色的技术领导能力而被授予 NASA 杰出公共服务奖章, 这是一项授予非政府雇员的荣誉, 表彰他们对 NASA 任务所做出的卓越贡献。他从波士顿大学获得了航空航天工程的学士学位, 从麻省理工学院获得了航空航天工程专业硕士学位。

Basil Hassan 是美国桑迪亚国家实验室综合军事系统中心航空航天系统分析部的主任。自 1993 年以来, 他一直在桑迪亚国家实验室工作, 先后担任资深主任工程师、首席工程师及主任。在此之前, 他曾任航空科学部和计算热力学及流体力学部门的主任, 以及热力学、流体和航空科学组的高级主管, 并担任实验室主任办公室的代理主任。他主要从事非平衡计算流体动力学的研究与开发, 并将其应用于高速飞行器空气动力学和空气热力学的分析。Hassan 博士还致力于高超声速再入飞行器的烧蚀、低速地面运输飞行器的减阻和高速氧燃料热喷涂研究工作。他在计算和实验领域负责航空科学研究、程序开发和分析工作, 包括负责桑迪亚国家实验室跨声速和超声速风洞及其相关诊断技术的研发。Hassan 博士还是美国国家核安全管理局下属三个国家实验室的保障团队负责人, 这支保障团队隶属位于得克萨斯大学的"超声速再入大气层"Pecos 研究中心。他在 AIAA 工作了 26 多年, 现为副会士。他曾在 AIAA 担任过多个领导职务, 现任 AIAA 董事会技术副总裁。此前, 他担任工程与技术管理的技术总监。Hassan 博士对 NASA 的能力和设施有着广泛的了解, 并在 NASA 的各种外部审查委员会任职。他还曾担任各种大学教育咨询委员会成员, 其中包括美国得克萨斯农工大学(exas A&M University, TAMU)航空航天工程系和新墨西哥州立大学机械与航空航天工程系。Hassan 博士从美国北卡罗来纳州立大学获得航空航天工程学士学位、硕士学位和博士学位。他在国家研究委员会的 NASA 实验室能力评估委员会和美国空军科学研究办公室流体提案审查委员会任职。

Stephen Ruffin 是美国佐治亚理工学院航空航天工程学院的副教授、NASA-佐治亚州太空奖学金联盟主任、气动热力学研究和技术实验室负责人、空气动力学和流体力学研究组组长。他是高温气体动力学、可压缩流体动力学和机身推进一体化领域专家。他正在领导三维笛卡儿网格 Navier-Stokes 求解器的开发,用于气动设计,并开发用于化学反应流的笛卡儿网格方法。Ruffin 博士还在高速、高温流动方面开展了相关研究工作,在这种流动中振动能量模式被大幅度激发,并且存在着化学不平衡。他开发了一种新型热化学模型,该模型改进了对此类流动的预示。Ruffin 博士领导了 NASA 关于钝头再入飞行器和头锥弹道的一些计算和实验研究,在这些研究中使用了这个概念。作为 NASA 艾姆斯研究中心 3D NASP 喷嘴模拟项目的首席研究员,他开发了一个三维 Navier-Stokes 计算机程序,用于准确预测推进排气流量及其与一般后体区域的相互作用。他 1985 年从普林斯顿大学获得机械和航天工程学士学位,1987 年从麻省理工学院获得航空航天学硕士学位,于 1993 年从斯坦福大学获得航空航天学博士学位。Ruffin 博士以前作为国家委员会下属委员会成员的工作包括 2007 年空中和地面车辆技术专家组和 A 组:空气动力学和气动声学。

Robert J. Sinclair 是位于美国加利福尼亚州圣安娜市的航空系统公司北美空间系统公司的首席工程师。30 多年来,Sinclair 一直参与减速器系统的设计和开发工作。他是"卡西尼-惠更斯"号探测器下降控制分系统和"小猎犬"2(Beagle 2)号火星探测器 EDLS 的首席工程师。Sinclair 目前正在领导 NASA "猎户座"飞船地球着陆系统的设计团队,并领导 NASA 多个商业载人飞船开发系统的设计团队。Sinclair 在整个职业生涯中都从事减速系统研究,并热衷于该方向。他的许多设计工作都与英国国防部、美国国防部以及世界各地的许多机构合作。Sinclair 于 1987 年获得英国斯蒂夫尼奇学院颁发的机械工程高级国家文凭。

Byron D. Tapley 是美国得克萨斯大学奥斯汀分校 Cockrell 工程学院荣誉讲席教授,并任空间研究中心主任。他的研究兴趣包括轨道力学、精密轨道确定、导航与制导、非线性参数估计、卫星数据分析以及利用这些领域的方法来研究地球和行星系统。目前,他是"地球重力研究和气候试验"(Gravity Research and Climate on ex Periment,GRACE)任务的首席研究员,这是 NASA 的第一个地球系统科学"探路者"任务。他最近的研究重点是应用 GRACE 卫星测量数据来确定地球重力场的精确模型,并利用这些测量数据来研究气候驱动的地球动力系统部件之间的质量交换。他是美国国家工程院院士,也是 AIAA、美国地球物理联盟(American Geophysical Union,AGU)和美国科学促进会的会士。他曾获 NASA 杰出科学成就奖、NASA 公共服务奖章、美国天文学会(American Astronomical Society,AAS)动力天文学的终身成就奖(The Dirk Brouwer Award,DDA)、AIAA 机械和飞行控制奖、NASA 杰出公共服务奖章和美国地球物理学联合会(American Geophysical Union,AGU)Charles A. Whitten 奖。他曾担任 7 次 NASA 和国际任务的首席研究员,美国得克萨斯州的注册专业工程师。他曾任 NASA 咨询委员会(NASA Advisory Council, NAC)成员、NAC 科学委员会副主席和 NAC 地球科学专家组委员会主席。他从美国得克萨斯大学奥斯汀分校获得工程力学专业学士学位、机械工程专业硕士学位和机械工程专业博士学位。他以前曾在气候变异与气候变化专家组、空间研究委员会、全球变化研究计划(U.S. global change research program, USGCRP)背景下的 NASA 地球观测系统审查委员会、NASA 空间站工程与技术开发委员会、NASA 技术路线图研究专家组、航空航天工程委员会、地球物理研究论坛以及关于 NASA 空间研究和技术计划研究的研讨会指导委员会等众多委员会任职。

  Beth E. Wahl 是美国科罗拉多州立托顿镇的一名独立顾问,在航空航天系统开发和太空任务系统工程领域拥有 30 多年的工作经验。在喷气推进实验室工作期间,Wahl 是负责火星"探路者"着陆器再入减速伞的研发工程师,并是火星极地着陆器的仪器集成和着陆作业开发的工程主管。此外,在喷气推进实验室,她领导了 NASA 冥王星任务中多项关键技术的调研和开发,这些技术为后来的"新地平线号"任务以及后来的火星探测任务提供了支撑。最近,Wahl 为美国洛克希德·马丁公司提供一些项目的可行性研究与风险评估,并为星座计划的"猎户座"太空舱开展系统工程分析工作。自 2001 年以来,她一直为 NASA 提供一些支撑性技术研究,并对其空间科学任务的提案和研发项目提供技术评估。Wahl 于 1986 年获得美国加利福尼亚州立大学长滩分校学士学位,1991 年获得拉文大学的硕士学位,她曾担任国家研究委员会下属人类/机器人探索与开发技术委员会的成员。

  Gerald D. Walberg 是美国北卡罗来纳州立大学机械与航空航天工程系退休教授。2000—2009 年,他经营美国沃尔伯格航空航天公司,这是一家专门从事再入气动热力学、轨道优化和行星分析工作的研究型公司。在创建美国沃尔伯格航空航天公司之前,Walberg 博士在 NASA 兰利研究中心开展颠覆性航空航天概念项目的研究工作,并对 Teledyne 能源系统的斯特林放射性同位素电力系统和波音/洛克达因公司的多任务放射性同位素热电发生器系统进行再入过程的安全分析。在 NASA 兰利研究中心工作期间,Walberg 博士在阿波罗防热罩的分析和测试中起到了主导作用,她领导团队完成了辐射耦合流场的第一次严格分析,将这些分析应用于"海盗"号火星探测器、"先驱者"金星计划和"伽利略"号木星探测器任务,并担任"伽利略"号木星探测器热防护罩的飞行成熟度审查委员会主席。他从 NASA 退休后,在美国乔治·华盛顿大学飞行科学进展联合研究所任教。1991—1999 年,他在北卡罗来纳州立大学机械和航空航天工程系担任火星任务研究中心主任,1999 年从该教职岗位退休。1957—1989 年,Walberg 博士在 NASA 兰利研究所中心任职,岗位从研究工程师直至空间部副主任。Walberg 博士于 1956 年从弗吉尼亚理工学院暨州立大学获得航空工程专业学士学位,并于 1961 年从该校获得航空航天工程硕士学位,1974 年从北卡罗来纳州立大学获得航空航天工程专业博士学位。他在国家研究委员会的工作是曾在 NASA 的探索技术开发计划和太空设施审查委员担任委员。

R.1.8 行政人员

Alan C. Angleman 为本次研究任务的负责人,自 1993 年以来一直担任航空航天工程委员会(Aeronautics and Space Engineering Board,ASEB)的高级项目官员,负责指导美国航空运输系统现代化、系统工程和设计系统、航空气象系统、航空器认证标准和程序、商用超声速飞机、太空发射系统的安全、放射性同位素电源系统、NASA 地球和空间科学任务的成本增长以及航空航天研究与技术的其他方面等工作。此前,Angleman 曾在华盛顿地区的咨询公司工作,向美国国防部和 NASA 总部提供工程支持服务。他的职业生涯始于美国海军,在那里担任了 9 年核潜艇军官。他从美国海军学院获得了工程物理专业学士学位,从美国约翰·霍普金斯大学获得了应用物理学的硕士学位。

Joseph K. Alexander 是美国太空研究委员会的高级项目官员。1998—2005 年,他担任太空研究委员会主席。他曾任美国环保局(Environmental Protection Agency,EPA)研究和发展办公室(Office of Research and Development,ORD)科学副助理局长(1994—1998 年)、NASA 戈达德航天飞行中心空间科学部副主任(1993—1994 年)以及 NASA 空间科学与应用办公室空间科学与应用部副助理主任(1987—1993 年)。其他职位包括 NASA 副首席科学家和白宫科技政策办公室高级政策分析师。Alexander 的研究工作是射电天文学和空间物理学。他从威廉玛丽学院获得了物理学硕士学位,并在哈佛商学院完成高级管理课程。

Ian W. Pryke 是美国太空研究委员会的高级项目官员。Pryke 于 2003 年从欧洲航天局(ESA)退休,也是美国乔治梅森大学(GMU)公共政策学院航空航天政策研究中心的高级研究员/助理教授。在欧洲航天局工作期间,他首先是从事数据处理和卫星通信领域的工作,然后在地球观测计划办公室工作,在那里,他参与制定欧洲航天局的遥感计划。1979 年,他调入欧洲航天局位于美国华盛顿特区的办公室,担任美国和加拿大政府与工业界的联络人。他于 1983 年升为该办公室主任。Pryke 从英国伦敦大学获得了物理学专业的学士学位,从美国肯特大学获得了航天电子与通信学院专业的硕士学位。他是 NASA、AIAA 和英国行星际协会的会士,也是国际宇航学院的成员、国际航天大学的创始人和受托人。

Robert L. Riemer 于 1985 年加入国家研究委员会工作,他是美国国家科学院物理和天文部(Board on Physics and Astronomy,BPA)的工作人员,同时也是太空研究委员会的工作人员。他曾担任最近的两次天文学和天体物理学十年调查的高级项目官员,并曾为 BPA 在物理和天文学的许多领域进行研究(1988—2000 年担任该部门的副主任)。在加入国家研究委员会之前,Riemer博士是美国雪佛龙公司的资深项目地球物理学家。他从美国堪萨斯大学获得实验高能物理学博士学位,从威斯康星大学麦迪逊分校获得了物理学和天体物理学学士学位。

John Wendt于2002年加入美国航空航天工程委员会,担任兼职的高级项目官员,曾担任美国空军科学研究办公室和俄亥俄州的提案评估研究总监,并参与了NASA资助的关于探索技术开发计划、创新先进概念(NIAC)和NASA实验室设施的研究。1990—1999年,Wendt博士担任冯·卡门流体动力学研究所(Von Karman Institute,VKI)主任,该研究所是位于比利时布鲁塞尔的北约附属国际研究生和研究机构。他于1964年加入VKI,在成为主任之前,曾担任航空航天部门的负责人及研究部主任。他的研究领域是稀薄气体动力学、跨声速、大攻角的航空动力学和高超声速再入,包括欧洲Hermes航天飞机计划。Wendt博士曾为美国空军、北约和欧洲航天局提供咨询服务,是AIAA会士。Wendt博士从威斯康星大学获得了化学工程专业学士学位,从西北大学获得了机械工程与航天科学专业博士学位。

Maureen Mellody自2002年以来一直是航空航天工程委员会的项目官员,从事与NASA航空研究与发展计划、哈勃空间望远镜维护服务以及其他航空航天项目有关的研究工作。此前,她曾担任美国国会议员Howard L. Berman(D-CA)办公室的2001—2002年度AIP国会科学研究员,主要负责知识产权和技术转让工作。Mellody博士于2001年在美国密歇根大学担任博士后研究科学家。她于1995年从美国弗吉尼亚理工学院获得了物理学学士学位,1997年从密歇根大学获得了应用物理学硕士学位,2000年从密歇根大学获得了应用物理学博士学位。她的研究专长包括声学和音频信号处理。

Catherine A. Gruber是美国太空研究委员会的编辑。她于1995年加入太空研究委员会,担任高级项目助理。Gruber于1998年首次来到国家研究委员会,担任计算机科学和电信委员会的高级秘书,并曾担任美国国家科学院史密森学会国家科学资源中心的外联助理。她曾在国家心理健康研究所细胞生物学实验室担任研究助理(化学家),任职2年。她从马里兰州圣玛丽学院获得了自然科学的学士学位。

Amanda R. Thibault副研究员于2011年加入美国航空航天工程委员会。Thibault 2008年毕业于克瑞顿大学,获得了大气科学学士学位。毕业后,她去了美国得克萨斯理工大学,在那里她研究"龙卷风"和"非龙卷风"超级单体雷暴的闪电演化趋势,并担任教学和研究助理。她参加了2009—2010年的"龙卷风"研究计划(verification of the origins of rotation in tornadoes Experiment2,VORTEX 2)野外作业项目,并从得克萨斯理工大学获得了大气科学硕士学位,她是美国气象学会的会员。

Dionna Williams是美国太空研究委员会的一个项目助理,曾在美国国家科学院行为与社会科学及教育司工作5年。Williams在办公室管理方面有着相当长的职业生涯,曾担任多个项目领域的主管。Williams参加了位于美国科罗拉多斯普林斯的科罗拉多大学学习,主修心理学。

Terri Baker于2009年6月加入美国太空研究委员会,担任高级项目助理,曾在美国国家科学院教育中心工作。她担任过数个管理、行政和协调职位,专注于提高生产力和组织能力。T Baker正在攻读企业管理学士学位。

Rodney Howard于2002年加入美国太空研究委员会担任高级项目助理。在加入美国太空研究委员会之前,他的职业生涯大部分时间都花在医疗行业的工作上,是美国马里兰州兰卡姆博士医院的制药技术专家,以及在位于美国马里兰州杰斯普市的一个医疗中心担任临时中心管理人员。在此期间,他参加了一系列旨在改善管理层与员工关系的品质圈倡议。Howard于1983年从马里兰大学巴尔的摩分校获得了通信专业的学士学位。

Linda Walker自2007年以来一直在美国国家科学院工作。她在去太空研究委员会工作之前,在美国国家科学院学术出版社工作。在她去国家科学院工作之前,曾在弗吉尼亚州福尔斯彻奇市的医疗保健协会工作。Walker拥有28年的行政工作经验。

Anna B. Williams获得美国国家科学院2011年秋季的"克里斯汀·米扎扬科学和技术政策奖学金",从美国东北大学获得有机化学博士。她的博士研究工作主要集中在抑制核受体和辅激活蛋白之间的蛋白质-蛋白质相互作用,而这些蛋白在许多病理反应中都起着关键作用,包括激素反应性的癌症。她的另一项工作内容是开发合成方法学,以便有效地对已知生物活性的化合物进行放射性标记,用作放射性示踪剂。Williams博士从美国迪金森学院获得化学学士学位,辅修获得哲学学士学位,在学校里,她对科学与公共领域之间的互动特别感兴趣。

Michael H. Moloney是美国太空研究委员会和航空航天工程委员会的主席。自2001年加入国家研究委员会以来,Moloney博士曾在美国国家材料咨询委员会,物理学和天文学委员会(Board on Physics and Astronomy,BPA)、制造与工程设计委员会以及经济、治理和国际研究中心任技术负责人。在2010年4月加入美国太空研究委员会和航空航天工程委员会之前,他曾担任BPA副主任、Astro2010度天文和天体物理十年调查的研究总监。除了他在国家研究委员会的专业经验外,Moloney博士在爱尔兰政府任外交官员已有7年以上的经验,并在爱尔兰驻华盛顿特区大使馆、爱尔兰驻纽约联合国代表团以及爱尔兰都柏林外交事务处工作。Moloney是一名物理学家,从爱尔兰都柏林三一学院获得了实验物理学学士学位,并在该校完成博士课题。在本科学习期间,他也获得了物理学Nevin勋章。

R.2 2016版

Todd J. Mosher担任指导委员会联合主席,是美国Syncroness公司的工程副总裁,领导美国Syncroness公司产品开发工程部开发医疗、航空和其他商业产品。Mosher博士拥有25年的工业工程专业经验,曾在两所大学担任教授,指导过载人航天和机器人航天器项目的设计。此前,Mosher博士担任美国SNC公司空间探索系统业务领域的战略机遇部高级总监。他在担任该职务期间,领导并建立与美国洛克希德·马丁公司、联合发射联盟、德雷珀实验室、航空喷气发动机-洛克达因公司、华特迪士尼集团和卢卡斯影业公司建立了战略合作伙伴关系。他指导了NASA商业载人计划下一阶段的提案工作,以及NASA下一个经费总额可能超过50亿美元的商业再补给服务合同。Mosher博士成功地完成NASA前三次乘组人员提案工作,经费超过3.5亿美元。Mosher博士在担任该职位之前,是"追梦者"项目的设计和开发总监,负责管理所有主要分系统的设计团队,以及100多名SNC工程师和承包商的工作人员,同时保持设计和开发的里程碑节点进度,预算不超支。他被《丹佛邮报》评为科罗拉多顶级思想家之一(2012年),并获得科罗拉多大学Kalpana Chawla近代杰出校友奖(2012年)。在SNC公司,他获得了探索者杯管理团队奖(2012年)、SNC年度总监奖(2011年)和技术卓越明星奖(2010年)。Mosher博士拥有美国科罗拉多大学航空航天工程博士学位和硕士学位、亚拉巴马大学亨茨维尔分校系统工程硕士学位、圣地亚哥州立大学航空航天工程学士学位。他曾在美国国家科学院、工程院和医学院从事多项研究,包括上一届NASA技术组合研究的EDL领域负责人。

Liselotte J. Schioler担任指导委员会联合主席,是Schioler Consulting公司的创始人。2016年年初,她从美国国家航空航天研究院(National Institute of Aerospace,NIA)退休,负责美国联邦航空管理局(Federal Aviation Administration,FAA)以及非NASA兰利研究中心政府机构项目。她在基础研究、项目和提案开发、提案咨询和项目管理方面拥有超过30年的经验。在受雇于NIA之前,她曾在联邦政府担任高温结构陶瓷研究人员(美国陆军)和陶瓷/高温材料项目经理(美国空军办公室),以及在一家大型航空航天公司和一家小型高科技企业任职,并经营自己的咨询公司。她曾参加过多个咨询委员会,包括美国能源部(DOE)和NASA,也是2012年NRC审查NASA航天技术路线图草案指导委员会的成员。Schioler博士是美国陶瓷协会的会士。她拥有麻省理工学院(Massachusetts Institute of Technology,MIT)陶瓷科学理学博士学位。

Arden L. Bement, Jr. (NAE)是美国普渡大学David Ross杰出核工程荣誉退休教授。他曾在MIT获得材料科学与工程、核工程的学术任职,在克兰内特管理学院获得材料工程、电气与计算机工程、核工程的学术任职(客座),在美国普渡大学获得工业工程、技术领导与创新的学术任职(客座)。他的政府任职包括 DARPA 材料科学办公室主任、美国国防部负责研究和先进技术的副部长、美国商务部国家标准与技术研究所所长、美国国家科学基金会主任和国家科学委员会成员。他之前的空间科学和技术经验包括负责科学和技术的 TRW 副总裁(1980—1992 年),以及 NASA 技术咨询委员会和空间站专家组委员会成员(在 Daniel Goldin 局长的领导下)。他是美国国家工程院和美国艺术与科学院的成员。他 2011—2015 年参加了全球核探测体系结构的性能指标(主席)、科技全球化:国防部的机遇和挑战(联合主席),以及调整国家核安全局实验室的组织结构以应对 21 世纪的国家安全挑战(成员)NRC 研究。

John C. Brock 是一名独立的美国航空航天技术顾问。他从美国诺斯罗普·格鲁曼航空航天系统公司退休,曾任该公司技术战略和规划总监。在 TRW 公司被美国诺斯罗普·格鲁曼公司收购之前,Brock 博士是该公司空间和技术部门的首席技术专家,也是一名资深科学家,在光电子、高能激光器、空间系统和技术以及技术规划和路线图方面具有专长。Brock 博士在 1980 年加入 TRW 公司之前,是 NASA 喷气推进实验室 NRC 研究员,研究大气光化学。他曾担任美国空军科学顾问委员会成员,并主持该委员会关于小型卫星作战效能的研究。他还曾在美国国防科学委员会的电子设备咨询小组、空军战术应用中心的空间咨询小组以及许多大学光电卓越中心的咨询委员会任职。他是 AIAA 的副会士,2008 年获得美国空军模范文职服务奖章,并于 1995 年担任 TRW/诺斯罗普·格鲁曼公司的高级技术人员,直至退休。Brock 博士在美国华盛顿大学获得化学学士学位,获得加利福尼亚大学伯克利分校化学物理学博士学位。他作为 NASA 战略方向委员会的成员,参与了一项 NRC 研究。

James L. Burch 是美国得克萨斯州圣安东尼奥市西南研究所空间科学与工程部副总裁。他是空间等离子体物理仪器设计和使用方面的专家,曾担任 IMAGE、Rosetta、Dynamics Explorer 1 和 ATLAS-1 空间科学任务的首席研究员,也是 NASA 磁层多尺度任务仪器套件科学团队的首席研究员。他获得了美国圣玛丽大学的物理学学士学位、美国乔治·华盛顿大学的研发管理硕士学位、莱斯大学的空间科学博士学位。他在 NRC 有着广泛的合作历史,曾担任日地物理学研究和监测小型仪器分布式阵列委员会、外日球层探索委员会以及太阳和空间物理委员会的主席,作为月球探索科学背景委员会、NASA 科学任务理事会科学计划审查委员会、太阳和空间物理在 NASA 空间探索倡议中的作用评估委员会的成员,以及在下列委员会或专家组任职:空间研究委员会的太阳和空间物理委员会:未来的行业评估和战略、太阳风-磁层相互作用小组、太阳和空间物理委员会,以及空军科学研究办公室的大气科学审查小组。

Stephen Gorevan 是纽约蜜蜂机器人航天器机构公司的董事长兼联合创始人。蜜蜂机器人航天器机构公司是 NASA 和美国国防部高级机器人研究和开发的供应商,也是航天器分系统的供应商。美国蜜蜂机器人航天器机构公司已经生产了"凤凰"号着陆器土壤采集装置、火星探测车岩石磨损工具,以及"好奇"号火星车上的除尘工具和样本处理系统等设备。在 Gorevan 的带领下,蜜蜂机器人航天器机构公司已经成为与行星科学界紧密合作的行业研发伙伴,并专注于为未来的彗星、小行星、月球、火星、金星和外行星任务开发采样采集和控制系统。Gorevan 还指导美国蜜蜂机器人航天器机构公司支持 DARPA 使用机器人进行在轨服务操作。Gorevan 拥有美国纽约大学音乐学士学位和纽约城市学院机械工程学士学位。他曾担任美国 NRC 指导委员会的成员,负责载人与机器人探索及太空开发方面的技术开发问题。

Charles L. Isbell, Jr. 是美国佐治亚理工学院计算学院高级副院长,主要从事人工智能方面的研究。特别是,他专注于应用统计机器学习来构建必须与大量其他智能体(其中一些可能是人类)一起生活和交互的自主智能体。最近,Isbell 博士将精力转向自适应建模研究,尤其是活动发现(与活动识别不同)、可扩展协调,以及支持自适应智能体快速原型化的开发环境。因此,他开始开发自适应编程语言,担心软件工程问题,并试图理解将机器学习工具带给非专业作者、设计师和开发人员意味着什么。Isbell 博士曾在美国国家科学院担任 3 年的卡夫利研究员,并获得了 NSF 杰出青年奖(NSF Career)和 DARPA 计算机科学研究组(Computer Science Study Group, CSSG)青年研究人员奖。他在关于自主智能体和机器学习的国际会议上发表了最好的论文,曾在 ICML、NIPS、RoboCup、Tapia 和 NAS 科学前沿研讨会等组织委员会任职,并组织过多个会议。Isbell 博士拥有 MIT 计算机科学博士学位,以前没有担任过 NRC 研究委员会的成员。

H. Jay Melosh,见 R.1.1 指导委员会。

David P. Miller,见 R.1.3 机器人、通信与导航专家组。

Daniel O'Shaughnessy 是美国约翰·霍普金斯大学应用物理实验室的主要专业人员之一。在 JHU/APL,O'Shaughnessy 担任"信使"号水星任务的任务系统工程师。在这个职位上,他负责与该项目有关的所有技术事务,包括航天器的健康、安全和可操作性、地面系统、运维和科学规划。他在一个新的任务终止阶段成功地完成了两次拓展任务,使用非常规推进剂使探测器在前所未有的高度观测水星,从而实现了对这颗行星全新和独特的科学研究。他的研究兴趣包括在航天器中实际使用自主性,以及使用建模与仿真技术来降低空间任务的运营成本和复杂性。此前,O'Shaughnessy 曾担任"信使"号的制导和控制团队负责人,他率先利用太阳帆减少行星飞越风险。他还领导了 APL 开发自主空气制动技术的工作,通过仿真证明空气制动任务成本可以大幅降低。由于在太阳帆方面的工作,他成为首届海因莱茵奖获得者。O'Shaughnessy 于 2000 从美国密苏里大学获得机械与航空工程硕士学位。他曾在海军研究咨询委员会任职，评估自主技术的现状及其对海军的潜在好处，目前是 OSIRIS REx 项目常设审查委员会的成员。

Torrey Radcliffe 是美国航空航天公司空间架构部的副主任。Radcliffe 博士面向国家安全和民用航天机构，带领团队在体系架构和飞行器层面上对航天系统进行概念设计研究和独立分析。虽然涉及所有类型的航天系统，但他感兴趣的主要领域是运载火箭和载人航天。Radcliffe 博士整个职业生涯都在航空航天公司工作，也曾在美国加利福尼亚大学洛杉矶分校担任多年的讲师。目前他还担任 IEEE 航空航天会议管理、系统工程和成本跟踪委员会的联合主席。他在 MIT 获得了航空航天博士学位，以前未承担过 NRC 工作。

John R. Rogacki，见 R.1.2 推进剂与电源专家组。

Julie A. Shah 是美国麻省理工学院（MIT）航空航天系副教授，是该校计算机科学和人工智能实验室的交互式机器人研究团队负责人。Shah 博士毕业于麻省理工学院，从该校获得了航空航天系的学士学位（2004 年）和硕士学位（2006 年），以及自主系统博士学位（2010 年）。她在入职 MIT 之前，曾在美国波音公司研究技术部工作，研究机器人技术在航空航天制造业中的应用。她开发了创新方法，在时间关键、安全关键的领域，从制造到外科手术再到太空探索，实现流畅的人–机器人团队合作。她的团队利用人工智能、人因工程和系统工程方面的专业知识，开发出交互式机器人，模拟人类团队成员的素质，以提高人–机器人团队合作的效率。2014 年，Shah 博士因在"面向团队环境的人类意识自主性"方面的工作获得了美国国家科学基金会的"杰出青年奖"（NSF CAREER award），并被《麻省理工科技评论》TR35 评选为 35 岁以下世界顶尖创新者之一。她在工业人机协作方面的工作也被《麻省理工科技评论》评为 2013 年 10 项突破性技术之一，并获得了美国 AIAA 自动规划与调度国际会议、IEEE/ACM 人机交互国际会议、机器人学国际研讨会以及人因工程学会的提名，以最佳论文奖的形式获得了国际认可。Shah 博士曾在美国陆军研究实验室的 NAE 2013 信息科学专家组任职。

Alan M. Title 见，R.1.4 仪器与计算专家组。

附录 S
2020年NASA技术分类

2019年年底，NASA在其官网发布了《2020 NASA 技术分类》报告。该报告将 NASA 在航空、科学与航天等领域的技术开发活动按技术学科分成 17 个技术领域进行了梳理，主要用于指导 NASA 技术管理过程。

S.1 什么是 NASA 技术分类

NASA 通过拓宽航空、科学和航天领域的知识和能力，参与各种技术开发活动，以实现 NASA 任务目标。为了对这种广泛而多样的技术组合进行有效管理和交流，NASA 使用了一种技术分类法。该分类法可以确定、组织并交流与推动 NASA 任务实施相关的技术领域。

2020 年 NASA 技术分类法提供了一种体系架构，用于阐明未来航天任务和支持商业航空旅行所需的技术学科。2020 年修订版由 17 个不同的基于技术学科的分类法（Taxonomies，TX）组成，它们为每个技术领域提供了细分结构。技术分类方法是使用三级层次结构对技术类型进行分组和组织。1 级代表技术领域，即该领域的名称（例如 TX01：推进系统）；2 级是子领域列表（例如 TX01.1 化学空间推进）；3 级对子领域内的技术类型进行分类（例如 TX1.1.1 集成系统与辅助技术）。还包括一个示例技术部分，该部分提供了相关技术的非详尽示例。

分类法是 NASA 技术管理过程的一个基本要素。NASA 的任务理事会参考分类法来征求建议，并为 NASA 的技术政策、优先顺序和战略投资决策提供支撑信息。投资细节可在 TechPort 中进行查找与追溯，TechPort 是 NASA 的综合技术数据源和决策支持工具。TechPort 使用分类法来组织 NASA 支持的众多不同的技术项目。

S.2 NASA 技术分类的历史

2020 年 NASA 技术分类是技术管理演变过程的一部分，它始于 2010 年起草的技术路线图和技术领域分解结构,随后在 2012 年和 2015 年进行了更新。

NASA 制定技术路线图的工作始于 2010 年,当时确定了 14 个航天技术领域,包括顶级技术挑战和相关的航天任务。技术路线图和相关技术领域分解结构的最终版本于 2012 年 4 月发布。

2015 年技术路线图增强并扩展了 2012 年技术路线图的技术领域分解结构,以响应 NASA 不断变化的任务需求、技术进步,以及 NRC 和其他利益相关者提出的改进建议。NASA 开始努力更新技术路线图,确定如何改进开发过程、技术路线图范围和内容。2015 年技术路线图及其技术领域分解结构包括多项改进,如范围扩大和标准化程度提高。

2020 年的修订过程始于 2017 年,由 NASA 的中心技术委员会、首席技术专家办公室以及来自多部门的主题专家牵头,对 2015 年的技术领域分解结构进行了审查。会议决定,2020 年修订版将技术领域分解结构与技术路线图分开,并纳入一种基于技术学科的分类方法,以便将类似的技术整合到一个技术领域中。

S.3 2020 版的新内容

更新后的 2020 年 NASA 技术分类反映了向基于技术学科调整技术领域的结构的转变。为实现这一转变,2020 修订版保留、修改并引入了新的第 1 层级和第 2 层级技术领域,同时分解其他领域并将其与现有领域相结合。新的结构扩展到 17 个技术领域,并用该部分的无编号示例技术列表取代了之前的第 4 层级"候选技术"。2020 年的更新还包括与 NASA 相关的新技术,如网络安全和人工智能的进步。

以下是 2015 年技术领域分解结构在新分解结构中的主要变化:

(1) 在每个 TX 的末尾添加了第 2 层级部分,以体现 TX 中其他地方没有明确介绍但明显属于 TX 部分的技术(例如 TX01.X、TX02.X 等);

(2) 保留并更新了交叉部分(TX00),增加了 TX 1—17 中未明确说明的涉及多个 TX 领域的系统;

(3) 将 TA01 发射推进系统和 TA02 空间推进技术合并为一个领域,即 TX01 推进系统,并包括在大气系统中应用的推进元件;

(4) 创建了 TX02 飞行计算和航电设备;

(5) 将 TA04 机器人和自主系统拆分成两个不同的技术领域:TX04 机器人和 TX10 自主系统;

(6) 删除 TA10 纳米技术,纳米技术现在酌情出现在其他技术领域(如纳米推进剂放在 TX01 推进系统中);

（7）将 TA15 航空拆分成 TX15 飞行器系统和 TX16 空中交通管理系统,酌情将其他航空技术纳入其他技术领域;

（8）创建了 TX17 制导、导航与控制。

S.4　17 个分类领域

TX01:推进系统。本领域涵盖化学和非化学推进系统或其相关辅助系统的技术,用于推进、地面发射推进或空间推进应用场景。

TX02:飞行计算和航电设备。这一领域涵盖了应用于航天或航空飞行系统的独特电子设备和计算硬件。

TX03:航天电源和能量储存。该领域涵盖电源系统的不同组成部分:发电、储能、电源管理和配电,这些都需要技术改进,以实现或增强 NASA 的任务。

TX04:机器人系统。该领域涵盖了机器人系统的技术,这些技术可用作科学探索、载人航天任务前的先驱探险家、乘员助手、EVA 移动辅助设备,以及无人值守设施的看管者。

TX05:通信、导航、轨道碎片跟踪与表征系统。这一领域涵盖了为人类探索任务传输命令、航天器遥测数据、任务数据和语音的技术,同时保持准确的计时和提供导航支持。轨道碎片可以通过一些用于航天器通信和导航的相同系统以及其他专门系统进行跟踪与表征。

TX06:乘员健康、生命保障与居住系统。该领域包括与人类因素相关的技术,以及直接影响乘组人员生存和健康需求的技术,包括乘组人员遇到的环境和接口。

TX07:探索目的地系统。这一领域涵盖了与在太空中成功开展活动相关的广泛技术,从任务操作到原位资源利用。

TX08:传感器与仪器。该领域涵盖仪器与传感器技术,包括远程观测能力。

TX09:进入、下降与着陆。该领域涵盖了实现当前和未来任务所需的进入、下降与着陆技术。

TX10:自主系统。这一新领域涵盖了(在机器人、航天器或飞机的背景下)使系统能够在不受外部控制的动态环境中运行的技术。

TX11:软件、建模、仿真和信息处理。该领域包括建模、仿真、信息技术以及软件技术,这些技术可以提高 NASA 对物理世界的理解和掌握,是 NASA 任务范围内新解决方案范例的基础。

TX12:材料、结构、机械系统与制造。该领域包括开发具有改进或综合性能的新材料、使用材料满足系统性能要求的结构,以及创新的制造工艺。

TX13:地面、测试与表面系统。该领域涵盖在地球和其他行星地表上准备、组装、验证、执行、支持和维护航空航天活动和操作的技术。

TX14：热管理系统。该领域涵盖获取、输送和排出热量的技术，以及隔热和控制热量流动以将温度保持在规定范围内的技术。

TX15：飞行器系统。该领域涵盖航空科学和飞行力学技术。航空科学是对飞行器和部件大气飞行性能和流动质量的预测，以实现稳健高效的飞行器开发，达到性能要求，同时最大限度地减少对环境的影响。飞行力学提供对飞行器动力学、轨迹和性能进行分析、预测、测量和测试的技术。

TX16：空中交通管理和航程跟踪系统。该领域涵盖安全和自动化技术，包括用于未来规划和运营的具有深远影响的概念和技术，以及安全扩展航空运输和商业航天整合能力和使用范围的技术。

TX17：制导、导航与控制。该领域涵盖了实现新任务的独特GN&C系统技术；降低成本、进度、质量或功率，同时保持或改善GN&C性能，提高系统安全性和寿命，或者减少航天飞行器运行对环境的影响。

技术名称	收益	与NASA需求的一致性	与非NASA的航天技术需求的一致性	与非航天的国家需求的一致性	技术风险与合理性	排序与进度	所需付出的时间与投入	加权重后的QFD分数	专家组给出的优先级
权重	27	5	2	2	10	4	4		
	0/1/3/9	0/1/3/9	0/1/3/9	0/1/3/9	1/3/9	-9/-3/-1/1	-9/-3/-1/0		
	收益	与目标一致性			风险/难度				
1.1.1（固体火箭）推进剂	1	3	3	0	3	-1	-1	70	L
1.2.1 液氢/液氧基	1	9	9	0	3	1	-3	112	M
1.3.1 涡轮基组合循环	3	9	9	0	3	-3	-3	150	H

图 3.1　QFD 得分汇总矩阵示例（来自 TA01 的 3 项技术及其 QFD 分数）

技术名称	收益	与NASA需求的一致性	与非NASA的航天技术需求的一致性	与非航天的其他国家需求的一致性	技术风险与合理性	排序与进度	所需付出的时间与投入	加权重后的QFD分数	专家组给出的优先级
权重	27	5	2	2	10	4	4		
	0/1/3/9	0/1/3/9	0/1/3/9	0/1/3/9	1/3/9	-9/-3/-1/1	-9/-3/-1/0		
	收益	与需求的一致性			风险/难度				
1.1.1（固体发动机）推进剂	1	3	3	0	3	-1	-1	70	L
1.1.2（固体发动机）壳体材料	1	3	3	0	3	-1	-1	72	L
1.1.3（固体发动机）喷管系统	1	3	3	0	3	-3	-1	62	L
1.1.4 混合发动机推进系统	1	3	3	0	3	-3	-3	54	L
1.1.5 基础性固体推进技术	1	9	3	0	3	-1	-1	92	M
1.2.1 液氢/液氧基	1	9	9	0	3	1	-3	112	M
1.2.2 液氢/煤油基	1	9	9	0	3	1	-3	112	M
1.2.3 液氢/甲烷基	1	3	3	0	3	-3	-3	54	L
1.2.4 爆震波发动机（闭式循环）	1	3	3	0	3	-3	-3	54	L
1.2.5（液体发动机）推进剂	1	9	3	1	3	-1	-1	94	M
1.2.6 基础性液体推进技术	1	9	3	1	3	-1	-1	94	M
1.3.1 涡轮基组合循环	3	9	9	0	3	-3	-3	150	H
1.3.2 火箭基组合循环	3	9	9	0	3	-3	-3	150	H
1.3.3 爆震波发动机（开式循环）	1	3	3	0	3	-3	-3	54	L
1.3.4 涡轮基喷气发动机（返回式助推器）	1	3	1	0	3	-3	-3	50	L
1.3.5 冲压发动机/超燃冲压发动机（加速器）	1	3	3	0	3	-3	-1	39	L
1.3.6 深冷空气循环	1	3	3	0	3	-1	-1	62	L
1.3.7 空气采集及压缩系统	1	3	1	0	3	-1	-1	58	L
1.3.8 基础性吸气式推进技术	1	3	3	1	3	-1	-1	64	L
1.4.1 辅助控制系统	1	9	3	0	3	-1	-1	100	M
1.4.2 主推进系统（不包括发动机）	1	9	3	0	3	-1	-1	100	M
1.4.3 发动中止系统	3	3	1	0	3	-1	-1	112	M
1.4.4 推力矢量控制系统	1	9	3	0	3	-1	-1	100	M
1.4.5 健康管理与传感器	1	9	3	1	3	-1	-1	102	M
1.4.6 火工和分离系统	1	9	3	0	3	-1	-1	100	M
1.4.7 基础性辅助推进技术	1	9	3	0	3	-3	-1	92	M
1.5.1 地面发射辅助	1	3	3	1	3	-1	-3	56	L
1.5.2 空中发射和投放系统	1	3	3	0	3	-1	-3	54	L
1.5.3 空间系绳辅助（用于发射）	0	3	1	0	1	-3	-3	3	L
1.5.4 束能和能量注入	1	3	1	1	1	-3	-1	32	L
1.5.5 核动力	0	0	0	0	1	-3	-9	-38	L
1.5.6 高能量密度材料和推进剂	1	3	3	0	1	-3	-1	44	L

图 D.1　TA01 发射推进系统 QFD 矩阵

注：图中所有高优先级技术的优先级认定依据详见"高优先级的第 3 层级具体技术"
一节内容。H 代表高优先级，M 代表中等优先级，L 代表低优先级。

彩 1

技术名称	收益	与NASA需求的一致性	与非NASA的航天技术需求的一致性	与非航天的其他国家需求的一致性	技术风险与合理性	排序与进度	所需付出的时间和投入	加权重后的QFD分数	专家组给出的优先级
权重	27	5	2	2	10	4	4		
	0/1/3/9	0/1/3/9	0/1/3/9	0/1/3/9	1/3/9	-9/-3/-1/1	-9/-3/-1/0		
1.1.1 (固体火箭)推进剂	1	3	3	0	3	-1	-1	70	L
1.1.2 (固体火箭)壳体材料	1	3	3	1	3	-1	-1	72	L
1.1.3 (固体火箭)喷管材料	1	3	3	0	3	-3	-1	62	L
1.1.4 混合火箭推进系统	1	3	3	0	3	-3	-3	54	L
1.1.5 基础性固体推进技术	1	9	3	1	3	-3	-1	92	M
1.1.6 集成固体发动机系统	3	3	3	0	3	-3	-1	116	M
1.1.7 衬层和绝缘层	3	3	3	1	3	-1	-1	126	M
1.2.1 液氢/液氧基	1	9	9	0	3	-1	-3	112	M
1.2.2 液氧/煤油基	1	9	9	0	3	-1	-3	112	M
1.2.3 液氧/甲烷基	1	3	3	0	3	-3	-3	54	L
1.2.4 爆震波发动机(闭式循环)	1	3	3	0	3	-3	-3	54	L
1.2.5 (液体火箭)推进剂	1	9	3	1	3	-3	-1	94	M
1.2.6 基础性液体推进技术	1	9	3	1	3	-3	-1	94	M
1.3.1 涡轮基组合循环	3	9	9	3	3	-3	-3	150	H
1.3.2 火箭基组合循环	3	9	9	0	3	-3	-3	150	H
1.3.3 爆震波发动机(开式循环)	1	3	3	0	3	-3	-3	54	L
1.3.4 涡轮基喷气发动机(返回式助推器)	1	3	1	0	3	-3	-3	50	L
1.3.5 冲压发动机/超燃冲压发动机(加速器)	1	0	3	0	3	-3	-3	39	L
1.3.6 深冷空气循环	1	3	3	0	3	-3	-1	62	L
1.3.7 空气采集及压缩系统	1	3	1	0	3	-3	-1	58	L
1.3.8 基础性吸气式推进技术	1	3	3	1	3	-1	-1	64	L
1.4.1 辅助控制系统	1	9	3	1	3	-1	-1	100	M
1.4.2 主推进系统(不包括发动机)	1	9	3	1	3	-1	-1	100	M
1.4.3 发射中止系统	3	3	1	0	3	-1	-3	112	M
1.4.4 推力矢量控制系统	1	9	3	0	3	-1	-1	100	M
1.4.5 健康管理与传感器	1	9	3	1	3	-1	-1	102	M
1.4.6 火工和分离系统	1	9	3	0	3	-1	-1	100	M
1.4.7 基础性辅助推进技术	1	9	3	3	3	-3	-3	92	M
1.5.1 地面发射辅助	1	3	3	1	3	-3	-3	56	L
1.5.2 空中发射和投放系统	1	3	3	0	3	-3	-3	54	L
1.5.3 空间系绳辅助(用于发射)	0	3	1	0	1	-3	-3	32	L
1.5.4 束能和能量注入	1	3	3	0	1	-3	-3	32	L
1.5.5 核动力	0	0	0	0	1	-9	-3	-38	L
1.5.6 高能量密度材料和推进剂	1	3	3	1	1	-3	-3	44	L
1.6.1 超压气球	3	9	3	1	3	-1	-1	136	M
1.6.2 材料	1	9	3	1	3	-1	0	86	L
1.6.3 指向系统	1	9	3	1	3	-1	-1	82	L
1.6.4 遥测系统	1	9	3	1	3	-1	-1	82	L
1.6.5 气球轨迹控制	3	9	1	0	3	-1	-1	142	M
1.6.6 电力系统	1	9	3	3	3	-1	0	86	L
1.6.7 机械系统：发射系统	1	3	3	1	3	-1	-1	52	L
1.6.8 机械系统：降落伞	1	3	3	1	3	-1	0	56	L
1.6.9 机械系统：漂浮装置	1	3	3	1	3	-3	-1	44	L

图 D.4 （见彩图）2016版TA01发射推进系统的质量功能展开(QFD)得分汇总矩阵
H代表高优先级；M代表中优先级；L代表低优先级。

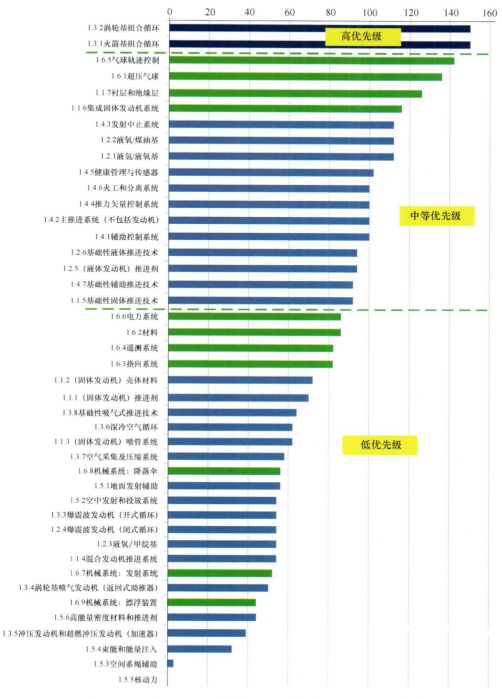

图 D.5　TA01 发射推进系统 QFD 得分排名(新评估的技术以绿色表示)

技术名称	收益	与NASA需求的一致性	与非NASA的航天技术需求的一致性	与航天的国家需求的一致性	技术风险与合理性	排序与进度	所需付出的时间和投入	加权最后给出QFD分数	专家组给出的优先级
权重	27	5	2	2	10	4	4		
	0/1/3/9	0/1/3/9	0/1/3/9	0/1/3/9	1/3/9	-9/-3/-1/-1	-9/-3/-1/0		
	收益	与需求的一致性			风险/难度				
2.1.1 可储存液体(非低温)推进	1	9	3	0	3	-1	-1	100	M
2.1.2 低温液体推进	3	3	1	0	3	-1	-3	120	M
2.1.3 凝胶推进	1	3	3	0	3	-3	-1	58	L
2.1.4 固体推进	1	3	3	0	3	-1	-1	58	L
2.1.5 混合式推进(固体和液体)	1	3	3	0	3	-1	-1	58	L
2.1.6 冷气/热气(推进)	1	3	3	0	1	-1	-1	38	L
2.1.7 微推进	3	3	3	0	3	-1	-1	132	H*
2.2.1 电推进	9	9	9	0	9	-1	-3	388	H
2.2.2 太阳帆推进	1	1	1	0	1	-1	-1	20	L
2.2.3 (核能)热推进	9	3	1	0	3	-1	-1	274	H
2.2.4 绳系推进	3	1	1	0	3	-1	-1	104	L
2.3 先进(TRL 3)推进技术	0	0	0	0	0	0	0	0	L
2.4.2 推进剂储存与输送	9	3	1	1	9	-1	-1	344	H

图 E.1 TA02 空间推进技术 QFD 矩阵

注:图中所有高优先级技术的优先级认定依据详见"高优先级的第3层级具体技术"一节内容;H 代表高优先级,H* 代表调整为高优先级(不采用 QFD 分数),M 代表中优先级,L 代表低优先级。

技术名称	收益	与NASA需求的一致性	与非NASA的航天技术需求的一致性	与航天的国家需求的一致性	技术风险与合理性	排序与进度	所需付出的时间和投入	加权最后给出QFD分数	专家组给出的优先级
权重	27	5	2	2	10	4	4		
	0/1/3/9	0/1/3/9	0/1/3/9	0/1/3/9	1/3/9	-9/-3/-1/-1	-9/-3/-1/0		
	收益	与需求的一致性			风险/难度				
3.1.1 能量采集	1	3	3	3	3	-1	-1	60	L
3.1.2 化学能发电(燃料电池、热力发动机)	3	3	3	3	3	-1	-1	130	M
3.1.3 太阳能发电(光伏发电和太阳能热发电)	9	9	9	9	3	-1	-3	406	H
3.1.4 放射性同位素发电	3	3	1	1	3	-1	-3	122	H*
3.1.5 核裂变发电	9	3	1	1	9	-1	-3	374	H
3.1.6 核聚变发电	0	1	1	1	1	-9	-9	-39	L
3.2.1 电池	3	9	9	9	3	-1	-3	192	H
3.2.2 飞轮	1	3	3	3	3	-1	-1	76	L
3.2.3 再生燃料电池	1	1	3	3	1	-1	-3	50	L
3.2.4 电场和磁场储能	1	1	3	3	1	-1	-1	64	L
3.2.5 热能储存	1	3	3	3	3	-1	-3	118	M
3.3.1 故障检测、隔离与恢复	1	9	9	9	3	-1	-1	118	M
3.3.2 管理与控制	1	9	9	9	3	-1	-1	118	M
3.3.3 配电与传输	3	9	9	9	9	-3	-3	216	H
3.3.4 无线电能传输	1	3	3	3	1	-1	-1	60	L
3.3.5 (功率)变换和调节	3	9	9	9	3	-3	-3	216	H
3.4.1 分析工具	1	9	9	9	3	-1	0	106	M
3.4.2 绿色能源影响	1	1	1	1	1	-1	-1	54	L
3.4.3 多功能结构	1	3	9	9	3	-3	-1	102	M
3.4.4 特代燃料	1	3	3	3	1	-3	-1	52	L

注:图中所有高优先级技术的优先级认定依据详见"高优先级的第3层级具体技术"一节内容; H 代表高优先级,H* 代表调整为高优先级(不采用 QFD 分数),M 代表中等优先级,L 代表低优先级。

图 F.1 TA03 空间电源与能量储存 QFD 矩阵

技术名称	收益	与NASA需求的一致性	与非NASA的航天技术需求的一致性	与非航天的国家需求的合理性	技术风险与难度	排序与进度	所需付出的时间与投入	加权重后的QFD分数	专家组给出的优先级
权重	27	5	2	2	10	4	4		
	0/1/3/9	0/1/3/9	0/1/3/9	0/1/3/9	1/3/9	-9/-3/-1/1	-9/-3/-1/0		
	收益	与需求的一致性			风险/难度				
4.1.1 视沉(包括主动照明)	3	9	3	3	3	-3	-1	152	M
4.1.2 触觉感知	3	3	1	1	3	-3	-1	114	M
4.1.3 自然特征图像识别	1	3	1	1	3	-3	-1	60	L
4.1.4 定位与地图构建	3	3	3	1	3	-3	-1	118	M
4.1.5 姿态估计	1	3	1	0	3	-3	-1	58	L
4.1.6 多传感器数据融合	3	9	9	9	3	-3	-1	176	M
4.1.7 移动特征跟踪与识别	3	3	1	1	3	-3	-1	114	M
4.1.8 地形分类与描述	3	3	1	1	3	-3	-3	106	M
4.2.1 极端地形移动	3	9	0	1	9	-3	-1	194	H
4.2.2 地表之下移动	3	3	0	1	3	-9	-3	80	L
4.2.3 地表之上移动	3	3	1	1	3	-3	-1	112	M
4.2.4 小天体上/微重力环境中移动	3	3	1	0	3	-3	-1	112	H*
4.3.1 机械臂	1	3	1	1	3	-3	-1	60	L
4.3.2 灵巧操控	3	3	1	3	9	-3	-1	208	H
4.3.3 接触动力学建模	1	3	1	1	3	-3	-1	60	L
4.3.4 移动操控	1	3	1	1	3	-3	-1	120	M
4.3.5 协同操控	3	3	1	3	9	-3	-1	178	M
4.3.6 机器人钻孔和样品处理	3	9	0	3	9	-3	-1	194	H
4.4.1 多模式样-系统交互	3	3	1	1	3	-3	-1	144	M
4.4.2 遥控	3	3	1	3	9	-3	-3	204	H
4.4.3 机器人-航天服接口	1	3	1	1	3	-3	-1	60	L
4.4.4 意图识别与反应	1	3	1	1	3	-3	-1	56	L
4.4.5 分布式协同	3	3	1	1	3	-3	-3	144	M
4.4.6 通用人-机接口	1	3	1	1	3	-3	-1	64	L
4.4.7 机器人/航天员接近操作的安全、信任和接口	3	9	3	3	3	-3	-1	156	M
4.5.1 探测器系统管理和FDIR	3	9	3	3	3	-3	-3	216	H
4.5.2 动态规划和排序工具	3	3	3	3	3	-3	-1	152	M
4.5.3 自主制导与控制	3	3	3	1	3	-1	-1	160	M
4.5.4 多智能体协同	3	3	1	1	3	-3	-1	126	M
4.5.5 可变自主性	3	9	3	1	3	-3	-1	164	M
4.5.6 地形相对导航	3	3	1	1	3	-3	-1	122	M
4.5.7 不确定性路径和运动规划	1	3	1	1	3	-3	-1	64	L
4.6.1 相对导航传感器(远程、中程和近程)	3	3	1	0	3	-3	-1	142	M
4.6.2 相对制导算法	9	9	1	0	3	-3	-1	304	H
4.6.3 对接与捕获机构/接口	9	9	1	0	3	-3	-1	304	H
4.7.1 模块化/通用化	3	9	3	1	3	-3	-1	144	M
4.7.2 复杂自适应系统验证与确认	3	9	9	9	3	-3	-1	168	M
4.7.3 机载计算	3	9	9	1	3	1	-3	176	M

图 G.1　TA04 机器人、遥操作机器人与自主系统 QFD 得分汇总矩阵

注：图中所有高优先级技术的优先级认定依据详见"高优先级的第 3 层级具体技术"一节内容；H 代表高优先级，H* 代表调整为高优先级(不采用 QFD 分数)，M 代表中等优先级，L 代表低优先级。

技术名称	权重	收益 27 0/1/3/9	与NASA需求的一致性 5 0/1/3/9	与非NASA的航天技术需求一致性 2 0/1/3/9	与非航天的其他国家需求的合理性 2 0/1/3/9	技术风险与难度 10 1/3/9	排序与进度 4 -9/-3/-1/1	所需付出的时间和投入 4 -9/-3/-1/0	加权值后的QFD分数	专家组给出的优先级
4.1.1 视觉(包括主动照明)		3	3	1	3	3	-3	-1	152	M
4.1.2 触觉感知		3	3	1	1	3	-3	-1	114	L
4.1.3 自然特征图像识别		1	3	1	1	3	-3	-1	60	L
4.1.4 定位与地图构建		3	3	1	1	3	-1	-1	118	L
4.1.5 姿态估计		1	3	1	0	3	-3	-1	58	L
4.1.6 多传感器数据融合		3	3	3	3	3	-3	-1	176	M
4.1.7 移动特征跟踪与识别		1	3	1	1	3	-3	-1	60	L
4.1.8 地形分类与描述		3	3	1	1	3	-3	-1	106	M
4.2.1 极端地形移动		3	3	0	1	3	-3	-3	194	H
4.2.2 地表之下移动		3	3	0	1	3	-9	-1	80	L
4.2.3 地表之上移动		3	3	0	1	3	-3	-1	112	M
4.2.4 小天体上/微重力环境中移动		3	3	1	1	3	-3	-1	112	H*
4.2.5 地表移动		3	9	1	3	3	-9	-3	116	M
4.2.6 机器人导航		3	3	9	9	3	-9	-1	124	M
4.2.7 协同移动		0	0	3	3	3	-9	-1	-18	L
4.2.8 移动性组件		3	9	1	9	3	-9	0	140	M
4.3.1 机械臂		1	3	1	1	3	-3	-1	60	L
4.3.2 灵巧操控		3	3	3	3	9	-3	-1	208	H
4.3.3 接触动力学建模		1	3	1	1	3	-3	-1	60	L
4.3.4 移动中操控		1	3	1	1	9	-3	-1	120	L
4.3.5 协同操控		3	3	1	1	9	-3	-1	178	M
4.3.6 机器人钻孔和样品处理		3	3	0	3	3	-3	-3	194	H
4.3.7 抓捕		3	3	1	0	9	-1	-1	210	H
4.4.1 多模式人-系统交互		3	3	1	1	3	-3	-1	144	M
4.4.2 遥控		3	3	3	3	3	-3	-3	204	M
4.4.3 接近交互		1	3	0	3	3	-3	-1	62	L
4.4.3 机器人-航天服接口		1	3	1	1	3	-3	-1	60	L
4.4.4 意图识别和反应		1	3	1	1	3	-1	-1	56	L
4.4.5 分布式协同		3	3	1	1	3	-3	-1	144	M
4.4.6 通用人-机接口		1	3	1	1	3	-3	-1	64	L
4.4.7 机器人/航天员接近操作的安全、信任和接口		3	3	1	1	3	-3	-1	156	M
4.4.8 远程交互		3	9	2	3	3	-1	-1	180	H
4.5.1 探测器系统管理和FDIR		3	3	1	1	9	-3	-1	216	M
4.5.2 动态规划和排序工具		3	3	1	1	3	-3	-1	152	M
4.5.3 自主制导与控制		3	3	1	1	3	-1	-1	160	M
4.5.4 多智能体协同		3	3	1	1	3	-3	-1	126	M
4.5.5 可变自主性		3	3	1	1	3	-1	-1	164	M
4.5.6 地形相对导航		3	3	1	1	3	-1	-1	122	M
4.5.7 不确定性路径和运动规划		1	3	1	1	3	-3	-1	64	L
4.5.8 决策自动化数据分析		3	3	1	1	3	-9	-1	44	L
4.6.1 相对导航传感器(远程、中程和近程)		3	9	1	0	3	-3	-1	142	M
4.6.2 相对制导算法		3	9	1	1	9	-3	-1	304	H
4.6.3 对接与捕获机构/接口		3	9	1	1	9	-3	-1	304	H
4.7.1 模块化/通用化		3	3	1	1	3	-3	-1	144	M
4.7.2 复杂自适应系统验证与确认		3	3	1	1	3	-3	-1	168	M
4.7.3 机载计算		3	3	1	1	3	-3	-1	176	M
4.7.3 机器人建模与仿真		1	3	1	1	3	-3	-3	90	L
4.7.4 机器人软件		3	3	3	1	3	-3	-3	122	M
4.7.5 安全性和信任		3	9	3	9	3	-3	-3	156	M

图 G.4 2016 年 TA04 机器人与自主系统 QFD 矩阵

注：图中所有高优先级技术的优先级认定依据详见"高优先级的第 3 层级具体技术"一节内容；H 代表高优先级，H* 代表调整为高优先级(不采用 QFD 分数)，M 代表中等优先级，L 代表低优先级。

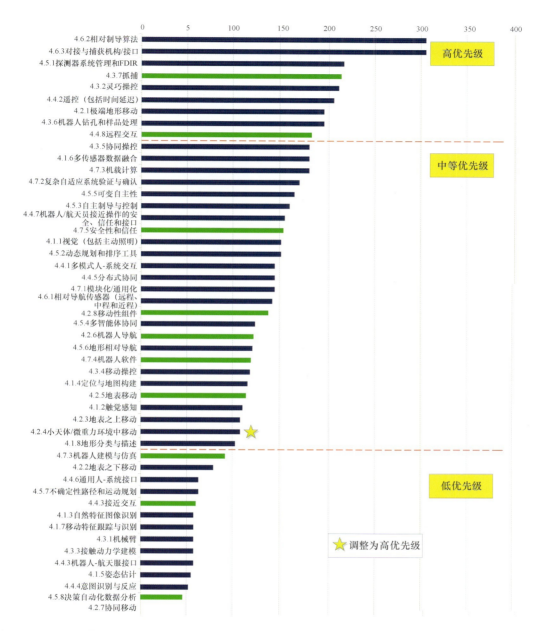

图 G.5　2016 年 TA04 机器人、遥操作机器人与自主系统 QFD 得分排名

技术名称	收益	与NASA需求的一致性	与NASA的航天技术需求的一致性	与非NASA的其他国家需求的一致性	技术风险与合理性	排序与进度	所需付出的时间与投入	加权重后的QFD分数	专家组给出的优先级
权重	27	5	2	2	10	4	4		
	0/1/3/9	0/1/3/9	0/1/3/9	0/1/3/9	1/3/9	-9/-3/-1/1	-9/-3/-1/0		
5.1.1 探测器开发	3	9	3	1	3	-3	-1	148	M
5.1.2 大孔径技术	3	9	1	0	3	-3	-3	134	M
5.1.3 激光	3	9	1	1	3	-3	-1	144	M
5.1.4 捕获与跟踪	3	9	1	0	3	-3	-1	142	M
5.1.5 大气减缓	3	9	1	1	3	-3	-3	136	M
5.2.1 频谱效率技术	1	9	3	0	3	-3	-1	92	M
5.2.2 电源效率技术	1	9	9	3	3	-3	-1	126	M
5.2.3 射频传播	1	9	1	1	3	-9	-3	58	L
5.2.4 飞行和地面系统	1	9	3	1	3	-3	-1	94	M
5.2.5 地面发射和再入通信	1	9	1	0	3	-9	-1	56	L
5.2.6 天线	3	9	3	3	3	-3	-1	146	M
5.3.1 中断容忍网络	3	9	3	3	3	-3	-1	168	M
5.3.2 自适应网络拓扑	3	9	3	3	9	-9	-1	188	H
5.3.3 信息保障	1	9	9	0	1	-9	-3	52	L
5.3.4 集成网络管理	3	9	1	1	3	-3	-1	154	M
5.4.1 计时与时间分配	3	9	9	3	3	-9	-1	200	H
5.4.3 机载自主导航和机动	3	9	3	0	9	-3	-1	206	H
5.4.4 传感器和视觉处理系统	3	9	1	0	3	-3	-1	146	M
5.4.5 相对和临近导航	3	9	1	0	3	-3	-1	146	M
5.4.6 自动精确编队飞行	3	3	1	0	3	-3	-1	172	M
5.4.7 自动接近与着陆	3	9	1	0	3	-3	-1	112	M
5.5.1 无线电系统	3	9	3	9	3	-3	-1	164	H*
5.5.2 超宽带技术	3	3	1	1	3	-9	-1	148	M
5.5.3 认知网络	3	3	3	3	3	-9	-3	90	M
5.5.4 通信系统中的科学	1	3	1	0	3	-9	-1	56	L
5.5.5 混合光通信和导航传感器	1	3	1	0	3	-9	-1	58	L
5.5.6 射频/光学混合技术	1	9	3	1	3	-9	-1	70	L
5.6.1 X射线导航	0	3	0	0	1	-9	-3	-23	L
5.6.2 X射线通信	0	3	0	0	1	-9	-3	-38	L
5.6.3 基于中微子的导航和跟踪	0	0	0	0	1	-9	-9	-62	L
5.6.4 量子密钥分发	0	3	1	0	1	-9	-3	-21	L
5.6.5 量子通信	0	3	1	0	1	-9	-1	-45	L
5.6.6 SQIF微波放大器	1	3	3	1	1	-9	-1	-12	L
5.6.7 纳米卫星集群可重构大孔径	1	3	0	0	1	-9	-3	4	L

图 H.1 TA05 通信与导航 QFD 得分汇总矩阵

注:图中所有高优先级技术的优先级认定依据详见"高优先级的第 3 层级具体技术"一节内容;
H 代表高优先级,H* 代表调整为高优先级(不采用 QFD 分数),
M 代表中等优先级,L 代表低优先级。

技术名称	权重	收益 27 0/1/3/9	与NASA需求的一致性 5 0/1/3/9	与非NASA的航天技术需求的一致性 2 0/1/3/9	与非航天的其他国家需求的一致性 2 0/1/3/9	技术风险与合理度 10 1/3/9	排序与进度 4 -9/-3/-1/1	所需付出的时间与投入 4 -9/-3/-1/0	加权重后的QFD分数	专家组给出的优先级
		收益		与需求的一致性			风险/难度			
5.1.1 探测器开发		3	9	3	1	3	-3	-1	148	M
5.1.2 大孔径技术		3	9	1	1	3	-3	-3	134	M
5.1.3 激光		3	9	1	1	3	-3	-3	144	M
5.1.4 捕获与跟踪		3	9	1	1	3	-3	-3	142	M
5.1.5 大气减缓		3	9	1	1	3	-3	-3	136	M
5.1.6 光学跟踪		1	9	0	1	3	-1	0	100	M
5.1.7 集成光电		3	9	3	3	3	-1	-1	160	M
5.2.1 频谱效率技术		1	9	3	0	3	-3	-1	92	M
5.2.2 电源效率技术		1	9	9	3	3	-1	-1	126	M
5.2.3 射频传播		1	9	1	1	3	-9	-3	58	L
5.2.4 飞行和地面系统		1	9	3	1	3	-3	-1	94	M
5.2.5 地面发射和再入通信		1	9	1	0	3	-9	-3	56	L
5.2.6 天线		3	9	3	1	3	-3	-1	146	M
5.3.1 中断容忍网络		3	9	3	3	3	-1	-1	168	M
5.3.2 自适应网络拓扑		3	9	3	3	9	-1	-1	188	H
5.3.3 信息保障		1	9	9	1	1	-9	-3	52	L
5.3.4 集成网络管理		3	9	3	3	1	-1	-1	154	M
5.4.1 计时与时间分配		3	9	3	3	9	-9	-1	200	H
5.4.3 机载自主导航和机动		3	9	3	3	9	-3	-1	206	H
5.4.4 传感器和视觉处理系统		3	9	3	3	3	-3	-1	146	M
5.4.5 相对和临近导航		3	9	3	3	3	-3	-1	146	M
5.4.6 自动精密编队飞行		3	3	1	3	9	-1	-1	172	M
5.4.7 自动接近与着陆		3	3	3	1	3	-1	-1	112	M
5.5.1 无线电系统		3	3	3	9	3	-3	-1	164	H*
5.5.2 超宽带技术		3	3	3	3	3	-9	-1	148	M
5.5.3 认知网络		3	3	3	3	3	-3	-3	90	M
5.5.4 通信系统中的科学		1	3	0	3	1	-3	-1	56	L
5.5.5 光通信和导航传感器混合		1	3	1	1	3	-3	-1	58	L
5.5.6 射频/光学混合技术		1	3	3	1	1	-3	-1	70	L
5.6.1 X射线导航		0	3	0	0	1	-9	-3	-23	L
5.6.2 X射线		0	0	0	0	1	-9	-3	-38	L
5.6.3 基于中微子的导航和跟踪		0	0	0	0	0	-9	-9	-62	L
5.6.4 量子密钥分发		0	3	1	0	0	-3	-3	-21	L
5.6.5 量子通信		0	3	1	0	0	-9	-9	-45	L
5.6.6 SQIF微波放大器		1	3	3	1	0	-3	-3	12	L
5.6.7 纳米卫星集群可重构大孔径		1	3	0	0	1	-9	-3	4	L
5.7.1 跟踪技术		3	9	3	1	3	-3	-1	148	M
5.7.2 表征技术		1	9	3	3	3	-3	-1	96	M

图 H.4 2016 版 TA05 通信、导航、轨道碎片跟踪与表征系统 QFD 得分汇总矩阵

注:图中所有高优先级技术的优先级认定依据详见"高优先级的第 3 层级具体技术"一节内容;H 代表高优先级,H* 代表调整为高优先级(不采用 QFD 分数),M 代表中等优先级,L 代表低优先级。

图 H.5 2016 版 TA05 通信、导航、轨道碎片跟踪与表征系统 QFD 得分排名

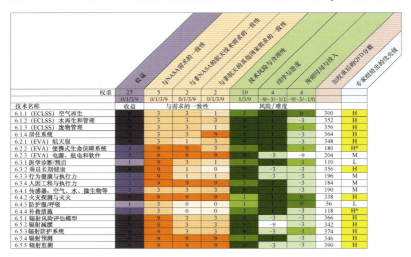

图 I.1 TA06 乘员健康、生命保障与居住系统 QFD 得分汇总矩阵

注：图中所有高优先级技术的优先级认定依据详见"高优先级的第 3 层级具体技术"一节内容；
H 代表高优先级，H* 代表调整为高优先级(不采用 QFD 分数)，M 代表中等优先级，L 代表低优先级。

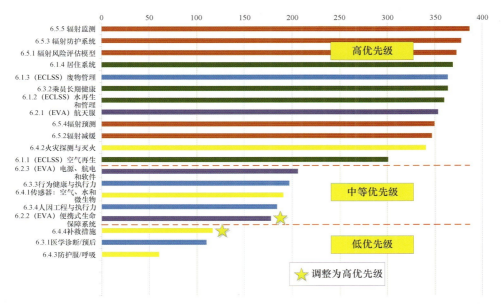

图 I.2　TA06 乘员健康、生命保障与居住系统 QFD 得分排名

		权重	收益		与需求的一致性			风险/难度				
			27	5	2	2	10	4	4			
			0/1/3/9	0/1/3/9	0/1/3/9	0/1/3/9	1/3/9	-9/-3/-1/1	-9/-3/-1/0			
技术名称			收益		与需求的一致性			风险/难度		加权重后的QFD分数	专家组给出的优先级	
7.1.1 目标勘测、勘探与测绘			3	9	3	1	9	-3	-1	224	M	
7.1.2 资源获取			9	9	1	0	9	-1	-3	372	H	
7.1.3 ISRU产品/生产			9	9	3	3	9	-1	-1	390	H	
7.1.4 制造与基础设施安置			9	9	3	0	9	-1	-1	376	H	
7.2.1 自主后勤管理			9	9	3	3	9	-1	-1	390	H	
7.2.2 维护系统			3	9	9	3	9	-3	-3	228	H*	
7.2.3 修复系统			3	3	9	3	1	-1	-9	140	L	
7.2.4 食品生产、加工与保存			9	9	3	1	9	-1	-1	342	H	
7.3.1 舱外活动移动			3	3	0	0	9	-3	-3	222	M	
7.3.2 地表移动			9	9	1	0	9	-3	-3	358	H	
7.3.3 离地移动			3	3	1	0	9	-3	-3	170	L	
7.4.1 一体化居住系统			3	3	3	3	3	-9	-3	140	L	
7.4.2 住所演变			9	9	1	0	9	-1	-9	340	H	
7.4.3 智能住所			9	9	3	1	9	-3	-3	284	H	
7.5.1 乘员培训			1	9	3	1	3	-1	-1	144	L	
7.5.5 综合飞行操作系统			3	3	3	3	3	-1	-1	168	L	
7.5.6 综合风险评估工具			3	3	3	1	9	-1	-1	192	M	
7.6.2 建造与装配			9	9	3	1	9	-1	-1	390	H	
7.6.3 尘埃防治			9	9	3	1	9	-1	-1	386	H	

图 J.1　TA07 载人探索目的地系统 QFD 得分汇总矩阵

注：图中所有高优先级技术的优先级认定依据详见"高优先级的第 3 层级具体技术"一节内容；
H 代表高优先级，H* 代表调整为高优先级（不采用 QFD 分数），M 代表中等优先级，L 代表低优先级。

彩 11

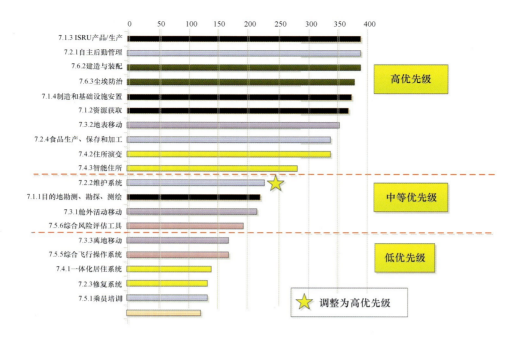

图 J.2 TA07 载人探索目的地系统 QFD 得分排名

图 J.7 2016 版 TA07 载人探索目的地系统 QFD 得分汇总矩阵

注:图中所有高优先级技术的优先级认定依据详见"高优先级的第 3 层级具体技术"一节内容;H 代表高优先级,H* 代表调整为高优先级(不采用 QFD 分数),M 代表中等优先级,L 代表低优先级。

图 J.8 2016 版 TA07 载人探索目的地系统 QFD 得分排名

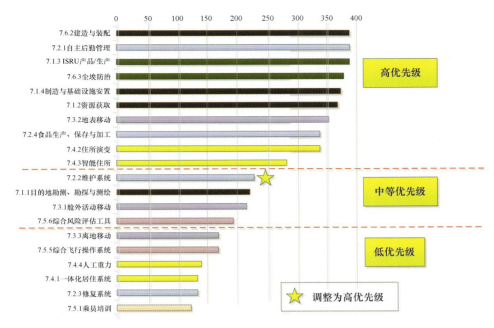

图 K.1 TA08 科学仪器、观测台与传感器系统 QFD 得分汇总矩阵

注：图中所有高优先级技术的优先级认定依据详见"高优先级的第 3 层级具体技术"一节内容；H 代表高优先级，H* 代表调整为高优先级（不采用 QFD 分数），M 代表中优先级。

技术名称	权重	收益 27 0/1/3/9	与NASA需求的一致性 5 0/1/3/9	与NASA的航天技术需求的一致性 2 0/1/3/9	与非航天的国家需求的一致性 2 0/1/3/9	技术风险与合理性 10 1/3/9	排序与进度 4 -9/-3/-1/-1	所需付出的时间与投入 4 -9/-3/-1/0	加权重后的QFD分数	专家组给出的优先级
9.1.1 刚性热防护系统		9	9	3	1	9		-3	378	H
9.1.2 柔性热防护系统		9	9	3	1	9		-3	370	H
9.1.3 刚性高超声速减速器		3	9	1	0	3		-3	142	M
9.1.4 可展开式高超声速减速器		9	9	1	0	9	-3	-1	356	H
9.2.1 附体展开式减速器		3	3	1	1	9	-1	-1	180	M
9.2.2 拖曳展开式减速器		3	9	1	1	9	-1	-1	210	M
9.2.3 超声速反推进减速器		1	1	1	1	3	-1	-3	58	L
9.3.1 触地系统		3	3	1	1	1			140	M
9.3.2 脱出与展开系统		1	3	0	1	1			52	L
9.3.3 推进系统(相互作用)		3	3	1	0	1			120	M
9.3.5 小质量体系统(无重力)		3	3	1	0	1			126	M
9.4.2 分离系统		1	9	3	0	1			88	L
9.4.3 (EDL)系统集成与分析		3	9	3	3	1			216	H*
9.4.4 大气与地表征		3	9	3	3	1			220	H*
9.4.5 EDL建模与仿真		3	9	3	1	1			224	H*
9.4.6 EDL仪器与健康监测		3	9	3	1	1			222	H*
9.4.7 GN&C传感器与系统		9	9	9	1	1			402	H

图 L.1 TA09 进入、下降与着陆系统 QFD 得分汇总矩阵

注:图中所有高优先级技术的优先级认定依据详见"高优先级的第3层级具体技术"一节内容;H 代表高优先级,H* 代表调整为高优先级(不采用 QFD 分数),M 代表中等优先级,L 代表低优先级。

技术名称	权重	收益 27 0/1/3/9	与NASA需求的一致性 5 0/1/3/9	与NASA的航天技术需求的一致性 2 0/1/3/9	与非航天的国家需求的一致性 2 0/1/3/9	技术风险与合理性 10 1/3/9	排序与进度 4 -9/-3/-1/-1	所需付出的时间与投入 4 -9/-3/-1/0	加权重后的QFD分数	专家组给出的优先级
9.1.1 刚性热防护系统		9	9	3	1	9		-3	378	H
9.1.2 柔性热防护系统		9	9	3	1	9		-3	370	H
9.1.3 刚性高超声速减速器		3	9	1	0	3		-3	142	M
9.1.4 可展开式高超声速减速器		9	9	1	0	9	-3	-1	356	H
9.2.1 附体展开式减速器		3	3	1	1	9	-1	-1	180	M
9.2.2 拖曳展开式减速器		3	9	1	1	9	-1	-1	210	M
9.2.3 超声速反推进减速器		1	1	1	1	3	-1	-3	58	L
9.2.6 大机动制导		1	3	0	0	1	-3	-3	28	L
9.2.7 地形相对感知与表征		9	9	9	1	9	-1	-1	398	H
9.2.8 自主定位		9	9	3	1	9	-1	-1	386	H
9.3.1 触地系统		3	3	1	1	1			140	M
9.3.2 脱出与展开系统		1	3	0	1	1			52	L
9.3.3 推进系统(相互作用)		3	3	1	0	1			120	M
9.3.5 小质量体系统(无重力)		3	3	1	0	1			126	M
9.4.2 分离系统		1	9	3	0	1			88	L
9.4.3 (EDL)系统集成与分析		3	9	3	3	1			216	H*
9.4.4 大气与地表征		3	9	3	3	1			220	H*
9.4.5 EDL建模与仿真		3	9	3	1	1			224	H*
9.4.6 EDL仪器与健康监测		3	9	3	1	1			222	H*
9.4.7 GN&C传感器与系统		9	9	9	1	1			402	H

图 L.6 2016 版 TA09 EDL 系统 QFD 得分汇总矩阵

注:H 代表高优先级,H* 代表调整为高优先级(不采用 QFD 分数),M 代表中等优先级,L 代表低优先级。

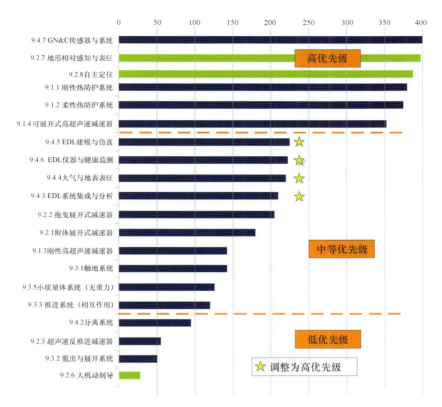

图 L.7 2016 版 TA09 中第 3 层级具体技术 QFD 得分排名(本次研究评估的新技术用绿色标示)

技术名称	收益 0/1/3/9	与NASA需求的一致性 0/1/3/9	与非NASA的航天技术需求的一致性 0/1/3/9	与非航天的其他国家需求的一致性 0/1/3/9	技术风险与合理性 1/3/9	排序与进度 -9/-3/-1/1	所需付出的时间与投入 -9/-3/-1/0	加权重后的QFD分数	专家组给出的优先级
权重	27	5	2	2	10	4	4		
	收益		与需求的一致性			风险/难度			
10.1.1 纳米增强轻量化材料与结构	9	9	9	9	3	-1	-3	338	H
10.1.2 纳米损伤容限系统	3	9	3	3	3	-3	-1	144	M
10.1.3 纳米涂层	1	9	3	1	3	-3	-1	94	L
10.1.4 纳米黏合剂	1	9	3	3	3	-3	-1	98	L
10.1.5 纳米热防护与控制	3	9	3	3	3	-3	-1	152	M
10.2.1 纳米增强能量产生	9	9	9	9	3	-3	-3	330	H
10.2.2 纳米能量储存	1	9	3	3	3	-3	-3	90	L
10.2.3 纳米能量分配	1	3	3	3	3	-3	-1	60	L
10.3.1 纳米推进剂	9	9	3	3	3	-1	-1	322	H
10.3.2 纳米推进系统	3	3	3	3	9	-3	-3	204	M
10.3.3 纳米空间推进	3	9	3	3	3	-3	-3	160	M
10.4.1 纳米传感器与驱动器	3	9	9	9	3	1	-1	192	H*
10.4.2 纳米电子器件	1	3	3	9	3	-3	-3	72	L
10.4.3 微型仪器设备	3	9	3	3	3	-1	-1	160	M

图 M.1 TA10 纳米技术 QFD 得分汇总矩阵

注:表中所有高优先级技术的优先级认定依据详见"高优先级的第 3 层级具体技术"一节内容,H 代表高优先级,H* 代表调整为高优先级(不采用 QFD 分数),M 代表中等优先级,L 代表低优先级。

技术名称	收益 0/1/3/9	与NASA需求的一致性 0/1/3/9	与非NASA的航天技术需求的一致性 0/1/3/9	与非航天的其他国家需求的一致性 0/1/3/9	技术风险与合理性 1/3/9	排序与进度 -9/-3/-1/1	所需付出的时间与投入 -9/-3/-1/0	加权重后的QFD分数	专家组给出的优先级
权重	27	5	2	2	10	4	4		
	收益		与需求的一致性			风险/难度			
11.1.1 飞行计算	9	9	9	3	9	-1	-3	394	H
11.1.2 地面计算	9	9	3	3	3	-1	-1	354	H
11.2.1 软件建模和模型检查	3	9	3	3	9	-1	-3	176	M
11.2.2 集成硬件和软件建模	3	9	3	3	9	-1	-1	192	M
11.2.3 人-系统性能建模	1	9	3	3	3	-1	-1	114	L
11.2.4a 科学建模与仿真	9	9	3	3	3	1	-3	354	H
11.2.4b 航空航天工程建模与仿真	3	9	3	3	3	-1	-3	160	M
11.2.5 框架、语言、工具和标准	1	9	3	3	3	-1	-3	90	L
11.3.1 分布式仿真	3	9	9	9	3	-3	-1	192	H*
11.3.2 全系统生命周期仿真	1	9	1	0	3	-9	-1	64	L
11.3.3 基于仿真的系统工程	1	3	9	9	3	-3	-1	72	L
11.3.4 基于仿真的训练和决策支持系统	1	1	1	3	3	1	0	70	L
11.4.1 科学、工程和任务数据生命周期	3	9	9	0	3	-1	-1	174	M
11.4.2 智能数据理解	1	3	1	1	3	-3	-1	38	L
11.4.3 语义技术	3	9	1	1	3	-1	-1	160	M
11.4.4 协同科学与工程	0	9	3	3	3	-3	3	51	L
11.4.5 先进任务系统	3	9	3	3	3	1	-1	188	M

图 N.1 TA 11 建模、仿真和信息技术与处理 QFD 得分汇总矩阵

注:图中所有高优先级技术的优先级认定依据详见"高优先级的第 3 层级具体技术"一节内容;H 表示高优先级,H* 表示调整为高优先级(不采用 QFD 分数),M 表示中等优先级,L 表示低优先级。

图 N.4　2016 版 TA 11 建模、仿真和信息技术与处理 QFD 得分汇总矩阵

注：H 代表高优先级；H* 代表调整为高优先级（不采用 QFD 分数），M 代表中等优先级，L 代表低优先级。

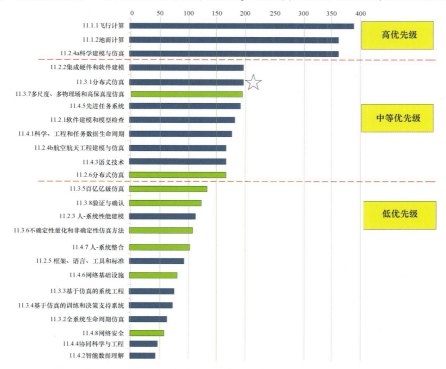

图 N.5　2016 版 TA11 建模、仿真和信息技术与处理 QFD 得分排名

彩 17

技术名称	收益	与NASA需求的一致性	与非NASA的航天技术需求的一致性	与非航天的国家需求的合理性	技术风险与合理性	排序与进度	所需付出的时间的投入	加权重后的QFD分数	专家组给出的优先级
权重	27	5	2	2	10	4	4		
	0/1/3/9	0/1/3/9	0/1/3/9	0/1/3/9	1/3/9	-9/-3/-1/1	-9/-3/-1/0		
12.1.1 (材料)轻量化结构	3	9	9	3	9		-3	236	H
12.1.2 (材料)计算设计	3	9	9	9	1	1	-3	164	M
12.1.3 柔性材料系统	3	9	3	3	3		-1	168	M
12.1.4 (材料)环境	3	9	3	1	3		-1	156	M
12.1.5 特殊材料	1	9	1	9	3	-1		98	L
12.2.1 (结构)轻量化概念	3	9	9	9	9		-1	244	H
12.2.2 (结构)设计与验证方法	3	9	9	9	9		-3	236	H
12.2.3 (结构)可靠性与耐用性	1	9	3	3	3	-1		106	L
12.2.4 (结构)测试工具与方法	1	9	3	9	3	-3		94	L
12.2.5 (结构)新型多功能概念	9	9	9	9	9		-1	346	H
12.3.1 可展开、对接与接口	3	9	9	3	3	-1		216	H
12.3.2 机构延寿系统	1	9	3	3	3	-3		90	L
12.3.3 机电、机械与微机械	1	9	1	1	3	-1		90	L
12.3.4 (机械系统)设计分析工具及方法	3	9	9	9	3	-3	-1	228	H
12.3.5 (机械系统)可靠性/寿命评估/健康监测	3	9	9	1	3		-1	184	H*
12.3.6 (机械系统)验证方法	3	9	3	3	3		-1	176	M
12.4.1 制造工艺	3	9	3	3	3		-1	176	M
12.4.2 智能集成制造和信息物理系统	3	9	9	9	3		-1	184	H*
12.4.3 电子和光学制造工艺	1	9	3	3	3	-3		98	L
12.4.4 耐用性制造	1	9	3	3	1	-3		78	L
12.5.1 非破坏性评估与传感器	3	9	9	3	3		-3	236	H
12.5.2 基于模型的验证和耐用方法	3	9	3	3	3	-1		164	M
12.5.3 载荷与环境	1	9	3	3	3	-3		98	L

图 O.1 TA12 材料、结构、机械系统与制造 QFD 得分汇总矩阵

注：图中所有高优先级技术的优先级认定依据详见"高优先级的第 3 层级具体技术"一节内容；H 代表高优先级，H* 代表调整为高优先级（不采用 QFD 分数），M 代表中等优先级，L 代表低优先级。

技术名称	收益	与NASA需求的一致性	与非NASA的航天技术需求的一致性	与非航天的其他国家需求的一致性	技术风险与合理性	排序与进度	所需付出的时间与投入	加权重后的QFD分数	专家组给出的优先级
权重	27	5	2	2	10	4	4		
	0/1/3/9	0/1/3/9	0/1/3/9	0/1/3/9	1/3/9	-9/-3/-1/1	-9/-3/-1/0		
13.1.1 流体的贮存、分发和保护	1	9	9	3	3		-1	106	M
13.1.2 自动对准、连接和装配系统	1	3	0	0	1		-1	44	L
13.1.3 地面和运载器/地面集成系统的自主指挥与控制	1	3	1	1	1		-1	60	L
13.2.1 腐蚀预防、检测和缓解	1	3	3	9	3		-1	92	L
13.2.2 环境修复和场地恢复	1	0	3	9	1	-3		55	L
13.2.3 自然生态系统保护	0	9	3	9	3	-3		31	L
13.2.4 替代能源原型	0	1	1	3	3		-1	19	L
13.3.1 先进发射技术	1	3	3	1	3	-3		54	L
13.3.2 高环境适应性材料与结构	1	3	3	1	3		-1	68	L
13.3.3 检查、异常检测与识别	1	9	3	1	3		-1	94	L
13.3.4 故障隔离与诊断	1	9	3	1	3		-1	94	L
13.3.5 故障预测技术	1	9	3	1	3		-1	94	L
13.3.6 修复、减缓与恢复技术	1	9	3	1	3		-1	94	L
13.3.7 通信、网络、定时与遥测	0	9	9	9	3		-1	77	L
13.4.1 靶场跟踪、监视与飞行安全技术	1	9	9	1	3	1	-1	120	L
13.4.2 着陆、回收系统与组件	1	3	1	1	1		-1	58	L
13.4.3 气象预报与减缓	0	9	9	1	3		-1	79	L
13.4.4 机器人/遥操作机器人	1	3	1	1	1		-1	47	L
13.4.5 安全系统	1	9	3	1	3		-1	94	M

图 P.1 TA13 地面支持与发射系统 QFD 矩阵

注：M 代表中等优先级；L 代表低优先级。

图 P.3　2016 版 TA13 地面支持与发射系统 QFD 得分汇总矩阵

注:H 代表高优先级;H* 代表调整为高优先级(不采用 QFD 分数);M 代表中等优先级;L 代表低优先级。

图 P.4　2016 版 TA13 地面支持与发射系统 QFD 得分排名

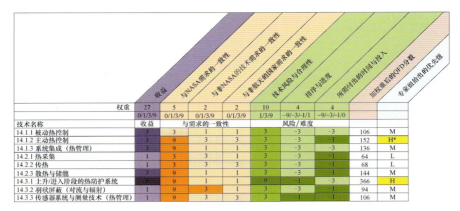

图 Q.1　TA 14 热管理系统 QFD 得分汇总矩阵

注：图中所有高优先级技术的优先级认定依据详见"高优先级的第 3 层级具体技术"一节内容；H 代表高优先级；H* 代表调整为高优先级（不采用 QFD 分数），M 代表中等优先级，L 代表低优先级。

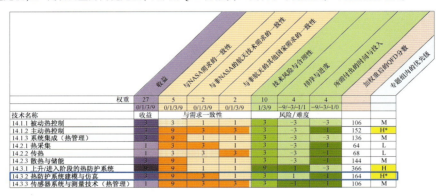

图 Q.4　2016 版 TA14 热管理系统得分汇总矩阵

注：H 代表高优先级；H* 代表调整为高优先级（不采用 QFD 分数）；M 代表中等优先级；L 代表低优先级。

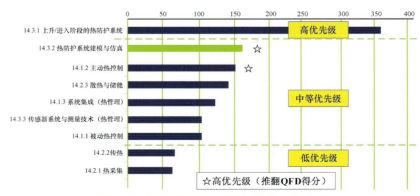

图 Q.5　2016 版 TA14 热管理系统 QFD 排名